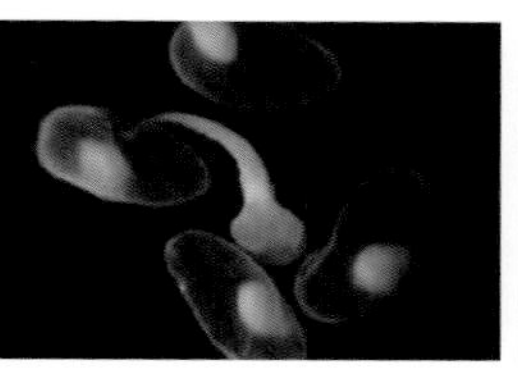
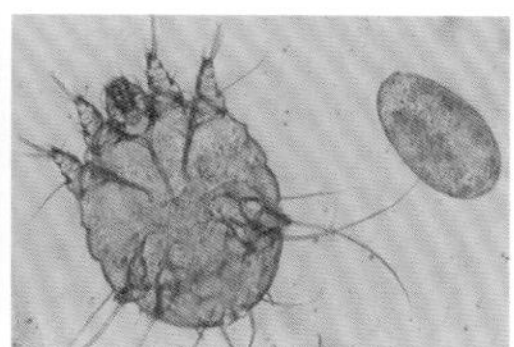

猪病诊治原色图谱

郎跃深　主编

化学工业出版社

·北京·

图书在版编目（CIP）数据

猪病诊治原色图谱 / 郎跃深主编. —北京：化学工业出版社，2020.3（2021.9 重印）
ISBN 978-7-122-36062-5

Ⅰ.①猪… Ⅱ.①郎… Ⅲ.①猪病-诊疗-图谱 Ⅳ.①S858.28-64

中国版本图书馆CIP数据核字（2020）第008456号

责任编辑：李　丽　　文字编辑：孙高洁
责任校对：刘曦阳　　装帧设计：韩　飞

出版发行：化学工业出版社（北京市东城区青年湖南街 13 号　邮政编码 100011）
印　　装：天津画中画印刷有限公司
710mm×1000mm　1/16　印张33　字数652千字　2021 年 9 月北京第 1 版第 2 次印刷

购书咨询：010-64518888　　售后服务：010-64518899
网　　址：http://www.cip.com.cn
凡购买本书，如有缺损质量问题，本社销售中心负责调换。

定　　价：199.00 元

编写人员名单

主　编　郎跃深

副主编　邓英楠　岂凤忠　柴　双

参　编　刘艳友　许久伟　郭兴华　殷子惠

鲍继胜　张翔宇　倪丹菲　肖希田

周景存　张晓武　张久秘　张明久

前言

PREFACE

养猪一直是我国传统的养殖项目，随着社会的发展和市场经济的繁荣，养猪业正逐渐由单一、传统的家庭式养殖逐步趋向于专业化、商品化发展的集约化饲养和工厂化大规模化饲养。这种饲养模式的改变，促进了我国养猪业的发展，也有利于与国际养猪业接轨，增强了我国养猪业在国际领域中的竞争力。但是，随着猪群的扩大、饲养密度的提高、生猪流通更加频繁，也为疫病的发生提供了条件。一旦某种猪病流行，都将造成巨大的经济损失，严重挫伤养猪者的积极性，影响养猪业的发展。因此，加强猪病防治，是发展养猪业的重要措施和根本保证。

有鉴于此，我们编写组人员结合多年的教学和临床实践经验，吸收目前国内外一些新的科技成果，编写了本书。本书的作者们全是具有多年的教学和临床经验的教师、猪场的技术员及基层兽医工作者，在书稿的编写过程中对多年采集和积累的临床症状及病理变化等所有的照片进行了认真的筛选和整理，同时还将常见的、危害较大的猪病的诊断与防治技术采用图文并茂的形式进行了介绍。本书以图谱的形式介绍了五大类常见的、危害较大的101种猪病的病原体、流行病学、临床症状、病理变化、诊断、防治措施及方剂等，以及猪病简易鉴别方法、相似猪病的鉴别。另外还编入了猪病歌谣、养猪顺口溜、疫苗使用方法、免疫程序及一些国家禁用兽药等11个相关附录。为了更加直观地看到每一种疾病的主要临床症状和主要病理变化，全书还选用了825幅彩图照片，使猪病便于诊断、鉴别。本书理论与实践兼顾、普及与提高并重，可供广大基层兽医、养殖场兽医和农业院校畜牧兽医专业师生参考阅读。

为了方便对猪病的预防和治疗，本书还列举了一些防控疾病的参考方剂，供读者根据实际情况参考使用，在具体使用之前应咨询临床工作者或其他专业人员，在此作以说明。

由于编者水平所限，书中内容上的不足和疏漏之处在所难免，敬请同行和广大技术人员批评指正。

编者　郎跃深

2020年1月

目录

猪病诊治原色图谱

CONTENTS

一、猪常见传染病

二、猪寄生虫病

三、猪中毒病

四、猪内科病及代谢性疾病

五、猪外科及产科病

一、猪常见传染病

（一）猪病毒性传染病

1. 口蹄疫

口蹄疫（FMD）我国称为“五号病”。国际兽医局（OIE）将其列为A类法定传染病中的第一个，是国际动物产品贸易中最重要的检疫对象，任何国家发生口蹄疫流行时，动物及其产品的流通及对外贸易都将受到严格限制并蒙受巨大损失。我国也将本病列在一类动物疫病的首位，一旦发生疫情需用紧急、严厉的强制措施，控制及扑灭该病。

口蹄疫俗称“口疮”“蹄癀”，是由口蹄疫病毒所引起的一种急性、热性、高度接触性传染病，主要侵害偶蹄兽，属于人畜共患病。本病的主要特征是在口腔黏膜、蹄部和乳房等处的皮肤出现水疱和溃疡。

【病原体】口蹄疫的病原是口蹄疫病毒，该病毒最大的特点是变异性强。口蹄疫病毒共有7个血清主型，每个主型内又分为若干个亚型。不同主型之间无交互免疫性；同一主型内的不同亚型之间中有部分交互免疫性。

该病毒对干燥的抵抗力很强，但对日光、热酸、热碱及一般消毒药均很敏感。

【流行病学】单纯性猪口蹄疫对牛、羊致病力低或不致病。主要传染源为患病猪和带毒猪，通过水疱液、淋巴结、骨髓、呼出的气体、带毒皮毛等传播，空气也是重要的传播媒介。传播途径为呼吸道、消化道、损伤的皮肤甚至完整的皮肤、黏膜，精液、乳汁中也含有大量病毒并能传染。

本病一年四季均可发生，主要发生于易感猪高度集中的猪群。

【临床症状】本病的潜伏期为1～2d。猪患口蹄疫时，病变主要在蹄部发生水疱，其次是在鼻端、吻部和口腔（图1-1～图1-16）。表现为体温突然升高至40～41℃，精神不振，侧卧不起，食欲减少或废绝。病猪不能站立、不能行走、进行性消瘦，越大的猪病得越严重。口腔黏膜、鼻镜、乳房发生水疱或糜烂。跛行，蹄冠、蹄叉、蹄踵出现局部发红、发热、敏感，不久形成水疱，水疱破溃后可见暗红色面糜烂，（未继发感染时）体温开始下降（图1-6～图1-15）。

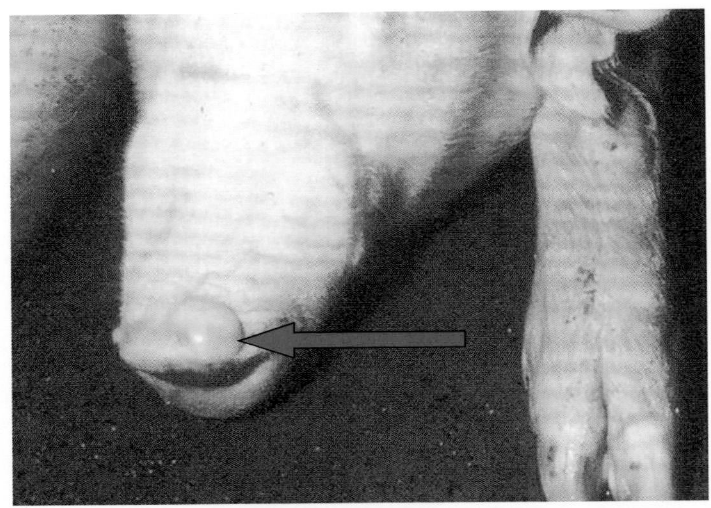

图1-1
猪口蹄疫的临床症状（1）

病猪吻部水疱

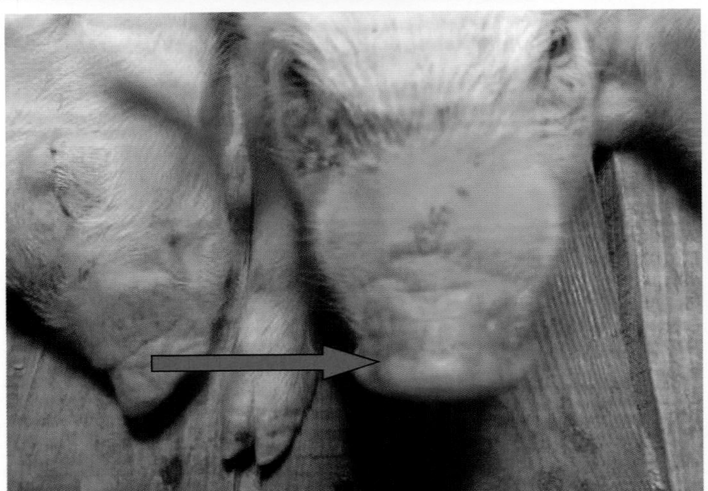

图1-2
猪口蹄疫的临床症状（2）

病猪鼻镜部、吻部的水疱

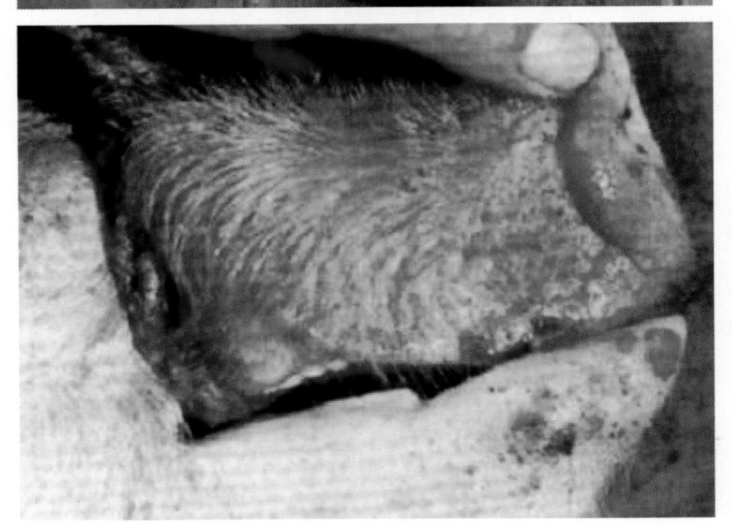

图1-3
猪口蹄疫的临床症状（3）

病猪吻部水疱，鼻镜边缘的水疱，后期破溃糜烂

图1-4
猪口蹄疫的临床症状（4）

病猪鼻吻部、鼻镜部水疱破溃与结痂

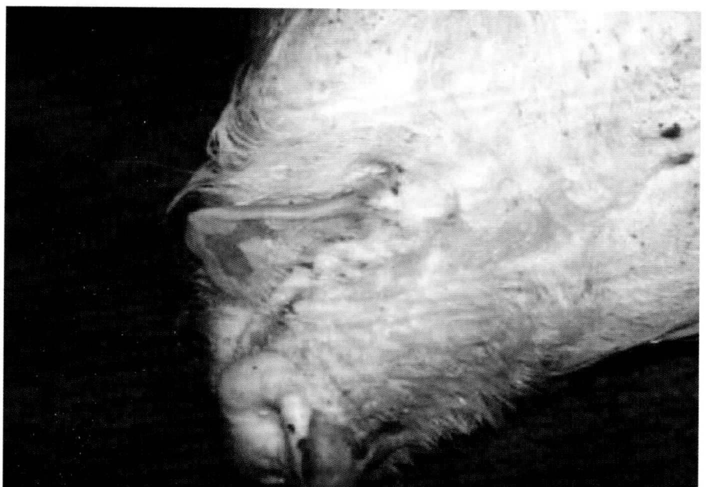

图1-5
猪口蹄疫的临床症状（5）

病猪吻部结痂和出血性溃疡面，舌表面溃疡

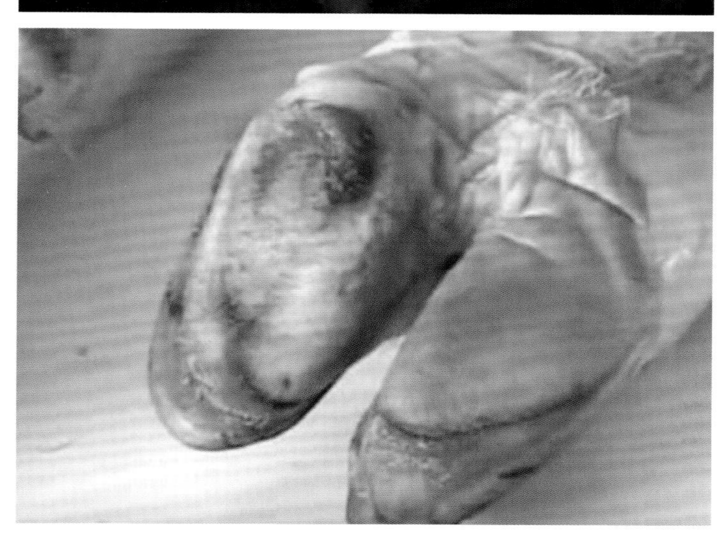

图1-6
猪口蹄疫的临床症状（6）

病猪蹄部的蹄冠、蹄叉、蹄底和蹄踵部肿胀、有水疱

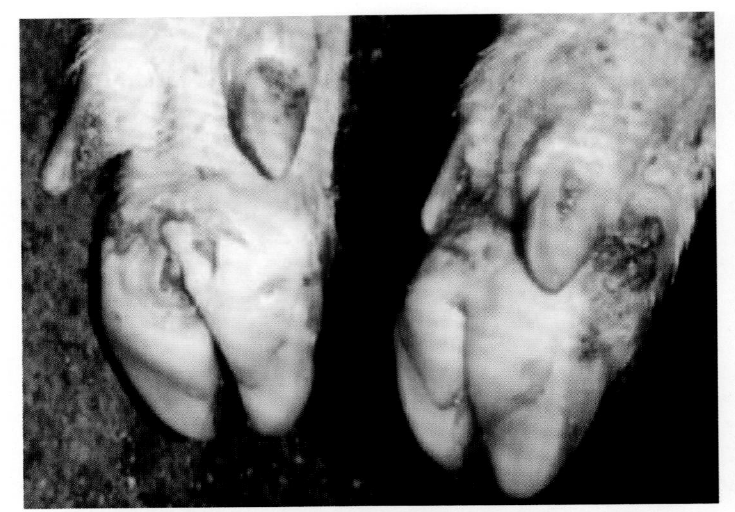

图1-7
猪口蹄疫的临床症状（7）

病猪蹄部（蹄踵、蹄叉）红肿、破溃、结痂

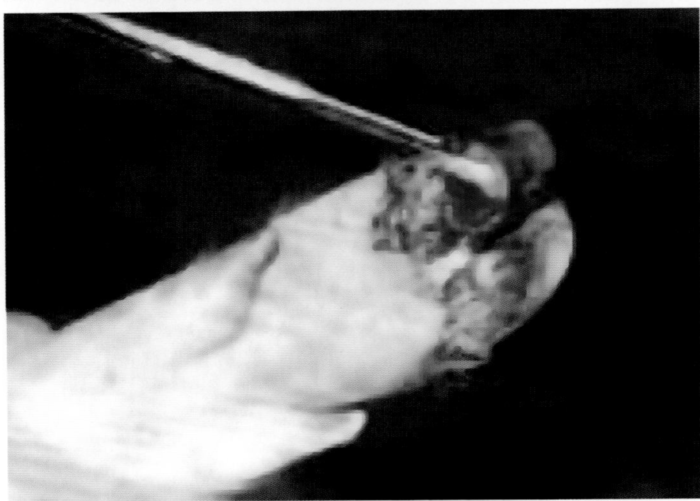

图1-8
猪口蹄疫的临床症状（8）

蹄部水疱、破溃

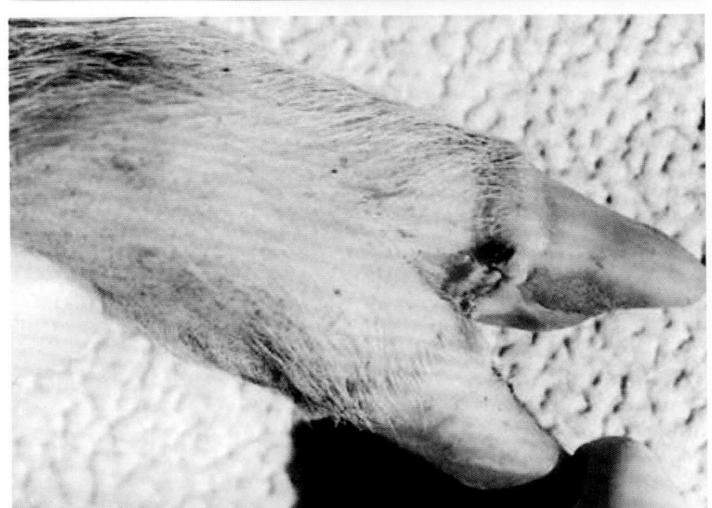

图1-9
猪口蹄疫的临床症状（9）

蹄叉部水疱破溃，蹄冠部水肿、颜色苍白

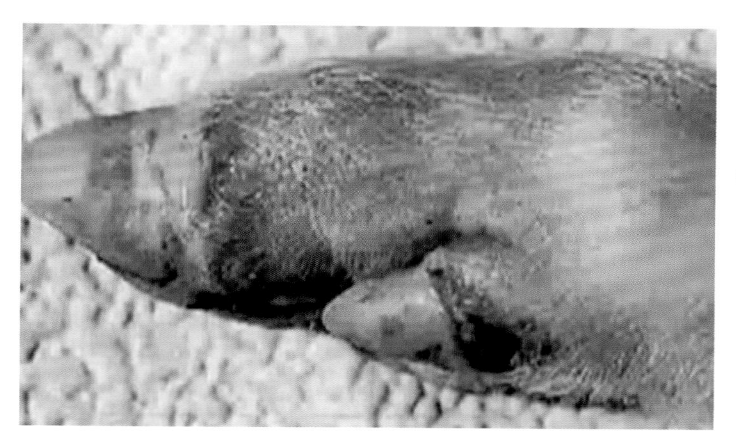

图1-10
猪口蹄疫的临床症状（10）

蹄部溃疡，蹄冠部水肿，蹄踵部、蹄冠部水疱及破溃后留下糜烂性溃疡

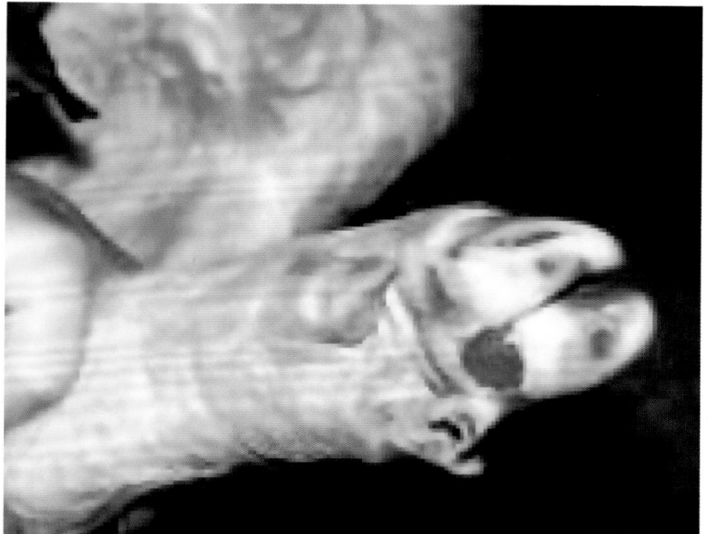

图1-11
猪口蹄疫的临床症状（11）

蹄部水疱，溃疡后留下烂斑

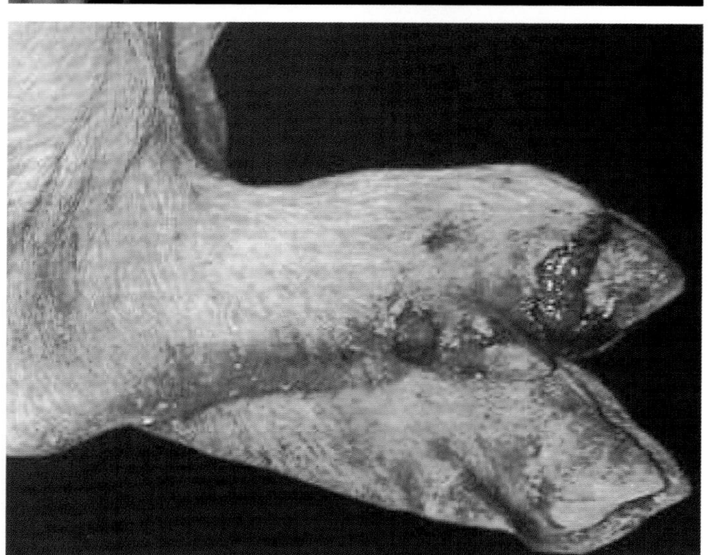

图1-12
猪口蹄疫的临床症状（12）

蹄冠溃疡、出血

图1-13
猪口蹄疫的临床症状（13）

蹄部溃疡、坏死

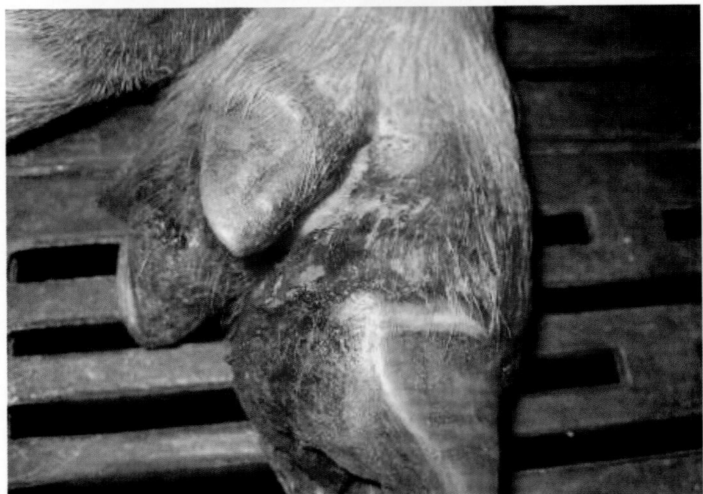

图1-14
猪口蹄疫的临床症状（14）

蹄部溃疡、溃烂、坏死

图1-15
猪口蹄疫的临床症状（15）

蹄部及乳房部的溃疡坏死

如果发生了继发感染，蹄叶、蹄壳往往脱落（图1-16），病猪卧地不起、跛行、流产、乳房炎（图1-17）及慢性蹄坏死、蹄变形、口腔糜烂溃疡（图1-18）。新生仔猪、吃奶仔猪发生急性胃肠炎（表现为剧烈腹泻）或心肌炎，有的猪死亡前发出尖叫声。病死率可达60% ～ 80%。

【病理变化】蹄冠、蹄叉、蹄踵、口腔黏膜、吻突水疱→破溃→糜烂，甚至蹄壳脱落。除口腔和蹄部病变外，还可见到食道和瘤胃黏膜有水疱和烂斑。胃肠有急性卡他性炎症或出血性炎症。仔猪胃肠浆膜出血。肺呈浆液性浸润。心包内有大量混浊而黏稠的液体。恶性口蹄疫可出现心肌变性，在心肌切面上见到灰白色或淡黄色条纹与正常心肌相伴而行，似水煮过，如同虎皮状斑纹，俗称“虎斑心”（图1-19）。

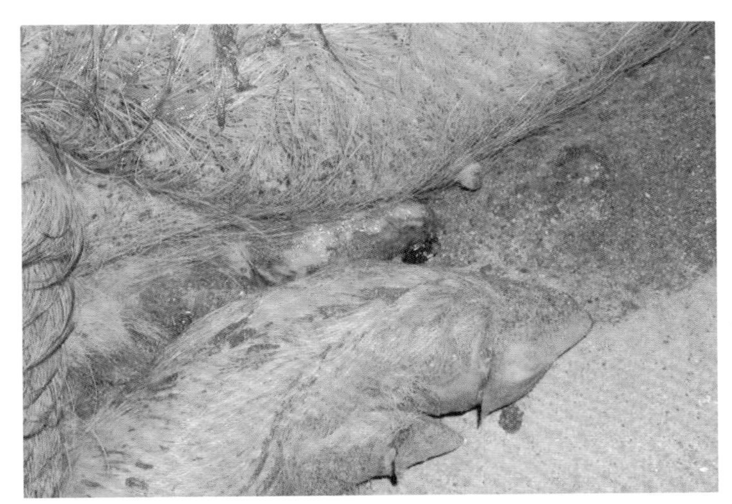

图1-16
猪口蹄疫的临床症状（16）

蹄部溃疡，蹄壳脱落

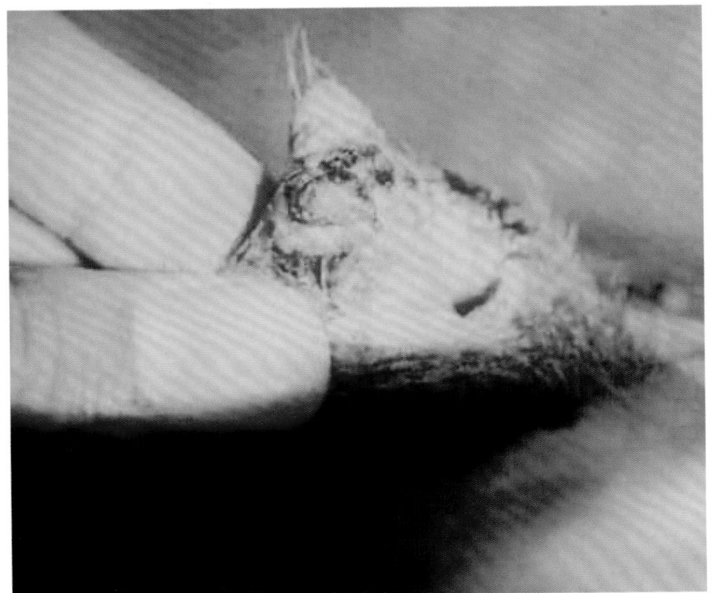

图1-17
猪口蹄疫的临床症状（17）

乳头部的破溃、溃疡病变

图1-18
猪口蹄疫的临床症状（18）

口腔溃疡、坏死，舌、颊部黏膜糜烂

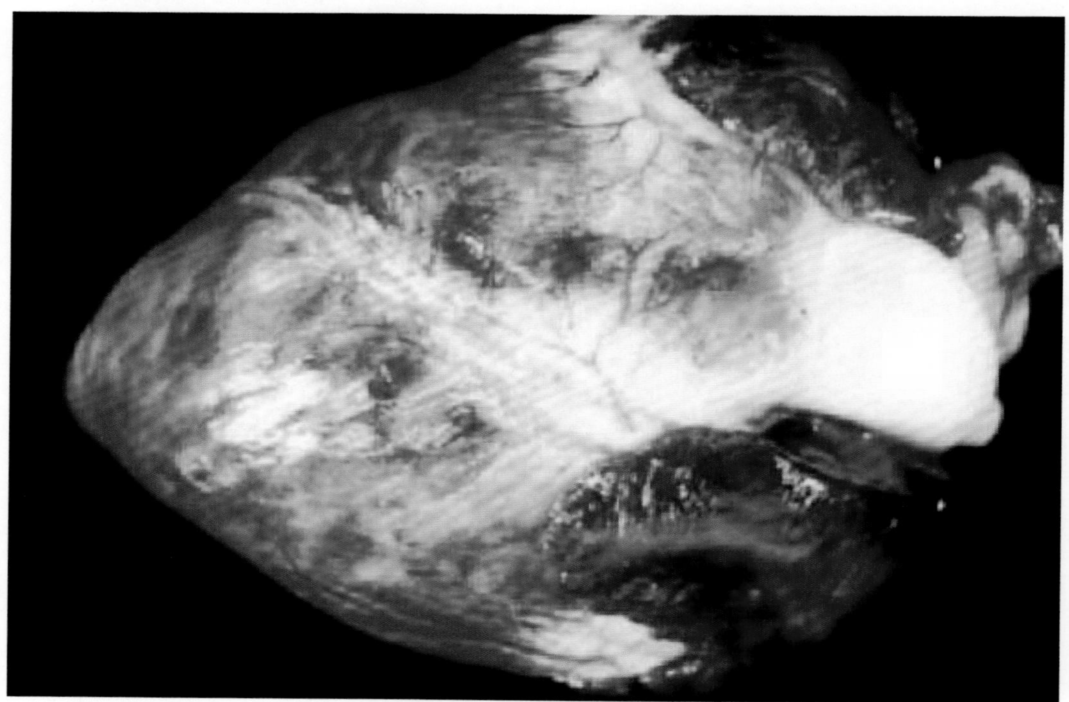

图1-19
猪口蹄疫的病理变化

典型的病理变化是心肌变性，心包膜弥漫性和点状出血，心包积液浑浊，心肌松软，切面有灰白色或淡黄色斑点或条纹，俗称“虎斑心”

【诊断】猪口蹄疫可根据其流行病学、特征性的临床症状、病理变化和一般呈良性经过等情况进行初步诊断。确诊应采取猪鼻镜或蹄部的水疱皮、水疱液，置50%甘油生理盐水中，迅速送检。有关的实验室再以反向间接血凝试验、酶联免疫吸附试验（ELISA）、补体结合试验进行实验室诊断和毒型鉴定。

【防治措施及方剂】

（1）严格执行兽医卫生制度　严格消毒，可选用1 ∶ 1000的灭毒净、2%氢氧化钠、2%福尔马林、2%乳酸、环氧乙烷、甲醛蒸气等进行消毒。

消毒程序是：喷洒受污染的环境（保持4h以上）→彻底清扫粪尿、垃圾、污物，堆积发酵或焚烧→第2次喷洒并维持4h以上→水泥地面的猪舍及运载工具用自来水冲洗干净，自然晾干→第3次喷雾或喷洒，自然干燥后启用（图1-20 ～图1-22）。

图1-20
猪舍清水冲洗

使用高压清洗机以45°斜角将猪舍内所有可清洗的表面进行高压清洗（压力至少10 MPa）。猪舍内清水冲洗的顺序为由内向外；按棚顶、顶部墙、管线（料线、水线、燃气管）、高位安装设备、低位安装设备、栏位、料槽、水槽、地面、猪舍内走道、猪舍门及门框顺序。清洗的标准达到眼观无可视粪便、泥沙，无污渍、无杂物。清洗栏位及管线时，同一栏位或同一段管线清洗时，至少在两个方位（180°）进行

图1-21
猪舍喷雾消毒（1）

带猪消毒

图1-22
猪舍喷雾消毒（2）

猪舍空舍期的熏蒸消毒

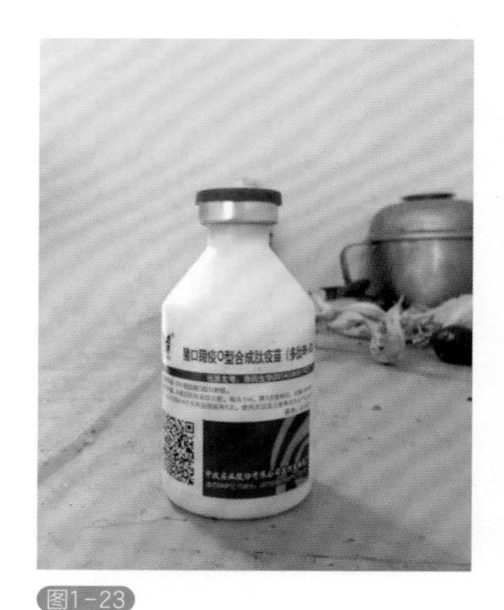

图1-23
猪口蹄疫O型疫苗

（2）免疫接种　用与当地流行相同的病毒主型、亚型的猪瘟疫苗进行免疫（图1-23）。

免疫程序（参考）：种猪每隔3个月免疫1次；仔猪于40～45日龄首免，100～105日龄二免；商品猪出栏前15～20d三免。注射疫苗只是控制该病的多项措施之一，在注重用疫苗的同时还应注重综合防治。

（3）及时防控　一旦发现疫情，要迅速逐级上报疫情，以便进行封锁、隔离、消毒、紧急接种。

（4）治疗措施　治疗应该在严格隔离的条件下进行，对于有价值的猪可进行对症治疗或特异性治疗（用高免血清或康复猪血清进行被动免疫，一般是按1mL/kg体重皮下注射）。

① 对症处理：对于口腔可用食醋冲洗，水疱已经破溃的猪只，要对破溃面（糜烂面）用0.1%高锰酸钾水、2%硼酸水或1%～2%明矾水清洗干净，再涂布1%的紫药水或5%碘甘油（5%碘和甘油等量制成）。也可撒布冰硼散（冰片5g、硼砂5g、黄连5g、明矾5g、儿茶5g，共为细末）。

蹄部破溃的用0.1%高锰酸钾、2%硼酸或3%煤酚皂溶液清洗干净，并涂抹青霉素软膏或1%紫药水溶液。也可擦干后涂松馏油或鱼石脂软膏等，并进行绷带包扎。

② 药物治疗：利巴韦林10～15mg/kg体重，或复方利巴韦林0.1～0.2mL/kg体重，肌内注射，1～2次/d，连用2～3d。

③ 中药方剂：贯众、山豆根、甘草、桔梗、赤芍、生地、花粉、大黄、连翘各10～30g，共为末，加蜂蜜100～200g，开水冲服。

2.猪瘟

猪瘟（HC、CSF）我国俗称“烂肠瘟”，美国称“猪霍乱”，英国称“猪热病”，是由猪瘟病毒引起猪的一种高度传染性和致死性的疾病。其特征为高热稽留和小血管变性引起的广泛出血、梗死和坏死。

猪瘟全世界许多养猪的国家都有流行。由于其传播快、病死率高，给养猪业带来严重的经济损失。因此，受到世界各国的重视。国际兽医局的国际动物卫生法规将本病列入A类16种法定的传染病之一，定为国际动物检疫对象。

我国研制的猪瘟兔化弱毒疫苗，经匈牙利、意大利等国家应用后，一致认为该疫苗安全有效，无残留毒力，1976年由联合国粮农组织和欧洲经济共同体召开的专家座谈会上，公认中国的猪瘟兔化弱毒疫苗的应用，对控制和消灭欧洲的猪瘟做出了重大贡献。

我国对防治猪瘟工作十分重视，是各级兽医部门工作的重点，并明确提出了以免疫接种为主的综合性防治措施。经验表明，只要按照合理的免疫程序，做到每一头猪都免疫接种，严格执行动物防疫法规，猪瘟在我国是完全可以被控制和消灭的。

近年来，有的地区发现了所谓慢性猪瘟、非典型猪瘟和隐性猪瘟，这些类型的猪瘟给养猪业带来了麻烦，造成了经济上的损失。

【病原体】猪瘟是由猪瘟病毒引起的一种高度传染性和致死性的传染病。

本病于1833年首先在美国等地被发现。猪瘟病毒只有一个血清型，但病毒株的毒力有强、中、弱之分，强毒株引起病死率高的急性猪瘟，而中毒力的温和毒株一般造成亚急性或慢性感染。感染弱毒力毒株的，只造成轻度疾病，往往不显临床症状，但胚胎感染或初生猪感染可导致死亡。温和毒株感染的预后，部分取决于年龄、免疫能力和营养状况等宿主因素。

猪瘟病毒以脾、淋巴结和血液中含病毒量最高。病猪排出的粪便和各种分泌物中，以及各组织脏器和体液中都含有大量病毒。猪瘟病毒的感染力很强，每克含病毒达百万个猪最小感染量。

猪瘟病毒对腐败、干燥的抵抗力不强，尸体、粪便中的病毒2 ～ 3d后即可失去活力。但对寒冷的抵抗力较强，病毒在冻肉中可存活几个月，甚至数年。一般常用消毒药，特别是碱性消毒药，对本病毒有良好的杀灭作用。

【流行病学】本病在自然条件下只感染猪，各品种、年龄、性别、用途的家猪和野猪都易感。20日龄以内的哺乳仔猪，由于从母猪的初乳中获得母源抗体，而具有被动免疫力。

病猪排泄物及分泌物都含病毒，猪只采食被猪瘟病毒污染的食物和水，主要经扁桃体、口腔黏膜及呼吸道黏膜感染得病。病毒可经过胎盘屏障感染胚胎，造成弱胎、死胎、木乃伊胎。

本病的发生没有季节性，在新疫区常呈急性暴发，其发病率和病死率都很高。在猪瘟常发的地区，猪群有一定的免疫力，一般病情较缓和，呈长期慢性流行，若发生继发感染，则可使病情复杂化。

肺丝虫、蚯蚓、家蝇、蚊子等都可成为猪瘟病毒的自然保毒和传播者。本病主要从消化道感染，也可经皮肤伤口和呼吸道传播。病猪的尸体处理不当、消毒不彻底、检疫不严，可通过运输、交易、配种等因素造成广泛传播。人、畜随意进入猪舍，注射器消毒不严等情况都可成为间接传播媒介。

【临床症状】猪瘟的类型有典型性（急性型）、慢性和非典型性（温和型）等几种，现在多发的是非典型性的温和型猪瘟。

（1）典型猪瘟（急性型）症状　感染强毒、没有免疫过或免疫失败的猪常发典型猪瘟（急性型）。表现为突然发病，病猪体温升高至40 ～ 41℃，高热稽留或回归热。寒战、倦怠、行动缓慢、垂头弓背、口渴、废食，常伏卧一隅闭目嗜睡。眼结膜发炎、角膜充血、眼睑浮肿、分泌物增加，甚至造成上下眼睑粘连（图1-24 ～图1-25）。皮肤和黏膜发绀，有出血斑点，在下腹部、耳部、四蹄、嘴唇、外阴等处可见到紫红色斑点，最大的特点是指压不褪色（图1-26～图1-31）。

病猪初期便秘、排粪困难、粪便呈粒状带有黏液。不久出现腹泻、粪便呈灰黄色、恶臭异常，肛门周围沾污粪便（图1-32）。公猪的阴茎鞘囊积尿、膨胀很大，用手捋之有浑浊、恶臭并带有白色沉淀物的液体流出（图1-33）。哺乳仔猪也可发生急性猪瘟，主要表现为神经症状，如磨牙、痉挛、转圈运动、角弓反张或倒地抽搐（图1-34～图1-36），如此反复几次后以死亡告终。母猪发生流产、产死胎、畸形胎（图1-37～图1-39）。据国外报道，部分小猪先天性震颤就是由猪瘟病毒引起的。

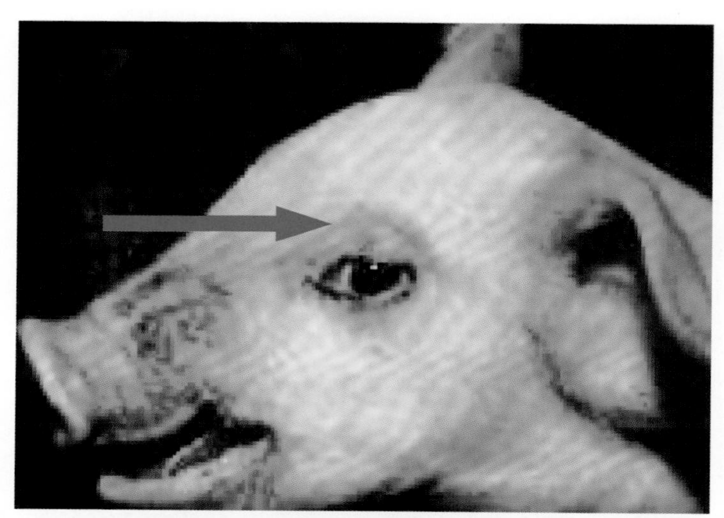

图1-24
猪瘟（急性型）的临床症状（1）

眼部（眼睑）水肿

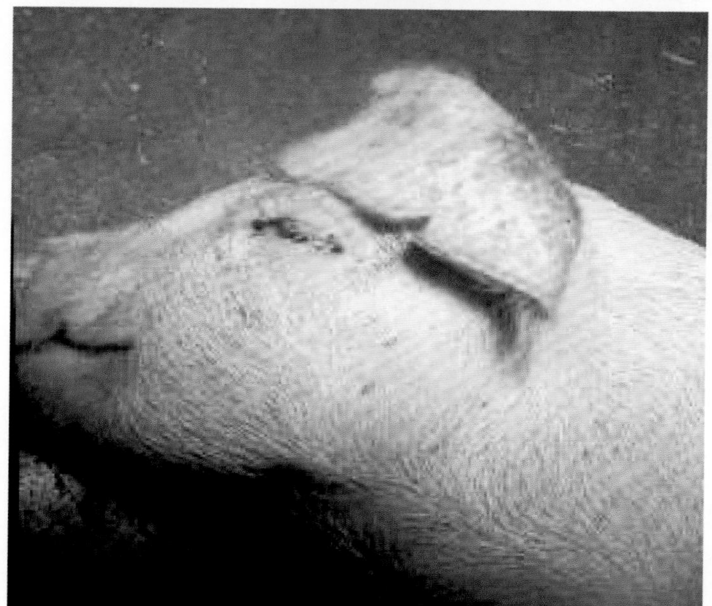

图1-25
猪瘟（急性型）的临床症状（2）

眼结膜炎、上下眼睑粘连、眼睑浮肿

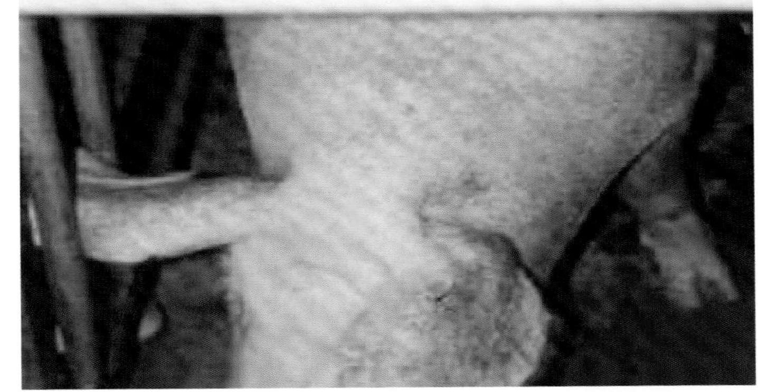

图1-26
猪瘟（急性型）的临床症状（3）

病猪的全身体表出血、密布出血点、指压不褪色

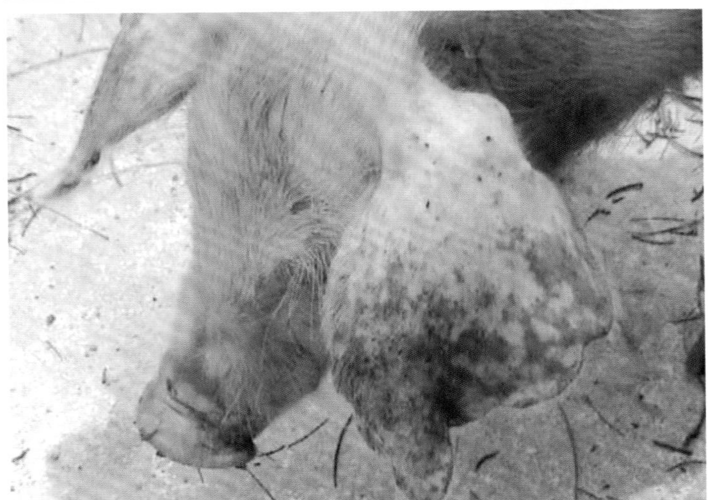

图1-27
猪瘟（急性型）的临床症状（4）

病猪皮肤、耳朵等处发绀，耳皮下出血，有出血斑点

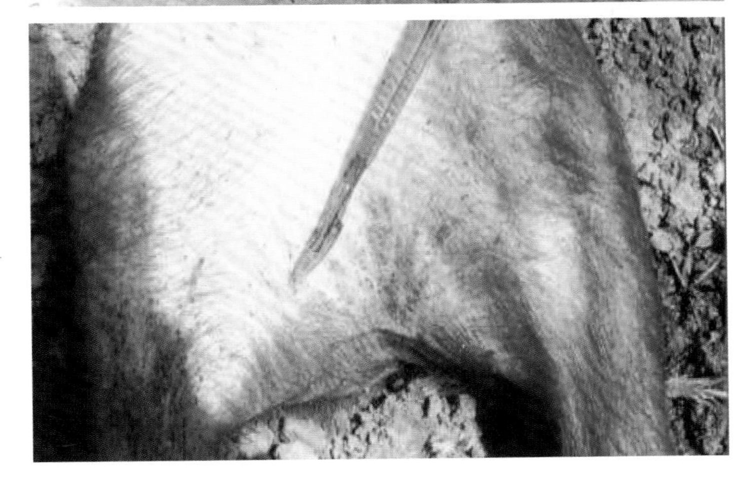

图1-28
猪瘟（急性型）的临床症状（5）

病猪的皮下出血，耳、颈、胸腹部及后肢皮肤呈暗紫色

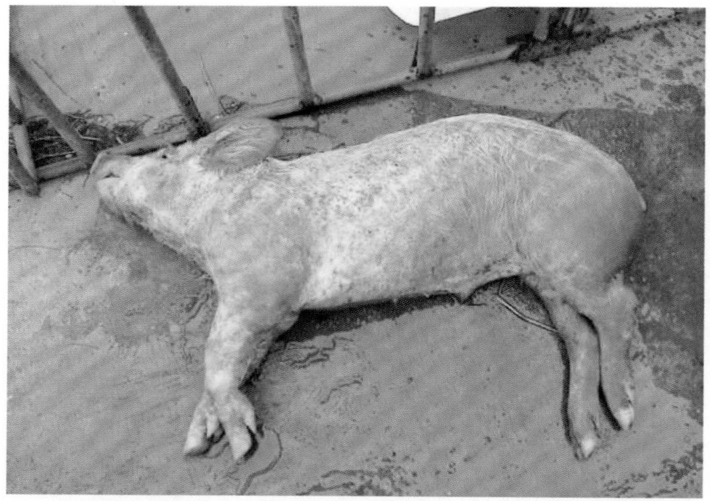

图1-29
猪瘟（急性型）的临床症状（6）

全身出血点或出血斑，皮下淤血

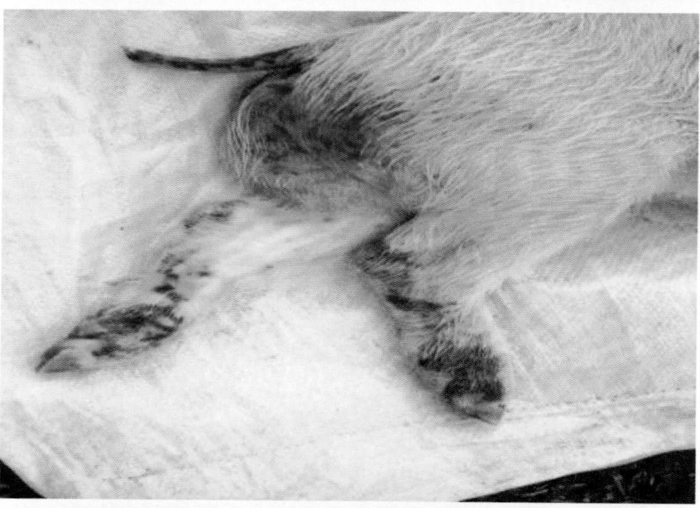

图1-30
猪瘟（急性型）的临床症状（7）

急性型猪瘟皮肤的出血斑，指压不褪色

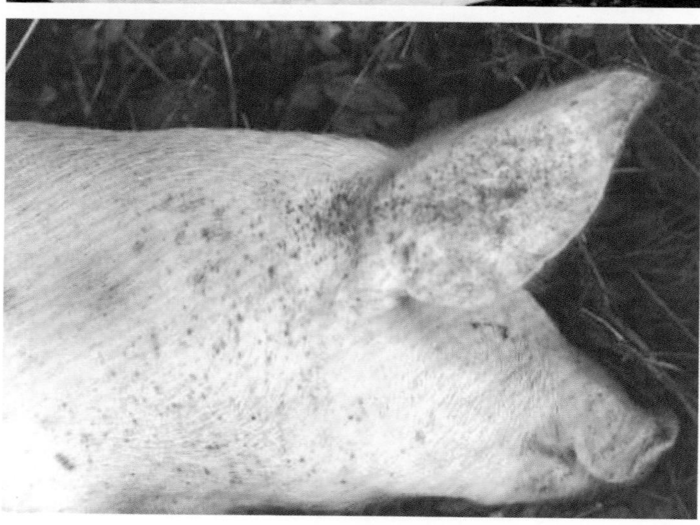

图1-31
猪瘟（急性型）的临床症状（8）

病猪耳部、皮下皮肤的出血点、出血斑

图1-32
猪瘟（急性型）的临床症状（9）

病猪体温升高、高热稽留，并有腹泻症状

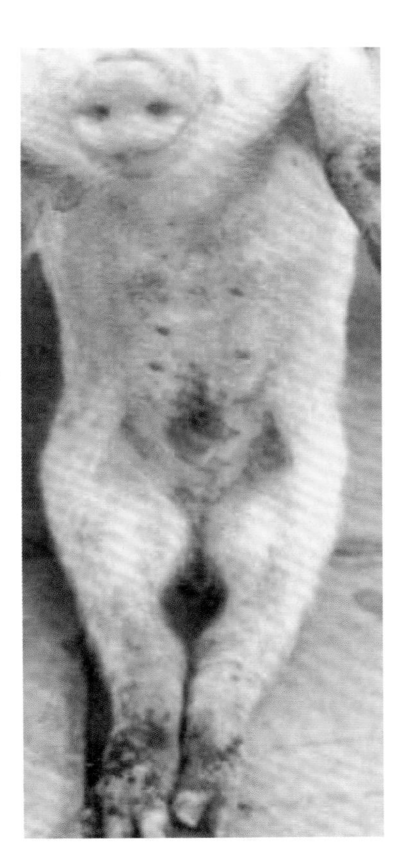

图1-33
猪瘟（急性型）的临床症状（10）

肢端皮肤斑点出血，公猪包皮皮肤出血，公猪的阴茎鞘囊积尿、膨胀、内有含白色沉淀物的液体

图1-34
猪瘟（急性型）的临床症状（11）

神经症状呈“鹅步”、磨牙、痉挛、转圈

图1-35
猪瘟（急性型）的临床症状（12）

病仔猪出现神经症状，肢体伸开、痉挛、倒地抽搐

图1-36
猪瘟（急性型）的临床症状（13）

3日龄仔猪的神经症状为后肢痉挛、倒地抽搐

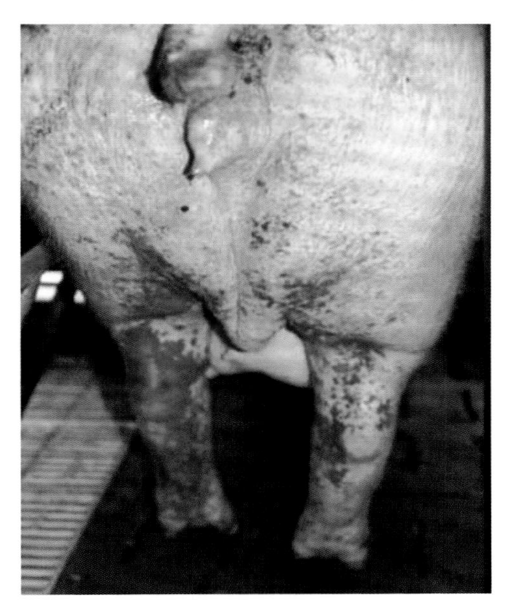

图1-37
猪瘟（急性型）的临床症状（14）

母猪流产

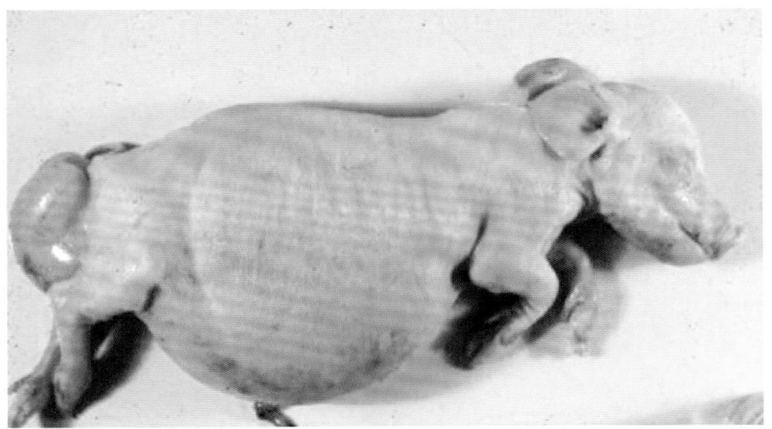

图1-38
猪瘟（急性型）的临床症状（15）

畸形胎、仔猪畸形

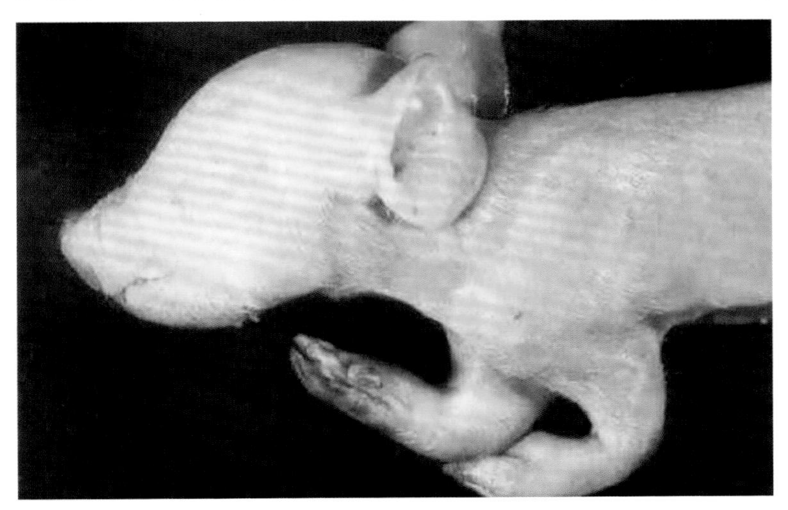

图1-39
猪瘟（急性型）的临床症状（16）

死胎及先天性畸形

（2）慢性型猪瘟症状　此种类型常见于老疫区或流行后期或感染弱毒力（低毒）毒株以及猪瘟病毒持续感染的情况下。

本型的症状与急性型差不多，但病程更长一些，更缓和一些。疾病的发展大致可划分为三个阶段：第一阶段体温升高至40～41℃，出现一般的全身症状，白细胞减少，此期为3～4d；第二阶段体温略有下降，但仍保持在40℃左右的微热，精神、食欲随之好转，此期为2～3d；第三阶段体温再度升高至41℃左右，病猪出现严重腹泻、消瘦、贫血、食欲不振、时有轻热怕冷打堆（图1-40）、便秘与腹泻交替。粪便恶臭带有血液和黏液，体表淋巴结肿大、后躯无力麻痹（图1-41）、行走缓慢、皮肤常发生大片紫红色斑块或坏死痂（图1-42～图1-49）。病猪迅速消瘦，这期间往往有细菌继发感染（如沙门菌、大肠杆菌等），从而引起白细胞数增加，病程一般在2周以上，甚至长达数月。

图1-40
猪瘟（慢性型）的临床症状（1）

大面积发病猪群，发烧、怕冷、打堆

图1-41

猪瘟（慢性型）的临床症状（2）

病猪群的表现：由于腹泻，使体表污脏不堪，精神沉郁，共济失调，后肢麻痹

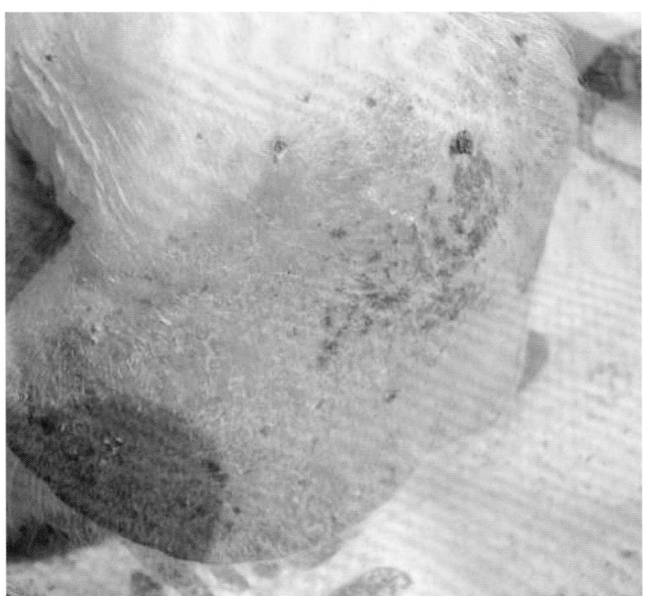

图1-42

猪瘟（慢性型）的临床症状（3）

耳部皮肤发绀、呈暗紫色

图1-43

猪瘟（慢性型）的临床症状（4）

耳、颈、胸、腹及后肢皮肤呈暗紫色

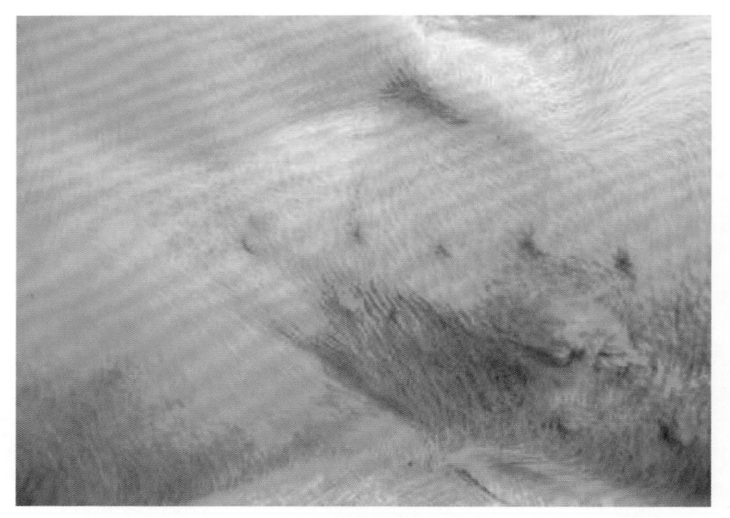

图1-44
猪瘟（慢性型）的临床症状（5）

乳头周围皮下发青、出血

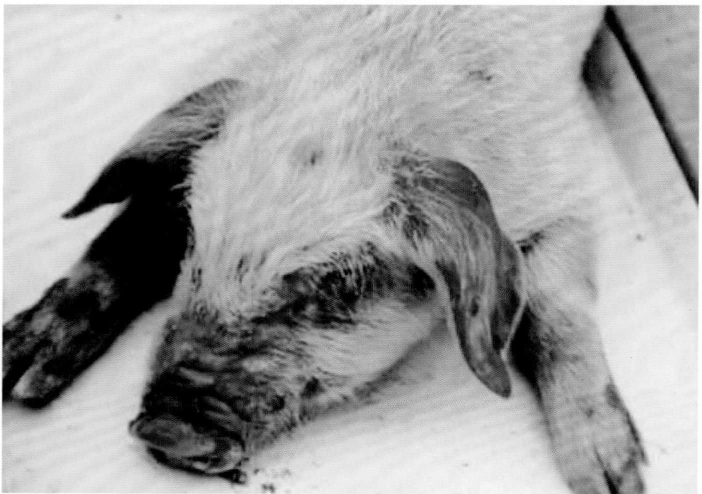

图1-45
猪瘟（慢性型）的临床症状（6）

皮肤大片紫红色斑块或坏死痂，头部、全身皮下出血

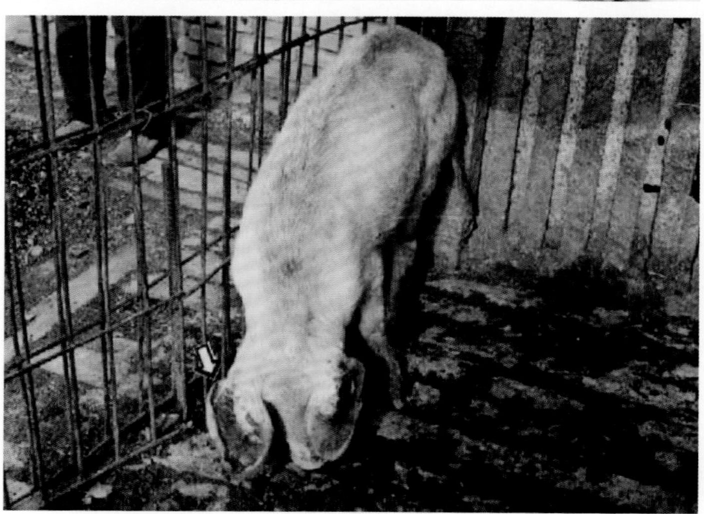

图1-46
猪瘟（慢性型）的临床症状（7）

病猪耳部皮肤陈旧性出血和坏死痂

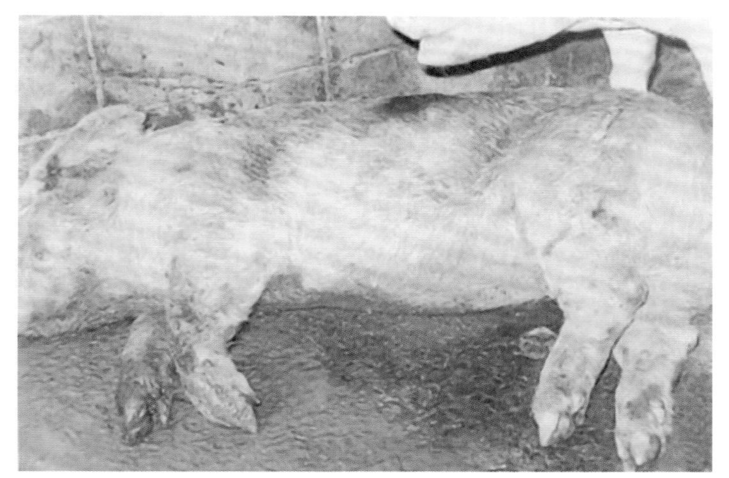

图1-47
猪瘟（慢性型）的临床症状（8）

发病后期的病猪，呈现腹泻，腹部等处皮肤发绀

图1-48
猪瘟（慢性型）的临床症状（9）

死亡的猪只呈现胸、腹部、四肢皮肤皮下出血，败血症症状

图1-49
猪瘟（慢性型）的临床症状（10）

后肢皮肤皮下出血

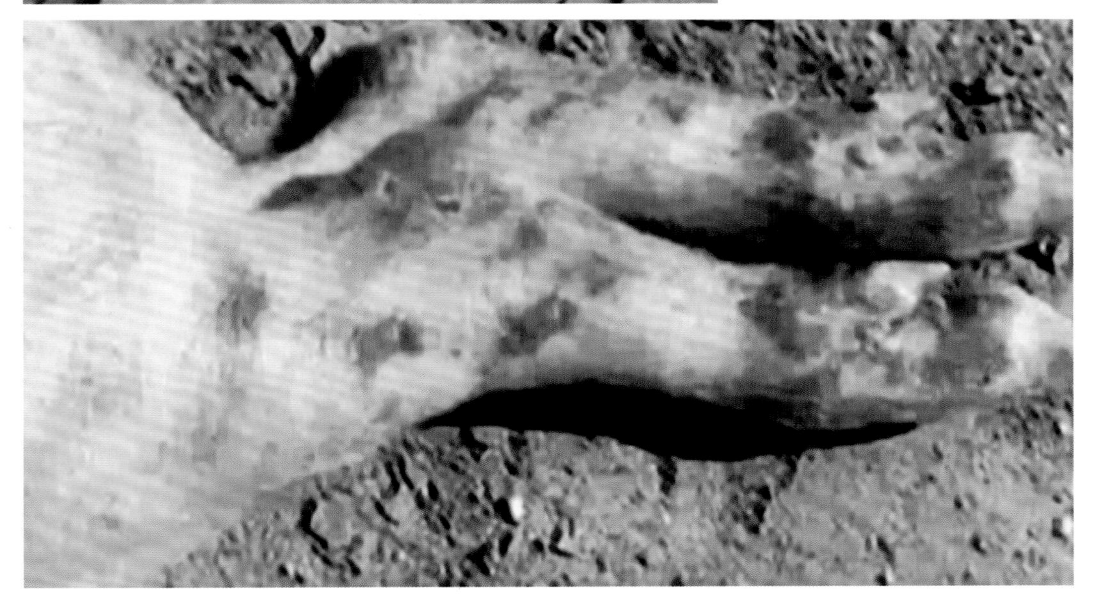

（3）非典型猪瘟症状　仅见于保育期的仔猪，系由感染隐性猪瘟的母猪垂直传染给仔猪，这样的仔猪出生时完全健康，哺乳期间生长正常，一旦断奶失去母源抗体的保护，进入保育栏后不久，便可能出现所谓非典型猪瘟。主要表现为顽固性腹泻，粪便呈淡黄色，由于肛门失禁而污染后躯（图1-50～图1-51）。病猪迅速消瘦、行走不稳、四肢末端和耳尖皮肤淤血呈紫色。母猪繁殖障碍，产死胎、弱胎（图1-52～图1-53）。对这种猪接种猪瘟疫苗无效，不能产生对猪瘟的中和抗体，病程1～2周，均以死亡告终。死后剖检，猪瘟的病变不典型。

（4）隐性猪瘟　见于生产母猪。感染母猪本身并没有任何临床症状，但能将猪瘟垂直传播给下一代。其所产的后代不是流产、死胎、弱仔，就是表现非典型猪瘟。这种母猪对猪瘟疫苗的免疫应答能力也很差，隐性猪瘟对母猪危害甚大。这种母猪是非典型猪瘟的传染源，隐性猪瘟是繁殖障碍产生的因素之一，这种母猪必须淘汰。

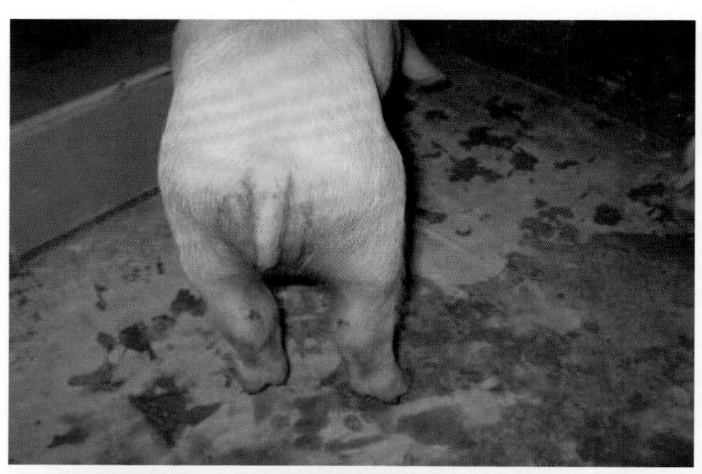

图1-50
猪瘟（非典型）的临床症状（1）

病仔猪呈现顽固性腹泻

图1-51
猪瘟（非典型）的临床症状（2）

病猪仔猪腹泻，治疗效果不好

图1-52
猪瘟（非典型）的临床症状（3）

繁殖障碍型母猪所产的弱仔猪

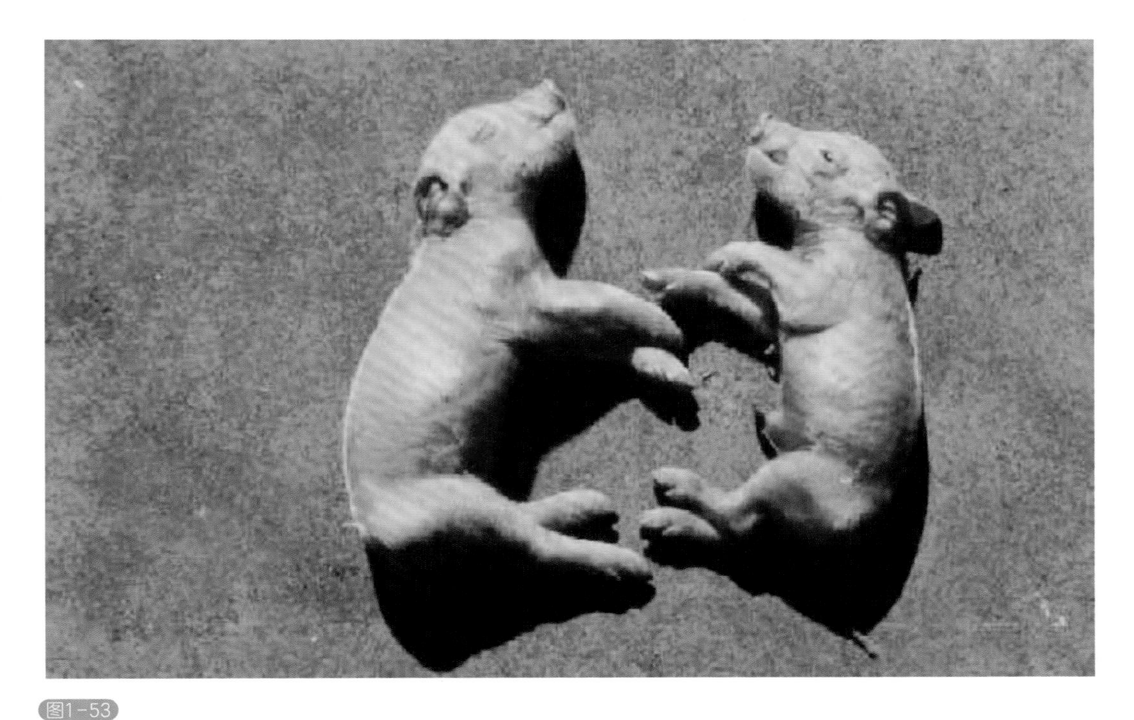

图1-53
猪瘟（非典型）的临床症状（4）

繁殖障碍型母猪生产的新生仔猪奄奄一息，处于濒死状态

【病理变化】不同临床表现的病猪其病理变化也有一定的差别。

（1）典型猪瘟（急性型）的主要病理变化　肾脏的色泽和体积变化不大，但表面和切面布满针尖大的出血点，类似于麻雀蛋一样（图1-54 ～图1-59）。整个消化道都有病变，口腔、齿龈有出血和溃疡灶，喉头、咽部黏膜有出血点，胃和小肠黏膜呈出血性炎症，特别以在大肠的回盲瓣段黏膜上形成特征性的纽扣状溃疡为特征（图1-60 ～图1-66）。脾脏边缘有梗死灶（图1-67 ～图1-69）。全身淋巴结充血、出血和水肿，切面多汁，呈大理石样病变（图1-70 ～图1-75）。由于小血管变性而引起的广泛性出血、水肿和坏死，如膀胱、扁桃体、肺脏、皮下、胃部、心脏、胸腺、脑膜及肋膜等处，尤其以喉头、咽部黏膜、会厌软骨、膀胱出血、胃底部等处为显著特征（图1-76 ～图1-97）。

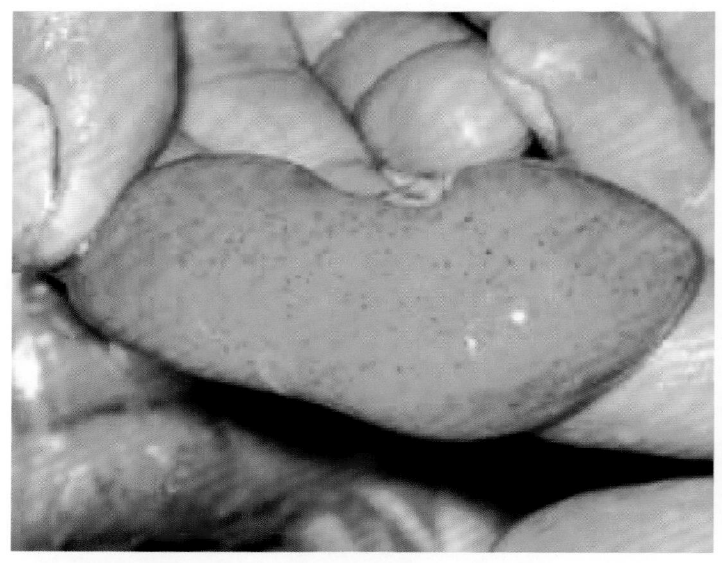

图1-54
猪瘟（急性型）的病理变化（1）

肾脏表面密布多量针尖大的出血点

图1-55
猪瘟（急性型）的病理变化（2）

肾脏不肿大，表现贫血，颜色发淡苍白，呈土黄色、灰黄色，表面点状出血，布满红色或褐色的出血点，外观似“麻雀蛋”模样

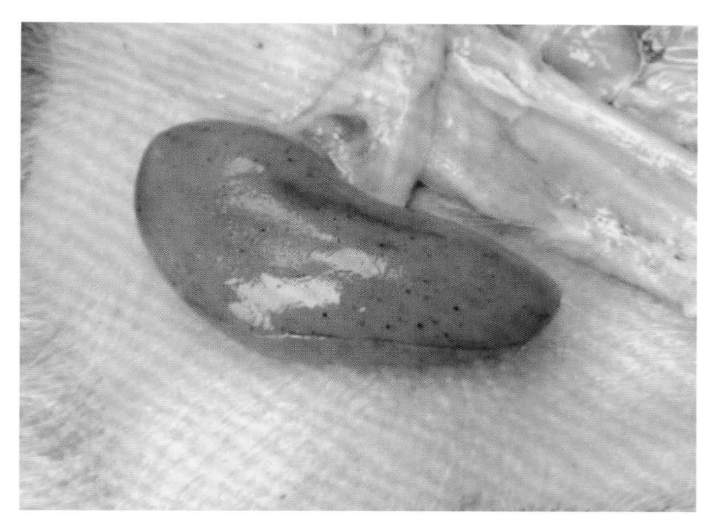

图1-56

猪瘟（急性型）的病理变化（3）

肾脏的肾皮质部点状出血

图1-57

猪瘟（急性型）的病理变化（4）

肾脏的肾髓质部密布出血点

图1-58

猪瘟（急性型）的病理变化（5）

左，肾脏表面密布出血点；右，肾脏切面广泛性小出血点

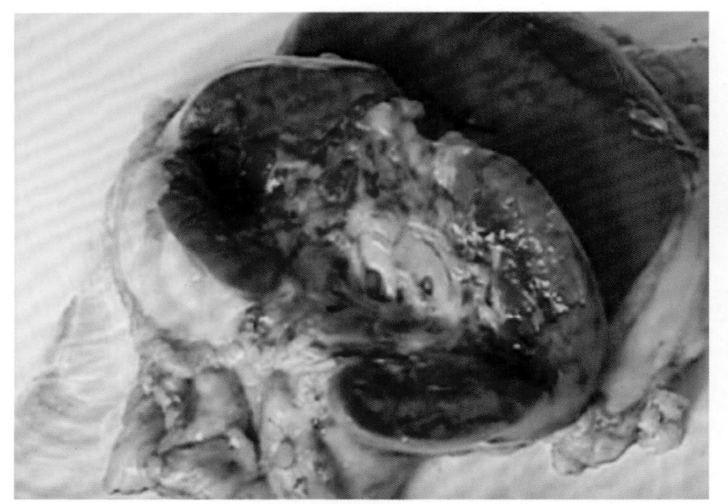

图1-59
猪瘟（急性型）的病理变化（6）

肾脏切面肾皮质部、肾乳头和肾盂见到严重广泛性出血

图1-60
猪瘟（急性型）的病理变化（7）

喉头部的点状出血

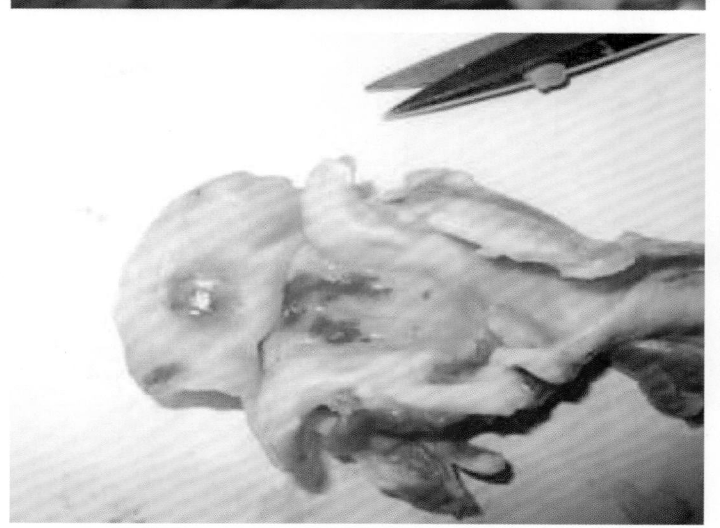

图1-61
猪瘟（急性型）的病理变化（8）

喉头黏膜出血

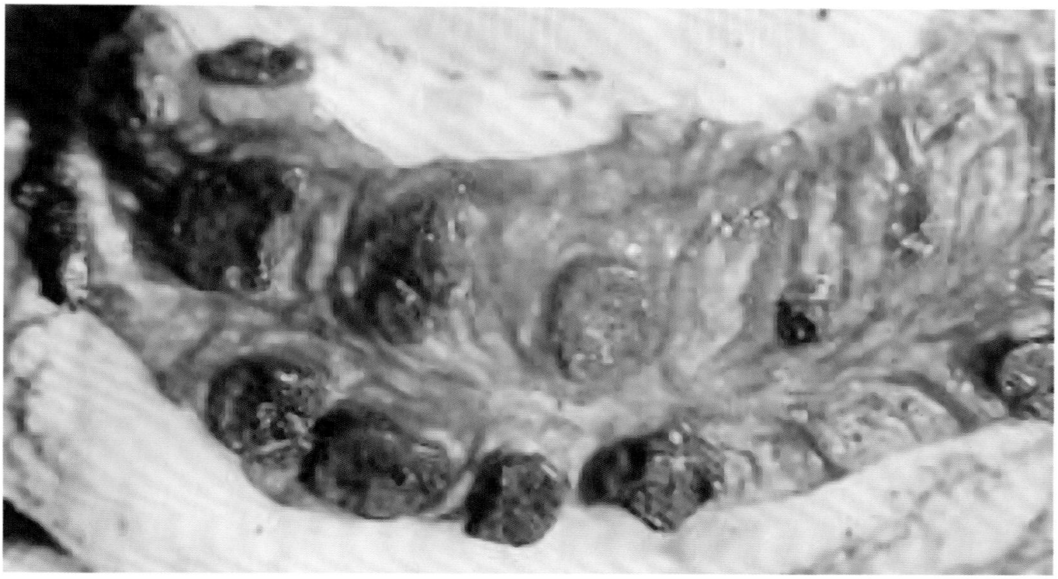

图1-62

猪瘟（急性型）的病理变化（9）

病猪的回盲瓣段黏膜上形成特征性纽扣状溃疡坏死

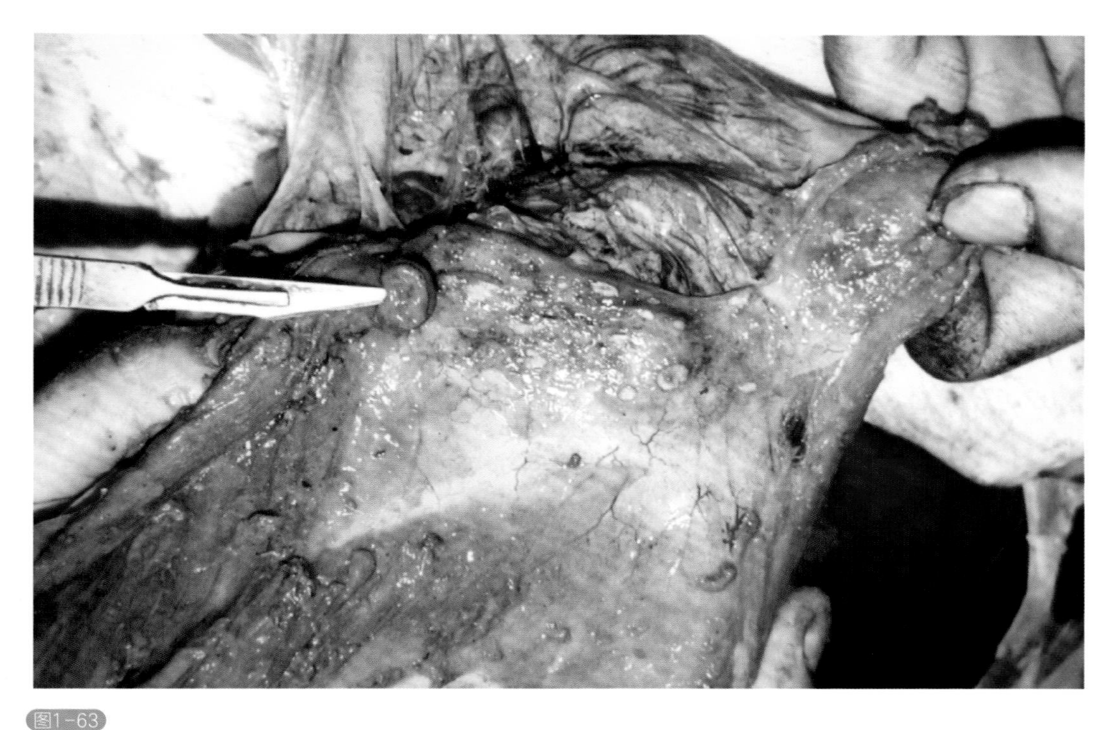

图1-63

猪瘟（急性型）的病理变化（10）

肠黏膜纽扣状溃疡

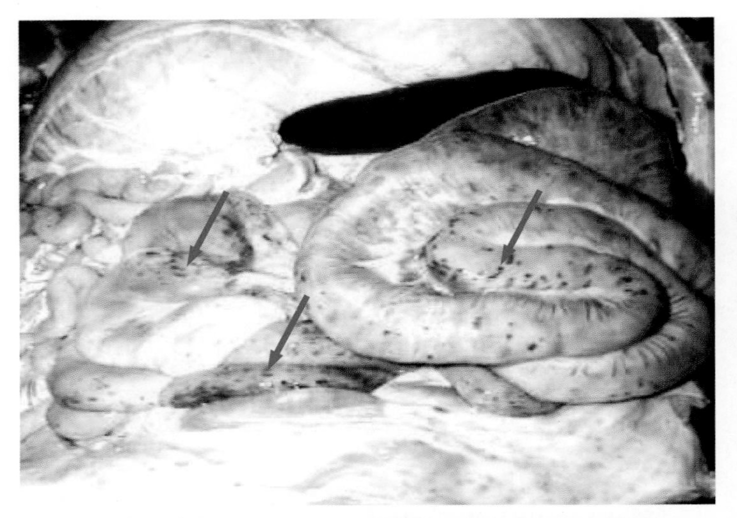

图1-64
猪瘟（急性型）的病理变化（11）

肠道浆膜上有大量的出血斑点

图1-65
猪瘟（急性型）的病理变化（12）

肠道的浆膜、肠系膜可见出血

图1-66
猪瘟（急性型）的病理变化（13）

结肠浆膜出血

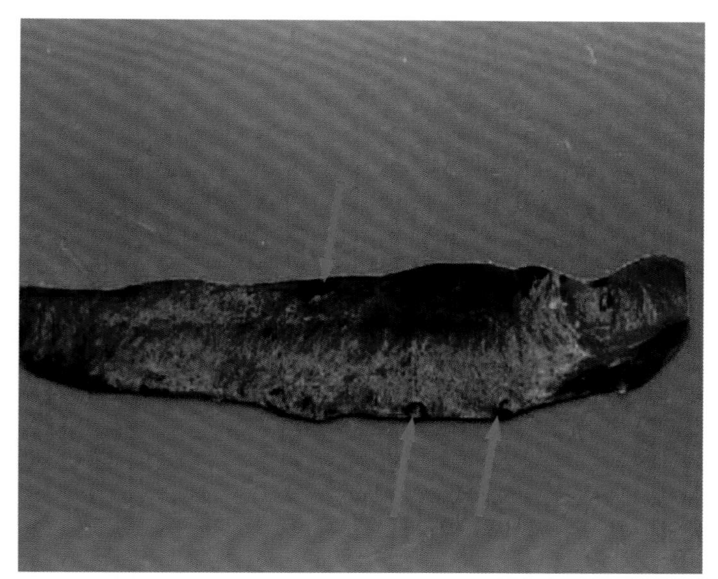

图1-67
猪瘟（急性型）的病理变化（14）

脾脏不肿大，边缘紫黑色梗死（箭头所指处）凸起，有出血性梗死灶连接呈带状

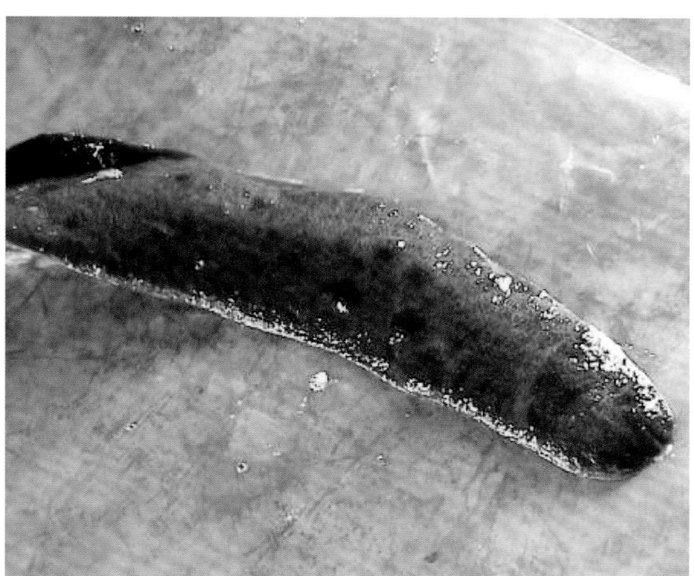

图1-68
猪瘟（急性型）的病理变化（15）

脾脏表面出血性梗死，颜色呈紫黑色，有边界清楚的隆起斑块

图1-69
猪瘟（急性型）的病理变化（16）

脾边缘梗死

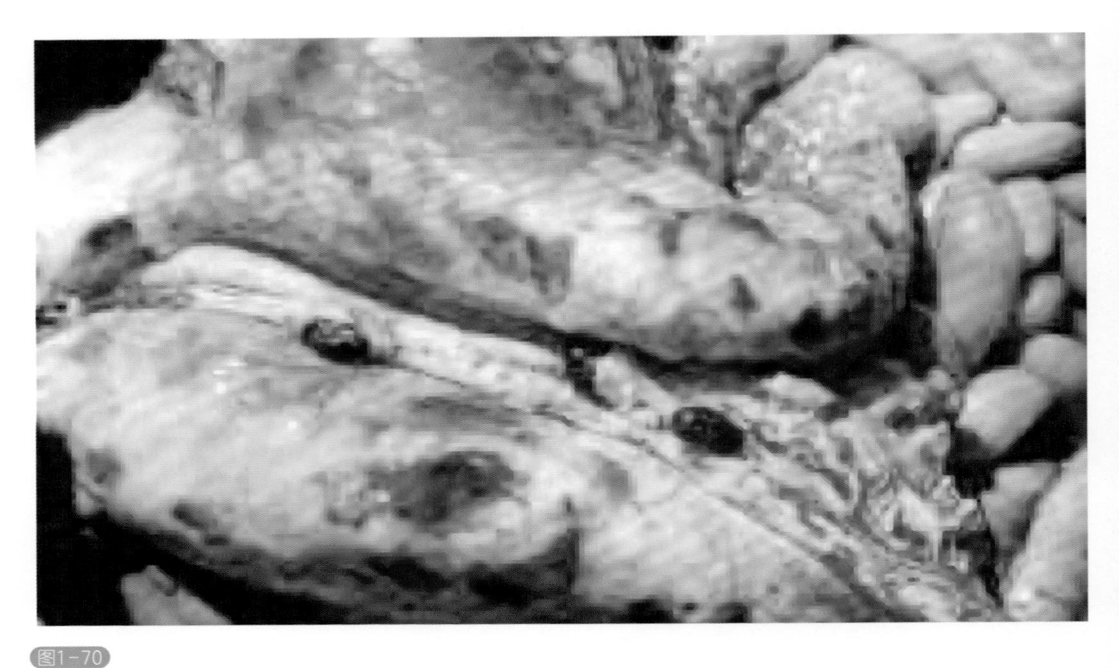

图1-70
猪瘟（急性型）的病理变化（17）

肺门淋巴结出血、水肿

图1-71
猪瘟（急性型）的病理变化（18）

肝门淋巴结出血性病变，淋巴结出血、肿胀，呈紫红色，切面呈红白相间的大理石样

图1-72
猪瘟（急性型）的病理变化（19）

下颌淋巴结出血

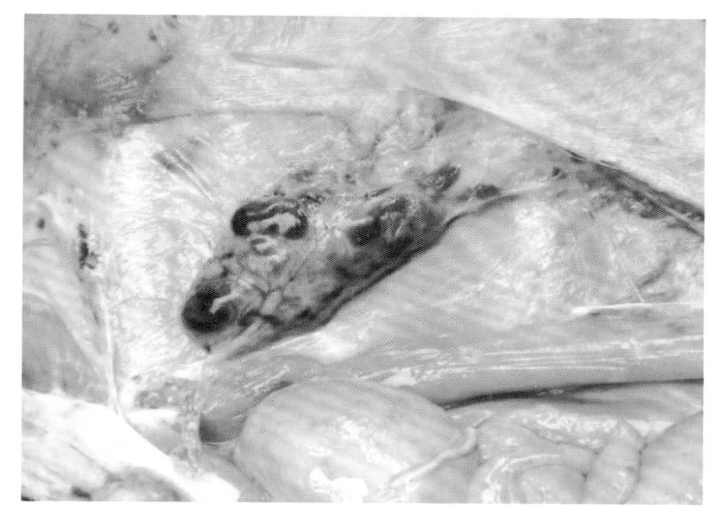

图1-73
猪瘟（急性型）的病理变化（20）

皮下淋巴结出血

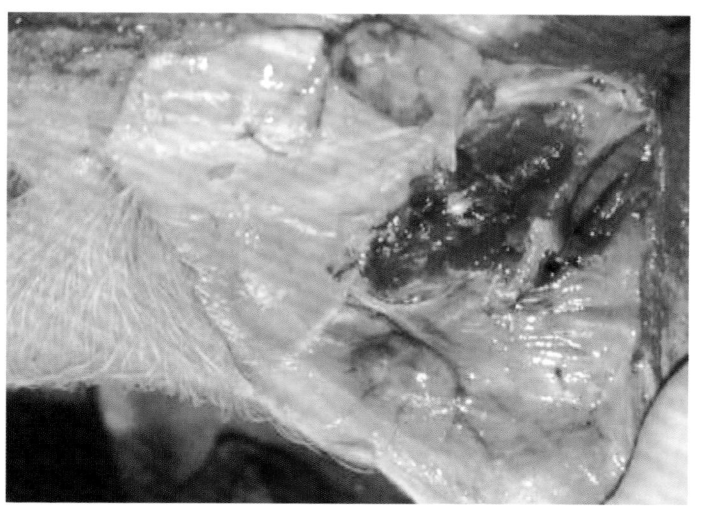

图1-74
猪瘟（急性型）的病理变化（21）

皮下淋巴结肿大

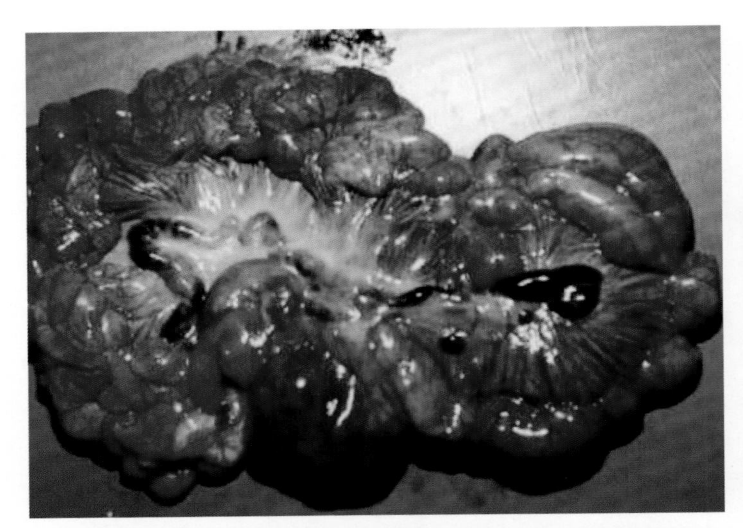

图1-75
猪瘟（急性型）的病理变化（22）

肠系膜淋巴结出血性病变，出血、坏死

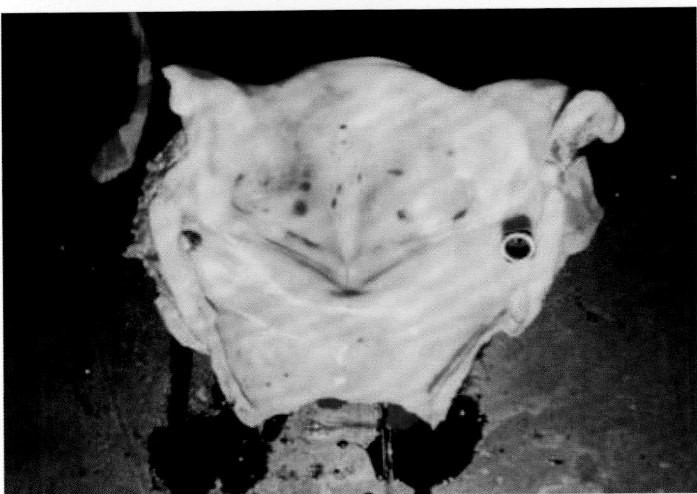

图1-76
猪瘟（急性型）的病理变化（23）

膀胱黏膜表面的点状出血

图1-77
猪瘟（急性型）的病理变化（24）

膀胱黏膜出血

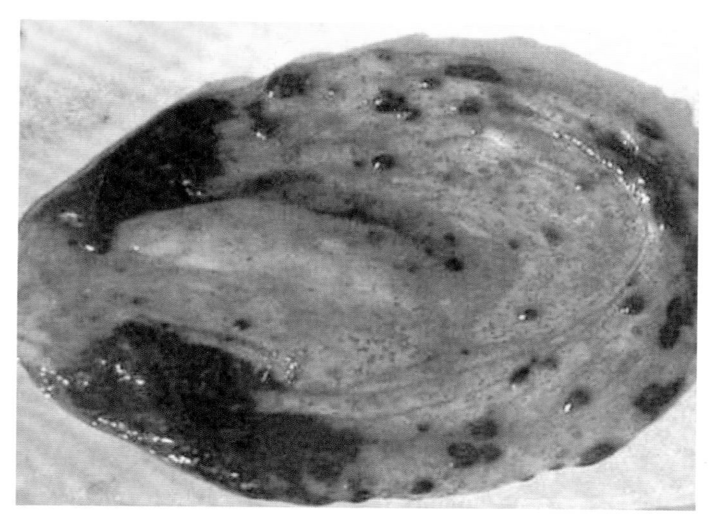

图1-78
猪瘟（急性型）的病理变化（25）

膀胱黏膜出血形成血肿

图1-79
猪瘟（急性型）的病理变化（26）

膀胱浆膜表面出血

图1-80
猪瘟（急性型）的病理变化（27）

扁桃体出血、坏死（箭头所指处）

图1-81
猪瘟（急性型）的病理变化（28）

肺脏表面出血、坏死

图1-82
猪瘟（急性型）的病理变化（29）

肺出血，表面密布出血点（箭头所指处）

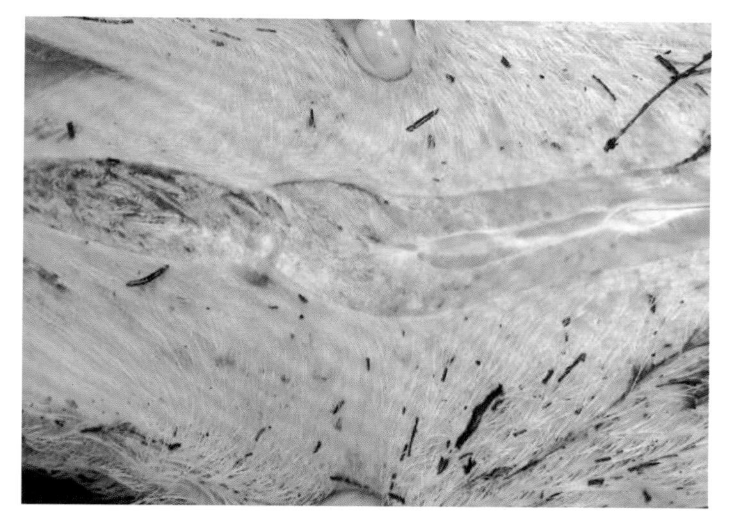

图1-83
猪瘟（急性型）的病理变化（30）

皮下广泛性出血

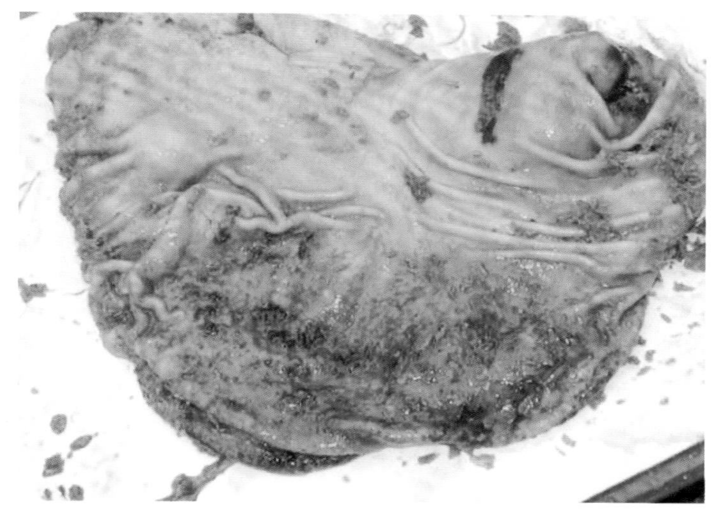

图1-84
猪瘟（急性型）的病理变化（31）

胃底黏膜出血性溃疡（箭头所指处）

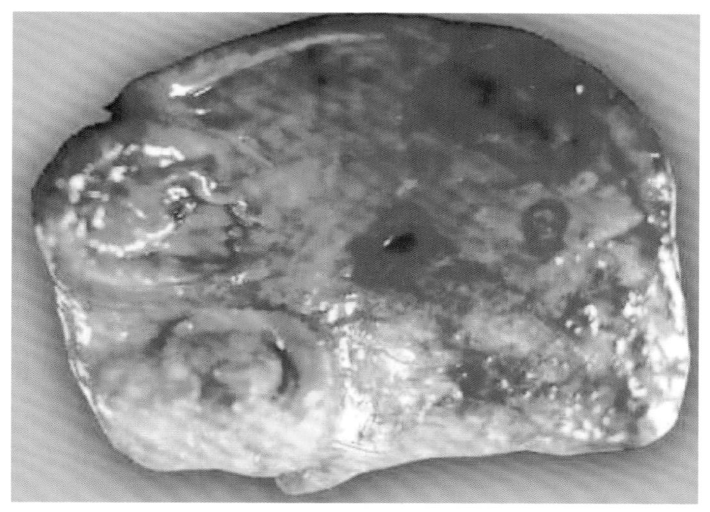

图1-85
猪瘟（急性型）的病理变化（32）

胃黏膜溃疡症状（箭头所指处），黏膜上皮被破坏，形成糜烂，溃疡、出血

图1-86
猪瘟（急性型）的病理变化（33）

胃溃疡症状

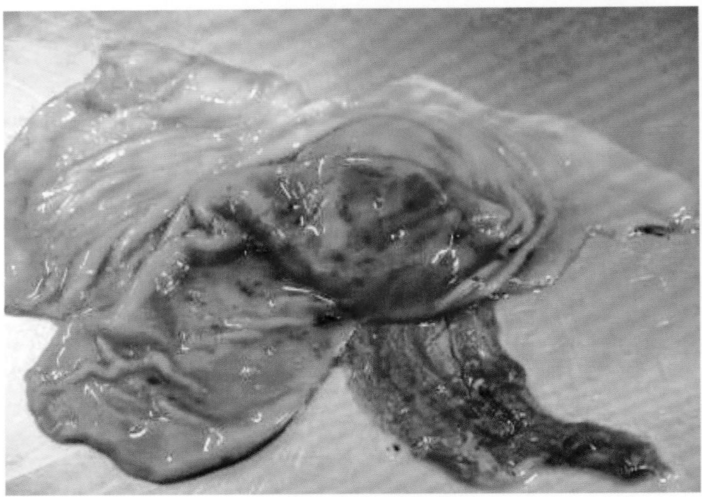

图1-87
猪瘟（急性型）的病理变化（34）

胃出血

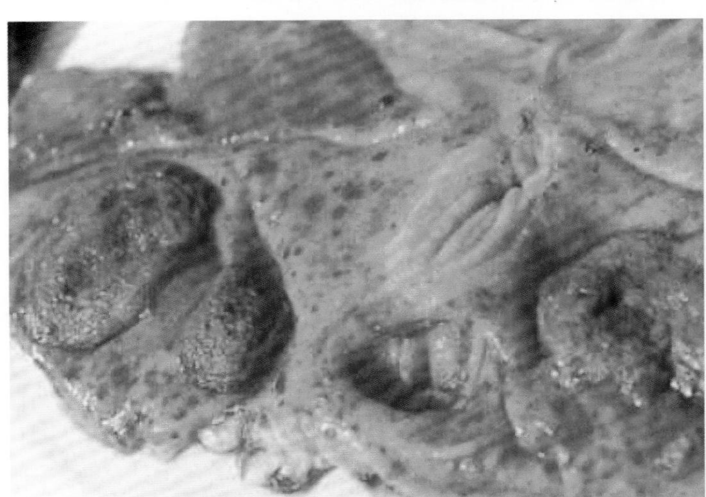

图1-88
猪瘟（急性型）的病理变化（35）

胃黏膜出血以及纽扣状坏死

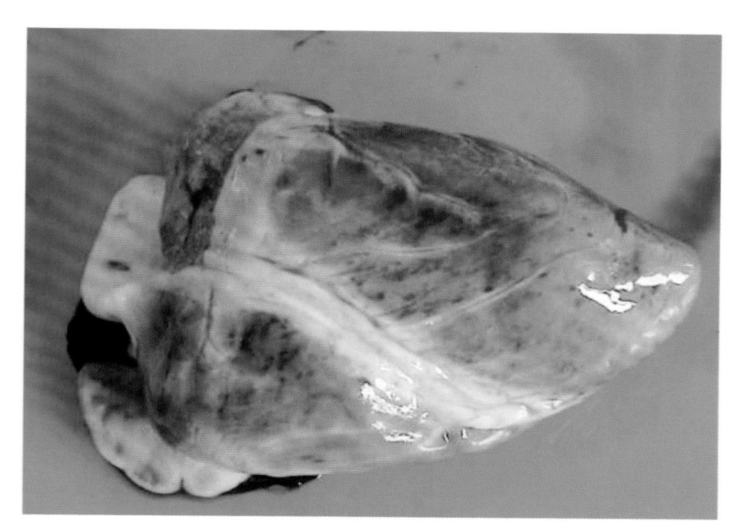

图1-89
猪瘟（急性型）的病理变化（36）

心脏表面有大小不等的出血点

图1-90
猪瘟（急性型）的病理变化（37）

心外膜出血，呈弥漫性出血病变

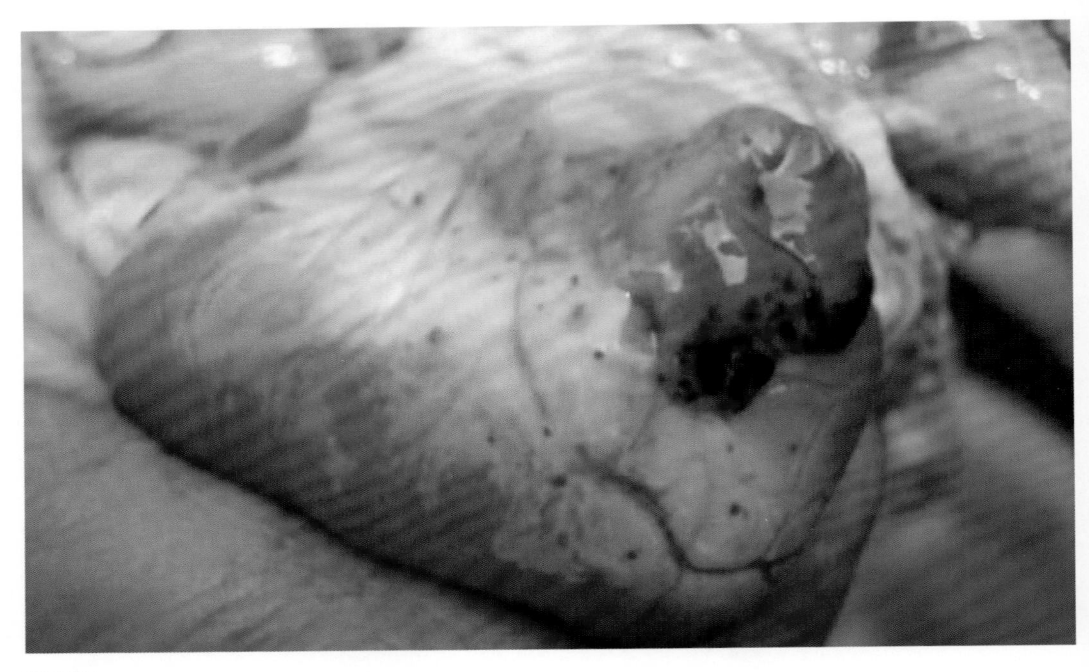

图1-91
猪瘟（急性型）的病理变化（38）

心外膜的点状出血病变

图1-92
猪瘟（急性型）的病理变化（39）

心脏的心肌内膜出血

图1-93
猪瘟（急性型）的病理变化（40）

心脏的心外膜下出血

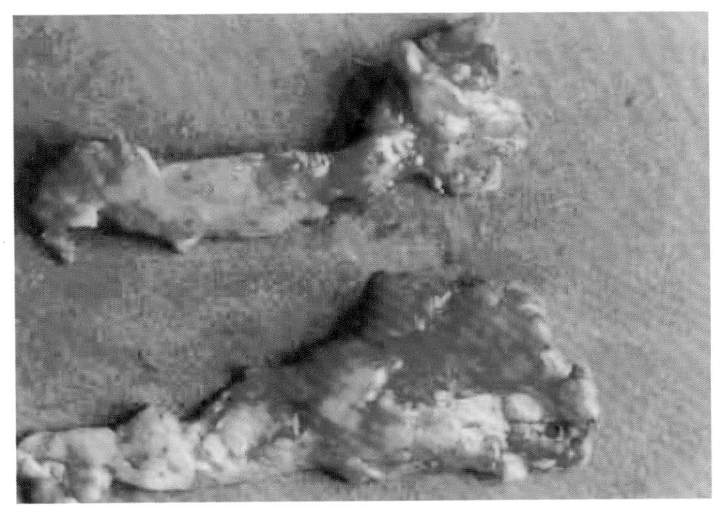

图1-94
猪瘟（急性型）的病理变化（41）

胸腺出血

图1-95
猪瘟（急性型）的病理变化（42）

脑膜出血

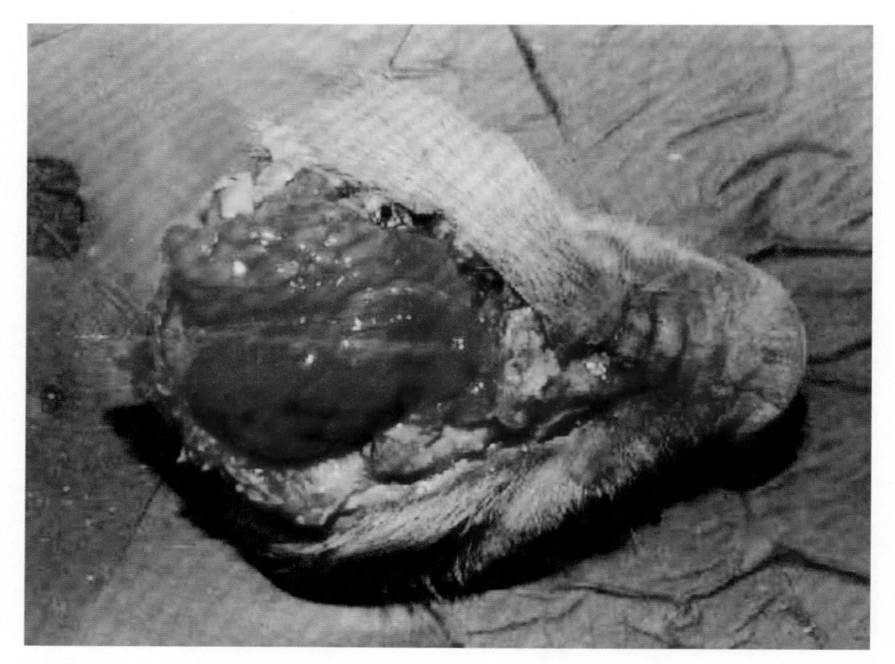

图1-96
猪瘟（急性型）的病理变化（43）

脑膜出血

图1-97
猪瘟（急性型）的病理变化（44）

肋膜有出血性斑点

（2）非典型猪瘟　因感染猪只体内抗体水平以及病毒毒力强弱不同差异很大，也可见坏死性肠炎，也有全身多个组织器官有出血变化，肠道黏膜出血、溃疡，有纽扣状坏死，但不如典型性猪瘟的病理变化明显（图1-98～图1-103）。猪瘟引起断奶仔猪钙磷代谢障碍的，有时可见肋骨末端与软骨交界处的骨化障碍，见有黄色骨化线。病猪粪便干燥，呈粪球状（图1-104）。当并发细菌感染后，症状将更加复杂。

图1-98
猪瘟（非典型）的病理变化（1）

回盲口的红肿块

图1-99
猪瘟（非典型）的病理变化（2）

肠道黏膜出血（箭头所指处）

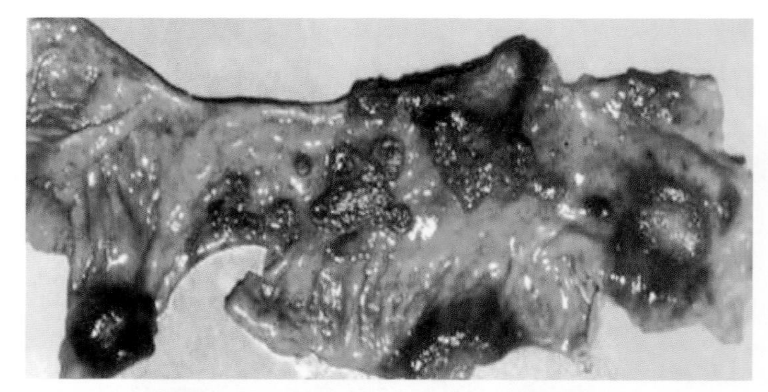

图1-100
猪瘟（非典型）的病理变化（3）

盲、结肠黏膜上单个及融合溃疡，纽扣状坏死

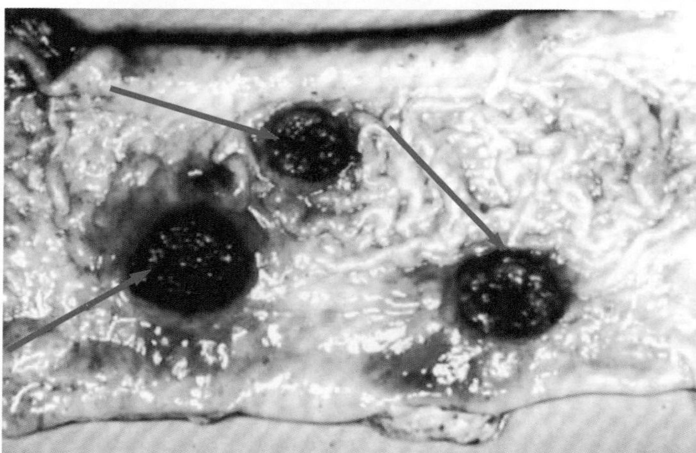

图1-101
猪瘟（非典型）的病理变化（4）

在回肠末端及盲肠和结肠，特别是回盲口有轮层状溃疡（纽扣状肿）

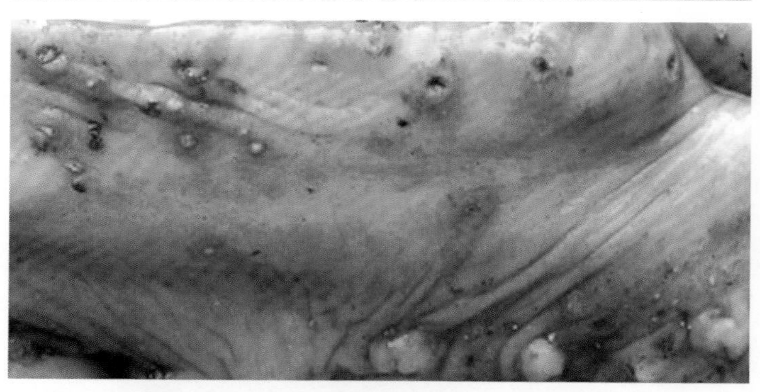

图1-102
猪瘟（非典型）的病理变化（5）

肠黏膜纽扣状溃疡

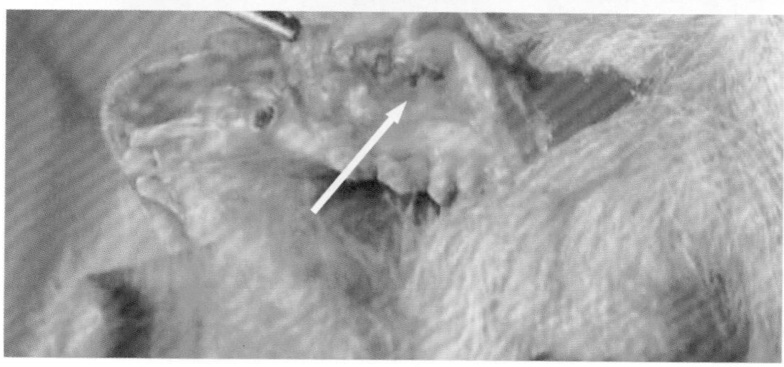

图1-103
猪瘟（非典型）的病理变化（6）

齿龈和唇黏膜溃疡

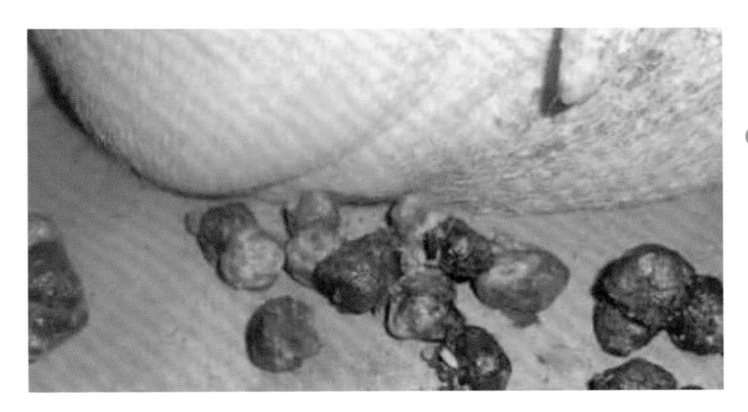

图1-104
猪瘟引起仔猪磷钙代谢障碍

病猪的便秘症状，排出干硬呈球状的粪便

【诊断】当发现使用多种抗菌药无效、病猪高热稽留、体温达41℃以上、皮肤和黏膜发绀、有出血斑点、先便秘后腹泻时，就要怀疑是猪瘟。对于非典型猪瘟，必须通过实验室确诊。

猪瘟的实验室诊断：对病料做冰冻切片，用直接法荧光抗体（FA）试验，或兔体交互免疫试验，或用病毒中和试验和酶联免疫吸附试验等。特别是酶联免疫吸附试验对检测隐性猪瘟和非典型猪瘟有重要的作用。

【防治措施及方剂】

（1）预防　本病的预防就是重视疫苗的免疫接种。我国研制的猪瘟兔化弱毒疫苗，是消灭和控制猪瘟的有力武器。它具有性能稳定、安全性好、免疫原性强、对强毒有干扰作用、免疫接种4d后即有保护力等优点。为充分发挥疫苗的应有作用，介绍几种猪瘟的免疫程序，可根据本场的具体情况选择使用。

① 乳前免疫（或称超前免疫、零时免疫）法：即仔猪出生后尚未吮初乳前，先接种猪瘟活疫苗，再喂初乳，其保护期可达6个月以上。

② 去势免疫法（或称断奶时一次免疫法）：通常30～40日龄仔猪断奶后，在去势的同时进行猪瘟疫苗接种。这期间母源抗体已消失，接种疫苗可获得最佳的免疫效果。此法适用于猪瘟的安全地区和饲养母猪较多的农村。

③ 二次免疫法：首免在20～25日龄，二免在60～65日龄。由于仔猪在20日龄后母源抗体浓度降低，可能抵抗不了强毒的感染，需要提前接种，但这时仔猪的免疫应答能力不强，保护期较短，于50～60日龄时需加强免疫1次。大多数猪场采用此法。

④ 种猪免疫：在以上免疫接种的基础上，种猪每年加强免疫接种1次。注意不能在怀孕期接种，尤其不能在怀孕后期接种猪瘟活疫苗。

（2）猪瘟免疫注意事项

① 猪瘟疫苗最好单独注射，尽量不要用联苗，更不要同灭活苗一起注射，要保证免疫效果。

② 给母猪注射猪瘟疫苗要在空胎时进行。因为猪瘟弱毒苗能穿过怀孕母猪胎盘屏障进入胎儿体内，使仔猪对猪瘟免疫有耐受现象，造成母猪不发猪瘟，而仔猪易发生非典型猪瘟。

③ 对带猪瘟病毒的母猪应坚决淘汰。这种母猪带毒却不发病，但是产死胎、弱胎。仔猪也可能带毒而成为猪瘟的传染源。

④ 免疫前后要监测抗体，以调整免疫程序，检验免疫效果。

⑤ 进行猪瘟野毒监测，净化猪场。

（3）发病后的紧急措施　一旦发生猪瘟时，应立即对猪场进行封锁、扑杀病猪、病尸焚烧深埋。可疑猪就地隔离观察。凡被病猪污染的猪舍、环境、用具等都要彻底消毒，对假定健康猪和疫区及受威胁区的猪，都要进行猪瘟活疫苗的紧急免疫接种。发病猪舍、运动场及相关用具用2%～3%的烧碱溶液进行彻底消毒。

（4）治疗　抗猪瘟血清或免疫球蛋白、干扰素可用于猪瘟的早期控制和治疗，但成本非常高，除非是优秀的猪种；中药中的抗病毒药和抗菌消炎药也能起到预防继发感染和增强体质的作用。不宰杀的病猪及可疑病猪可用下列方法治疗。

① 用大剂量的猪瘟疫苗紧急接种治疗，20kg以上的病猪用40头份冻干苗，40kg以上病猪用80头份冻干苗，如果第1次注射后两天内无显著效果，可再用上述方法注射1次。还可以口服补液盐溶液1000mL。再就是用5%碳酸氢钠20～50mL、5%葡萄糖氯化钠30～50mL，静脉注射。

② 在连续6年注射猪瘟疫苗的健康猪的耳静脉采血10～15mL，分离血清。10～20kg的猪每次肌内注射血清2mL，30～50kg的猪每次肌内注射血清2～4mL，每天1次，连续3d。

③ 根瘟灵10～20mL，肌内注射，青霉素、增效磺胺颈部肌内注射。

④ 中药方剂：（白虎汤加减）生石膏30～40g（先煎）、知母20～30g、生山栀10～20g、板蓝根20～30g、玄参20～30g、金银花10～20g、大黄30～40g（后下）、炒枳壳20～30g、鲜竹叶30～40g、生甘草10～20g，水煎温服，每天1剂，连续服用2～3剂。

3.猪传染性胃肠炎

猪传染性胃肠炎（TGE）是由猪传染性胃肠炎病毒引起的猪的一种高度接触性肠道传染病。特征性的临床表现为呕吐、腹泻和脱水，急性水样下痢，初期甚至呈喷射状排出。各日龄的猪均可感染，但其危害程度与病猪的日龄、母源抗体状况和流行的强度有关，10日龄内的仔猪死亡率很高。

本病于1946年首先在美国被发现，此后流行于世界各养猪国家和地区。我国自20世纪70年代以来传入，疫区不断扩大，并常常与猪流行性腹泻混合感染，给养猪业带来较大的经济损失。

【病原体】猪传染性胃肠炎病毒大量存在于病猪的空肠、十二指肠和肠系膜淋巴结内。猪舍的温度和周围环境温度可影响该病毒的繁殖，在8～12℃的环境中比在30～35℃的环境中产生的毒价高，这可能是本病在寒冷季节流行的一个重要因素。

该病毒不耐热，在阳光下曝晒6h可被灭活。紫外线能使病毒迅速失去活性，但在寒冷和阴暗的环境中，经1周后仍能保持其感染力。常用的消毒药在一般浓度下都能杀灭该病毒。

【流行病学】本病的流行有3种类型。

（1）流行型　见于新疫区，很快感染所有年龄的猪，症状典型，10日龄以内的仔猪死亡率很高。

（2）地方流行型　表现出地方流行性，大部分猪都有一定的抵抗力，但由于不断有新生仔猪，故病情有轻有重。

（3）周期型　本病在一个地区或一个猪场流行数年后，可能是由于猪群都获得了较强的免疫力，仔猪也能得到较高的母源抗体，病情常平息数年。当猪群的抗体逐年下降，遇到引进传染源后又会引起本病的暴发。

各年龄的猪都可发病。本病的流行有明显的季节性，常于深秋、冬季和早春（11月至翌年3月）广泛流行，这可能是与冬季气候寒冷有利于本病毒的存活和扩散有关。我国大部分地区都是本病的老疫区，因此一般都呈地方流行型和周期型。

【临床症状】本病发生突然，在一段时期内全场的大小猪都发生呕吐，呕吐物中往往有凝乳块，呈水样腹泻，只不过是程度不同，一般日龄越小病情越重，常见断奶前后的仔猪有明显的脱水、消瘦等现象（图1-105～图1-110）。成年猪的症状轻微。一个猪场的流行时间很少超过2个月。

猪传染性胃肠炎和其他腹泻疾病的鉴别如表1-1所示。

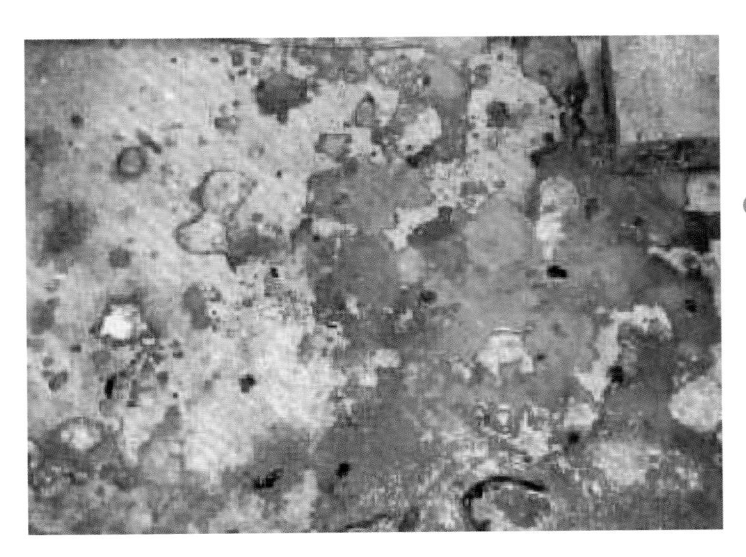

图1-105
猪传染性胃肠炎的临床症状（1）

病仔猪的呕吐物和腹泻物。发病仔猪在吃奶后突然呕吐，呕吐物中含有未消化的凝乳块；接着发生剧烈的水样腹泻，粪便呈黄色或淡绿色或灰白色，恶臭

图1-106
猪传染性胃肠炎的临床症状（2）

病猪排出黄色水样稀粪，恶臭，里面常常含有凝乳块

图1-107
猪传染性胃肠炎的临床症状（3）

发病仔猪消瘦，极度口渴，迅速脱水，被毛粗乱无光，排出黄色稀粪，后躯被污染

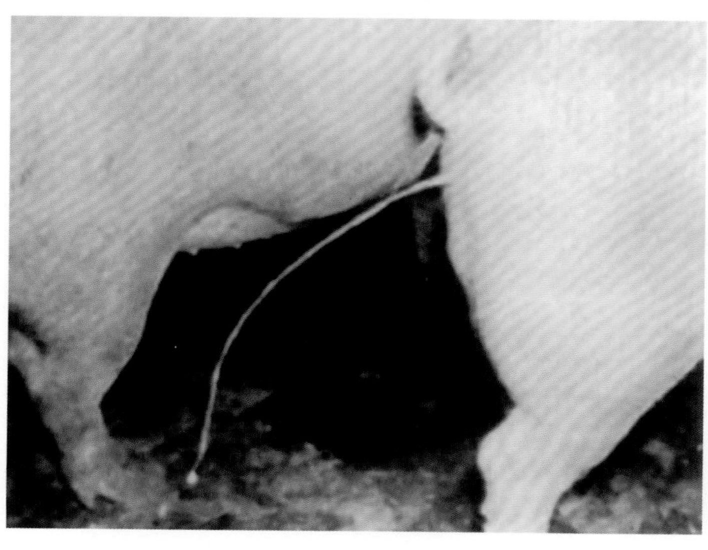

图1-108
猪传染性胃肠炎的临床症状（4）

病猪水样下痢症状

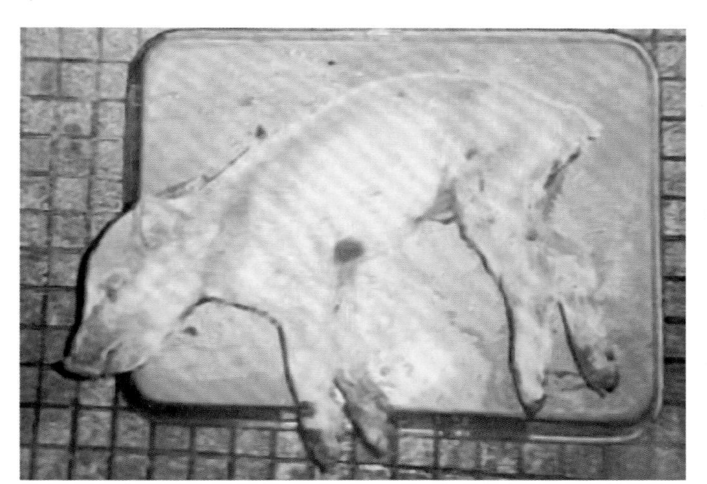

图1-109
猪传染性胃肠炎的临床症状（5）

病猪由于腹泻，出现明显的脱水症状

图1-110
猪传染性胃肠炎的临床症状（6）

仔猪呕吐症状

表1-1　猪传染性胃肠炎和其他腹泻疾病的鉴别

项目	病名			
	传染性胃肠炎	仔猪白痢	仔猪黄痢	仔猪红痢
临床症状	呕吐、灰色或黄色水样稀便，病程急	不呕吐、白色浆糊状稀便，病程较急	黄色稀便，很少呕吐，病程急	偶尔呕吐，红色稀便，病程非常急
病理变化	卡他性炎症，空肠绒毛萎缩明显，结肠内无气体	小肠卡他性炎症，空肠绒毛无萎缩，结肠内有气泡	小肠卡他性炎症	小肠出血、坏死，内容物红色
治疗效果	不明显	预后较好	通常来不及治疗	通常来不及治疗

【病理变化】主要病变在胃和小肠，仔猪胃内充满凝乳块，胃底黏膜轻度充血，小肠充血，肠壁变薄，呈半透明状，回肠和空肠的绒毛萎缩变短（图1-111～图1-118）。

图1-111

猪传染性胃肠炎的病理变化（1）

病变的小肠壁变薄，呈半透明状，这是本病特征性的肉眼病变

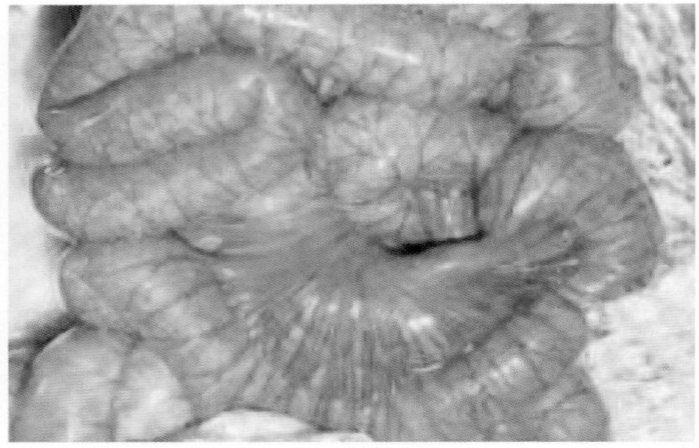

图1-112

猪传染性胃肠炎的病理变化（2）

病变的肠管（小肠壁的肠壁充血、肠腔充气，肠壁变薄）

图1-113

猪传染性胃肠炎的病理变化（3）

病变的肠管主要在小肠，小肠充血膨大，肠壁变得非常薄，呈半透明状，肠腔内充满黄绿色或灰白色液体，含有气泡

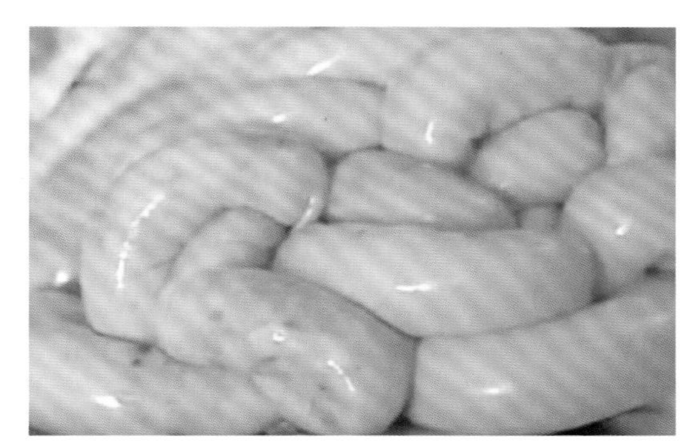

图1-114

猪传染性胃肠炎的病理变化（4）

小肠扩张，肠壁极薄，充满黄色带有泡沫的液体

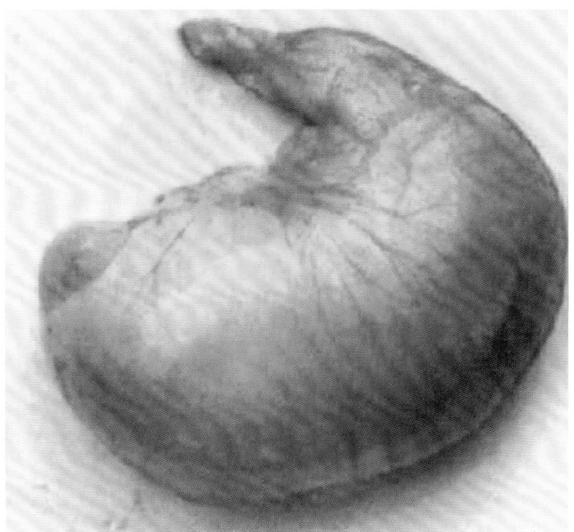

图1-115

猪传染性胃肠炎的病理变化（5）

胃扩张、充血，胃膨胀、隆起、积食

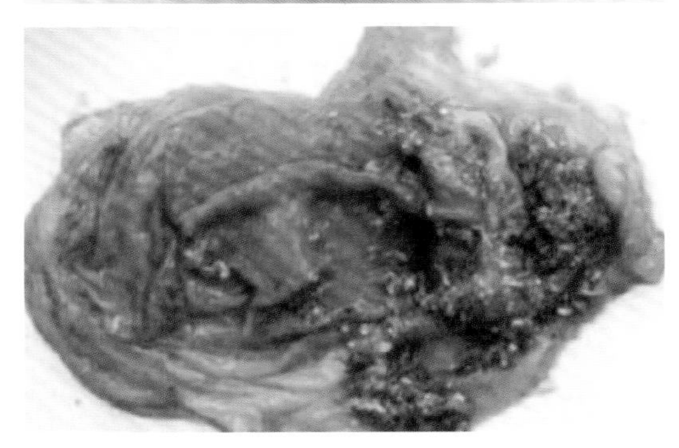

图1-116

猪传染性胃肠炎的病理变化（6）

胃黏膜弥漫性充血、肿胀，呈卡他性炎症

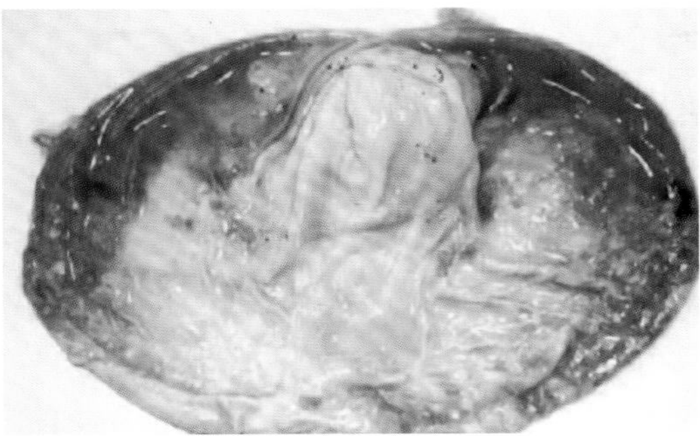

图1-117

猪传染性胃肠炎的病理变化（7）

主要病变在胃，胃底黏膜严重出血，仔猪胃内含凝乳块

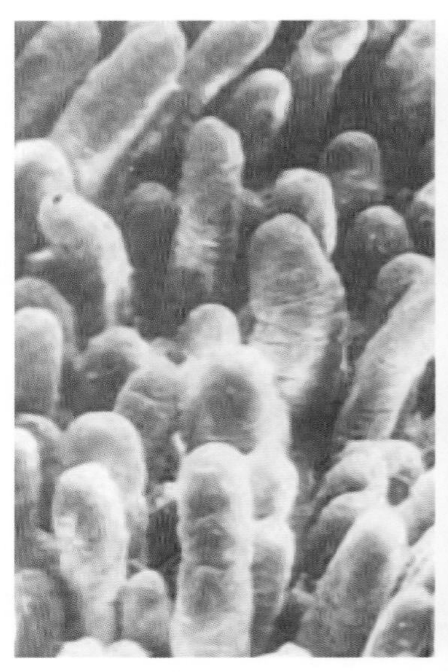
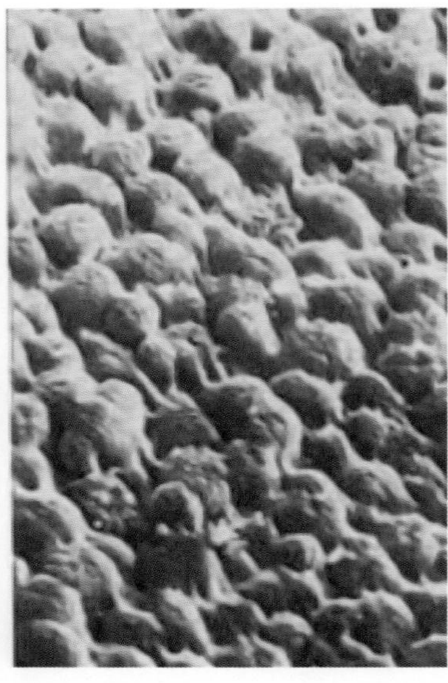

图1-118
猪传染性胃肠炎的病理组织学变化

显微镜下可见小肠绒毛萎缩变短，甚至坏死脱落。与健康猪的相比，绒毛缩短（左侧：正常的小肠绒毛；右侧：病变的小肠绒毛）

【防治措施及方剂】

（1）预防

① 综合性防疫措施：在寒冷季节注意仔猪舍的保温防湿，避免各种应激因素。在本病的流行地区，应将预产期20d内的怀孕母猪及哺乳仔猪转移到安全地区饲养，严格执行各项消毒隔离规程，或进行紧急免疫接种。

② 免疫接种：平时按免疫程序有计划地进行免疫接种。目前预防本病的疫苗有活疫苗和油剂灭活苗两种。活疫苗可在本病流行季节前对全场猪普遍接种，而油剂苗主要接种怀孕母猪，使其产生母源抗体，让仔猪从乳汁中获得被动免疫。

（2）治疗　本病目前尚无特效治疗药物，但致死率不高，一般都能耐过并自然康复，但对哺乳仔猪和保育仔猪的危害较大。致死的主要原因是由于腹泻造成脱水、酸中毒和细菌性疾病的继发感染。因此，在对病猪实行隔离、消毒的条件下，做到正确护理、及时治疗，就能将本病的损失降低到最小限度。

在护理方面，若是哺乳仔猪患病，首先要停止哺乳，提供防寒保暖而又清洁干燥的环境（图1-119）。同时给予足量的清洁饮水，尽量减少或避免各种应激因素。治疗包括以下4方面，视具体情况选择一种或几种配合使用。

① 特异性治疗：对于确实有价值的猪，确诊本病之后，立即使用抗传染性胃肠炎高免血清，肌内或皮下注射，剂量按体重1mL/kg。对同窝未发病的仔猪，可作紧急预防，用量减半。据报道，有人用康复猪的抗凝全血给病猪口服也有效，新生仔猪每头每天口服10～20mL，连续3d，有良好的防治作用。也可将病猪让有免疫力的母猪代为哺乳。

② 抗菌西药治疗：抗菌药物虽不能直接治疗本病，但能有效地防治细菌性疾病的

图1-119
猪传染性胃肠炎护理措施

为了预防本病的发生，可用保温灯取暖（250W红外线灯取暖）

并发或继发性感染。可用下列药物进行预防治疗。

链霉素0.5～1g，口服补液盐1/6包，温水适量，内服；藿香正气水5～30mL，肌注；阿托品10～50mg，皮下注射，每天2次，连用2～3d；盐酸吗啉胍片，大母猪每次3片，架子猪2片，20日龄以内的仔猪1片，内服，每天2次，连用2～3d；痢菌净1g，按照20mg/kg体重肌注，每天2次，内服时剂量加倍。

③ 中药治疗：本病还可以试用一些中药方剂和民间偏方。

a. 黑胡椒，每5kg体重2粒，碾碎加适量温水灌服，每天2次，连用2～3d。

b. 高粱1kg（炒黄研末）、百草霜30g、明矾末15g、酵母片300片（研末），混匀，分6次灌服，每天2次。

c. 红糖100～150g、生姜20～40g、茶叶20～30g，水煎服。

d. 黄连、三颗针、白头翁、苦参、胡黄连各40g，白芍、地榆炭、棕榈炭、乌梅、诃子、大黄、甘草各30g，研末分6次灌服，每天3次，连用2d以上。

e. 黄连8g、黄芩10g、黄檗10g、白头翁15g、枳壳8g、猪苓10g、泽泻10g、连翘10g、木香8g、甘草5g，这是30kg的猪一天的剂量。加水500mL煎至300mL，候温灌服，每天1剂，连用3d。

④ 对症治疗：包括补液、收敛、止泻等，最重要的是补液、防脱水和防止酸中毒。可静脉注射葡萄糖生理盐水或5%碳酸氢钠溶液，或给大量的口服补液盐或自己配制的液盐（氯化钠3.5g、碳酸氢钠2.5g、氯化钾1.5g、葡萄糖20g），加水1000mL充分溶解，即可饮用。同时还可酌情使用黏膜保护药如淀粉（玉米粉等）；吸附药如木炭末；收敛止泻药如鞣酸蛋白，以及维生素C等药物，或用磺胺脒0.5～4g、小苏打1～4g、碱式硝酸铋1～5g、口服进行对症治疗。

4. 猪流行性腹泻

猪流行性腹泻（PED）是由流行性腹泻病毒引起的猪的一种高度接触性的传染病。病猪主要表现为呕吐、腹泻和食欲下降，临诊上与猪传染性胃肠炎极为相似。本病于20世纪70年代中期首先出现在比利时、英国，以后在欧洲、亚洲许多国家和地区都有流行。近年来我国也证实存在本病。

流行病学调查的结果表明：本病的发生率大大超过猪传染性胃肠炎，其致死率虽不高，但影响仔猪的生长发育，使肥猪掉膘，再加上医药费的支出，给养猪业带来较大的经济损失。

【流行病学】本病多发于寒冷的冬、春季节。病猪粪便污染的饲料、饮水、猪舍环境、运输车辆、工作人员都可成为传播因素。病毒从口腔进入小肠，在小肠增殖并侵害小肠绒毛上皮细胞。

本病的流行往往有一定的周期性，常在某地或某猪场流行几年后，疫情逐渐缓和，间隔几年后可能再度暴发。在新疫区或流行初期传播迅速且发病率高，1～2周内可传遍整个猪场，以后断断续续发病，流行期可达6个月。

以保育仔猪的发病率最高，几乎可达100%。繁殖母猪和成年猪大多呈亚临床感染，症状轻微。哺乳仔猪由于受到母源抗体的保护，往往不发病，但若母猪缺乏母源抗体，则症状严重，死亡率较高。

【临床症状】本病的典型症状是呕吐和水样腹泻，保育期的病仔猪的食欲大减，精神沉郁，很快消瘦，身体严重脱水，眼窝下陷，甚至造成死亡（图1-120～图1-124）。

【病理变化】剖检病变主要局限于小肠。肠腔内充满黄色或奶样的液体，肠壁变薄，内容物水样（图1-125～图1-128）。肠系膜充血，肠系膜淋巴结水肿（图1-129）。胃内空虚，往往含有大量的白色凝乳块（图1-130）。组织病理学的变化主要在小肠和空肠，肠腔上皮细胞脱落，构成肠绒毛显著萎缩，绒毛与肠腺（隐窝）的比例从正常的7 ∶ 1下降到3 ∶ 1。

图1-120
猪流行性腹泻的临床症状（1）

仔猪身体消瘦，发育不良

图1-121
猪流行性腹泻的临床症状（2）

病猪呕吐，口角流出白色泡沫状液体

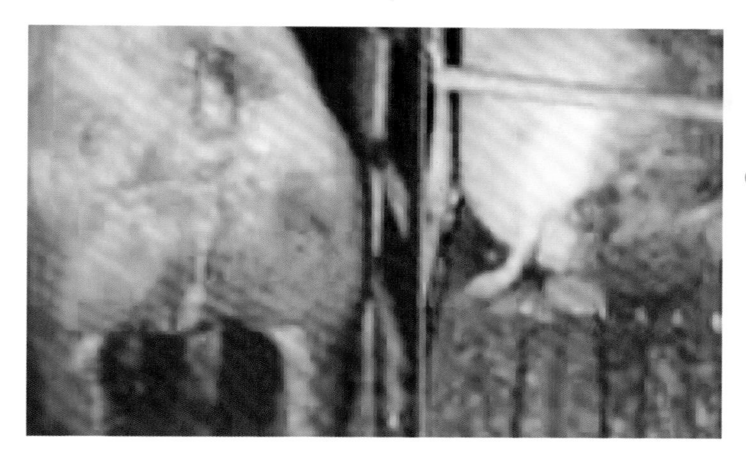

图1-122 猪流行性腹泻的临床症状（3）

病母猪严重腹泻

图1-123 猪流行性腹泻的临床症状（4）

小猪严重腹泻，迅速死亡

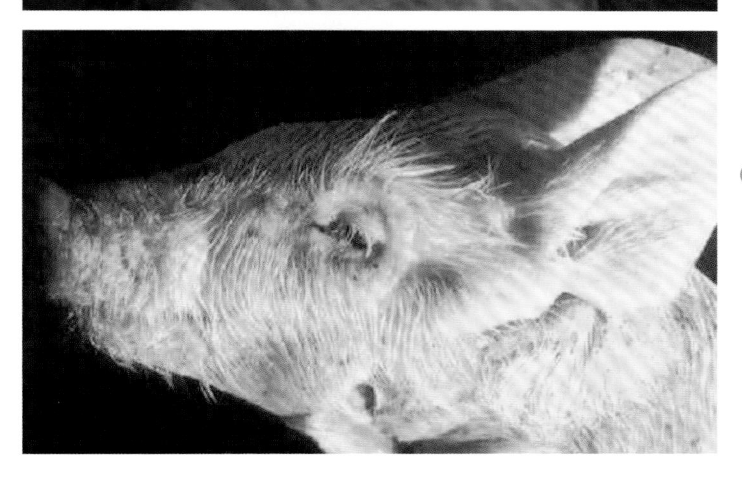

图1-124 猪流行性腹泻的临床症状（5）

断奶仔猪脱水，导致眼窝下陷症状

图1-125

猪流行性腹泻的病理变化（1）

小肠壁变得非常薄呈半透明样，肠腔扩张，肠内充盈着大量无色或奶样白色的液体内容物

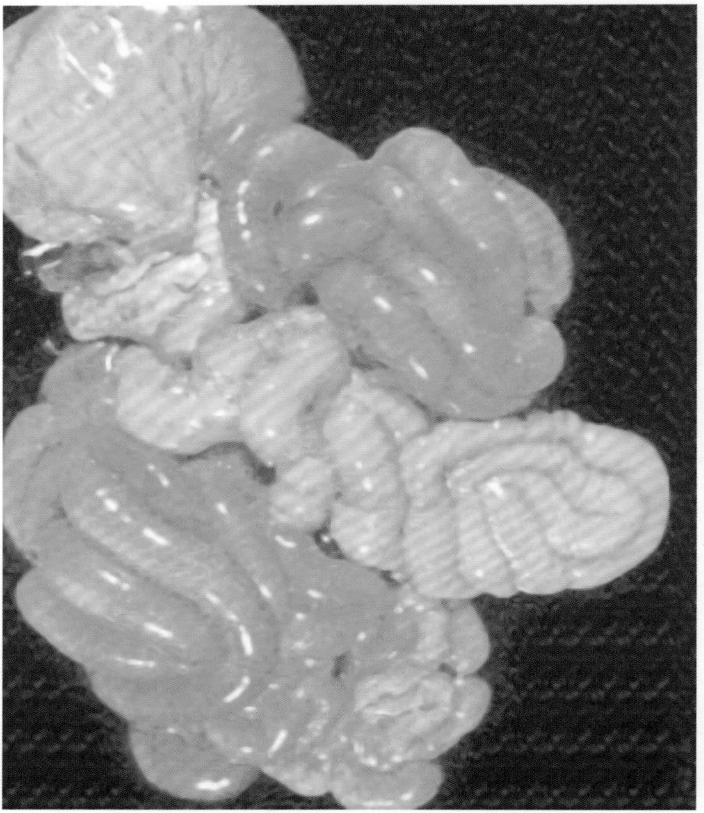

图1-126

猪流行性腹泻的病理变化（2）

断奶仔猪有严重的肠炎，肠腔内充满黄色的内容物

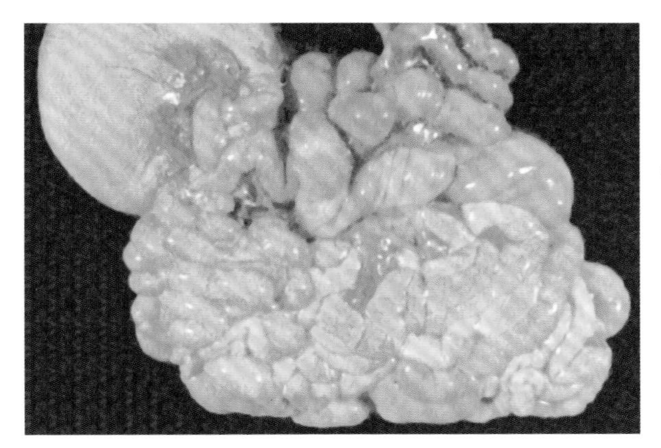

图1-127
猪流行性腹泻的病理变化（3）

断奶仔猪有卡他性肠炎，肠环水肿，肠内有黄色内容物

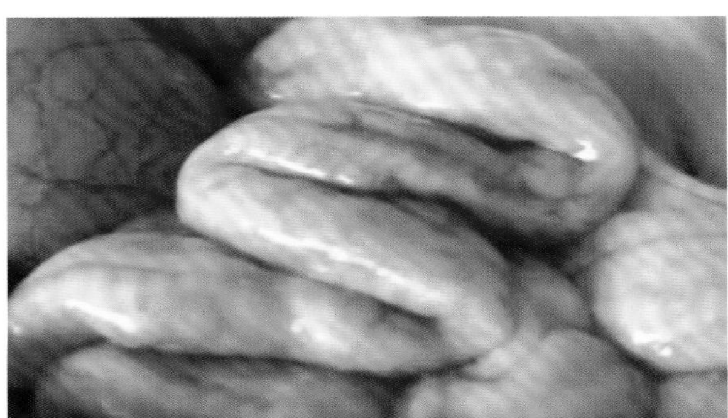

图1-128
猪流行性腹泻的病理变化（4）

小肠肠管扩张，内部充满黄色液体，肠壁变薄

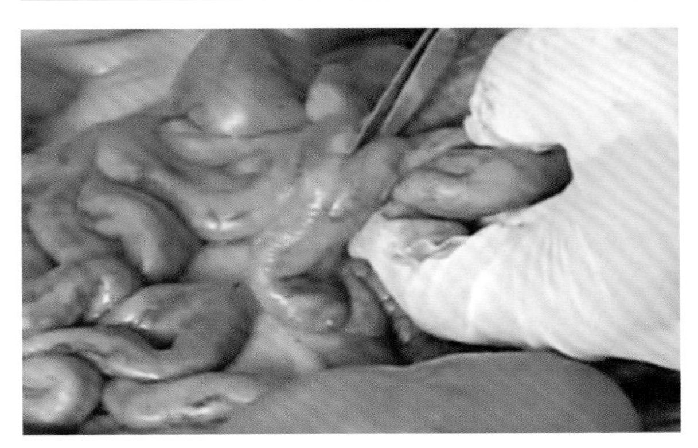

图1-129
猪流行性腹泻的病理变化（5）

小肠肠管扩张，内部充满黄色液体，肠壁变薄，肠系膜充血，肠系膜淋巴结水肿

图1-130
猪流行性腹泻的病理变化（6）

仔猪胃内充满白色凝乳块

【防治措施及方剂】本病目前无特效治疗方法，常常采取下列综合措施防治，以减少仔猪死亡率，促进康复。

（1）坚持自繁自养　尽量不从外面购入猪只，尤其在该病高发的冬春季。如果确实需要购入就必须隔离观察。规模化猪场实行“全进全出”的管理方式。

（2）加强饲养管理　一定要搞好猪舍及周围环境的卫生，同时进行严格的消毒（图1-131～图1-132）。注意猪舍的防寒保暖，地面要保持干燥，防止圈舍闷热潮湿，保持空气新鲜；冬季、春季要提高饲料中能量饲料的供应，注意微量元素和维生素的补给。

（3）做好防疫注射及获得被动免疫　使用猪传染性胃肠炎和流行性腹泻二联苗（即TP二联苗），妊娠母猪产前一个月接种疫苗，通过母乳使得仔猪获得被动免疫，也可单独用流行性腹泻弱毒苗或灭活苗进行免疫，均可获得良好的免疫力，用法用量参照疫苗使用说明书；白细胞干扰素2000～3000IU，用法：每天1～2次皮注；在疫区可以人工感染妊娠母猪，对于2周后分娩的母猪可投喂绞碎的病猪小肠，以提高其初乳内抗体的含量。

图1-131
环境差的猪场一角

猪场排出的污水臭气熏天

图1-132
猪舍泡沫清洗

使用低压泡沫清洗机对猪舍进行泡沫清洗，要求墙面、棚顶、顶部墙、管线（料线、管线、水线、燃气管）、高位安装设备、低位安装设备、栏位、料槽、水槽、地面、猪舍内走道、猪舍门及门框全部使用泡沫清洗，要求达到全部被泡沫覆盖，并且泡沫要均匀

（4）发病猪场的紧急防治措施　应立即隔离病猪，并做好全面消毒工作。清除粪便及其污染的垫草，场区周边可遍撒生石灰，切断传染源。用消毒药对猪舍、环境、用具、运输工具等进行彻底消毒。尚未发病的猪立即转移到安全的地方进行隔离饲养，对临产母猪应安置在消毒过的猪圈内分娩。

（5）饮食及中药防治　猪发病期间要注意供给充足清洁的饮水，同时适当停食或减食，一般禁食1～2d。同时用活性炭拌料，每100kg饲料加0.5kg活性炭，连喂3～5d。

中药方剂：党参、白术、茯苓各50g，煨木香、藿香、炮姜、炙甘草各30g。水煎取汁，加入白糖200g拌湿少量料饲喂。

（6）血清注射防治　用康复母猪抗凝全血或高免血清每天每头注射10mL，连用3d，对新生仔猪可起到一定的预防和治疗作用，但费用较高。

5.猪伪狂犬病

伪狂犬病（PR）是由伪狂犬病毒引起的家畜及野生动物的一种急性传染病，其中对猪的危害较大。成年猪一般呈隐性感染，怀孕母猪发生流产，仔猪感染后出现明显的神经症状和全身反应，病死率较高。

本病广泛分布于世界各国，给养猪业带来较大的经济损失。近年来，我国的一些省市，特别是大型猪场都曾查出过本病。随着规模化、工厂化和集约化养猪生产的发展，伪狂犬病有扩大蔓延的趋势，应该引起养猪者的高度重视。

【病原体】伪狂犬病病毒存在于患病猪的血液、乳汁、脏器和尿液中，后期存在于中枢神经系统。本病毒能在鸡胚及多种哺乳动物细胞上生长繁殖，并产生核内包涵体，目前只发现1个血清型。病毒对外界环境的抵抗力很强，在受到污染的猪舍或环境中能存活1个多月。一般常用消毒药都可将其杀灭。

【流行病学】病猪、康复猪和无症状的带毒猪是本病的重要传染源。病毒随着病猪的鼻腔分泌物、唾液、乳汁、粪尿及阴道分泌物排出体外，通过消化道、呼吸器官、皮肤伤口及配种等多种途径传播。

鼠类在本病的传播中也起着重要的作用。值得注意的是，病毒在污染猪场中通过猪体多次传代，能使毒力增强。因此，本病一旦传入猪场后，若不采取积极的防治措施，在一定时间内，病情可能越来越严重。

【临床症状】本病因猪只的类型（生长阶段）不同，在症状上有较大的差异，在仔猪、育成或育肥猪及怀孕母猪阶段会呈现不同的表现。

（1）仔猪感染后的症状　哺乳仔猪是因吮奶而感染本病的。日龄越小，病情越严重，其特点是全窝仔猪都发病。原因是哺乳期的母猪感染后，虽然其本身并无明显的临床症状，或只表现一过性的发热，但在感染后6～7d的乳汁中含有大量病毒，可持续3～5d，母猪通过乳汁传染给仔猪。

初生乳猪在出产后2～3d发病，表现为体温升高至41～41.5℃。全身症状明显，昏睡、流涎或口吐白沫。眼睑肿胀（图1-133）、口角水肿、视力丧失、眼发直、嗜睡（图1-134）。兴奋不安、出现神经症状、呈犬坐姿势、抽搐、转圈运动、四肢如游泳状（划水状）（图1-135～图1-140）。一部分仔猪呈现皮肤瘙痒症状（图1-141），腹部皮下紫斑。有的病猪站立不稳、身体虚弱、四肢伸展（图1-142）。病仔猪有时有呕吐或腹泻症状，拉黄色稀便（图1-143，若有黄色稀便100%死亡），在2～3d内全部死亡。有的仔猪四肢有畸形症状（图1-144）。

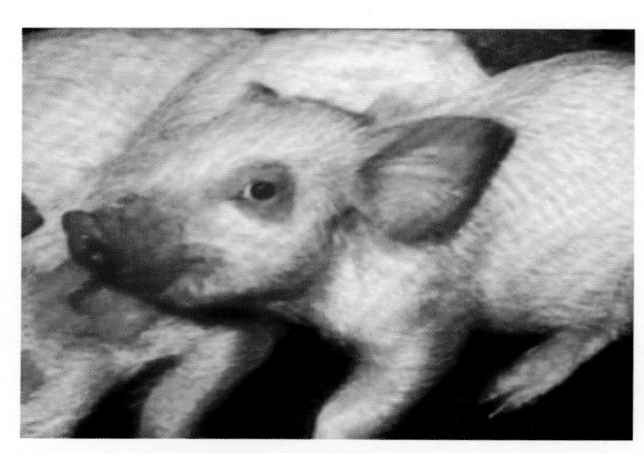

图1-133
猪伪狂犬病的临床症状（1）

病仔猪的眼结膜充血、眼睑水肿

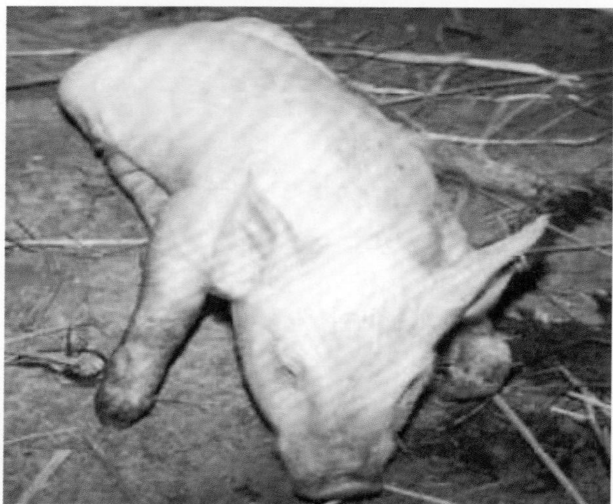

图1-134
猪伪狂犬病的临床症状（2）

发病仔猪嗜睡症状

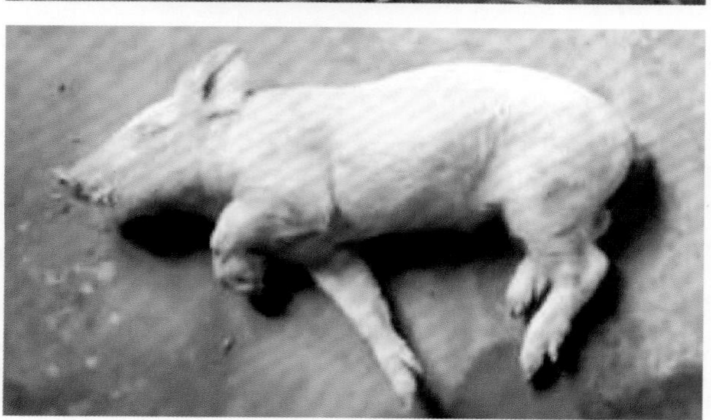

图1-135
猪伪狂犬病的临床症状（3）

病仔猪呈神经症状，四肢张开、呈游泳状（划水状）、口吐白沫

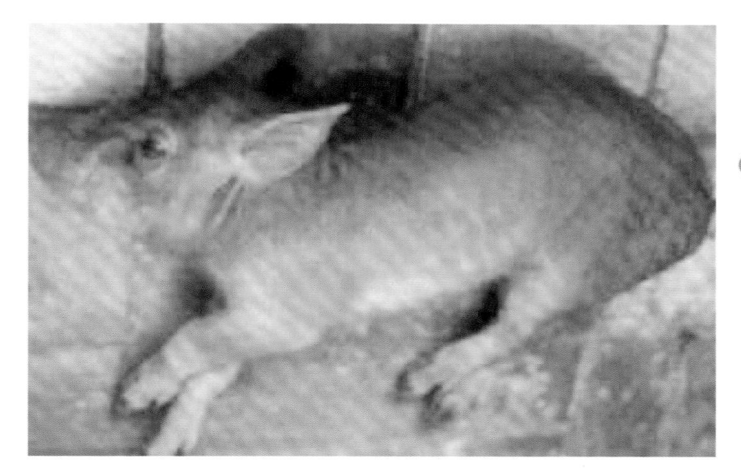

图1-136

猪伪狂犬病的临床症状（4）

病猪受到刺激后，神经反射过敏，神经紧张、眼发直、间歇性抽搐、角弓反张、抽搐、四肢呈划水状

图1-137

猪伪狂犬病的临床症状（5）

猪伪狂犬病（上，神经症状，转圈；下，耳朵一个向前，一个向后，呈神经调节失衡症状）

图1-138

猪伪狂犬病的临床症状（6）

新生仔猪出现神经症状——转圈

图1-139
猪伪狂犬病的临床症状（7）

病仔猪呈犬坐姿势

图1-140
猪伪狂犬病的临床症状（8）

猪伪狂犬病病仔猪的犬坐姿势

图1-141
猪伪狂犬病的临床症状（9）

仔猪出现瘙痒症状

图1-142
猪伪狂犬病的临床症状（10）

病猪站立不稳、四肢伸展、走路摇晃

图1-143
猪伪狂犬病的临床症状（11）

病仔猪排黄色稀便

图1-144
猪伪狂犬病的临床症状（12）

前肢的畸形症状

在本病流行的猪场，有的母猪曾经感染过本病，并产生较高的抗体，因此，仔猪在哺乳期间，可从乳汁中获得母源抗体而不发病，一旦断奶后进入保育栏，仍可发病。据报道，在一些猪场本病的发病率为2.1%，病死率达95%。

（2）60日龄以上育成、育肥猪感染后的症状　外部症状轻微或呈隐性感染，只表现短期发热。病猪的精神、食欲减退，有的出现咳嗽和呕吐（图1-145），一般经3 ～ 5d后便可自然康复，有时甚至不被人们所发觉。

（3）怀孕母猪（成年猪）感染后的症状　病母猪咳嗽、打喷嚏、呼吸减慢、发烧、腹泻，但很少有神经症状。母猪的整体生产性能差，免疫抑制。怀孕母猪可发生返情、流产、死产及延迟分娩（图1-146 ～图1-147）。流产的胎儿或木乃伊胎身体的大小差异不大（图1-148 ～图1-151）。也有部分弱仔，这些弱仔于产后1 ～ 2d内出现呕吐、腹泻、精神委顿、运动失调，最后痉挛而死。该母猪流产后，对下次发情、受胎不受影响，但能继续带毒、排毒。

图1-145
猪伪狂犬病的临床症状（13）

病猪咳嗽、打喷嚏、呼吸困难

图1-146
猪伪狂犬病的临床症状（14）

母猪流产症状

图1-147
猪伪狂犬病的临床症状（15）

母猪感染早期的流产

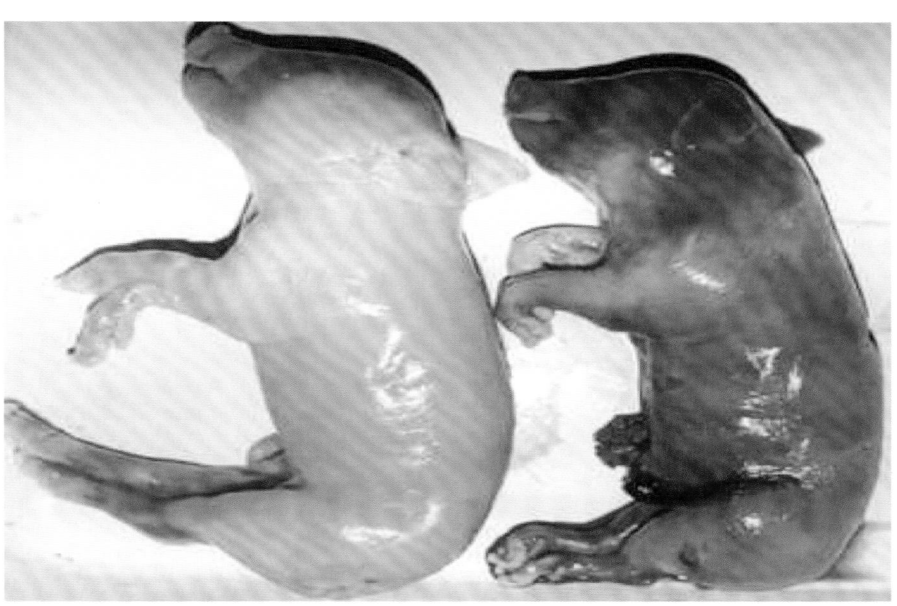

图1-148
猪伪狂犬病的临床症状（16）

怀孕母猪的流产胎儿

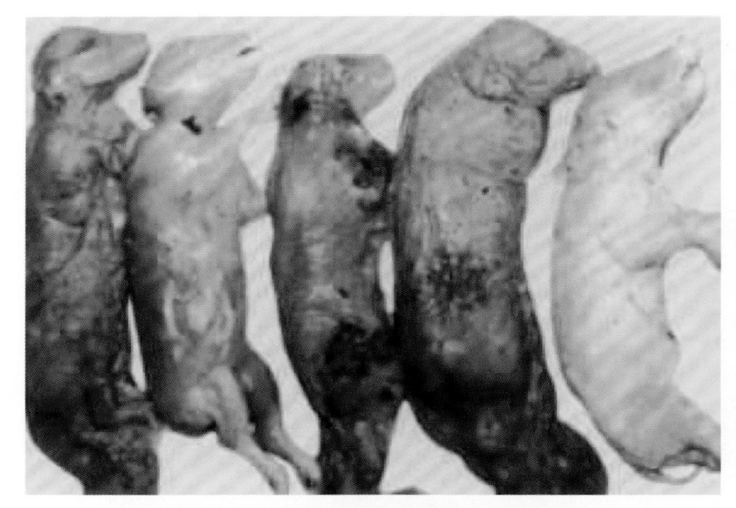

图1-149
猪伪狂犬病的临床症状（17）

怀孕母猪的流产胎儿

图1-150
猪伪狂犬病的临床症状（18）

感染的晚期，流产和死胎，死胎呈木乃伊样

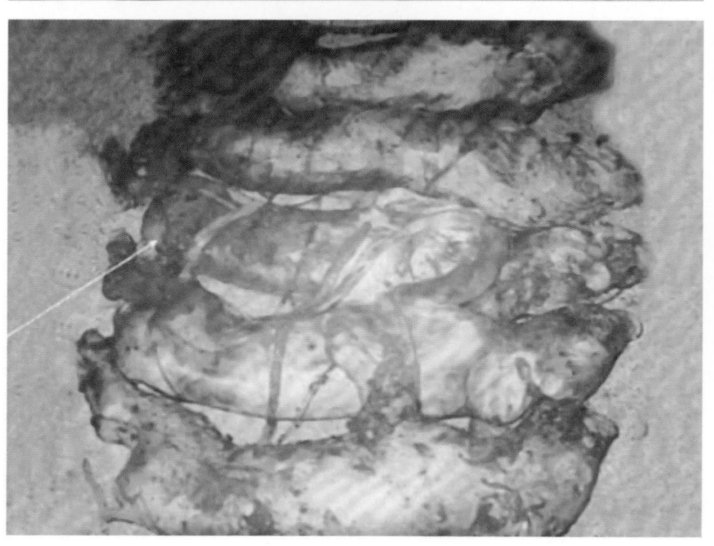

图1-151
猪伪狂犬病的临床症状（19）

病的后期，母猪常见流产和死胎，流产胎儿往往有自溶现象（后肢或腹部）

【病理变化】死于本病的猪，剖检可见较为明显的特征性病变，在呼吸道、胃肠道黏膜有充血、出血和水肿的症状（图1-152）。肝脏表面有散在的坏死点（图1-153）。扁桃体出血、糜烂、坏死（图1-154）。肾脏皮质、髓质出血及坏死（图1-155）。脑膜充血、水肿，脑脊髓液增加等（图1-156）。肺脏出血、淤血、水肿和坏死（图1-157～图1-158）。组织学的病变有一定的诊断价值，表现在中枢神经系统呈弥散性非化脓性脑膜脑炎及神经节炎，血管套及胶质细胞坏死。

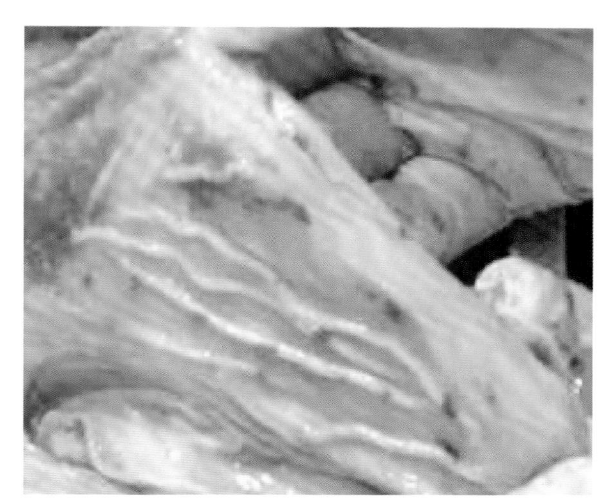

图1-152
猪伪狂犬病的病理变化（1）

胃底部出血

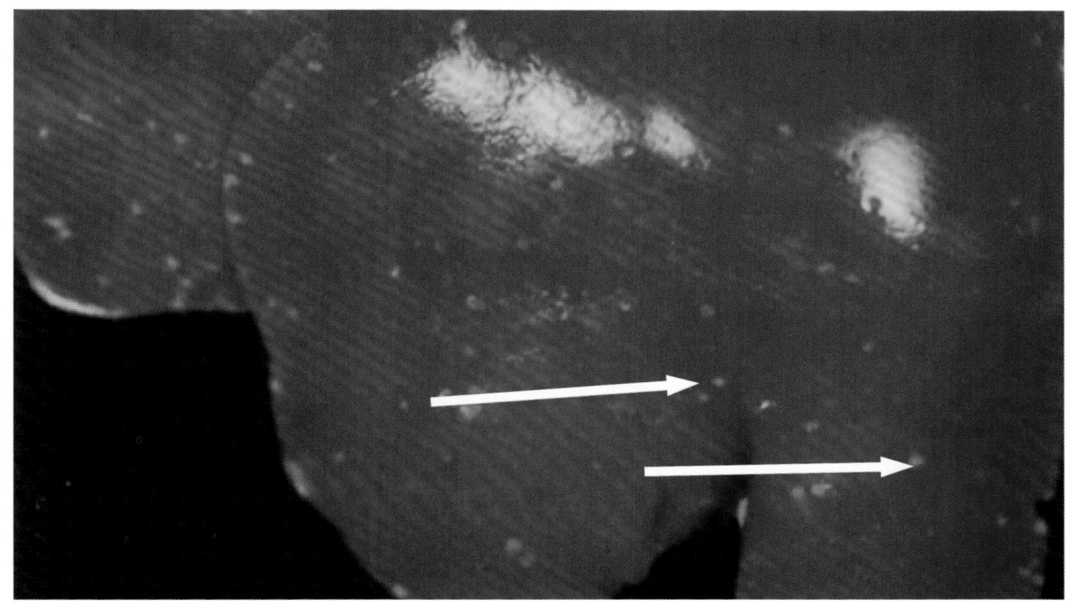

图1-153
猪伪狂犬病的病理变化（2）

肝脏表面散在坏死点

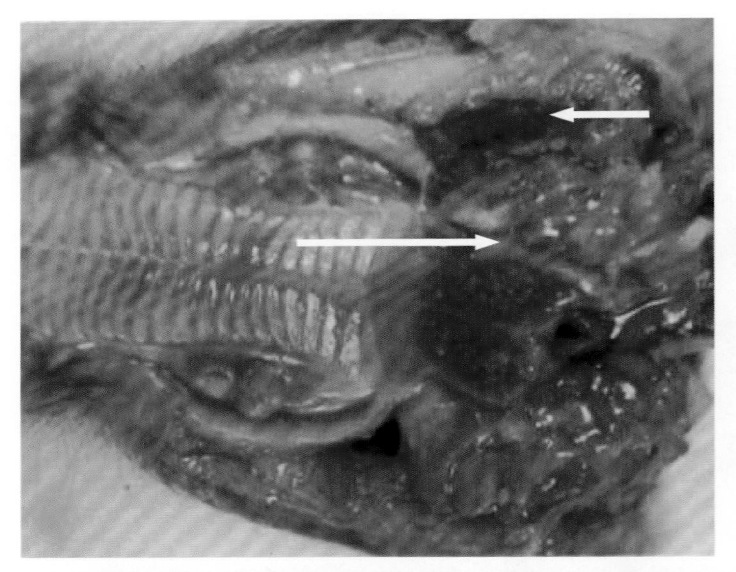

图1-154
猪伪狂犬病的病理变化（3）

扁桃体化脓性坏死（箭头所指处），牙龈出血、糜烂

图1-155
猪伪狂犬病的病理变化（4）

肾上腺皮质、髓质有散发性坏死点，此为本病的特征性病变

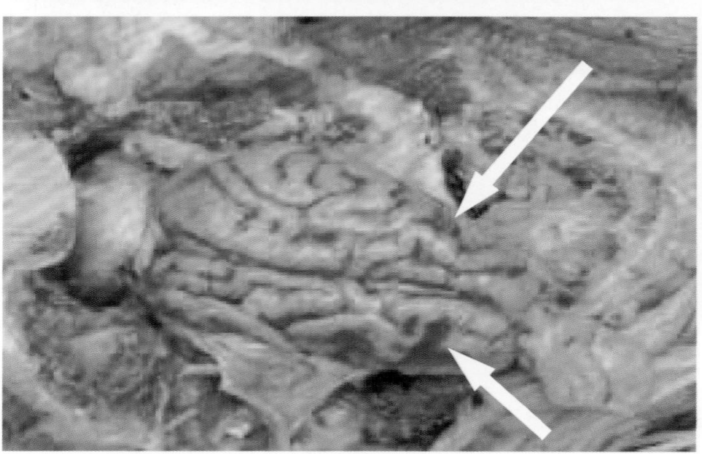

图1-156
猪伪狂犬病的病理变化（5）

脑膜充血、出血症状，软脑膜充血，其下脑沟积有出血性水肿液

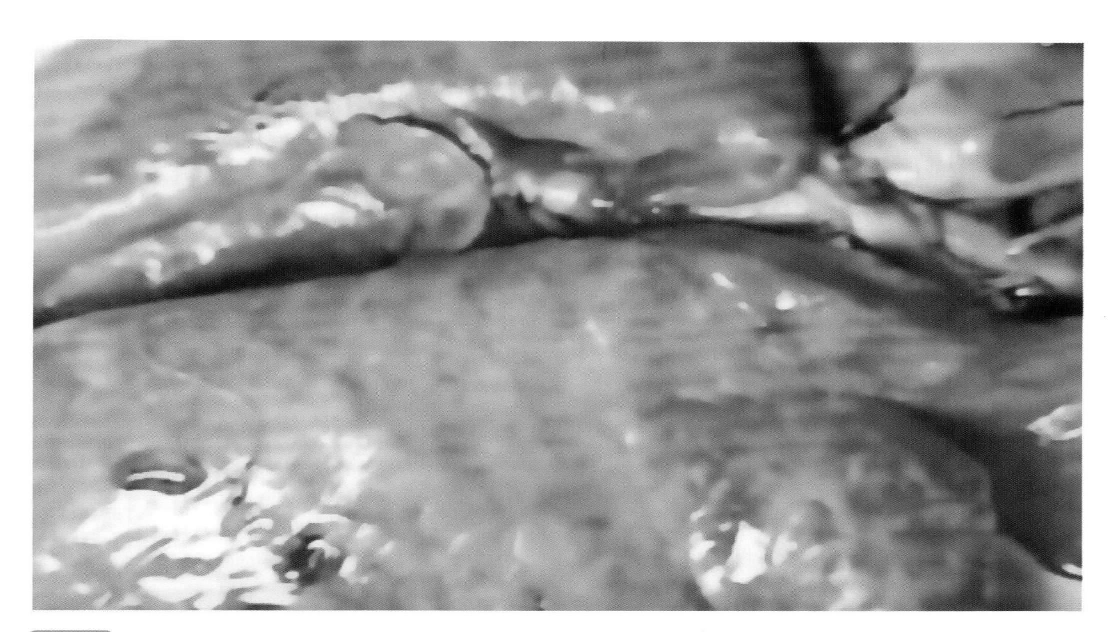

图1-157
猪伪狂犬病的病理变化（6）

肺淤血和水肿，表面散布出血点、坏死点

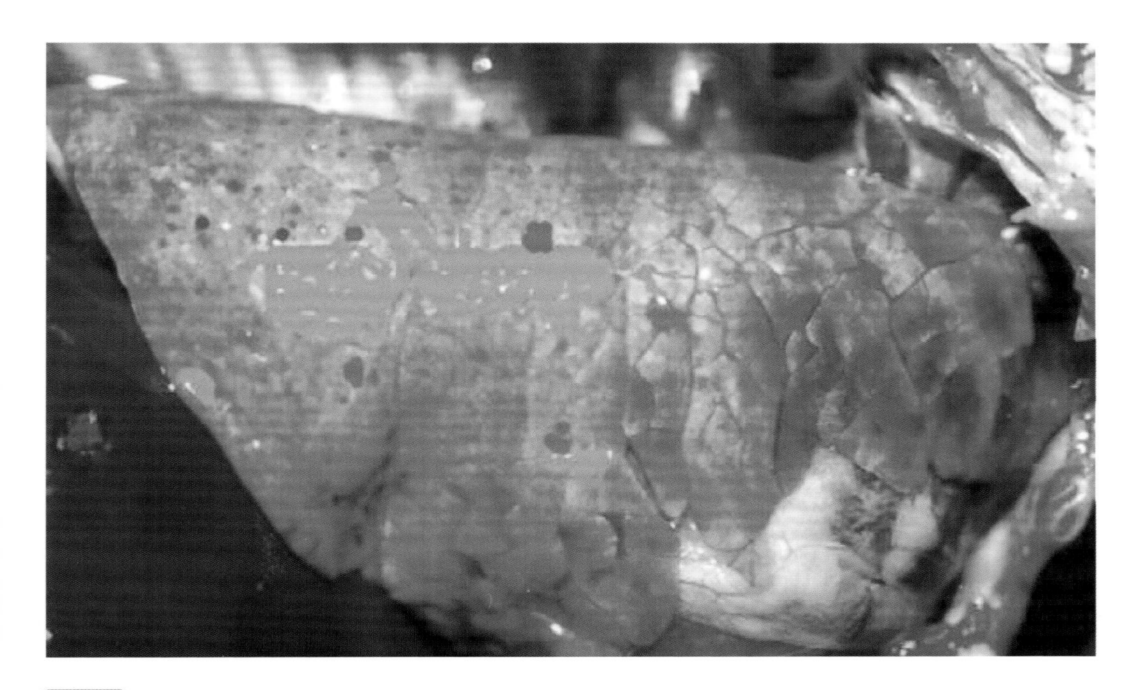

图1-158
猪伪狂犬病的病理变化（7）

肺表面水肿，有散在的点状出血与黄白色坏死灶

【防治措施】

（1）预防　疫苗免疫接种是预防和控制伪狂犬病的最根本措施，同时以净化猪群为主要手段。首先从种猪群净化开始，实行“小产房”“小保育”“低密度”“分阶段饲养”的饲养模式，同时加强猪群的日常管理。

第一，控制传染源。病猪和隐性感染病猪是危险的传染源，但其临床症状不明显，必须作病毒分离诊断。可取病猪的病料组织，如脑、心、肝脏、扁桃体等，用于病毒的分离（图1-159）。

第二，猪场平时应坚持做好灭鼠工作。这对于预防本病有重要意义，因为鼠是猪伪狂犬病的重要传播媒介。同时，还要严格控制犬、猫、鸟类和其他禽类进入猪场。严格控制人员的来往，并做好消毒工作及血清学监测等，这样对本病的防治也可起到积极的推动作用。

第三，制定严格、科学的免疫程序。本病的免疫程序应根据猪场是否存在本病来制定。目前我国已有最新的、能够预防毒株发生变异的基因缺失疫苗，免疫方法如下。

① 种猪：配种前免疫1次，产前一个月再免疫1次；

② 初生仔猪：初生3日龄内可用疫苗滴鼻1次；

③ 种用仔猪：在断奶时注射一次，间隔4～6周后加强免疫一次；

④ 育肥猪：在断奶时注射1次，直至出栏；

⑤ 生产中发现病猪：一旦猪群发病立即紧急接种疫苗似乎对控制病情效果不错。

此外，还可用伪狂犬病灭活疫苗进行免疫，具体方法为，后备猪基础免疫后，于配种前一个月免疫1次。种猪每年接种2次，妊娠母猪于产前4周加强免疫1次。仔猪5～6周龄时（此时本源抗体较低）免疫1次（如果1日龄滴鼻时剂量减半）。感染压力大的猪场应于11～12周龄加强免疫1次；如果采取全群“一刀切”的免疫方法，每年至少免疫3～4次（每3～4个月1次），妊娠母猪在产前4周加强免疫1次。

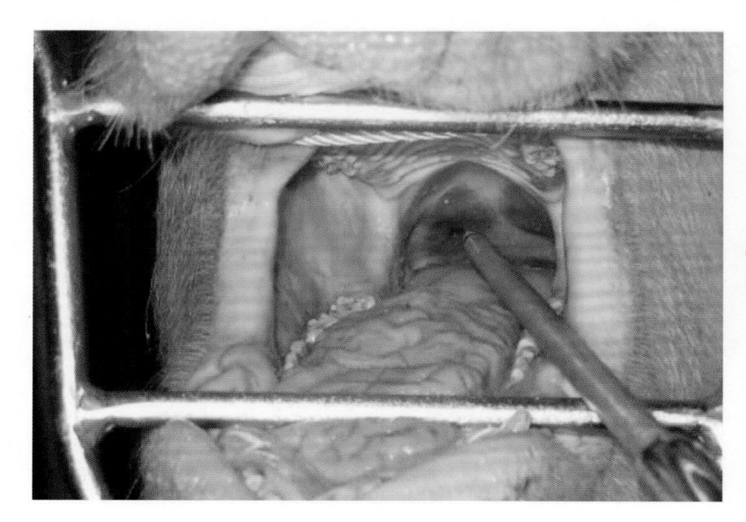

图1-159
猪扁桃体取样操作

若是非疫区或为本病的清净场，则要对全场的猪都进行接种，接种间隔期应按疫苗的保护期长短而定。

（2）治疗　目前本病没有特效的治疗药物，只能靠前期预防为主。如果发病可以使用猪血清抗体进行治疗，但成本非常高。如对于仔猪，在病的初期可使用抗伪狂犬病高免血清，或以此制备的免疫球蛋白肌内注射，同时用黄芪多糖中药制剂配合治疗，有一定的效果。

再就是对小猪注射耐过猪的全血20 ～ 40mL，12 ～ 14d后再注射1次。

需要引起注意的是，猪伪狂犬病对人有一定的危害，一般经皮肤创伤感染。患者感觉局部奇痒，但通常不引起死亡。故相关人员要注意自身保护，避免被感染。

6.猪传染性脑脊髓炎

猪传染性脑脊髓炎（SIE）又称为捷申病，是由脑脊髓炎病毒引起的产生一系列神经症状的传染病，主要侵害中枢神经系统。病猪以发热、共济失调、肌肉抽搐和肢体麻痹、猪脑脊髓灰质炎病变为特征。本病由于1929年最先发现于原捷克斯洛伐克的捷申地区而得名，之后在世界许多国家都有发生。本病的发病率和死亡率都很高，可危害各种年龄的猪，造成严重的经济损失。

猪传染性脑脊髓炎病毒分为三个亚型：其中以Ⅰ型的毒力最强，是本病的主要病原。病毒对多种消毒药都有较强的抵抗力，因此，必须提高消毒药的浓度和延长消毒时间才有效。

【流行病学】

（1）易感动物　本病仅见于猪，各品种和年龄的猪均有易感性，但临床上以保育猪发病最多，成年猪多为隐性感染，哺乳仔猪可获得母源抗体的保护。

（2）流行特点　本病在新疫区呈暴发式流行，开始个别发生，以后蔓延全群。也有的呈波浪式发生，一批猪发病后，相隔数周或数月，另一批猪又发生了。在老疫区，常呈散发性。

（3）传播途径　病毒主要存在于猪的脑和脊髓中，但可通过粪便排毒，污染饲料和饮水，经消化道传播。也可能通过人员的往来及老鼠、运输车辆间接传播。

【临床症状】本病的潜伏期为2 ～ 28d。临床上分为4个型，即：急性型、亚急性型、慢性型和隐性型。

（1）急性型　病初体温升高至40 ～ 41℃左右或更高。病猪表现为精神倦怠、食欲减退、呕吐、严重鼻炎、腹泻。1 ～ 2d后，体温降至正常，出现中枢神经系统的症状，如感觉过敏、抽搐、共济失调、四肢僵直（特别是后肢），有的病猪前肢前移、后肢后伸。病猪角弓反张和昏迷，严重者眼球震颤、肌肉抽搐，伴有鸣叫、惊厥和磨牙，随后发生麻痹。病猪呈犬坐姿势或于一侧卧地，前肢作划水样，受声响或触摸刺激时，可引起四肢不协调的运动，也可见面部麻痹和失音，最后反射消失而死亡（图1-160）。

图1-160
猪传染性脑脊髓炎（急性型）的临床症状

病猪肌肉抽搐、感觉过敏、共济失调、四肢僵直（特别是后肢）、后肢后伸、弓反张和昏迷

传染性脑脊髓炎的病程发展迅猛，瘫痪出现后的2～3d，就有80%～95%的病猪可因呼吸中枢麻痹而死亡。有些病猪死于吸入性肺炎。病死率高达60%以上，有些病猪于急性期之后食欲有所恢复，如能精心护理常可耐过，不死者也消瘦，留有肌肉麻痹和萎缩等后遗症。

（2）亚急性型　亚急性型的病程大约为6～8d，死亡率较低，症状较急性型的轻。

（3）慢性型　慢性传染性脑脊髓炎多发于成年猪，病程为几周到几个月。表现为沉郁、行动困难、尾部麻痹、前肢瘫痪。其中有20%的病猪因肺炎、褥疮、败血症等原因而死亡。

（4）隐性型　隐性型是由毒力较低的毒株引起的，发病率和死亡率均较低，主要侵害仔猪。病初体温升高，运动失调和背部软弱。这些症状大多可在几天内消失。但有些病猪则随后出现易兴奋、发抖、平衡失调、运动失控、最后肢体麻痹等症状。

【病理变化】本病的剖检病变主要是脑膜水肿，脑膜和脑实质血管高度扩张充血（图1-161）。鼻黏膜充血，心内外膜条状或点状出血，肺水肿，胃肠卡他性出血性炎症，肠系膜血管淤血，肝、脾充血，心肌、骨骼肌轻度萎缩。

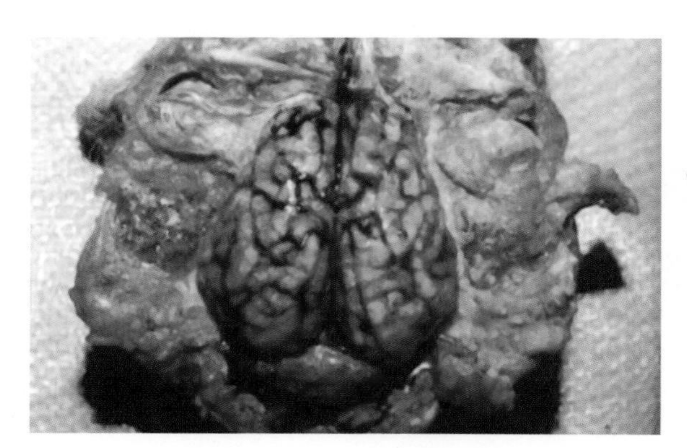

图1-161
猪传染性脑脊髓炎的病理变化

软脑膜水肿充血，脑膜和脑实质血管高度扩张充血，其下脑沟积有出血性水肿液

【防治措施】目前本病尚无特效疗法，可使用对症疗法，结合护理和营养进行治疗。主要是加强对引进猪只的检疫，一旦发现可疑病例，应采取隔离、消毒等常规措施，并尽快请有关单位作出诊断。若确诊为本病，应立即就地扑杀。患本病的康复猪

可获得坚强持久的免疫力。预防可使用弱毒苗和灭活苗两种，可供6周龄以上的仔猪皮下接种注射，保护率可达80%，免疫期6～8个月。

由于没有有效的治疗方法，目前本病仅可采用镇静、解痉、强心等对症疗法。

① 溴化钾3g，溴化钠3g，碘化钾3g，蒸馏水50～100mL。混合溶解后灌服，每日1～2次，连续2日。

② 乌洛托品4g，氯化铵4g，95%酒精5mL，蒸馏水20～40mL。溶解、灭菌后静脉注射，每日1次，连用2次。

③ 10%磺胺嘧啶钠注射液60～150mL，阿尼利定（安痛定）注射液5～25mL。一次肌内注射。

7.猪圆环病毒病

猪圆环病毒病（PCVD）是由猪圆环病毒Ⅱ型（PCV-2）感染后引起的断奶仔猪多系统衰竭综合征等的一类传染性疾病。PCV-2感染后会出现断奶仔猪多系统衰竭综合征（PMWS）、猪皮炎肾病综合征（PDNS）、增生性坏死性肺炎（PNP）、猪呼吸道疾病综合征（PRDC）、繁殖障碍综合征、先天性颤抖、肠炎等类疾病。

【病原体及流行病学】本病于1991年首发于加拿大，随后便很快传遍欧洲。1995年，国际病毒分类委员会定名该病毒为圆环病毒。猪圆环病毒（缩写PCV）是一种迄今为止发现的最小病毒。现已知PCV有两个血清型，即PCV-1和PCV-2。PCV-1为非致病性的病毒；PCV-2为致病性的病毒。现在“猪圆环病毒病”（PCV-2）的含义是指群体病或PCV相关的疾病。在PCVD中，以猪多系统衰竭综合征（PMWS）对养猪业造成的危害最为严重。本病的传播主要是通过口鼻接触传染。PCV-2感染的病猪，死亡率10%～30%不等，较严重的猪场在暴发本病时死淘率可高达40%，给养猪业造成严重的经济损失。

本病的发生往往与通风不良、过分拥挤、空气污浊、混养等有关。PCV对外界的抵抗力较强，在高温环境也能存活一段时间。对季铵盐类、氧化剂类、氢氧化钠等消毒剂敏感。

【临床症状】断奶仔猪生长发育不良，进行性消瘦或生长迟缓（图1-162～图1-163）。体重减轻，这也是诊断PMWS所必需的临床依据。

其他的症状还有厌食、精神沉郁、行动迟缓、皮肤苍白、被毛蓬乱、呼吸困难等。病猪后肷窝部位的肌肉明显比正常猪变软。行走时，猪后腿渐进性衰弱，最后发展到只要一站立就摔倒。个别仔猪出现渐进性咳嗽；有的表现为轻度黄疸、贫血、皮肤苍白。体表淋巴结肿大，特别是腹股沟淋巴结明显，可被触摸到（图1-164）。中大猪眼结膜发红或眼睑明显水肿（图1-165）。本病发病率低，但死亡率高。

猪圆环病毒感染的疾病类型还有多种，这些类型可分别表现出不同的症状。如皮炎肾病综合征（PDNS）的临床症状最明显的是皮肤上出现红色或棕色的病灶，猪皮下有圆形的红色或棕色的出血病斑。这些病变常见于耳、脸、腹侧、腿及臀部（图1-166～图1-168）。

图1-162
猪圆环病毒Ⅱ型感染的临床症状（1）

病仔猪皮肤苍白、体弱消瘦

图1-163
猪圆环病毒Ⅱ型感染的临床症状（2）

身体消瘦、体表污秽

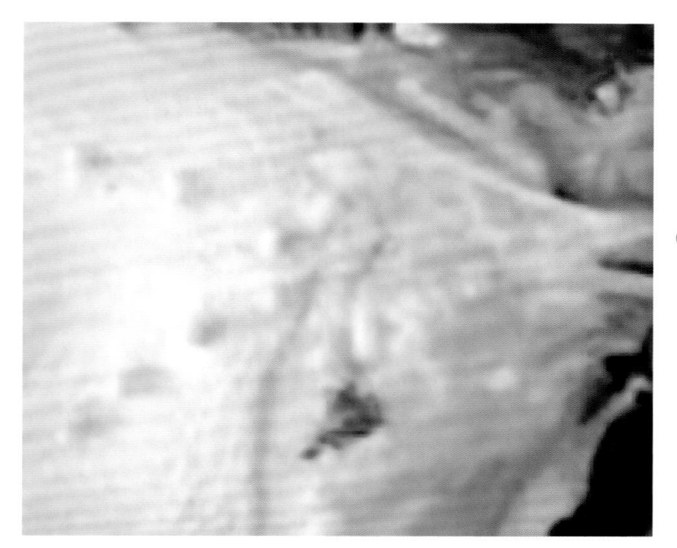

图1-164
猪圆环病毒Ⅱ型感染的临床症状（3）

腹股沟浅淋巴结肿大

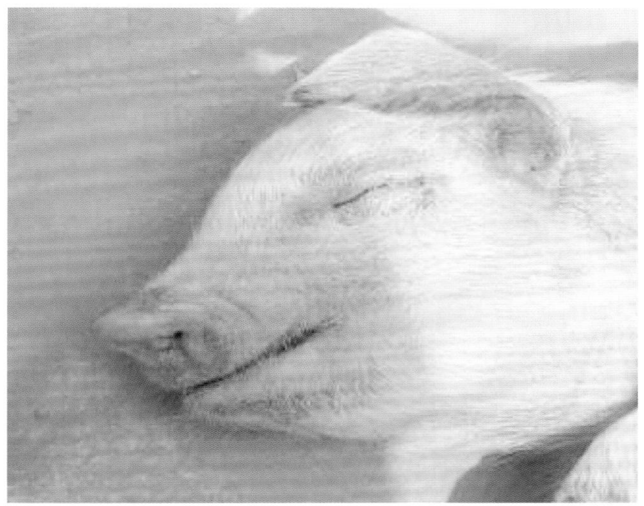

图1-165
猪圆环病毒Ⅱ型感染的临床症状（4）

哺乳仔猪头颈肿胀、眼睑水肿

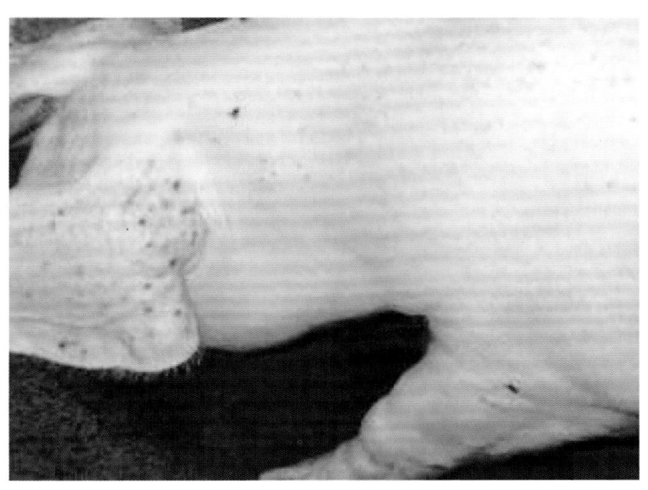

图1-166
猪圆环病毒Ⅱ型感染的临床症状（5）

皮炎肾病型，体表出现淤血丘疹斑点，耳部皮炎严重

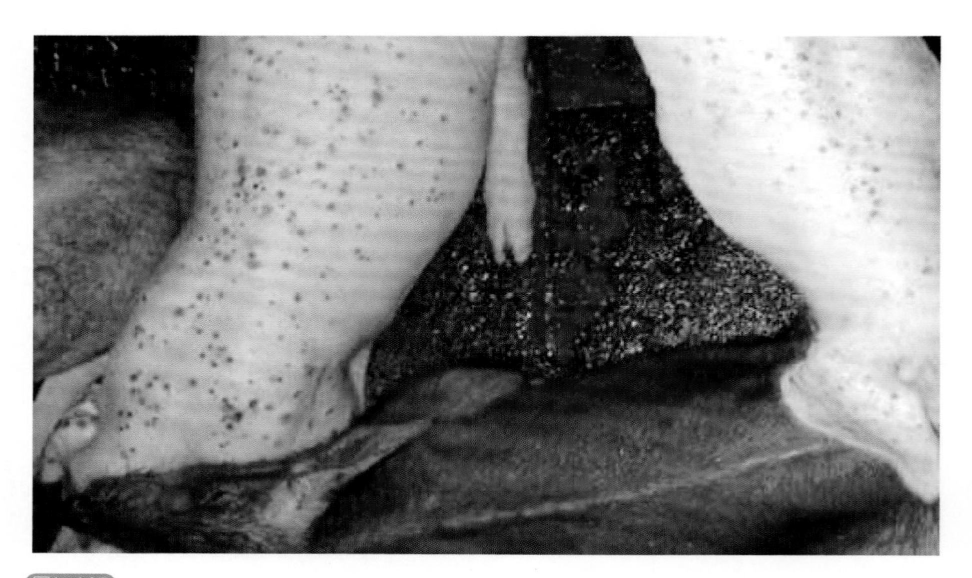

图1-167
猪圆环病毒Ⅱ型感染的临床症状（6）

皮炎肾病综合征型，皮肤出现红紫色丘疹斑点，背部皮肤出现特征的红点，主要集中在背部、腹部和耳部

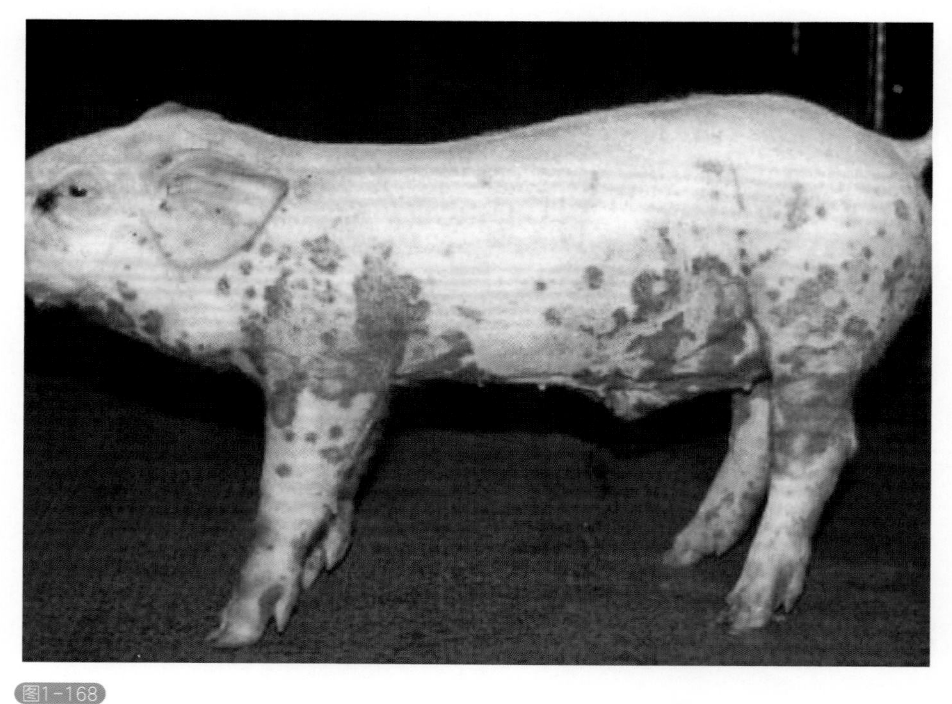

图1-168
猪圆环病毒Ⅱ型感染的临床症状（7）

PDNS病猪的皮肤病变，皮肤出血性炎症

【病理变化】典型的代表性病理变化是腹股沟淋巴结肿大，可肿大3～4倍，切面发白，外围黄褐色胶冻样坏死（图1-169～图1-170）。肾脏肿大、花斑状、有云雾状红斑，还有表面凹陷，呈“沟状肾”（图1-171～图1-174）。脾脏初期肿大，后期萎缩（图1-175～图1-177）。肺脏坚实类似于橡皮样，有间质状肺炎病变（图1-178）。个别猪的肠道变细，呈出血性肠炎表现，盲肠内充满内容物（图1-179）。肝脏萎缩，表面呈皱褶状（图1-180）。有的病例在胃、食管口处有大面积溃疡。

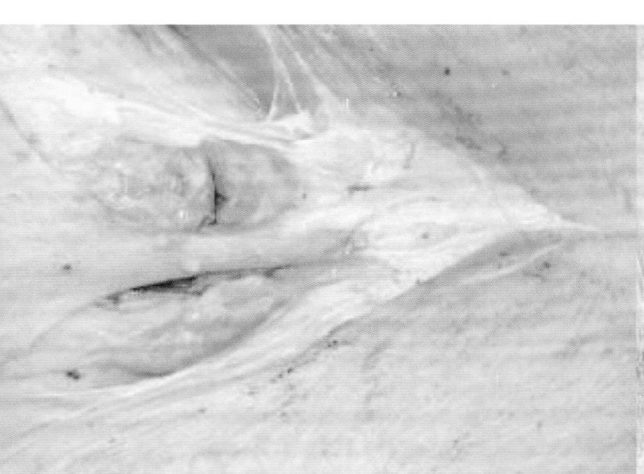
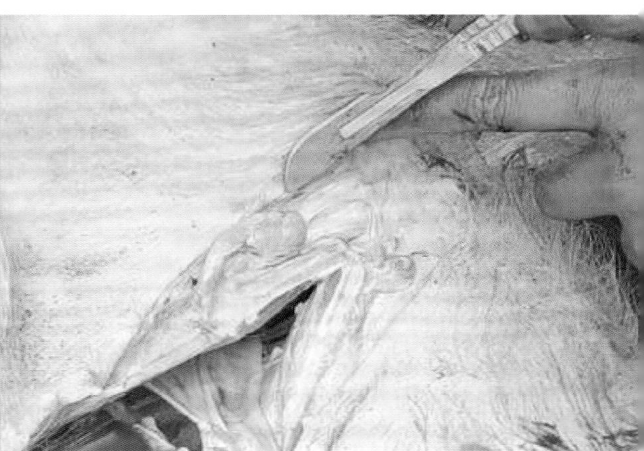

图1-169
猪圆环病毒Ⅱ型感染的病理变化（1）

腹股沟淋巴结苍白、肿大

图1-170
猪圆环病毒Ⅱ型感染的病理变化（2）

腹股沟淋巴结肿大

图1-171
猪圆环病毒Ⅱ型感染的病理变化（3）

肾脏表面有凹陷，呈“沟状肾”，表面有白色坏死灶、坏死点

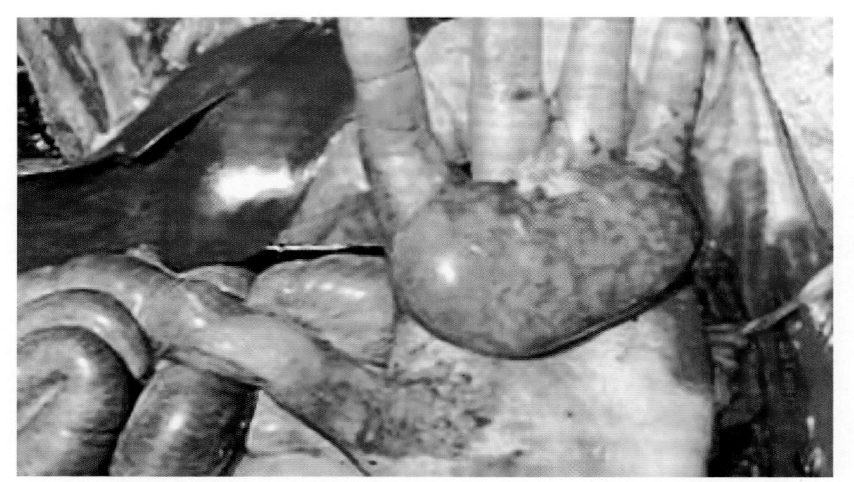

图1-172
猪圆环病毒Ⅱ型感染的病理变化（4）

花斑肾，外观淡灰色，有大小不一的斑点

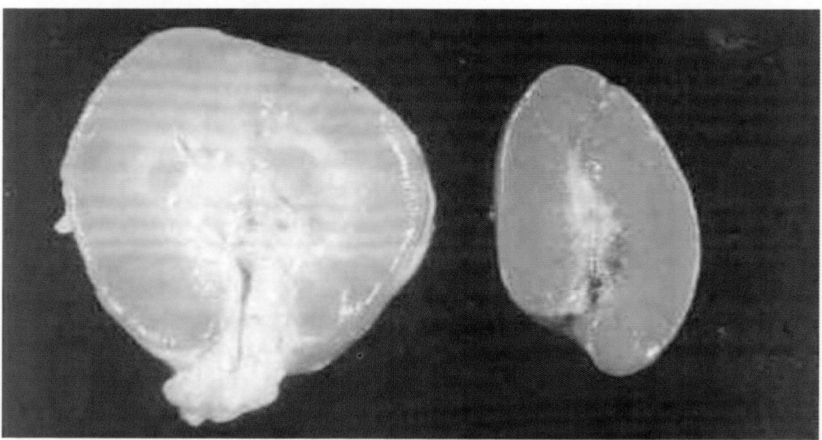

图1-173
猪圆环病毒Ⅱ型感染的病理变化（5）

慢性间质性肾炎，肾脏显著肿胀，切面局灶性苍白（右侧为对照）

图1-174
猪圆环病毒Ⅱ型感染的病理变化（6）

慢性间质性肾炎，白斑肾，肾脏肿大、坚实

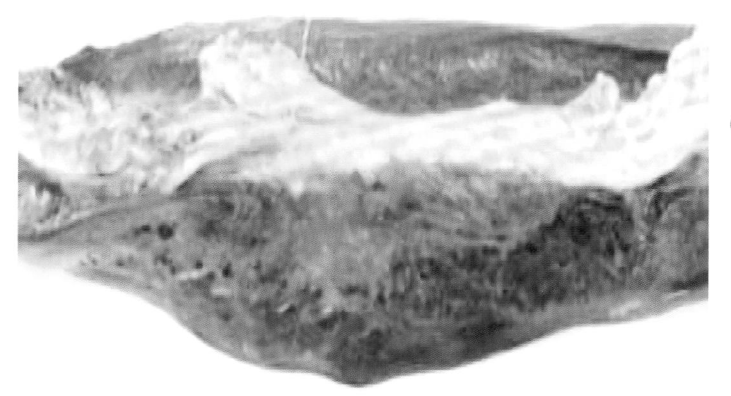

图1-175
猪圆环病毒Ⅱ型感染的病理变化（7）

脾脏肿大、表面和边缘有砂粒大小的出血性丘疹

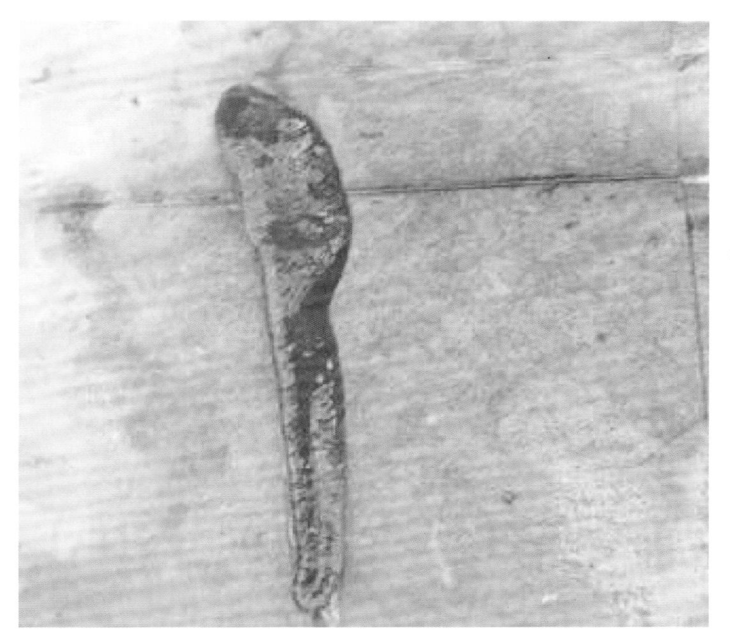

图1-176
猪圆环病毒Ⅱ型感染的病理变化（8）

脾脏肿大（一头大，一头小）

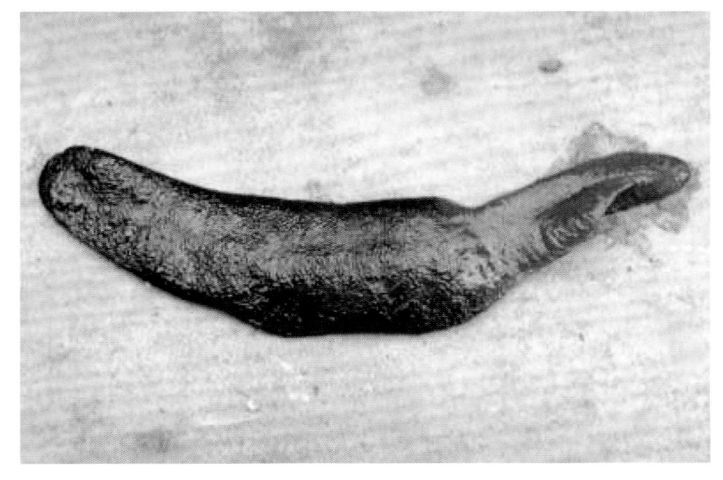

图1-177
猪圆环病毒Ⅱ型感染的病理变化（9）

脾脏肿大坏死

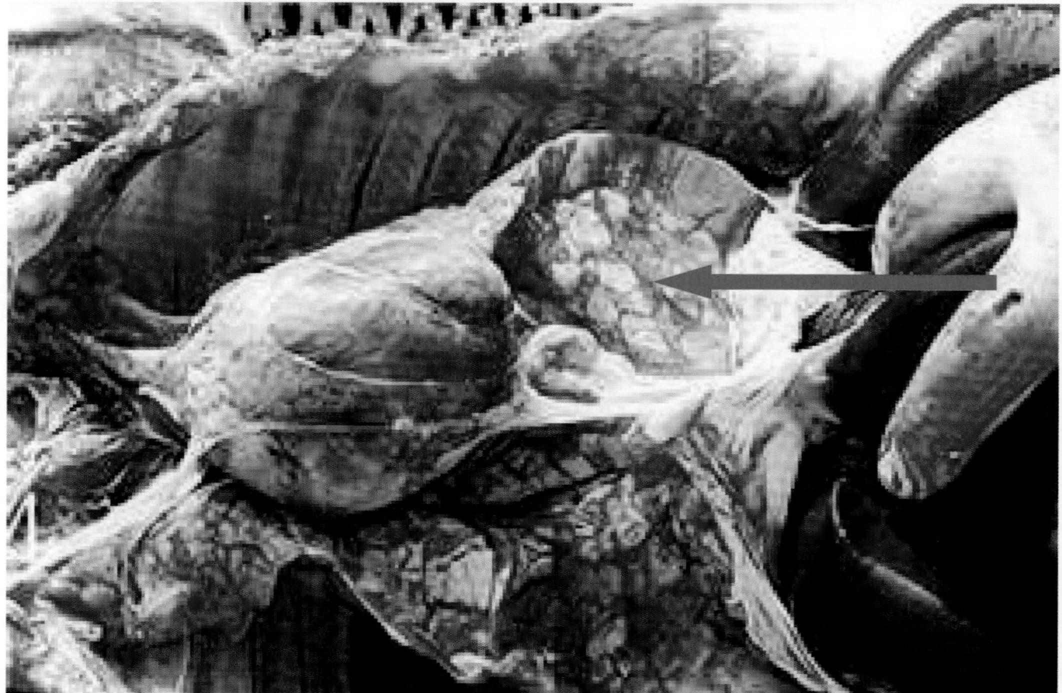

图1-178
猪圆环病毒Ⅱ型感染的病理变化（10）

间质性肺炎，表面有明显的大面积坏死灶

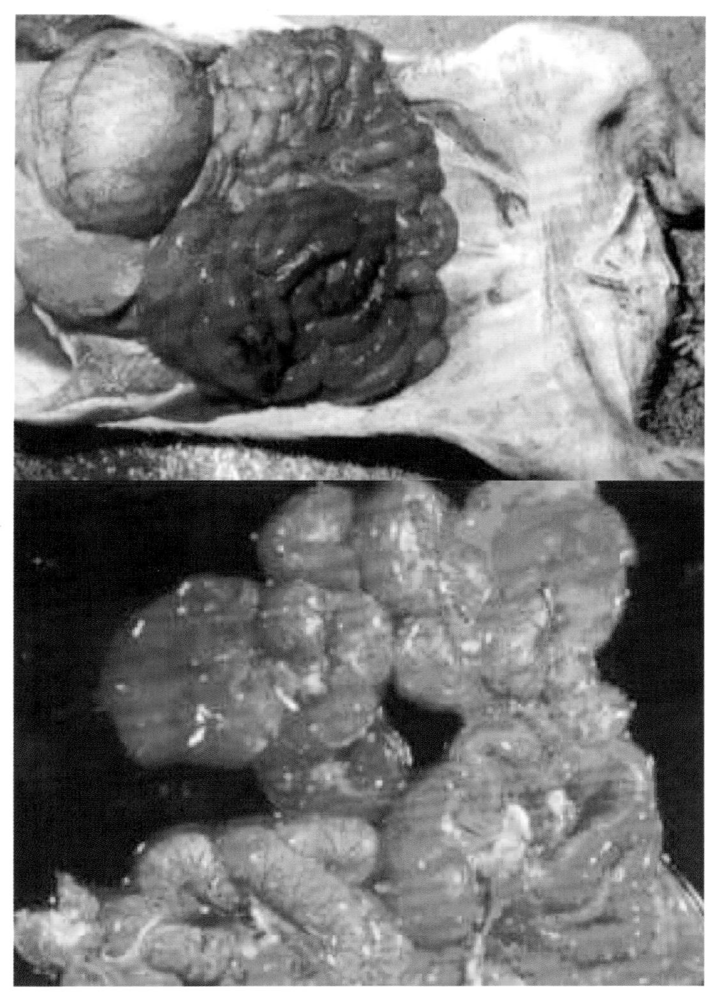

图1-179
猪圆环病毒Ⅱ型感染的病理变化（11）

出血性肠炎变化

图1-180
猪圆环病毒Ⅱ型感染的病理变化（12）

肝脏萎缩，表面呈皱褶状

【防治措施及方剂】目前本病主要应用圆环病毒复合苗预防注射。

（1）疫苗预防

① 商品猪：于14～21日龄，肌内注射1mL/头，仔猪可健康育肥至出栏。

② 经产母猪：分娩前3～4周，肌内注射1mL/头。

③ 初产母猪：每半年免疫1次，每次1mL。

（2）治疗　治疗猪圆环病毒病有很大难度，可尝试用干扰素、免疫球蛋白等生物制剂，同时配合抗生素、维生素等，以及用中药治疗。

① 采用抗菌药物，减少并发感染。如氟苯尼考、克林霉素、磺胺类药物等进行治疗，同时应用促进肾脏排泄和缓解类药物对肾脏进行治疗。还可采用黄芪多糖注射液并配合维生素B_1+维生素B_{12}+维生素C肌内注射，也可以使用氨基金维他饮水用或拌料用。

② 中药治疗。方剂为：熟附子10g、党参8g、肉桂3g、干姜5g、炒白术6g、茯苓6g、五味子3g、陈皮3g、半夏3g、炙甘草3g。用法：煎汤灌服，早、晚各1次，连续用3d。

服用上述的方剂② 3d之后，改用下边的方剂：党参12g、炒白术8g、茯苓8g、陈皮5g、炙甘草5g、白芍8g、熟地8g、当归6g、川芎4g、黄芪10g、肉桂3g、荆芥6g。用法：煎汤灌服，每天早、晚各1次，连续服用3～5d。

8.猪繁殖与呼吸系统综合征

猪繁殖与呼吸系统综合征（PRRS）又称为“蓝耳病”，是一种以繁殖障碍和呼吸系统症状为主要特征的一种急性、高度传染的病毒性传染病。其临床表现为母猪严重的繁殖障碍，断奶猪普遍发生肺炎、生长迟缓以及死亡率增加的症状。本病在20世纪80年代末、90年代初，曾经在国外许多养猪国家流行，尤其在猪群密集、流动频繁的地区，常造成严重的经济损失。近几年，本病在我国也呈现明显的高发趋势，已成为严重威胁我国养猪业发展的重要传染病之一。广大养猪户一致认为自从“蓝耳病”出现之后，猪就变得越来越难养了。

【病原体】猪繁殖与呼吸系统综合征病毒呈球形，有囊膜，为RNA型病毒。该病毒对氯仿和乙醚等消毒剂敏感，一般的消毒剂对其都有作用。对酸、碱都较敏感，尤其很不耐碱，在pH值小于5或大于7的条件下，其感染力下降90%。本病毒在空气中可以保持3周左右的感染力。

【流行病学】以繁殖母猪和仔猪较为易感，肥育猪比较温和，仔猪的死亡率可达80%～100%。病猪、带毒猪和患病母猪所产的仔猪以及被污染的环境、用具等都是重要的传染源。主要感染途径为呼吸道，也可通过空气、接触、精液传播和垂直传播等方式感染。同时，病猪可从鼻汁、粪便和尿中向外排毒。

本病在仔猪中传播比在成猪中传播更容易。当健康猪与病猪接触，如同圈饲养、高度集中等，都容易导致本病发生和流行。猪场卫生条件差、气候恶劣、饲养密度大，可促进猪繁殖与呼吸系统综合征的流行。

【临床症状】本病的潜伏期为4 ～ 7d。各年龄的猪发病后大多表现有呼吸困难症状，但具体症状不尽相同。

（1）母猪症状　母猪染病后，初期症状类似于感冒，发烧、厌食、沉郁、体温升高、呼吸急促、咳嗽。少部分（大约只有2%左右）感染猪表现为四肢末端、尾、乳头、阴户和耳尖等部位的发绀，并以耳尖发绀最为常见，故名“蓝耳病”。后期则出现四肢瘫痪等症状。病程一般持续1 ～ 3周，最后可能因为衰竭而死亡。

妊娠母猪发生流产或早产，产死胎、弱胎或木乃伊胎。怀孕中后期的母猪出现畸形胎，分娩不顺（图1-181 ～图1-183）。哺乳母猪产后无乳或少奶，产奶量下降，乳猪多被饿死（图1-184）。还有的母猪不育，发生早产，同时眼角膜充血，出现眼结膜炎（图1-185 ～图1-186）和腹泻。

图1-181
蓝耳病（繁殖与呼吸系统综合征）的临床症状（1）

病母猪发生流产、早产

图1-182
蓝耳病（繁殖与呼吸系统综合征）的临床症状（2）

病猪流产所产出的死胎

图1-183
蓝耳病（繁殖与呼吸系统综合征）的临床症状（3）

病母猪产出的死胎和木乃伊胎

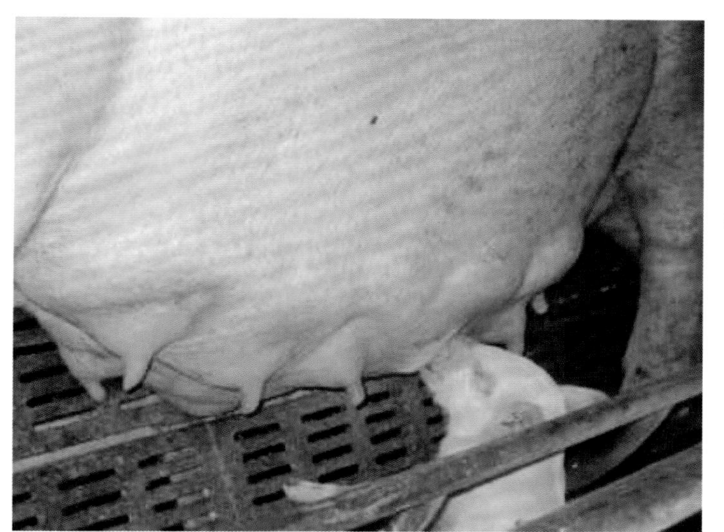

图1-184
蓝耳病（繁殖与呼吸系统综合征）的临床症状（4）

母猪奶水少

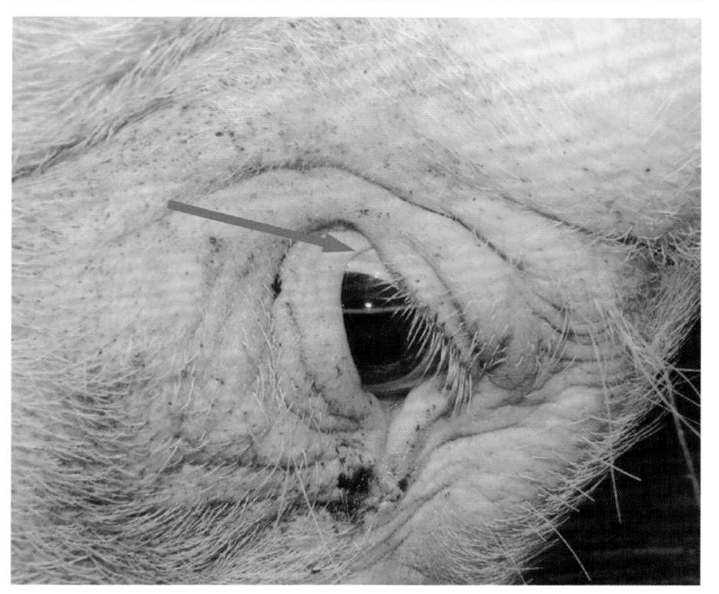

图1-185
蓝耳病（繁殖与呼吸系统综合征）的临床症状（5）

流产母猪体温升高，眼角膜周围血管充血（箭头所指处）

图1-186
蓝耳病（繁殖与呼吸系统综合征）的临床症状（6）

病猪眼结膜炎、眼结膜潮红、眼睑水肿流泪

（2）公猪症状　公猪感染后表现咳嗽、打喷嚏、精神沉郁、嗜睡、食欲不振、呼吸急促和运动障碍、性欲降低、精液质量下降、射精量少。

（3）生长育肥猪和断奶仔猪症状　生长肥育猪和断奶仔猪染病后，主要表现为厌食、嗜睡、咳嗽、呼吸困难，有些猪双眼肿胀，出现结膜炎和腹泻，有些断奶仔猪表现下痢、关节炎、耳朵变红、皮肤有斑点，部分病猪四肢末端、尾巴、乳头、阴户，特别是耳部发绀，因此被称为“蓝耳病”（图1-187～图1-190）。病猪常因继发感染胸膜炎、链球菌病、喘气病而死亡。如果不发生继发感染，生长肥育猪可以康复。还有部分猪表现出后躯无力、不能站立或共济失调等神经症状（图1-191）。

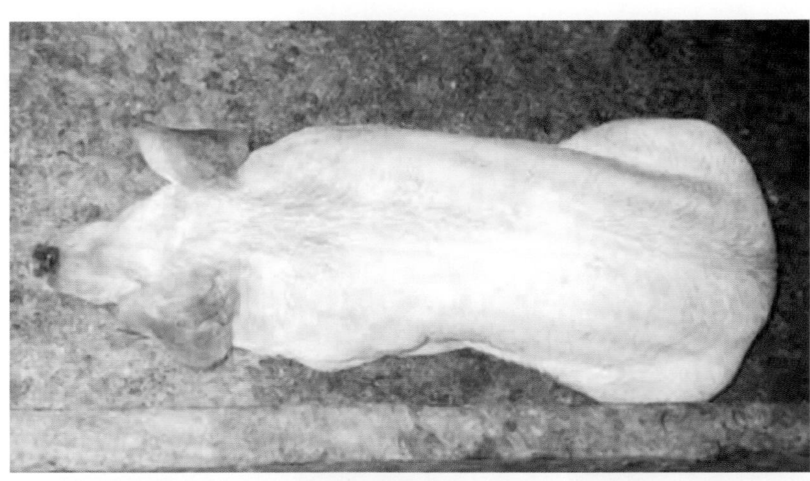

图1-187
蓝耳病（繁殖与呼吸系统综合征）的临床症状（7）

猪蓝耳病的耳部、吻部发绀症状

图1-188
蓝耳病（繁殖与呼吸系统综合征）的临床症状（8）

病猪耳部皮肤严重发绀，呈紫色，表现出典型的“蓝耳”症状

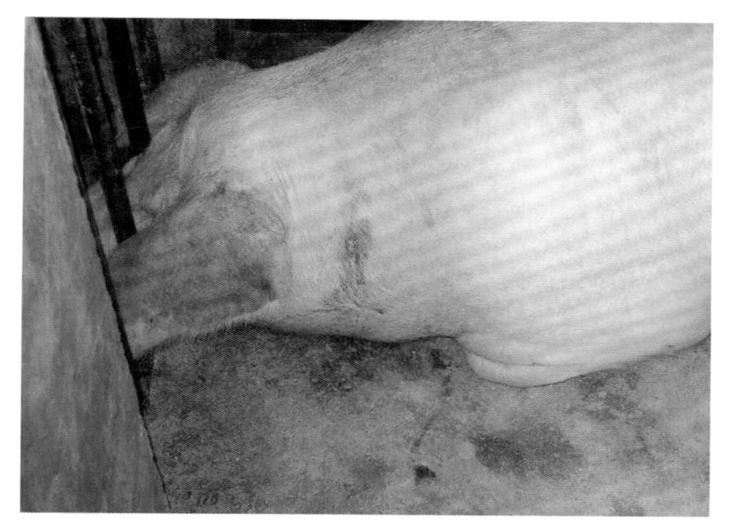

图1-189
蓝耳病（繁殖与呼吸系统综合征）的临床症状（9）

病猪耳部发绀症状

图1-190
蓝耳病（繁殖与呼吸系统综合征）的临床症状（10）

病猪双耳、腹部、尾部呈现蓝紫色

图1-191
蓝耳病（繁殖与呼吸系统综合征）的临床症状（11）

部分猪呈现后躯无力、不能站立或共济失调等神经症状

（4）哺乳仔猪症状　哺乳期的仔猪染病后的死亡率很高。病仔猪多表现为被毛粗乱、精神不振、嗜睡、食欲不振、呼吸困难（腹式呼吸）、咳喘（图1-192～图1-193）、肌肉震颤、后躯麻痹、共济失调（图1-194～图1-195）、打喷嚏、气喘或耳部发绀（图1-196）。有的有出血倾向，皮下有斑块，出现关节炎、关节肿大、败血症等症状。早产胎儿脐动脉出血，死亡率高达60%。仔猪断奶前死亡率增加，高峰期一般持续8～12周，而胚胎期感染病毒的，多在出生时即死亡或生后数天死亡，死亡率高达100%。

本病对3周龄以内仔猪眼睑水肿、前额肿胀、关节肿胀具有重要的临床意义（图1-197～图1-201）。

图1-192
蓝耳病（繁殖与呼吸系统综合征）的临床症状（12）

病仔猪呼吸困难

图1-193
蓝耳病（繁殖与呼吸系统综合征）的临床症状（13）

病猪卧地不起，呼吸困难

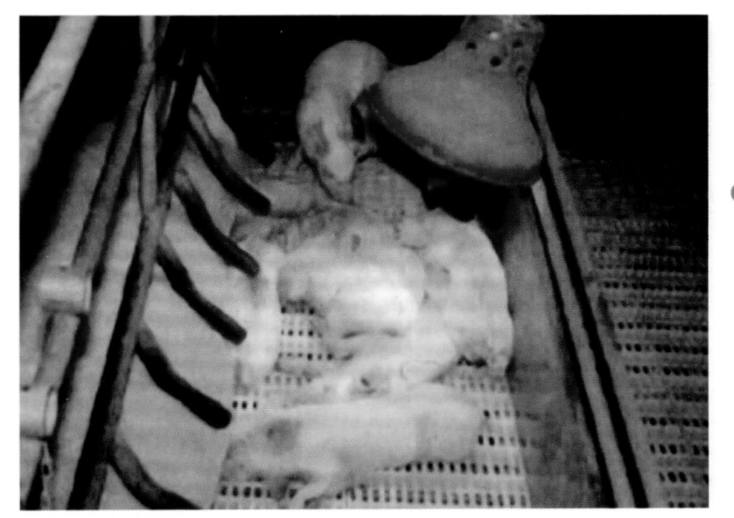

图1-194
蓝耳病（繁殖与呼吸系统综合征）的临床症状（14）

哺乳仔猪衰弱、无法吃奶、共济失调、耳部潮红或发紫

图1-195
蓝耳病（繁殖与呼吸系统综合征）的临床症状（15）

发病仔猪身体虚弱、消瘦，耳部发红或发紫，有的共济失调，行走不稳或不能站立，四肢外展、后躯瘫痪

图1-196
蓝耳病（繁殖与呼吸系统综合征）的临床症状（16）

病猪体表和耳部发绀，耳呈蓝紫色（尤其是耳部和后肢）

图1-197
蓝耳病（繁殖与呼吸系统综合征）的临床症状（17）

仔猪蓝耳病眼睑水肿症状

图1-198
蓝耳病（繁殖与呼吸系统综合征）的临床症状（18）

仔猪眼睑水肿

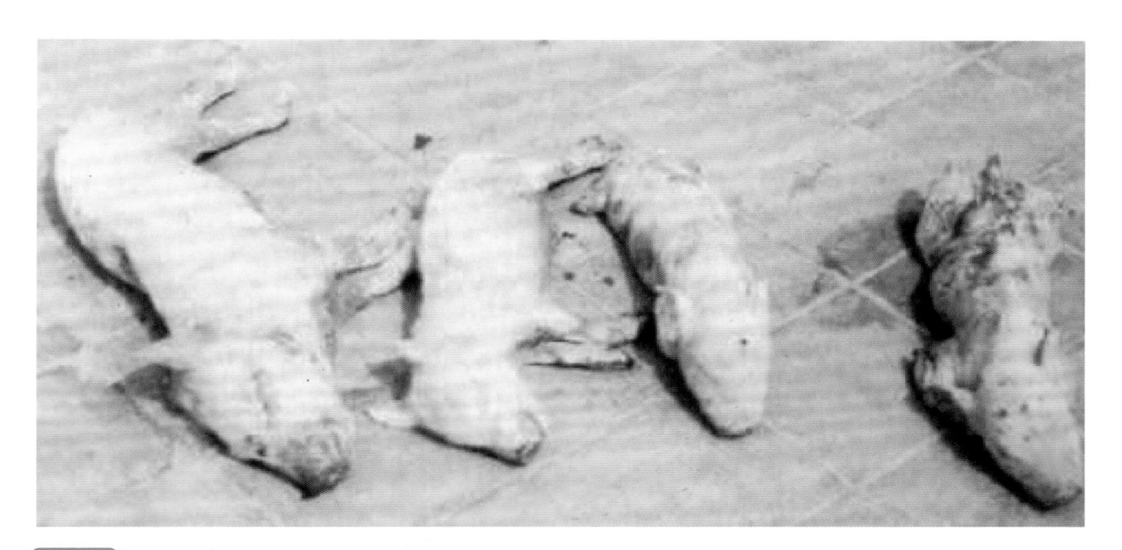

图1-199
蓝耳病（繁殖与呼吸系统综合征）的临床症状（19）

22日龄仔猪发病，眼睑水肿、前额部肿胀

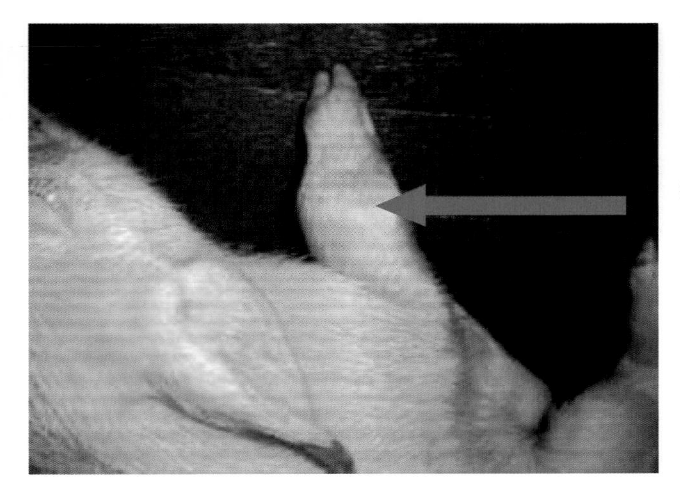

图1-200
蓝耳病（繁殖与呼吸系统综合征）的临床症状（20）

猪蓝耳病仔猪关节肿大

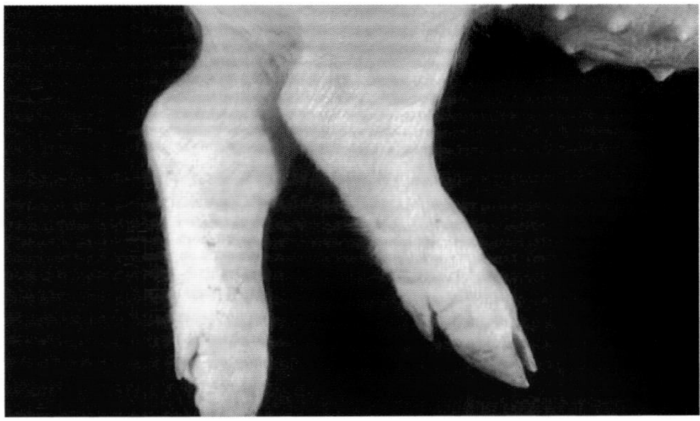

图1-201
蓝耳病（繁殖与呼吸系统综合征）的临床症状（21）

病仔猪后肢关节肿胀症状

【病理变化】猪繁殖与呼吸系统综合征的主要病理变化是，呈现弥漫性、间质性肺炎，并伴有细胞浸润和卡他性肺炎区。肺水肿，表现肺泡壁增厚（图1-202～图1-205）。有的病猪有非化脓性脑炎症状（图1-206）。对感染本病48～72h后的病猪进行剖检，可见腹膜、肾周围脂肪、肠系膜淋巴结、皮下脂肪和肌肉发生水肿等症状（图1-207～图1-210）。

【诊断】根据孕猪流产，死胎、木乃伊胎，仔猪大量死亡，结合猪的感冒性症状和部分猪的耳朵、四肢紫绀可以作出初步诊断。具有诊断意义的病理变化是间质性肺炎。

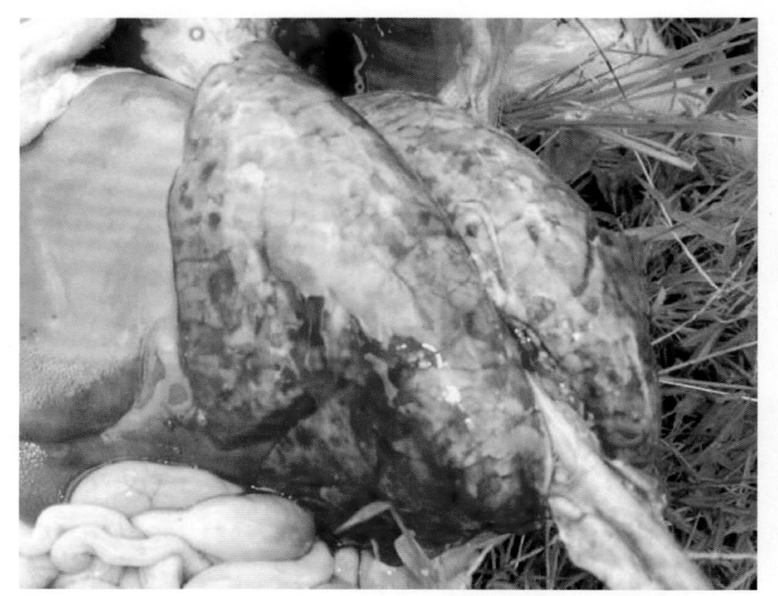

图1-202 蓝耳病（繁殖与呼吸系统综合征）的病理变化（1）

弥漫性肺炎及肺水肿症状

图1-203 蓝耳病（繁殖与呼吸系统综合征）的病理变化（2）

病猪的弥漫性、间质性肺炎，肺脏暗红色

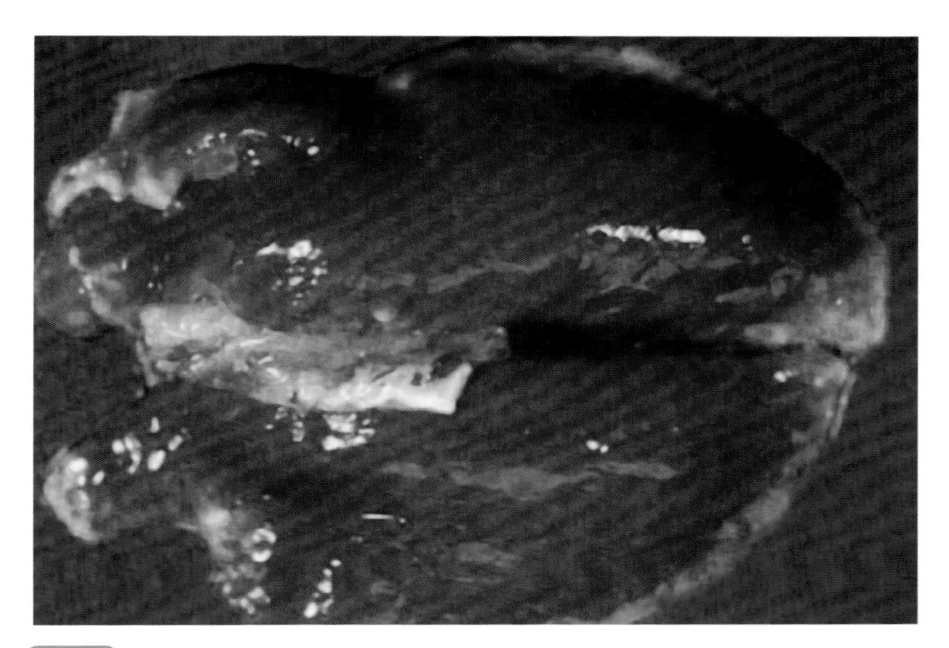

图1-204
蓝耳病（繁殖与呼吸系统综合征）的病理变化（3）

肺脏的出血性炎症，肺脏暗紫色

图1-205
蓝耳病（繁殖与呼吸系统综合征）的病理变化（4）

病猪肺脏的体积缩小，肉样变性，失去气体交换功能

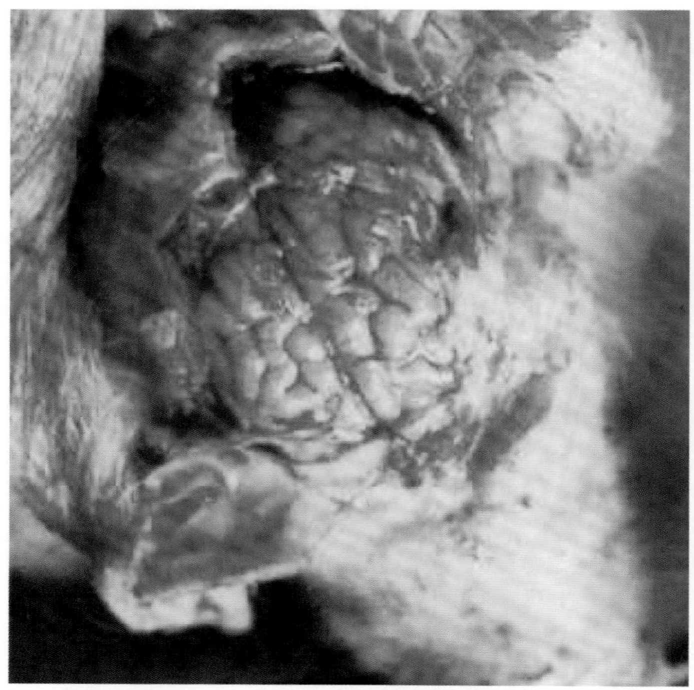

图1-206

蓝耳病（繁殖与呼吸系统综合征）的病理变化（5）

死亡仔猪大脑脑膜血管充血，表面湿润，渗出多量液体

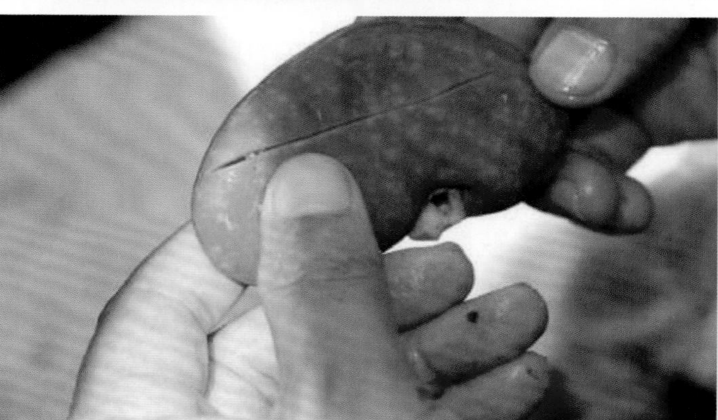

图1-207

蓝耳病（繁殖与呼吸系统综合征）的病理变化（6）

肾脏呈土黄色，表面可见针尖至小米粒大的灰白色斑点

图1-208

蓝耳病（繁殖与呼吸系统综合征）的病理变化（7）

肾脏乳头部出血点

图1-209

蓝耳病（繁殖与呼吸系统综合征）的病理变化（8）

肺部与胸腔粘连

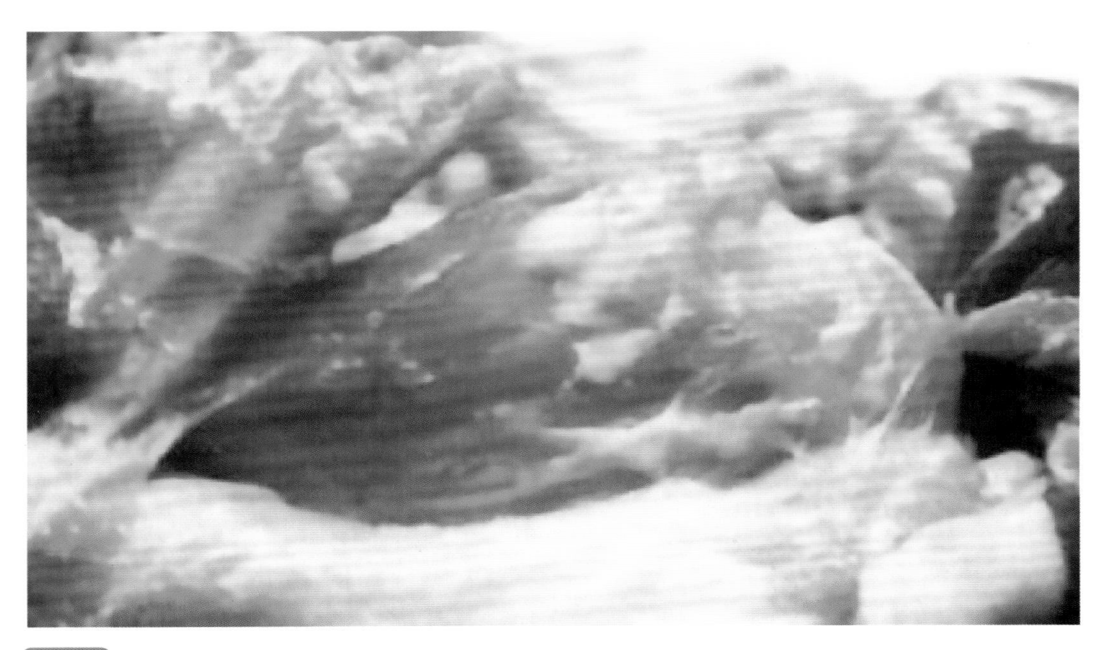

图1-210

蓝耳病（繁殖与呼吸系统综合征）的病理变化（9）

死亡仔猪的胸部、腹部、颈部肌肉呈灰白色或黄白色，似开水烫过一样

荷兰专家设计了一个用于临床诊断的方案：14d时间内下列标准中符合两个，并伴有呼吸道症状，就可判为阳性。①流产和早产超过8%；② 死胎超过20%；③出生一周内仔猪死亡25%以上。

【防治措施】本病是一种新的传染病，尚无特效的治疗方法，只是采取相应的辅助措施缓解临床症状，用四环素等抗生素防止继发感染。主要是加强综合防控，谨慎引种，适当推迟补铁、阉割及断尾。加强管理，做好营养、卫生、通风、饲养密度控制、保健、补充电解质和维生素等工作，以减少新生仔猪的死亡率。同时做好基础免疫，尤其是猪瘟、伪狂犬、口蹄疫的免疫。食量减少时，应饲喂高能量饲料。商品猪场要严格执行“全进全出”制。

（1）阴性猪场　应防止因引种不慎而传入繁殖与呼吸综合征病毒（PRRSV）。引种必须实行逐头检疫，确定为阴性时才能引入猪场。

（2）疫苗预防　无论从阴性猪场还是阳性猪场引种，都必须在引入后的隔离期内尽快注射PRRSV弱毒疫苗。免疫接种弱毒疫苗是防控蓝耳病最经济有效的方法。我国有很多猪场已经使用弱毒疫苗有效地控制了蓝耳病的发生与传播，减少了重大经济损失。一般是商品猪在3～4周龄时，免疫1次；后备母猪6月龄首免，3周后加强免疫1次；成年母猪除了在3～4周龄免疫外，在每次配种前15d应再免疫1次；种用公猪除了在3～4周龄免疫外，每隔6个月还应免疫一次，也就是每年免疫2次。免疫均肌内注射2mL。

9. 日本乙型脑炎

日本乙型脑炎（JBE）又称流行性乙型脑炎，是由日本乙型脑炎病毒引起的一种急性人畜共患传染病。猪发病后的特征性表现为妊娠母猪流产，产死胎、木乃伊胎；公猪表现为睾丸炎。本病的传播媒介为蚊子、蜱等。

【流行特点】乙型脑炎是一种自然疫源地性疫病，多种家畜均可感染，也可传染给人。动物感染后可成为本病的传染源，猪的感染最为普遍。本病主要通过蚊子、蜱的叮咬而传播，病毒能在蚊体内繁殖，并可越冬，经卵传递，成为次年感染动物的来源。由于经蚊虫传播，因而本病的流行与蚊虫的滋生及活动有密切关系，故本病的发生有一定的季节性，80%的病例发生在7、8、9三个月。猪的发病年龄与性成熟有关，大多在6月龄左右发病。本病的特点是感染率高、发病率低（20%～30%）、死亡率低。新疫区发病率高、病情严重，以后逐年减轻，最后多呈无症状的带毒猪。

【临床症状】常常突然发病，体温升至40～41℃，呈稽留热。病猪精神沉郁、嗜睡、喜卧、食欲减少或废绝、粪便干燥呈球状、表面附着灰白色黏液、尿液呈深黄色。有的猪后肢呈轻度麻痹、步态不稳、关节肿大、跛行；有的病猪视力障碍，最后麻痹死亡。

怀孕母猪感染后，可突然发生流产或早产，产出弱胎、畸形胎、死胎、木乃伊，胎儿可能大小不一，同胎也见正产胎儿（图1-211～图1-213）。流产后，母猪的体温和食欲恢复正常，无明显异常表现。

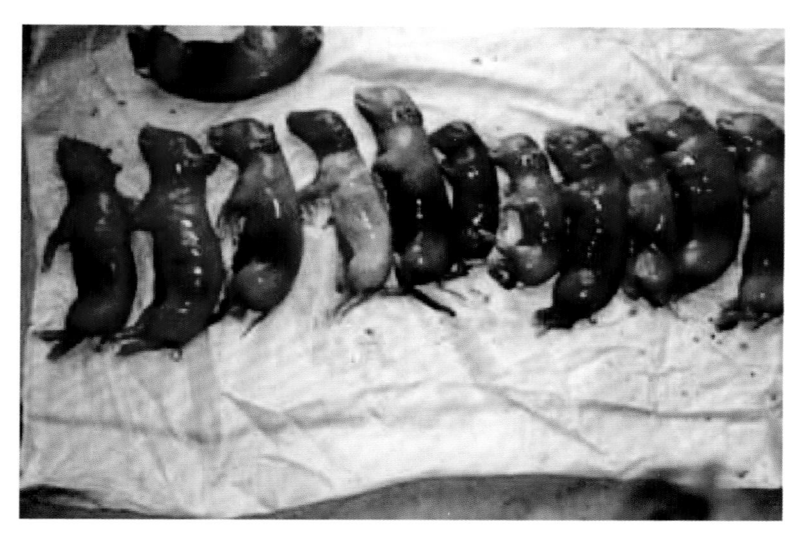

图1-211
日本乙型脑炎的临床症状（1）

整窝死产的胎儿

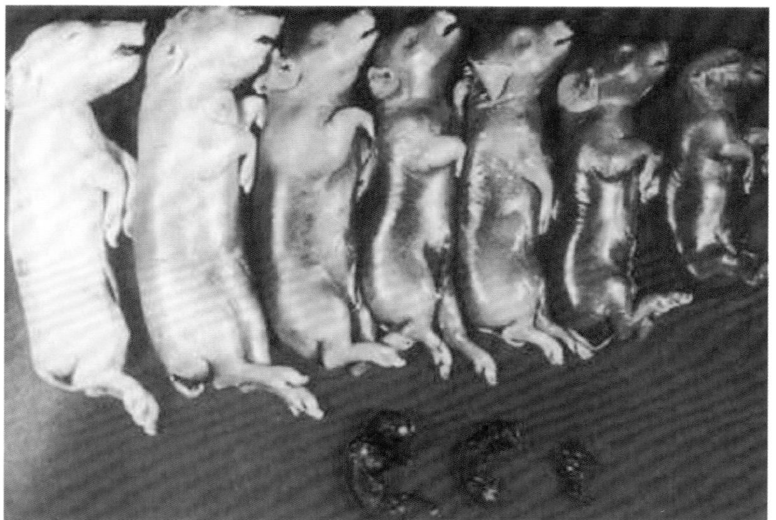

图1-212
日本乙型脑炎的临床症状（2）

整窝流产的胎儿，5头色暗黑的死胎（上右）；2头脑水肿色淡死胎（上左）；3头木乃伊胎儿（下）

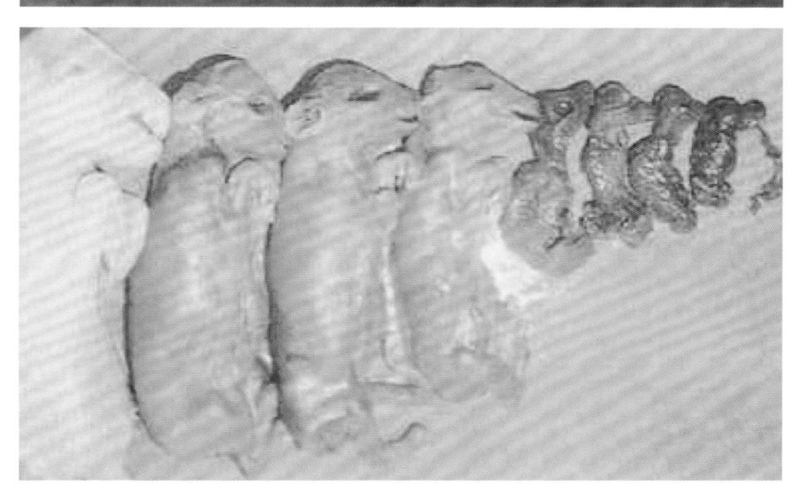

图1-213
日本乙型脑炎的临床症状（3）

病猪产出死胎、木乃伊胎。可见在同胎的猪中有不同时间死亡的胎儿

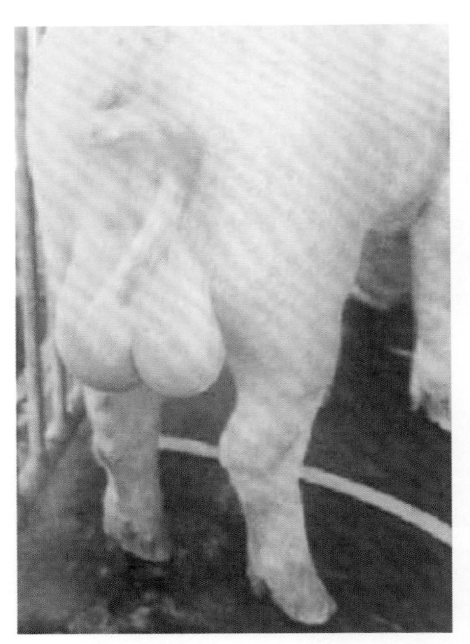

公猪感染后，常发生睾丸肿胀，多呈一侧性的，也有两侧性的。患病睾丸阴囊皱襞消失、发亮，有热痛感，约经3～5d后肿胀消退（图1-214～图1-216）。有的睾丸变小，变硬，失去配种繁殖能力。如仅一侧发炎，仍有配种能力。公猪的性欲减低，病毒自精液排出，精子总数和活力明显下降，并含有畸形精子。

图1-214
日本乙型脑炎的临床症状（4）

患病公猪的睾丸肿大症状

图1-215
日本乙型脑炎的临床症状（5）

患病公猪的睾丸不对称，一侧肿大

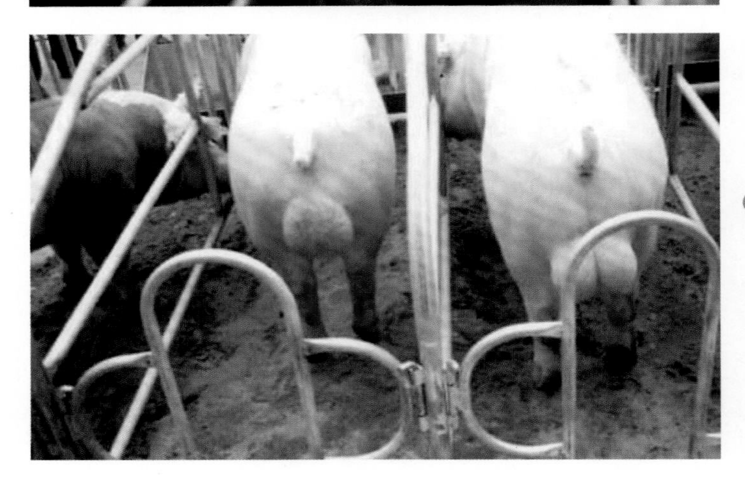

图1-216
日本乙型脑炎的临床症状（6）

公猪的睾丸发育差（左侧），右侧正常

【病理变化】流产的胎儿脑水肿，皮下血样浸润（图1-217～图1-218），肌肉似水煮样，腹水增多；木乃伊胎儿从拇指大小到正常大小；肝、脾、肾有坏死灶；全身淋巴结出血；肺瘀血、水肿。子宫黏膜充血、出血和有黏液。胎盘水肿或有出血。公猪睾丸实质充血、出血和有小坏死灶；睾丸硬化者，体积缩小，与阴囊粘连，实质结缔组织化。

【防治措施及方剂】本病目前尚无有效的治疗方法，一旦确诊最好淘汰，同时要做好死胎儿、胎盘及分泌物等的处理。

图1-217
日本乙型脑炎的病理变化（1）

死亡胎儿的脑内积水症状

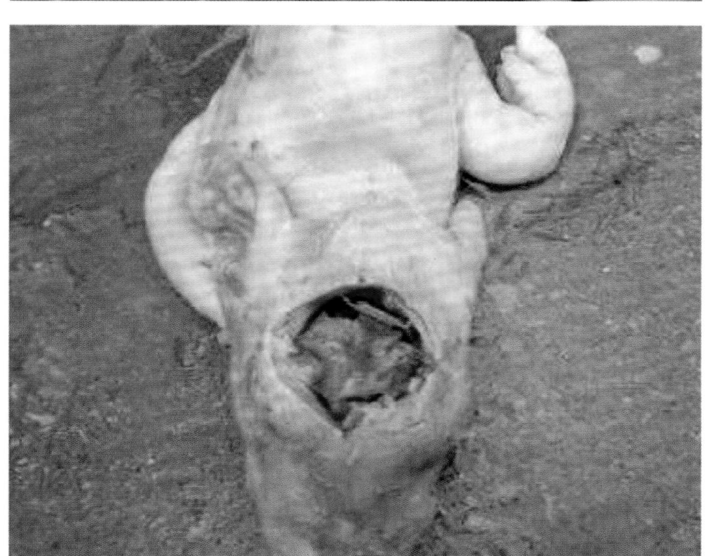

图1-218
日本乙型脑炎的病理变化（2）

死亡胎儿的脑内积水

（1）疫苗免疫　猪只用乙脑弱毒疫苗免疫后，夏、秋分娩的新母猪产活仔率可提高到90%以上，公猪的睾丸炎症状基本上得到控制。对于春季配种的4月龄以上至两岁的公、母猪，在配种前要注射两次乙型脑炎疫苗进行预防，两次的前后间隔为14d。第二年加强免疫一次，免疫期可达3年，有较好的预防效果。注射剂量为1mL。

疫苗使用的注意事项：

① 疫苗必须在乙脑流行季节前使用才有效，一般要求4月份进行疫苗接种，最迟不宜超过5月中旬。

② 因为有母源抗体的干扰，5月龄以下的猪免疫效果不好。

③ 注射部位用酒精或新洁尔灭消毒，忌用碘酊。

（2）灭蚊灭蝇　夏季，猪场要注意经常采取灭蚊、灭蝇措施，还要注意消灭越冬蚊。在流行地区一般是在蚊虫开始活动前1～2个月进行。

（3）注射与中药防治　发病的猪要及时隔离，对于名贵猪种可一次性肌内注射康复猪血清40mL，并进行对症治疗。

① 10%磺胺嘧啶钠注射液20～30mL、25%葡萄糖注射液40～60mL一次静脉注射，或10%水合氯醛20mL一次静脉注射。

② 5%葡萄糖注射液250～500mL，10%维生素C注射液20～30mL，40%乌洛托品10～20mL。静脉注射，每天1次，连用3～5d，有较好的疗效。

③ 中药方剂：大青叶30g，黄芩、栀子、丹皮、紫草各10g，黄连3g，生石膏100g，芒硝6g，鲜生地50g。用法：水煎至100mL，候温灌服。

10.非洲猪瘟

非洲猪瘟（ASF）又称非洲猪瘟疫、疣猪病，是由非洲猪瘟病毒引起的，是一种急性、性热、高度接触性传染病。世界卫生组织将其列为法定报告动物疫病。我国目前定性其为新发动物疫病，将其列为一类动物疫病、重点防控的外来动物疫病。

目前，本病有30多个国家发生过，尚无有效的商品疫苗和特效治疗药物。非洲猪瘟只有猪发病，不传染人。病猪的主要临床特征是高热，皮肤发绀，皮肤和内脏出血和淋巴结、肾、胃肠黏膜明显出血。本病的发病过程短，死亡率高，可达100%。典型病变是脾脏高度肿胀，可肿大5～10倍，严重梗死，质脆易碎。

【发病情况】非洲猪瘟自1921年首先在肯尼亚发现，并一直存在于撒哈拉以南的非洲国家，以后传入欧洲、美洲、欧洲、俄罗斯等国家和地区。

2018年非洲猪瘟从国外传入我国，造成我国多地发病。据报道，我国当时的非洲猪瘟疫情累计为112起，疫情的发生对我国的养猪业造成了巨大影响。传入我国的非洲猪瘟病毒属于基因Ⅱ型病毒，与格鲁吉亚、俄罗斯、波兰公布的毒株全基因组序列同源性为99.95%。

【病原体】引起本病的是非洲猪瘟病毒。病毒为双股线状DNA型虫媒病毒。具有

22个基因型，有9个血清型，基因组大，且多变。在猪体内，非洲猪瘟病毒可存在于几种类型的细胞中，尤其是在网状内皮细胞和单核巨噬细胞中。该病毒可在钝缘蜱体内增殖，并使其成为主要的传播媒介。

非洲猪瘟病毒对环境的抵抗力较强。低温暗室内，存在于血液中的病毒可生存6年；室温中可活数周。许多脂溶剂和消毒剂可以将其破坏。该病毒可以在粪便、猪体餐食垃圾、腌制肉品等中存活几周到数月不等，在冷冻猪肉中甚至可存活数年至数十年。在未煮熟的肉、腌制肉和泔水中可长时间存活。但它怕热，60℃ 30min；56℃ 70min；25 ～ 37℃数周；100℃很短时间就死亡。

本病毒能从被感染猪只的血液、组织液、内脏及其他排泄物中检测到。常用的消毒剂有火碱、过氧乙酸、福尔马林、次氯酸盐等。

【流行病学】易感动物是家猪和野猪，不分年龄、性别、品种。病猪、康复猪和隐性感染猪及钝缘软蜱是本病的主要传染源及传播媒介。家猪与野猪对本病毒都易感，不分品种及年龄。蜱是该病毒的贮藏宿主和媒介。病猪感染后的第二天即可向外排毒，康复后仍然可以带毒、向外排毒。家猪发病率和死亡率与毒株的毒力大小有关，强毒株2 ～ 10d，死亡率可达100%；中等毒力病死率大约30% ～ 50%；低毒力少数死亡。不同毒株的致病力有一定的差异。该病无明显的季节性，但以夏秋季节病例较多。

一般认为，本病的传播途径是接触了病猪和污染的饲料等，其传入与国际机场和港口的检疫不严格有关，食用了未经煮过的感染猪制品，或者用残羹剩饭喂猪等，或由于接触了感染的家猪的污染物，如猪胎、粪便、病猪组织，并喂了污染饲料而发生。本病可经过消化道、呼吸道或者是经过蜱等吸血性昆虫的叮咬，即经过口腔和上呼吸道系统进入猪体，通过鼻咽部或是扁桃体，再通过淋巴和血液散布到全身。

【临床症状】一般认为，本病的潜伏期为4 ～ 19d，最长的可达21d，临床实验感染则为2 ～ 5d。感染后2 ～ 3d至8d出现病毒血症，可持续数月。感染后7 ～ 11d出现特异性抗体，持续数月甚至数年。

（1）最急性型　病情非常紧急，往往无临床症状而突然死亡。

（2）急性型　病猪精神沉郁，厌食，身体极度衰弱，常常躺在猪舍的一角，强迫驱赶它走动，则显示出极度羸弱。体温可高达40.5 ～ 42℃，约持续4d，直到死前48h，体温始下降，这是本病的主要特征。同时临床症状直到体温下降才显示出来，故与猪瘟体温升高时症状出现不同。

病猪的皮肤发紫，有出血点。耳、四肢、腹部皮肤也有出血点（图1-219），鼻孔流血（图1-220），可视黏膜潮红、发绀。眼、鼻有黏液脓性分泌物，呕吐，便秘，粪便表面有血液和黏液覆盖，或腹泻，粪便带血（图1-221）。共济失调或步态僵直，脉搏速度加快，咳嗽，呼吸困难，呼吸速度快约三分之一。浆液或黏液脓性结膜炎。有的猪只有带血的下痢，血液变化类似于猪瘟。病程延长则可能会出现神经症状。妊娠母猪流产。发病率死亡率极高，几乎达到100%。整个病程大约1 ～ 7d。

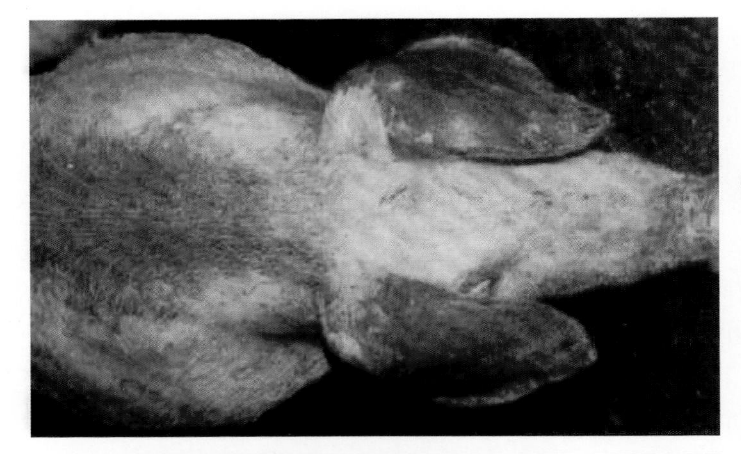

图1-219
非洲猪瘟（急性型）的临床症状（1）

病猪的耳、背部严重淤血症状

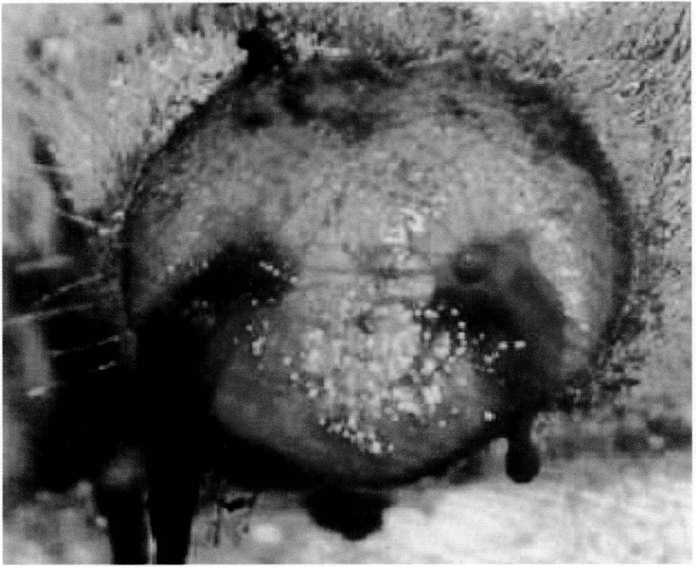

图1-220
非洲猪瘟（急性型）的临床症状（2）

鼻孔出血

图1-221
非洲猪瘟（急性型）的临床症状（3）

病猪精神沉郁、皮肤发绀、腹泻、粪便带血

（3）亚急性型　临床症状同急性，但症状较轻，病死率较低，持续时间较长（约3周）。体温波动无规律，常大于40.5℃。小猪病死率相对较高。

（4）慢性型　波状热、呼吸困难、湿咳。消瘦或发育迟缓、体弱、毛色暗淡。关节肿胀、皮肤溃疡。

【病理变化】浆膜表面充血、出血；肾脏、肺脏表面有出血斑点（图1-222）；心内膜和心外膜有大量出血点；胃、肠道黏膜弥漫性出血（图1-223）；胆囊、膀胱出血（图1-224）。肺脏肿大，切面流出泡沫性液体，气管内有血性泡沫样黏液。脾脏肿大、变软、呈黑色，表面有出血点，边缘钝圆，有时出现边缘梗死（图1-225）。颌下淋巴结、腹腔淋巴结肿大，严重出血。

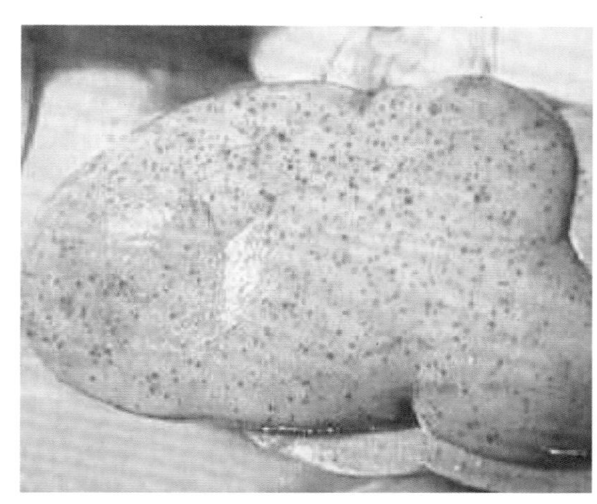

图1-222

非洲猪瘟的病理变化（1）

肾脏严重的出血斑点

图1-223

非洲猪瘟的病理变化（2）

小肠的出血斑

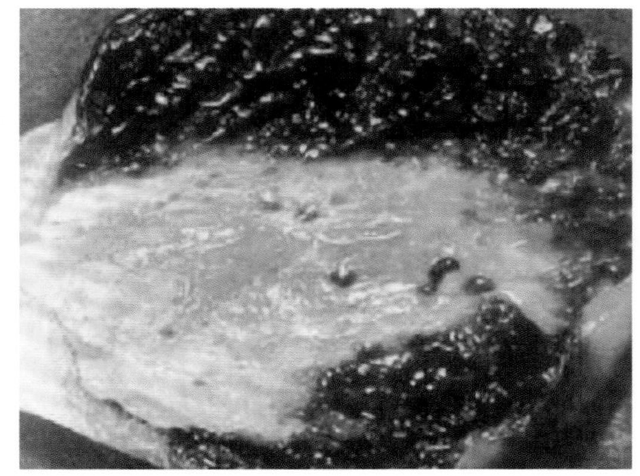

图1-224

非洲猪瘟的病理变化（3）

膀胱黏膜严重出血

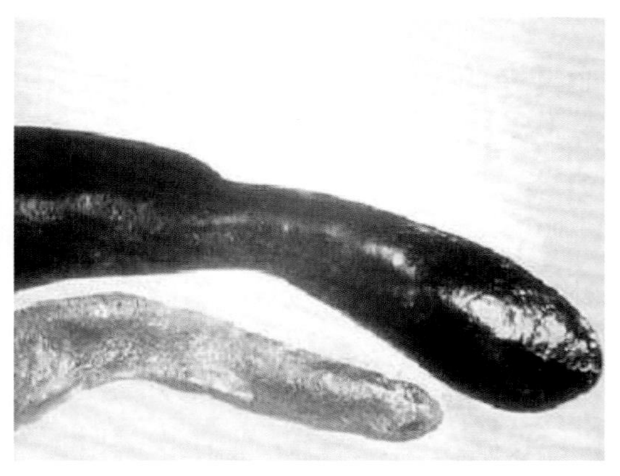

图1-225

非洲猪瘟的病理变化（4）

脾脏肿大（上，肿大的脾脏；下，正常的脾脏）

【诊断】

（1）临床诊断　非洲猪瘟与猪瘟的其他出血性疾病的症状和病变都很相似，它们的亚急性型和慢性型在生产实际中很难区别，因而必须用实验室方法才能鉴别。现场如果发现尸体解剖的猪出现脾和淋巴结严重充血、脾和淋巴结形如血肿、脾脏肿大2倍以上、质地脆容易碎、呈暗红色，则可怀疑为非洲猪瘟。

（2）实验室诊断　可采用红细胞吸附试验、直接免疫荧光试验、动物接种试验、间接免疫荧光试验、酶联免疫吸附试验、免疫电泳试验等方法。

【防治措施】目前，世界范围内还没有有效的非洲猪瘟商品疫苗，只能采取相应的措施，避免非洲猪瘟的发生。如严禁从疫区调运生猪，严禁使用未经高温处理的餐食垃圾喂猪，采用全进全出的饲养方式，建立严格的卫生消毒制度，做好安全防护。严格内部管理，生产区与生活区要安全隔离，不在饲养区内吃饭，减少非工作人员与家猪的直接接触。一旦有不明原因的死亡增多且有非洲猪瘟类似症状的，要及时上报兽医部门。一旦确诊，要配合兽医防疫部门对疫区内的生猪全部进行扑杀，并对病死猪和扑杀猪进行无害化处理。运输生猪前后，要对车辆用具进行彻底清洗和消毒。严禁任何单位和个人私自采集病料，要配合省级单位完成采样。采样可采集血清或全血，或剖检采集异常肿大的脾脏。只有过了两个潜伏期（42d）后才可以解除封锁。

11. 猪细小病毒病

猪细小病毒病（PPI）又称猪繁殖障碍病，是由细小病毒引起的，是导致易感母猪发生繁殖障碍的主要传染病之一。本病主要特征是怀孕母猪发生流产、死产、产木乃伊胎。特别是初产母猪发生死胎、畸形胎和木乃伊胎，但母猪本身无明显的症状。

目前，本病在世界范围内广泛分布，大多数呈地方性流行，猪场的猪群感染后很难净化，从而造成了持续的经济损失，现已是我国较常见的猪病之一。

【病原体】本病的病原体是猪细小病毒。猪细小病毒属于细小病毒科细小病毒属的病毒。其对热具有较强抵抗力，在40℃极为稳定，对酸碱有较强的抵抗力，在pH3.0～9.0之间稳定，能抵抗乙醚、氯仿等脂溶剂，但0.5%漂白粉、1%～1.5%氢氧化钠5min能杀灭病毒，2%戊二醛需20min，甲醛蒸气和紫外线需要相当长的时间才能杀死该病毒。

【流行病学】不同年龄、性别的家猪和野猪均易感，后备母猪比经产母猪更易感。传染源主要来自感染细小病毒的母猪和带毒的公猪，感染公猪也是该病危险的传染源，可在公猪的精液、性腺中分离到病毒，可通过配种传染给母猪，并使该病传播扩散。病毒能通过胎盘垂直传播，而带毒母猪所产的猪可能长时间甚至终生带毒排毒。

仔猪可通过感染母猪发生垂直感染。公猪、肥育猪和母猪主要是经被污染的饲料及环境经呼吸道、生殖道或消化道感染。初产母猪的感染多数是通过与带毒公猪配种发生的。鼠类也能传播本病。被污染的猪舍是猪细小病毒的主要贮藏地。在病猪移出、空圈4.5个月经彻底清扫后，再放进易感猪，仍可被感染。被污染的食物及猪的唾液等均能长久地存在传染性。

本病具有很高的传染性，一旦病毒传入，很短时间内几乎可导致猪群100%感染。被感染的猪只，在较长时间内保持血清学反应阳性。本病多发生于春、夏季节或母猪产仔和交配时期。母猪怀孕早期感染时，胚胎死亡率可高达80% ～ 100%。母猪在怀孕期的前30 ～ 40d最易感染，孕期不同时间感染分别会造成死胎、流产、木乃伊胎、产弱仔猪和母猪久配不孕等不同症状。

【临床症状】猪群暴发本病时常见木乃伊胎、窝仔数减少、母猪难产与重复配种屡配不孕等。在怀孕早期30 ～ 50d感染，胚胎死亡或被吸收，使母猪不孕和不规则地反复发情。

怀孕中期50 ～ 60d感染，胎儿死亡之后，形成木乃伊，怀孕后期感染，60 ～ 70d以上的胎儿有一定的免疫能力，能够抵抗病毒感染，则大多数胎儿能存活下来，但可长期带毒。母猪可产下同窝不同时期死亡的木乃伊胎、死胎（图1-226 ～图1-229）。

图1-226
猪传染性细小病毒病的临床症状（1）

母猪感染细小病毒后产下的死胎

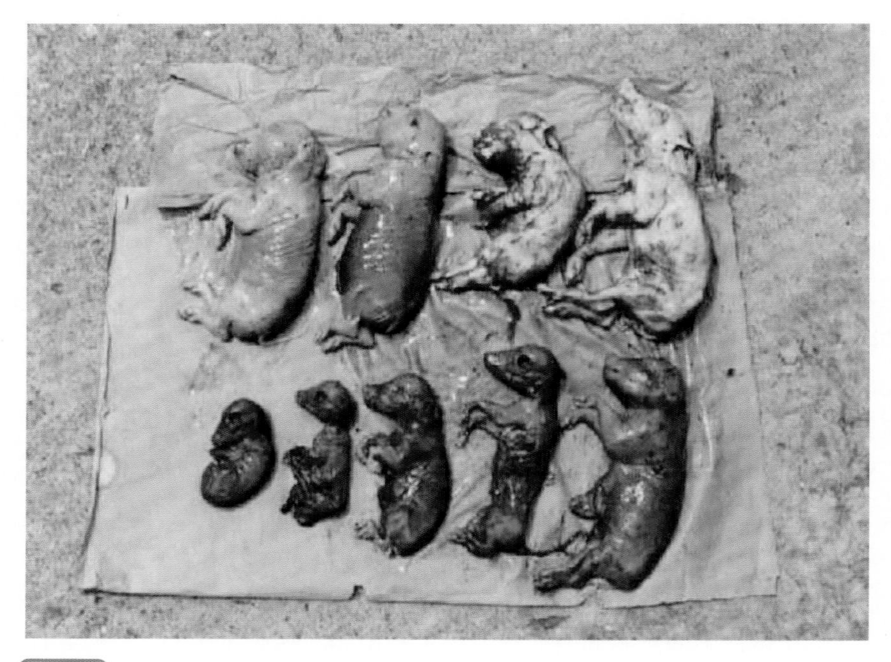

图1-227
猪传染性细小病毒病的临床症状（2）

产下同窝不同时期死亡的木乃伊胎、死胎

图1-228
猪传染性细小病毒病的临床症状（3）

产出死胎、木乃伊胎，同一窝中可见不同孕期死亡的异常胎儿

图1-229
猪传染性细小病毒病的临床症状（4）

母猪流产产出的死胎，胎儿死后常常停留在胎盘里，不立即娩出

【病理变化】病变主要在胎儿。胎儿被感染后可出现较多的肉眼变化，包括不同程度的发育不良，可见被感染的胎儿充血、淤血、出血、水肿、体腔积液、脱水（木乃伊化）及坏死等病变。胎儿死亡后随着逐渐变成黑色，体液被重吸收后，呈现“木乃伊化”（图1-230～图1-231）。死亡的胎儿有脑内积水，脑液化病变（图1-232～图1-233）。

【诊断】根据流行病学、临床症状和病理变化可做出初步诊断，确诊需进一步做实验室诊断。

【防治措施】本病目前尚无有效的治疗方法，主要采取预防措施。发生流产或木乃伊胎的同窝幸存仔猪及头胎母猪的后代不宜留作种用。

（1）综合性防治措施　尽量坚持自繁自养，如需要引进种猪，必须从无细小病毒感染的猪场引进。引进后严格隔离2周以上方可混群饲养。发病猪场，应特别需要防止小母猪在第一胎时被感染，可将其配种期拖延至9月龄（一般为6～8月龄），此时母源抗体已消失（母源抗体平均可持续21周），通过人工主动免疫使其产生免疫力后再配种。将猪在断奶时从污染群移到没有细小病毒污染的地方进行隔离饲养，也有助于本病的净化。

严格引种检疫，做好隔离饲养管理工作，对病死尸体及污物、场地，要严格消毒，做好无害化处理工作。

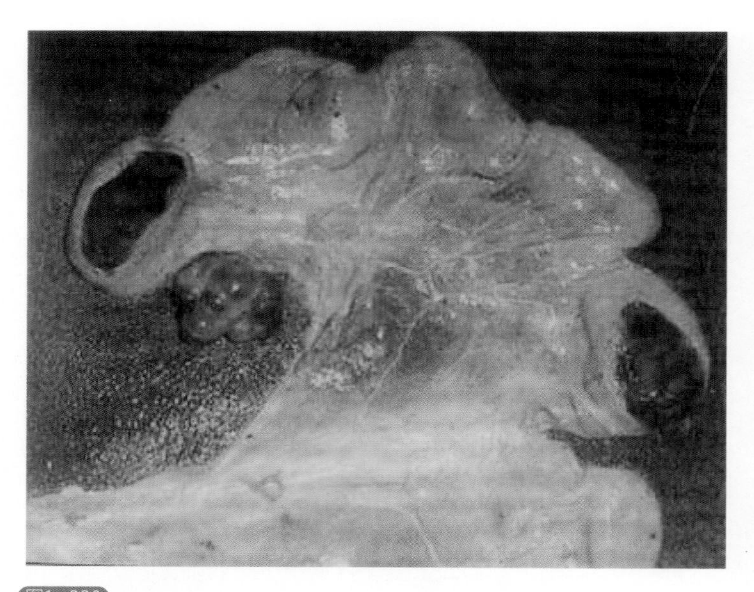

图1-230
猪传染性细小病毒病的病理变化（1）

子宫中的木乃伊胎儿

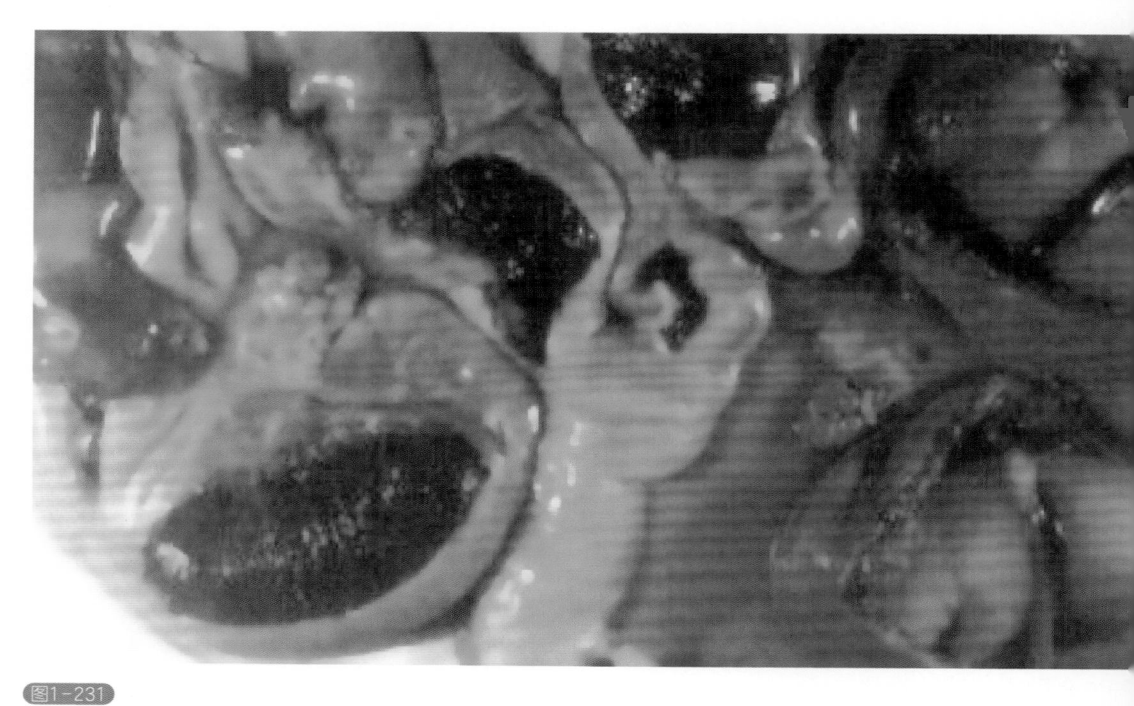

图1-231
猪传染性细小病毒病的病理变化（2）

子宫中的死亡胎儿及木乃伊胎儿

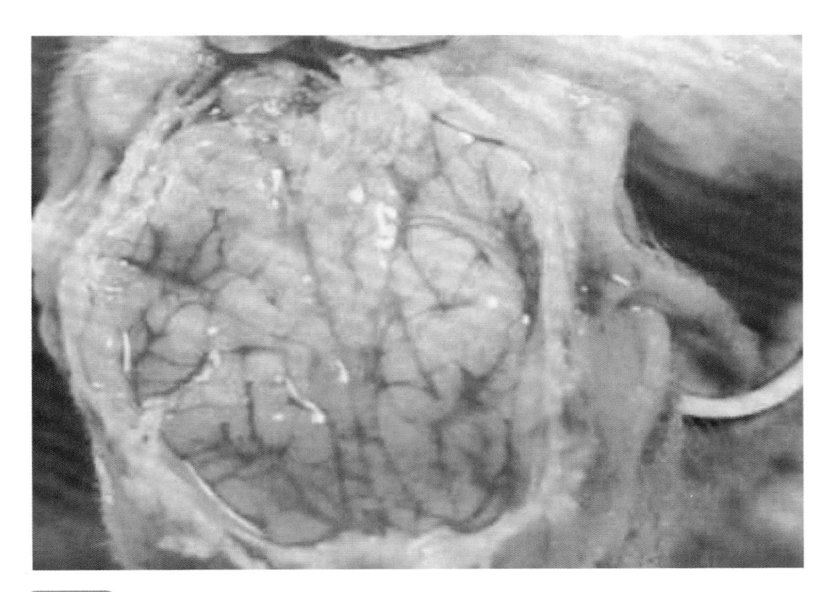

图1-232
猪传染性细小病毒病的病理变化（3）

死亡胎儿的脑内积水

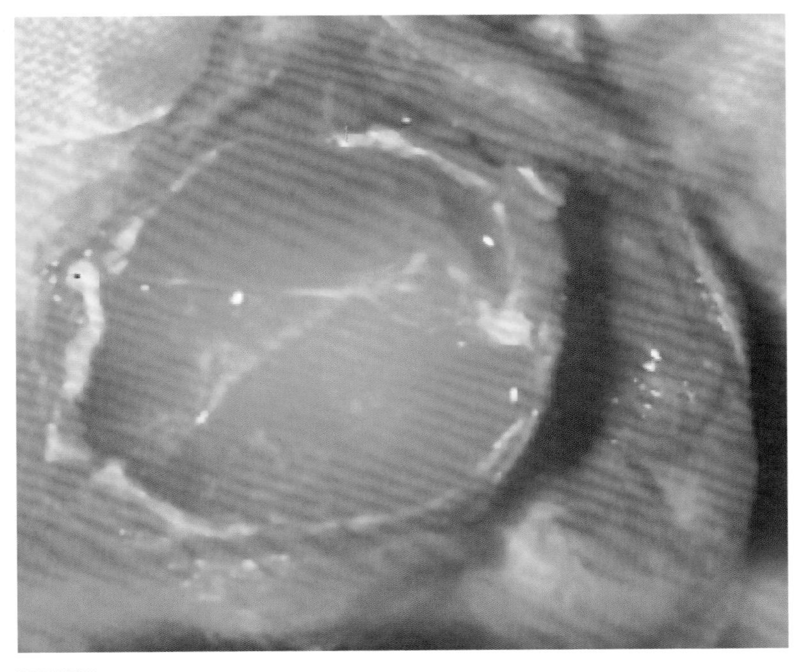

图1-233
猪传染性细小病毒病的病理变化（4）

死产胎儿的脑缺损症状，胎儿脑液化

（2）疫苗预防　疫苗是预防猪细小病毒病最有效的方法。疫苗包括活疫苗与灭活苗。活疫苗产生的抗体滴度高，而且维持时间较长；灭活苗的免疫期比较短，一般只有半年。疫苗注射可选在配种前几周进行，以使怀孕母猪于易感期保持坚强的免疫力。为防止母源抗体的干扰，可采用两次注射法来抵抗本病的感染。在生产上为了给母猪提供坚强的免疫力，最好在母猪每次配种前都进行免疫，可以通过用灭活油乳剂苗两次注射，以避开体内已存在的被动免疫力的干扰。灭活苗使用方法：后备母猪和公猪在配种前1～2个月首免，2周后进行二免，均采用肌内注射，每次2mL，免疫期可达7个月。一般每年免疫2次。

（3）治疗　对于新生仔猪可口服康复母猪抗凝血或高免血清，每日10mL，连用3d。发病后要及时补水和补盐，给大量的口服补液盐，防止脱水，用肠道抗生素防止继发感染。名贵的猪种还可以肌注猪白细胞干扰素（用法用量参照说明书）。

12.猪痘病

猪痘病又称猪天花病，是由猪痘病毒和痘苗病毒引起的猪的一种急性、热性、接触性传染病。本病的主要特征是皮肤和黏膜上发生特殊的丘疹和痘疹，之后发展成脓疱，破溃后结痂。本病多发生于哺乳期和刚刚断乳的小猪，年龄较大或成年猪很少发病。

【病原体及流行病学】本病的病原体有猪痘病毒和痘苗病毒。氢氧化钠、高锰酸钾溶液能很快杀死病毒。消毒时常用0.15%的甲醛溶液和2%的氢氧化钠溶液等。

本病多发于4～6周龄仔猪及断奶仔猪，成年猪有抵抗力。病死猪和恢复期带毒猪是主要的传染源，病毒存在于病猪的水疱、脓疱和痘痂中，有时也存在于黏膜分泌物和血液中，特别是在痘疮成熟期、结痂期和脱痂期，其传染性更大。痘病毒可通过呼吸道、消化道和破损皮肤侵入传染，也可能由猪虱间接传染，猪血虱、蚊、蝇等是主要的传播媒介。传播途径是猪只经过接触传染，或通过饲料、饮水造成传染。本病一般呈良性经过，不会造成猪只死亡。流行特点是传染快，同群猪感染率可达100%，但死亡率一般不超过3%～5%，多数是因并发症、继发感染造成的。

【临床症状】潜伏期为5～7d。主要发生于哺乳仔猪和刚断奶的小猪。整个过程要经过前驱期、发疹期、化脓期、结痂期和脱痂期五个阶段。

病初体温升高，一般为41.5～41.8℃。痘病先发于背部、腹部、腹股沟、鼻镜、眼皮及大腿内侧等被毛稀少的部位。典型病变开始为深红色的丘疹，遍布全身，突出于皮肤表面。不久变成痘疹，继而发展成水疱圆形丘疹，逐渐形成脓疱（图1-234～图1-235），破溃后形成结痂，继而结痂痊愈，变成黑棕色痂皮，并很快结成棕黄色痂块，脱落后遗留白斑而痊愈。有的猪结膜发炎，鼻、眼有分泌物。一般很少影响进食，饮水也正常。整个发展过程病猪表现奇痒难耐，在墙壁、柱、围栏上蹭。

本病的整个病程约10～15d。若管理不当或继发感染可引起败血症或脓毒血症死亡，可使病死率升高，特别是幼龄仔猪。大多数痂皮在感染3周后脱落。

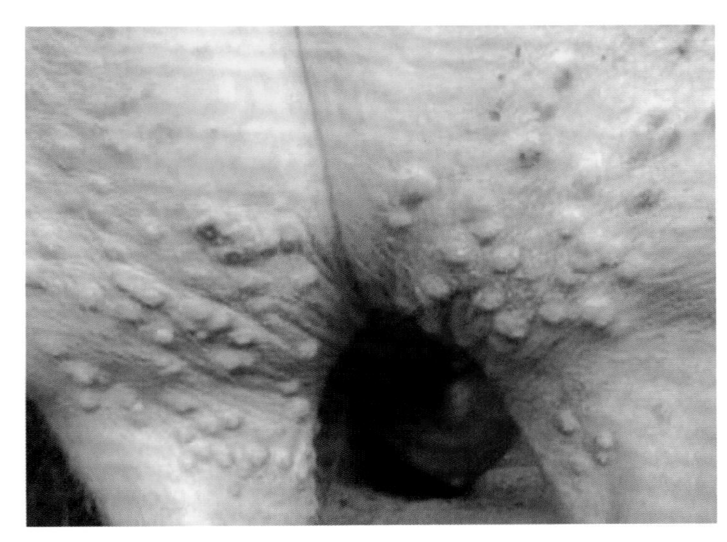

图1-234
猪痘病的临床症状（1）

突出于皮肤表面的脓疱

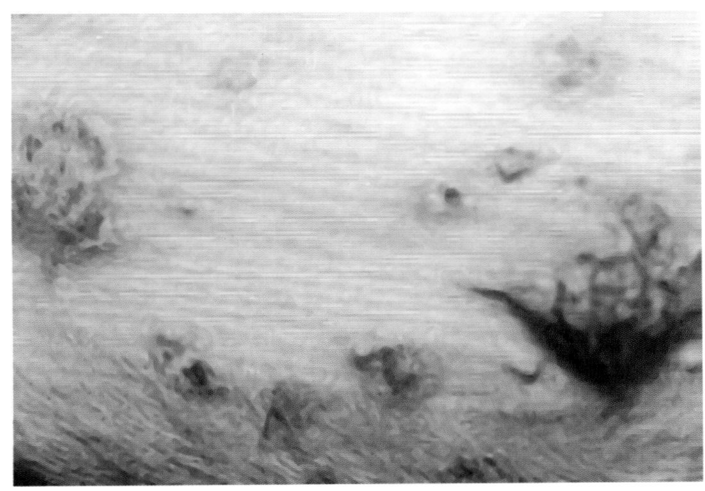

图1-235
猪痘病的临床症状（2）

病猪皮肤表面的痘痂破溃化脓形成脓疱

【防治措施及方剂】目前，本病尚无疫苗可用于免疫。多结合本场防疫程序，采用常规治疗方法，在定期预防的基础上，应用百毒杀、菌毒灭等药品，喷洒猪体、圈舍，对消除病原有一定的疗效。

（1）预防

① 加强饲养管理：尤其注意小猪的饲养管理。搞好卫生，保持猪舍清洁、干燥。做好猪舍的消毒与驱蝇灭虱的工作。定期对病猪污染的环境、圈舍及用具彻底消毒（图1-236～图1-238）。垫草要焚烧，并喂给营养丰富、含维生素较多的饲料。

② 搞好检疫工作：对新引入猪要搞好检疫，隔离饲养1～2周，观察无病方可合群。发现病猪要及时隔离，对被污染的圈舍、用具可用3%来苏儿溶液或2%火碱（氢氧化钠）溶液或0.1%高锰酸钾溶液彻底消毒。

图1-236
猪舍外周围环境的消毒

图1-237
猪场出入车辆的消毒

图1-238
猪舍内的消毒

③ 防止皮肤损伤：对栏圈的尖锐物要及时清除，避免刺伤和划伤，同时应防止猪只咬斗，肥育猪原窝饲养可减少咬斗。

（2）治疗　对于已患病的猪，不必过多用药。但如果皮肤有化脓或坏死等症状发生时，可采用下列药物进行治疗：

① 剥去痘痂皮，用0.1%高锰酸钾溶液洗净患部，再用1%龙胆紫溶液（俗称紫药水）或红霉素软膏等各类消炎软膏于患部涂抹。

② 5%碘酊或碘甘油于患处涂抹。

③ 用清热解毒的中药，如板蓝根、黄芩、黄檗等拌料饲喂。

④ 防止继发感染。对于个别出现体温升高的患猪，可用抗生素加退热药（青霉素、安乃近或阿尼利定等）控制细菌性并发症。

⑤ 可用抗病毒的中药及地塞米松磷酸钠注射液，肌内注射，每日1次，连用2～3d。

⑥ 对于名贵的种猪，可用特异性疗法，注射康复猪的血清。

13.猪流行性感冒

猪流行性感冒（SI）简称猪流感，是由猪流感病毒引起的一种急性呼吸道传染病。本病的特点是突然发病，迅速蔓延，很快波及全群，随后迅速康复。发病率高，但死亡率低。病猪以发热、肌肉和关节疼痛以及呼吸道炎症为主要特征。

【病原体】猪流感病毒广泛分布于自然环境中，对于干燥和冰冻具有较强的抵抗力。60℃加热2min即可灭活，一般消毒药均具有较好的杀灭效果。本病与人的流感也有密切关系。

【流行特点】病猪、带毒猪和其他带毒动物是本病的主要传染源。传播途径主要通过鼻腔、咽喉直接传播。感染后急性发热期的鼻腔分泌物中有大量的病毒。本病通常发生在气候剧变的季节，如早春、夏秋交替、深秋寒冷季节。阴雨、潮湿、寒冷、贼风、拥挤、运输以及营养不良和体内外寄生虫侵袭等应激因素均可诱发或加重病情。

【临床症状】潜伏期一般为1～3d。全群突然发病，体温为40.5～41.5℃。猪群中的大多数猪只同时表现厌食、不活动、喜卧。有的张口呼吸、腹式呼吸，并伴随有剧烈咳嗽。可看到鼻炎症状，鼻腔分泌物增多以及打喷嚏等表现（图1-239）。肌肉和关节疼痛，常常卧地不愿意走动（图1-240）。发病率高，死亡率低，一般6～7d后迅速康复。如果有继发感染，则病猪弱小，生长发育不良，且死亡率较高（图1-241）。妊娠母猪可见到流产、产弱仔，窝产仔数减少。

【病理变化】本病的病理变化主要集中在呼吸器官。鼻、咽、喉、气管和支气管充满含有气泡的黏液，黏膜充血、肿胀，表面覆盖黏稠的液体，小支气管和细支气管内充满泡沫样渗出液。肺间质增宽，病变常发生于尖叶、心叶，与周围组织有明显的界线，颜色由红至紫，肺表面塌陷，实质坚实，韧度似皮革（图1-242～图1-244）。

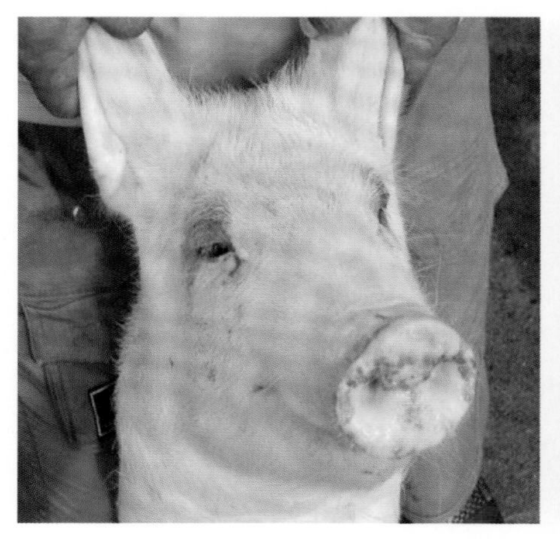

图1-239
猪流感的临床症状（1）

鼻腔流出浆液性或脓性鼻液

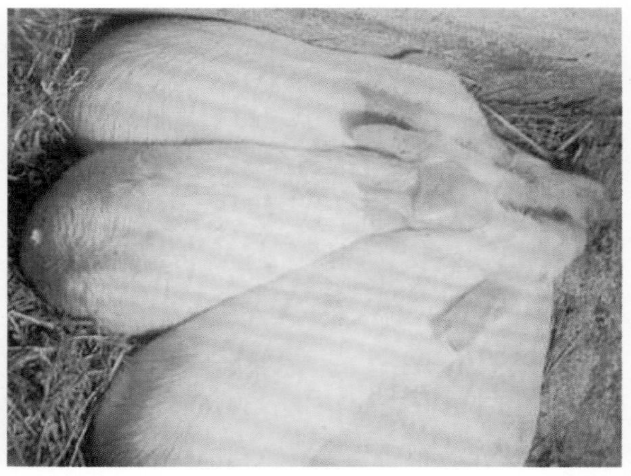

图1-240
猪流感的临床症状（2）

病猪精神沉郁，厌食，常堆挤在一处，不愿走动

图1-241
猪流感的临床症状（3）

发病的猪群继发感染后，生长发育不良、瘦弱

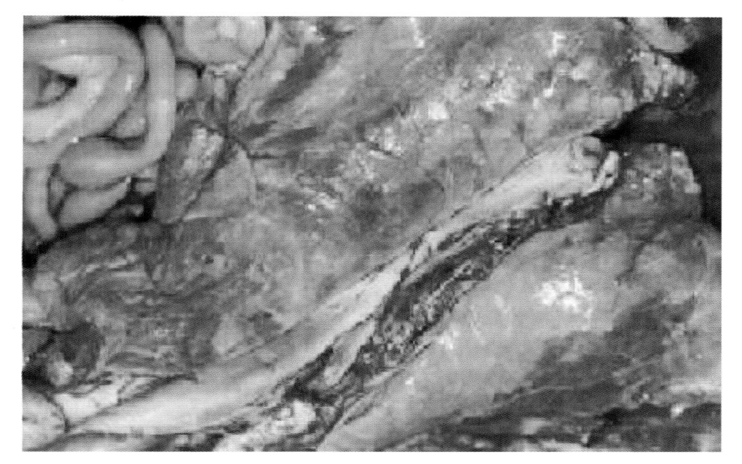

图1-242

猪流感的病理变化（1）

病猪的咽、喉、气管和支气管内有黏稠的黏液。肺出血、塌陷

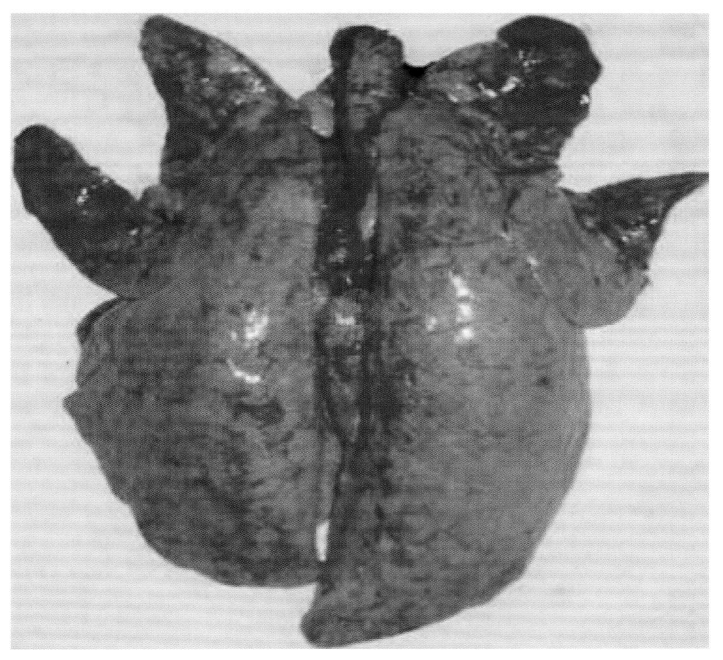

图1-243

猪流感的病理变化（2）

肺有下陷的深紫色区。肺间质增宽、水肿，肺脏的重量增加

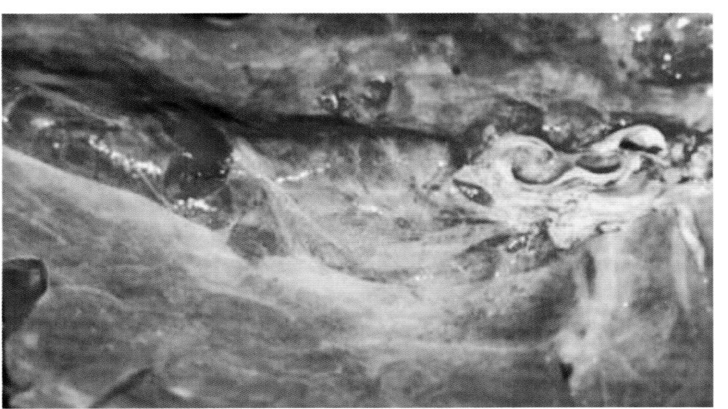

图1-244

猪流感的病理变化（3）

肺脏间质水肿、湿润，重量增加

【防治措施及方剂】接种流感疫苗是预防猪流感发生的最有效的方法。目前，市场上的疫苗有灭活疫苗和亚单位疫苗。接种后对于同一血清型的流感病毒感染有较好的预防作用。具体使用方法参照疫苗说明书。

（1）加强饲养管理　平时应加强猪的饲养管理，保持猪舍内的清洁、干燥，注意防寒保暖，经常更换垫料（图1-245）。

（2）圈舍消毒与肌内注射　发病时，应立即隔离和治疗病猪，补给丰富的维生素饲料，避免应激因素。圈舍及环境用2%氢氧化钠溶液、2%～5%漂白粉溶液或10%～20%的石灰水进行消毒。同时，用利巴韦林5～10mL，肌内注射，对流感病毒有一定的控制作用。还可以使用抗生素或磺胺类或喹诺酮类药物控制继发感染，也可肌内注射板蓝根注射液3～6mL。

（3）中药方剂治疗

方剂一，野菊花30g，金银花24g，一枝黄花24g。一次用水煎服。

方剂二，葱白30g、生姜10g、大蒜15g，水煎或捣碎给猪内服。对于猪在冬季的流感很有效。

图1-245
猪流感的防治措施

要注意仔猪舍的防寒保暖，防止仔猪扎堆集中取暖

方剂三，苏叶10g、桔梗6g、前胡8、陈皮8g、瓜蒌6g、甘草6g，共研成药末，开水冲泡至软后内服。

方剂四，蒲公英15g、羌活10g、牛蒡子10g、薄荷6g，水煎内服。可解毒清热。

14.猪轮状病毒病

猪轮状病毒病（RV）是由轮状病毒引起的猪的一种急性肠道传染病。本病主要感染仔猪，特征为厌食、呕吐、下痢。中猪和大猪为隐性感染，没有症状。病原体除猪轮状病毒外，从小孩、犊牛、羔羊身体内分离出来的轮状病毒也可感染仔猪，引起不同程度的症状。

【流行特点】轮状病毒主要存在于病猪及带毒猪的消化道内，随粪便排到外界环境（排毒时间可持续数天）后，污染饲料、饮水、垫草及土壤等，经消化道途径使易感猪感染。病毒对外界环境有较强的抵抗力，在18 ～ 20℃的粪便和乳汁中能存活7 ～ 9个月。轮状病毒在成猪、中猪之间反复循环感染，使得本病长期存在于猪场。另外，人和其他动物也可散布传染。

本病多发生于晚秋、冬季和早春。各种年龄的猪都可感染，在流行地区由于大多数成年猪都已感染而获得免疫，因此，发病猪多是8周龄以下的仔猪。日龄越小的仔猪，发病率越高，发病率一般为50% ～ 80%，病死率一般在10%以内。

【临床症状】本病的潜伏期一般为12 ～ 24h。常呈地方性流行。初期精神沉郁，食欲不振，不愿走动，有些吃奶后发生呕吐，继而腹泻，粪便呈黄色、灰色或黑色、为水样或糊状（图1-246 ～图1-247）。症状的轻重决定于发病的日龄、免疫状态和环境条件，缺乏母源抗体保护的生后几天的仔猪症状最重，环境温度下降或继发大肠杆菌病时，常使症状加重，病死率增高。通常10 ～ 21日龄仔猪的症状要轻一些，腹泻数日即可康复，3 ～ 8周龄仔猪症状更轻，成年猪为隐性感染。

图1-246
猪轮状病毒病的临床症状（1）

病仔猪腹泻拉稀，粪便呈灰黄色、灰白色、水样或糊状

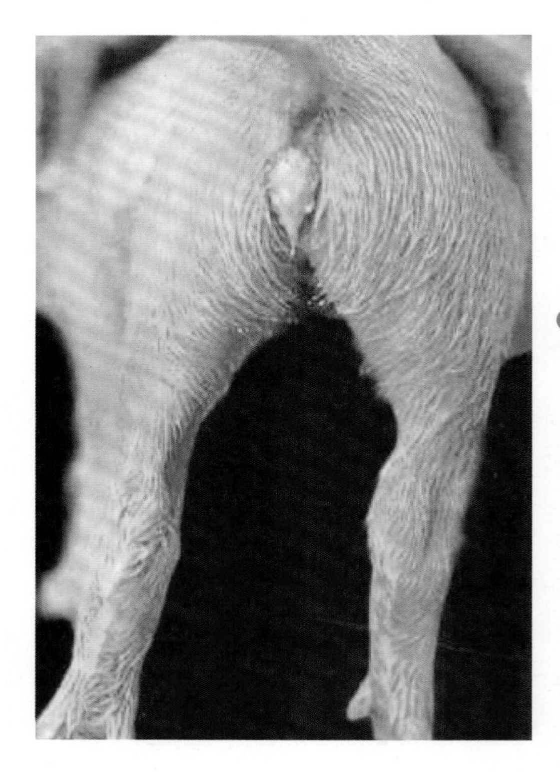

图1-247
猪轮状病毒病的临床症状（2）

哺乳仔猪的黄色下痢，后躯被污染症状

【病理变化】猪轮状病毒病的病变主要集中在消化道。胃收缩弛缓，胃内充满凝乳块和乳汁；肠管变薄，小肠壁薄呈半透明状，内容物为液状，呈灰黄色或灰黑色（图1-248～图1-249），小肠绒毛缩短，有时小肠出血；肠系膜淋巴结肿大。

【诊断】根据临床症状，可作出初步诊断。如多发生在寒冷季节，多为幼龄发病，主要症状为腹泻。但是引起腹泻的原因很多，在自然病例中，往往发现有轮状病毒与冠状病毒或大肠杆菌的混合感染，使诊断复杂化。因此，必须通过实验室检查才能确诊。

实验室检查法：世界卫生组织推荐的方法是夹心法酶联免疫吸附试验。采取发病后25h内的粪便，装入空瓶内，送实验室检查。可做电镜检查，可迅速得出结论。还可采取小肠前、中、后各一段，冷冻，进行荧光抗体检查。

【防治措施及方剂】

（1）预防　在加强饲养管理的基础上，认真执行兽医防疫措施，增强抵抗力。在流行地区，可用油佐剂灭活苗或弱毒双价苗对母猪或仔猪进行预防注射。油佐剂苗于怀孕母猪临产前30d，肌内注射2mL；仔猪于7日龄和21日龄各注射1次，注射部位在后海穴（尾根和肛门之间凹窝处）皮下，每次每头注射0.5mL。弱毒苗于母猪临产前5周和2周分别肌内注射1次，每头每次1mL。同时要使新生仔猪及早吃上初乳，接受母源抗体的保护，以减少发病和减弱病症。

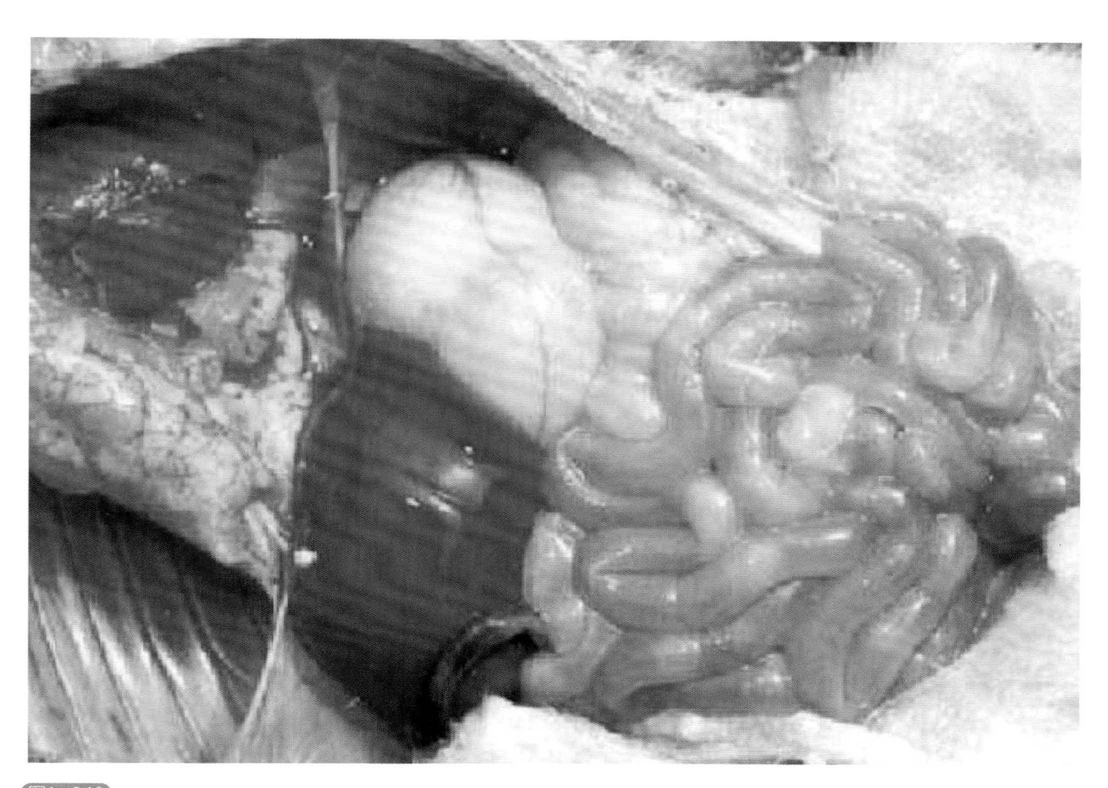

图1-248

猪轮状病毒病的病理变化（1）

小肠病变，肠管变薄，透亮，肠管内充满黄色液体

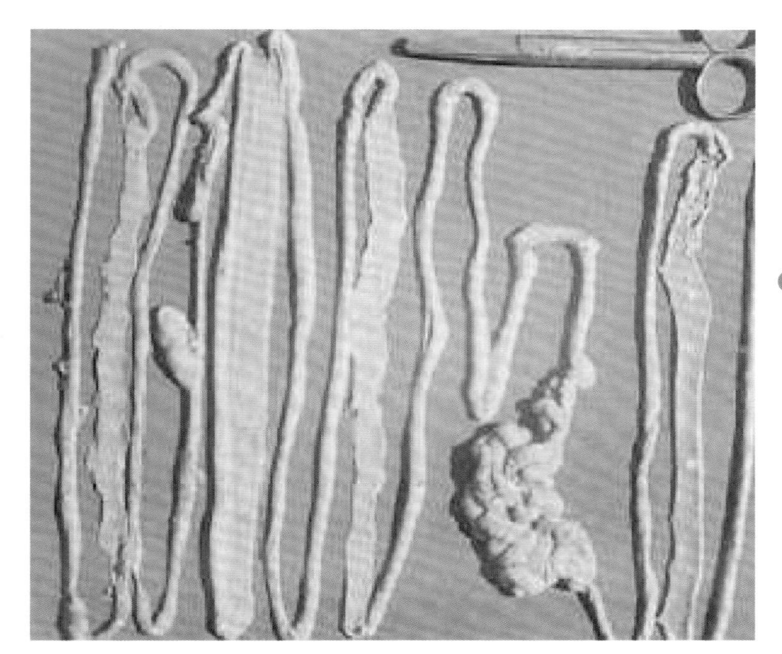

图1-249

猪轮状病毒病的病理变化（2）

小肠肠壁变薄，剖开可见内容物呈液状，灰黄色

（2）治疗　目前无特效的治疗药物。

① 发病后可通过补给电解质，再使用抗生素以防止继发细菌性感染，一般都可获得良好的效果。同时立即停止喂乳，以葡萄盐水或复方葡萄糖溶液（葡萄糖43.20g，氯化钠9.20g，甘氨酸6.60g，柠檬酸0.52g，柠檬酸钾0.13g，无水磷酸钾4.35g，溶于2L水中即成）让病猪自由饮用。同时，进行对症治疗，如投服收敛止泻剂。

② 治疗药物及方法

a.病猪可用硫酸庆大-小诺霉素16万～32万IU，地塞米松2～4mg，肌内注射，每日1次，连用2～3d。

b.5%葡萄糖氯化钠30～50mL，5%氢氧化钠30～50mL，静脉注射或腹腔注射。

c.中药治疗：黑胡椒，每5kg体重2粒，碾碎加适量温水灌服，每日2次，连用2～3d。

15.猪脑心肌炎

猪脑心肌炎又称猪病毒性脑心肌炎，俗称“抽风病”，是由脑心肌炎病毒引起的一种对仔猪致死率极高的自然疫源性传染病。以脑炎、心肌炎和心肌周围炎为主要特征。

【流行特点】该病毒的宿主范围很广，在多种啮齿类动物、野生动物和灵长类动物中均有发现。人也可感染，但大多数不出现任何症状。猪是感染脑心肌炎病毒最广泛、最严重的动物，以仔猪的易感性最强，20日龄内的仔猪可发生致死性感染。断奶仔猪和成年猪多表现为亚临床感染或呈隐性感染。病死率以1～2月龄仔猪最高，可高达80%～100%。

【临床症状】临床上猪脑心肌炎主要造成仔猪发病，大多数表现出两种症状类型，即最急性型和急性型。

（1）最急性型　表现为同窝仔猪常在几乎看不到任何前期征兆的情况下，如在吃食或兴奋时突然倒地死亡。或经短时间兴奋虚脱而死亡。

（2）急性型　临床症状一般为突然发病，发作的病猪可见短时间的发热（41～42℃）、精神沉郁、减食或停食。运动失调、盲目转圈、空嚼、磨牙、尖叫、四肢抽搐、肌肉震颤、两耳直竖、头往后仰、后躯麻痹等神经症状，继而倒地不起，四肢作划水状。临死时温度下降，昏睡而死。有的病猪关节出现不同程度的肿胀。母猪在妊娠后期可发生流产、死产、产弱仔和木乃伊胎。

【病理变化】剖检可见到胸、腹部皮肤发绀，胸腔、腹腔和心包积液，并含有少量纤维蛋白。心脏软而苍白，呈明显的心肌炎和心肌变性症状（图1-250）。心肌有不连续的白色或灰黄白色区，在灶性病变上可见白垩中心，或在弥散区域有白垩斑点。肾脏表面有出血点（图1-251）。胃黏膜和大肠表面（浆膜层）严重出血（图1-252～图1-253）。肝充血，轻度肿胀。脾褪色，颜色变淡。肺常见充血和水肿。

【诊断】根据临床症状和病理变化，或用实验室诊断法可做出初步诊断。

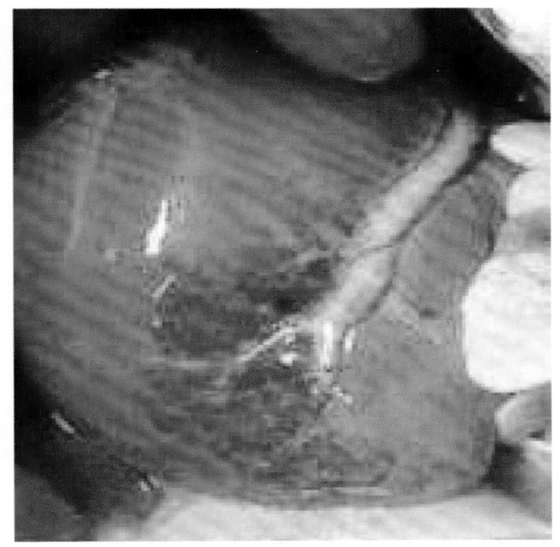

图1-250
猪脑心肌炎的病理变化（1）

心肌炎，心脏出血病变

图1-251
猪脑心肌炎的病理变化（2）

肾脏布满出血点

图1-252
猪脑心肌炎的病理变化（3）

胃黏膜脱落，胃溃疡，严重出血

图1-253
猪脑心肌炎的病理变化（4）

大肠浆膜出血

实验室诊断可采取急性死亡猪的心脏、脑、脾等组织，剪碎制成10%悬液进行动物实验，接种于小鼠的脑内或腹腔内，经4 ～ 7d死亡。剖检的小鼠可见心肌炎、脑炎和肾萎缩等变化可以做出诊断。另外，本病的临床症状应与维生素A缺乏症、仔猪水肿、猪白肌病等加以区别。

（1）本病与维生素A缺乏症的区别　维生素A缺乏症以仔猪多发，常在冬末、春初青绿饲料缺乏时发生。仔猪有明显的神经症状，表现为目光凝视、瞬膜外露、头颈歪斜、共济失调。血浆、肝脏内的维生素A含量降低（血浆维生素A正常值为0.88μmol/L，肝脏维生素A和胡萝卜素正常含量分别为60μg/g和4μg/g以上），维生素A缺乏症用维生素A制剂治疗有效。

（2）本病与仔猪水肿病的区别　都有突然发病、震颤、步态不稳，继而后肢麻痹等神经症状。不同的是：仔猪水肿病多在断奶前后发生，膘情好的发病严重，主要表现为脸部和眼睑水肿，有时水肿可以蔓延到颈部和腹部。剖检可见胃底区有厚的透明胶冻样水肿、肠系膜水肿，而本病无此表现。

（3）本病与猪白肌病的区别　猪的白肌病除了具有神经症状及心肌呈灰白色表现外，还可以见到病猪排血红蛋白尿。剖检可见骨骼肌色淡如鱼肉样，以肩、胸、背、腰、臀和背最长肌最为明显，可见白色或淡黄色的条纹斑块状稍混浊的坏死灶。肝肿大，质脆，有槟榔样花纹。血液中硒的含量在0.03mg/kg以下。

【防治措施】目前国内对猪脑心肌炎尚无有效的治疗药物和疫苗，主要是靠综合性防治措施加以预防。

应当注意防止野生动物，特别是啮齿类动物偷食或污染饲料与水源。猪群如发现可疑病猪时，应立即隔离消毒，病死动物要迅速做无害化处理，被污染的圈舍场地应以含氯消毒剂彻底消毒，以防止人被感染。尽量避免使猪产生应激反应，可使猪的病死率降低。

16. 猪水疱性口炎

猪水疱性口炎（VS）是由水疱性口炎病毒引起的多种动物发生的一种急性、热性传染病，属于一种人畜共患病。猪发病的主要特征是舌面黏膜发生水疱，口流泡沫样涎水。

【病原体】水疱性口炎病毒属于RNA型病毒。该病毒对乙醚敏感，不耐热，58℃ 30min可灭活；在直射阳光或紫外线照射下迅速死亡；在4 ～ 6℃的土壤中能长期存活；在pH4 ～ 10之间表现稳定；2%氢氧化钠或1%的福尔马林溶液能在数分钟内杀灭病毒。

【流行病学】本病多发生在5 ～ 10月份，尤其以9月发生较多，秋末即趋于平息。本病侵害多种动物，猪、牛、马较易感染，也可感染给人。病原体主要是通过接触而侵入呼吸道和消化道黏膜的。双翅目昆虫也是传染的媒介。本病的发病率和死亡率都很低。

【临床症状】 潜伏期一般3～4d。病初呈现急性发热，40～41.5℃，稽留2～3d。食欲减退、磨牙、口流涎。发热1～2d后，在口腔（主要是舌部）、鼻端、鼻镜、口腔、舌、蹄冠部、趾间部的皮肤或黏膜形成水疱，水疱很易破裂，此期非常短。水疱初期呈小丘疹状，不久形成明显水疱，并相互融合成不足几毫米至30mm大小不等的水疱，水疱内充满稍带蓝色的透明液体，1～2d后水疱破裂，随后表皮脱落，留下糜烂、溃疡（图1-254）。紧接着蹄冠和趾间发生水疱，不久破裂，蹄冠水疱病灶扩大则可使蹄壳脱落（图1-255）。此后，体温也在几天内恢复正常，溃疡部分形成痂皮，痂皮下面形成新生的皮肤或黏膜而痊愈。有的病猪口腔黏膜出现糜烂和溃疡症状（图1-256）。病程约2周，转归良好。如果水疱在蹄部形成，则猪只会表现出跛行，严重者行走困难。在自然感染时，在蹄部出现典型水疱前很难被发现，多数是在溃疡时期才会被发现。

人也可感染本病，人感染时类似流感，突然发热、恶心、肌肉痛，少数有口炎、扁桃体炎症状。

【病理变化】初期在表皮的有浆液蓄积，不久相互融合、扩大形成水疱。不久水疱的上皮细胞发生变性坏死，严重时可到达真皮层。

【诊断】本病多发生于夏季和秋初。病猪体温高（40.5～41.6℃），先在舌面、鼻端发生水疱，并减食流涎，随后蹄冠、趾间发生水疱，病程2周，转归良好。用间接酶联免疫吸附法（ELISA）检测水疱性口炎所致的抗体，是一种快速准确和高度敏感的检测方法。在症状上要注意与口蹄疫和猪水疱病的鉴别诊断。

（1）与猪口蹄疫的鉴别　相似处是都有传染性，体温高（40～41℃），口、蹄发生水疱，流涎，跛行，严重时出现蹄壳脱落等。不同处为口蹄疫发病多在冬季、早春

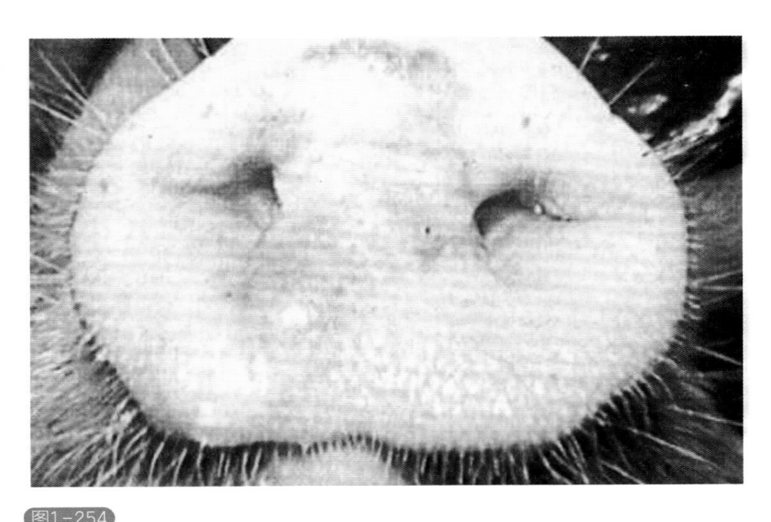

图1-254
猪水疱性口炎的临床症状（1）

病猪的鼻盘部有由几个小水疱融合而成的大水疱

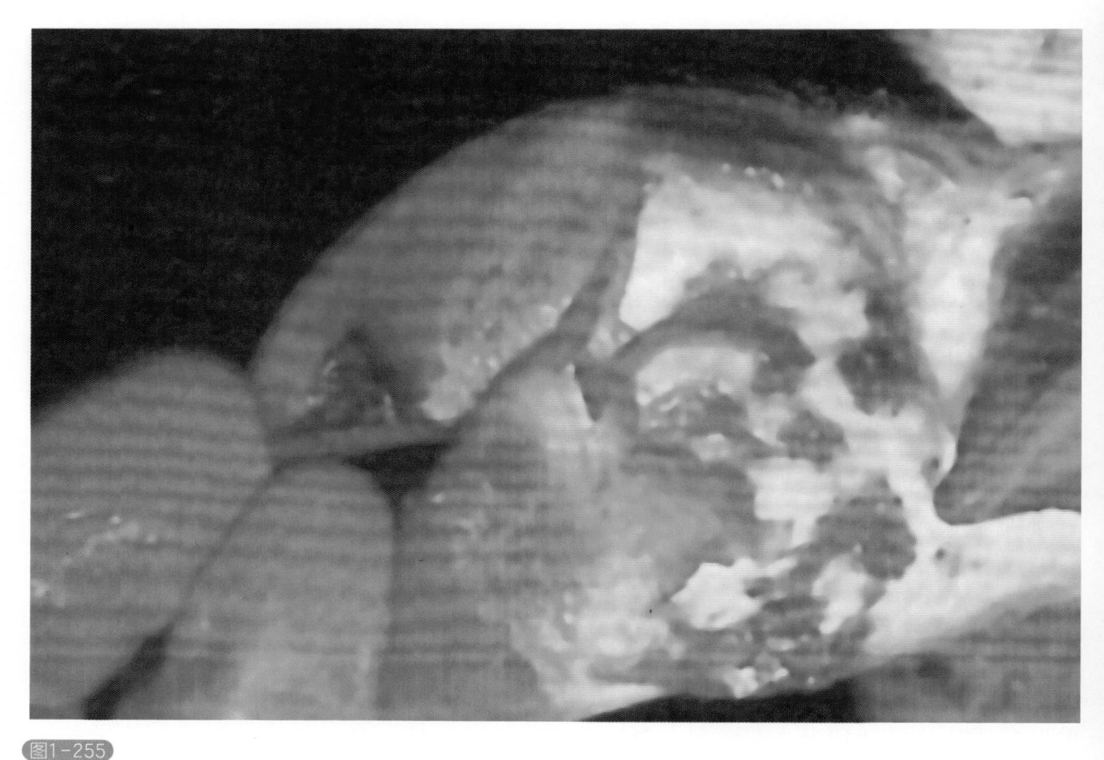

图1-255
猪水疱性口炎的临床症状（2）

蹄部的水疱破裂后，形成大面积的溃疡和部分蹄壳脱落

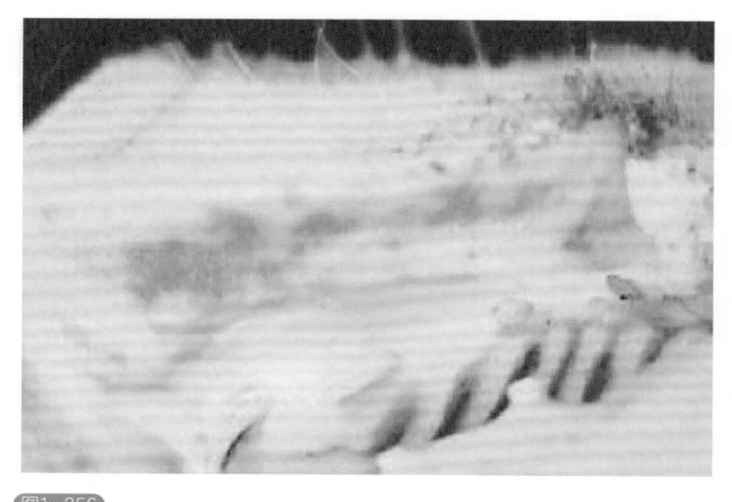

图1-256
猪水疱性口炎的临床症状（3）

口腔黏膜出现糜烂和溃疡

寒冷季节（而不是夏季或秋初），且只有偶蹄兽发病，传染迅速，常为大流行。口蹄疫血清能保护。

（2）与猪水疱病的鉴别　相似之处是都具有传染性，体温高（40 ～ 42℃），口、蹄发生水疱，跛行，严重时蹄壳脱落等。不同处为猪水疱病仅猪感染，蹄部先发生水疱，随后仅少数病例在口、鼻发生水疱，舌面罕见水疱。一年四季均可发生，而以猪只密集、调动频繁的猪场传播较快。

【防治措施】本病目前尚无特异性治疗方法。如病情较轻、持续时间又不长，一般用保守疗法即可。如果加强护理及对症治疗，一般情况下大多可以自然痊愈，本病通常取良性经过。为了预防本病的发生，除了常规的严格消毒、认真检疫、禁止从疫区调入猪只与肉产品外，要尽力做到自繁自养。

在发生过该病的地区和受威胁区可通过接种疫苗进行预防。可用猪水疱肾传细胞弱毒苗预防接种，对所有猪只均可在股部深部肌内注射2mL，注射后3 ～ 5d，可产生坚强免疫力，免疫期暂为6个月。该苗也可在发病疫区进行紧急接种，可迅速控制疫情；也可用猪水疱细胞毒结晶紫疫苗，对健康的断奶猪、育肥猪均肌注2mL，免疫期暂定为9个月。

本病一旦发生，要迅速对病猪进行隔离，加强护理，对症治疗，防止继发感染。应按照兽医防疫部门统一指令进行隔离、消毒，或施以捕杀处理等措施，以便尽快扑灭本病。避免猪舍内有使猪吻突或蹄的表皮造成擦伤的物品，以防病毒的侵入。如果猪的四肢末端被污染，在发现跛行时，应对四肢进行认真冲洗、检查。

17.猪水疱病

猪水疱病（SVD）又称为猪传染性水疱病，是由肠道病毒属的猪水疱病病毒引起的一种急性、热性、接触性传染病。其流行性强，发病率高。本病的特征是在病猪的蹄部、口部、鼻端和腹部、母猪乳头周围的皮肤和黏膜发生水疱。

猪水疱病在症状上与口蹄疫极为相似，但牛、羊等家畜不发病。从临床角度看，猪水疱病一般只对猪的肥育产生一些影响，但本病的症状与口蹄疫的症状很难区别，从而妨碍了猪和猪产品的流通与国际贸易，因此，国际兽疫局将其列为A类动物疫病，我国将其列为一类动物疫病。

【病原体】本病的病原为属于RNA型的猪水疱病病毒。该病毒对环境和消毒药有较强的抵抗力，50℃经30min仍不失感染力，60℃经30min和80℃经1min可灭活，在低温中可长期保存。病毒在污染的猪舍内可存活8周以上。病毒对乙醚有抵抗力，对酸不敏感。消毒效果较好的有5%氨水、10%漂白粉液、3%福尔马林和3%的热氢氧化钠溶液等。

病毒侵入猪体，扁桃体是最易受害的组织，皮肤、淋巴结可发生早期感染。原发性感染是通过损伤的皮肤和黏膜侵入体内，经2 ～ 4d在入侵部形成水疱。本病毒对舌、鼻盘、唇、蹄的上皮、心肌、扁桃体的淋巴组织和脑干均有很强的亲和力。

【流行病学】

（1）易感动物　本病在自然流行中，仅发生于猪，各种年龄、性别、品种的猪均可感染，牛、羊等家畜不发病，人类有一定易感性。

（2）传染源　病猪、潜伏期的猪和病愈带毒猪是本病的主要传染来源。病猪和带毒猪的粪、尿、鼻液、口腔分泌物、水疱皮及水疱液中含有大量病毒，通过粪、尿、水疱液、奶排出病毒。

健猪与病猪同圈舍接触24～45h后，虽未出现临床症状，但体内已含有病毒。病毒主要存在于病猪的肌肉、内脏、水疱皮、血液等处。腌肉制品虽经煮过，但病毒仍有残存，须经110d后才能灭活。

（3）传播途径　本病主要通过直接接触和消化道传播。如在污染的场地病毒通过有外伤的皮肤直接侵入上皮组织，再通过血液循环到达其他易感部位；再就是病毒经口进入消化道，通过消化道上皮和黏膜侵入，经血液循环到达易感部位，从而发生水疱性损伤。被病毒污染的饲料、垫草、运动场和用具以及接触本病的饲养员等往往也造成本病的传播。

（4）流行特点　本病的发生无明显的季节性，一年四季均可发生，呈地方流行性。多发于猪只密集的场所，猪只调动频繁，往往造成发病率较高。不同品种不同年龄的猪均易感。由于传播不如口蹄疫病快，所以流行较缓慢。发病率也比口蹄疫低。

【临床症状】潜伏期2～4d，有的可延长至7～8d。最初见到的是猪群中个别猪发生跛行，且在硬质地面上行走更为明显，常常弓背行走，有疼痛反应，或卧地不起，体格越大的猪越明显。临床症状可分为典型型、温和型和隐性型。

（1）典型型　病初体温升高至40～42℃。损伤部位一般发生在蹄冠部、蹄叉间、趾间、蹄踵部，可能是单蹄发病，也可能多蹄都发病。主要表现为病猪的趾、蹄冠以及鼻盘、舌、唇和母猪乳头等部位发生水疱。早期在蹄冠的角质与皮肤结合部见到上皮苍白肿胀，36～48h后，皮肤出现一个或几个黄豆至蚕豆大的水疱，继而水疱融合扩大，水疱明显凸出，里面充满水疱液，很快破裂，但有时可维持数天（图1-257）。大多经1～2d后，水疱破裂形成溃疡，真皮暴露，颜色鲜红。部分猪受损严重部或继发细菌感染而局部化脓，形成化脓性溃疡，病变严重时蹄壳脱落，病猪不能站立（图1-258）。由于蹄部受到损害，蹄部有痛感出现跛行，有的猪呈犬坐姿势或躺卧地上，发病严重的猪用膝部爬行。

在蹄部发生水疱的同时，有的病猪在鼻端、口腔、舌和母猪乳头周围出现水疱。一般接触感染经2～4d的潜伏期出现原发性水疱，5～6d出现继发性水疱，再经过l0d左右，水疱破裂后体温下降至正常，病猪即可自愈（图1-259～图1-261）。发病率在不同地点差别很大，有的不超过10%，但也有的达100%。死亡率一般很低，一般初生仔猪可造成死亡。

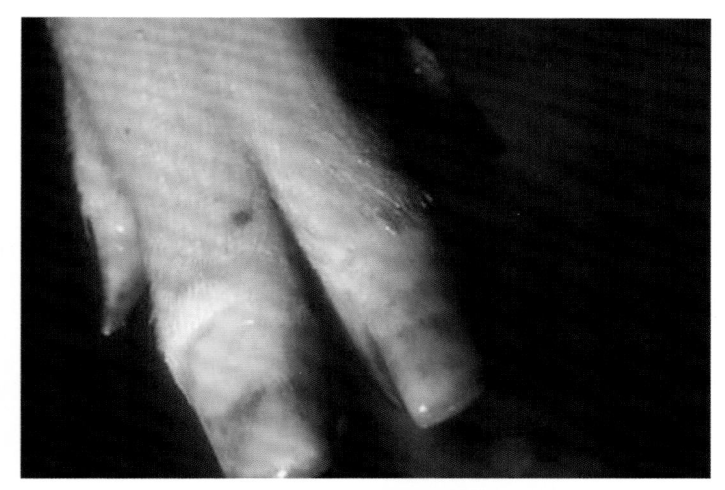

图1-257
猪水疱病（典型型）的临床症状（1）

蹄部症状。初期角质部与皮肤交界处颜色苍白，后期蹄冠状带、蹄踵部及趾间隙的水疱病变

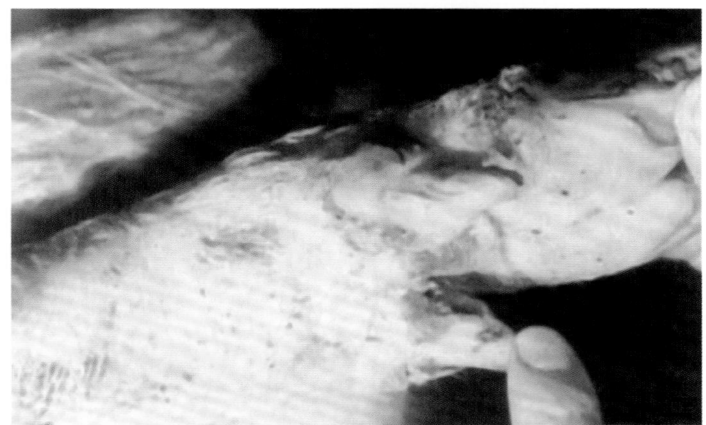

图1-258
猪水疱病（典型型）的临床症状（2）

蹄部烂斑，蹄壳即将脱落

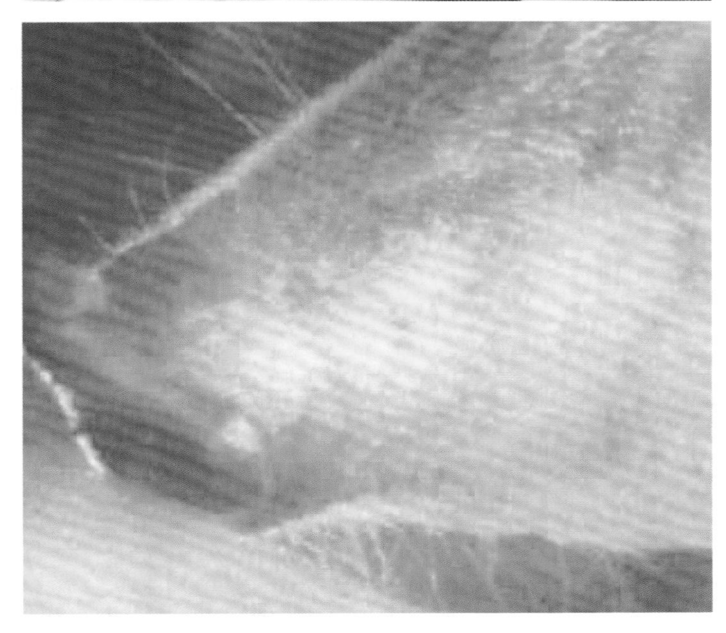

图1-259
猪水疱病（典型型）的临床症状（3）

发病初期，鼻端发生的水疱症状

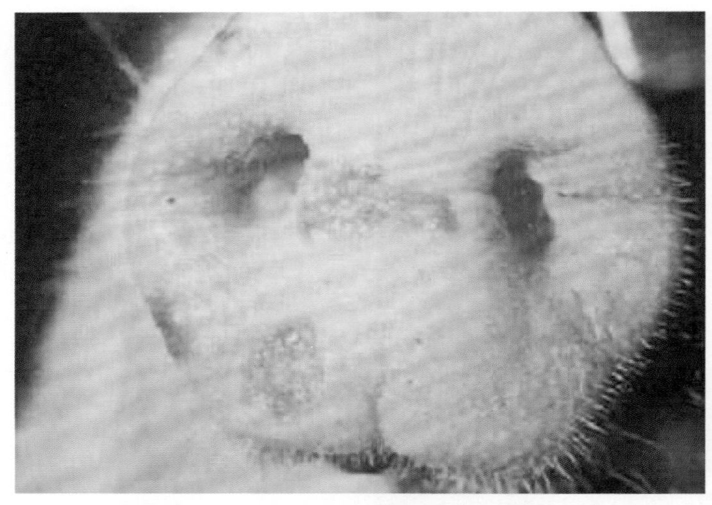

图1-260
猪水疱病（典型型）的临床症状（4）

鼻端发生的水疱破溃后留下的溃疡

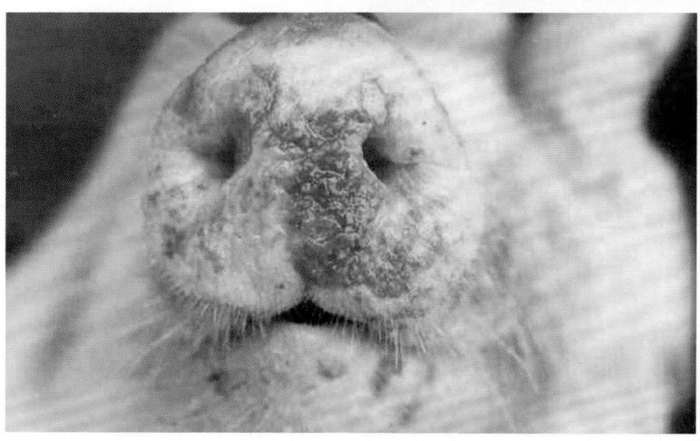

图1-261
猪水疱病（典型型）的临床症状（5）

猪只吻部水疱破裂后，继发感染导致溃疡、糜烂

本病的病猪康复一般是较快的，病愈后2周，创面即可痊愈。如果有蹄壳脱落的，则需要相当长的时间才能恢复。病猪水疱病发生后，约有极少一部分（2%左右）的猪有中枢神经系统紊乱症状，表现为向前冲、转圈运动，用鼻摩擦、咬啃猪舍用具，眼球转动，有时出现强直性痉挛。

（2）温和型　只见少数病猪出现水疱，且传播缓慢、症状轻微，此型往往不易被察觉。

（3）隐性型　感染后不表现症状，但感染猪能排出病毒，对易感猪有很大的危险性。

【病理变化】猪水疱病最典型和具代表性的病理变化是出现水疱性损伤。水疱性损伤的外观及显微观察与口蹄疫的损伤没有明显区别。

特征性的病变是在蹄部、鼻盘、唇、舌面，有时在乳房出现水疱。如果有继发感染，可出现溃疡烂斑（图1-262～图1-263）。个别病例在心内膜有条状出血斑，其他脏器无可见的病理变化。

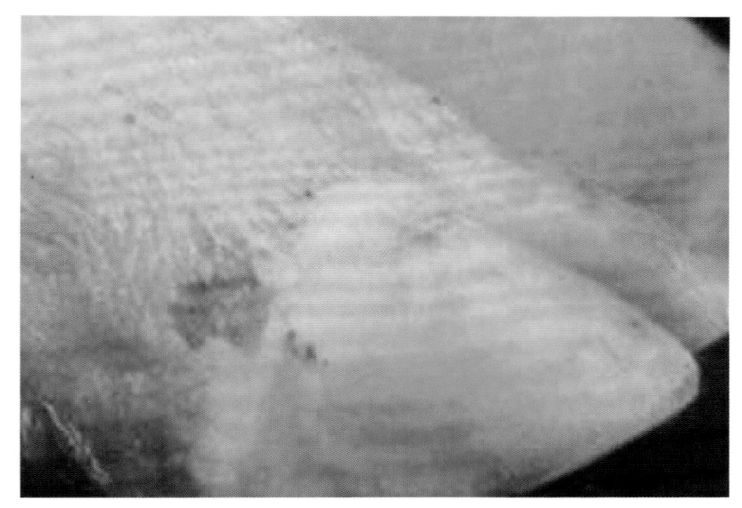

图1-262
猪水疱病的病理变化（1）

蹄冠水疱呈长条形，一部分形成烂斑

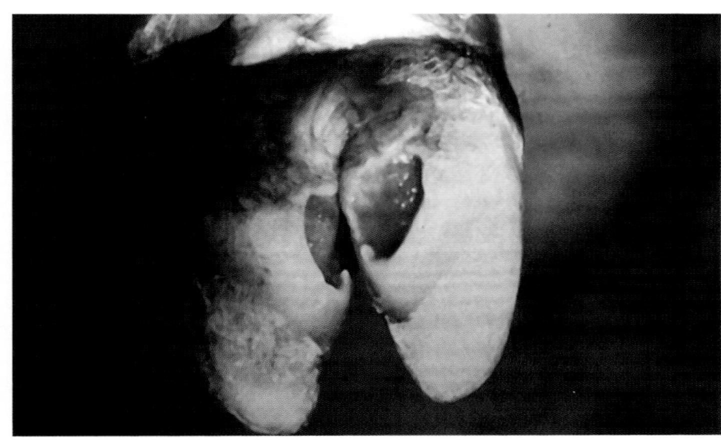

图1-263
猪水疱病的病理变化（2）

蹄部溃疡坏死的病变

【诊断】本病根据临床症状和病理变化很难与口蹄疫、猪水疱性口炎等区分开来，必须进行实验室诊断加以区别。

实验室诊断方法：取病猪未破溃或刚破溃的水疱皮，经pH3～5缓冲液处理后，将病料分别接种1～2日龄和7～9日龄小鼠，如两组小鼠均死亡，则为口蹄疫。1～2日龄小鼠死亡，而7～9日龄小鼠不死者，为猪水疱病。

【防治措施】

（1）平时的预防措施　预防本病的重要措施是防止本病传入。在引进猪和猪产品时，必须严格检疫。平时做好日常消毒工作，对猪舍、环境、运输工具用有效消毒药（如5%氨水、10%漂白粉、3%福尔马林和3%的热氢氧化钠等溶液）进行定期消毒。

在本病常发地区进行免疫预防，目前使用的疫苗主要有鼠化弱毒疫苗、细胞培养弱毒疫苗和猪水疱病BEI灭活苗，平均保护率可达96%，免疫期5个月以上。对于病猪，用猪水疱病高免血清和康复血清进行被动免疫有良好效果，剂量为每千克体重

图1-264
常规的防疫措施

猪场门口更衣室内有专门的工作服（白大褂）、靴子等

0.1 ～ 0.3mL，免疫期达1个月以上，但费用较高。

（2）发病后的扑灭措施　发现疫情后，要及时向上级动物防疫部门报告，对可疑病猪进行隔离，对污染的场所、用具要严格消毒，粪便、垫草等要堆积发酵处理。确认本病后，疫区实行封锁，并控制猪及猪产品出入疫区。必需出入疫区的车辆和人员等要严格消毒（图1-264 ～图1-266）。试验证明，“抗毒威”“强力消毒灵”等对本病的消毒效果好，有效浓度为0.5% ～ 1%。扑杀病猪并进行无害处理。对疫区和受威胁区的猪，可进行紧急接种。

图1-265
猪场的防疫措施（1）

猪场门口消毒室的喷雾消毒

图1-266
猪场的防疫措施（2）

猪场入口的紫外线灯消毒

猪水疱病可以感染给人，常发生于与病猪接触的人或从事本病研究的人员，表现为身体不适、发热、腹泻，在手指间、手掌或口唇出现大小不等的水疱。因此，应当注意个人自身的防护，加强消毒和卫生防疫，以免受到感染。

为了防止将疫病带入非疫区。疫区和受威胁区要定期进行预防注射。对患病猪待水疱破裂后，用0.1%高锰酸钾或2%明矾水洗净，涂布紫药水或碘甘油，数日可治愈。

（二）猪细菌性传染病

1.猪沙门菌病

猪沙门菌病（仔猪副伤寒）是由致病性沙门菌引起的断奶仔猪常发的一种肠道传染病。主要的临床症状是：急性者以败血症，慢性者以腹泻、坏死性肠炎为主要特征。本病在世界各地均有发生，是猪的一种常见病和多发病。

【病原体】本病的病原体主要是猪霍乱沙门菌和猪伤寒沙门菌。沙门菌在外界环境中十分普遍，为革兰染色阴性、两端钝圆、卵圆形小杆菌，不能形成芽胞，无荚膜，有鞭毛，能运动。

沙门菌具有比较稳定的菌体抗原（O）和易变的鞭毛抗原（H）。O抗原为脂糖蛋白质复合物，具有毒性，相当于内毒素，耐热（100℃），不易被酒精所破坏；H抗原为蛋白质，不耐热，经60℃或酒精作用后即破坏。

沙门菌对干燥、腐败、日光等环境因素具有较强的抵抗力，但对热的抵抗力不强，60℃ 15min即可被杀灭。在水中能存活2～3周，在粪便中能存活1～2个月，在冰冻的土壤中可存活过冬，在潮湿温暖处能存活4～6周，在干燥处则可保持8～20周的活力。本菌对各种化学消毒剂的抵抗力也不强，常规消毒药及其常用浓度均能达到消毒的目的。

【流行病学】病猪和带菌猪是主要传染源，可从粪、尿、乳汁以及流产的胎儿、胎衣和羊水中排菌。本病主要经消化道传染，交配或人工授精也可导致感染，在子宫内也可能感染。此外，健康猪带菌在临床上也相当普遍，病菌可潜伏于消化道、淋巴组织和胆囊内，当断奶后的仔猪饲养管理不当，其粪便和排泄物污染了水源、饲料，或气温突变，猪舍拥挤、潮湿，卫生不良，空气不流通，经过长途运输以及猪只抵抗力下降时，或有并发感染时，对病猪隔离不严，尸体处理不当，常导致内源性感染，并促使本病的发生和流行。

本病主要发生于4月龄以下仔猪，最易感的是断奶后不久的仔猪。6月龄以上仔猪很少发病。本病无明显的季节性，一年四季均可发生，但以阴雨潮湿季节多发。另外，鼠类在本病的传播中也起重要的作用。本病的流行特点是呈散发性和地方流行性。

【临床症状】本病潜伏期长短不一，有的为数天，有的长达数月，这与猪只抵抗力大小及细菌的数量多少、毒力强弱有关。临床上分急性型、亚急性型和慢性型三种。

（1）急性型（或称败血型） 多发生于断奶前后的仔猪，或本病流行的初期。常常突然发生精神沉郁、食欲不振。病程稍长者，表现为体温升高（41 ～ 42℃）、腹部收缩、拱背。接着出现下痢、粪便恶臭（图1-267）。呼吸困难。耳根、胸前、腹下、四肢和蹄部皮肤出现紫红色斑块（图1-268 ～图1-271）。这时体温有所下降，肛门、尾巴、后腿等处粘有黏稠的粪便，常伴有咳嗽和呼吸困难，若治疗不当，多以死亡告终。整个病程大约1 ～ 4d。

图1-267
仔猪副伤寒（急性型）的临床症状（1）

下痢，粪便粥样或水样、黄褐、灰绿或黑褐色

图1-268
仔猪副伤寒（急性型）的临床症状（2）

死亡仔猪的身体皮肤呈紫红色

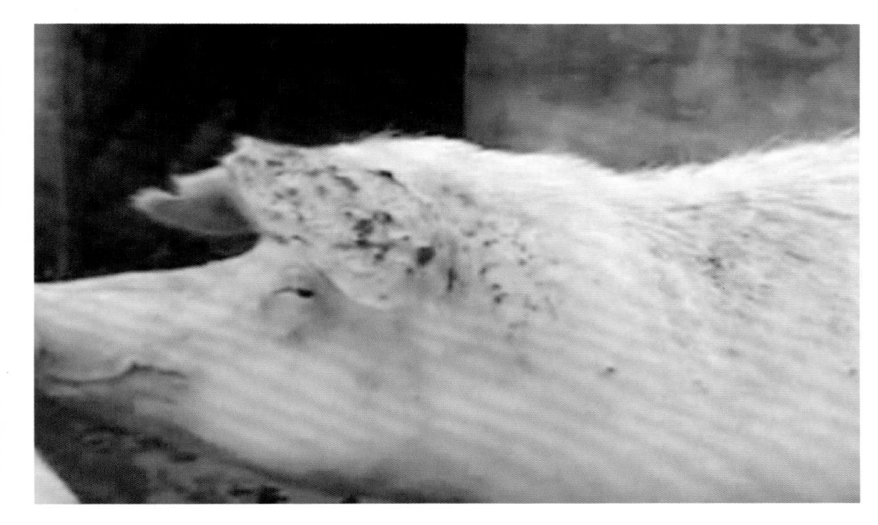

图1-269
仔猪副伤寒（急性型）的临床症状（3）

耳、皮肤表面出现出血斑

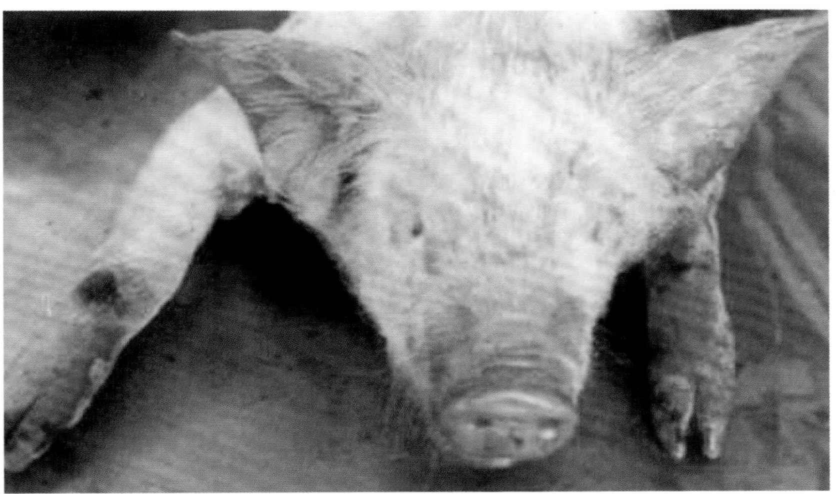

图1-270
仔猪副伤寒（急性型）的临床症状（4）

皮肤可见大量出血斑，耳、鼻端及肢体末梢部位皮肤淤血，呈弥漫的紫红色

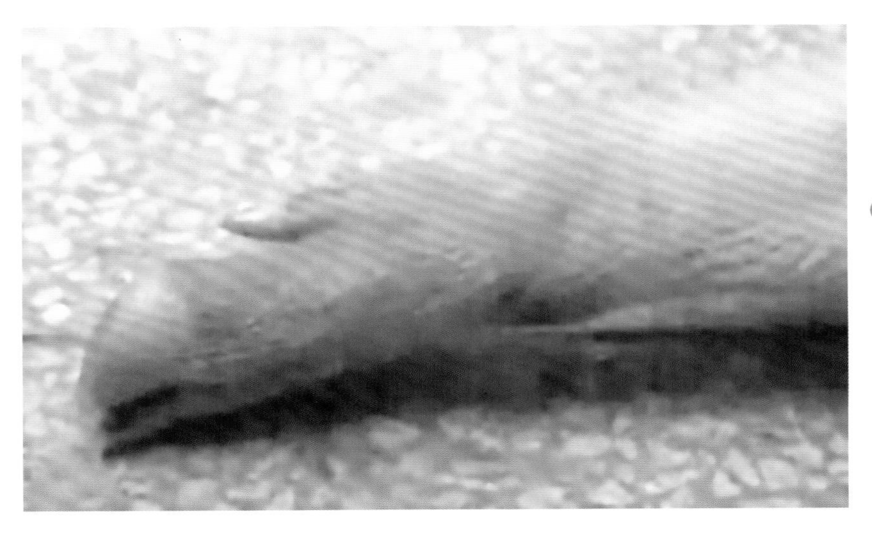

图1-271
仔猪副伤寒（急性型）的临床症状（5）

四肢末端皮肤紫色发绀

（2）亚急性和慢性型　这两种是常见的类型，其症状与猪瘟的症状很相似。表现为体温升高至40℃左右、精神沉郁、食欲下降、寒战、喜扎堆或钻草窝、眼结膜发炎、有眼屎、有脓性分泌物。初便秘后腹泻，粪便呈淡黄色、黄褐色、淡绿色、灰白色不等，恶臭。腹泻过久则排粪失禁。病猪消瘦，有的病例在胸腹部皮肤出现湿疹状丘疹。被毛蓬乱，失去光泽，耳根、腹下、胸前、四肢末端皮肤出现紫红色或暗紫色出血斑块（图1-272～图1-275）。叫声嘶哑、后腿无力，强迫行走则东歪西倒，病程持续可达2～3周，严重营养不良，最后造成死亡或成为僵猪（图1-276～图1-278）。在这期间的病情时好时坏，只有在良好的护理和正确的治疗条件下才有痊愈的希望，否则多以死亡或淘汰告终。

【病理变化】

（1）急性型　急性型以败血症病变为主要特征。尸体膘度正常，耳、腹、肋等部皮肤有时可见淤血或出血，并有黄疸。全身浆膜（喉头、膀胱、肠道等）、黏膜等有出血斑（图1-279）。脾肿大，边缘钝，坚硬似橡皮，切面呈蓝紫色。肠系膜等淋巴结有不同程度肿大，呈索状肿大，切面呈大理石样。肺、肝、肾肿大，充血和出血（图1-280～图1-281）。胃肠黏膜卡他性炎症（图1-282）。全身出现败血症的病变。

图1-272
仔猪副伤寒（亚急性和慢性型）的临床症状（1）

消瘦、耳部皮肤发绀，身体皮肤带有微红色

图1-273
仔猪副伤寒（亚急性和慢性型）的临床症状（2）

鼻端、耳部、四肢末端紫色发绀

图1-274
仔猪副伤寒（亚急性和慢性型）的临床症状（3）

病仔猪耳部及颜面部败血性淤血、紫斑，皮肤大片的出血斑

图1-275
仔猪副伤寒（亚急性和慢性型）的临床症状（4）

死亡的仔猪全身发紫

图1-276
仔猪副伤寒（亚急性和慢性型）的临床症状（5）

整窝仔猪毛发粗乱、身体消瘦

图1-277
仔猪副伤寒（亚急性和慢性型）的临床症状（6）

病猪腹泻、失水、消瘦

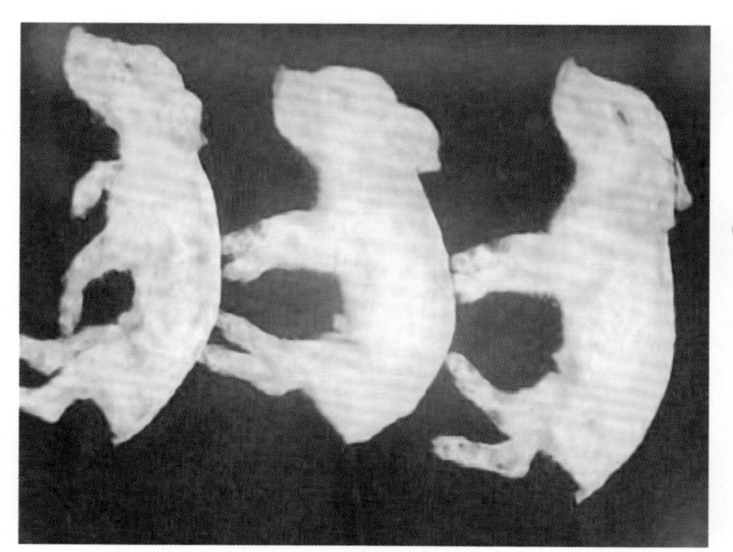

图1-278
仔猪副伤寒（亚急性和慢性型）的临床症状（7）

病猪生长受阻，往往成为僵猪

图1-279

仔猪副伤寒（急性型）的病理变化（1）

大肠和小肠出血，出现出血性、坏死性肠炎，肠系膜淋巴结肿胀

图1-280

仔猪副伤寒（急性型）的病理变化（2）

肺肿大、充血和出血

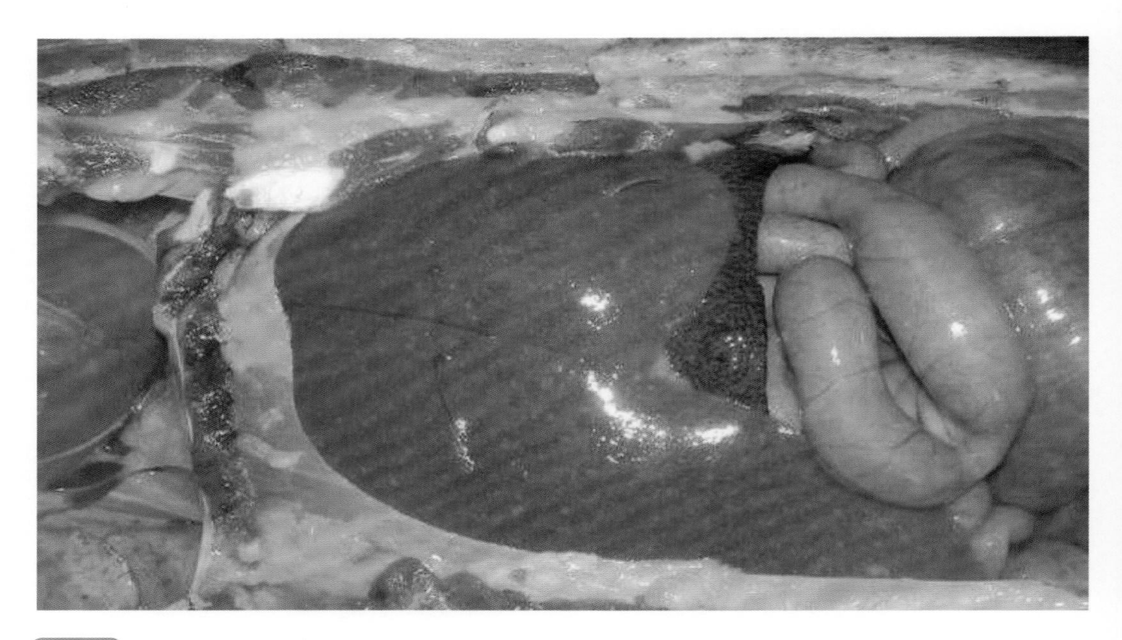

图1-281

仔猪副伤寒（急性型）的病理变化（3）

肝肿大、充血和出血

图1-282

仔猪副伤寒（急性型）的病理变化（4）

结肠盲肠内多暗红色液体，急性卡他性出血性肠炎

（2）亚急性和慢性型　具有诊断价值的病变（慢性病例）是坏死性肠炎，多见盲肠、结肠，有时波及回肠后段。肠壁增厚，肠黏膜上覆有一层灰黄色腐乳状物，或覆盖一层弥漫性糠麸状坏死物，强行剥离则露出红色、边缘不整的溃疡面（图1-283～图1-287）。如果是滤泡周围黏膜坏死，常形成同心圆轮状溃疡面。肠系膜淋巴索状肿，有的干酪样坏死（图1-288）。肝可见灰黄色坏死灶，脾稍肿大，胆囊黏膜坏死，心脏内膜出血，脾脏实质出血，肾脏有出血斑等病变（图1-289～图1-294）。有时肺发生慢性卡他性炎症，并有黄色干酪样结节。

【防治措施及方剂】

（1）未发病时的预防措施　预防本病必须认真贯彻“预防为主”的方针。因为本病的发生与仔猪的饲养管理及卫生条件不良有关。

首先，应该改善饲养管理和卫生条件，消除发病诱因，增强仔猪的抵抗力。给断奶仔猪创造良好的生活条件。如饲养管理用具和食槽等要经常洗刷，圈舍要经常保持清洁、干燥。及时清除粪便，以减少感染机会。对于哺乳仔猪的饮水、饲料等均应严格执行兽医卫生监督，防止乱吃脏物，给以优质而易消化的饲料，不要突然更换饲料品种。

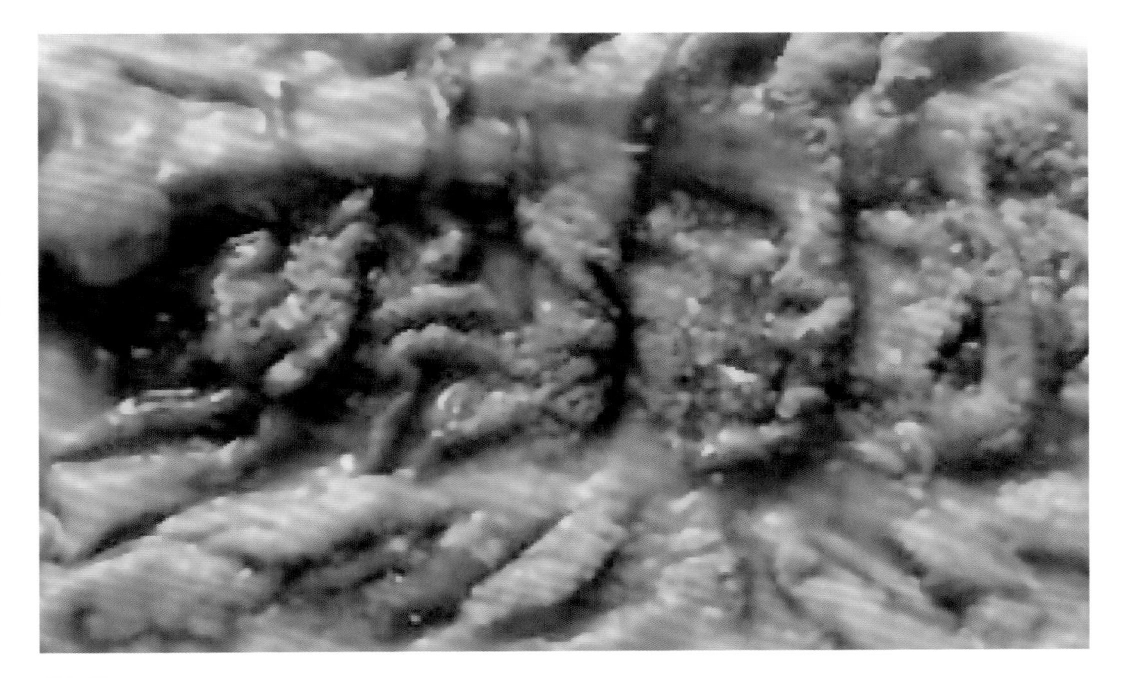

图1-283
仔猪副伤寒（亚急性和慢性型）的病理变化（1）

盲肠、结肠严重出血，结肠黏膜表面有大量糠麸样溃疡坏死

图1-284
仔猪副伤寒（亚急性和慢性型）的病理变化（2）

盲肠、结肠坏死性炎症，肠壁增厚，肠黏膜表面覆盖有一层黄色纤维素性伪膜，似糠麸状，形成纤维素性、坏死性肠炎。肠黏膜犹如老化的橡皮，失去弹性。回盲瓣和盲肠、结肠黏膜的淋巴组织发生溃疡

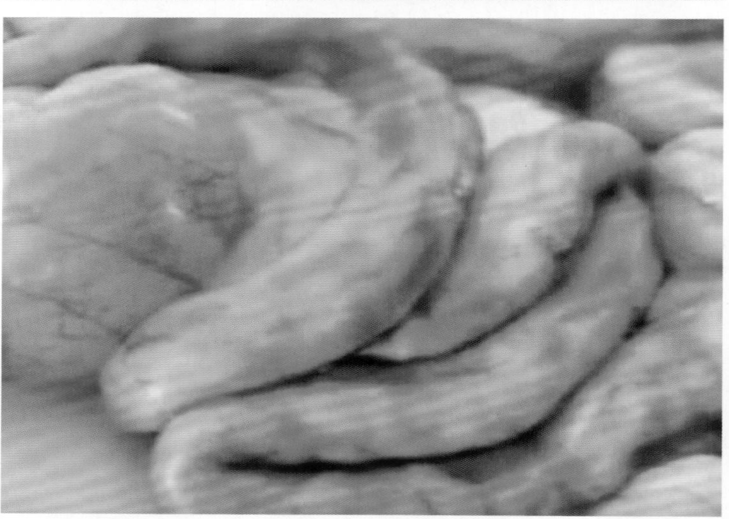

图1-285
仔猪副伤寒（亚急性和慢性型）的病理变化（3）

盲肠、结肠坏死性炎症，肠壁增厚，表面覆盖一层纤维素状伪膜

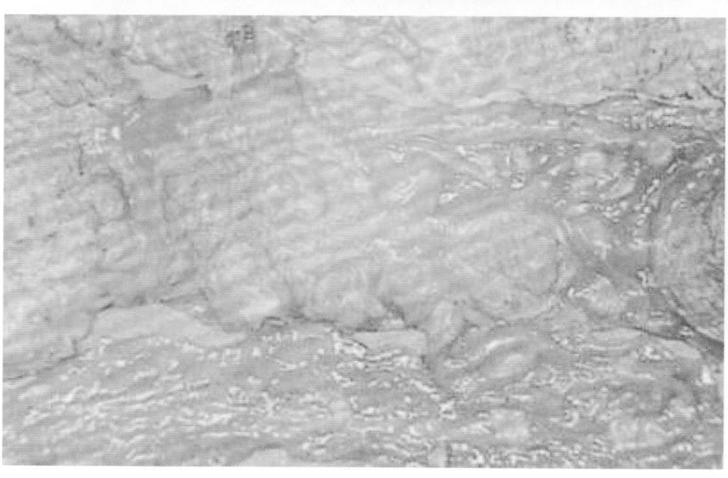

图1-286
仔猪副伤寒（亚急性和慢性型）的病理变化（4）

主要症状在盲肠、结肠和回肠，肠壁增厚，发生弥漫性坏死、溃疡

图1-287
仔猪副伤寒（亚急性和慢性型）的病理变化（5）

肠浆膜的散在出血斑病变

图1-288
仔猪副伤寒（亚急性和慢性型）的病理变化（6）

肠管变得极其薄，肠系膜淋巴结肿胀

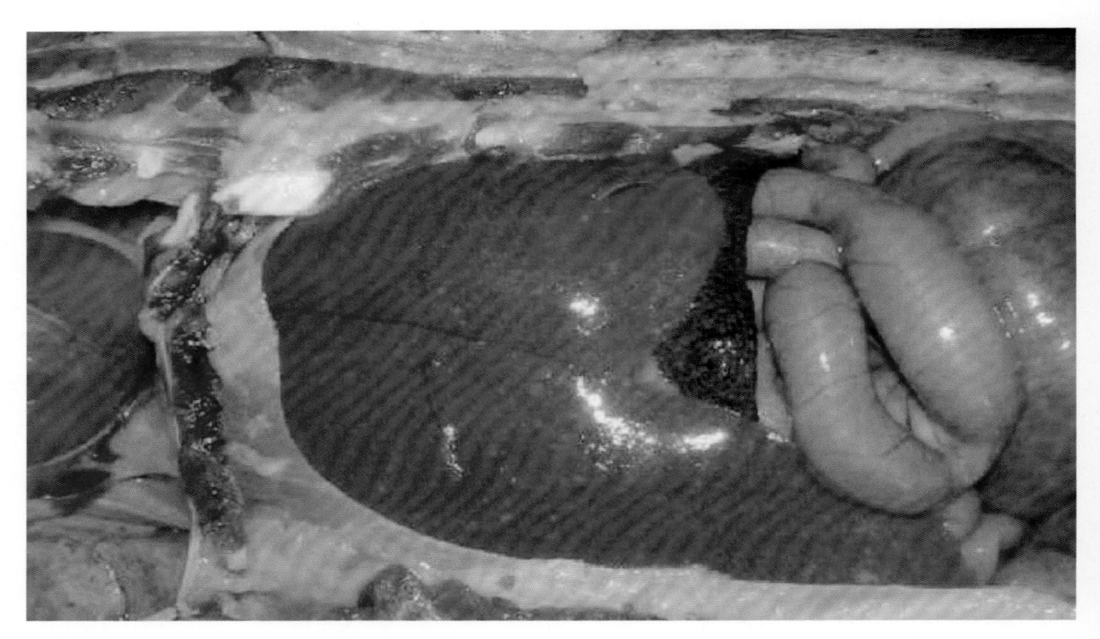

图1-289

仔猪副伤寒（亚急性和慢性型）的病理变化（7）

肝脏有散在小坏死点，有灰黄色的坏死灶

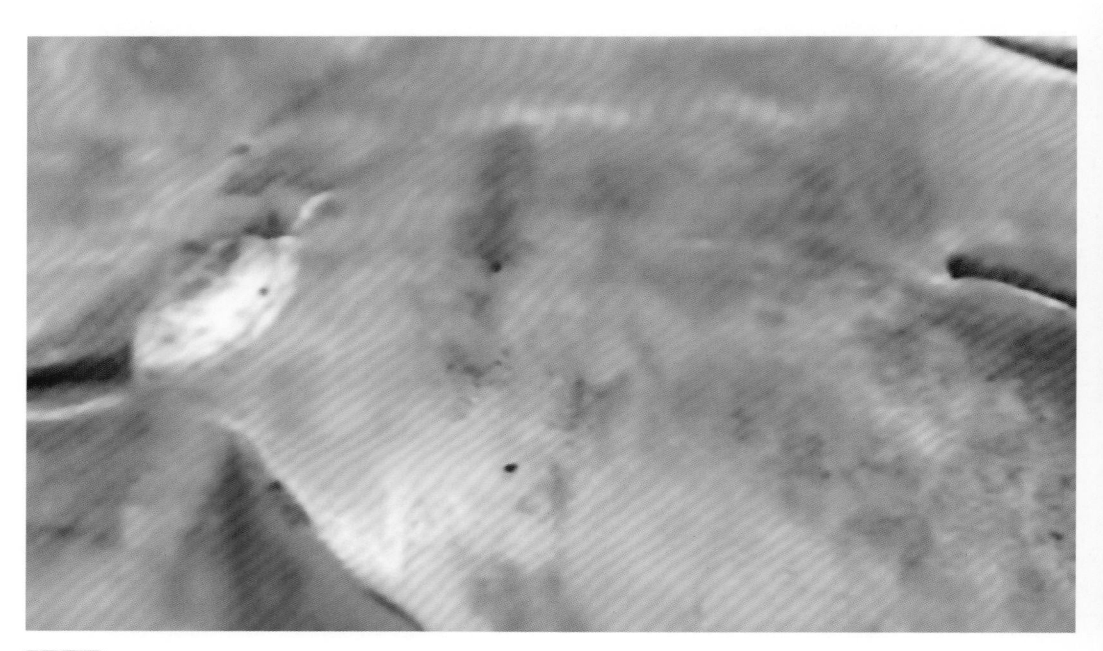

图1-290

仔猪副伤寒（亚急性和慢性型）的病理变化（8）

肝脏淤血，散在许多坏死点

图1-291
仔猪副伤寒（亚急性和慢性型）的病理变化（9）

脾脏肿大；肝脏淤血，表面有小坏死灶

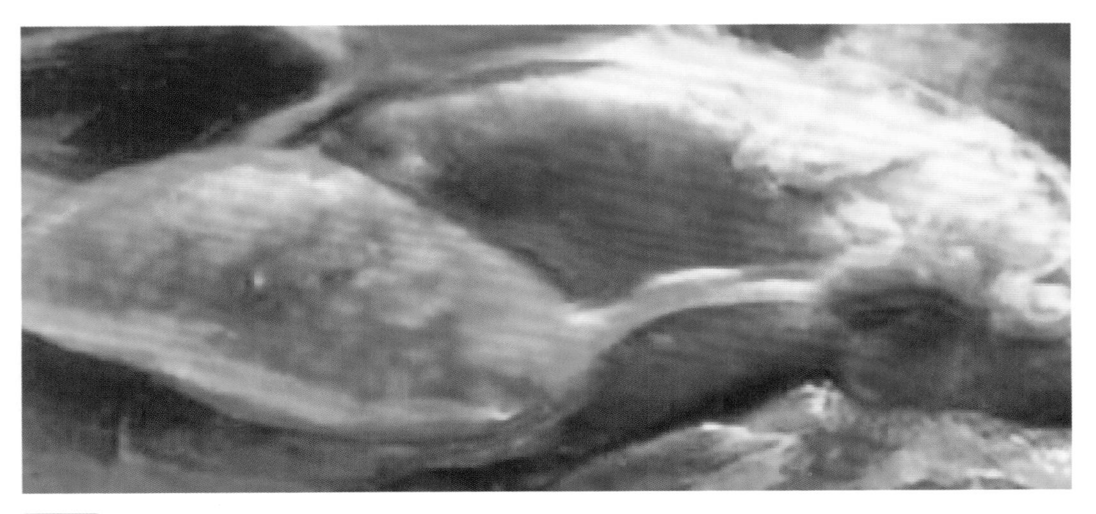

图1-292
仔猪副伤寒（亚急性和慢性型）的病理变化（10）

胆囊黏膜坏死，质地变软

图1-293
仔猪副伤寒（亚急性和慢性型）的病理变化（11）

心脏内膜有散在的出血斑症状

图1-294
仔猪副伤寒（亚急性和慢性型）的病理变化（12）

肾脏切面的皮质、髓质有散在的出血斑症状

其次，本病常发的猪场，可定期进行免疫接种。可对1月龄以上哺乳或断奶仔猪，用仔猪副伤寒活菌苗进行预防，按瓶签注明头份，用20%氢氧化铝生理盐水稀释，每头肌内注射1mL，免疫期为9个月（图1-295）；口服时，按瓶签说明，服前用凉开水稀释，每头份5～10mL，掺入到少量新鲜的饲料中，让猪自行采食。口服免疫反应轻微。也可以将1头份剂量的菌苗稀释于5～10mL冷开水中给猪灌服。

疫苗使用时要注意以下事项：

① 稀释后的疫苗限时在4h内用完，用时要随时振摇均匀。

② 体弱有病的猪不宜使用。

③ 对经常发生仔猪副伤寒的猪场和地区，为了加强免疫，可在断奶前和断奶后各注射1次，间隔21～28d。

④ 口服时，最好在喂食前服，以使每头猪都能吃到。

⑤ 注射后，有些猪反应较大，如出现体温升高、发抖、呕吐和减食等症状，一般经1～2d后可自行恢复，反应严重的可注射肾上腺素。口服的一般无上述反应或反应较轻。

（2）发病后的措施

① 病猪及时隔离和治疗。

② 圈舍要清扫、消毒，特别是饲槽要经常刷洗干净。粪便及时清除，堆积发酵后再利用。

③ 根据发病时疫情的具体情况，对假定健康猪可在饲料中加入抗生素进行预防，连喂3～5d，有预防效果。

④ 死猪应深埋，切不可食用，防止人发生中毒事故。

（3）治疗　对全群仔猪进行观察，发现病猪后立即隔离，及时治疗，并指定专人

图1-295
仔猪副伤寒的预防接种

肌内注射菌苗

负责照顾，治疗本病的方法很多，可参考选用。

① 抗生素疗法：这是针对病原的疗法，早期使用效果良好。但经常使用抗生素易出现抗药菌株，因此，要常更换品种，或交替使用，用药量要足。根据病猪的体质状况，应采用静脉、肌内和口服多种途径用药。有条件时，最好能做药敏试验。常用的抗菌药物有氯霉素、卡那霉素、庆大霉素、恩诺沙星、诺氟沙星、环丙沙星、新诺明等。

a. 土霉素按每千克体重0.1g计算，口服每日2次，连服3d。

b. 复方新诺明每天每千克体重0.07g，分2次口服，连服3～5d。

c. 恩诺沙星，每千克体重2.5mg，肌内注射，每天2次，连用2～3d。

需要指出，各地治疗方法甚多，疗效也有差异，在治疗过程中，要结合发病当时的具体情况进行。无论采用何种方法治疗，都必须坚持改善饲养管理与改善卫生条件相结合，才能收到满意的效果。

② 对症治疗：对于那些病程稍长、病猪体质较弱的慢性病例，在使用抗生素的同时再进行对症治疗十分重要。如补液（补液盐），解毒（5%碳酸氢钠注射液），强心（安钠咖及氯化钙注射液），收敛（木炭末、鞣酸蛋白等），壮补（葡萄糖注射液、维生素C）等。

③ 中药治疗：

方剂一，黄连15g、木香9g、白芍20g、槟榔10g、茯苓20g、滑石25g、甘草10g，水煎分3次服用，每天2次，连用2～3剂。

方剂二，黄芪6g、陈皮6g、莱菔子9g、神曲9g、柴胡9g、连翘6g、金银花9g、槐木炭6g、苦参9g，水煎分2次喂服，每天1剂，连用2～3d。

方剂三，活性炭0.5kg拌料100kg，饲喂3～5d。

方剂四，将大蒜5～25g捣成蒜泥后内服，每天3次，连用3～4d。

2. 猪大肠杆菌病

猪大肠杆菌病（ED）是由致病性大肠杆菌引起的猪的一种传染病，这是猪密集饲养管理条件下一种极其常见的传染病。主要是仔猪发病。

由于仔猪的日龄不同和大肠杆菌血清型的差异，本病可分仔猪黄痢、仔猪白痢和仔猪水肿病三种。仔猪出生后1～7d之内，尤其1～3日龄发生的称为黄痢，表现为发病突然、急性传染、发病率及死亡率均高、腹泻、拉黄色浆状稀粪。仔猪迅速消瘦、脱水死亡；10～30日龄发生的称为仔猪白痢，患猪突然腹泻，排出灰白稀粪。发病率不等，死亡率较低，病猪消瘦，皮毛粗糙不洁，发育迟缓。此病会严重影响仔猪的生长发育。病程一般为3～7天，多可自行康复。环境污染、阴冷潮湿、冷热不定是本病诱因。水肿病多发生于断奶前后的1～2月龄的猪，是一种以眼睑或其他部位水肿、神经症状为主要特征的疾病。

【病原体】大肠杆菌是革兰染色阴性的细菌，无芽胞，一般有数根鞭毛，常无荚膜，两端钝圆。本菌对外界因素的抵抗力不强，60℃ 15min即可死亡，一般消毒药均易将其杀死。大肠杆菌有菌体抗原（O）、表面（荚膜或包膜）抗原（K）和鞭毛抗原（H）三种。致病性大肠杆菌与非致病性大肠杆菌，在形态、染色、培养特性和生化反应等方面无任何差别，只是在抗原构造上有所不同。

研究表明，大肠杆菌致病的本质是由于多种毒素因子引起的不同的病理过程。主要有内毒素、外毒素和细胞毒素。

（1）仔猪黄痢　仔猪黄痢又称早发性大肠杆菌病，以1～7日龄尤其是出生后数小时至5日龄以内仔猪多发，又以1～3日龄最为多发。仔猪黄痢是仔猪常发的一种急性、高度致死性的疾病。临床上以剧烈腹泻、排出黄色水样稀便、后肢被污染、迅速死亡为主要特征。本病的发病率和死亡率都很高，主要是通过消化道感染。传染源主要是带菌母猪，这样的母猪排出大量致病性大肠杆菌，污染了母猪的乳头和体表皮肤，仔猪在吃奶时被感染。剖检时常有肠炎和败血症特征，有的无明显病理变化。

【流行特点】初产母猪所产的仔猪最易发生本病，发病也最为严重，随着胎次的增加和仔猪日龄的增加，仔猪发病情况逐渐减轻，发病率和致死率逐渐减少。这是由于母猪长期感染大肠杆菌而逐渐产生了对该菌的免疫力。在新建的猪场，本病的危害严重，之后发病逐渐减轻也是这个原因。新生24h内的仔猪最易感染发病，一般在生后3d左右发病，最迟不超过7d。在雨季也有生后12h发病的。

【临床症状】潜伏期短，一般在24h左右，时间长的也仅有1～3d，个别病例到7日龄左右。窝内发现第一头病猪之后，一两天内同窝仔猪相继发病。最初为突然腹泻，排出稀薄如水样粪便，颜色为黄至灰黄色（图1-296～图1-299），混有小气泡并带腥臭味，随后腹泻更加严重，数分钟即腹泻1次。病猪表现为口渴、脱水，但无呕吐现象，最后多昏迷死亡。

【病理变化】病死仔猪的尸体脱水，皮肤干燥、皱缩，口腔黏膜苍白（图1-300）。最显著的病变为肠道的急性卡他性炎症，其中以十二指肠最为严重（图1-301～图1-304）。胃内容物黄白色，有凝乳块，胃壁水肿增厚，胃内见到多量奶块（图1-305）。

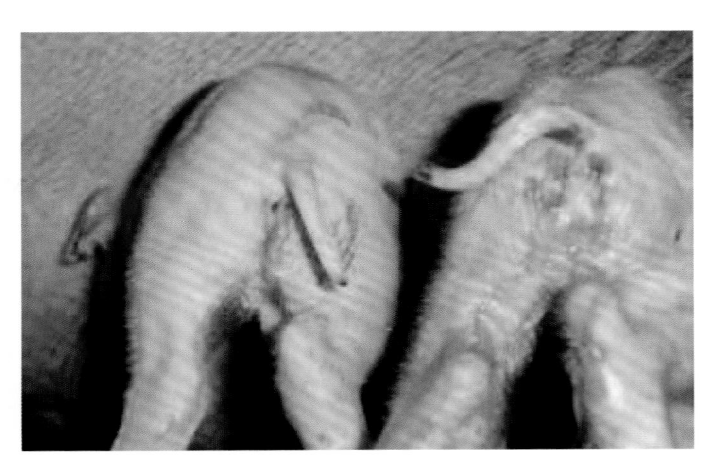

图1-296
仔猪黄痢的临床症状（1）

病仔猪腹泻（排泄物为黄色），肛门、后躯被污粪所污染，肛门四周、尾根和腹股沟等处皮肤发红，后躯沾有污粪

图1-297
仔猪黄痢的临床症状（2）

病仔猪排出大量黄色粪便，污染猪舍环境

图1-298
仔猪黄痢的临床症状（3）

仔猪腹泻，排出的黄色粪便

图1-299
仔猪黄痢的临床症状（4）

发病仔猪排出的黄色稀粪

图1-300
仔猪黄痢的病理变化（1）

病死仔猪严重脱水、干瘦，眼窝下陷

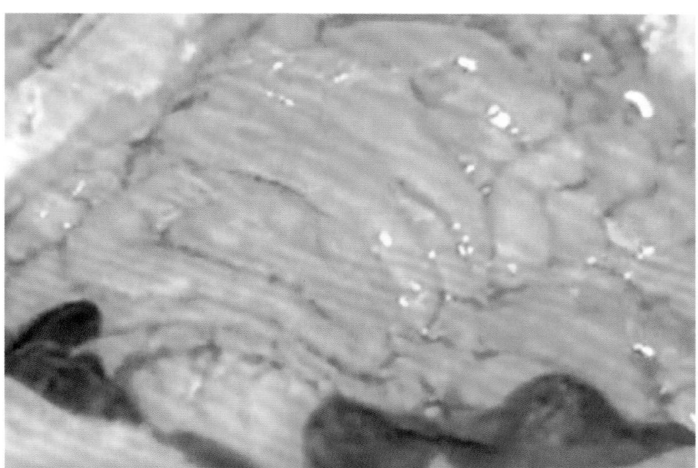

图1-301
仔猪黄痢的病理变化（2）

小肠急性卡他性炎症

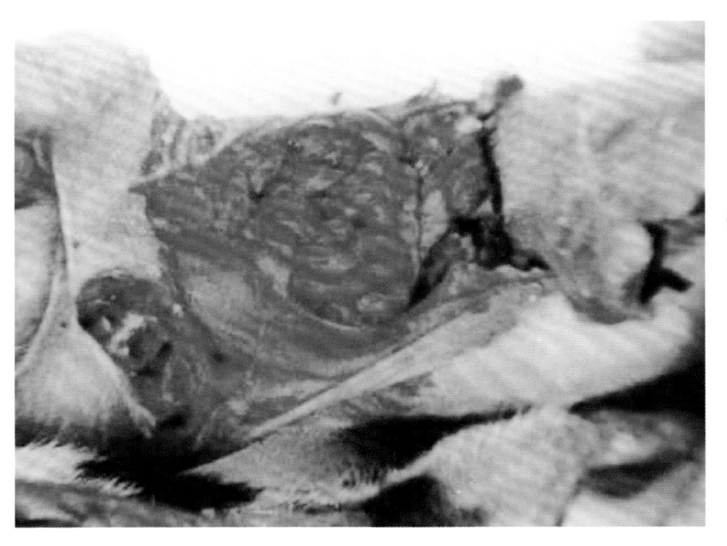

图1-302
仔猪黄痢的病理变化（3）

肉眼可见的病变，小肠肠管充血、充气、膨胀

图1-303
仔猪黄痢的病理变化（4）

肠管扩张、血管充血、肠管内充满黄色液体

图1-304
仔猪黄痢的病理变化（5）

小肠气肿、充血、肠内充盈黄色稀粪

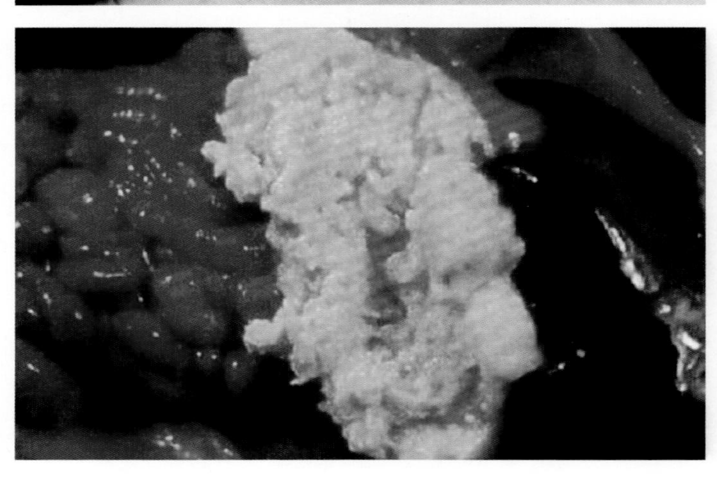

图1-305
仔猪黄痢的病理变化（6）

胃内容物黄白色，有凝固不良的凝乳块，胃壁水肿增厚，胃内见到的多量奶块

【防治措施及方剂】

① 综合性卫生防疫措施。预防本病的关键是加强饲养管理，做好圈舍和环境卫生，做好消毒工作。母猪分娩时专人守护，产前清洗母猪后躯，所产仔猪放在干净的垫草上，待产仔完毕后用0.1%高锰酸钾溶液清洗乳头。圈舍撒生石灰消毒。注意保持猪舍环境清洁、干燥，尽可能安排母猪在春季或秋季天气温暖干燥时产仔，以减少发病（图1-306～图1-310）。在预产期前15～30d用大肠杆菌K88-K99菌苗免疫母猪，可使仔猪通过母乳获得免疫。

② 治疗。要及早治疗，如果出现症状时再进行治疗，往往效果不佳。一般是在发现1头病猪后，立即对与病猪接触过的未发病仔猪进行药物预防。治疗可用庆大霉素、呋喃唑酮（痢特灵）、金霉素和磺胺甲基嘧啶等。由于大肠杆菌易产生抗药菌株，应交替用药，如果条件允许，最好先做药敏性试验后再选择用药。

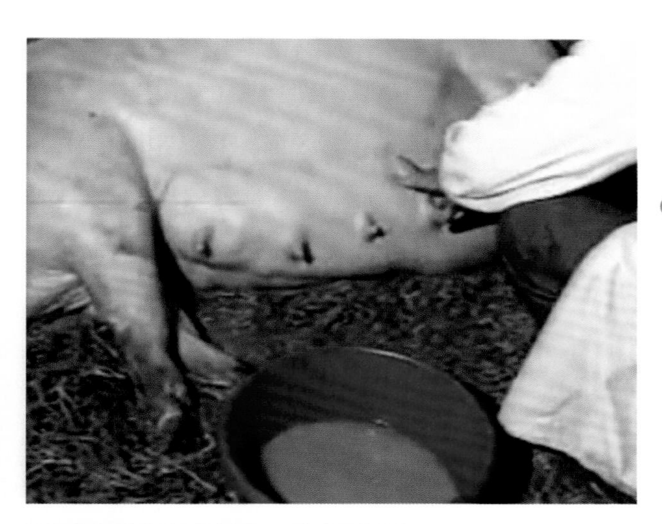

图1-306
仔猪黄痢的防治措施（1）

新生仔猪开奶前，用0.1%的高锰酸钾溶液清洗母猪的乳头

图1-307
仔猪黄痢的防治措施（2）

新生仔猪身体表面黏液用干净的抹布进行擦拭

图1-308
仔猪黄痢的防治措施（3）

仔猪出生后喂2～3mL的0.1%的高锰酸钾溶液

图1-309
仔猪黄痢的防治措施（4）

猪场内各种运输车辆每天都要清洗消毒

图1-310
仔猪黄痢的防治措施（5）

猪舍地面铺上稻草，可减少仔猪应激反应，减少仔猪黄痢的发生

a. 磺胺嘧啶0.2～0.8g、三甲氧苄氨嘧啶40～60mg、活性炭0.5g，混匀分2次喂服，每天2次，一直到痊愈。

b. 庆大霉素，口服，每千克体重4～11mg，每天2次；肌内注射，每千克体重4～7mg，每天1次。

c. 环丙沙星，每千克体重2.5～10.0mg，每天2次，肌内注射。

d. 中药治疗：

方剂一，黄连5g、黄檗20g、黄芩20g、金银花20g、诃子20g、乌梅20g、草豆蔻20g、泽泻15g、茯苓15g、神曲10g、山楂10g、甘草5g，研末分2次喂给母猪，早晚各1次，连用2剂。

方剂二，白头翁2g、龙胆末1g。研末一次喂服，每天3次，连用3d。

方剂三，大蒜100g、5%乙醇100mL、甘草1g。大蒜用乙醇浸泡7d后取汁1mL，加甘草末1g，调成糊状一次喂服，每日2次，直至痊愈。

方剂四，百草霜（锅底灰）60g、大蒜16g（捣碎），用水调成糊状，每次10g，每天2次，连续服用3d。

方剂五（白龙散），白头翁6g、龙胆草3g、黄连1g，混合制成散剂，混合于米汤，口服，每天1次，连服2～3d。

近年来在我国兴起的微生态制剂，如含无致病性嗜氧芽胞杆菌的“康大宝”，通过调节仔猪肠道内微生物区系的平衡，抑制有害大肠杆菌的繁殖而达到预防和治疗的目的。一些地区经过试用，证明效果很好，值得进一步试用。

（2）仔猪白痢　仔猪白痢又称迟发性大肠杆菌病，是由致病性大肠杆菌引起的10～30日龄左右仔猪发生的一种急性消化道传染病。本病发生的主要原因是气候变化、饲养管理不当，造成猪肠道菌群失调、大肠杆菌过量繁殖。临床以排出灰白色、糨糊样稀粪为特征，其中含有气泡，常常混有黏液，有腥臭味。在尾巴、肛门及其附近常常粘有粪便。本病发病率高而致死率低，一窝的发病率可达50%。在我国各地猪场均有不同程度的发生，对养猪业的发展有较大的影响。

【流行特点】本病一般发生于10～30日龄仔猪，7日龄以下及30日龄以上的猪很少发病。病的发生与饲养管理及猪舍卫生有很大关系，在冬、春两季气温剧变、阴雨连绵或保暖不良及母猪乳汁缺乏时发病较多。一窝仔猪有一头发病后，其余的往往同时或相继发病。

【临床特征及病理变化】体温一般无明显变化。病猪腹泻，排出白、灰白以至黄色粥状有特殊腥臭的粪便。同时，病猪畏寒、脱水，吃奶减少甚至不吃，有时可见吐奶（图1-311～图1-312）。除少数发病日龄较小的仔猪死亡外，一般病猪的病情较轻，很容易自愈，但多反复发作后容易形成僵猪。

病理剖检无特异性变化，一般表现消瘦和脱水等外观变化。部分肠黏膜充血，肠壁非常薄而带半透明状（图1-313～图1-315），肠系膜淋巴结水肿。

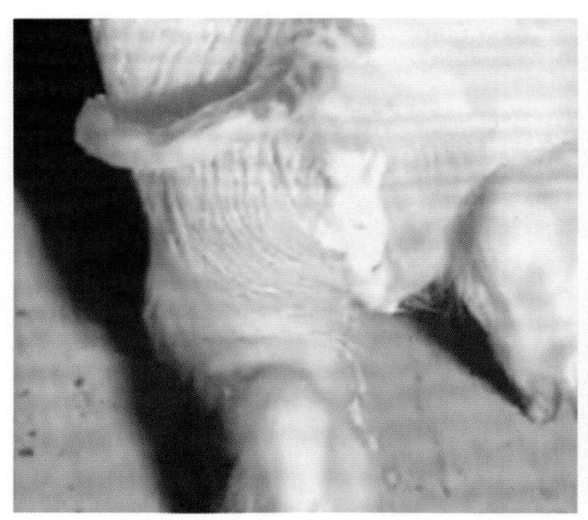

图1-311

仔猪白痢的临床症状（1）

排出有气泡白色稀粪，常常混有黏液或血丝，肛门、尾部粘有粪便

图1-312

仔猪白痢的临床症状（2）

仔猪出现呕吐现象，呕吐物呈现白色

图1-313

仔猪白痢的病理变化（1）

卡他性胃肠炎、肠壁变薄、肠内充满白色糊状内容物

图1-314

仔猪白痢的病理变化（2）

小肠肠壁变薄而透明。肠黏膜潮红，并有红色出血斑

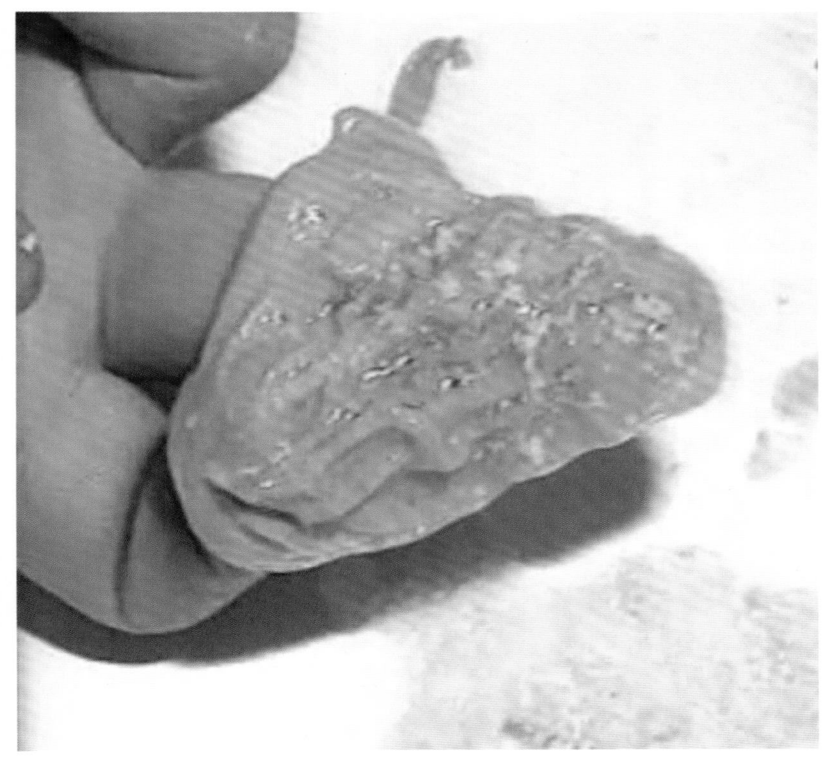

图1-315

仔猪白痢的病理变化（3）

胃黏膜潮红、出血，附有多量黄白色黏液或乳酪，严重的呈现卡他性、出血性炎症

【诊断】根据发病日龄、排出物的特征以及病死率不高，即可作出诊断。

【防治措施及方剂】

① 预防。母猪产前3周注射仔猪黄白痢疫苗。但本病的疫苗预防效果往往并不很理想。药物预防时一般可参照仔猪黄痢的预防方案。主要是加强常规性的饲养管理，如加强保暖防寒等（图1-316～图1-317）。

② 治疗。对于仔猪白痢的治疗要突出一个“早”字，一般可选用庆大霉素、卡那霉素、土霉素、磺胺二甲氧嘧啶、恩诺沙星等药物。

a. 硫酸庆大-小诺霉素注射液8万～16万单位，5%维生素B_1注射液2～4mL，肌内注射，每天2次，连用2～3d。

b. 中药治疗

方剂一，白头翁50g、黄连50g、生地50g、黄檗50g、青皮25g、地榆炭25g、青木香10g、山楂25g、当归25g、赤芍20g，水煎喂服10只小猪，每天1剂，连用2剂。

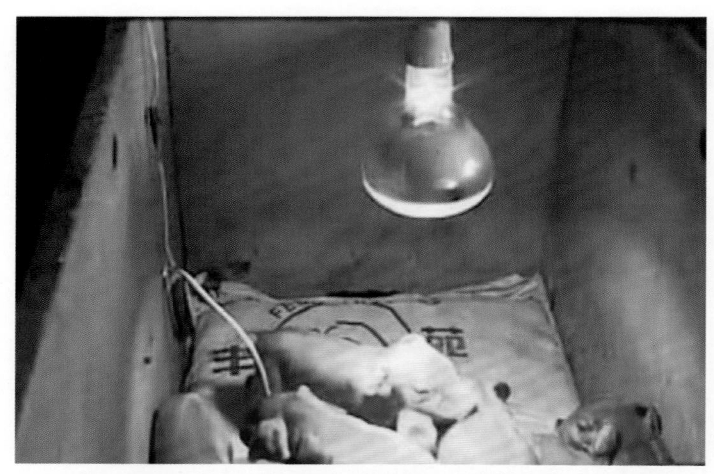

图1-316 仔猪白痢防治措施（1）

仔猪移入保温箱保暖

图1-317 仔猪白痢防治措施（2）

保温灯取暖，可减少本病的发生

方剂二，紫皮蒜200g、百草霜（锅底灰）200g、车前子50g（或鲜车前草250g），把车前子煎水，大蒜捣烂加百草霜，混在猪饲料中喂给母猪。

方剂三，黄连1～2g，没有黄连也可用黄檗5～10g替代。把药熬成浓汁，每头仔猪一次性灌服。10日龄仔猪服低量，20日龄仔猪服高量。

（3）仔猪水肿病　仔猪水肿病（OD）也是由致病性的大肠杆菌所引起的，本病是保育仔猪、断奶仔猪的一种急性、致死性肠毒血症传染病。主要特征是眼睑或其他部位水肿、神经症状。本病多发于仔猪断奶后1～2周，发病率约5%～30%，病死率达90%以上。近年来本病又有新的流行特点：首先发病日龄不断增加，据报道，40～50kg的猪都有水肿病的发生；其次吃得越多、长得越壮的猪发病率和死亡率越高。

本病分布很广，世界各养猪国家均有发生，其发病率虽不高，但病死率却很高，给小猪的培育带来很大的经济损失。

【病原体】本病的病原体是致病的溶血性大肠杆菌。溶血性大肠杆菌在肠道内大量繁殖时，可产生肠毒素、水肿素、内毒素（脂多糖）等，这些毒素经肠道被吸收后，使仔猪的肠道蠕动和分泌能力降低。当猪吸收这些毒素后，致使猪发生过敏反应，从而表现出神经症状和组织水肿。

【流行病学】本病多发生于断奶后的肥胖幼猪，以4～5月份和9～10月份较为多见，特别是气候突变和阴雨后多发。

仔猪水肿病只发生于猪，并且有明显的年龄特点，主要见于保育期间的仔猪，尤其是断奶后2周内的仔猪，是本病的高发年龄段。本病呈散发性，仅限于某猪场或某窝仔猪，不会引起广泛传播和流行。在一窝发病的仔猪中，往往是几只生长最快、膘肥体胖的仔猪首先发病，而另外一些瘦弱的仔猪反而能幸免。对全群猪来讲，本病的发病率不高，但病死率可达90%以上。

据流行病学调查发现：仔猪开料太晚，骤然断奶，仔猪的饲料质量不稳定，饲料比较单一，特别是日粮中蛋白质的含量过高，缺乏矿物质（主要为硒）和维生素（B族维生素及维生素E），缺乏粗饲料，仔猪的生活环境和温度变化较大，不合理地服用抗菌药物使肠道正常菌群紊乱等因素，是促使本病发生和流行的诱因。

【临床症状】本病往往突然发病。病猪的精神沉郁、食欲消失、粪便干硬、体温正常、很快转入兴奋不安、表现出特征性的神经症状、部分或全身麻痹、共济失调等。病程在数小时至1～2d不等，一般以死亡告终。

① 神经症状。盲目行走或转圈、碰壁而止、共济失调、口吐白沫、叫声嘶哑、走路摇晃、一碰即倒，倒地后肌肉震颤、抽搐，四肢不断划动呈游泳状。逐渐发生后躯麻痹、卧地不起、感觉过敏、触之惊叫，往往在昏迷状态中死亡（图1-318～图1-320）。

② 体温变化。在病初可能升高，很快降至常温或偏低。

③ 水肿。眼睑或结膜及其他部位水肿（图1-321～图1-323）。

图1-318
仔猪水肿病的临床症状（1）

病猪精神沉郁、四肢无力、共济失调、不时抽搐、不能站立

图1-319
仔猪水肿病的临床症状（2）

病猪侧卧、四肢麻痹、呈划水样运动

图1-320

仔猪水肿病的临床症状（3）

病猪后躯麻痹、前肢强直、头部呈角弓反张姿势

图1-321

仔猪水肿病的临床症状（4）

病猪眼睑水肿、充血，前肢呈跪趴姿势

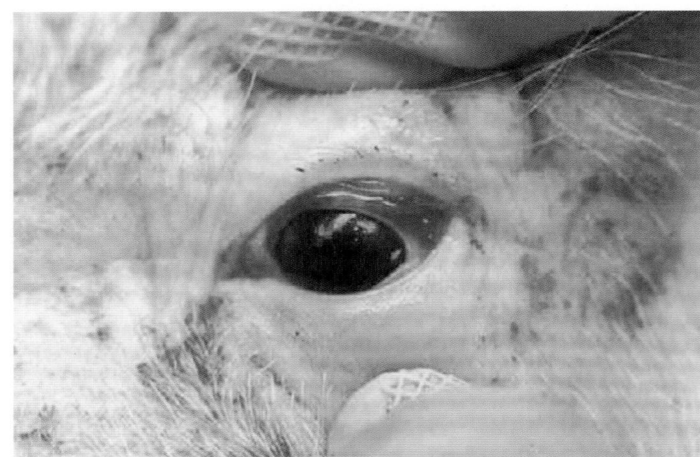

图1-322
仔猪水肿病的临床症状（5）

断奶仔猪眼睑炎症、水肿

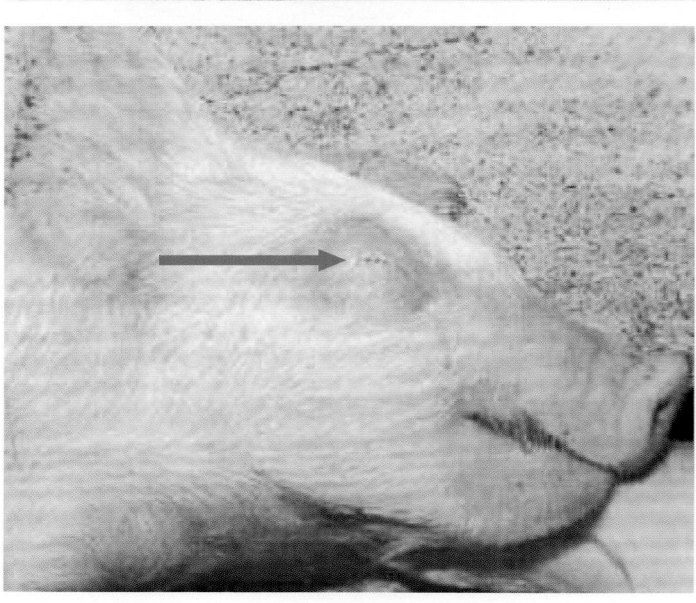

图1-323
仔猪水肿病的临床症状（6）

病仔猪眼睑水肿症状

【病理变化】仔猪水肿病的病死猪的尸体外表苍白。眼睑、结膜、齿龈、大肠壁、头颈部皮下等处苍白、水肿。淋巴结切面多汁、水肿，主要是胃壁和肠系膜等多处组织水肿，特别是胃大弯处的胃壁黏膜水肿是本病的特征，具有诊断价值。但近年来的临诊剖检表明，此特征已由肠系膜的明显水肿所替代。其他脏器也有不同程度的水肿（图1-324 ～图1-337）。

胃壁黏膜水肿多见于胃大弯和贲门部。水肿发生在胃的肌肉和黏膜层之间，切面流出无色或混有血液而呈茶色的渗出液，或呈胶冻状。水肿部的厚度不一致，薄者仅能察见，厚者可达3cm左右，面积有大有小，一般在3.3 ～ 13.2cm^2。大肠肠系膜水肿，结肠肠系膜胶冻状水肿也很常见。除了水肿的病变外，胃底和小肠黏膜、淋巴结等有不同程度的充血（图1-338 ～图1-339）。心包、胸腔和腹腔有程度不等的积液（图1-340）。

图1-324
仔猪水肿病的病理变化（1）

胃大弯黏膜水肿，皱襞减少。胃壁水肿，肌层与黏膜分离，其间充满稀薄水肿液

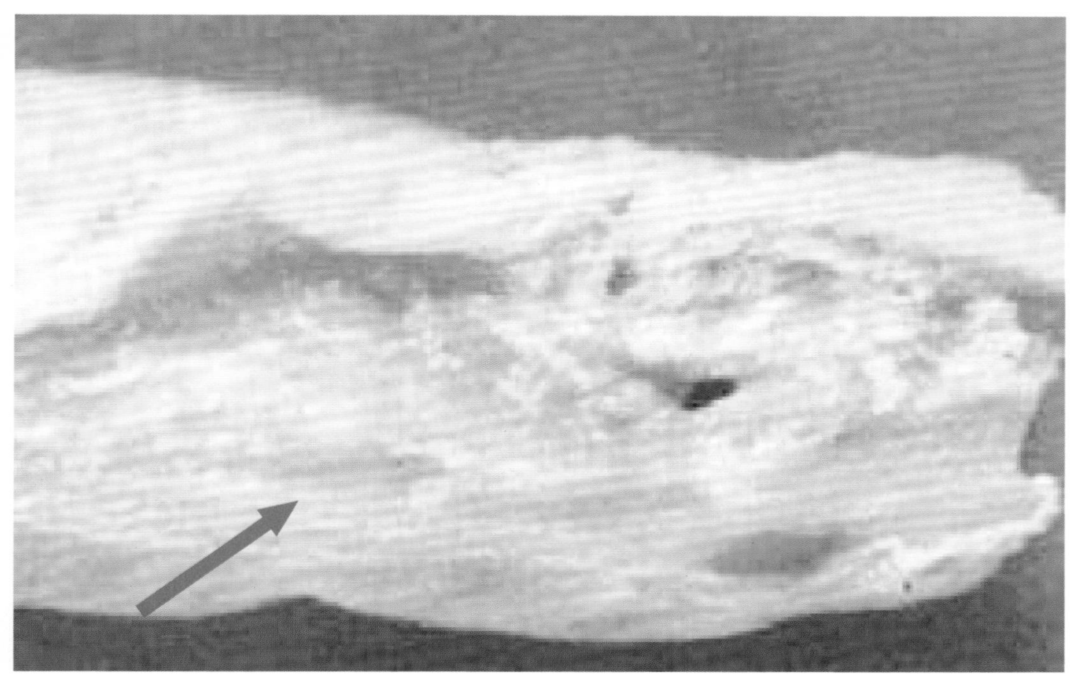

图1-325
仔猪水肿病的病理变化（2）

胃壁切面显示的水肿，黏膜下层扁平，呈半透明状，增厚10～20倍

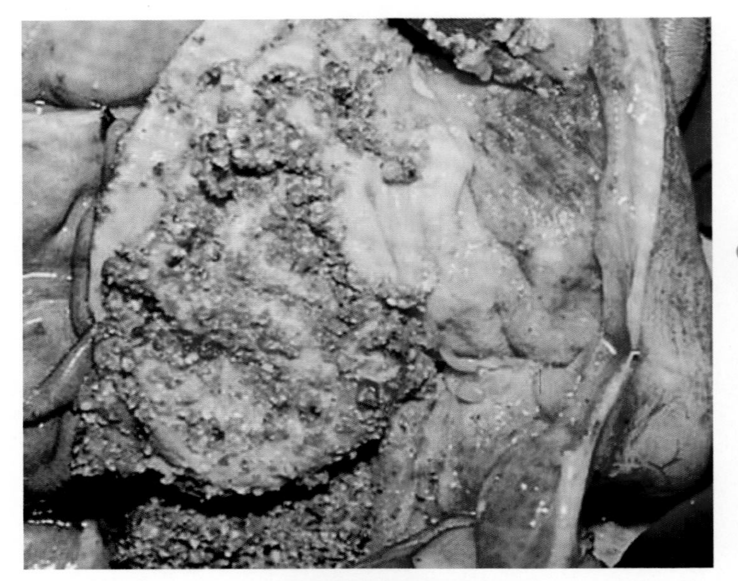

图1-326
仔猪水肿病的病理变化（3）

胃壁水肿

图1-327
仔猪水肿病的病理变化（4）

断奶仔猪胃壁水肿，胃黏膜下有凝胶样水肿线（钳头部所指处）

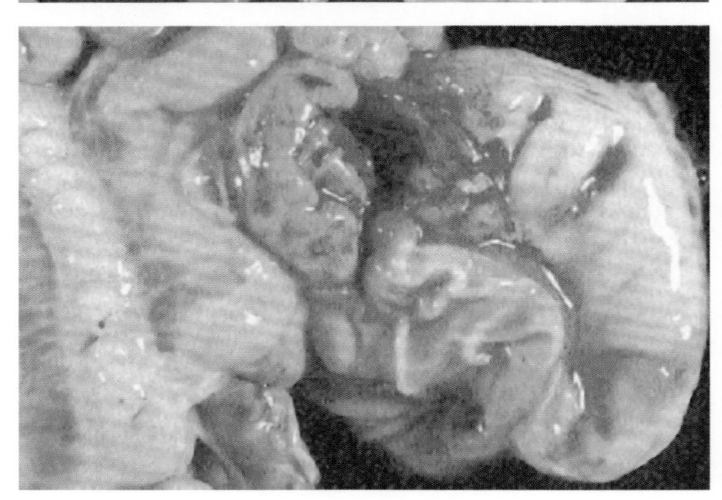

图1-328
仔猪水肿病的病理变化（5）

断奶仔猪胃和肠系膜水肿

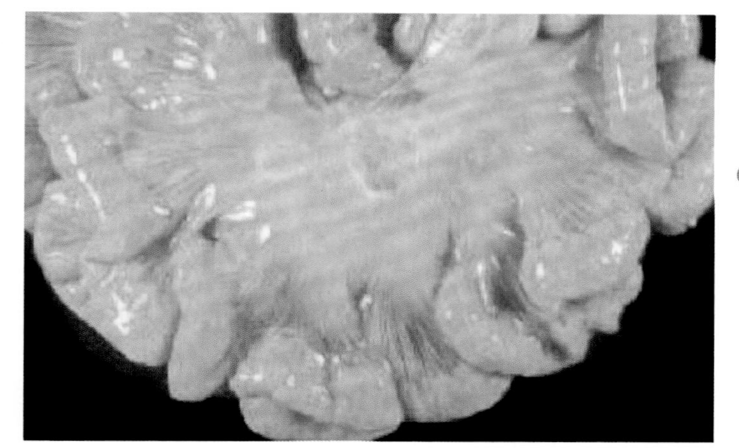

图1-329
仔猪水肿病的病理变化（6）

断奶一周后的仔猪小肠浆膜及肠系膜水肿，呈凝胶样

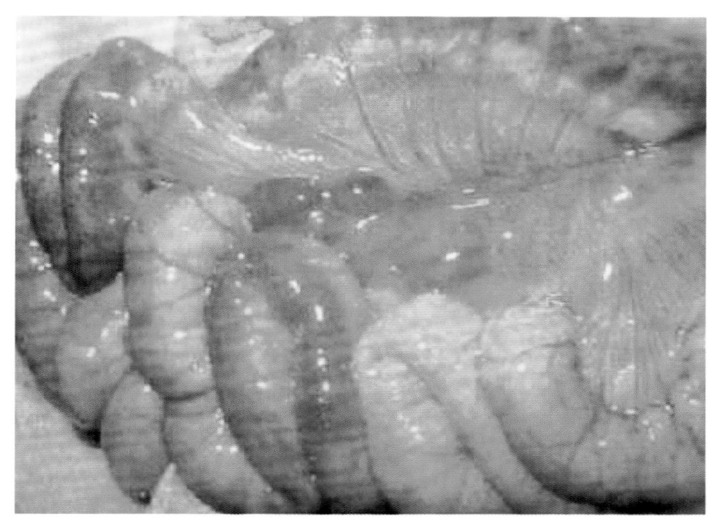

图1-330
仔猪水肿病的病理变化（7）

肠管及肠系膜水肿，淋巴结水肿和充血

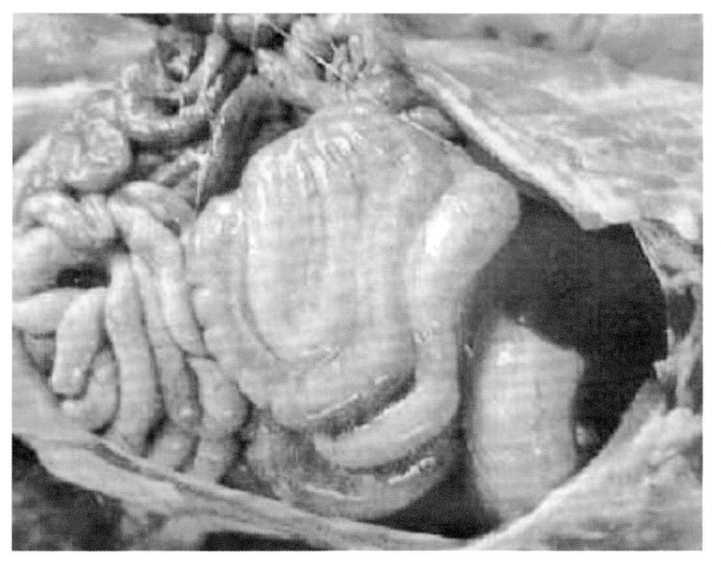

图1-331
仔猪水肿病的病理变化（8）

结肠肠襻系膜水肿

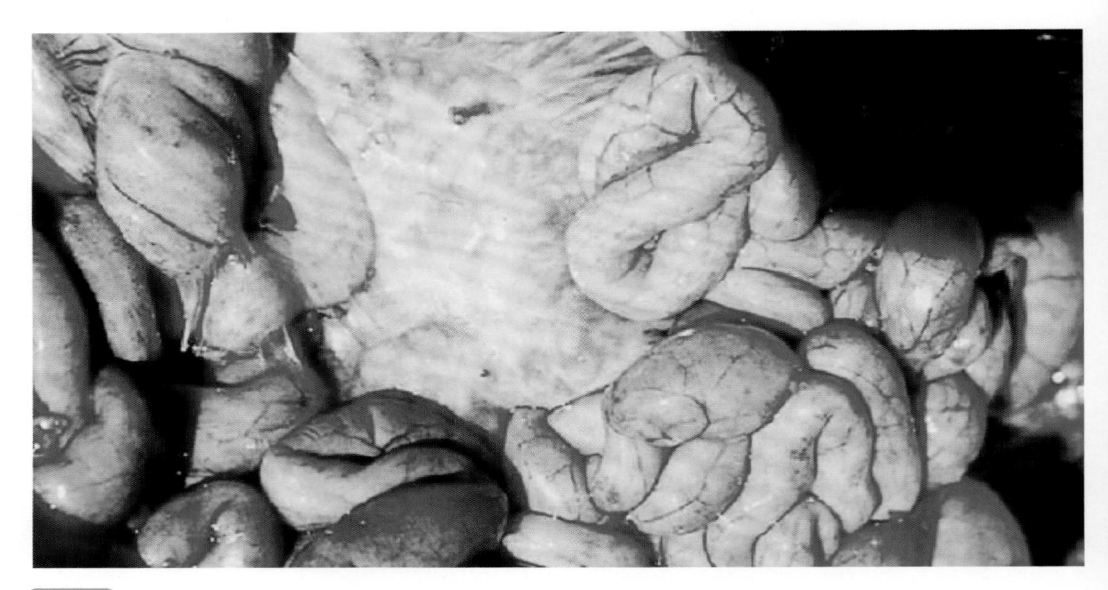

图1-332
仔猪水肿病的病理变化（9）

小肠肠系膜淋巴结急性肿胀，被膜血管充血；小肠卡他性急性炎症，浆膜血管充血，肠内容物淡黄色，米汤样

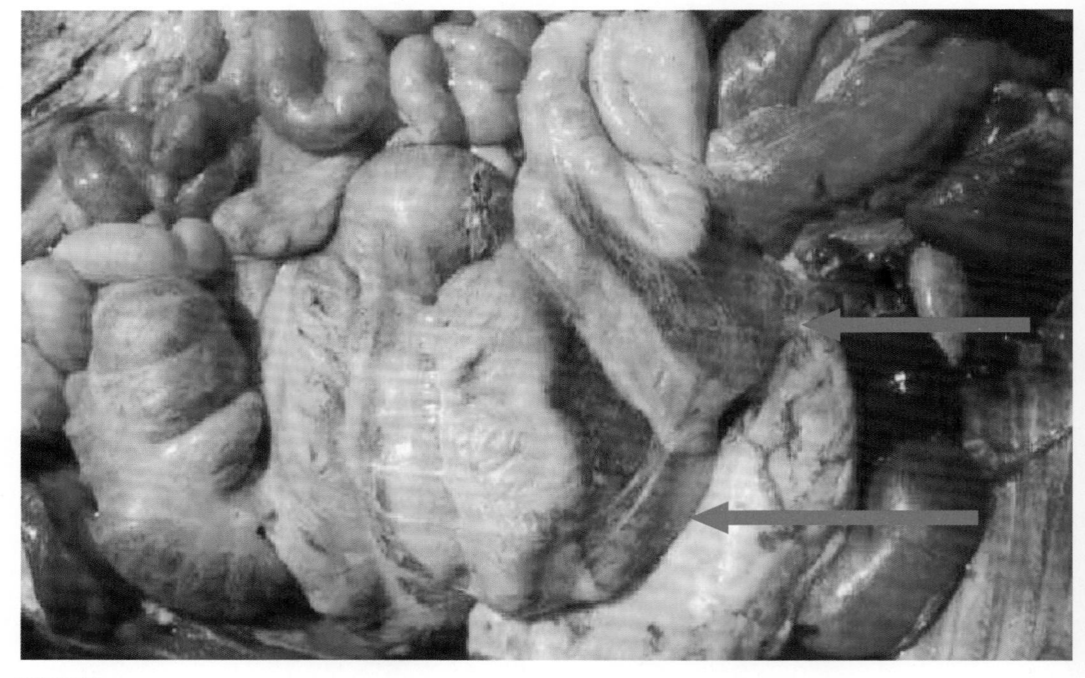

图1-333
仔猪水肿病的病理变化（10）

结肠间膜呈明显的浆液性水肿（箭头指向）

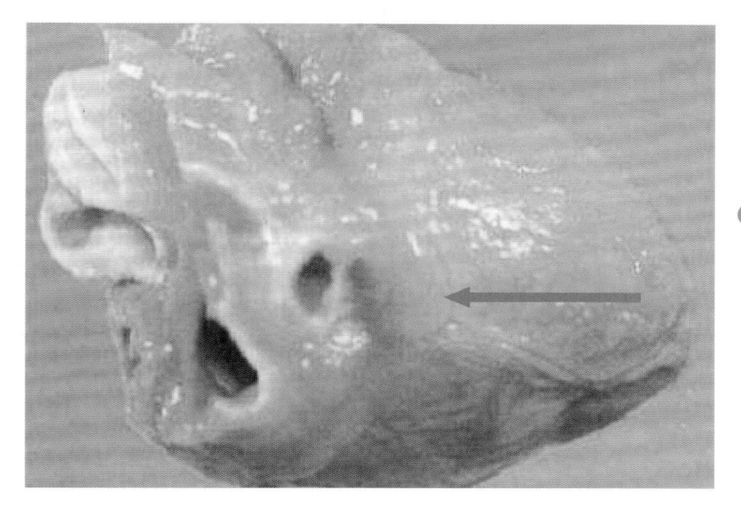

图1-334
仔猪水肿病的病理变化（11）

心房冠状沟水肿（箭头所指处）

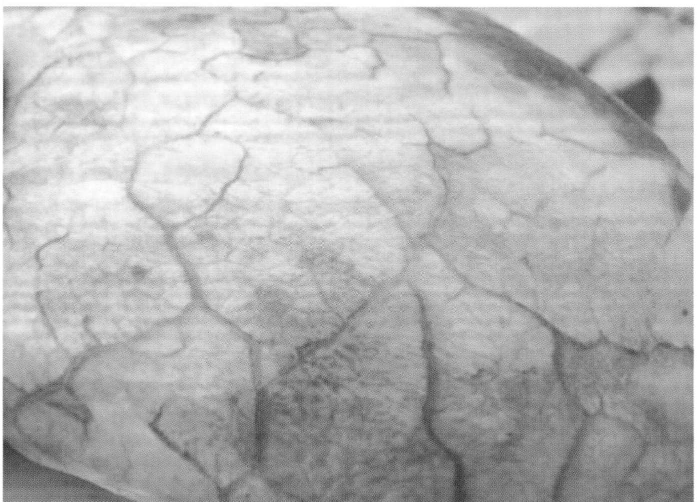

图1-335
仔猪水肿病的病理变化（12）

肺脏水肿

图1-336
仔猪水肿病的病理变化（13）

头顶部皮下炎性水肿

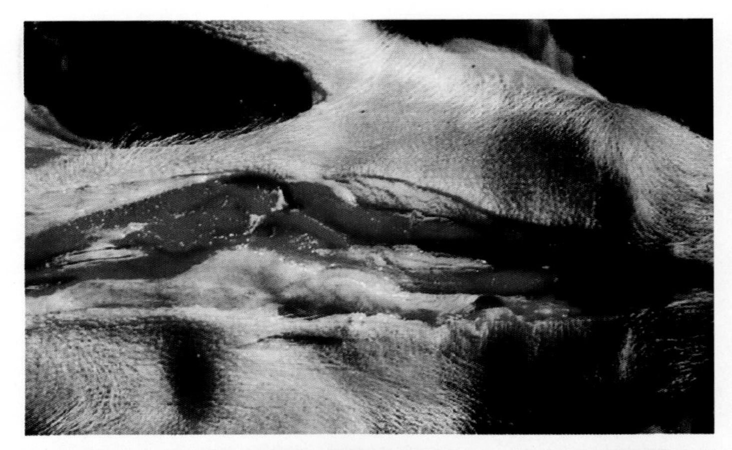

图1-337
仔猪水肿病的病理变化（14）

下颌间部皮下水肿

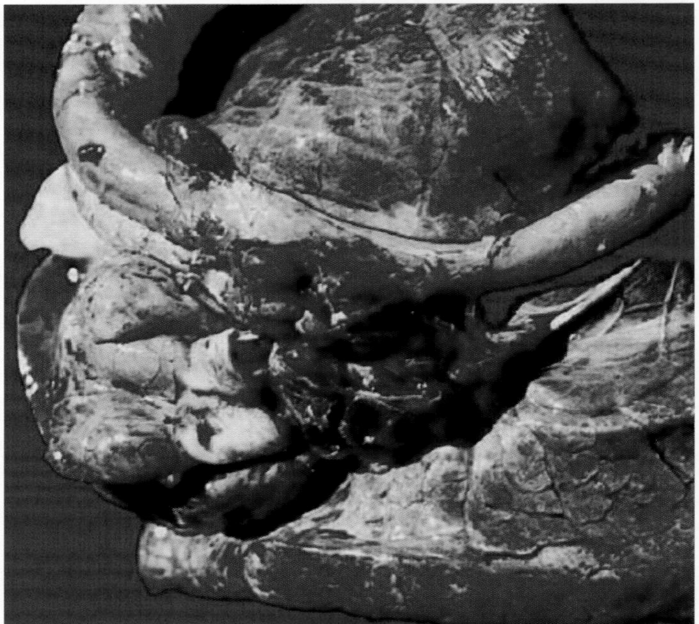

图1-338
仔猪水肿病的病理变化（15）

肺淤血水肿，小叶间增宽，肺门淋巴结肿大、充血

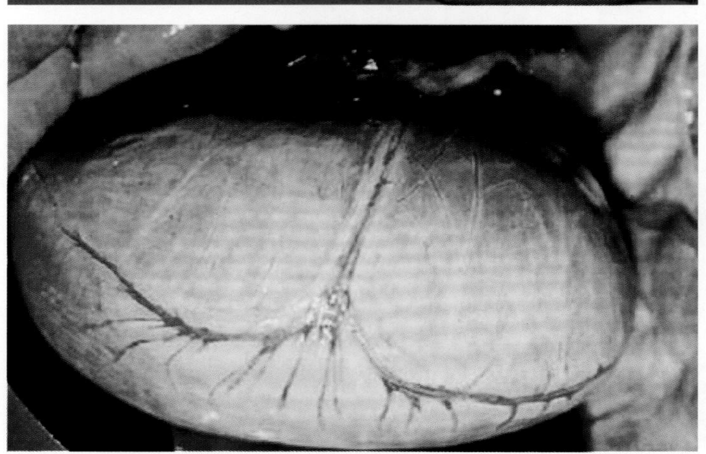

图1-339
仔猪水肿病的病理变化（16）

胃外观肿胀，浆膜血管充血

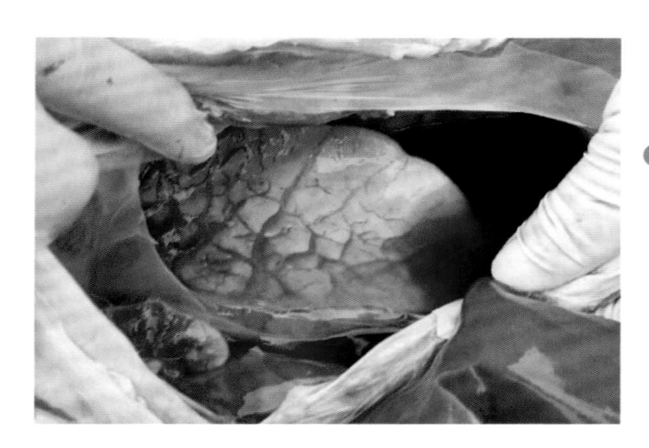

图1-340
仔猪水肿病的病理变化（17）

胸腔积液

【防治措施及方剂】

① 预防。仔猪水肿病的预防可以参照下列方法。

第一，刚断奶的仔猪不要突然改变饲料品种和饲喂方法，注意日粮中蛋白质的比例不能过高，缺硒地区应适当补硒及维生素E。也可在饲料中添加微生态细菌制剂。

第二，对断奶仔猪应尽量避免应激刺激，刚断奶的仔猪要适当限制喂料，一般经2周后才能让其自由采食。经验表明，这一举措不仅能有效地防止水肿病的发生，还能减少腹泻性疾病的发病率，而对保育猪的生长发育并无影响。

第三，用大肠杆菌致病株制成菌苗，接种妊娠母猪，也有一定的被动免疫效果。

第四，在断奶仔猪的饲料中添加适宜的抗菌药物，如氯霉素、土霉素、新霉素、呋喃唑酮等，可预防本病的发生。也可用0.1%高锰酸钾溶液，在初生仔猪吃奶前口服2～3mL，每间隔5d口服一次。

② 治疗。本病可以用抗水肿病血清进行特异性治疗。但通常主要是采用综合、对症疗法。一般用抗菌药物、盐类泻剂促进胃肠蠕动和分泌，以排出肠道内细菌及其产物，如硫酸镁或硫酸钠15～25g。出现水肿及神经症状时，可用50%葡萄糖20～40mL，或20%甘露醇50～100mL，或25%山梨醇50～100mL，静脉注射。同时配合使用亚硒酸钠及维生素E可提高疗效。出现症状后再进行治疗一般难以治愈。

中药方剂：白术9g、木通6g、茯苓9g、陈皮6g、石斛6g、冬瓜皮9g、泽泻6g，水煎，分2次喂服，每天1剂，连用2剂。或简单的偏方：大蒜泥10g，分两次喂服，每天2次，连用3d。

3.猪链球菌病

猪链球菌病（SS）是由几个血清型的链球菌（主要是溶血性链球菌）感染所引起的多种疾病的总称。急性的常以出血性败血症和脑炎为特征；慢性的以关节炎、心内膜炎及化脓性淋巴结炎为特征。

本病广泛分布在各个养猪业发达的国家，是猪的一种常见病，给养猪业带来较大的经济损失。我国各地也都有猪链球菌病的报道。

【病原体】链球菌在自然界分布很广，种类也很多，但大部分是不致病的。它是一种圆形的球菌，呈长短不一的链状排列，不形成芽胞，革兰染色阳性（图1-341）。

链球菌对外界的抵抗力强，可耐干燥数周。对多种抗生素（如青霉素）敏感，但极易产生耐药性。磺胺类药物也很有效。常用的消毒药均可将其杀灭。

本菌具有变异性，变异株的毒力能迅速增强，致病力增大，可引起地方性流行，其发病率和病死率都高于一般败血性链球菌病。对常用的抗菌药物都可产生耐药性，本菌还能通过伤口感染给人，故本病在公共卫生上有重要的意义。

【流行病学】

（1）传染源及传播途径　病猪和带菌猪是主要的传染源。伤口是重要的传染途径，新生仔猪常经脐带感染，也可能通过呼吸道、消化道传播。

（2）流行特点　本病在新疫区呈暴发性流行，各种日龄的猪都可感染，表现为急性败血型，在短期内波及全群，发病率和病死率都很高。在常发地区呈地方流行性和散发性。本病在气温较高的5 ～ 11月份多发。

【临床症状】潜伏期为1 ～ 5d，慢性病例的潜伏期更长些。常见的有最急性、急性、亚急性、慢性4种类型。

（1）最急性型　多见于新生仔猪和哺乳仔猪，且在流行的初期。往往前一天晚上不见明显的症状，第二天早晨便已经死亡（也有的病程延长至2 ～ 3d）。体温升高至41 ～ 43℃，呼吸急迫，精神沉郁，体表腹下等处有紫红色的斑块（图1-342 ～图1-345），并出现神经症状，不久即死亡。

（2）急性和亚急性型　急性和亚急性型多发生于断奶后的保育仔。表现为突然停食，体温升至41℃以上，稽留热。病初流出浆液性鼻汁，眼结膜充血潮红、流泪，似流感的症状。呼吸浅表而快，出现腹泻，有的粪便带血。具有诊断价值的是脑膜脑炎症状，如盲目行走或转圈、步态踉跄、倒地后衰竭或麻痹而死亡（图1-346 ～图1-349）。病程大约为2 ～ 5d，自然致死率达80%以上。

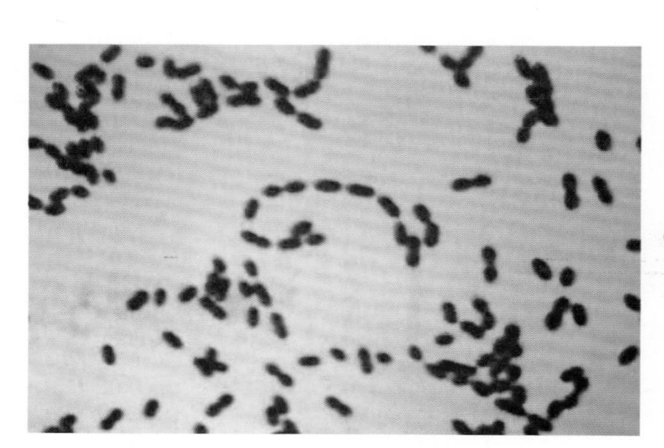

图1-341

链球菌：显微镜下的形态照片

图1-342
链球菌病（最急性型）的临床症状（1）

病猪精神沉郁、嗜睡，耳部和腹下皮肤可见紫红色斑块，发绀

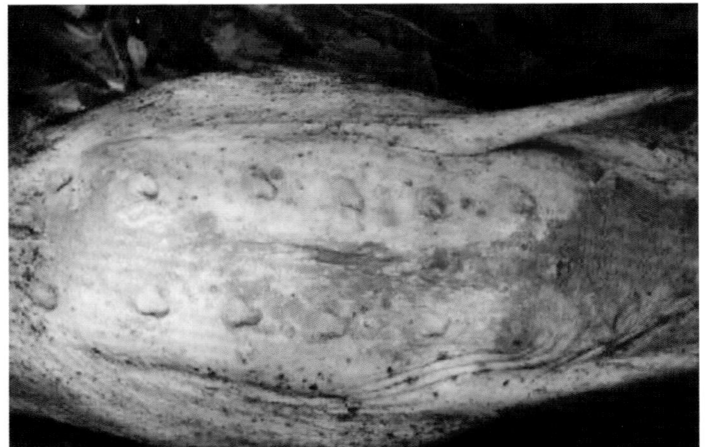

图1-343
链球菌病（最急性型）的临床症状（2）

腹部及会阴部皮肤瘀斑、紫红色紫斑、乳房部位淤血

图1-344
链球菌病（最急性型）的临床症状（3）

皮肤发红，皮肤丘疹出血，体表弥漫性发绀出血。颈部、耳郭、腹下及四肢下端皮肤呈紫红色，并有出血点

图1-345
链球菌病（最急性型）的临床症状（4）

粪便干硬，呈粪球状

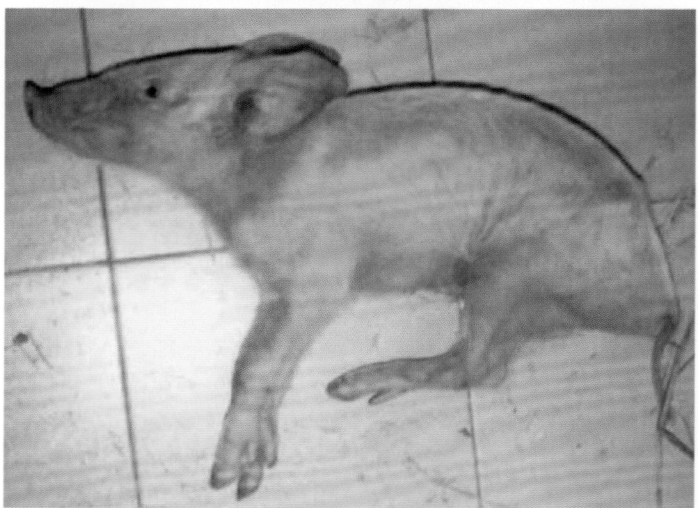

图1-346
链球菌病（脑膜炎型）的临床症状（1）

神经症状，肌肉痉挛、震颤，前肢强直，全身抽搐症状，身体极度消瘦

图1-347
链球菌病（脑膜炎型）的临床症状（2）

病猪突然发生阵发性神经症状，全身抽搐，四肢划动

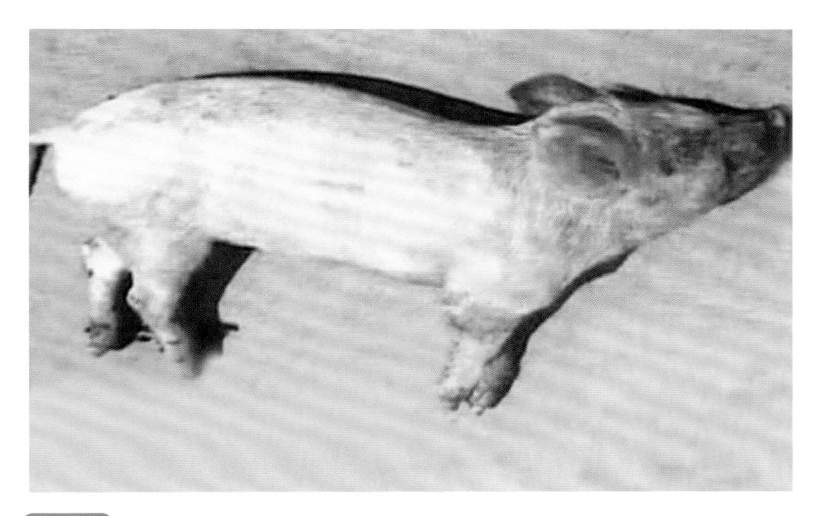

图1-348

链球菌病（脑膜炎型）的临床症状（3）

站立不稳、运动失调、转圈、头上仰、四肢麻痹，倒地后四肢做游泳动作

图1-349

链球菌病（脑膜炎型）的临床症状（4）

病猪全身皮肤，颈部、耳郭、腹下及四肢下端皮肤呈紫红色，广泛充血、潮红，并有出血点。精神沉郁、共济失调、昏睡

（3）慢性型　慢性型多发于育肥猪、后备猪及成年猪。常见有关节炎、心内膜炎、化脓性淋巴结炎、子宫内膜炎、乳房炎、咽喉炎、皮炎及局部脓肿等症状。四肢关节发炎肿痛，跛行或卧地不动，触诊局部有波动感，皮肤增厚（图1-350～图1-352）。下颌淋巴结常见化脓性淋巴结炎，肿胀、隆起，触诊硬固有热痛，这些现象往往都不被人们所察觉，直到脓肿扩大影响到采食、咀嚼、吞咽以至呼吸时，才可能被发现，有的甚至屠宰时才被发现（图1-353）。

【病理变化】本病的病理变化与感染的部位有关。急性败血性的病变是血液凝固不良，可见鼻、气管、肺充血，肺炎；全身淋巴结肿大、出血；心包积液，心内膜出血；浆膜及皮下均有出血斑；肝脏、脾脏、肾脏肿大、出血，膀胱黏膜出血、淤血；胃肠黏膜充血、出血；其他各脏器均有不同程度的败血症的病变（图1-354～图1-365）。

慢性病例可见脑膜充血、出血，脑实质有化脓性脑炎变化（图1-366）。关节肿胀、充血，严重的关节软骨坏死，关节周围组织有多发性化脓灶（图1-367～图1-369）。

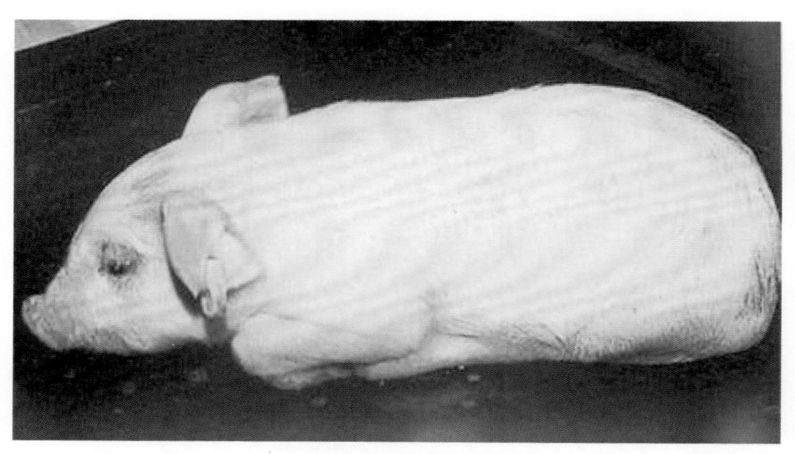

图1-350
链球菌病（关节炎型）的临床症状（1）

关节肿大、疼痛，有跛行，甚至不能站立

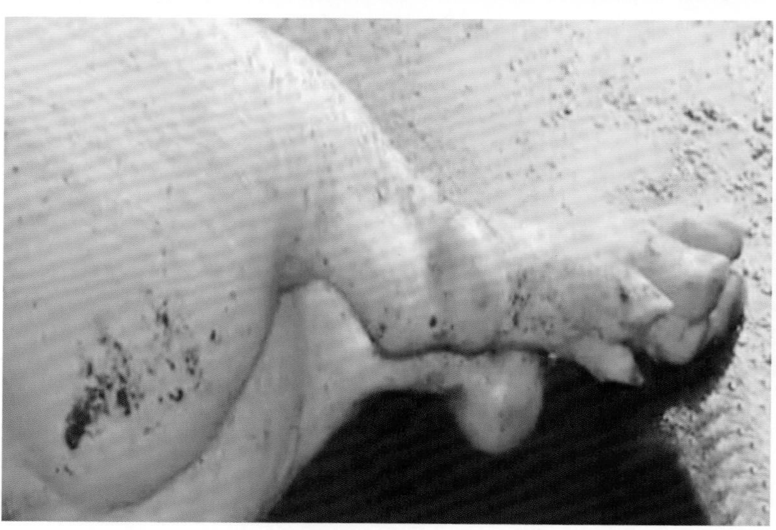

图1-351
链球菌病（关节炎型）的临床症状（2）

表现为一肢或两肢肿胀、疼痛、跛行、关节出现脓包

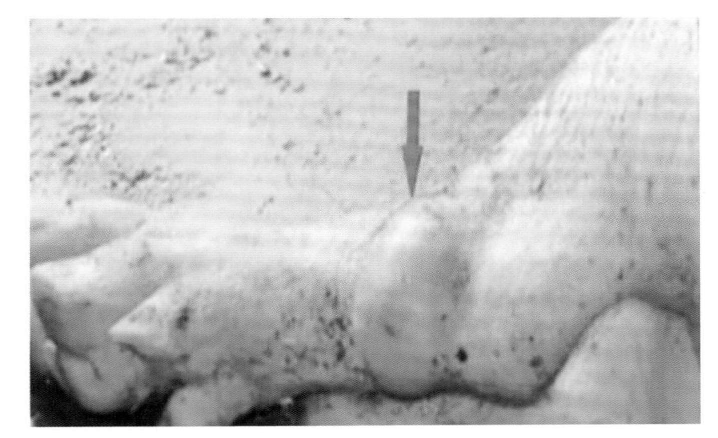

图1-352
链球菌病（关节炎型）的临床症状（3）

关节出现脓包

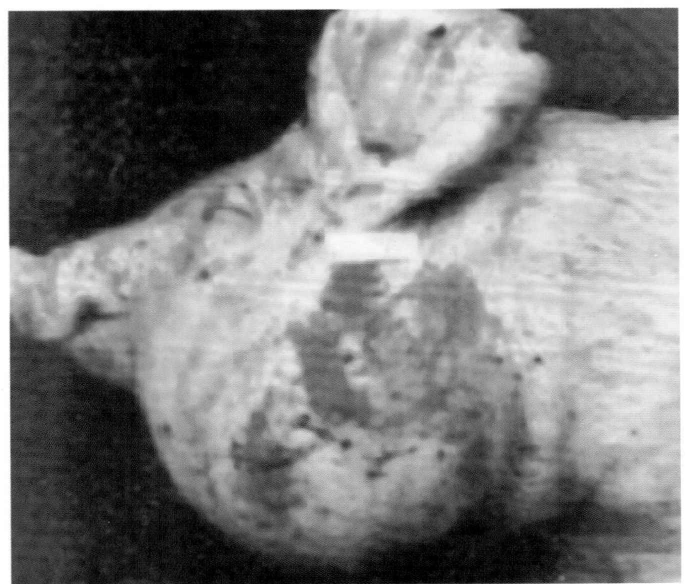

图1-353
链球菌病（化脓性淋巴结炎型）的临床症状

下颌淋巴结化脓性炎症，淋巴结肿胀、疼痛、坏死、化脓、破溃

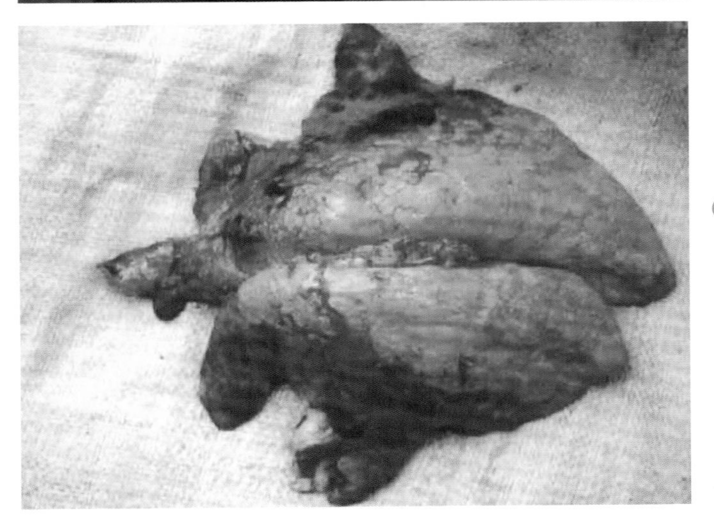

图1-354
链球菌病（急性型）的病理变化（1）

肺脏的心叶和膈叶前部水肿，支气管淋巴结紫红色、肿大

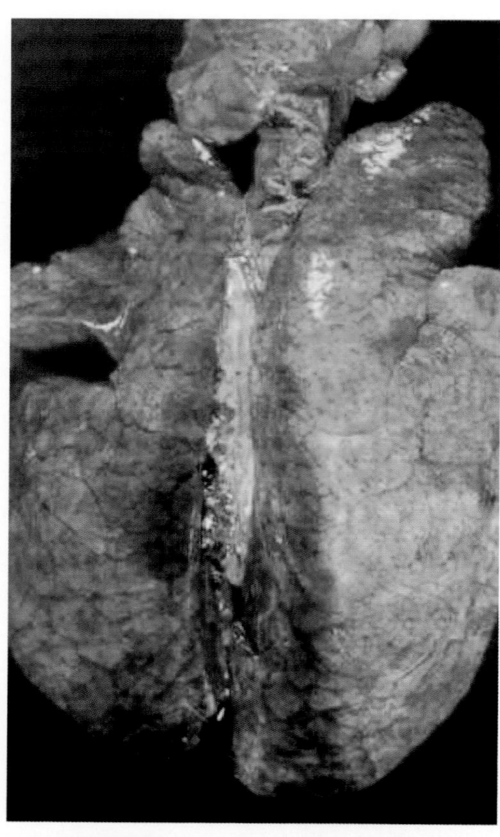

图1-355
链球菌病（急性型）的病理变化（2）

肺脏的广泛性出血

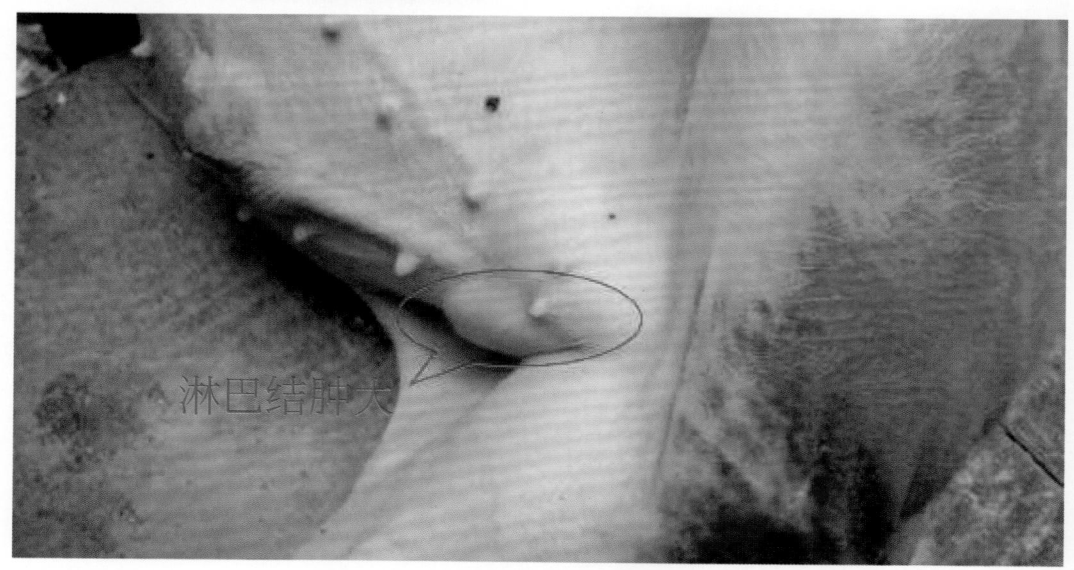

图1-356
链球菌病（急性型）的病理变化（3）

猪淋巴结肿大

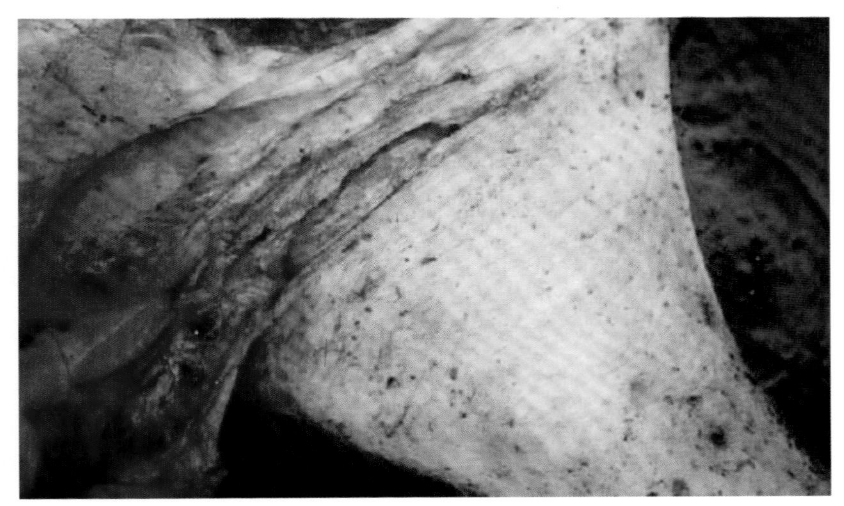

图1-357
链球菌病（急性型）的病理变化（4）

腹股沟浅层淋巴结肿大，深紫红色

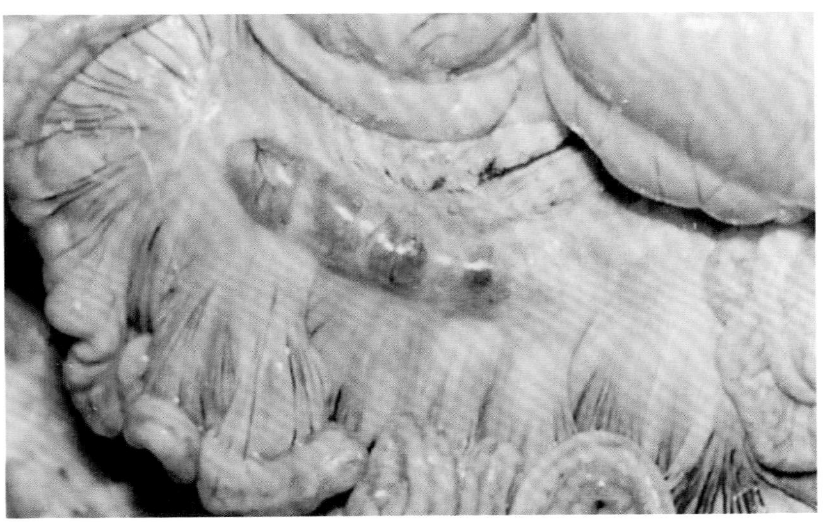

图1-358
链球菌病（急性型）的病理变化（5）

肠系膜淋巴结肿大、出血

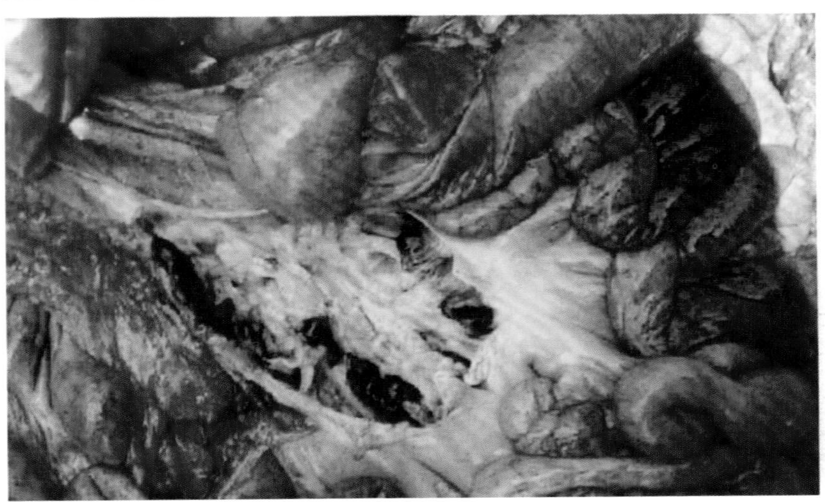

图1-359
链球菌病（急性型）的病理变化（6）

肠系膜淋巴结肿大，深紫色

图1-360
链球菌病（急性型）的病理变化（7）

心外膜的冠状沟部位见到少量的出血点、心包积液、心脏呈灰红色、心肌松弛扩张、心外膜冠状沟有少量出血点

图1-361
链球菌病（急性型）的病理变化（8）

心肌柔软、心室内膜弥漫性出血、有出血斑点和瘀斑

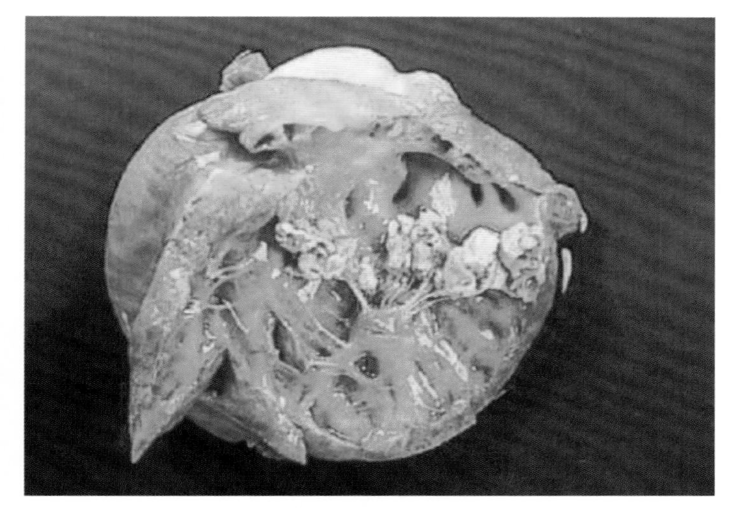

图1-362
链球菌病（急性型）的病理变化（9）

纤维素性心外膜炎，心脏瓣膜上有菜花样赘生物

图1-363
链球菌病（急性型）的病理变化（10）

肝脏体积增大、紫色，严重淤血并有出血斑

图1-364
链球菌病（急性型）的病理变化（11）

膀胱黏膜紫红色，有淤血

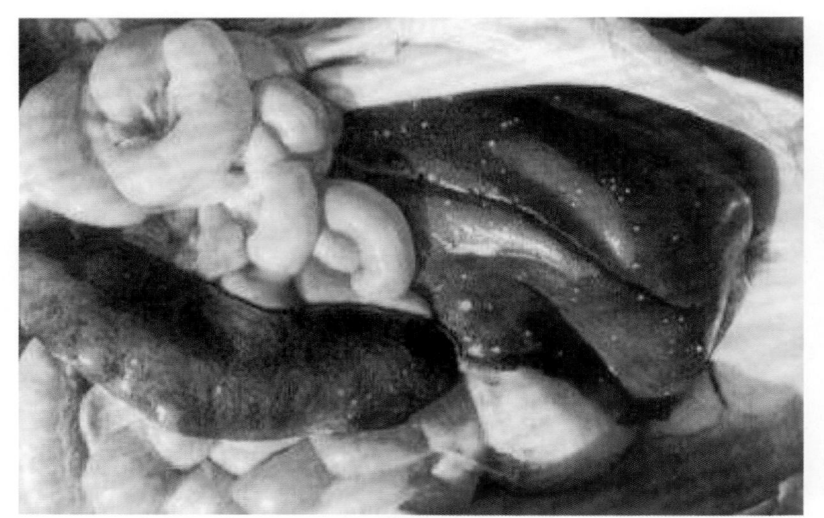

图1-365
链球菌病（急性型）的病理变化（12）

脾脏明显肿大（败血脾）（箭头所指方向），有的可大到1~3倍，呈暗红色或蓝色

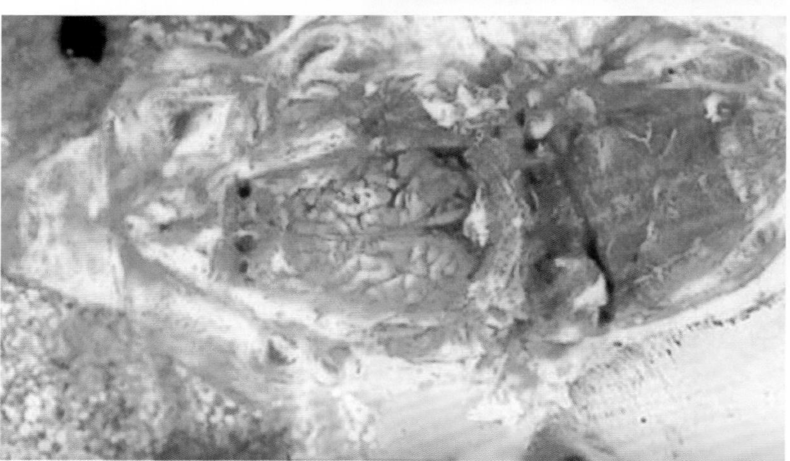

图1-366
链球菌病（脑膜炎型）的病理变化

脑膜充血、出血、水肿

图1-367
链球菌病（关节炎型）的病理变化（1）

寰骨与枕骨关节内的纤维性化脓性关节炎

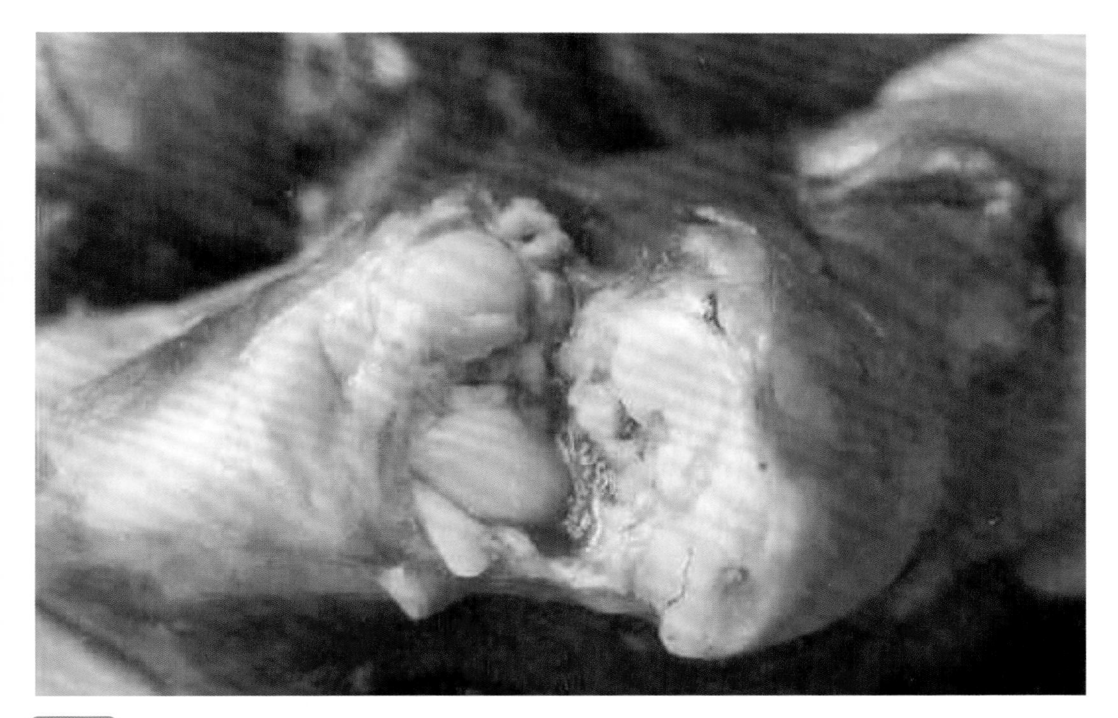

图1-368
链球菌病（关节炎型）的病理变化（2）

断奶仔猪的纤维素性关节炎症状，关节液增多，关节肿大

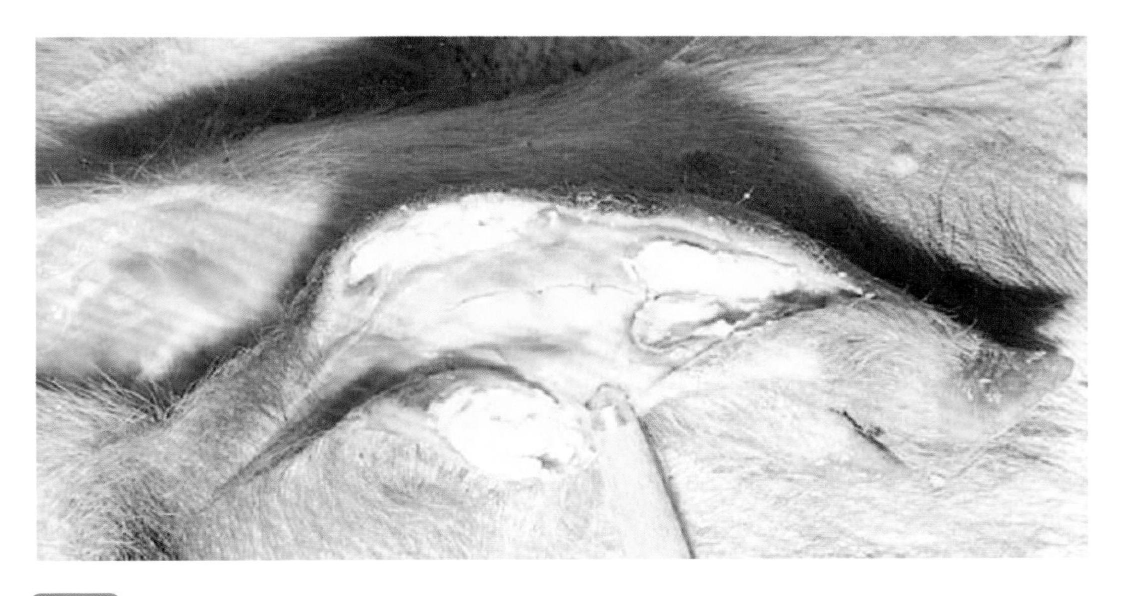

图1-369
链球菌病（关节炎型）的病理变化（3）

关节肿胀，切开可见干固的脓汁

【诊断】确诊本病可采取病猪的血液、肝、脾等组织，抹片染色镜检，可发现链球菌。进一步诊断可做病原的分离培养和敏感动物接种试验（选用小白鼠，用病料或分离培养物进行皮下或腹腔接种，于18 ～ 72h呈败血症死亡，在其实质器官及血液中，有大量菌体存在）。

【防治措施及方剂】

（1）预防　主要是加强饲养管理，降低饲养密度，减少应激，加强环境消毒。

第一，在常发本病地区的猪场，可用链球菌菌苗进行免疫接种。

第二，发现病猪及可疑病猪，立即隔离治疗。病猪恢复后2周方准宰杀。急宰猪或宰后发现可疑病变的猪，严格处理病猪尸体，防止病猪肉流入市场，以免通过泔水传播。胴体应作高温无害化处理。

第三，发现疫情后，对全场猪群进行药物预防，如氯霉素、诺氟沙星、土霉素等（剂量参看药物添加剂），一般添加于饲料中喂给。必要时，可用猪链球菌氢氧化铝菌苗免疫接种，大小猪一律皮下注射5mL，或口服4mL，免疫期半年。

（2）治疗　发病初期可用青霉素240万～ 320万IU（以50kg体重的病猪为例）、链霉素1g，混合肌注，连用3 ～ 5d；也可用氯霉素20mg/kg体重，每日2次，肌注；或庆大霉素1 ～ 2mg/kg体重，每日2次，肌注；也可口服恩诺沙星5mg/kg体重，每日2次（图1-370）。对于脑膜炎和关节炎型，大剂量应用磺胺类药物肌注或静注，每天2次，连用3 ～ 5d。

中药方剂：蒲公英30g、紫花地丁30g，煎水拌料喂服，每天2次，连用3d。

对淋巴结脓肿，如果脓肿已成熟，可将肿胀部位切开，排除脓汁，用3%双氧水或0.1%高锰酸钾溶液冲洗后，涂以碘酊，不缝合，几天后可愈（图1-371）。

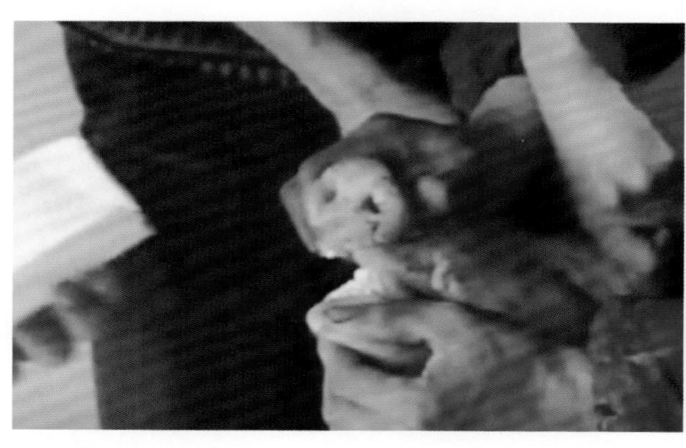

图1-370
链球菌病治疗

猪的口服给药

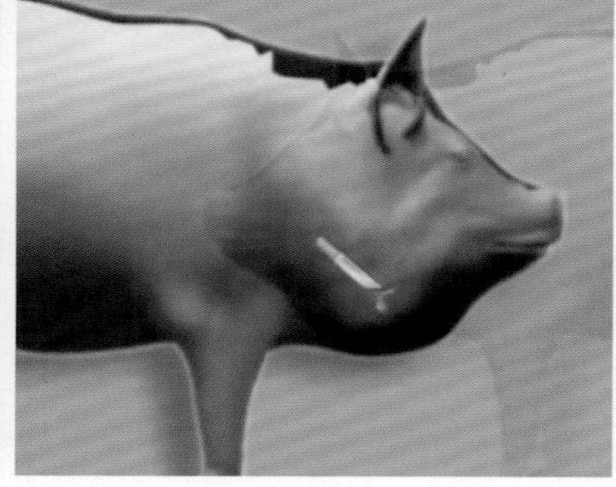

图1-371
链球菌病（化脓性淋巴结型）手术治疗示意图

在脓肿成熟变软后，及时切开，排出脓汁。再用0.1%高锰酸钾溶液冲洗后，涂抹碘酊。再用抗生素进行治疗（每千克体重2万～3万IU），每日2～3次，连用2～3d

4.猪传染性萎缩性鼻炎

猪传染性萎缩性鼻炎（AR）是由支气管败血波氏杆菌和继发产毒素多杀性巴氏杆菌引起的猪慢性接触性呼吸道传染病。其特征为鼻炎，颜面部变形，鼻甲骨尤其是鼻甲骨下卷曲发生萎缩和生长迟缓。本病主要发生在春、秋两季，常见于2～5月龄的猪，主要通过直接接触和飞沫传染。如果饲养管理不当，猪舍潮湿，拥挤等都可促进此病的发生和加重。早期发现用抗生素治疗效果较好。

【病原体】支气管败血波氏杆菌为革兰染色阴性球状杆菌，散在或成对排列，偶见短链。不能产生芽胞，有鞭毛，能运动，有两极着色的特点。属于需氧杆菌。

引起猪传染性萎缩性鼻炎的多杀性巴氏杆菌，能产生一种耐热的外毒素，毒力较强。

【临床症状】临床症状表现为打喷嚏、流鼻血、颜面变形、鼻部歪斜和生长缓慢。同时，猪的饲料转化率降低，往往给集约化养猪业造成巨大的经济损失。病原体感染后，由于损害呼吸道的正常结构和功能，使猪体抵抗力降低，极易感染其他病原体，增加猪的死淘率。本病常发生于2～5月龄的猪，现在几乎遍及世界养猪业发达的地区，我国许多地区也有本病发生。

病猪体温略高，最初只是打喷嚏和鼻塞，鼻端不自主地往墙上蹭，呼吸时明显感到因鼻腔阻塞而导致呼吸不畅，呼吸有鼻音，鼻黏膜潮红充血、摇头、拱地，并有不同程度的浆液性、黏液性或脓性分泌物流出。大猪、中猪和母猪表现为不规则的鼻腔流血，止血药无明显效果。往往从单侧鼻孔流出血液，鼻面部皮肤和皮下组织皱缩，鼻孔和上颌骨生长迟缓，有鼻甲骨萎缩现象。4周龄以内的小猪发生后，鼻歪向一边或上颌变短（图1-372～图1-375）。结膜炎，猪的脸上因为眼角流泪后，

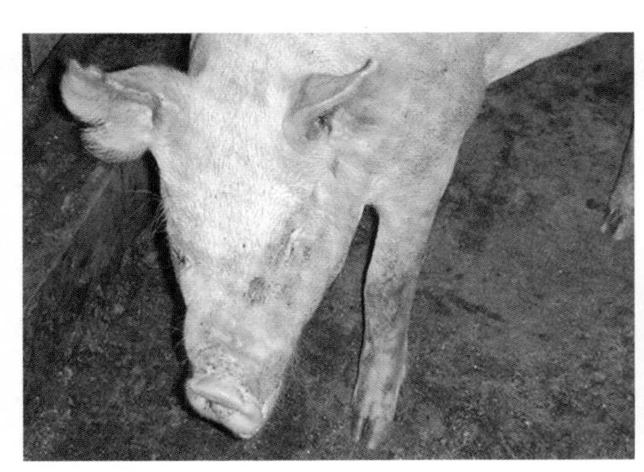

图1-372
猪传染性萎缩性鼻炎的临床症状（1）

病猪鼻梁歪斜变形，鼻萎缩，鼻变短，向一侧弯曲，脸部上撅

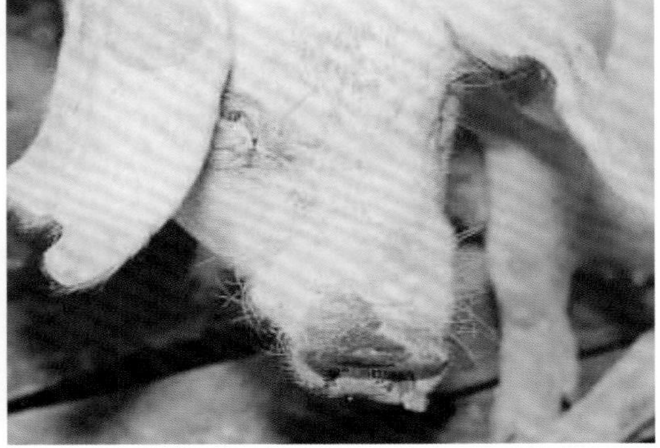

图1-373
猪传染性萎缩性鼻炎的临床症状（2）

鼻梁弯曲，流鼻涕

粘附了尘土而形成一条肮脏的泪痕（图1-376）。部分猪肌肉发抖。发病后死亡率极低，但猪只生长速度严重迟缓，饲料的利用率明显下降。

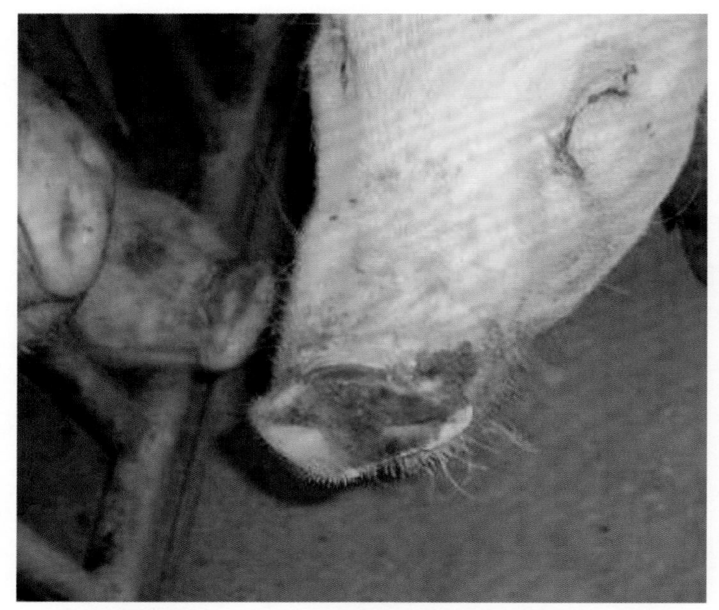

图1-374
猪传染性萎缩性鼻炎的临床症状（3）

受害的鼻甲骨一侧鼻腔出血，鼻孔流血

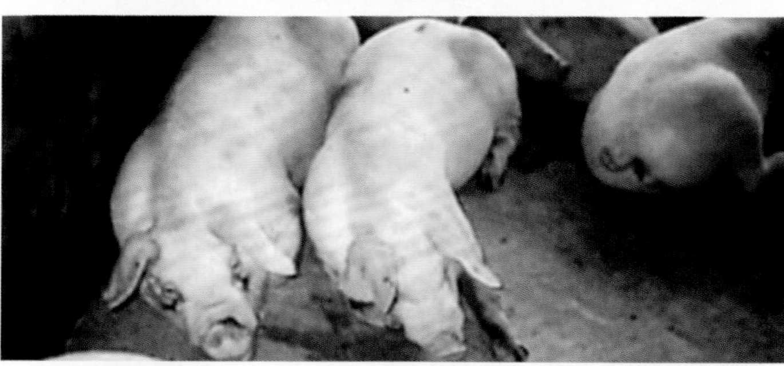

图1-375
猪传染性萎缩性鼻炎的临床症状（4）

病猪鼻萎缩变性、呼吸困难、张口呼吸

图1-376
猪传染性萎缩性鼻炎的临床症状（5）

鼻梁弯曲，病猪眼内角出现“泪斑”变化

【病理变化】本病主要病理变化是前鼻窦黏膜发炎，窦腔内积有黏液，鼻腔周围骨骼变得疏松，在鼻部横切面可见鼻甲骨腹部卷曲、变形（图1-377～图1-379）。

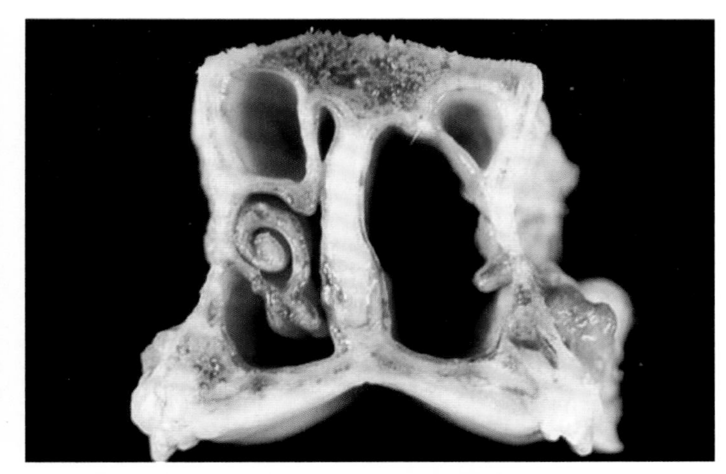

图1-377
猪传染性萎缩性鼻炎的病理变化（1）

鼻甲骨消失，鼻腔变成一个鼻道，鼻中隔偏曲

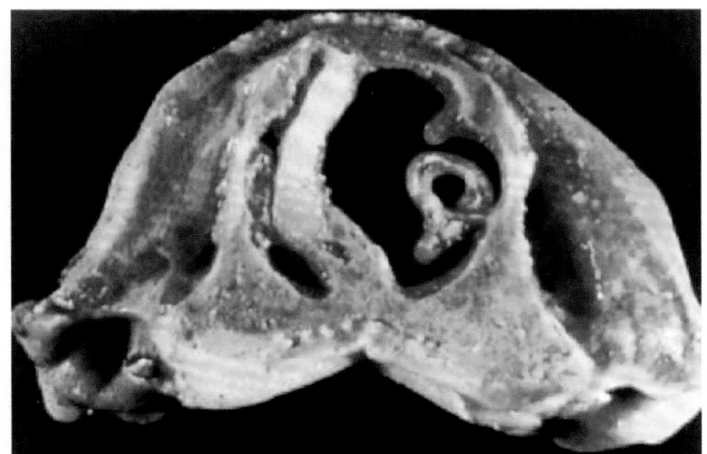

图1-378
猪传染性萎缩性鼻炎的病理变化（2）

鼻中隔偏曲，鼻甲骨萎缩，左侧鼻腔闭塞；右侧鼻甲残存，鼻腔扩大

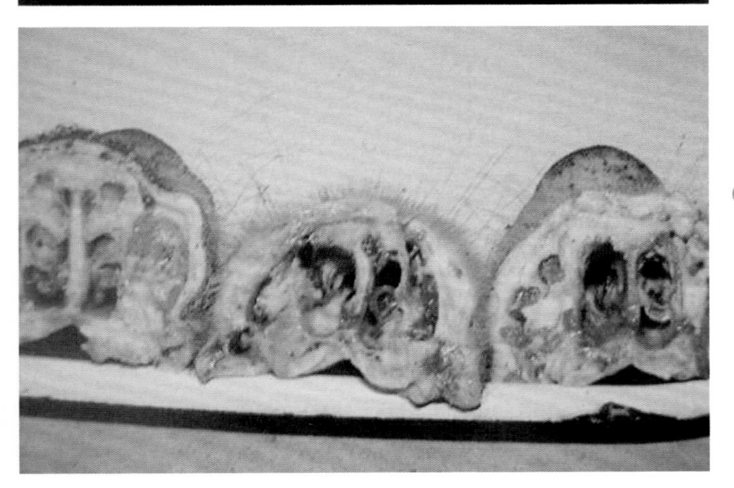

图1-379
猪传染性萎缩性鼻炎的病理变化（3）

病变受害的鼻甲骨上下卷曲，发生不同程度的萎缩

【防治措施及方剂】

（1）预防　坚持自繁自养，加强检疫，不从疫区引种。购入的猪要隔离观察2～3个月，确认无病后，再混群饲养。淘汰病猪，更新猪群。凡是有症状的全部淘汰，由于有的猪外表无症状，检出率很低。母猪所产的仔猪，不要与其他仔猪接触，断奶后也要单独饲养。改善饲养管理条件，如降低饲养密度，改善通风条件，减少空气中的有害气体，保持猪舍清洁、干燥，防寒保暖，防止各种应激。

可用萎鼻灭活苗预防，通过母源抗体可保护仔猪几周内不感染。初产母猪产前4周和2周各接种1次；经产母猪产前4周接种1次；仔猪7～10日龄首免，2～3周龄二免；种公猪每年夏末秋初接种1次。剂量：小猪1mL，大猪3mL。

（2）治疗　由于药物难以达到鼻部，并且有黏膜的保护，所以控制本病要求用药量要足，持续的时间要长。可用抗生素进行治疗：如每千克体重用链霉素10mg或卡那霉素10～15mg进行肌内注射，每天2次，连用3～5d。

鼻腔内用2.5%卡那霉素喷雾或滴注0.1%高锰酸钾对于本病有一定的作用，同时用0.1%高锰酸钾清洗鼻腔效果更好。或用1%盐酸金霉素水溶液1～2mL，注入哺乳仔猪鼻道，每天1次，连用3d为一个疗程。第一疗程为5～7日龄仔猪，第二疗程为30日龄仔猪，第三疗程为60日龄仔猪。

中药方剂：当归、栀子、黄芩各15g，白鲜皮、麦冬、牛蒡子、射干、甘草、川芎各12g，苍耳子18g，辛夷8g。水煎服（200～300kg体重的猪的用量）。

5.猪肺疫

猪肺疫又叫猪巴氏杆菌病，中兽医称为“锁喉风”，是猪的一种急性传染病。主要特征是败血症症状，在咽喉及其周围组织急性炎性肿胀，呼吸高度困难。或表现为肺脏、胸膜纤维蛋白渗出性炎症。本病分布广，发病率不高，常常继发于其他传染病。

【病原体】本病的病原体为多杀性巴氏杆菌，属于革兰染色阴性，两极浓染，不形成芽胞，能形成荚膜，有多种血清型。该菌的抵抗力较低，干燥后2～3d死亡，在日光或高温下立即死亡。1%氢氧化钠及2%来苏儿等能迅速将其杀死。

【流行病学】本病多发于气候多变的季节，各年龄的猪均可感染，但以架子猪多发。呈散发或地方流行性。病猪和健康带菌猪是主要传染源，病原体存在于病猪的肺脏病灶及各个器官，也存在于健康猪的呼吸道及肠管中，随着分泌物及排泄物排出体外。主要经呼吸道、消化道及损伤的皮肤而感染，带菌猪因受寒、感冒、过劳、饲养管理不当，使抵抗力下降时，也可发生内源性感染。

【临床症状】本病的潜伏期为1～3d。根据病程的长短和发病的紧急程度，可分为以下三种类型。

（1）最急性型　体温升高到41℃，呼吸高度困难，食欲废绝，黏膜蓝紫色，喉部肿胀，有热痛。往往呈败血症症状，呼吸高度困难，口鼻流出泡沫状液体，呈犬坐姿势（图1-380）。后期耳根、颈部以及腹下皮肤变成蓝紫色，有时可见出血斑点，最后窒息死亡，病程一般为1～2d。

（2）急性型　急性型主要是纤维素性胸膜肺炎症状。病猪干咳，呼吸困难，有黏稠的鼻液和脓性眼屎，先便秘后腹泻。后期皮肤淤血，出现紫斑，咽喉部淤血更为严重（图1-381～图1-385）。病程5～8d。

图1-380
猪肺疫（最急性型）的临床症状

病猪高度呼吸困难，呈犬坐姿势

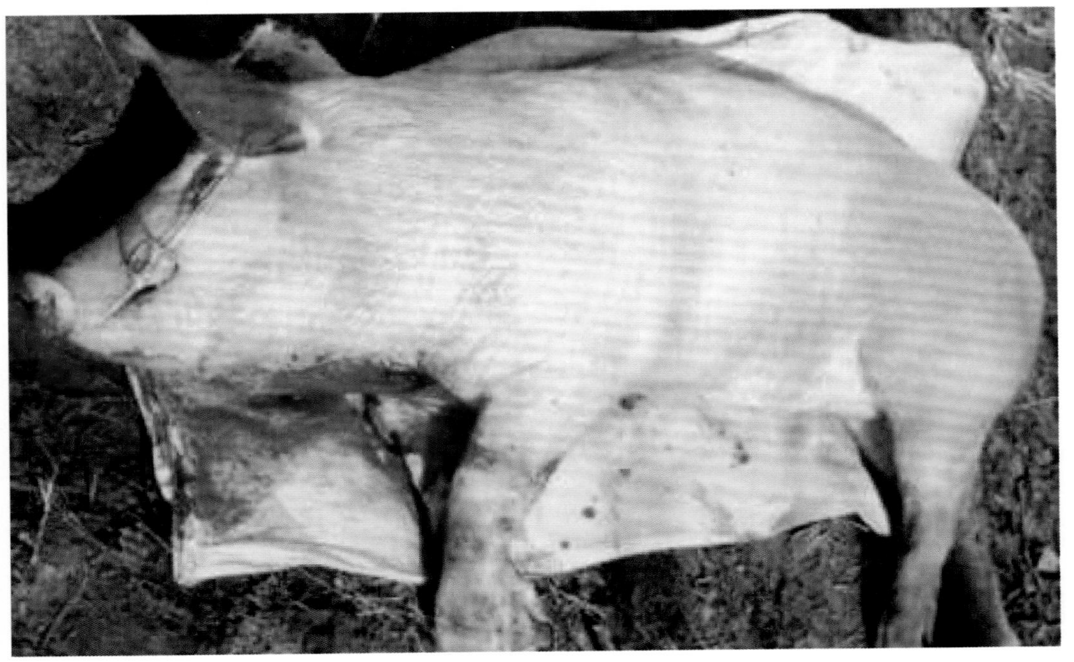

图1-381
猪肺疫（急性型）的临床症状（1）

身体皮肤严重淤血，尤其耳部、咽喉部更为明显

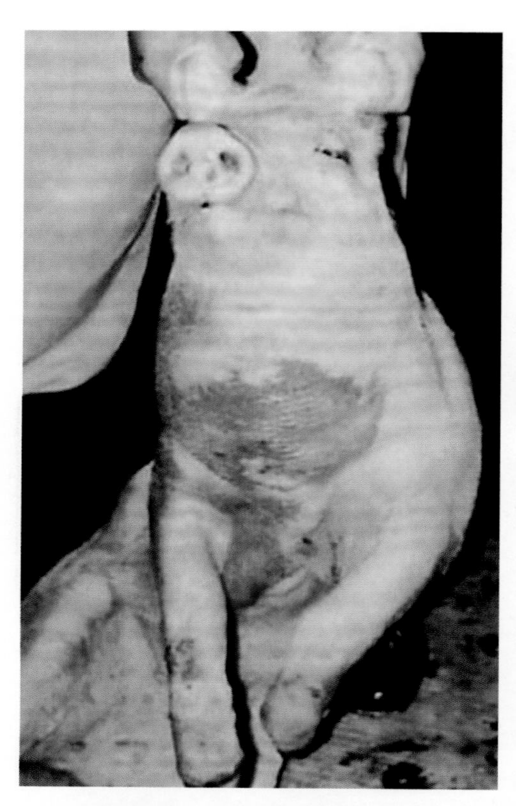

图1-382
猪肺疫（急性型）的临床症状（2）

颈部出现严重肿胀，咽喉、胸部淤血严重。颈部、腹下、大腿等处皮肤出现血斑

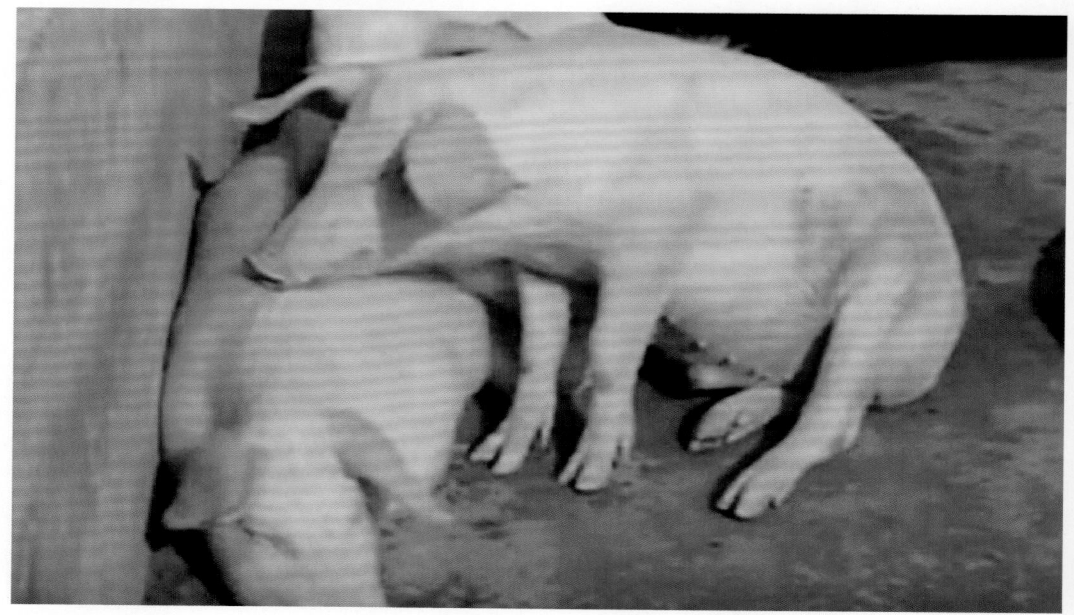

图1-383
猪肺疫（急性型）的临床症状（3）

病猪的耳部及腹部皮肤发绀，呼吸困难，犬坐姿势

图1-384
猪肺疫（急性型）的临床症状（4）

病猪及病死猪的耳、咽喉、腹下等处呈发绀症状，有大量的出血斑

图1-385
猪肺疫（急性型）的临床症状（5）

病猪的耳部、颌下有出血斑，颈部肿胀

（3）慢性型　慢性型主要呈现慢性肺炎或慢性胃肠炎症状。持续咳嗽，呼吸困难，逐渐消瘦。有时有关节炎表现（图1-386～图1-387），皮肤出现湿疹，病程2周左右，死亡率60%～70%。

【病理变化】病变主要集中在肺脏。肺脏充血、水肿，并且可见红色肝变区。急性型肺脏呈暗红色或灰红色。慢性病例可见肺脏有大块坏死灶或化脓灶（图1-388～图1-390）。心脏有心包炎，外表有纤维素性伪膜（图1-391～图1-392）。

图1-386
猪肺疫（慢性型）的临床症状（1）

关节炎症状，关节腔内有大量积液

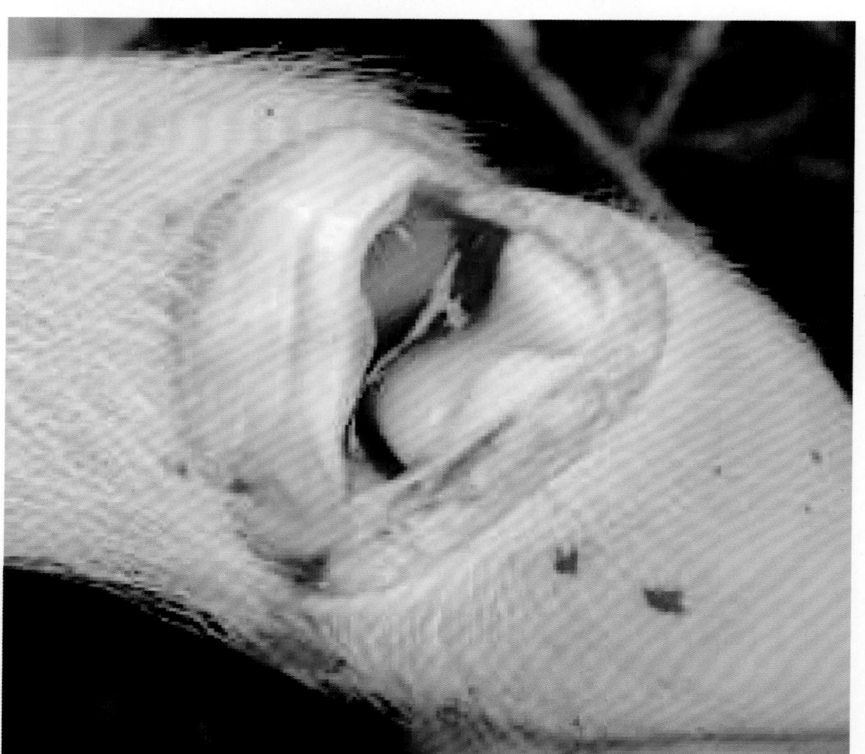

图1-387
猪肺疫（慢性型）的临床症状（2）

关节炎，关节腔积液

图1-388
猪肺疫（慢性型）的病理变化（1）

肺膈叶纤维素性炎症，肺出血，呈大理石样外观

图1-389
猪肺疫（慢性型）的病理变化（2）

病猪肺气肿、水肿，并出现肝变区和坏死灶。早期病变，肺脏有不同程度的肝变区；病的后期，在肺肝变区内有坏死灶，切面呈大理石样外观

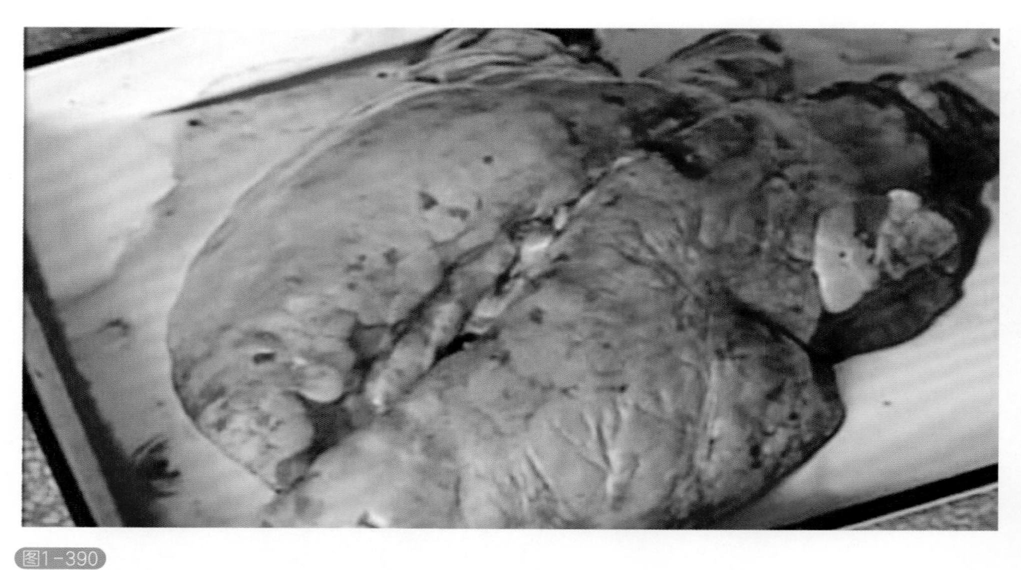

图1-390
猪肺疫（慢性型）的病理变化（3）

肺膜下、小叶间明显水肿，肺小叶出血，各个肺小叶表现充血、出血、水肿病变

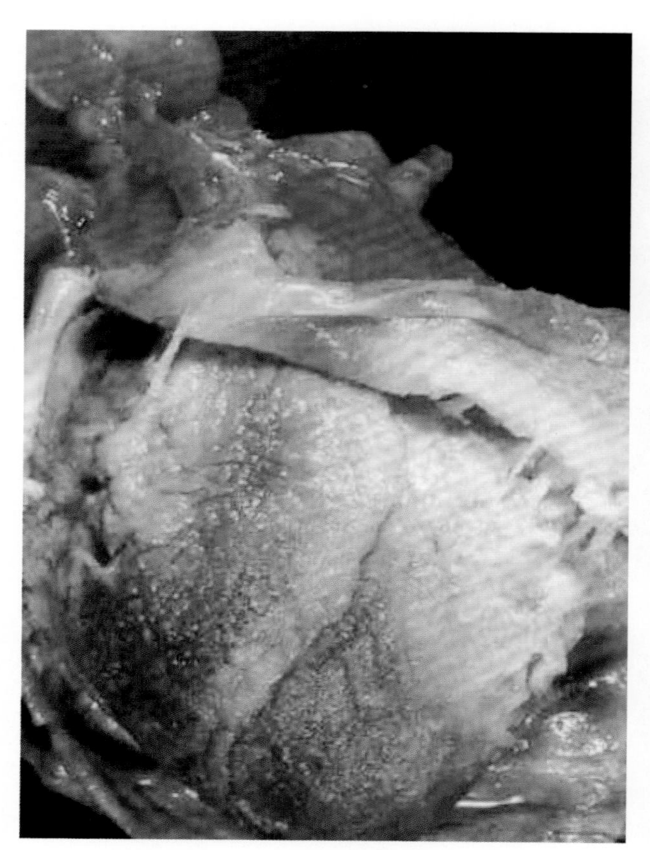

图1-391
猪肺疫（慢性型）的病理变化（4）

纤维素性心包炎，心脏外表有纤维素性伪膜

图1-392
猪肺疫（慢性型）的病理变化（5）

心外膜纤维素性炎症；肋胸膜粘连

【防治措施及方剂】

（1）预防　预防本病的根本方法是加强饲养管理，减少一切不良诱因（应激因素），以防猪抵抗力下降。每年春、秋两季定期进行预防接种，可用猪肺疫氢氧化铝甲醛菌苗，断奶后的大、小猪每头皮下注射5mL，注射后14d产生免疫力，免疫期为6个月。也可以用猪肺疫弱毒冻干菌苗，按照标签说明的头份，用凉开水稀释后，混入饲料或饮水中，每头猪口服1头份，可获得6个月的保护力。一般每年春（3月）、秋（9月）各免疫1次。

（2）治疗　发病后，进行隔离消毒处理。早期治疗有一定的疗效。首选抗生素是氟苯尼考、庆大霉素，其次是四环素、氨苄西林等。但多杀性巴氏杆菌容易产生耐药性，如果应用某种抗生素后无显著疗效时，应立即更换。品种优秀的猪只，也可用抗血清紧急注射（按每千克体重0.5mL用药，一次皮下注射。次日再注射1次）。

① 庆大霉素：每千克体重1～2mg，肌内注射，每天2次。

② 青霉素、链霉素：每千克体重2万IU，溶解于30～100mL约5%葡萄糖溶液中，静脉注射，每天2次，连用3d。

③ 氟苯尼考：每千克体重0.15～0.2mL，肌内注射，每天2次，连用2～3d。

④ 中药方剂：

方剂一，金银花30g、连翘24g、紫草30g、山豆根20g、大黄20g、丹皮15g、射干12g、黄芩9g、麦冬15g、元明粉15g。水煎分两次喂服，每天1剂，连用2～3d。

方剂二，白药子9g、黄芩9g、大青叶9g、知母6g、连翘6g、桔梗6g、炒牵牛子9g、炒葶苈子9g、炙枇杷叶9g。水煎加鸡蛋清两个为引，喂服，每天1剂，连用3d。

（3）病死猪的处理　死猪要深埋或烧毁。猪舍的地面、墙壁、饲养管理用具要消毒，垫草要烧掉。慢性猪难以治愈，应急宰加工，肉煮熟食用，内脏及血水应无害化处理。

6.猪丹毒

猪丹毒（Ery）是由猪丹毒杆菌引起的猪的一种急性、热性传染病，主要侵害架子猪。本病的特征是：急性型表现为败血症；亚急性表现为高热，皮肤上出现紫红色疹块，俗称“打火印”，显著特征是指压褪色；慢性型表现为疣状心脏内膜炎、多发性非化脓性关节炎和皮肤坏死。本病呈世界性分布，目前虽然在集约化养猪场比较少见，但仍未完全控制。

【病原体】猪丹毒杆菌为平直或微弯的杆菌，具有明显的形成长丝的倾向，不产生芽胞，无荚膜，革兰染色阳性，大小为（0.2 ～ 0.4）μm×（0.8 ～ 2.5）μm。有多种血清型，各种血清型的毒力差别很大。在病料内的细菌，一般呈单在、成对或成丛排列（图1-393）。本菌对盐腌、火熏、干燥、腐败和日光等自然环境的抵抗力较强。在动物组织内可存活数月，对热的抵抗力较弱，55℃ 15min、70℃ 5 ～ 10min能将其杀死。消毒药如3%来苏儿、1%漂白粉、2%氢氧化钠或5%石灰水等5 ～ 15min都可将其杀死。本菌对青霉素、四环素等敏感。

【流行病学】本病无明显季节性，一年四季都有发生，但是在夏季、秋季发生较多，有些地方以炎热多雨季节流行最盛，常为散发或地方流行，有时也发生暴发性流行。本病在流行的初期，猪群中常呈急性经过，突然死亡1 ～ 2头，且多为健壮的大猪，以后陆续发病死亡。

猪最易感，以3 ～ 6月龄的架子猪发病最多，老龄和哺乳猪发病少，其他动物较少感染。

病猪、康复猪以及健康带菌猪都是传染源，约35% ～ 50%健康猪的扁桃体和淋巴组织中存在此菌。病原体随着粪便、唾液和鼻腔分泌物等排出体外，污染土壤、饲料、饮水等，经消化道和损伤的皮肤及蚊、蝇、虱、蜱等吸血昆虫传播。用屠宰场、加工场的废

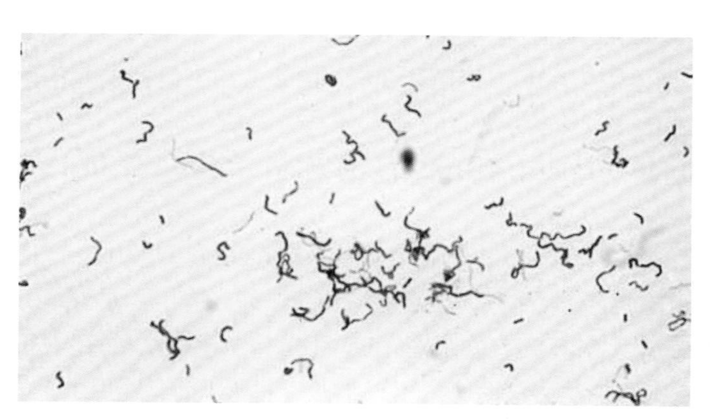

图1-393
显微镜下的猪丹毒杆菌（40×，革兰染色）

料、废水，食堂的残羹，动物性蛋白质饲料（如鱼粉、肉粉等）喂猪也常常引起发病。

人也可以感染本病，人感染后被称为“类丹毒”。表现为急性皮肤炎症，一般为边界清楚的局限性肿胀，红或紫红色，可伴低热。偶有水疱、坏死，局部灼痛或痒感，伴淋巴结肿大。

【临床症状】潜伏期一般为3～5d，最短1d，最长8d。潜伏期的长短与猪的抵抗力强弱、感染途径、病原体数量及毒力大小等有密切关系。按照病程的长短，本病可分为急性败血型、亚急性型和慢性型3种。

（1）急性败血型　此型常见，且多见于流行初期，以突然暴发、急性经过和高死亡为特征。个别猪不表现症状而突然死亡，大多数有明显临床症状。体温突然上升至42℃以上，寒战，食欲减退。病猪精神不振、高烧不退，或有呕吐现象，常躺卧地上，不愿意走动，行走时步态僵硬或跛行，有疼痛感，站立时背腰拱起。结膜充血，但眼睛清亮有神，很少有分泌物（图1-394）。大便干燥并附有黏液，有的后期发生腹泻。

发病1～2d后，皮肤上出现潮红、发紫的红斑，其大小和形状不一，以耳、颈、背、腿外侧较多见，临死前腋下、股内、腹下有不规则鲜红色斑块，指压时褪色而融合在一起，手指抬起颜色复原（图1-395～图1-396）。病程3～4d，病死率80%以上，不死的转为疹块型或慢性型。哺乳仔猪和刚断奶的小猪发生猪丹毒时，一般突然发病，表现神经症状，抽搐，倒地而死，病程一般不超过1d。

（2）亚急性型（疹块型）　本型通常呈良性经过，败血症症状较轻，其特征是在皮肤上出现疹块。病初食欲减退、精神不振、口渴、便秘、呕吐、不愿走动、体温升高。1～2d后，在胸、腹、背、肩及四肢内侧出现界限明显、大小不等的疹块，俗称“打火印”，指压褪色，抬起后又可复原。疹块先呈淡红色，后变为紫红色，以至于黑紫色，形状为方形、菱形或圆形，坚实，稍微凸起，突出皮肤2～3mm，大小约一至数厘米，从几个到几十个不等，后期干枯后中央坏死，形成棕色痂皮（图1-397～图1-399）。疹块发生后，体温开始下降，病势减轻，经10d左右可自行康复。也有不少病猪在发病过程中，症状恶化而转变为败血型而死。整个病程约1～2周。

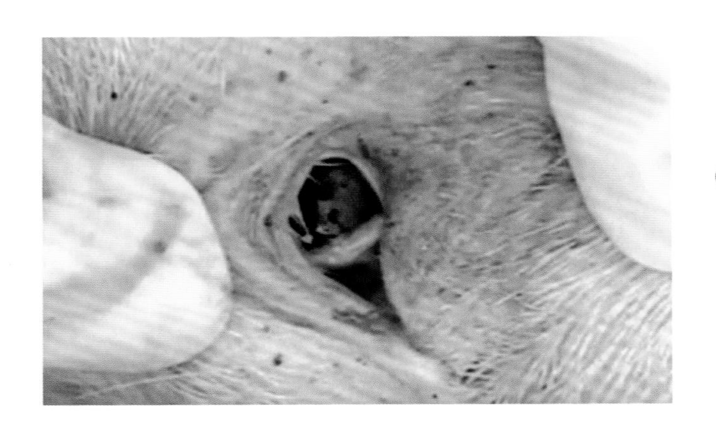

图1-394
猪丹毒（急性败血型）的临床症状（1）

眼结膜充血肿胀，但清亮有神

图1-395

猪丹毒（急性败血型）的临床症状（2）

病猪全身皮肤发红，出现红色的紫斑，大面积淤血、出血，指压褪色，抬手又可复原

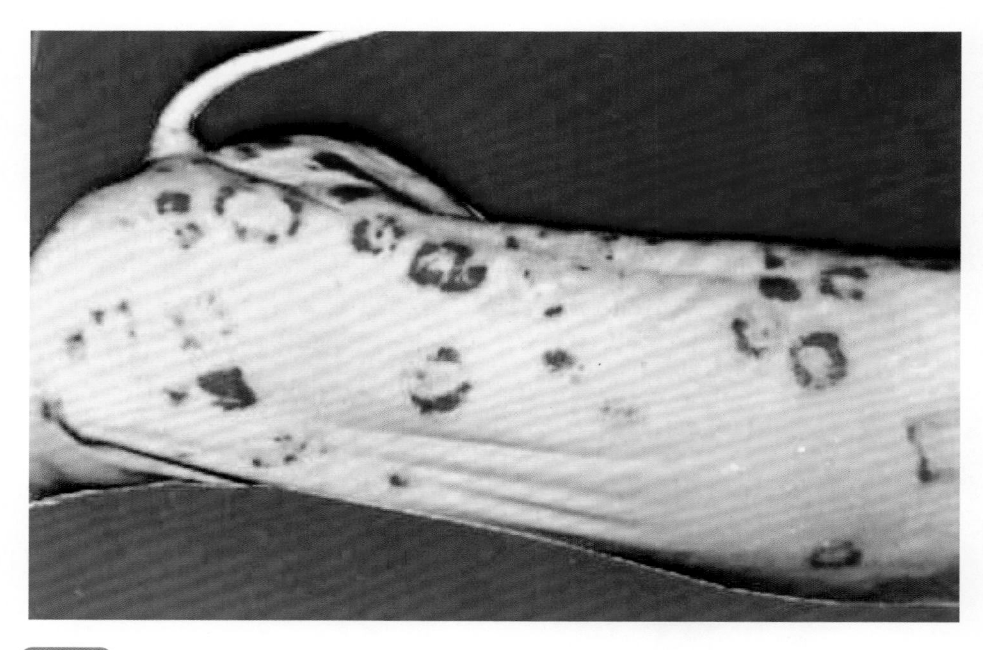

图1-396

猪丹毒（急性败血型）的临床症状（3）

病死猪皮肤上的疹块，指压褪色而融合在一起，抬起手后又可复原

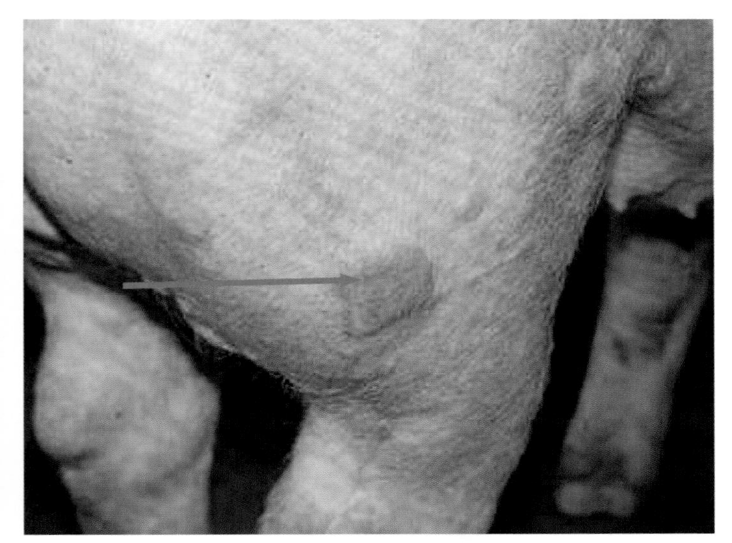

图1-397
猪丹毒（亚急性型）的临床症状（1）

病猪身体的皮肤上出现的突出于皮肤表面的菱形疹块（箭头所指处）

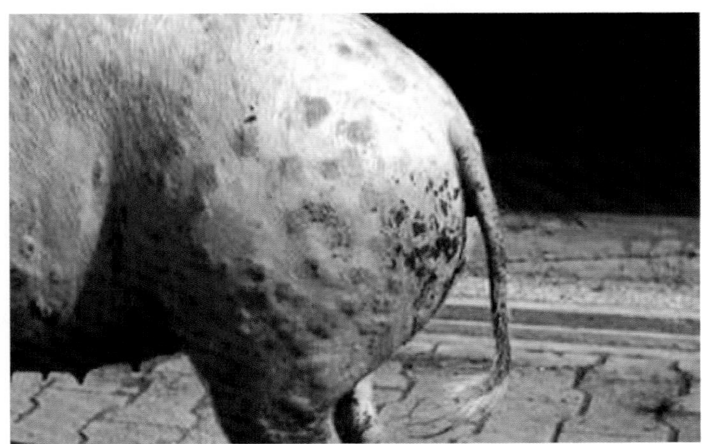

图1-398
猪丹毒（亚急性型）的临床症状（2）

病猪皮肤出现的界限明显、大小不等的疹块（稍微凸起于皮肤表面）

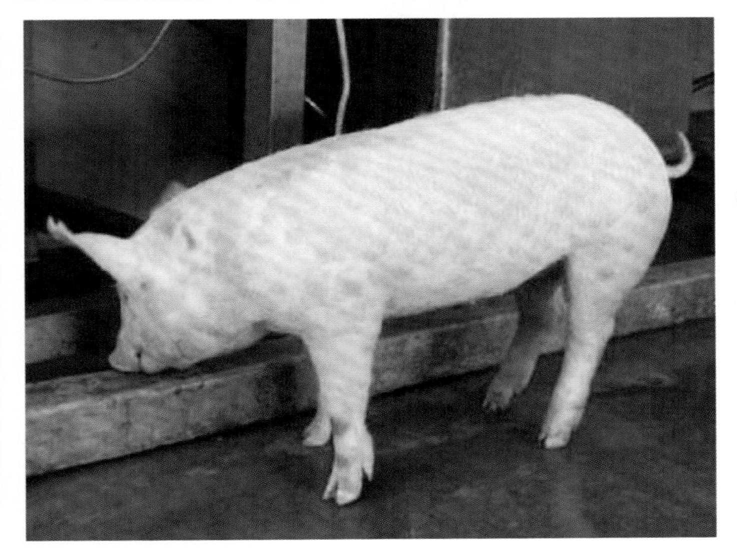

图1-399
猪丹毒（亚急性型）的临床症状（3）

病猪全身皮肤出现散在的、稍微凸起于皮肤表面的菱形、方形等形状的大小不一的红色疹块，指压褪色，手指抬起后又可复原

（3）慢性型　本型一般是由急性或亚急性型转化来的，也有原发性的。常见的有慢性浆液性纤维素性关节炎、慢性心内膜炎和皮肤坏死等症状。皮肤坏死一般单独发生，而浆液性纤维素性关节炎和心内膜炎往往在一头病猪身上同时存在。病猪食欲无明显变化，体温正常，但逐渐消瘦，全身衰弱，生长发育不良。

① 关节炎型：猪关节炎主要发生在四肢关节，如腕关节和跗关节，呈慢性浆液性纤维素性关节炎症状。刚开始时，受害的关节肿胀、疼痛、僵硬，步态强拘。以后急性症状消失，而以关节变形为主，呈现一肢或两肢的跛行或卧地不起的症状（图1-400～图1-401）。病程为数周或数月。

图1-400
猪丹毒（慢性型）的临床症状（1）

关节炎，关节肿胀，站立困难

图1-401
猪丹毒（慢性型）的临床症状（2）

呈多发性关节炎症状，受害关节肿胀，不能站立，呈犬坐姿势

② 心内膜炎型：猪丹毒的慢性心内膜炎型主要表现为消瘦、贫血、全身衰弱、喜卧、厌走动、强迫行走、则行动缓慢、全身摇晃。听诊心脏有杂音，心跳加速、亢进，心律不齐，呼吸急促。这种类型的猪不能治愈，通常由于心脏停搏突然倒地死亡。剖检时可见溃疡性或椰菜样疣状赘生性心内膜炎。病程数周至数月。

③ 皮肤坏死型：慢性型的猪丹毒有时会形成皮肤坏死。坏死常发生于背、肩、耳、蹄和尾等部。局部皮肤肿胀、隆起、坏死、色黑、干硬、似皮革，似一层甲壳。逐渐与其下层新生组织分离，最后脱落。坏死区有时范围很大，可以是整个背部乃至全身；有时可能是部分区域，如耳壳、尾巴末梢和蹄壳等部位。大约经过2～3个月，坏死皮肤脱落，遗留一片无毛、色淡的疤痕而愈。如有继发感染，则病情复杂，病程延长（图1-402）。

图1-402
猪丹毒（慢性型）的临床症状（3）

病死猪全身皮肤呈紫红色

【病理变化】

（1）急性败血型　脾脏肿大，呈典型的败血脾，颜色为樱桃红色，俗称“樱桃脾”（图1-403）。肾脏淤血、肿大，呈暗红色，皮质部有出血点，俗称“大红肾”“大紫肾”（图1-404）。淋巴结充血、肿大，切面外翻，多汁，也有小出血点（图1-405）。胃底及幽门部黏膜发生弥漫性出血，小点出血（图1-406～图1-407）。肺脏淤血、水肿（图1-408～图1-409）。胃及十二指肠发炎，整个肠道都有不同程度的卡他性或出血性炎症，有出血点等。

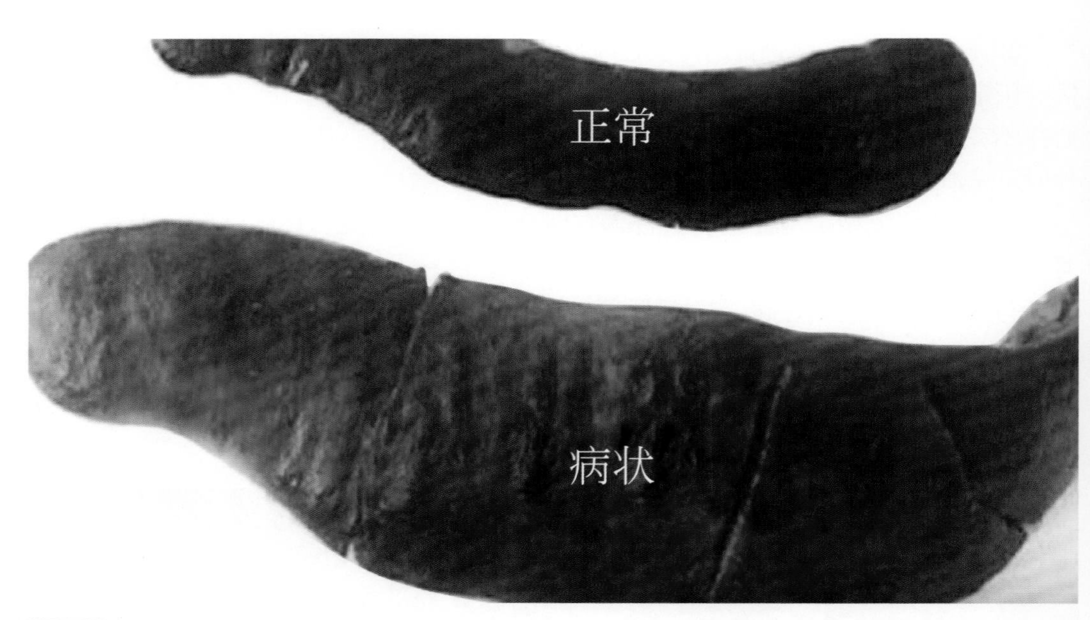

图1-403
猪丹毒（急性败血型）的病理变化（1）

病变的脾脏肿大、充血，呈樱桃红色（樱桃脾）（上，正常脾脏；下，脾脏充血、肿大表现）

图1-404
猪丹毒（急性败血型）的病理变化（2）

肾脏肿大淤血，呈紫红色，散在云雾状斑，俗称“大红肾”“大紫肾”

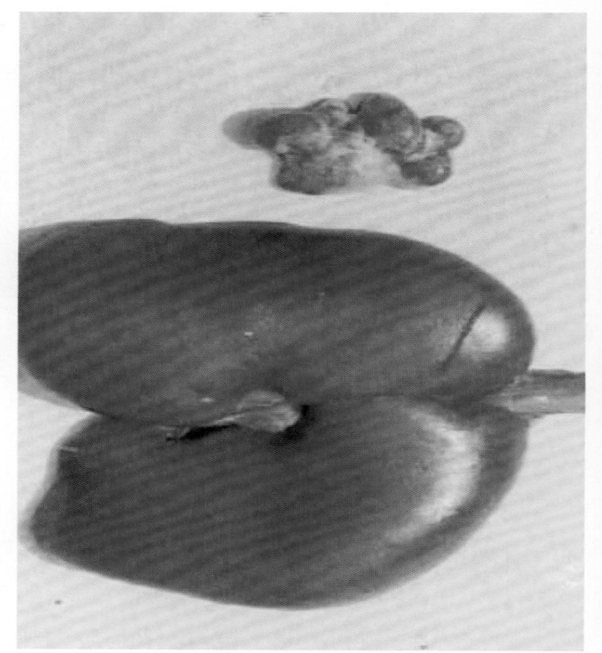

图1-405
猪丹毒（急性败血型）的病理变化（3）

淋巴结肿大、充血

图1-406
猪丹毒（急性败血型）的病理变化（4）

胃底部黏膜和十二指肠初段黏膜炎症，充血、出血

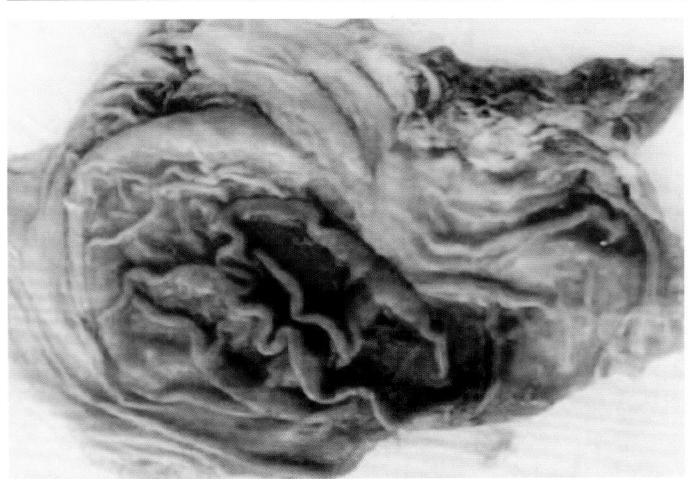

图1-407
猪丹毒（急性败血型）的病理变化（5）

胃底黏膜红布样充血，呈卡他性炎症

图1-408
猪丹毒（急性败血型）的病理变化（6）

肺脏水肿、充血、出血，呈花斑样

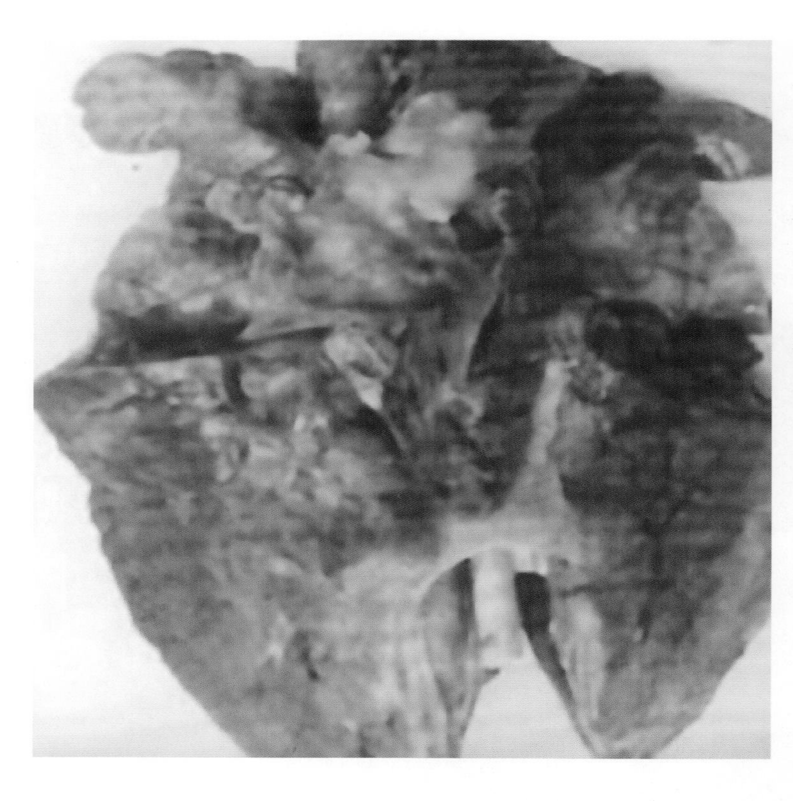

图1-409
猪丹毒（急性败血型）的病理变化（7）

肺水肿，小叶间增宽

（2）亚急性型　皮肤出现界限明显、大小不等的疹块，俗称“打火印”，疹块指压褪色，放开后又可复原。初期呈淡红色，后变为紫红色，最后为黑紫色。充血斑中心可因水肿压迫呈苍白色。

（3）慢性型

① 心内膜炎型：房室瓣常有疣状内膜炎，二尖瓣和主动脉瓣出现菜花样增生物。瓣膜上有灰白色增生物（图1-410～图1-411）。

② 关节炎型：关节肿大、有炎症，关节内的关节液增多，在关节腔内有纤维素性渗出物（图1-412）。

【防治措施及方剂】

（1）预防　加强饲养管理，保持栏舍清洁卫生和通风干燥，避免高温高湿，加强定期消毒（图1-413）。加强对屠宰厂、交通运输、农贸市场检疫工作，对于新购入的猪至少要隔离观察21d。

进行免疫接种，每年的春、秋季各免疫一次。用猪丹毒弱毒苗，大猪、小猪一律皮下注射1mL，注射后7d产生免疫力，免疫期6个月；口服时，每头猪2mL，服后9d产生免疫力，免疫期也是6个月。

（2）治疗措施　发病后如果能及时确诊，隔离病猪及时治疗，治愈率还是较高的。一般在发病后24～36h内治疗，疗效理想。

图1-410
猪丹毒（慢性型）的病理变化（1）

心脏内膜疣状赘生物，像菜花样，多见于二尖瓣（有大小不等的黄色赘生物附着）

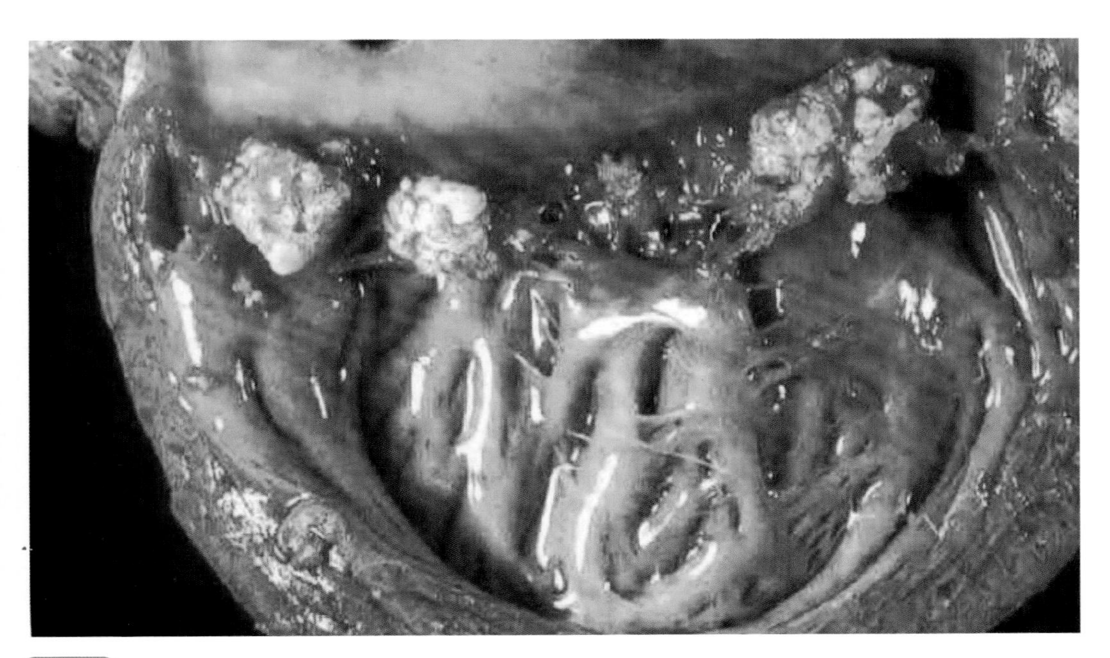

图1-411
猪丹毒（慢性型）的病理变化（2）

疣状心内膜炎，心脏瓣膜增生，有菜花样赘生物

图1-412
猪丹毒（慢性型）的病理变化（3）

膝关节关节炎，关节内增生，滑膜有纤维素样绒毛样增生（红色）

图1-413
猪场的日常带猪消毒

首选药物为青霉素，到目前为止还未发现猪对青霉素有抗药性，用量为每千克体重1万IU，每天2 ～ 3次肌内注射，连用3 ～ 4d。体温下降、食欲和精神好转时，仍需要继续注射2 ～ 3次，以巩固疗效，防止复发或转为慢性。四环素、土霉素、林可霉素、泰乐菌素等也有良好的疗效。

中药治疗：穿心莲注射液10 ～ 20mL，一次肌内注射，每日2 ～ 3次，连用2 ～ 3d。（对于亚急性猪丹毒有很好的疗效）。

方剂一，寒水石5g、连翘10g、葛根15g、桔梗10g、升麻15g、白芍10g、花粉10g、雄黄5g、二花5g，研末一次性喂服，每日2剂，连用2d。

方剂二，地龙、石膏、大黄各30g，玄参、知母、连翘各16g，水煎，分2次灌服，每天1剂，连用3 ～ 5d。

（3）控制措施　猪场环境及用具应进行消毒，猪粪以及垫草集中堆积发酵，腐熟后作为肥料使用。病死猪或屠宰猪可高温处理，血液、内脏等深埋。屠宰和解剖人员应加强防护工作，免受猪丹毒杆菌感染，如果有人员发病，要立即就医。出入车辆严格消毒（图1-414～图1-415）。

图1-414
猪场大门口对入场车辆进行消毒

图1-415
猪场门口设置的消毒池，出入车辆必须经过消毒池进行消毒

7.猪炭疽病

炭疽病是由炭疽杆菌所引起的各种家畜、野生动物和人共患的传染病。临床上表现为急性、热性和败血性症状。主要病理变化是败血症，天然孔出血，血液凝固不良，呈煤油样，脾脏显著肿大，皮下及浆膜下组织呈出血性胶样浸润。故猪炭疽多为散发，因为猪对炭疽杆菌有较强的抵抗力。

【病原体】炭疽杆菌属于需氧芽胞杆菌，是一种长而直的大杆菌，革兰染色阳性，长3～5μm，宽1～1.5μm，有荚膜、无鞭毛、不能运动。在动物体内单个存在或3～5个菌体相连形成短链，菌体连接处平截，如刀切状或微凹，呈“竹节状”，游离端则钝圆（图1-416）。在动物体内能形成荚膜，但在普通培养基上一般不形成荚膜。在厌氧条件下，菌体随着尸体腐败而死亡，荚膜仍可存留，称为“菌影”。在活的炭疽病畜体内或死亡后未经解剖的尸体内，不形成芽胞，一旦暴露于空气中，接触了游离的氧气，在一定温度下（12～24℃）就可形成芽胞。芽胞呈卵圆形或圆形，位于菌体中央或稍偏向一端，不大于菌体。

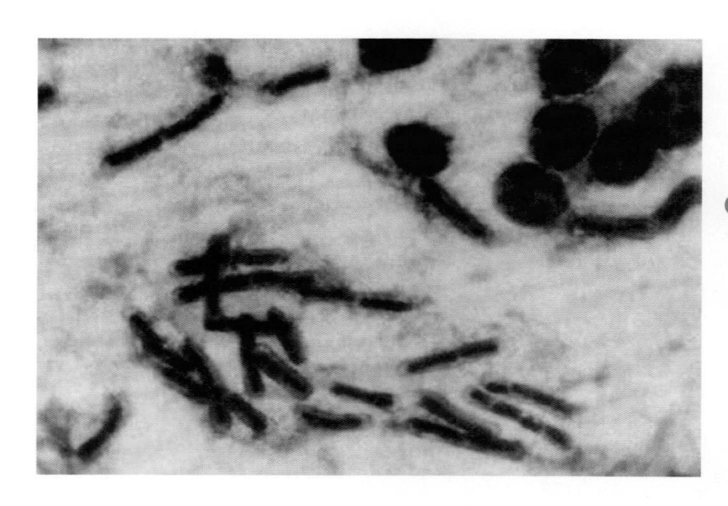

图1-416
显微镜下的炭疽杆菌（病料涂片染色）

菌体相连形成短链状，呈竹节状，菌体连接处平截，如刀切状或微凹

炭疽杆菌存在于被炭疽污染的尸体、土壤和水中。病畜死亡后各个脏器、血液、淋巴系统、分泌物及排泄物等处均有炭疽杆菌存在。其中以脾脏的含菌量最多，血液的含菌量次之。

炭疽杆菌的繁殖型菌体对外界的抵抗力较弱，在夏季未解剖的尸体中经24～96h死亡。但形成芽胞后（芽胞型菌体）抵抗力特别强，在干燥状态下，可存活30～50年以上。在炭疽污染的土壤、皮张、毛及炭疽尸体掩埋地下能存活数十年。

一般的消毒药能在短时间内杀死本菌。5%石碳酸经1～3d，3%～5%来苏儿经10～24h，4%碘酊经2h可杀死芽胞。畜舍、用具、粪便等现场消毒可用20%漂白粉，或3%～5%热氢氧化钠溶液、2%～4%甲醛、0.5%过氧乙酸、0.1%氧化汞溶液等进行消毒。炭疽杆菌污染的皮张，可浸泡于2%盐酸、10%的食盐中，在30℃下需48h，在18～22℃下需72h才能达到消毒的目的。

【流行病学】家畜、野生动物和人都有不同程度的易感性。自然情况下，绵羊、牛、驴等发病最多，猪对炭疽杆菌的抵抗力强，发病较少，并呈散发。野生动物多是由于吞食了死亡的炭疽病动物尸体而发病，并可成为本病的传播者。人主要通过食入或接触污染炭疽杆菌的畜产品而感染。

病畜是主要传染来源。炭疽病畜及死后的畜体、血液、脏器组织及其分泌物、排泄物等均含有大量炭疽杆菌，如果处理不当则可散布传染。本病传染的途径有三条：一是通过消化道感染，因食入被炭疽杆菌污染的饲料或饮用水受到感染。圈养时食入未经煮沸的被污染的泔水受到感染，农村放牧猪拱土被污染土壤感染。二是通过皮肤感染，主要是由带有炭疽杆菌的吸血昆虫叮咬及创伤而感染。三是通过呼吸道途径感染，吸入了混有炭疽芽胞的灰尘，经过呼吸道黏膜侵入血液而发病。

炭疽芽胞在土壤中生存时间较久，可使污染地区成为疫源地。本病有一定的季节性，夏季发病较多，秋、冬季发病较少。夏季发生较多，与气温高、雨量多、洪水泛滥、吸血昆虫大量活动等因素有关。

【临床症状】

（1）急性败血型　此型很少见。病猪体温升高到41.5℃以上，精神沉郁，突然死亡。主要是急性败血症状，食欲废绝，呼吸困难，可视黏膜发紫等。

（2）亚急性型（肠型）　炭疽杆菌或其芽胞侵入猪的咽部以及相邻的组织并且大量繁殖，引起炎症反应。主要表现为咽炎，体温升高，精神沉郁，食欲不振，颈部、咽喉部明显肿胀，黏膜发绀，吞咽和呼吸困难，颈部活动不灵活。口、鼻黏膜呈蓝紫色，最后窒息而死。

（3）隐性型（咽型）　猪对炭疽的抵抗力较强，因此，慢性型是猪常见类型。一般无临诊症状，多在屠宰后肉品卫生检验时才被发现。如果发生在肠道，则主要表现为消化功能紊乱，病猪发生便秘及腹泻，甚至粪中带血，轻者可恢复健康。

【病理变化】病畜的尸体严禁剖检，一旦暴露在空气中则会形成芽胞，抵抗力很强不易被消灭。若必须进行剖检时，也应在专门的剖检室里进行，并准备足够的消毒药剂，工作人员应有安全的防护装备。

（1）急性败血型　由于猪对本病有抵抗力，故此型很少见，只占猪炭疽的3%左右。主要病变是尸僵不全，天然孔流出带泡沫的血液。黏膜呈暗紫色，有出血点。皮下、肌肉及浆膜有红色或黄红色胶样浸润。血液黏稠，颜色为黑紫色，不易凝固。脾脏肿大，包膜紧张，黑紫色。淋巴结肿大、出血。肺充血、水肿。胃肠有出血性炎症。

（2）亚急性型（肠型）　本型的病变多见于十二指肠及空肠，表面覆有纤维素，随后发生坏死，坏死可达黏膜下层，形成灰褐色痂。腹腔有红色液体，脾肿大、质软，肾充血或出血。

（3）慢性型（咽型）　猪多在宰后检验中发现慢性炭疽，咽炭疽占全部猪炭疽的90%左右。病猪咽喉及颈部皮下炎性水肿，切开肿胀部位，可见广泛的组织液渗出，有黄红色胶冻样液体浸润；颈部及颌下淋巴结肿大、充血、出血。以扁桃体为中心，扁桃体肿大、出血和坏死；喉头、会厌、软腭、舌根等部位的淋巴结肿大、出血和坏死。周围组织有大量黄红色胶样浸润。

【防治措施】

（1）预防措施　对炭疽常发地区或威胁区的猪只，每年应定期进行预防注射，以增强猪体的特异性抵抗力，这是预防本病的根本措施。我国应用的有以下两种菌苗。

一种是无毒炭疽芽胞苗：猪皮下注射0.5mL。注后14d产生免疫力，免疫期为1年。

另一种是Ⅱ号炭疽芽胞苗：皮下注射1mL，注射后14d产生免疫力，免疫期为1年。

屠宰厂、肉联厂应加强对炭疽的检疫工作，严格执行兽医卫生措施。禁止到处乱扔死尸，应在指定的地点深埋。

（2）发生后的措施　发生猪炭疽后，立即向主管部门上报，迅速查明疫情，做出诊断，采取坚决措施，尽快扑灭疫情。

① 划定疫区、疫点，进行隔离、封锁，并严格执行封锁时的各项措施；在最后一头病猪死亡或痊愈后半个月，报请上级批准才可以解除封锁，并在解除封锁之前进行一次大清扫和消毒（图1-417）。

② 对病猪及可疑病猪立即用抗炭疽血清注射，或与抗生素同时注射，进行防治。

③ 对污染的圈舍、饲养管理用具等进行严格消毒；污染的饲料、粪便、废弃物烧掉；尸体应焚烧或深埋（图1-418）。

图1-417
疫区内出入车辆必须进行严格的消毒

图1-418
尸体焚烧炉

④ 在屠宰检验中，发现猪炭疽时，立即停止生产流程，全厂或车间进行消毒，按规定对检出病猪的前后一定数量屠宰猪进行无害化处理。

⑤ 加强工作人员的防护工作，一旦有发病的，要及早送医院治疗。

（3）治疗　对于急性和亚急性型病猪，可以进行治疗。慢性炭疽病猪则必须在严格隔离和专人护理的条件下进行治疗。

① 血清疗法：抗炭疽血清是治疗炭疽的特效生物制剂，病初应用可获良好的效果。大猪一次量为50～100mL，小猪为30～80mL。可一半静脉注射，一半皮下注射。必要时可在12h或24h重复注射1次。

② 抗生素和磺胺类药物治疗：以青霉素治疗效果好，猪每次肌内注射40万～80万IU，每日注射2次，连续2～3d。或用10%磺胺嘧啶钠，每千克体重0.07g，首次量加倍，5%葡萄糖氯化钠500mL，40%乌洛托品40～60mL，静脉注射，每天2次，连用3d。另外，土霉素、四环素、链霉素、环丙沙星、林可霉素、庆大霉素也有疗效。如果是肠炭疽病还需配合口服克辽林（臭药水），每日3次，每次为2～5mL。

针对病原体治疗的同时，还需进行对症治疗，并加强护理工作。

8.猪布氏杆菌病

布氏菌病（Rr）简称布病，这是一种人畜共患的慢性传染病。布病的主要特点是侵害生殖系统，造成母猪流产和不孕，公猪发生睾丸炎。本病人也可感染，表现为发热、多汗、关节痛、神经痛及肝、脾肿大。本病分布广泛，可严重地损害人畜健康。

【病原体】布氏菌病的病原体是布鲁杆菌，本菌有6个生物种，即羊布鲁菌、猪布鲁菌、牛布鲁菌、犬布鲁菌、沙林鼠布鲁菌和绵羊布鲁菌，其形态相同，均为球杆状小杆菌，呈革兰染色阴性。

【流行病学】布病的感染范围很广，羊、牛、猪、人都易感，其他很多种动物也可自然感染。被感染的人或动物，一部分呈现临床症状，大部分为隐性感染而带菌，成为传染源。猪不分品种和年龄都有易感性，以生殖期的猪发病较多，吮乳猪和小猪均无临床症状。病原体随病母猪的阴道分泌物和公猪的精液排出，特别是流产胎儿、胎衣和羊水中含菌最多。布病通过污染的饲料和饮水，经消化道而感染，也可经配种而感染。母猪在感染后4～6个月，有75%可以恢复，公猪的恢复率在50%以下。说明大部分感染猪可以自行恢复，仅少数猪成为永久性的传染源。猪布鲁菌主要感染猪，也能感染人。猪感染可发生全身性感染，并引起繁殖障碍。

布鲁菌的抵抗力比较强，在土壤、水中和皮毛上能生存较长时间。对消毒药的抵抗力较弱，一般的消毒药能在数分钟内将其杀死。

【临床症状】猪感染本病大部分呈隐性经过，少数呈典型症状。表现为流产、不孕、睾丸炎、后肢麻痹及跛行，短暂发热或无热，很少发生死亡。

母猪流产可发生于怀孕的任何时期。由于猪的各个胎儿的胎衣互不相连，所以胎衣和胎儿受侵害的程度及受侵害的时期并不相同，因此，流产胎儿可能只有一部分死亡，但死亡的时间可能不同。如果是在怀孕后期（接近预产期）流产，母猪所产的仔猪可能有完全健康的，但也有虚弱的和不同时期死亡的。母猪阴道常流出黏性红色分泌物，虽然经8 ～ 10d可以自愈，但排菌时间需经30d以上才能停止。

公猪发生睾丸炎时，呈一侧性或两侧性睾丸肿胀、硬固，有热痛，病程长（图1-419）。后期睾丸萎缩，失去配种能力。

图1-419
猪布氏杆菌病的临床症状

睾丸炎症状，公猪睾丸肿大

【病理变化】常见的病变是公猪的睾丸炎、附睾炎，睾丸肿大。母猪的子宫等处有脓肿。子宫黏膜的脓肿有针头大至粟粒状，呈黄白色（图1-420）。淋巴结炎，淋巴结肿大，变黄变硬。胎死腹中，产出死胎（图1-421 ～图1-422）。流产胎儿和胎衣的病变不明显，偶见胎衣充血、水肿及斑状出血，少数胎儿的皮下有出血性液体，腹腔液增多，胎儿有自溶性变化。

【诊断】由于本病的流行特点、临床症状和病理变化均无明显特征，同时隐性感染的猪又较多，因此，应以实验室检查为依据，结合流行情况和症状进行综合诊断。

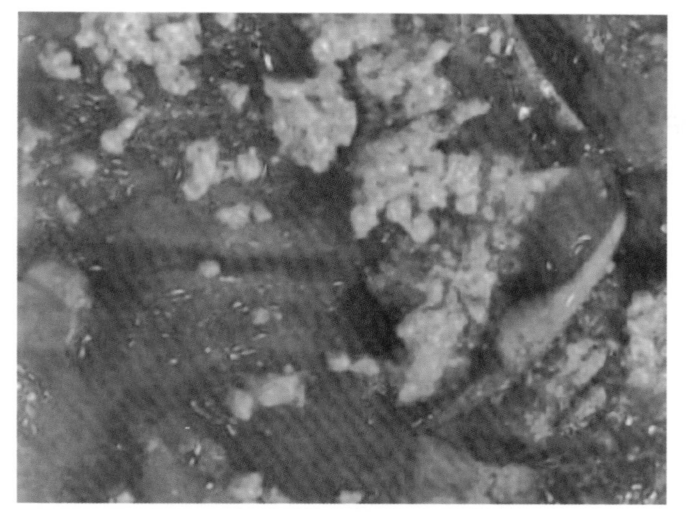

图1-420
猪布氏杆菌病的病理变化（1）

化脓性子宫内膜炎病变

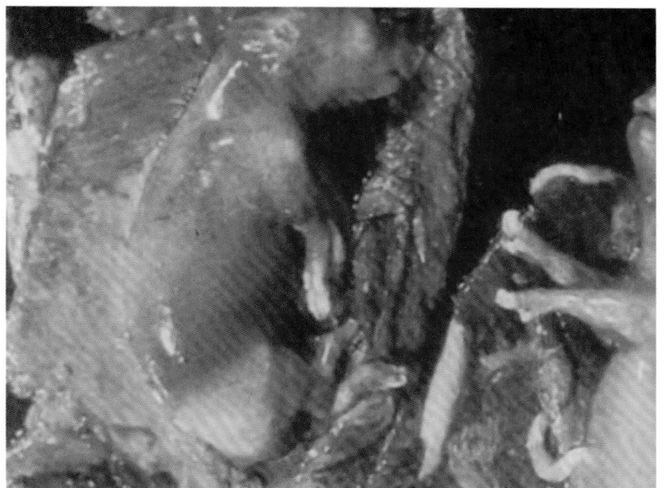

图1-421
猪布氏杆菌病的病理变化（2）

母猪子宫内的死胎

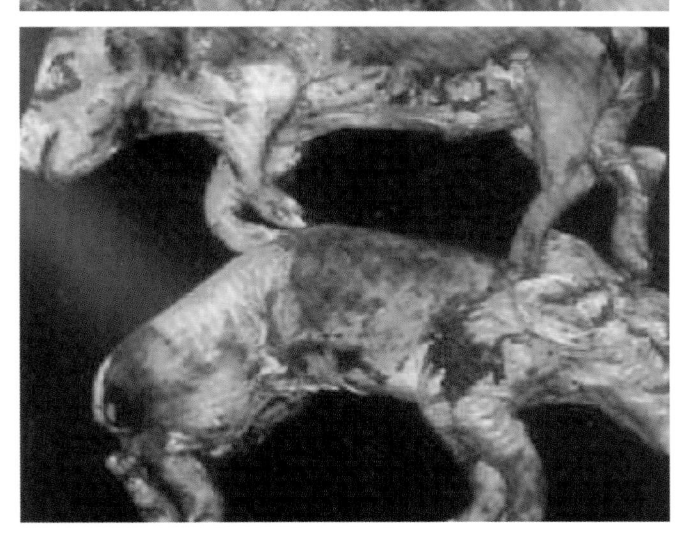

图1-422
猪布氏杆菌病的病理变化（3）

流产的死胎

【防治措施及方剂】

（1）预防　控制本病的最好方法是自繁自养。如果必须引进种猪时，也要严格执行检疫，引入的猪只要隔离饲养两个月，同时进行布氏杆菌病的检查，检查为阴性者，才能与原有的猪群接触，进行正常的饲养。疫苗接种是控制本病的有效措施。接种疫苗能保护健康猪不受感染，但不能阻止病猪排菌。猪只可用二号菌苗（S2），断奶后任何年龄的猪，怀孕及非怀孕的母猪都可用。但在非疫区不主张用疫苗。对于发病后的猪场应采取如下措施：

① 用凝集试验法对猪群进行检疫，阳性猪一律淘汰。种公猪在配种前还要检疫1次。

② 凝集试验阴性猪，用布鲁菌猪型二号冻干苗进行预防接种，饮服两次，间隔30～45d，每次剂量为200亿活菌。免疫期1年。

③ 流产胎儿、胎衣、羊水及阴道分泌物应深埋，被污染的场所及用具用3%～5%来苏儿消毒。

④ 猪群头数不多，而发病率或感染率很高时，最好全部淘汰，重新建立猪群。

（2）治疗　由于布病是一种慢性传染病，以引起流产和睾丸炎为特点，一旦出现症状就失去治疗价值。故一般不进行治疗，而是直接淘汰和屠宰。良种公、母猪必须保留的，也必须在严格隔离下进行。由于这是一种人畜共患病，人可出现关节炎、睾丸炎、孕妇流产等症状，所以，饲养员和兽医工作者要加强自身防护，严防被感染。

① 20%盐酸土霉素10mL，分两点深部肌内注射，隔天1次，连用3次。或链霉素3～5g，肌内注射。二者用药20～30d，期间可交替用药。

② 复方新诺明20mL，一次肌内注射，每天一次，连注3～4次。

③ 复方恩诺沙星液，每千克体重0.1～0.15mL，肌内注射，每天1～2次，连用2～3d。

④ 中药治疗。益母草50g，黄芩、当归、川芎、熟地、白术、金银花、连翘各30～40g，研细末，开水冲服。

9. 破伤风

破伤风又称“强直症”，俗称“锁口风”“脐带风”，是由破伤风梭菌引起人、畜共患的一种经创伤感染的急性、中毒性传染病。本病的特征是病猪全身骨骼肌或某些肌群呈现持续的强直性痉挛和对外界刺激的兴奋性增高。本病一般呈零星散发。猪的发病主要是由断脐、阉割及外伤感染时不消毒或消毒不严而引起的。本病的病死率很高，对养猪业造成一定的损失。

【病原体】本病的病原体为破伤风梭菌，又称强直梭菌。病菌为细长的杆菌，长2～5μm，宽0.2～0.6μm，常为单独存在，能形成芽胞，芽胞位于菌体一端，形成“鼓锤”状（图1-423）。周身有鞭毛，能运动，无荚膜，革兰染色阳性。

破伤风梭菌主要产生痉挛毒素和溶血素等。尤其是痉挛毒素，这是一种作用于神经系统的毒素，是引起动物特征性强直症状的决定因素，并且是仅次于肉毒梭菌毒素

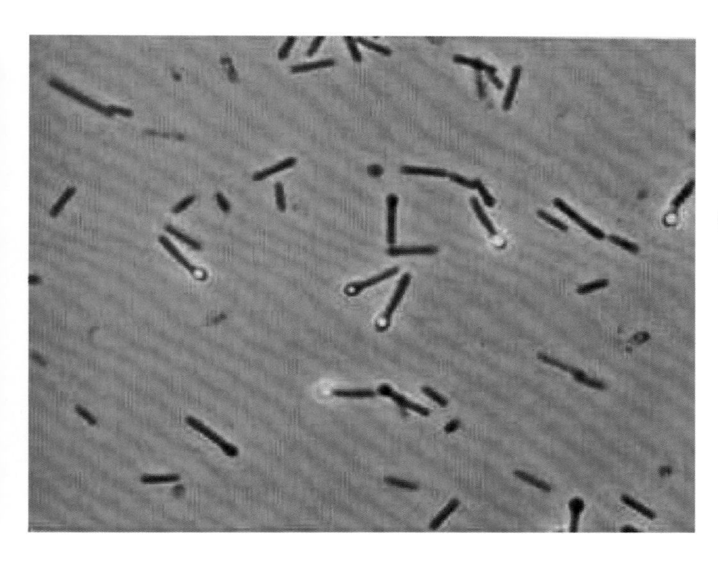

图1-423
破伤风梭菌

能形成芽胞，芽胞一般位于菌体的一端，形成“鼓锤”状（荧光抗体染色阳性，1000×）

的第二强毒性的毒素。

破伤风梭菌为严格厌氧菌，只有在缺氧的条件下才生长良好。本菌的繁殖体对一般理化因素的抵抗力不强，煮沸3min即死。一般消毒药物能在短时间内将其杀死。但芽胞型破伤风梭菌的抵抗力很强，在阴暗干燥处能活10年以上，在土壤表层也能活几年。煮沸1～3h才能死亡；10%碘酊10min、10%漂白粉和30%过氧化氢经10min、5%石碳酸15min、0.1%氧化汞经30min，煮沸10～90min方可将其杀死。

【流行病学】破伤风梭菌广泛存在于自然界、人和动物的粪便中，土壤、尘土、腐烂淤泥等处也有该菌存在。各种家畜均可感染，马属动物最易感，猪等次之。在自然情况下，感染途径主要是各种创伤，如猪的去势、手术、断尾、断脐、伤口、分娩创伤等。我国猪的破伤风以去势创伤感染最为常见。病原体侵入创伤内，产生毒素引起发病。由于破伤风梭菌是一种严格的厌氧菌，所以，小而深的创伤，或伤口被泥土、粪污、痂皮封盖等情况下易发本病。临诊上多数见不到伤口，可能是潜伏期创伤已愈合。该病无季节性，通常是零星发生。一般来说，幼龄猪比成年猪发病多。

【临床症状】本病潜伏期最短的为1d，最长的可达90d以上，一般是1～2周。潜伏期长短与动物种类、创伤部位有关，如果创伤距离头部较近，组织创伤口小而深，创伤深部损伤严重，发生坏死或创口被粪土、痂皮覆盖等，潜伏期缩短，反之则长。一般来说，仔猪感染的潜伏期较短。

发病初期，可见猪行动迟缓、吃食较慢，很容易被疏忽，很难被确认为破伤风。随着病情的发展，可见到四肢僵硬、腰部不灵活、两耳竖立、尾部不活动，并发现局部肌肉或全身肌肉强直，行动不便。在24～36h后，症状更加明显，骨骼肌及咀嚼肌呈强直性痉挛，特别表现在背、颈、尾等部，致使身体更强直，甚至角弓反张、牙关紧闭、口流液体、常有“吱哇”的尖细叫声。眼神发直、瞬膜突出、不能起立、两耳直立、呼吸浅而快、心跳极快。腹部向上蜷缩、尾不摇动、僵直、腰背弓起、触摸时坚实如木板、四肢强硬、难于行走和站立，呈“木马”状（图1-424）。外界的突然刺激（光、声响、触摸）和尖锐声音都能使其肌肉痉挛和瞬膜突出，强驱赶时，痉挛加剧，并发出嘶叫，卧地后不能起立，角弓反张后很快死亡（图1-425）。病猪常因缺氧而死，幼猪死亡率甚高。

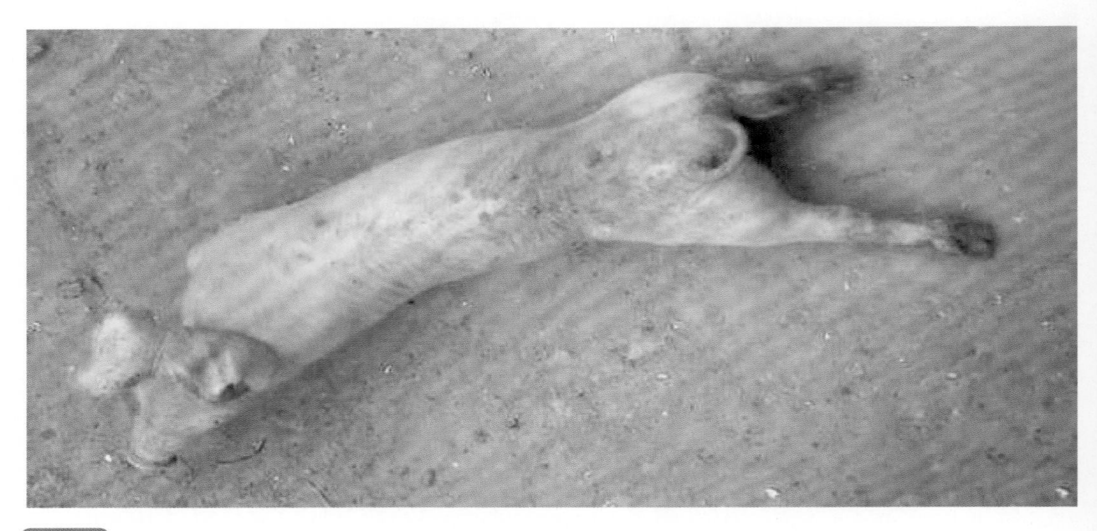

图1-424
破伤风的临床症状（1）

病猪两耳竖立，四肢强直性痉挛，背部肌肉僵硬，呈“木马”状

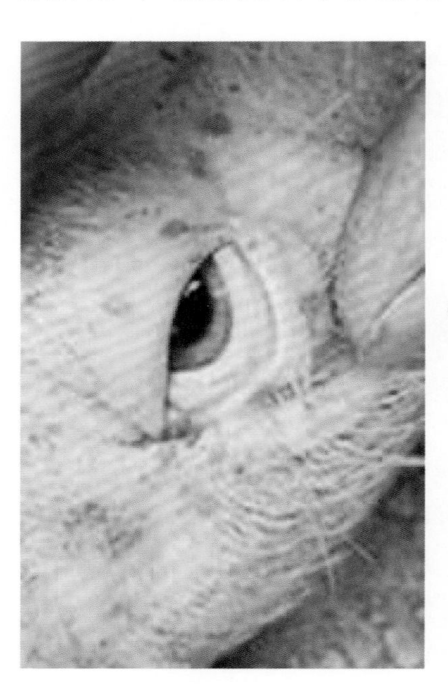

图1-425
破伤风的临床症状（2）

病猪对外界的突然刺激反应敏感，表现为病猪瞬膜外闪、突出症状

【病理变化】猪只死亡后1～18h内发生尸僵，约持续24h后消失完全。血液常呈黑红色，没有其他特殊的肉眼可见病变。

【诊断】根据该病的特征性临诊症状，如体温正常、神志清楚、反射兴奋性增高、骨骼肌强直性痉挛、牙关紧闭、行动时四肢僵硬、对刺激及声音等反应敏感，并有创伤史（如猪的去势等）等即可做出诊断。

【防治措施及方剂】

（1）预防　防止和减少伤口感染是预防本病十分重要的措施。在猪只饲养过程中，如在去势、断脐带、断尾、接产及外科手术时，应遵守各项操作规程，注意术部和器械的消毒和无菌操作（图1-426～图1-427）。对猪进行外科手术、接产或阉割时，可同时注射破伤风抗血清3000～5000IU预防，会收到好的预防效果。如有必要，在手术前1个月左右皮下注射破伤风类毒素1mL进行预防。我国猪只发生破伤风，大多数是因阉割时不进行消毒或消毒不严引起的。

（2）治疗　发病的猪要让其安静，安置在阴暗处，避免光、声等外界的刺激。彻底清除伤口内外的坏死组织，并用3%过氧化氢或5%碘酊消毒，或用烙铁烧烙。给予充足饮水和柔嫩易消化且营养丰富的饲料。如果牙关紧闭不能采食时，可每天投喂流质食物或静脉注射葡萄糖。与此同时，可选用以下方法治疗：

① 破伤风抗毒素1万～2万IU，肌内或静脉注射。为了缓和肌肉痉挛症状，可用氯丙嗪25～50mg镇静。

② 用25%硫酸镁注射液10～20mL，肌内注射。破伤风抗毒素进行百会穴注射，其效果更佳。

③ 民间中药方剂（偏方）：

方剂一，大蒜注射液（取大蒜500g，捣烂，加95%酒精750mL。浸泡1个月，过滤2～3次，收取滤液500mL，再加半量灭菌蒸馏水即制成注射液）5～20mL，多点肌内注射，每日1次。

方剂二，蝉蜕30g，金银花100g，水煎内服。

方剂三，体重10～15kg的猪，每次用壁虎7～9只，水煎，加白酒30mL，一次灌服，每日1次，连用2～3次，服后饲养在暖舍中。

方剂四，黑色大蜘蛛7～10只、白酒15～30mL，将蜘蛛用沸水烫死、晒干、放瓦片上焙干研末，加白酒15～30mL，调匀，1次内服，每日2次，连服7d为一疗程。同时，配合胡椒卡尾疗法，即在尾尖穴开一切口，出血后取胡椒粉5～10g，填进伤口内，用纱布包好，此法只进行1次。一般用药1～2个疗程可痊愈。

方剂五，取绿豆大的蟾酥1块，在尾根部腹面用手术刀刺一小口，出点血效果更好，把蟾酥放在里面，用胶布缠上，3～5d取出，一般1次即愈。

方剂六，点燃用艾蒿和益母草编成的艾母绳，对准患猪口鼻和伤口下方连续不断地熏，到出现鼻汗为止，每日3次直到痊愈。此法早期应用效果较好。

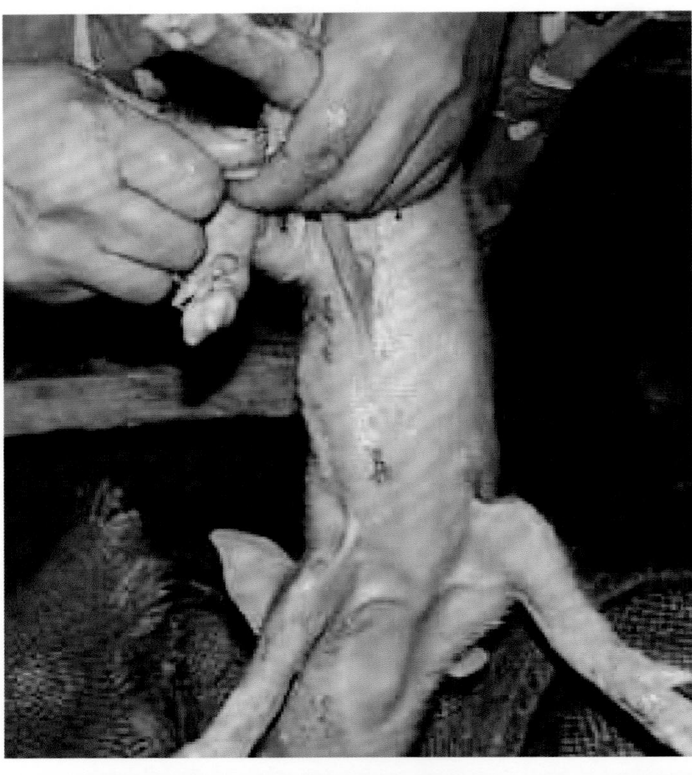

图1-426
新生仔猪断脐操作（1）

仔猪出生后，应停留2～10min再进行断脐。方法是左手指捏紧要断脐处（离仔猪腹部5cm左右，小猪日常活动不能接触到地面），右手握脐带末端朝一个方向扭，慢慢将脐带扭断。或待扭得很紧时，用线结扎牢固后，在扎线外0.5cm左右处剪断。断脐后要用5%碘酒对断脐处进行消毒。这样就不会流血，也不易感染

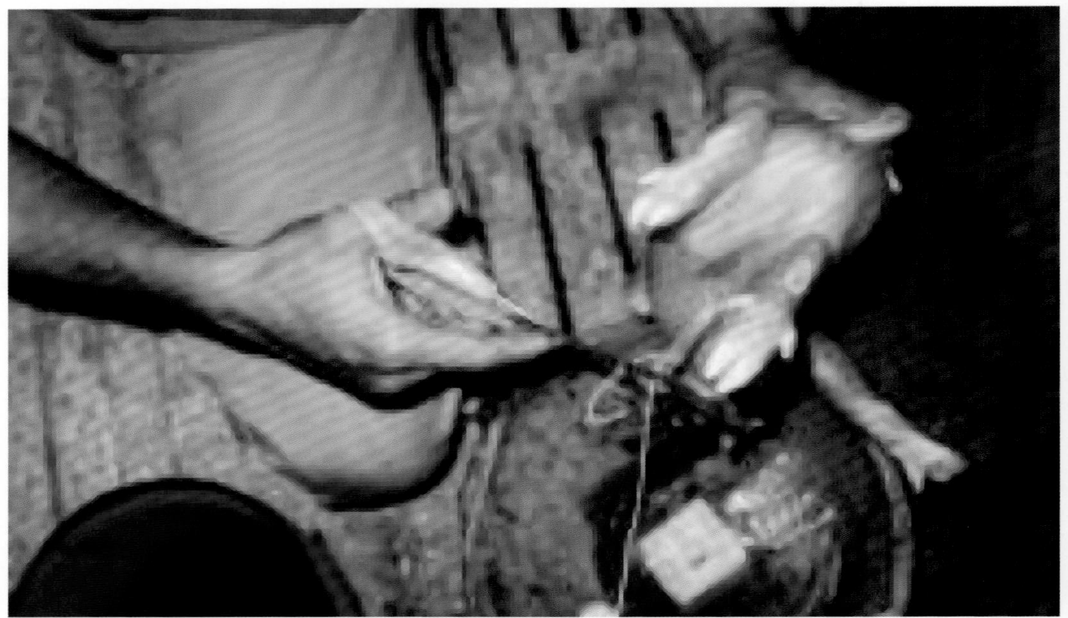

图1-427
新生仔猪断脐操作（2）

用线结扎牢固后，在扎线外0.5cm左右处剪断

方剂七，蝉蜕300g、全蝎40g，煎药2次，每天早晚各喂服1次。

方剂八，鸡屎白100g（鸡粉中白色部分），用清水稀释，加白酒30g，内服。可在初期使用，能解毒祛风。

方剂九，癞蛤蟆150～200g、防风末60g，把癞蛤蟆捣烂，混合防风，加热酒150g，内服。可攻毒、祛风。

10.猪副嗜血杆菌病

猪副嗜血杆菌病（Hps）又称为多发性纤维素性浆膜炎和关节炎，也称为“格拉泽病”，还被称为“影子病”，是由猪副嗜血杆菌引起的一种细菌性传染病。本病是现代猪场的头号细菌性疾病，给养猪业带来巨大的经济损失。近年来，全国各地各种规模的猪场均存在本病的病原体。

本病在临床上的主要表现是体温升高、呼吸困难、四肢关节肿胀、跛行、关节炎、颤抖、难以站立，有时发生后肢瘫痪、卧地不起等一系列跛行性症状，以多发性浆膜炎和高死亡率为主要特征，严重危害仔猪和青年猪的健康。

【病原体】副嗜血杆菌在自然环境中普遍存在，世界各地都有，甚至在健康的猪群当中也能发现。本菌属于革兰阴性短小杆菌，形态多变，有15个以上的血清型。该菌在一般条件下难以分离和培养，因而本病的诊断比较困难。

【流行病学】本病在猪场中很常见，发病率可达100%，死亡率一般在10%～15%，最高可达50%以上。一般以断奶仔猪、保育猪多发。发病程度与饲养密度、猪只本身抵抗力、猪舍环境卫生状况等有关。环境差、断奶、转群、混群或长途运输也是本病常见的诱因。

猪副嗜血杆菌是一种典型的“机会主义”病菌，当猪群中存在繁殖呼吸综合征、猪流感、圆环病毒、地方性肺炎、呼吸道冠状病毒病等的情况下，本病更容易发生，只在与其他病毒或细菌协同时才引发疾病。

本病主要通过呼吸系统传播。猪副嗜血杆菌只感染猪，可以影响从2周龄到4月龄的青年猪，主要在断奶前后和保育阶段发病。

【临床症状】该病的临床症状取决于炎症发生的部位。一般症状包括发热、体温升高、呼吸困难。

急性病例往往首先发生于膘情良好的猪。病猪发热体温在40.5～42.0℃，精神沉郁，食欲下降，呼吸困难，腹式呼吸，眼睑水肿，眼圈青紫色，皮肤发红或苍白，耳梢发紫，皮肤及黏膜发绀的症状（图1-428～图1-429）。关节（腕关节、跗关节等）肿胀、跛行，行走缓慢或不愿站立，站立时困难甚至瘫痪，共济失调（图1-430～图1-431）。临死前侧卧或四肢呈划水样，有时会无明显症状突然死亡。

慢性病例多见于保育猪，主要症状是食欲下降、咳嗽、呼吸困难、被毛粗乱、四肢无力或跛行、生长不良，直至衰竭而死亡。母猪发病可造成流产。

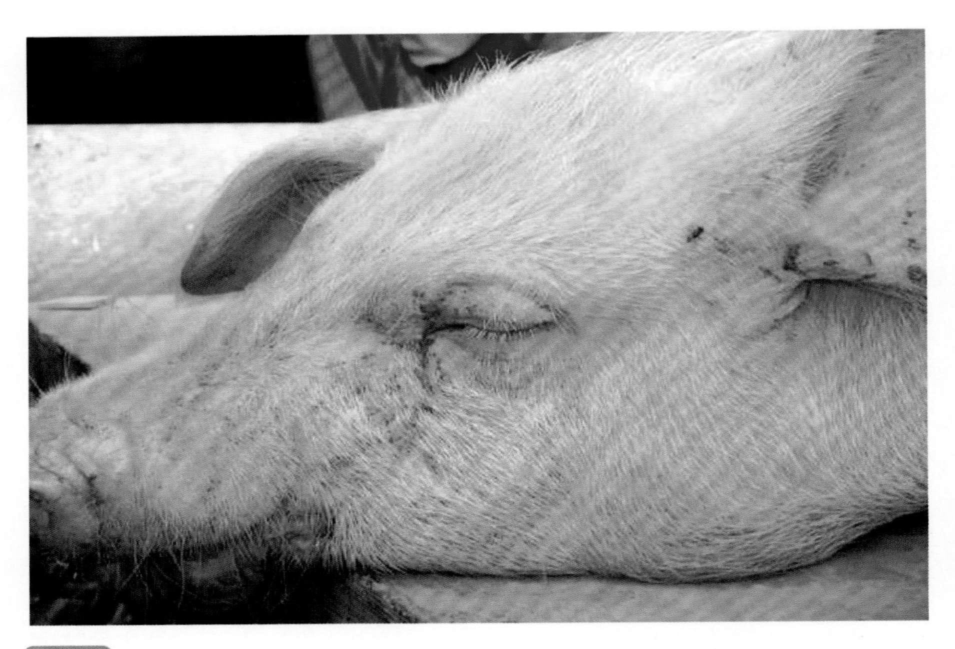

图1-428
猪副嗜血杆菌病（急性型）的临床症状（1）

病猪眼圈青紫色，呈“戴眼镜”症状

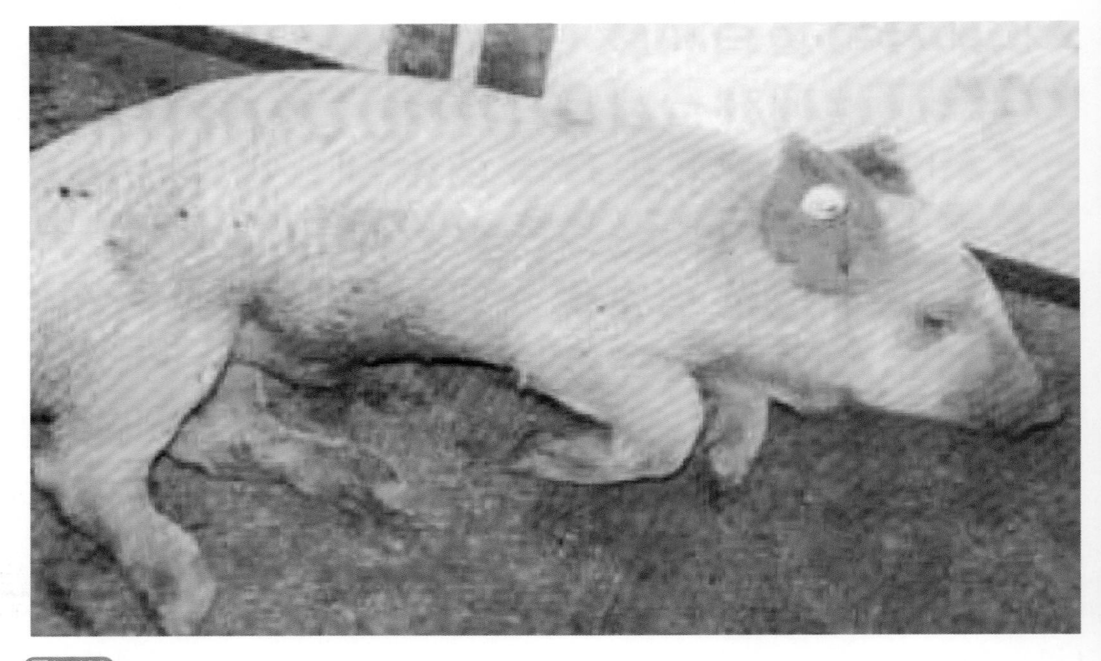

图1-429
猪副嗜血杆菌病（急性型）的临床症状（2）

全身淤血，皮肤发绀

图1-430
猪副嗜血杆菌病（急性型）的临床症状（3）

病猪关节炎，关节肿大，病猪不能站立，站立时疼痛，肌肉痉挛强直

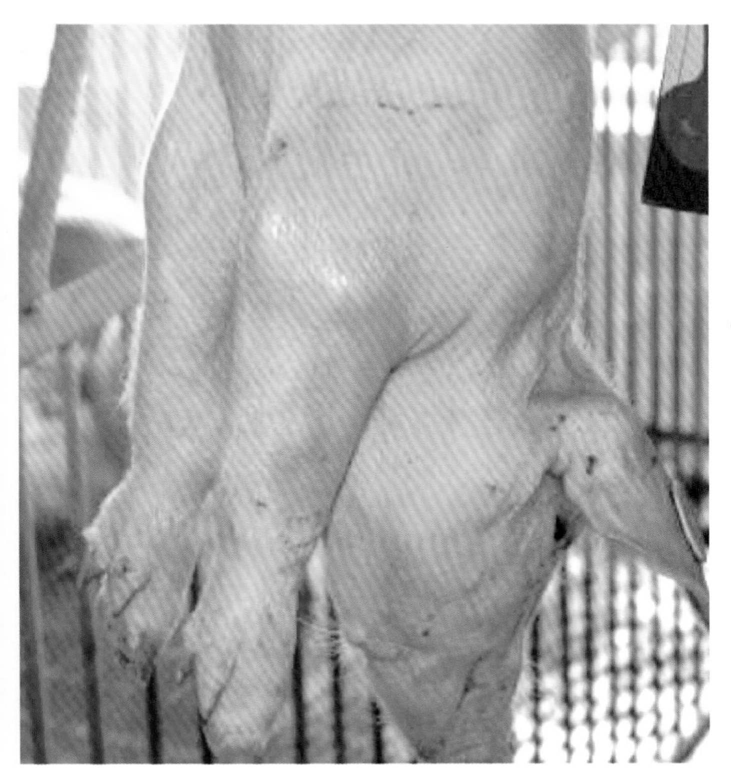

图1-431
猪副嗜血杆菌病（急性型）的临床症状（4）

病猪有关节炎，图示肿大的关节

【病理变化】病理变化呈现的是严重的纤维素性胸膜炎，以浆液性、纤维素性炎症为主要特征，严重时呈豆腐渣样（图1-432 ～图1-433）；肺炎，肺有间质性水肿、粘连病变及胶冻样浸润（图1-434 ～图1-436）；此外还有纤维素性心包炎，最明显的症状是心包积液、心包膜增厚、心包膜粗糙、心脏表面有大量纤维素渗出（图1-437 ～图1-440）；纤维素性腹膜炎，腹腔积液，腹腔内有大量黄色腹水，腹腔粘连（图1-441）；腹股沟淋巴结呈大理石状，颌下淋巴结出血严重（图1-442 ～图1-443）；病猪剖检时可见颈部皮下水肿，患有纤维素性浆膜炎（图1-444）；关节炎，剖开肿胀的关节可见到胶冻样物质；肠系膜上有大量纤维素渗出（图1-445 ～图1-446）；肝脏边缘出血严重；脾脏的出血边缘隆起米粒大的血泡，边缘有梗死；肾乳头出血严重。

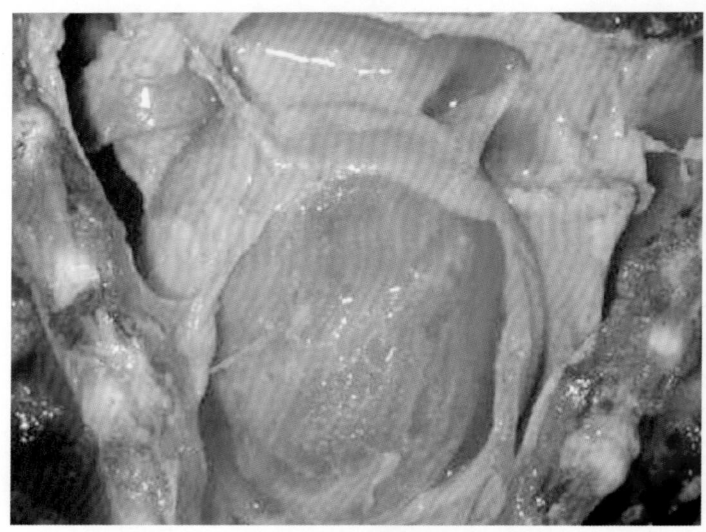

图1-432
猪副嗜血杆菌病的病理变化（1）

呈严重的纤维素性胸膜炎，胸腔的浆液性、纤维素性渗出物

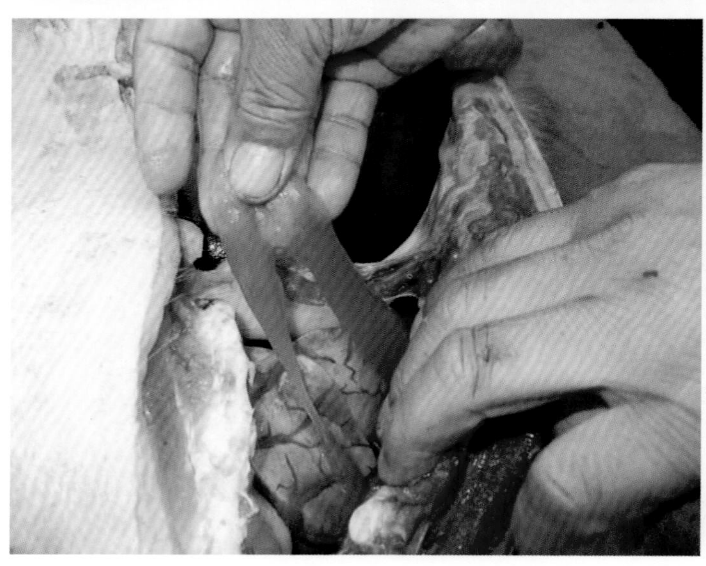

图1-433
猪副嗜血杆菌病的病理变化（2）

胸腔积液，胸腔积有纤维素物质

图1-434
猪副嗜血杆菌病的病理变化（3）

肺炎症状，肺脏淤血水肿，表面覆盖一层纤维素性蛋白膜，肺间质性水肿

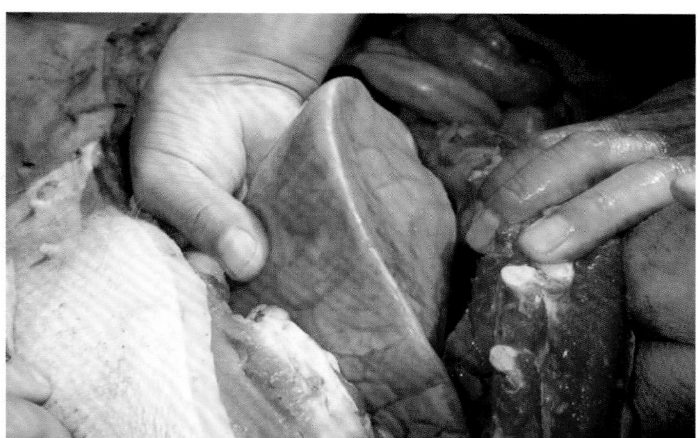

图1-435
猪副嗜血杆菌病的病理变化（4）

肺脏病变，肺严重水肿

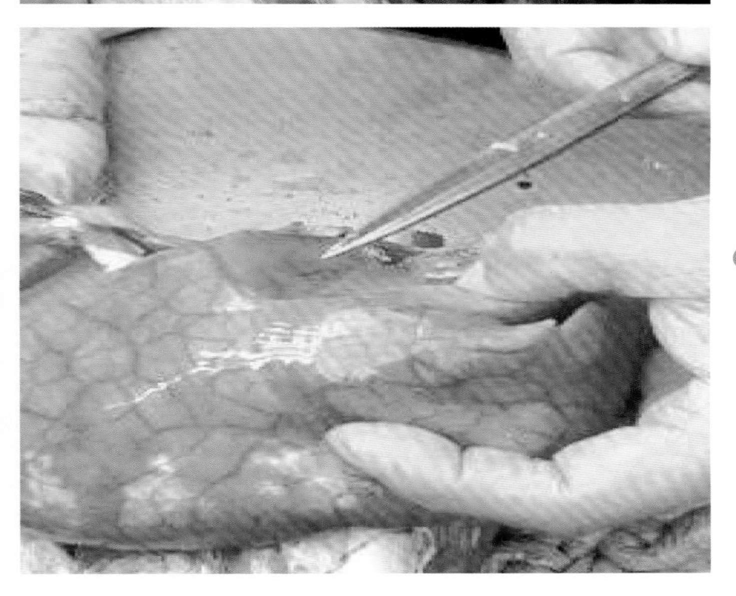

图1-436
猪副嗜血杆菌病的病理变化（5）

肺脏的胶冻样浸润

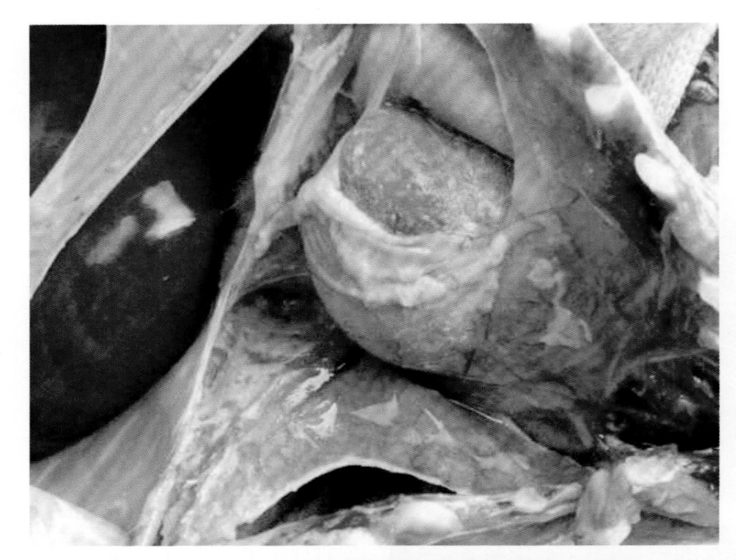

图1-437
猪副嗜血杆菌病的病理变化（6）

心包炎、胸膜肺炎，肺浆膜的纤维素性伪膜

图1-438
猪副嗜血杆菌病的病理变化（7）

纤维素性心包炎、胸膜肺炎，心、肺与肋膜相连

图1-439
猪副嗜血杆菌病的病理变化（8）

心包纤维素性炎症

图1-440
猪副嗜血杆菌病的病理变化（9）

心脏内膜大量的出血斑点

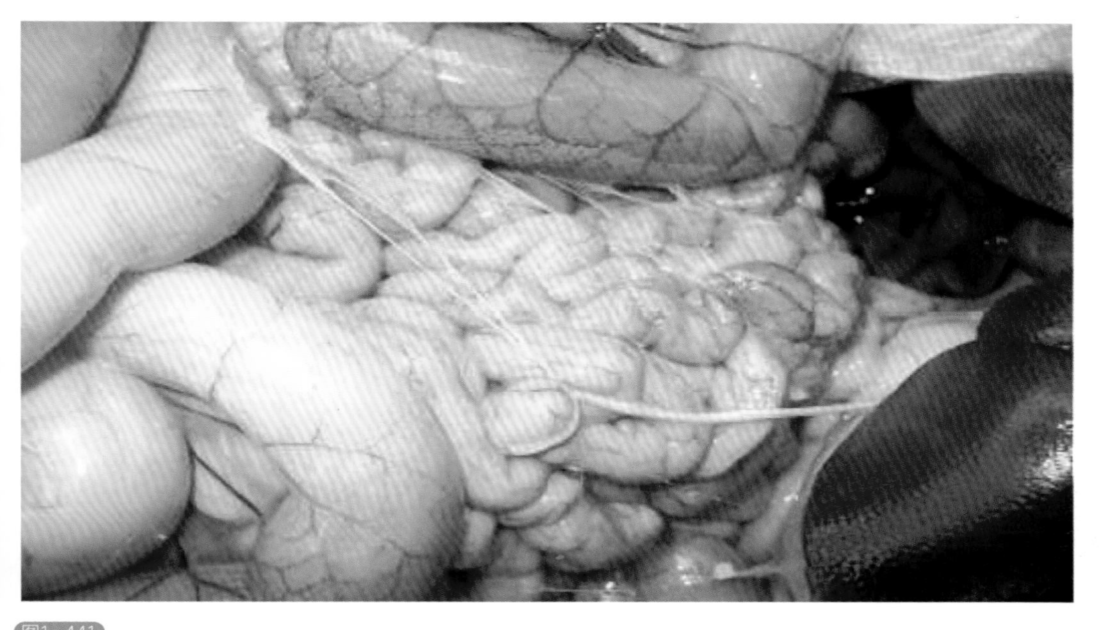

图1-441
猪副嗜血杆菌病的病理变化（10）

腹膜炎，可见浆液性纤维蛋白，腹腔内有许多纤维和液体

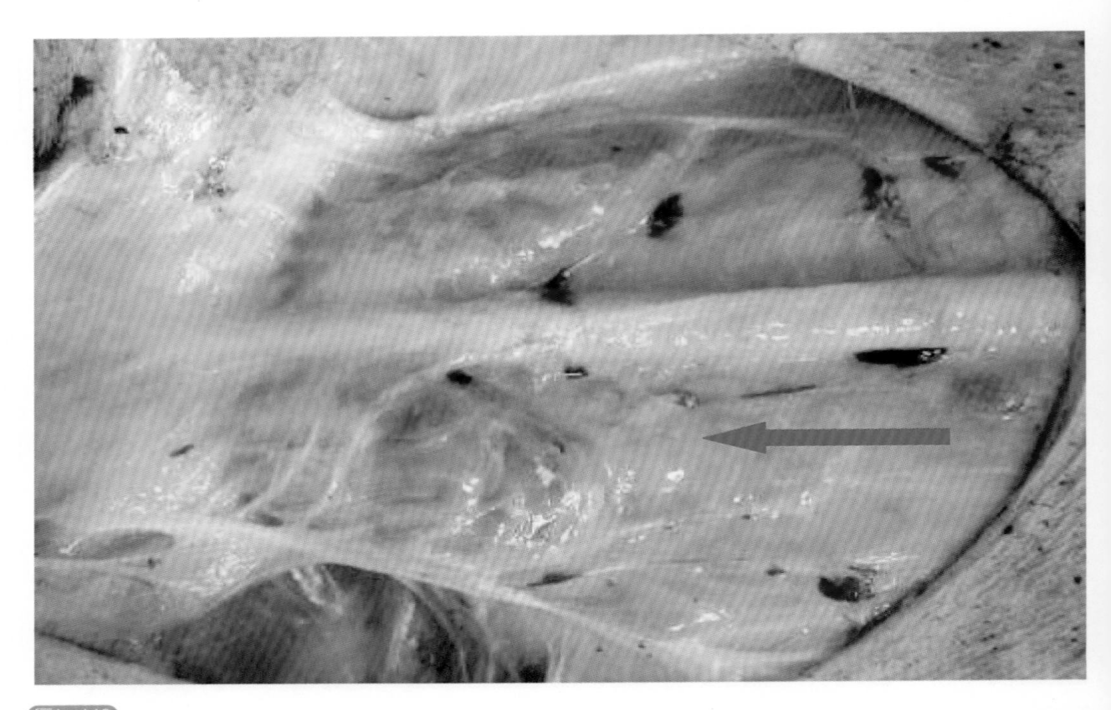

图1-442
猪副嗜血杆菌病的病理变化（11）

淋巴结肿大（箭头指示处）

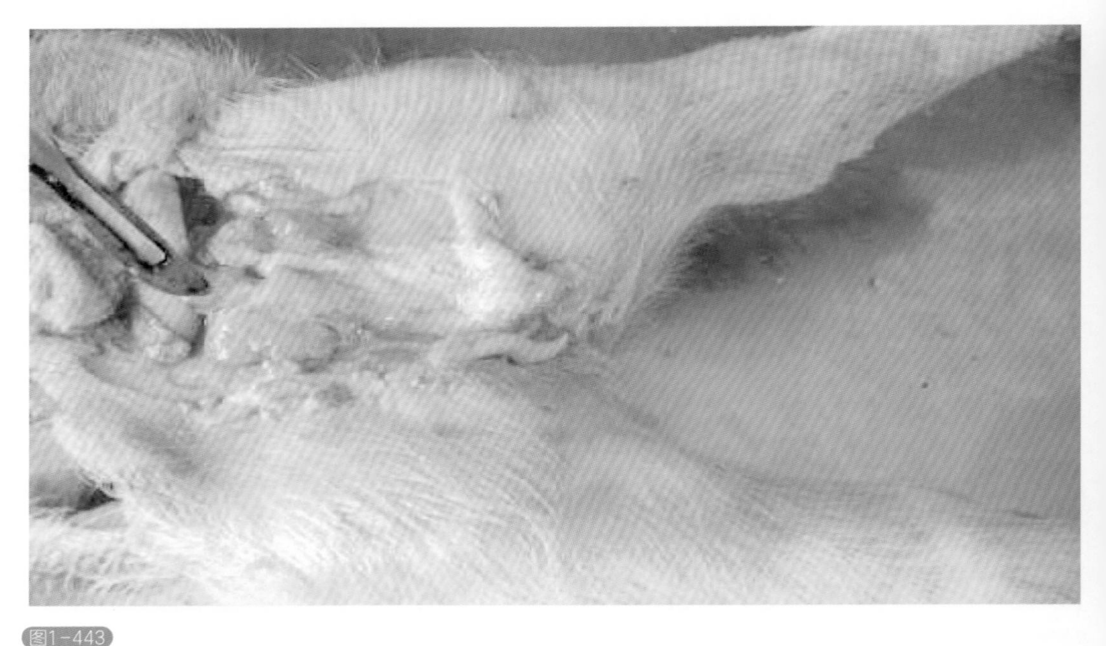

图1-443
猪副嗜血杆菌病的病理变化（12）

猪副嗜血杆菌引起的腹股沟淋巴结肿大

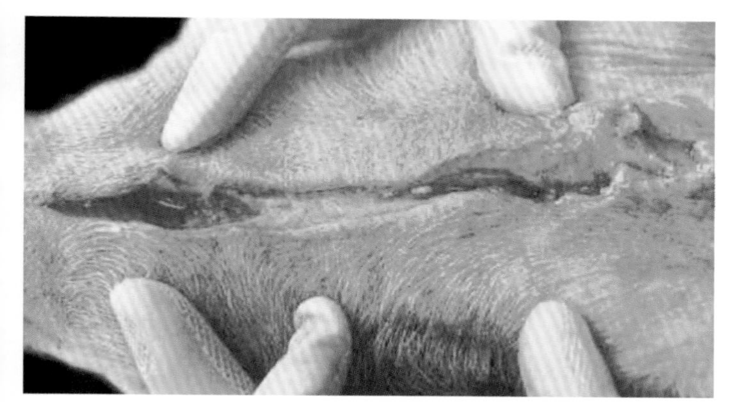

图1-444
猪副嗜血杆菌病的病理变化（13）

断奶死亡仔猪的颈部皮下水肿，患有纤维素性浆膜炎

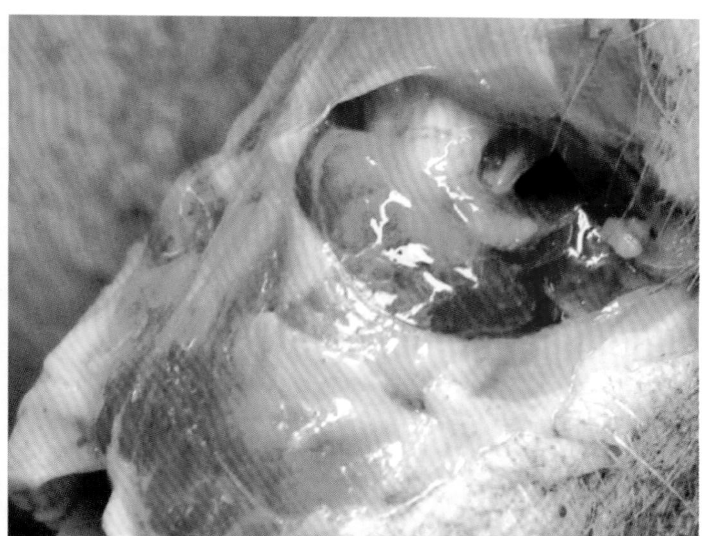

图1-445
猪副嗜血杆菌病的病理变化（14）

猪副嗜血杆菌引起的关节炎病变

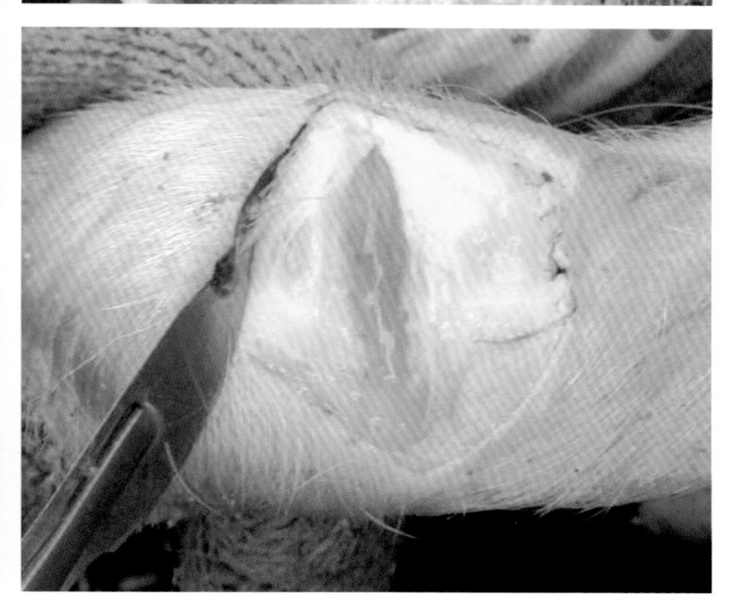

图1-446
副猪嗜血杆菌病的病理变化（15）

关节肿胀、有大量纤维素样渗出物

【诊断】

与链球菌病的区别：猪副嗜血杆菌病在关节炎这个症状上和链球菌引起的变化很容易混淆，一般链球菌引起的是化脓性关节炎，肿大的关节触摸有波动感、内部有脓汁，而猪副嗜血杆菌病的关节炎触摸无波动感、无脓汁。

【防治措施】做好猪场的生产管理，加强卫生消毒，使得猪群常年处于良好的免疫状态，可有效地防止猪副嗜血杆菌病在猪场的发生。

（1）预防　主要是加强饲养管理，改善环境条件。由于本病属于十分典型的条件性疾病，所有的应激性因素都可能是本病的诱因，所以，要消除各种应激因素，尽可能控制其他疾病的流行，这样本病的发生率和死亡率就会大大降低。

① 最好实行隔离饲养管理：在疾病流行期间有条件的猪场，仔猪断奶时可暂不混群，对混群的一定要严格把关，把病猪集中隔离在同一猪舍进行饲养管理。

② 严格消毒：发病后彻底清理猪舍卫生，先把圈舍打扫冲洗干净，再用2%氢氧化钠水溶液喷洒猪圈地面和墙壁，2h后再用清水冲洗干净（图1-447～图1-449）。

图1-447
猪床用高压水枪喷洒清洗

图1-448
猪舍地面用高压水枪冲刷

图1-449
猪舍用消毒药液喷洒消毒

③ 减少应激：在猪群断奶、转群、混群或运输前后可在饮水中加入电解质、维生素C粉，让猪饮水5～7d，以增强猪机体抵抗力，减少应激反应。

④ 合理使用菌苗：应用猪副嗜血杆菌多价灭活苗能取得较好效果，能有效避免小猪的早期发病，降低复发的可能性。

母猪：初免猪产前40d一免，产前20d二免。经免猪产前30d免疫一次即可。

小猪：受本病威胁的猪场，小猪也要进行免疫。仔猪免疫一般安排在7～30日龄内进行，每次1mL，最好一免后过15d再重复免疫一次，根据猪场发病日龄推断免疫时间，二免距发病时间要有10d以上的间隔。

（2）治疗　科学合理地使用抗生素，用敏感的抗生素进行隔离治疗，有很好的效果。

① 发病猪大剂量肌注抗生素：可用硫酸卡那霉素注射液，按照20mg/kg，每日肌注1次，连用5～7d。

② 抗生素拌料：一旦出现临床症状，应立即采取抗生素拌料的方式对整个猪群进行治疗。大群猪可口服土霉素纯原粉，30mg/kg，每日1次，连用5～7d。

③ 应用纤维素溶解酶：在应用抗生素治疗的同时，口服纤维素溶解酶，可快速清除纤维素性渗出物，缓解症状，控制猪群死亡率。

11. 猪坏死杆菌病

猪坏死杆菌病是由坏死杆菌引起的猪等动物的一种创伤性传染病。本病的特征是在损伤的皮肤、皮下组织、口腔和胃肠道黏膜发生坏死，并可在内脏器官形成转移性坏死灶。本病一般为慢性经过，多为散发，有时表现为地方流行性。

【病原体】坏死杆菌为多形性的革兰染色阴性菌，呈球杆状或短杆状，在病变组织或培养基中常呈长丝状，无荚膜、鞭毛，不形成芽胞。

本菌为严格厌氧菌，能产生多种毒素。对理化因素抵抗力不强，加热65℃ 15min死亡，煮沸1min即可杀死，直射日光8 ～ 10h可杀菌，但在粪便中可存活50d，在被污染的土壤和有机质中能存活较长时间。常用消毒药液，如3%克辽林、3% ～ 5%煤酚皂溶液、0.5%石碳酸、1%福尔马林、1%高锰酸钾，在5min可杀死。本菌对青霉素、氯霉素、四环素、多黏菌素和磺胺类药物敏感。

【流行病学】坏死杆菌可侵害多种动物，以猪、牛最易感，人也可以感染。病猪和带菌猪为主要传染源。病猪的肢蹄、皮肤、口腔黏膜发生坏死性炎症时，病菌随着患部的渗出物、分泌物和坏死组织污染周围环境进行传染。健康猪的粪便中可带菌，起着传播的媒介作用。

本病主要经过损伤的皮肤和黏膜而感染。常发在每年的5 ～ 10月，环境卫生差的猪舍。一般呈散发或地方流行，常与口蹄疫、猪痘、仔猪副伤寒、猪瘟等并发或继发。当猪的圈舍拥挤、车船运输，甚至猪只合群并圈时，因相互咬斗、踩踏造成外伤感染。母猪可因乳房受伤感染。新生仔猪可通过脐带感染。仔猪可因生齿而感染。

【临床症状】猪坏死杆菌病可因感染的途径和部位不同，临床表现也有不同。总的来说，育肥猪或架子猪发生最多，仔猪次之，母猪发生最少。常见以下症状。

（1）坏死性皮炎　这类型的特征性症状为：在猪的颈、胸、背、臀、尾、耳、四肢下部等的皮肤及皮下发生坏死和溃疡。病初为皮肤上突起小丘疹，局部发痒，全身或躯干、背部大块皮肤表面盖有一层质硬的干痂，痂皮下组织发生坏死，形成较大的囊状坏死区。呈干性坏死，如盔甲样覆盖体表，最后可能脱离猪的背部。痂皮下的坏死组织腐烂，积有大量灰黄色或灰棕色恶臭液体，并可从坏死皮肤破溃处流出，最后皮肤发生溃烂。少数严重病例，坏死深达肌肉，甚至深及骨骼。

病猪四肢发病时高度跛行。如果病变较轻，全身病症不明显，经及时而有效的治疗，病猪可以治愈。如果坏死转移到内脏器官，则发生转移性坏死灶。

母猪还可以发生乳头和乳房皮肤坏死，甚至乳腺坏死，并出现相应的临诊表现。

（2）坏死性口炎　坏死杆菌侵害受伤的口腔黏膜时，可发生坏死性口炎，以仔猪多发。病初仔猪厌食、体温升高、流涎、口臭和流鼻液。检查口腔时，可见舌、齿龈、上颌、颊部、喉头等处黏膜有假膜形成，灰褐色或灰白色，易剥脱，剥离后可见不规则的溃烂面，容易出血。发生在咽喉部时，病猪不能吃食和吞咽，呼吸困难，下颌水肿（图1-450）。如果病变蔓延到肺部或坏死物被吸入肺内，可形成化脓性肺炎，常导致病猪死亡。

（3）坏死性肠炎　表现为严重腹泻、病猪逐渐消瘦等全身症状。常可排出带脓性的黏稠稀便，或混杂坏死黏膜，恶臭。剖检死猪时，可见肠道黏膜坏死和溃疡，溃疡表面覆盖坏死假膜，剥离后可见大小不等的不规则的溃疡灶。

（4）坏死性蹄炎　此型多是由于猪舍潮湿、粪污、泥泞，且有某种刺扎伤时，才可能发生。病猪蹄部坏死、溃烂，跛行或不能站立，重者导致蹄匣脱落，最后被淘汰。

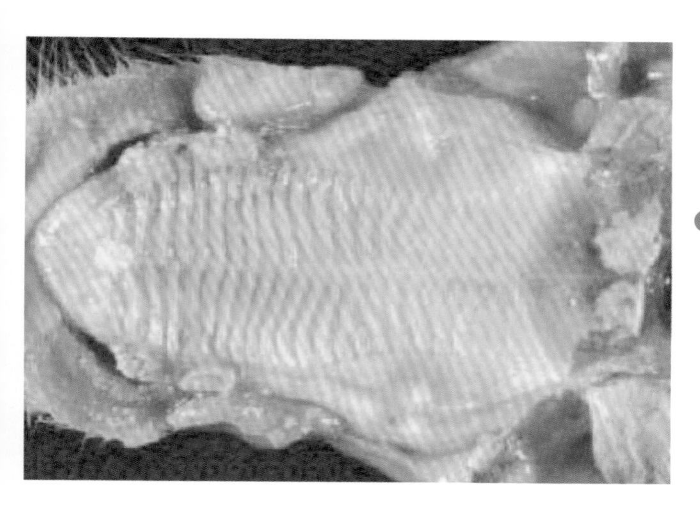

图1-450
猪坏死杆菌病的临床症状

哺乳仔猪的牙龈、硬腭和咽喉出现坏死灶

【诊断】根据临床上各部位的特征性表现和坏死部位病变，以及特殊臭味和相应的机能障碍，再结合猪发病的流行病学特征，可初步做出疑似诊断。确诊需进行实验室检查。

【防治措施】

（1）预防　防止本病的关键是避免猪的皮肤和黏膜发生损伤。要求饲养人员做好平时的饲养护理工作，搞好环境卫生和消毒；及时清除粪便，保持圈舍清洁、干燥，定期消毒，人员及车辆的出入必须经过门口的消毒池（图1-451 ～图1-452）；避免拥挤，防止猪只相互咬斗和发生外伤；注意观察猪群，一旦发现猪有外伤时，应及时进行治疗。

发病的猪舍，要清除猪圈污水、污物，并进行严格的消毒。病死猪及病猪的腐败组织应及时深埋，其上撒盖漂白粉或生石灰。

（2）治疗　一旦发现猪只患病，应及时隔离治疗，主要是局部治疗，并配合全身疗法。局部治疗按照外科方法处理坏死创口。将病猪隔离在清洁干燥的猪圈内，根据病变的部位不同，进行局部处理。

① 如果是蹄部病变，可用清水冲洗患部，除去坏死组织，再用1%高锰酸钾或3%煤酚皂溶液或3%过氧化氢等药物冲洗、消毒。然后涂擦5%龙胆紫，撒布磺胺药或涂上各种抗菌软膏。

② 如果是患坏死性口炎，用0.1%高锰酸钾冲洗口腔，然后涂上碘甘油或抗生素软膏，每日1 ～ 2次。

③ 如果是坏死性皮炎，可用5%高锰酸钾溶液或3%过氧化氢溶液冲洗，然后清除局部坏死痂皮和坏死组织，局部涂抹5%碘酊，或磺胺药粉等。

全身治疗主要是控制病情，防止继发感染。可注射土霉素、四环素、青霉素和磺胺类等抗菌消炎药物。此外，还应配合强心、补液、解毒等对症疗法。

图1-451
猪场工作人员经过消毒池

图1-452
工作人员经过猪场大门口消毒槽

12.仔猪梭菌性肠炎

仔猪梭菌性肠炎又叫仔猪红痢或仔猪传染性坏死性肠炎，是由C型魏氏梭菌（也叫C型产气荚膜杆菌）引起的初生仔猪的急性传染病。本病是初生仔猪（主要是3日龄以内）的高度致死性肠毒血症。其特征是排出红色粪便，小肠黏膜弥漫性出血和坏死。本病发病快、病程短、致死率高，常常造成初生仔猪整窝死亡。目前已研制出仔猪红痢灭活菌苗，本病基本上得到了控制。

【病原体】仔猪红痢的病原为C型产气荚膜梭菌，也称C型魏氏梭菌。根据产生的毒素不同可分为A、B、C、D和E五个血清型。本菌革兰染色阳性，是梭菌属中较长的大杆菌，长4～8μm，宽1～1.5μm，菌体短粗，两端钝圆，单个、成对或短链排列。本菌能形成芽胞，芽胞大于菌体的宽度，位于菌体中央或偏端，呈椭圆形，似梭状，故名“梭菌”。

本菌为厌氧菌，生活的最适温度为37℃。能产生强烈的致死性毒素。其产生的毒素主要为α毒素和β毒素，特别是β毒素，它可引起仔猪肠毒血症和坏死性肠炎。

本菌广泛存在于自然界，通常存在于土壤、饲料、污水、粪便及人、畜肠道中。本菌繁殖体的抵抗力并不强，一旦形成芽胞，对热力、干燥和消毒药的抵抗力就显著增强。

【流行病学】在发病猪群中，C型魏氏梭菌常存在于一部分母猪的肠道中，随粪便排到体外而污染周围环境。初生仔猪将本菌的芽胞吞入消化道内而感染发病。

芽胞体在仔猪小肠中繁殖，并产生大量毒素，引起肠黏膜发炎、充血、出血或坏死。毒素通过肠壁吸收而引起毒血症，致使仔猪发病和死亡。本菌还可侵入肠道浆膜下和肠系膜淋巴结中，引起炎症，并产生气体。

本病主要发生在出生后1～3d以内的仔猪，1周龄以上的很少发病。同一猪群各窝仔猪的发病率不完全相同，发病率最高可达100%，病死率在50%～90%。一般不分季节和品种，但以冬春两季发病较多些。

【临床症状】根据病程的长短及发病的表现类型，本病可分为以下4种类型。

（1）最急性型　常在仔猪出生后数小时到1～2d突然发病，并很快死亡。本型病例的症状非常不明显，生病后吃奶及精神状态不好。常突然之间不吃奶，精神沉郁，不停拉稀而在虚脱或昏迷、抽搐状态下死亡。

（2）急性型　这是常见的类型。病仔猪不吃奶、精神沉郁、离群独处、怕冷、四肢无力、行走摇摆、腹泻、排出灰黄或灰绿色稀粪，后变为红褐色糊状，故称“红痢”。粪便很臭，常混有坏死组织碎片及多量小气泡（图1-453～图1-455）。体温一般不高，很少升到41℃以上。此型病程多为2d，大多数病仔猪在第3天死亡，甚至整窝仔猪全部死亡。

（3）亚急性型　病仔猪表现为持续下痢，病初排出黄色软粪，以后变为水样稀便，内含坏死组织碎片。病仔猪消瘦、虚弱、脱水，最后死亡。病程通常为5～7d。

图1-453
仔猪梭菌性肠炎（仔猪红痢）（急性型）的临床症状（1）

病猪虚弱、血痢、后躯沾染带有血液的稀粪

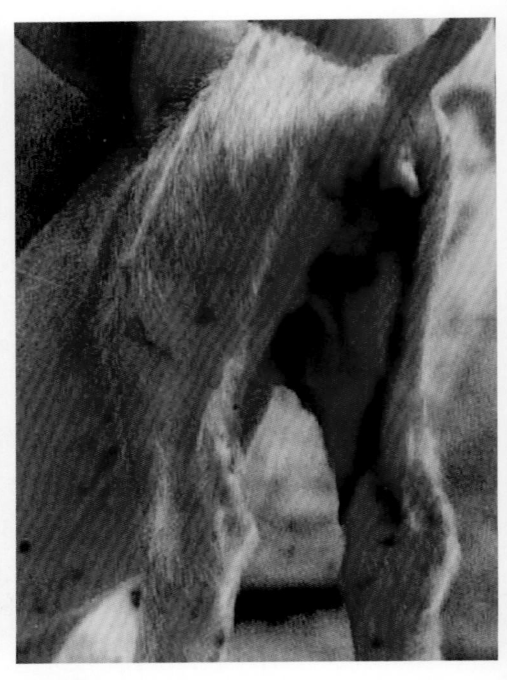

图1-454
仔猪梭菌性肠炎（仔猪红痢）（急性型）的临床症状（2）

仔猪瘦弱，排出的粪便呈浅红色或红褐色

图1-455
仔猪梭菌性肠炎（仔猪红痢）（急性型）的临床症状（3）

仔猪的粪便呈浅红色或红褐色，或含坏死组织碎片或含有气泡

（4）慢性型　病猪呈间歇性或持续性腹泻，病程在1～2周或以上。排出黄灰色、黏糊状粪便。尾部及肛门周围有粪污黏附。病仔猪逐渐消瘦，生长发育停滞，最后死亡或被淘汰。

【病理变化】不同病程的死亡仔猪，其病理变化基本相似，只是由于病程长短不同，病变的程度有差异。

典型的病理变化在空肠，有的可波及回肠。剖开腹腔后，可以清楚地看到某一小肠段（多数在空肠）呈深红至黑紫红色，病变和正常肠段两端界限明显。剪开肠管可见肠腔内充有红黄色或暗红色内容物，其内混杂多量气泡，肠黏膜潮红、肿胀、出血，甚至出现灰黄色麸皮样坏死（图1-456～图1-459）。病程稍长的病例，肠管以坏死性变化为主，肠管壁变厚，肠黏膜上附有黄色或灰色坏死假膜。有些病例在肠浆膜下及肠系膜内积有数量不等的小气泡。肠系膜淋巴结肿大或出血。腹腔内有多量红黄色积液。有的病例可见到胸腔积液及心包液增多，心外膜出血。肝淤血或出血，色泽深浅不均，质较脆，脾脏边缘和肾皮质部有小出血点。

【诊断】仔猪红痢的流行特点、临床症状和病理变化都很典型，故较容易做出诊断。

（1）发生时间　主要发生于3日龄以内的新生仔猪。

（2）临床症状　出血性下痢，排出浅红或红褐色稀粪，或混合坏死组织碎片；发病急剧，病程短促，死亡率极高。

图1-456
仔猪梭菌性肠炎（仔猪红痢）的病理变化（1）

病猪的肠管呈深红至黑紫红色，病变和正常肠段两端界限明显

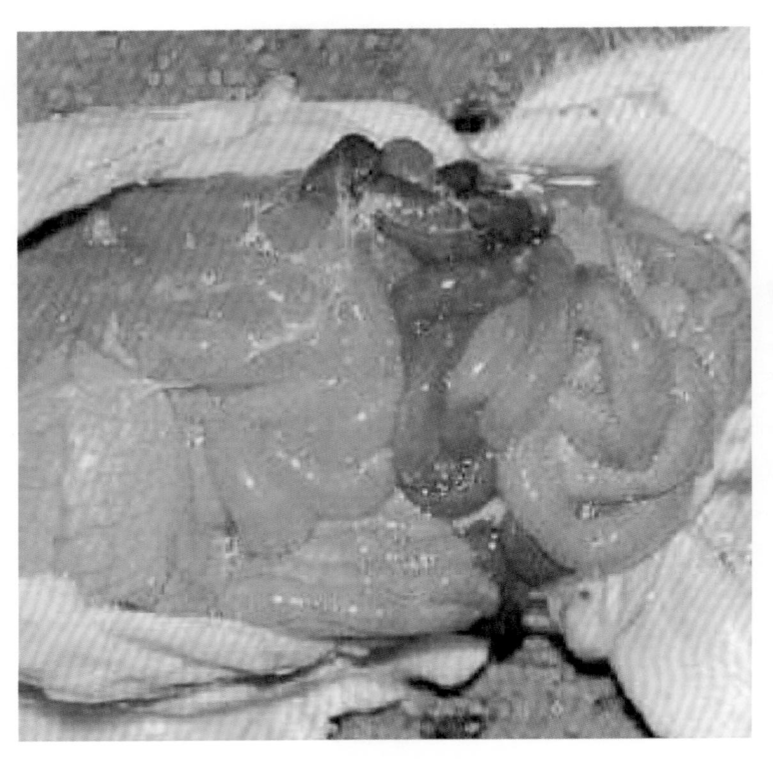

图1-457
仔猪梭菌性肠炎（仔猪红痢）的病理变化（2）

小肠出血，空肠段黏膜充血、出血，浆膜呈暗红色，肠内容物为红褐色或黑褐色，下层混杂有成串的小气泡，有黏膜坏死

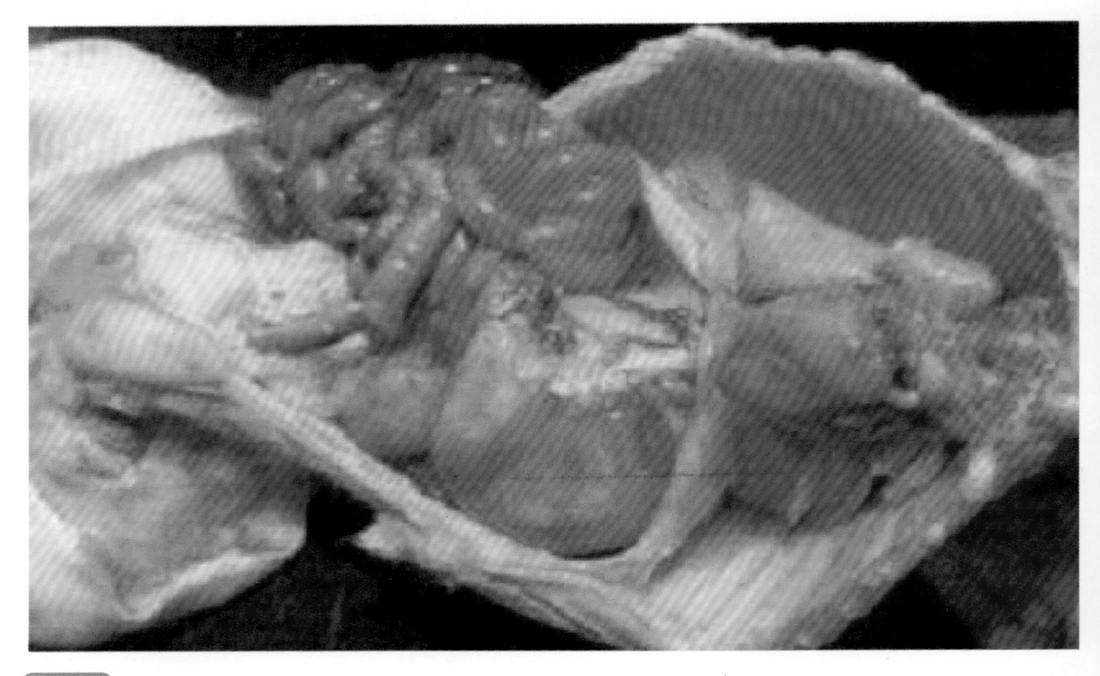

图1-458
仔猪梭菌性肠炎（仔猪红痢）的病理变化（3）

肠道的浆膜潮红，回肠段充满气体

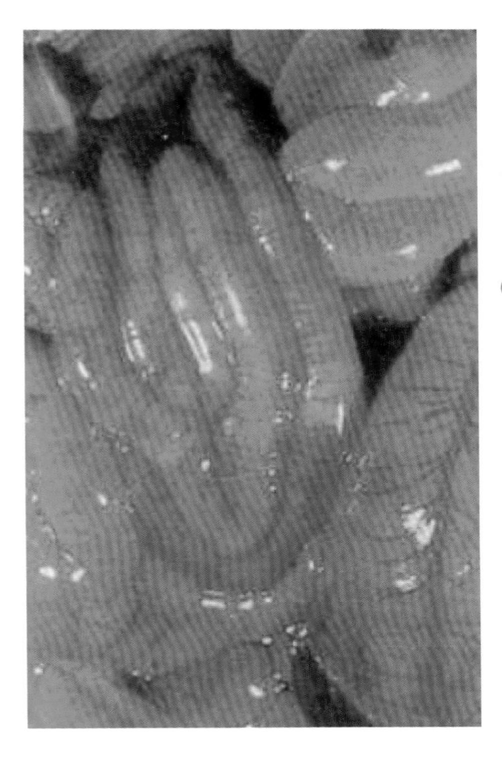

图1-459
仔猪梭菌性肠炎（仔猪红痢）的病理变化（4）

病仔猪肠黏膜充血，肠道内充气，肠腔中充满水样粪便，小肠黏膜（特别是空肠黏膜）红肿，有出血性或坏死性炎症病变

（3）病理变化　小肠特别是空肠黏膜红肿，有出血性或坏死性炎症；肠内容物呈红褐色并混杂小气泡，肠壁黏膜下层、股长层及肠系膜有灰色成串的小气泡；肠系膜淋巴结肿大或出血。这些都是本病的诊断特征。

如果需要确诊，还要进行细菌学及毒素的检查，这是实验室诊断可靠的依据。

同时还要注意仔猪红痢、仔猪白痢与传染性胃肠炎的鉴别诊断（表1-2）。

表1-2　仔猪红痢、仔猪白痢与传染性胃肠炎的鉴别诊断

项目	病名		
	仔猪红痢	仔猪白痢	传染性胃肠炎
病原体	魏氏梭菌	大肠杆菌	冠状病毒
发病年龄	仔猪，特别是1～3日龄的仔猪	1日龄仔猪	各种年龄的猪
病理变化	以空肠变化为主，呈出血性炎症	以十二指肠变化为主，十二指肠卡他性炎症、出血性炎症	胃肠黏膜卡他性炎症
流行病学	散发	发病率及死亡率较高	发病率高，仔猪死亡率高
治疗效果	一般来不及治疗	一般来不及治疗	治疗效果不明显

【防治措施】由于本病发病快、病程短，发病仔猪日龄又小，发病后用抗菌药物或化学药物治疗往往收不到好的效果，因此，对本病的预防应重点做好平时的综合防治工作。

（1）免疫注射　预防本病最有效的方法是免疫妊娠母猪，使新生仔猪通过吮食初乳而获得被动免疫，从而预防仔猪红痢的发生。

具体方法是：在发病猪群中，对怀孕母猪于产前1个月和产前半个月各肌内注射1次仔猪红痢氢氧化铝灭活菌苗，剂量为5～10mL。如前胎已用过本病疫苗，以后再产仔时，可于产前半个月注射3～5mL，能使母猪产生坚强的免疫力。初生仔猪可从免疫母猪的初乳中获得抗体，对仔猪的保护力几乎可达100%，基本上可杜绝本病的发生。

（2）搞好猪舍及周围环境的清洁卫生及消毒工作　特别是产房要清扫干净，并用消毒药液进行消毒。临产前做好接产准备工作，母猪奶头和体表要用清水擦干净，或用0.1%高锰酸钾液擦拭消毒乳头，以减少本病的发生和传播。

（3）发病猪场的预防　在发生本病的猪场，可在仔猪出生后，用抗生素类药物（如青霉素、链霉素、土霉素等）进行预防性口服，连用2d。

（4）病仔猪的治疗　可用青霉素10万IU和链霉素100mg，调成糊状，抹入仔猪舌根部，让其吞服，连用2～3d。也可用其他抗菌药物与止泻药物配合治疗。

（5）抗红痢血清治疗　有条件的单位，仔猪出生后用抗C型产气荚膜梭菌血清预防和治疗，可获较好效果。出生后按每千克体重3mL肌内注射预防，可获得良好的保护。

13.猪增生性肠炎

猪增生性肠炎（PPE）又称为坏死性肠炎、增生性出血性肠炎、增生性回肠炎、局域性肠炎以及肠腺瘤病等。本病是由细胞内劳森菌感染而引起的猪的一种综合征，以回肠和结肠隐窝内未成熟的肠细胞发生腺瘤样增生为特征的猪的接触性肠道传染病，是一种以保育猪或育肥猪出血性、顽固性或间歇性下痢为特征的消化道疾病。主要发生于6～9月龄的育肥猪。

目前，我国各地关于增生性肠炎的报道日益增多，在规模化猪场中的发病率正在逐年上升，而且呈蔓延态势。

【流行病学】

（1）易感猪　本病多发于国外引进的品种，尤其是大白、长白猪品种及其后代。主要是断奶仔猪，尤其是6～9周龄生长育肥猪。

（2）传染源　病猪和带菌猪的粪便是该病的主要传染源。

（3）传播途径　本病可通过粪便在猪只之间经消化道水平传播。啮齿类动物可作为本病的传播媒介。

（4）流行特点　本病的病程可能超过一个月或更长的时间。发病率在5%～40%不等，死亡率一般为1%～10%，若引起继发感染，死亡率可高达40%～50%。

各种应激因素可促进本病的发生，如转群或混群、热应激、昼夜温差过大、湿度过大、密度过高、天气突然变化、频繁接种疫苗、饲喂发霉饲料等因素均可以促发增生性回肠炎。

【临床症状】本病的潜伏期为2～3周。根据临床症状可分为以下3种类型，即急性出血性回肠炎（PHE）、亚临床型回肠炎和慢性型回肠炎（PIA）。

（1）急性型出血性回肠炎　急性出血性回肠炎多发于育肥猪或种猪，常呈群发，且发生在一些应激刺激之后，如转群、混群等。主要表现为血色水样下痢，类似于煤焦油样。病程稍长时，排沥青样黑色粪便或血样粪便，后期转为黄色稀粪。病猪的死亡率可达50%以上，康复的猪能很快恢复，体况变化不大。

（2）亚临床型回肠炎　主要发生于保育猪的后期及生长猪阶段。主要包括两种病症。第一种是下痢；第二种是增重缓慢。猪体内虽然有病原体存在，却无明显的临床症状，也可能发生轻微的下痢，生长速度和饲料利用率明显下降。表现为同一猪栏内不时出现几头腹泻的猪。病猪的粪便软，稀薄不成形，多呈水泥样灰色，也有呈黄色的。这些猪虽然采食量正常，但生长速度缓慢，猪的增重参差不齐。

（3）慢性型回肠炎　本型较为常见，多见于6～12周龄的生长猪，10%～15%的猪只出现临床症状，大多可在发病后的4～6周恢复。主要表现为食欲不振或废绝；精神沉郁或昏睡；间歇性下痢，粪便变软、变稀而呈糊状或水样，颜色较深，有时混有血液或坏死组织碎片。病猪消瘦，弓背弯腰，有的站立不稳，生长发育不良。病程长者可出现皮肤苍白，如果没有继发感染，有些病例在4～6周可康复。食欲恢复“正常”，但与正常猪相比平均日增重减少6%～20%，饲料转化率减少6%～25%。

【病理变化】本病以小肠及结肠黏膜增厚、坏死或出血为典型特征。有时可见小肠内有凝血块，结肠内有带血液的粪便。

（1）急性出血性回肠炎　回肠或大肠内出血性回肠炎，肠道内有血凝块，或尚未完全凝固的血液，外观似一条血肠（图1-460）。

（2）慢性及亚临床型回肠炎　可见回肠黏膜增生性病变。小肠的末端50cm处和结肠的前三分之一处的肠黏膜增厚。有的像“脑回样”。有的整个肠壁变厚、变硬，像一条胶管样。还有的可见到溃疡，肠黏膜表面覆盖有黄色、灰白色纤维素性渗出物，严重的可见坏死性肠炎（图1-461～图1-464）。

【防治措施】加强饲养管理，减少外界环境中各种应激因素的刺激，提高猪体的抵抗力。采用全进全出的饲养制度。对空猪舍栏彻底冲洗和消毒，并坚持一定的空栏时间，进出场区的车辆及人员要严格消毒（图1-465）。猪栏内外的粪便要清除干净，用消毒药对猪舍、猪体、饲槽、用具和周围环境进行消毒，每两天1次。

（1）药物预防　生长育肥阶段和新购入后备猪，在隔离适应期间应使用下列方法来预防本病。

① 泰乐菌素，按推荐剂量肌内注射，每天一次，连用3d。

② 氟苯尼考注射液+长效土霉素，混合后按每千克体重20mg肌内注射，每两天一次，连用3次。病重的猪可肌注恩诺沙星注射液+止泻药，按说明书的剂量进行肌内注射，每天一次，连用3d。

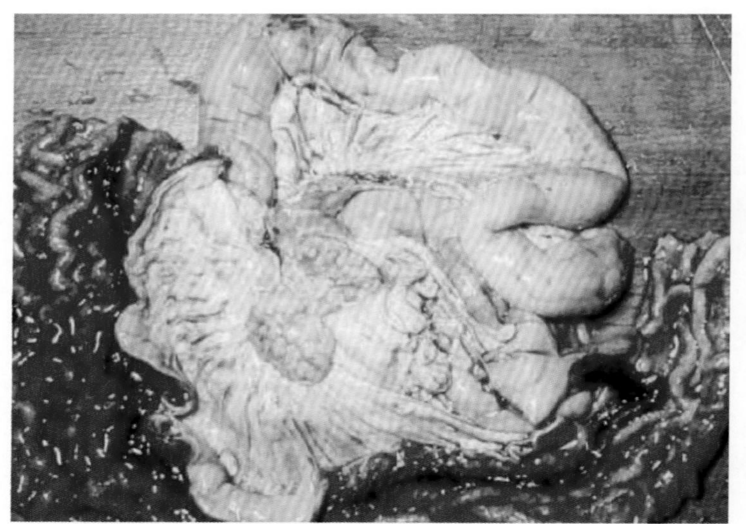

图1-460
猪增生性肠炎（急性型）的病理变化

急性出血性型病变，肠道内有尚未完全凝固的血液

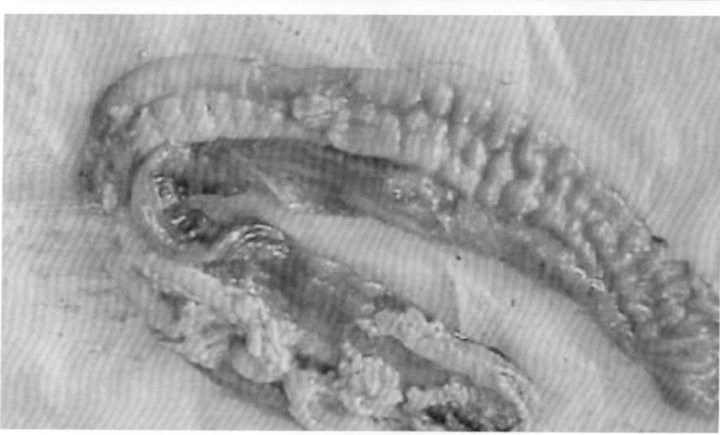

图1-461
猪增生性肠炎（慢性及亚临床型）的病理变化（1）

黏膜增厚、变硬，上有黄色纤维素性渗出物

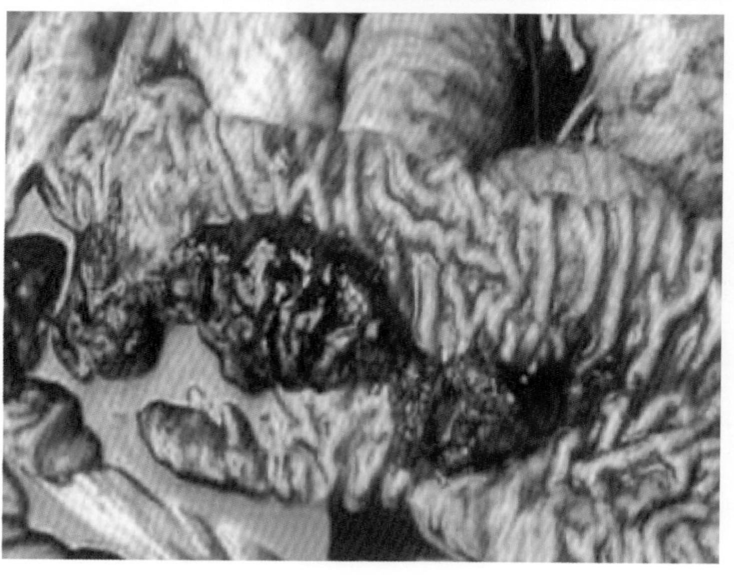

图1-462
猪增生性肠炎（慢性及亚临床型）的病理变化（2）

病猪肠腔内充满血性粪便

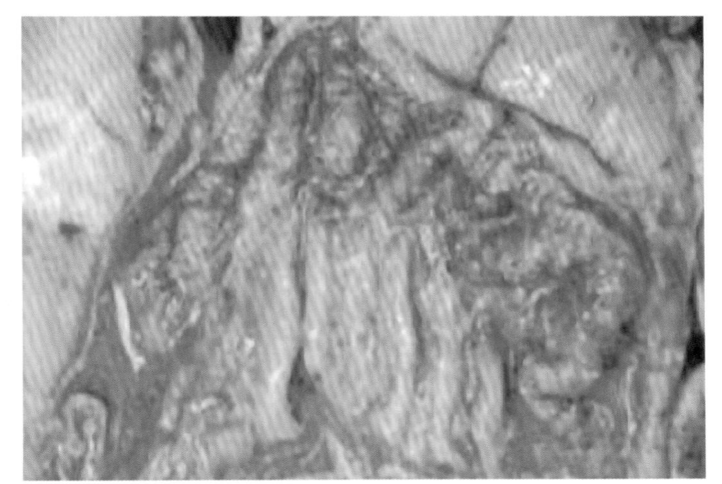

图1-463
猪增生性肠炎（慢性及亚临床型）的病理变化（3）

病猪结肠形成假膜，肠壁增厚

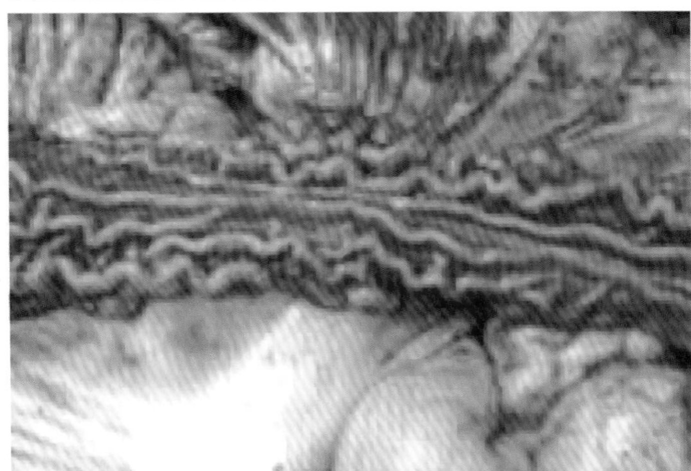

图1-464
猪增生性肠炎（慢性及亚临床型）的病理变化（4）

病猪回肠黏膜增生、出血

图1-465
车辆经过猪场门口设置的消毒池（池内的消毒液要及时更换）

③ 每天供给充足的饮水或口服补液盐（配方为氯化钠3.5g、小苏打2.5g、氯化钾1.5g、无水葡萄糖20g，添加到1000mL水中），可增加机体的电解质，保持酸碱平衡，增强抗病能力，促进生长发育，防止脱水。

（2）治疗　首选药物是支原净（泰妙菌素），一般是每千克体重10mg，肌内注射，每天2次，连用2～3d。也可用支原净饮水，每升水60mg，连用5d。

对尚无临床症状的同群假定健康猪，按剂量在饲料中添加氟苯尼考粉，连用5d后停药，再在日粮中添加庆大霉素粉，连喂5d。

采用上述综合防治措施的猪群，疫情一般都能得到控制，出现临床症状的猪95%可以康复。同时可有效地预防同群猪中新病例的发生。

14.猪渗出性皮炎

猪渗出性皮炎又称脂溢性皮炎或"煤烟病"，群众俗称为"油皮猪"。这是一种以皮肤油脂样渗出、表皮脱落、小水疱形成以及体表痂皮结壳为特征的高度接触性传染病。本病没有明显的季节性，但多发于高温季节，是由葡萄球菌严重感染而引起的疾病。主要感染初生哺乳仔猪和刚断奶仔猪。

近年来，本病在个别猪场偶有发生，呈散发，但由于发病次数少，往往被误诊为疥癣或维生素A缺乏症，延误了正确治疗时间，造成较严重的损失。

【流行病学】由于猪的汗腺极不发达，基本上不出汗。猪主要是通过口、鼻呼吸散热，皮肤组织通过毛孔呼吸的能力特别弱。如果又有葡萄球菌的感染发生，对猪的影响就更严重。

本病一般都是发生在养殖环境条件非常差的猪场，主要侵害哺乳仔猪，尤其是刚出生3～5d的仔猪发病率高。传染迅速、死亡率也高，因此对产房及临产母猪应清洗、消毒，产舍应保持干净、干燥、通风。刚出生的仔猪应将体表黏液擦干净，放在松软的干草等垫料上。

本病的感染传染快、死亡率高、治愈率低。一般只要有一头仔猪发病，1～2d后便会波及全窝，3～5d扩散到几窝或整个产仔舍，感染传染很快，治愈率低，死亡率高。本病耐过后或痊愈后，猪只的生长速度严重受阻，有的成为僵猪，造成巨大的经济损失。在冬春季节或低温条件下，严重病例从发病到死亡最快的时间可能才24h。

【临床症状】哺乳期仔猪在哺乳的第3～5d突然发病，断奶仔猪也偶有发病。初期在仔猪的吻突、眼睑及全身出现点状红斑、水疱（图1-466～图1-467），之后转为黑色。接着全身渗出油性、黏性滑液，严重时伴有血液渗出，呈铁锈色，气味恶臭，然后黏液与被毛一起干燥，结块贴于皮肤上（图1-468）。后期皮肤结痂、溃疡，形成黑色痂皮，甚至遍布全身，外观像全身涂上了一层煤烟，龟裂处有黏液渗出（图1-469～图1-473）。后病情更加严重，有的仔猪不会吮乳、呼吸困难、不能站立、震颤衰弱、脱水，有的出现四肢关节肿大，有的出现皮肤增厚、干燥、龟裂，最后患败血症死亡。

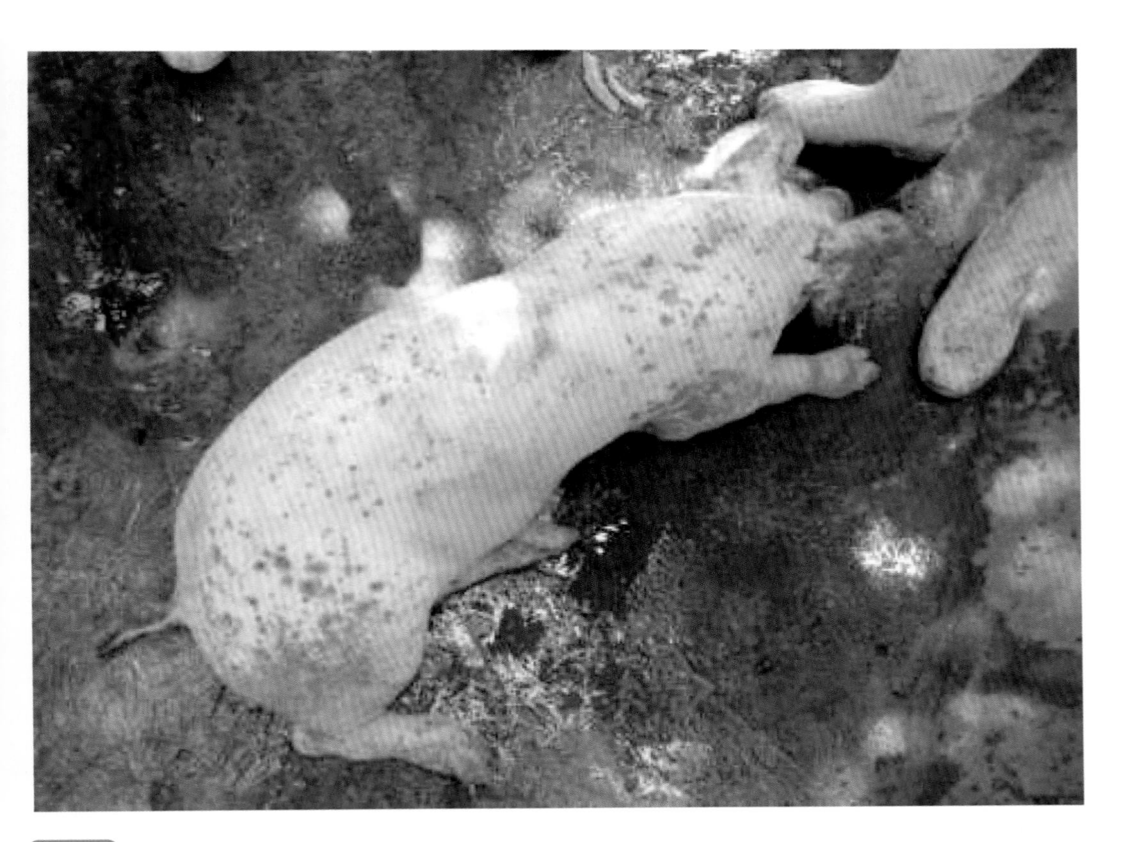

图1-466
猪渗出性皮炎的临床症状（1）

感染严重的病猪，在耳部、全身出现的红斑

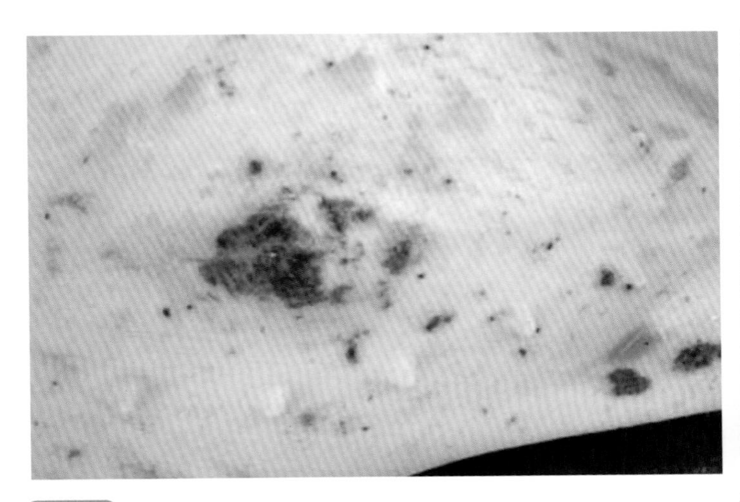

图1-467
猪渗出性皮炎的临床症状（2）

感染严重的病猪，在腹部出现的红斑

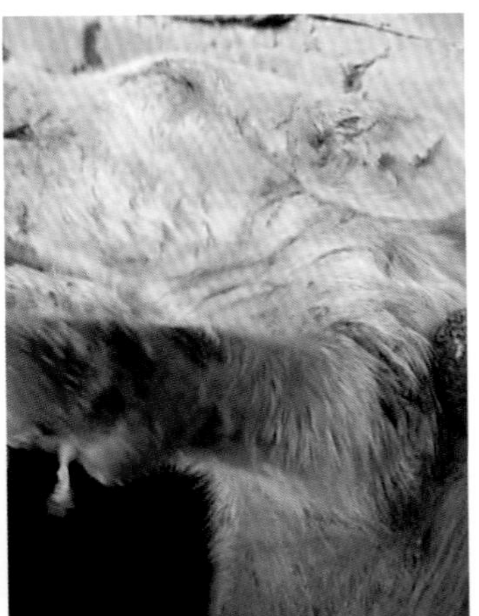

图1-468
猪渗出性皮炎的临床症状（3）

全身皮肤黏液渗出增多，以至于把皮肤和毛粘在一起

图1-469
猪渗出性皮炎的临床症状（4）

病仔猪全身油性、黏性滑液渗出、气味恶臭，然后形成结块贴于皮肤上，形成黑色痂皮，外观像全身涂上了一层煤烟

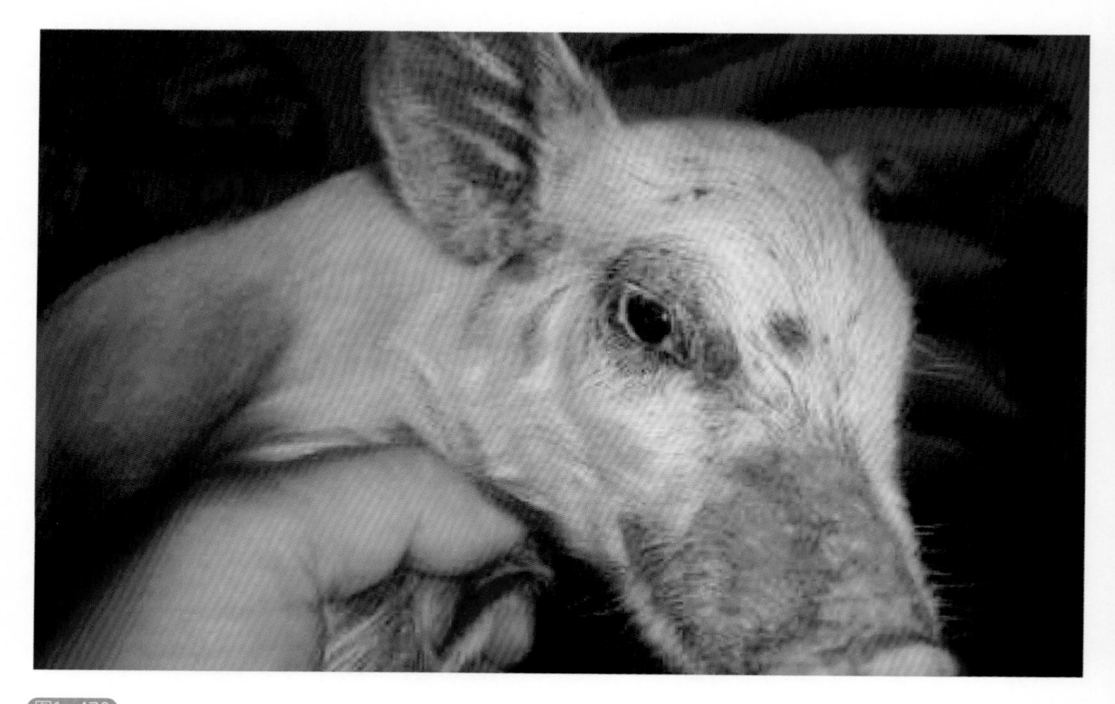

图1-470
猪渗出性皮炎的临床症状（5）

病仔猪黏液渗出严重，伴有血液渗出，呈铁锈色

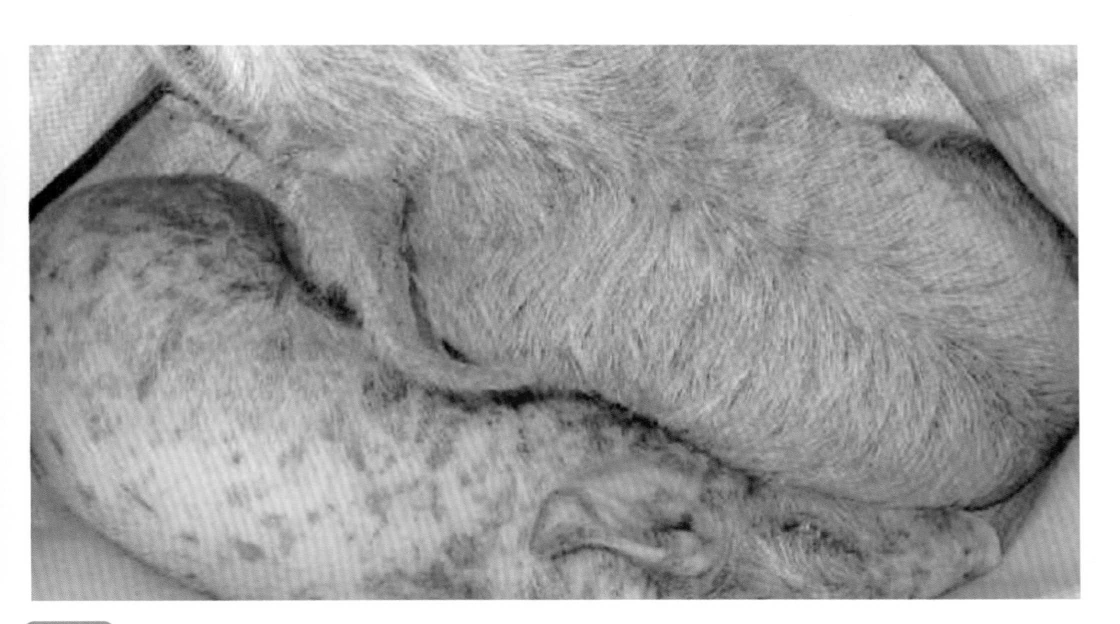

图1-471

猪渗出性皮炎的临床症状（6）

病仔猪皮肤渗出液增多，出现点状红斑，后转黑色，呈铁锈色，接着全身油性、黏性滑液渗出，后期皮肤呈现脓性溃烂，用手一摸，皮很容易脱下来

图1-472

猪渗出性皮炎的临床症状（7）

病猪高烧、寒战、怕冷、挤堆。病猪皮肤渗出液增多，并伴有血液渗出，呈铁锈色

图1-473
猪渗出性皮炎的临床症状（8）

病猪全身皮肤有油性、黏性滑液渗出物，渗出物遍布全身，与皮毛结合在一起，甚至变黑结痂

【病理变化】病猪全身黏胶样渗出，恶臭，全身皮肤形成黑色痂皮，肥厚干裂，痂皮剥离后露出桃红色的真皮组织（图1-474）。体表淋巴结肿大、输尿管扩张、肾盂及输尿管积聚黏液样尿液。

【诊断】根据临床症状、剖检病变以及本病只感染仔猪、母猪不发病，即可作出诊断。

【防治措施及方剂】加强日常管理，出入车辆及各种用具应严格消毒（图1-475）。一旦发病应及时严格隔离，病猪由专门的饲养员饲养，用具要与健康猪隔离使用。病猪栏及过道应彻底消毒。病猪采取相应治疗措施，减少损失。

（1）做好消毒工作　对病猪严格隔离，对病猪舍进行彻底消毒。产房消毒要规范、彻底，环境要干燥。接产的器具、人员要严格消毒，剪牙操作要细心，去势刀具要做好消毒，并做好伤口的处理工作（图1-476）。

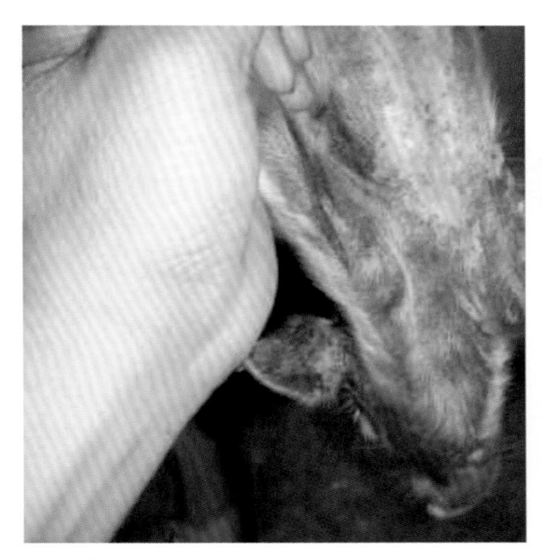

图1-474
猪渗出性皮炎的病理变化

病仔猪的皮肤渗出液增多，与皮毛形成痂皮，体表呈铁锈色

图1-475
猪渗出性皮炎的防治措施（1）

车辆经过消毒池

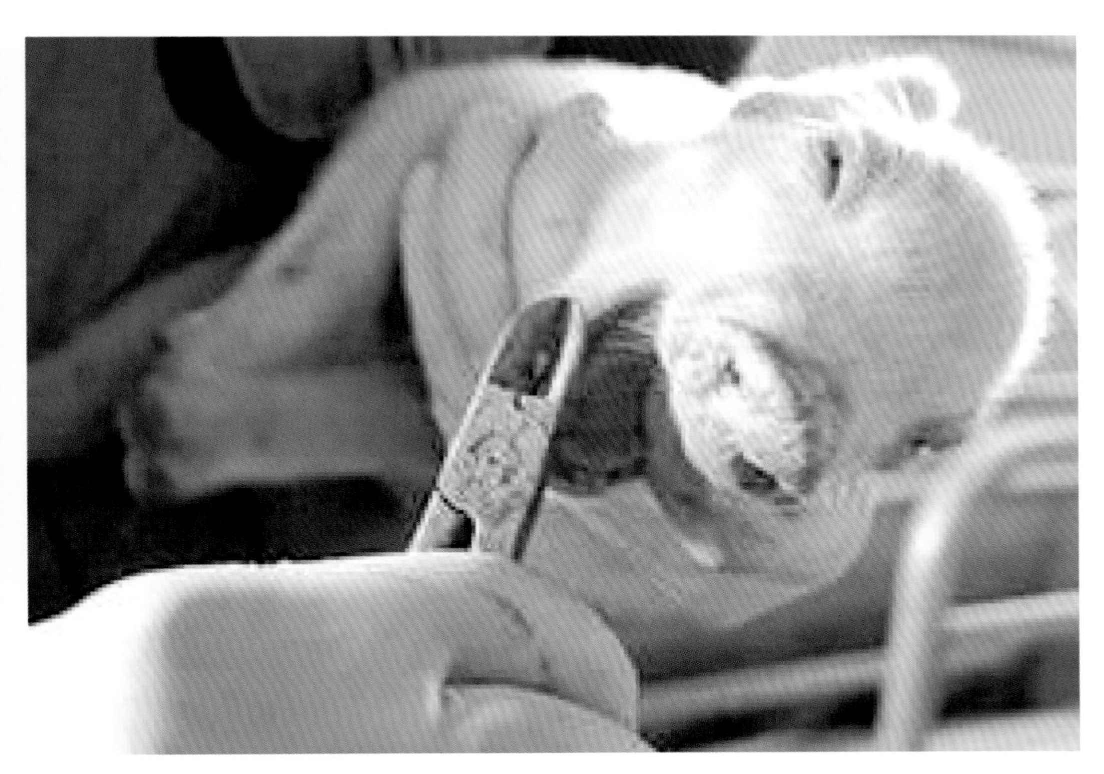

图1-476
猪渗出性皮炎的防治措施（2）

剪牙操作一定要规范、细心

（2）治疗　发病轻微的病猪，可用0.1%高锰酸钾水或用温的来苏水（40 ～ 45℃）浸泡发病仔猪身体1 ～ 2min，头部用药棉蘸高锰酸钾水清洗病灶，然后擦干、晾干，再涂上龙胆紫。直接涂上龙胆紫，效果也很好。伤口感染严重的用双氧水冲洗并涂抹碘酊，然后涂擦红霉素软膏。病情严重的，每头病猪用青霉素5万IU进行肌内注射，每天两次，连用3 ～ 5d。

（3）民间验方

第1 ～ 3d。用芝麻油（俗称香油）炸开，晾凉后兑土霉素400g，掺在香油里，之后对猪的身体一半一半地涂抹，这样不至于把全身覆盖得过于严密，影响其正常的生理功能。如果猪特别小，可在早上和晚上各涂抹一次，然后给它升温，切忌让小猪处于低温环境。

第4d。用洗洁精、洗发液清洗猪只全身，再用吹风机吹干全身。

第5 ～ 7d。用猪油掺土霉素涂抹3d。猪油能够修复死皮愈合伤口，但容易堵塞毛孔，所以3d后要彻底清洗。

第8d。全身清洗、吹干，同时注意保暖。

民间的这种处理方法非常有效，治疗后的皮肤溃疡基本全能愈合。

15. 猪李氏杆菌病

李氏杆菌病（Lister）是由李氏杆菌引起的一种人畜共患传染病。病猪发病后的主要表现为败血症或中枢神经系统障碍，以脑膜炎、败血症和单核细胞增多症、妊娠母猪发生流产等为主要特征。本病近年来发病率虽有所上升，但多呈散发。

【病原体】本病的病原体是李氏杆菌，革兰染色阳性。本菌对周围环境的抵抗力很强，在土壤、粪便、干草上能生存很长时间，也能耐酸碱，但常用的消毒药均能将其杀死。

【流行特点】本病多呈散发，症状与病理变化都不够典型。但易感动物种类却很多，几乎各种家畜、家禽都可感染，人也易感。主要通过患病猪的呼吸道、消化道的分泌物及排泄物而传播，此外还可以通过损伤的皮肤发生传播。本病的发生有一定的季节性，多发于冬季和早春。发病率低，但死亡率高。

【临床症状】本病的潜伏期较长，一般为2 ～ 3周，长的甚至可达2个月。多发生于哺乳仔猪。根据症状的不同，可分为以下两种类型。

（1）败血症型　本型多发于仔猪。表现为突然发病，体温41℃以上，高度沉郁、不吮乳、少食或不食、口渴、呼吸困难、咳嗽、腹泻。皮肤发紫，耳、腹部的皮肤出现紫红色出血斑点。粪便干燥或腹泻，尿量少，后期体温下降。有的可出现神经症状，发病1 ～ 3d死亡，死亡率高。

（2）脑膜炎型　本型多发于育肥猪。一般体温正常，病初意识障碍，兴奋，共济失调，无目的行走或转圈，发抖和摇摆症状，或不自主后退，或头抵地不动呆立。有的头颈后仰，前肢或四肢张开，出现典型的“观星”（抬头望月）症状。后期肌肉震颤，有的发生阵发性痉挛，步态强拘。有的则发生两前肢或四肢麻痹，严重的倒地不起，不能起立，或拖地行走，四肢呈游泳状划动，抽搐、口吐白沫，遇刺激时则出现惊叫（图1-477）。怀孕母猪出现流产症状。病程一般1～4d，长的7～9d。

【病理变化】死于神经症状的病猪，脑及脑膜充血、水肿，脑脊髓液增多、稍浑浊，脑干变软，有小化脓灶（图1-478）。

死于败血症的猪，肺充血、水肿。气管及支气管有出血性炎症，心内膜、外膜出血，胃及小肠黏膜充血，肠系膜淋巴结肿大，肝脏有灰白色小坏死灶。

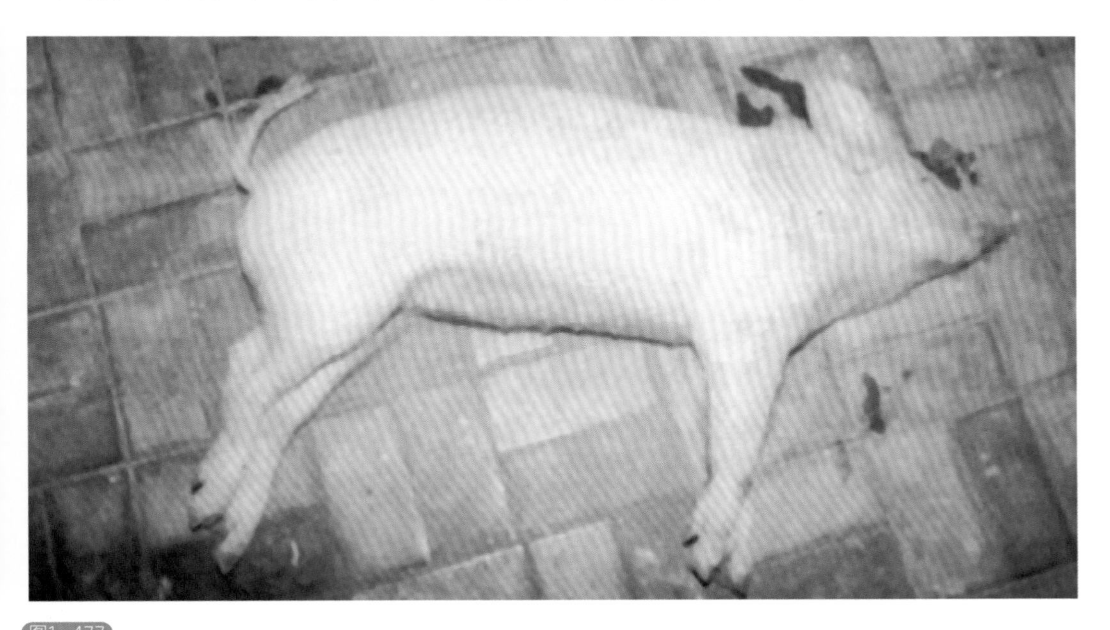

图1-477

猪李氏杆菌病（脑膜炎型）的临床症状

病猪受到刺激后，表现出角弓反张的神经症状，头颈后仰，痉挛，四肢呈游泳状划动，抽搐

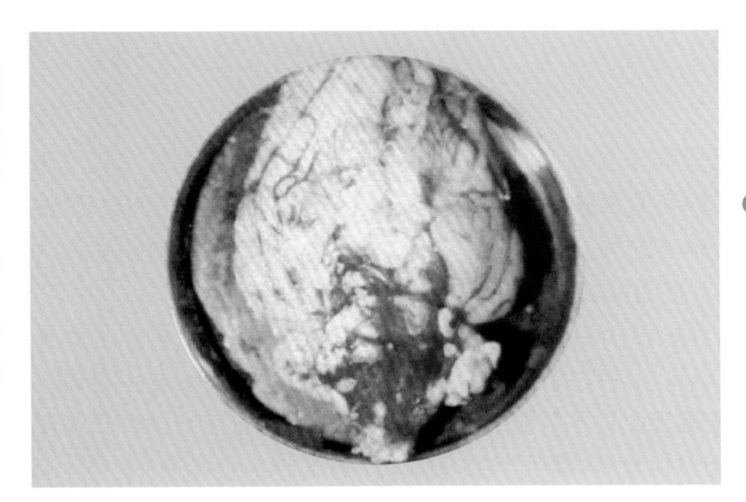

图1-478

猪李氏杆菌病的病理变化

病猪的延脑、脑脊髓膜下出血、水肿，有细小灰白色的化脓灶

【防治措施及方剂】

（1）预防　目前本病尚无有效的疫苗。预防本病主要是注意搞好环境卫生，做好平时的饲养管理和检疫，猪场出入的人员及车辆一定要严格消毒（图1-479）。处理好粪尿，减少饲料和环境中的细菌污染。被污染的水源要用漂白粉消毒，搞好灭鼠，定期驱虫，增强猪体的抵抗力。不要从有病的猪场引种。病猪尸体一律深埋，防止人感染本病。

图1-479
猪李氏杆菌病的防治措施

猪场门口设置消毒池，进出车辆严格消毒

（2）治疗　猪群发病，应及时隔离治疗，严格消毒。发病初期可用大剂量磺胺类药物，或与青霉素、四环素、氯霉素等并用，以及氨苄西林和庆大霉素合用，有很好的疗效。但对于有神经症状的仔猪，治疗往往难以奏效。本菌易产生耐药性，治疗时要注意。

具体方法：20%磺胺嘧啶钠溶液5 ～ 19mL，肌内注射；氨苄西林每千克体重20 ～ 50mg，每日两次肌内注射。

（三）猪其他病原体的传染性病

1. 猪密螺旋体痢疾

猪密螺旋体痢疾（SD）又称作猪血痢、黑痢，还称为黏膜出血性腹泻。本病是由猪痢疾密螺旋体引起的猪的一种肠道黏膜出血性传染病。临床特征为身体消瘦、黏液性或黏液性出血性下痢。病猪排出的粪便中含有黏液、血液和坏死物。主要病变为大肠黏膜发生卡他性出血性炎症，进而发展为纤维素性坏死性肠炎。

本病一旦侵入猪场，则不易根除。由于幼猪的发病率和病死率较高，再加上生长速度下降，饲料利用率降低，以及治疗费用等的消耗，给养猪业造成很大的经济损失。

【病原体】病原为猪痢疾密螺旋体，革兰染色阴性的严格厌氧菌。在暗视野显微镜下可见到新鲜病料中活泼的蛇样活动。本菌可产生溶血素，对细胞具有毒性。

本菌对外界环境有较强的抵抗力，在粪便中可存活60d左右，在土壤中可存活18d以上。对高温、氧气、干燥等敏感，常用的消毒药对其都有杀灭作用。

【流行病学】

（1）易感动物　本病只感染猪，各种日龄的猪都可感染，以保育期间的小猪的发病率和病死率最高。

（2）传染源　病猪和带菌猪是主要的传染源，康复猪还能带菌2个多月。

（3）传播途径　病猪和带菌猪通过粪便排出病原体，污染周围环境、饲料、饮水和用具，经消化道传播。此外，鼠类、鸟类和蝇类等可作为本病的传播媒介。

（4）流行特点　本病一年四季均可发生。传播速度缓慢，流行期长，可长期危害猪群。各种应激因素，如猪舍阴暗潮湿、气候突变、猪只拥挤、营养不良等均可导致本病的发生和流行。本病一旦传入猪群则很难根除，用药可暂时好转，停药后往往又会复发。

【临床症状】本病的潜伏期为2d ～ 3个月。大多数病猪的症状基本相同：排稀粪，粪便中带黏液和血液，其严重程度因个体不同有很大差异。个体与个体、群体与群体之间的病程不同，一般可持续5 ～ 10d。依据病程长短大致可分为最急性型、急性型和慢性型3种类型。

（1）最急性型　病程短，往往还很少或未见下痢的症状，便在几小时之内死亡。

（2）急性型　这种类型的病例较为常见。病初体温升高至40℃以上，精神沉郁，食欲减退，排出黄色或灰色的稀粪，持续腹泻。经几小时或几天后，粪便中混有黏液、血液及纤维碎片，呈棕色、红色或黑红色（图1-480 ～图1-481）。病猪弓背吊腹，后躯常被粪便沾污，脱水消瘦，渴欲增加，衰弱，共济失调，虚弱而死，或转为慢性型，病程1 ～ 2周（图1-482）。

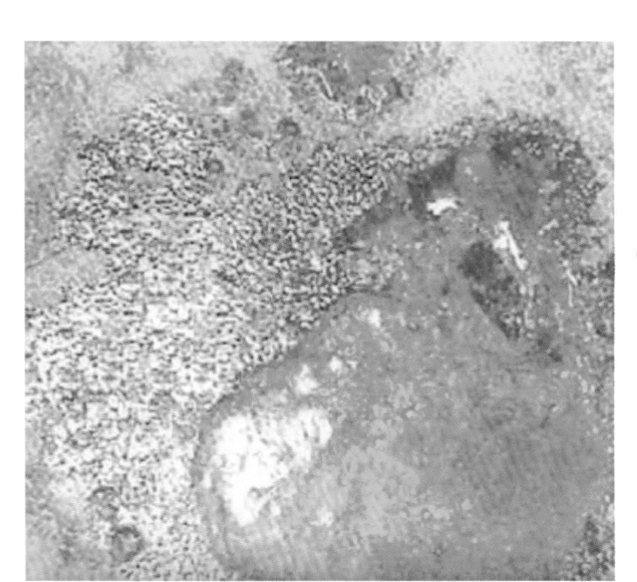

图1-480
猪密螺旋体痢疾（猪血痢）（急性型）的临床症状（1）

病猪下痢，粪便中充满血液和黏液

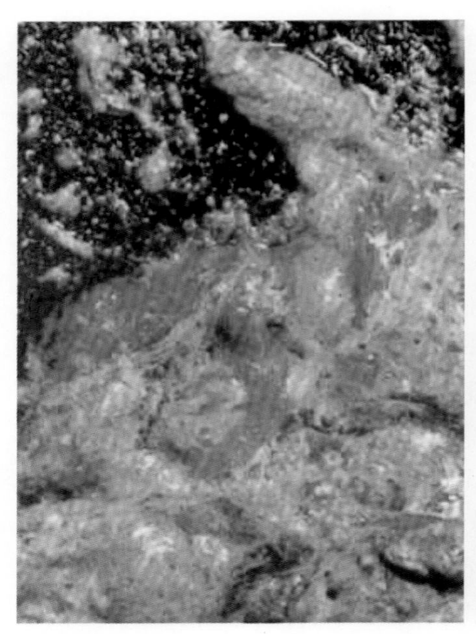

图1-481
猪密螺旋体痢疾（猪血痢）（急性型）的临床症状（2）

病猪排出黏性、血性、脓性为主的下痢粪便

图1-482
猪密螺旋体痢疾（猪血痢）（急性型）的临床症状（3）

病猪排出的粪便中含有血液，颜色呈棕红色，污染后躯

（3）慢性型　慢性病猪的突出性症状是腹泻，粪便混有黑色血液，但表现时轻时重。病猪生长发育受阻，病程一般在2周以上，即使不死，也妨碍其生长。保育猪感染后则成为僵猪；哺乳仔猪通常不发病，或仅有卡他性肠炎症状，并无出血；成年猪感染后病情轻微。

【病理变化】本病的病变局限于大肠，主要集中在结肠、盲肠及回盲瓣口。

急性期由于黏膜明显水肿，肠壁水肿性肥厚，致使结肠失去典型的皱状。黏膜充血和出血，肠腔充满黏液和血液。肠黏膜面呈暗红色，上面覆盖含有血斑的黏液（图1-483～图1-485）。肠内容物柔软至水样不等。

病程稍长的，在急性期过后，肠壁水肿减少，但黏膜病变更为严重。随着纤维素性渗出物的增加，可形成含血液的纤维素性假膜，出现坏死性炎症，但坏死仅限于黏膜表面，不如猪瘟、猪副伤寒那样深层坏死（图1-486～图1-490）。

【诊断】本病实验室诊断的方法很多，如病原体的分离鉴定、动物感染试验、血清学检查等。

对于猪场来说，最实用而又简便易行的方法是显微镜检查。方法是：取急性病猪的大肠黏膜或粪便抹片，用美蓝染色后暗视野检查，如发现多量活泼的如同蛇样运动的猪痢疾密螺旋体（≥3～5条/视野），可作为诊断的依据。但对急性后期、慢性及使用抗菌药物后的病猪，检出率则较低。

图1-483
猪密螺旋体痢疾（猪血痢）的病理变化（1）

病猪的结肠黏膜红肿、出血病变

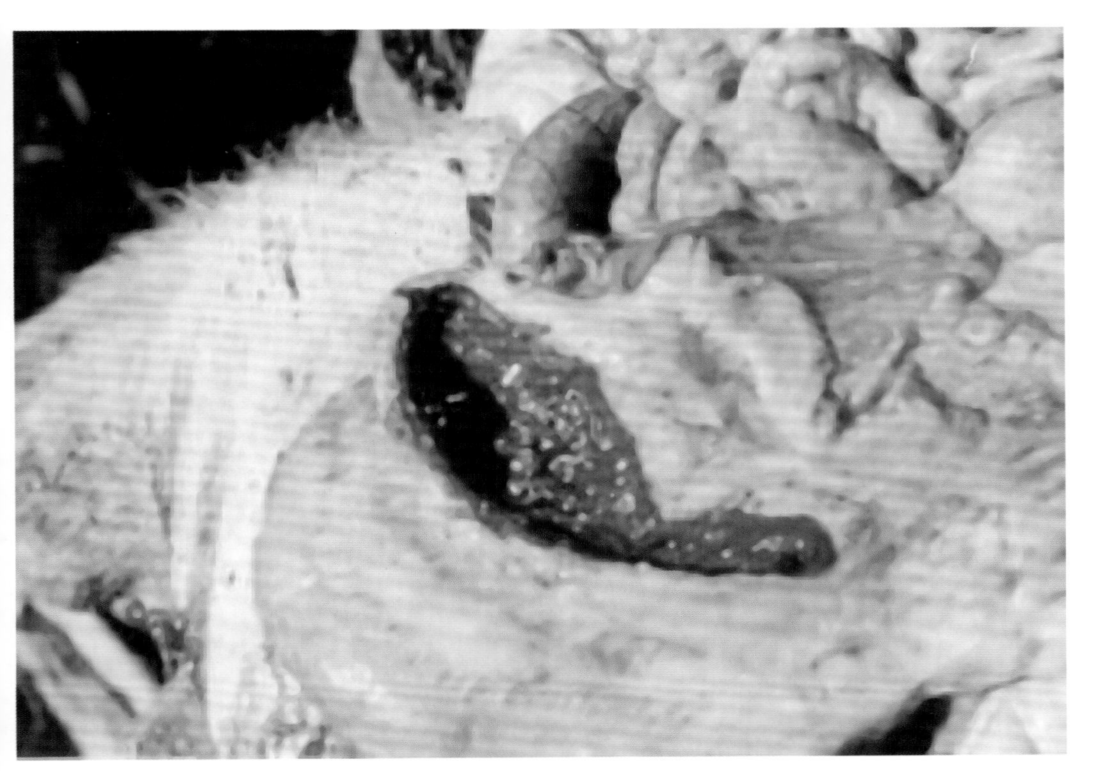

图1-484
猪密螺旋体痢疾（猪血痢）的病理变化（2）

结肠黏膜出血，呈暗红色，肠管中有血凝块

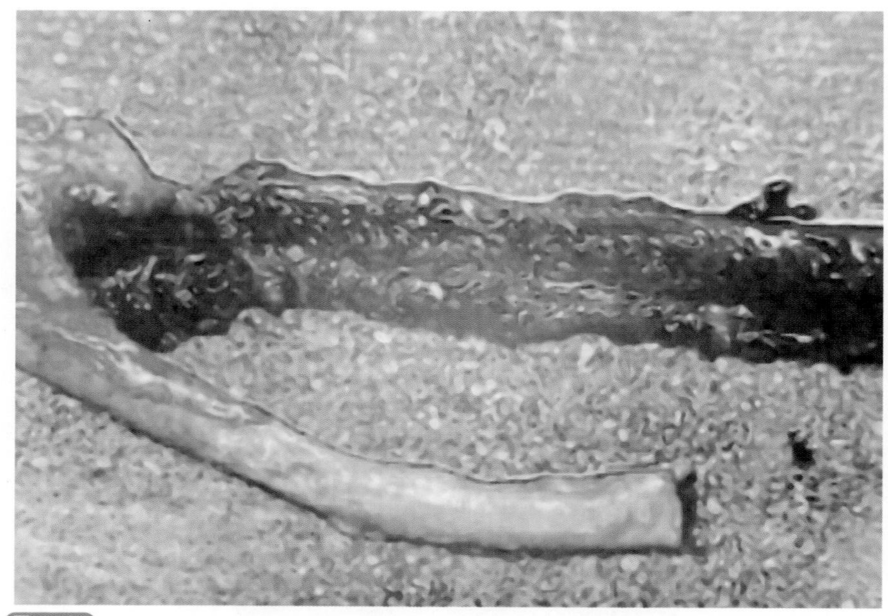

图1-485
猪密螺旋体痢疾（猪血痢）的病理变化（3）

病变局限于大肠，大肠段的皱褶减少，黏膜肿胀，严重出血

图1-486
猪密螺旋体痢疾（猪血痢）的病理变化（4）

结肠黏膜肿胀、充血、出血、坏死，黏膜表面覆盖黏液和带血的纤维素

图1-487
猪密螺旋体痢疾（猪血痢）的病理变化（5）

结肠螺旋环间呈现水肿病变，外部有一层白色假膜

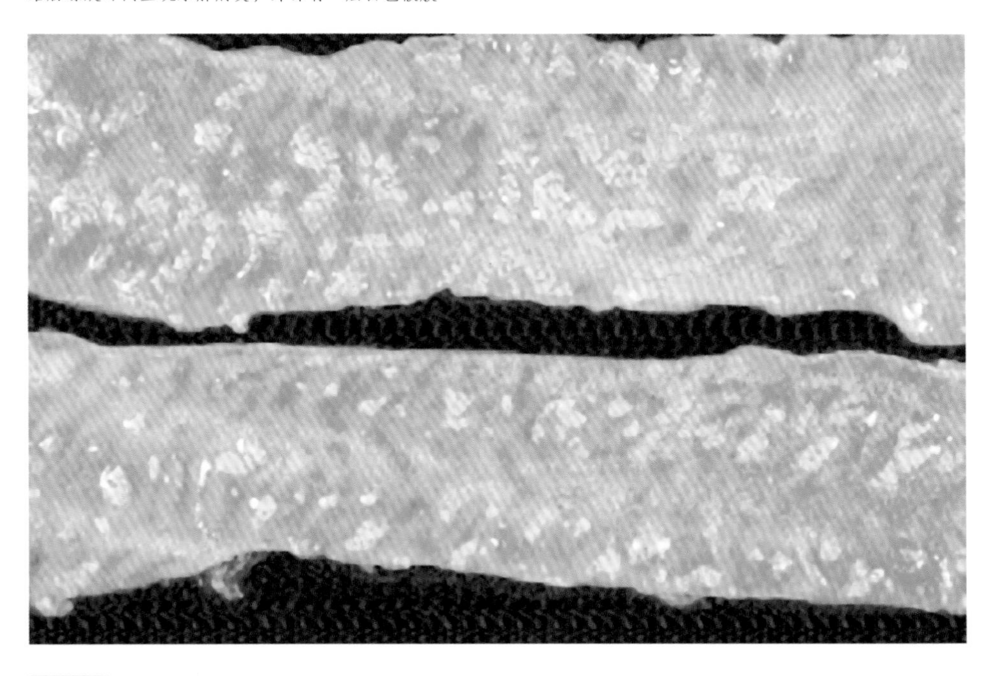

图1-488
猪密螺旋体痢疾（猪血痢）的病理变化（6）

病猪坏死性结肠炎，黏膜病变严重，有纤维素性渗出物，形成含血液性的纤维素性假膜，表层有纽扣状溃疡、坏死

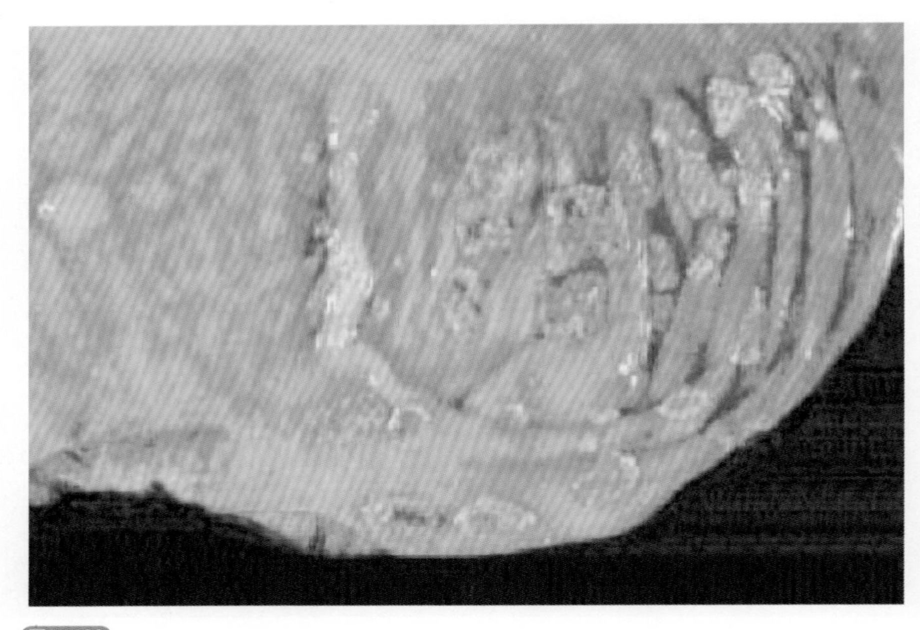

图1-489

猪密螺旋体痢疾（猪血痢）的病理变化（7）

病猪呈现坏死性结肠炎，肠壁水肿，出现坏死性炎症，结肠黏膜表面有纽扣样溃疡、坏死

图1-490

猪密螺旋体痢疾（猪血痢）的病理变化（8）

大肠黏膜表层坏死，形成假膜，外观呈糠麸样

【防治措施及方剂】

（1）预防　规模化猪场要坚持自繁自养，做好猪场的日常带猪消毒（图1-491）等措施。对无本病的猪场，禁止从疫区引进种猪。必须引进时至少要隔离检疫30d，确认无病后方可混群饲养。平时应搞好饲养管理和清洁卫生消毒工作，实行全进全出的育肥制度。一旦发现1～2例可疑病情，应立即淘汰，并彻底消毒。

图1-491
猪密螺旋体痢疾（猪血痢）的防治措施

猪场的日常带猪消毒

（2）治疗　对于有病的猪场，可采用药物净化办法来控制和消灭本病。可使用的药物种类很多，一般抗菌药物都可以，通常用痢菌净效果较好。还可选用其他药物进行治疗。

① 痢菌净每千克体重口服5mg，每天1次，连服3～7d。也可用0.5%的浓度按0.5mL/kg体重肌内注射，每天1次，连续3d。

② 在饲料中添加四环素100～200μg/g，连续喂服3～5d。

③ 氯霉素每千克体重口服50mg，连服3～5d。

④ 呋喃唑酮每千克体重10mg，混于饲料中喂服，连服3～5d。

⑤ 中药治疗

方剂一，鲜侧柏叶、鲜马齿苋、鲜韭菜各120～200g，捣烂，煎服。

方剂二，百草霜一撮、米醋120mL，混合均匀后灌服。

方剂三，黄檗、黄连、黄芩、白头翁各10～20g，煎服。

对于重症病猪，还应配合补液、收敛等对症治疗。

2. 猪钩端螺旋体病

猪钩端螺旋体病（Lepto）是由致病性钩端螺旋体引起的一种人畜共患、自然疫源性传染病。本病大多呈隐性感染，也时有暴发。急性病例以发热、血红蛋白尿、贫血、水肿、流产、黄疸、皮肤和黏膜坏死为特征。

本病在我国南方地区发病较多，猪的带菌率和发病率较高，近年来发生和流行有所升高。

【病原体】本病的病原体属于钩端细螺旋体，它对人、畜和野生动物都有致病性，有很多种血清型。革兰染色为阴性，形态呈纤细的圆柱形，身体的中央有一根轴丝，螺旋丝从一端盘旋到另一端细密而整齐。暗视野显微镜下观察，呈细小的珠链状（图1-492）。主要存在于宿主的肾脏、尿液和脊髓液里。在急性发热期，广泛存在于血液和各内脏器官。

图1-492
钩端细螺旋体示意图

上，疏螺旋体；中，密螺旋体；下，钩端螺旋体

钩端螺旋体对外界环境有较强的抵抗力，在低温下能存活较长时间，在水田、池塘、沼泽和淤泥里至少生存数月。对酸、碱和热较敏感。一般的消毒剂，如苯酚、煤酚、乙醇、高锰酸钾等都能将其杀死。

【流行病学】

（1）易感动物　仔猪发病较多（特别是哺乳仔猪和断奶仔猪），中、大猪一般病情较轻，母猪不发病。

（2）传染源　主要是发病猪和带菌猪，可随着病猪和带菌猪的尿、乳和唾液等排于体外而污染环境。人和猪之间存在复杂的交叉传播。鼠类和蛙类也是很重要的传染源，它们都是该菌的自然贮存宿主。

（3）传播途径　本病的传播方式有直接或间接传播。主要途径为皮肤，其次是消化道、呼吸道以及生殖道黏膜。吸血昆虫叮咬以及人工授精等均可传播本病。

（4）流行特点　本病的发生没有季节性，常呈散发或地方性流行，但在夏、秋多雨季节多发。

【临床症状】潜伏期为1～2周。根据病程的长短，猪钩端螺旋体病可分为急性型、亚急性型和慢性型。

（1）急性型　多见于仔猪，特别是哺乳仔猪和保育猪。临床表现为突然发病，体温升高至40～41℃，稽留3～5d。精神沉郁、厌食、腹泻、皮肤干燥，全身皮肤和黏膜黄染，后肢出现神经性无力、震颤。有的病猪出现血红蛋白尿，尿液色如浓茶（图1-493）。粪便呈绿色，有恶臭味。病程长，可见血粪。死亡率可达50%以上。

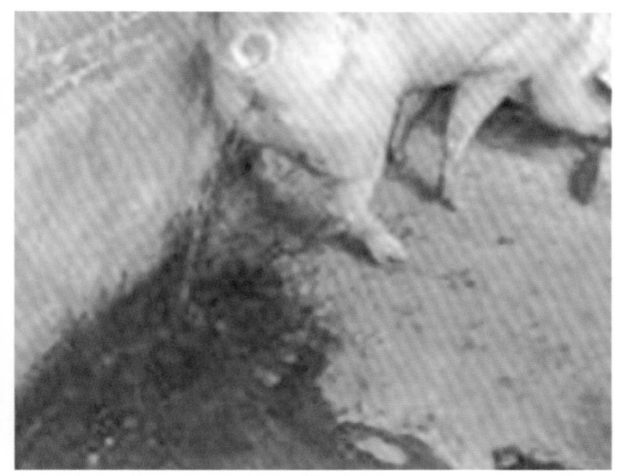

图1-493
猪钩端螺旋体病（急性型）的临床症状

病猪排出茶色尿液

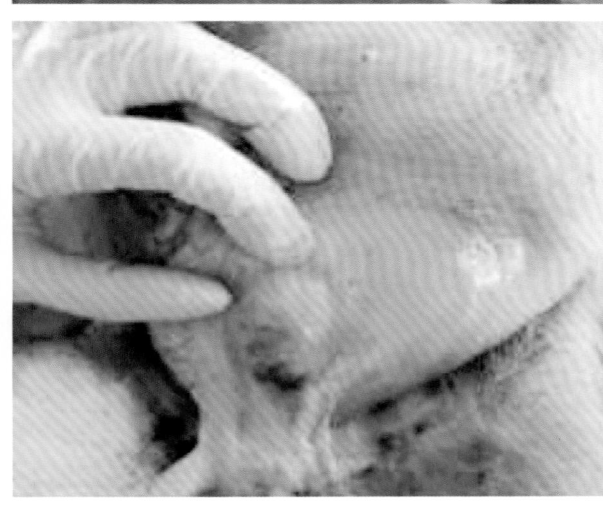

图1-494
猪钩端螺旋体病（急性型）的病理变化

腹股沟淋巴结肿大出血

（2）亚急性和慢性型　主要以水肿和损害生殖系统为特征。病初体温有不同程度升高，眼结膜潮红、浮肿，下颌、头部、颈部等处水肿。母猪一般无明显的临床症状，有时仅表现为发热、无乳。但妊娠不足4～5周的母猪，钩端螺旋体感染后4～7d可发生流产和死产，流产率可达20%～70%。怀孕后期的母猪感染后可产弱仔，仔猪不能站立，不会吸乳，1～2d死亡。

【病理变化】

（1）急性型　此型以败血症、全身性黄疸和各器官、组织广泛性出血以及坏死为主要特征。多发于皮肤、皮下组织、浆膜和可视黏膜、肝脏、肾脏以及膀胱等组织器官。皮肤干燥和坏死。胸腔及心包内有浑浊的黄色积液。脾脏肿大、淤血，有时可见出血性梗死。肝脏肿大，呈土黄色或棕色，质脆，胆囊充盈、淤血，被膜下可见出血灶。肾脏肿大、淤血、出血。肺淤血、水肿，表面有出血点。膀胱积有红色或深黄色尿液。肠及肠系膜充血，肠系膜淋巴结、腹股沟淋巴结、颌下淋巴结肿大，呈灰白色（图1-494）。

（2）亚急性和慢性型　表现为身体各部位组织水肿，以头颈部、四肢最明显。肾脏、肺脏、肝脏、心外膜出血明显，面部皮肤出血（图1-495）。浆膜面上常见有大量的黄色液体与纤维蛋白。肝脏、脾脏、肾脏肿大。成年猪的慢性病例以肾脏病变最明显，肾脏黄染，表面有大量斑点状出血病灶（图1-496）。

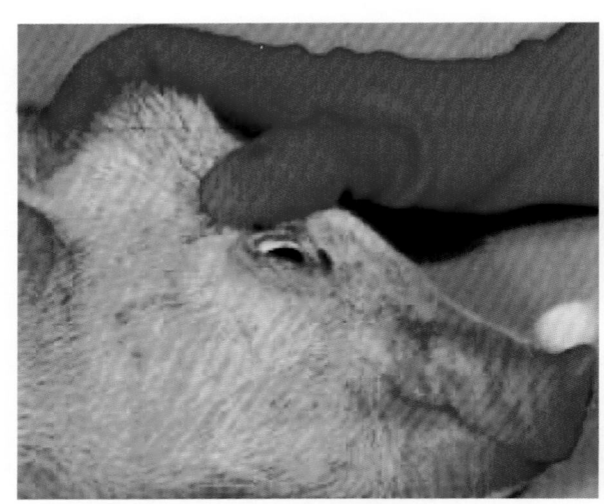

图1-495
猪钩端螺旋体病（亚急性和慢性型）的病理变化（1）

病猪面部皮肤有出血斑点，眼结膜黄染并有点状出血

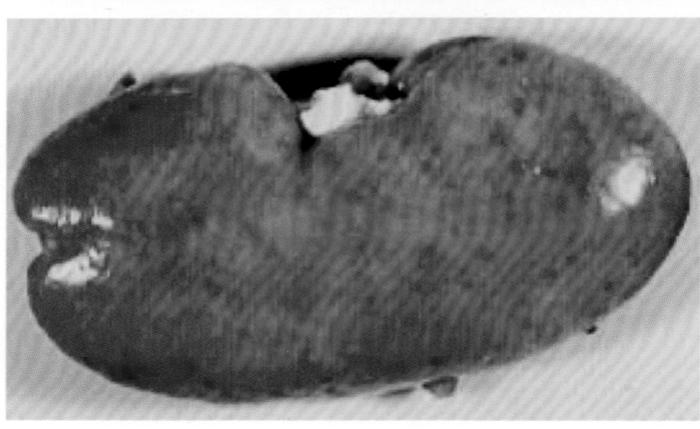

图1-496
猪钩端螺旋体病（亚急性和慢性型）的病理变化（2）

肾脏黄染，表面有大量斑点状出血病灶

【诊断】本病需在临床症状和病理剖检的基础上，再结合微生物学和免疫学诊断才能最终确诊。

【防治措施及方剂】

（1）预防　消灭疫源地和传染源是控制本病的关键，同时做好猪舍的环境卫生消毒工作。及时发现、淘汰和处理带菌猪。搞好灭鼠工作，防止水源、饲料和环境受到污染。猪场禁止养犬、鸡、鸭。有病的猪场可用灭活菌苗对猪群进行免疫接种，具有良好的效果。

（2）治疗　治疗钩端螺旋体病分为两种情况：一种是无症状带菌猪的治疗；另一种是急性、亚急性、慢性病猪的抢救治疗。对于发病的猪群，应及时隔离和治疗，对污染的环境、用具等应及时消毒。

① 无症状带菌者的治疗：在猪群中发现有感染者，应全群治疗。可用链霉素、磺胺类药物等进行肌内注射，对病猪进行治疗（图1-497）。病情严重的猪可用维生素、葡萄糖进行输液治疗。链霉素、土霉素等四环素类抗生素也有一定的疗效。

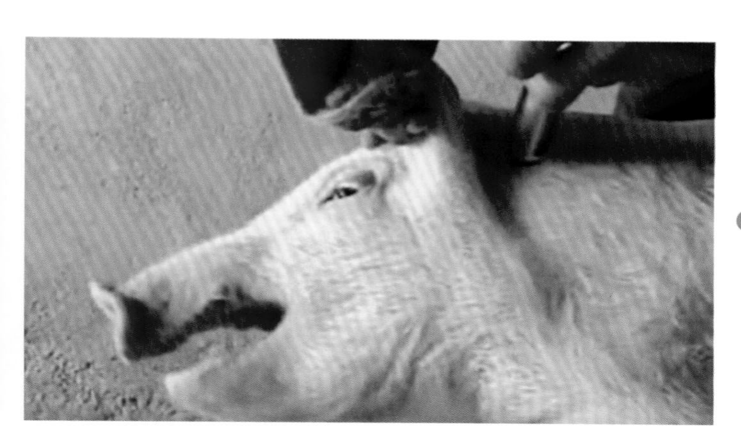

图1-497
病猪的肌内注射

② 急性、亚急性型病猪的治疗：一般要针对病因进行治疗，同时辅助对症治疗。如每吨饲料中混入400g氯霉素喂服。同时静脉注射维生素C、葡萄糖和强心利尿制剂，可以提高治疗效果。感染猪群也可用土霉素拌料，按照0.75～1.5g/kg体重的剂量，连喂7d，可以控制病情的蔓延。妊娠母猪产前一个月连续用土霉素拌料饲喂，可以防止发生流产。

此外还可以用链霉素，每千克体重25～30mg，每天2次，肌内注射；庆大霉素，每千克体重2～5mg，每天2次，肌内注射；多西环素，每千克体重2～5mg，每天1次口服。

（3）公共卫生　本病是一种人畜共患病和自然疫源性传染病，在公共卫生上很重要。常常由野生动物，特别是鼠类及猪等，从尿中排出大量的病原体而污染水源和食物等。病人突然发热、头疼、肌肉疼痛，尤其以腓肠肌疼痛为特征，腹股沟淋巴结肿痛，有蛋白尿和不同程度的黄疸症状。

3.猪气喘病

猪气喘病（MH、Mp）是由猪肺炎霉形体（支原体）引起的猪的一种慢性、接触性、消耗性呼吸道传染病，本病又被称为猪地方流行性肺炎或霉形体性肺炎（支原体性肺炎）。主要临床表现为咳嗽、气喘和呼吸困难。病理变化主要集中于肺脏，肺的尖叶、心叶、中间叶和膈叶前缘呈“肉样”或“虾肉样”病变。本病的发病率较高（我国地方品种猪最易感），病死率却很低，但对猪只的生长发育影响很大，往往造成巨大的经济损失。

【病原体】猪肺炎霉形体（过去曾经称为支原体）是一种介于细菌和病毒之间的多形微生物，革兰阴性。它与细菌的区别是没有细胞壁，具有多形性，但可通过细菌过滤器。其存在于病猪的呼吸道及肺脏内，随着咳嗽和打喷嚏等动作而被排出体外。它对外界环境的抵抗力不强，在体外的生存时间不超过36h，在温热、日光、腐败和常用的消毒剂作用下都能很快死亡。猪肺炎霉形体对青霉素及磺胺类药物不敏感，但对四环素、卡那霉素、林可霉素敏感。

【流行病学】

（1）易感动物　只有猪感染，不分日龄、性别和品种。最易感猪群是哺乳仔猪及幼年猪，成年猪多为慢性或隐性感染。

（2）传染源　传染源主要是病猪和隐性感染猪。康复猪在病状消失半年到1年后仍可排出病原体。

（3）传播途径　病原体存在于病猪的呼吸道及其分泌物中，通过接触经呼吸道传播，通过病猪的咳嗽、喷嚏和呼吸道的分泌物形成飞沫，被易感猪吸入后经呼吸道感染。

（4）流行特点　本病一年四季均可发生，但冬、春季多发。猪群拥挤、猪舍通风不良、营养不足等应激因素，都可促使本病的发生。在新疫区或流行初期，往往以怀孕后期的母猪发病较多，症状明显。在老疫区或流行后期，则以仔猪发病较多，病死率较高。肥猪和成年猪常呈慢性或隐性感染。地方品种的猪更易感。本病一旦被传入猪场，则很难断除。

【临床症状】本病的潜伏期为10～16d。根据病程的长短，可分为急性型和慢性型两种。

（1）急性型　突然出现明显的呼吸困难，张嘴喘气，头下垂，站立于猪舍的一角或趴伏在地，有时呈犬坐姿势（图1-498）。体温一般正常。此类型见于新疫区和流行初期，尤以怀孕后期的母猪和仔猪多见。

图1-498
猪气喘病（霉形体性肺炎）（急性型）的临床症状

张口呼吸、呼吸困难、呈犬坐呼吸症状

（2）慢性型　体温一般正常，食欲无明显变化，表现为长期咳嗽和气喘。

① 初期：初期为短而少的干咳，短声连咳，尤以清晨、夜晚、运动后、受到冷空气的刺激和进食后最为常见，或经驱赶运动和喂料的前后最容易听到。同时流少量清鼻液，病重时流灰白色黏性或脓性鼻液。病猪咳嗽时站立不动，背拱起，颈伸直，头下垂，直到痰液咳出或咽下为止。

② 中期：出现明显的气喘症状，呼吸困难，在静卧时最易看出。呼吸次数每分钟达60 ～ 80次，呈明显的腹式呼吸，此时咳嗽少而低沉。

③ 后期：到了病的后期，气喘加重，甚至张口喘气。同时精神沉郁，猪体消瘦，不愿走动。这些症状可能随饲养管理及生活条件的好坏而减轻或加重，病程可拖延数月，病死率一般不高。隐性型病猪没有明显症状，有时发生轻咳，全身状况良好，生长发育几乎正常。

病程长的仔猪消瘦衰弱，被毛粗乱无光泽，生长发育不良。在良好的饲养管理条件下，可育肥出售，但饲料利用率会下降20%左右，严重影响养猪的效益。

【病理变化】急性病例以肺水肿和肺气肿为主。慢性病例见肺部“虾肉”样实变。发病猪的生长速度缓慢，饲料利用率低，育肥饲养期延长。

本病的主要病变发生在肺。急性死亡猪的肺有不同程度的水肿和气肿，在心叶、尖叶、中间叶及部分病例的膈叶下端，出现融合性支气管肺炎，呈“肉样”或呈“虾肉样”病变（图1-499）。病变部肿大，两侧病变大致对称，其中以心叶最为显著，淡红色或灰红色半透明状，界限明显，像鲜嫩的肌肉样（图1-500 ～图1-504）。这种特征性的病变，具有诊断价值。另外，肾脏还有肺门淋巴结和纵隔淋巴结表现肿大（图1-505 ～图1-506）。

如果继发细菌感染，可引起肺和胸膜的纤维素性、化脓性和坏死性病变。

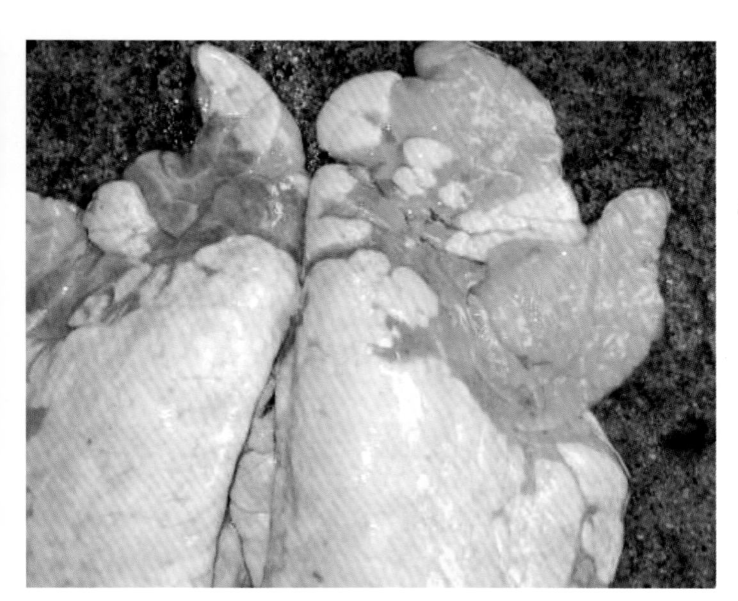

图1-499

猪气喘病（霉形体性肺炎）的病理变化（1）

肺脏有纤维素性、化脓性和坏死性病变，表面附有纤维素性伪膜。在肺中间叶、尖叶、心叶和隔叶前缘出现红色或淡紫色、两侧对称的“虾肉样”病变

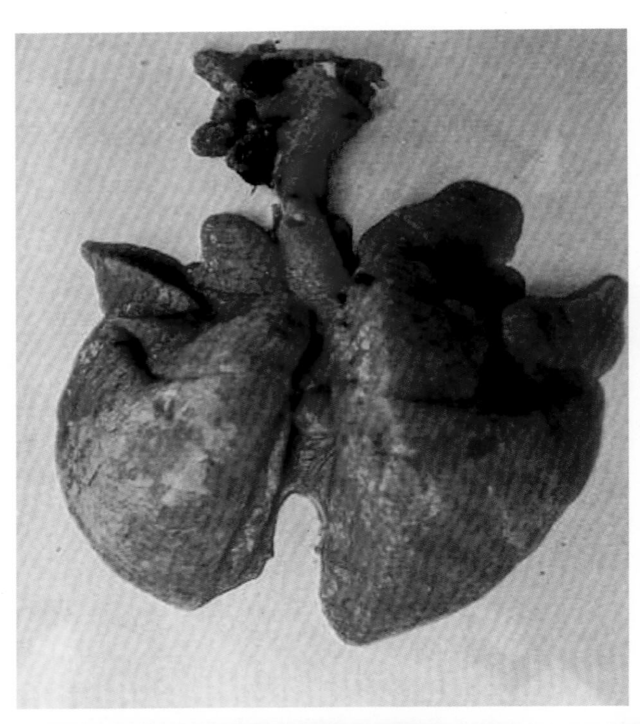

图1-500

猪气喘病（霉形体性肺炎）的病理变化（2）

两侧肺的尖叶、心叶和主叶的前下缘呈对称性胰样变

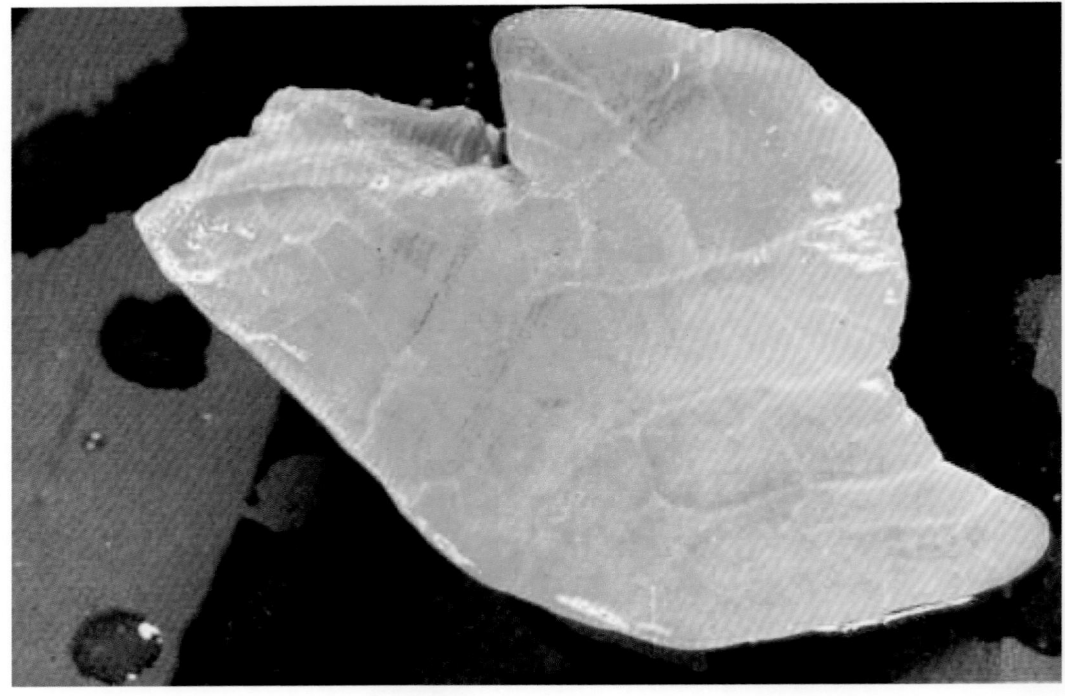

图1-501

猪气喘病（霉形体性肺炎）的病理变化（3）

肺脏副叶胰样变

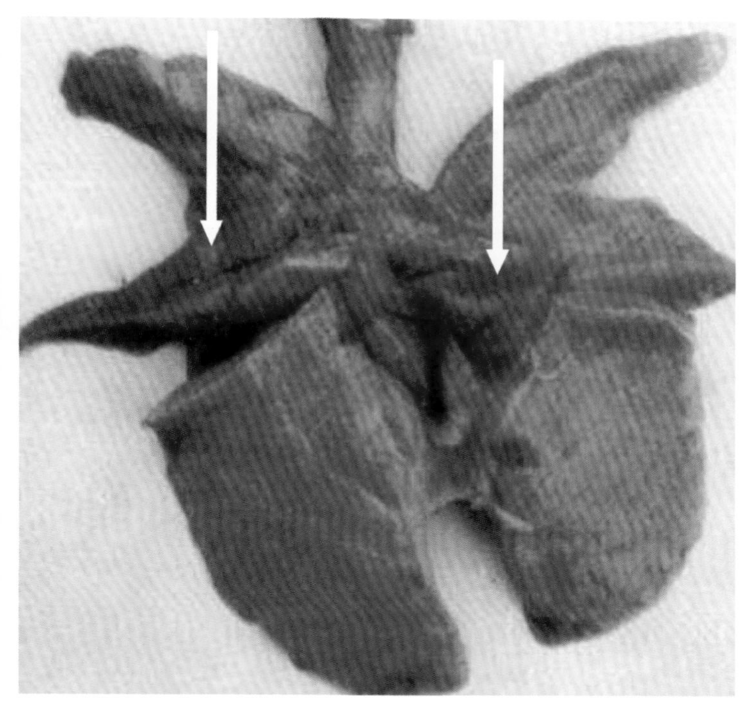

图1-502
猪气喘病（霉形体性肺炎）的病理变化（4）

肺炎、肺间质性炎症，呈胰腺样外观，发生大面积病变，分布于心叶、尖叶和副叶

图1-503
猪气喘病（霉形体性肺炎）的病理变化（5）

肺尖叶、心叶实质变性。在病变的中后期，肺的尖叶、心叶、中间叶呈深紫红色实变

图1-504
猪气喘病（霉形体性肺炎）的病理变化（6）

病猪的肺脏有水肿，有坏死

图1-505
猪气喘病（霉形体性肺炎）的病理变化（7）

肾脏肿大病变

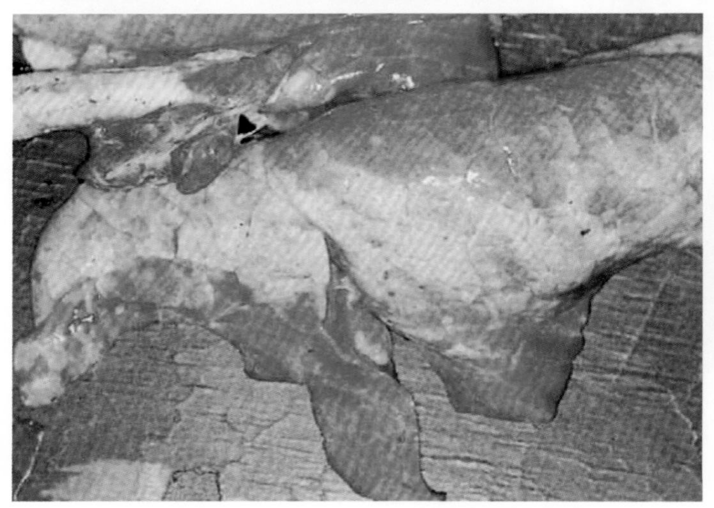

图1-506
猪气喘病（霉形体性肺炎）的病理变化（8）

支气管和纵隔淋巴结肿大

【诊断】

（1）本病的诊断　由于本病具有特征性的临床症状和病理变化，诊断相对较为容易。想进一步确诊，可用X射线检查，或做病原的分离和鉴定。血清学检查常用的有凝集试验、酶联免疫吸附试验等。

（2）鉴别诊断　本病的症状和病理变化与猪流行性感冒、猪肺疫、猪传染性胸膜肺炎、猪肺丝虫病和蛔虫病有相似的地方。它们的区别要点如下。

① 猪流感：猪流行性感冒往往是突然暴发，传播速度快，体温高，病程较短（大约1周），流行期也短。而猪气喘病相反，体温不升高，病程较长，传播较缓慢，流行期很长。

② 猪肺疫：急性型呈败血症和纤维素性胸膜肺炎症状，全身症状较重，病程较短，剖检时见败血症和纤维素性胸膜肺炎变化。慢性病例体温不定，咳嗽重而气喘轻，高度消瘦，剖检时在肝部可见到大小不一的化脓灶或坏死灶。而气喘病的体温和食欲变化大，肺有肉样或胰样变区，无败血症和胸膜炎的变化。

③ 传染性胸膜肺炎：猪传染性胸膜肺炎的病猪体温高，全身症状较重，剖检时有胸膜炎病变。而猪气喘病则不一样，体温不高，全身症状较轻，肺有肉样或胰样病变，无胸膜炎病变。

④ 猪肺丝虫和蛔虫病：肺丝虫和蛔虫的幼虫可引起猪的咳嗽，并偶尔可见到支气管肺炎病变，如果仔细检查肺的病变部位，可以发现虫体，且炎症变化多位于肺膈叶下垂部。粪便检查可发现虫卵。如果气喘病与这两种寄生虫病同时存在时，可根据药物驱虫效果和特征性肺炎病变加以区别。

【防治措施及方剂】

（1）预防　应采取综合性方法来控制本病发生和流行，如降低饲养密度、保持良好通风、避免粉尘飞扬、经常喷雾消毒等。

① 未发现本病的猪场应采取的主要措施

a. 坚持自繁自养，杜绝外来发病猪只的引入：若必须从外地引进种猪时，应了解产地的疫情，应作1～2次X射线透视检查。严把隔离检疫关（观察期至少为两个月），确认健康后，方可混入健康猪群。注意观察猪群的健康状况，如发现可疑病猪，应及时隔离或淘汰。隔离过病猪的猪圈，应空圈7d以上，才可放进健康猪。

b. 做好饲养管理：避免饲料霉变，控制好猪舍的小环境，保持舍内空气良好，特别在冬、春季节要适当处理好通风与保温的关系，冬季要注意保暖，减少应激刺激（图1-507）。注意饲养密度，实行全进全出制度。多种化学消毒剂定期交替消毒，可用2%次氯酸钠和0.3%过氧乙酸。每次转群后要彻底清扫和消毒圈舍。

② 已发现本病的猪场应采取的主要措施

搞好预防接种。种猪和后备猪每年8～10月份注射弱毒疫苗。仔猪进行二次免疫：首免为7～15日龄；二免在60～80日龄。在本疫苗接种前后1周内，禁止饲喂

图1-507 猪气喘病（霉形体性肺炎）的防治措施

注意猪舍的保暖，顶部加盖草帘保温

含有抗菌药物的饲料。连续注射疫苗3年，可控制猪气喘病。免疫接种途径必须是胸部肋间隙胸腔肺内注射或气管注射，其他途径注射无效。

由于猪肺炎霉形体可以导致猪的免疫力减弱，因此猪场需要配合药物防治，一般一个疗程为3～5d。母猪所产的仔猪要单独饲养，并实行早期隔离断奶，尽可能减少母猪和仔猪的接触时间。

a.利用康复母猪建立健康猪群，逐步清除病猪。做到“母猪不见面，小猪不串圈”以避免扩大传染。

b.对有饲养价值的母猪（无论病状明显与否），均进行1～2个疗程的治疗，证实无症状后方可进行配种。以后将母猪放入单栏的隔离舍中产仔，观察，直到小猪断奶，确认健康后进行分群饲养或留作种用。

c.对有明显症状的母猪，不宜留作种用，应严格隔离治疗后育肥出售。

（2）治疗　本病的治疗方法虽然很多，但多数只是临床治愈效果，不能根除病原体。疗效与病情轻重、猪的抵抗力、饲养管理条件、气候等因素有密切关系。

① 四环素类药物：此类药物对本病原菌较敏感，有较好的疗效。常用的制剂为土霉素，每千克体重肌内注射50mg，第一次用倍量，每日1次，连用5～7d为一疗程。

② 卡那霉素：每20kg体重肌内注射50万IU，每日1次，连用5d。

③ 泰乐菌素：每千克体重肌内注10mg，每日1次，连用3～5d。

④ 林可霉素（洁霉素）：按照每千克体重肌内注射50mg，每日1次，连用5d。

⑤ 支原净：每千克体重每天拌料50mg，连服2周。对于重病猪因呼吸困难而停食时，在使用上述药物的同时，还可配合对症治疗，如使用尼可刹米注射液2～4mL适当补液（可以皮下或腹腔补液），以缓解呼吸困难。配合良好的护理，以利于病猪的康复。

⑥ 中兽医民间方剂：人们在长期的生产实践中利用中草药治疗猪喘气病取得了良

好的效果，现介绍如下几个。

方剂一，癞蛤蟆2个，焙干研末，每次5g拌料喂服，连喂15d。

方剂二，鱼腥草25g，水煎，候温灌服，每日1次，3次为一疗程。

方剂三，龟板30g，焙焦为末，温水冲服。

方剂四，瓜蒌3个、蜂蜜及桑皮各120g，煎水内服。

方剂五，冰糖、炒杏仁各30g，研为末，分2次拌料内服。

方剂六，麻黄、杏仁、桂枝、芍药、五味子、甘草、干姜、细辛、半夏各9g，研末，每头猪每天30～45g拌料喂服，连用3～5d。

方剂七，葶苈子、瓜蒌、麻黄各20～30g，金银花50～90g，桑叶、白芷、白芍、茯苓、甘草各10～20g，煎服，每天1剂，连用2～3剂。

4.猪衣原体病

猪衣原体病是由鹦鹉热衣原体所引起的猪的一种慢性接触性传染病。临床上本病主要表现为妊娠母猪流产、死产和产弱仔；新生仔猪肺炎、肠炎、胸膜炎、心包炎、关节炎；种公猪睾丸炎等。

【流行病学】

（1）易感猪只　猪只不分品种和年龄，但以妊娠母猪和幼龄仔猪最易感。

（2）传染源　本病是自然疫源性疾病，病猪和隐性带菌猪是该病的主要传染源。被感染的猪只康复后能持续地潜伏性带菌。种公猪可通过精液传播，母猪通过胎盘垂直传播，还可以通过呼吸道、消化道水平传播。

（3）传播途径　本病主要是通过粪便、尿、乳汁、胎衣、羊水等污染水源和饲料，经消化道感染。也可由飞沫和污染的尘埃经呼吸道感染。蝇、蜱可起到传播媒介的作用。

（4）流行特点　该病无明显的季节性，常呈地方流行性。猪场可因引入病猪后暴发本病，康复猪可长期带菌。本病一般呈慢性经过，感染猪群后，要想根除十分困难。

【临床症状】本病的潜伏期长短不一，短则几天，长则可达数周乃至数月。常因菌株毒力，猪性别、年龄、生理状况和环境条件而出现不同的综合征。临床可分为：流产型、睾丸炎型、关节炎型、支气管肺炎型和肠炎型。

（1）流产型　妊娠母猪感染后可引起早产、死胎、流产、胎衣不下、不孕症及产下弱仔或木乃伊胎，多发生在初产母猪，发病率可达40%～90%。

早产多发生在临产前几周（妊娠100～104d），妊娠中期（50～80d）的母猪也可发生流产。母猪流产前一般无任何征兆，体温正常，突发流产。产出仔猪部分或全部死亡，活下来的也体弱、初生重小、拱奶无力，多数在出生后数小时至1～2d死亡，死亡率有时高达70%。流产胎儿水肿，头颈、四肢出血，肝脏充血、出血和肿大，全身皮肤出血（图1-508）。

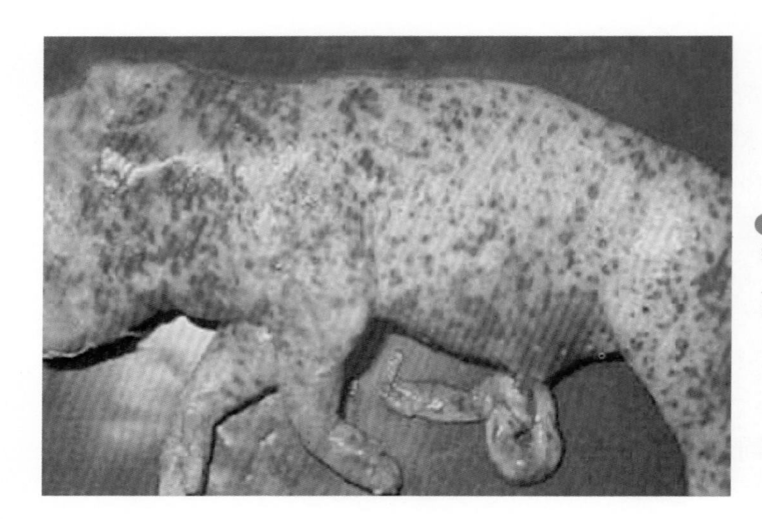

图1-508
猪衣原体病（流产型）的临床症状

流产胎儿的全身皮肤出血

（2）睾丸炎型　种公猪生殖系统感染，可出现睾丸炎、附睾炎、尿道炎等生殖道疾病，有时伴有慢性肺炎。

（3）关节炎、支气管肺炎和肠炎型　新生仔猪多表现出肠炎、肺炎、多发性关节炎、结膜炎等。断奶前后常患支气管炎、胸膜炎和心包炎。表现为体温升高、食欲废绝、精神沉郁、咳嗽、喘气、腹泻、跛行、关节肿大，有的可出现神经症状。

【病理变化】鹦鹉热衣原体引起猪的疾病类型较多，除单一感染外，常与其他疾病并发感染，因而病理变化也较为复杂。

（1）流产及睾丸炎型　母猪子宫内膜出血、水肿，并伴有1～1.5cm大小的坏死灶。流产胎儿和死亡的新生仔猪的头、胸及肩胛等部位皮下结缔组织水肿；心脏和肺脏浆膜下常有点状出血，肺常有卡他性炎症。

患病公猪睾丸颜色和硬度发生变化，腹股沟淋巴结肿大1.5～2倍，输精管有出血性炎症，尿道上皮脱落、坏死。

（2）关节炎型　关节肿大，关节周围充血和水肿，关节腔内充满纤维素性渗出液，用针刺时流出灰黄色浑浊液体，混杂有灰黄色絮片（图1-509～图1-510）。

（3）支气管肺炎型　表现为肺水肿，表面有大量的小出血点和出血斑，肺门周围有分散的红色斑，尖叶和心叶呈灰色、坚实僵硬，肺泡膨胀不全，并有大量渗出液（图1-511）。下颌淋巴结、纵隔淋巴结水肿，细支气管有大量的出血点，有时可见坏死区（图1-512）。

（4）肠炎型　多见于流产胎儿和新生仔猪。胃肠道有急性局灶性卡他性炎症及回肠的出血性变化。肠黏膜发炎而潮红，小肠结膜和浆膜面有灰白色浆液性纤维素性覆盖物，肠系膜淋巴结肿胀。脾脏有出血点，轻度肿大。肝质脆，表面有灰白色斑点。

【防治措施】对于本病的防治应以隔离病猪、深埋感染猪，以及应用抗生素进行对症治疗为主。

图1-509
猪衣原体病（关节炎型）的病理变化（1）

病猪的关节积液

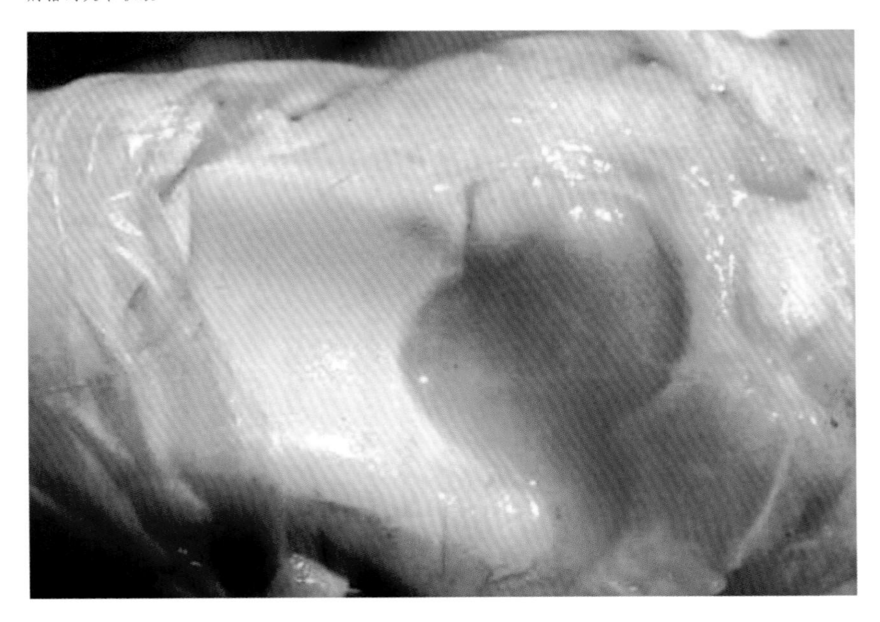

图1-510
猪衣原体病（关节炎型）的病理变化（2）

关节滑膜炎，关节腔有大量纤维素性渗出液

图1-511
猪衣原体病（支气管肺炎型）的病理变化（1）

间质性肺炎

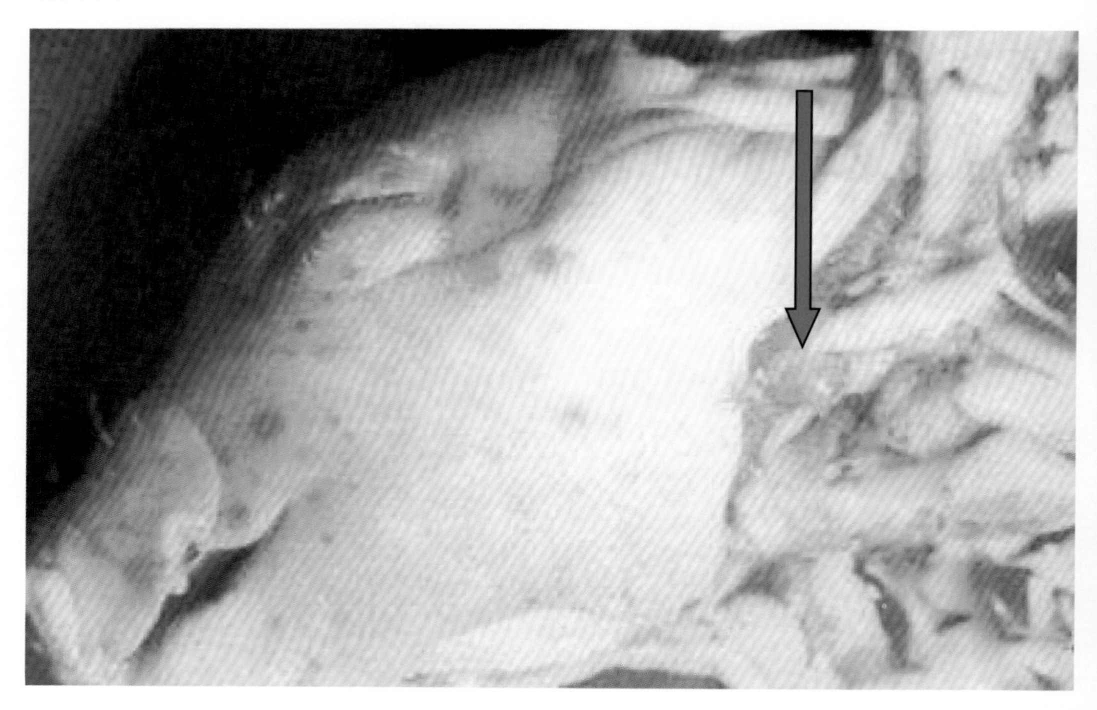

图1-512
猪衣原体病（支气管肺炎型）的病理变化（2）

流产胎儿下颌淋巴结肿胀（箭头所指处）

（1）预防　①引进种猪时要严格检疫和监测，阳性种猪场应禁止输出种猪。淘汰发病种公猪，避免健康猪与病猪、带菌猪及其他易感染的哺乳动物接触。流产的胎儿、胎衣要集中无害化处理。

② 搞好猪场的环境卫生和消毒工作：猪群发病时，应及时隔离病猪，分开饲养，清除流产死胎、胎盘及其他病料，进行深埋或火化。对猪舍和产房用石碳酸、福尔马林消毒以消灭病原。

③ 免疫接种：用猪衣原体灭活疫苗进行免疫接种。种公猪每年免疫1次，皮下注射2mL/头；初产母猪配种前皮下注射2mL/头，免疫接种2次，间隔1个月；经产母猪配种前免疫接种1次。

（2）药物治疗　治疗的首选药物为四环素，也可用金霉素、土霉素、红霉素等，但最好先做药敏试验。要注意产生抗药性问题，最好交替用药。怀孕母猪可在产前2～3周使用四环素，可以用来预防新生仔猪感染。

在发病猪群的饲料中按200～600mg/kg的剂量连续添加四环素21d，能清除潜在性感染。对于出现症状的新生仔猪，可肌内注射1%土霉素，每千克体重1mL，每日1次，连用5～7d。断奶仔猪可注射含5%葡萄糖的5%土霉素溶液，每千克体重1mL，连用5d。

为了控制其他细菌性继发感染，可在饲料中添加15%金霉素，每吨饲料3kg。此外，公、母猪配种前1～2周及母猪产前2～3周，按0.02%～0.04%的比例将四环素混于饲料中，可提高受胎率，增加活仔数及降低新生仔猪的病死率。

5. 猪皮肤真菌病

猪皮肤真菌病又称皮肤霉菌病、小孢子菌病等，俗称钱癣、脱毛癣、秃毛癣，是由多种皮肤霉菌引起的一种人畜共患的皮肤传染病。本病大多是由卫生不良引起的，一般不会造成病猪的死亡。病猪主要发生被毛、皮肤、蹄等角质化的病变，形成癣斑，表现为皮肤脱毛、脱屑、炎性渗出、痂块及痒感等特征性症状。

【病原体】病原主要为发癣菌和小孢霉菌。其中，发癣菌是主要病原，它侵害皮肤、毛发和角质；小孢霉菌侵害皮肤和毛发，但不侵害角质。这两种皮肤霉菌的孢子抵抗力很强，对一般消毒药耐受性强。制霉菌素、两性霉素B对该菌有很好的抑制作用。该霉菌喜欢温暖潮湿的环境，适宜生长的温度为20～30℃。常用2%～5%氢氧化钠、3%的福尔马林或5%戊二醛对猪舍和污染环境进行消毒。

【流行特点】病猪为本病的主要传染源。猪较为易感，主要发生于仔猪，特别是刚断奶的仔猪。本病主要通过直接接触传播，起初是同栏中的1～2头仔猪发病，之后不断传染，严重时同栏全部发病，发病率高达50%～60%。多发生于冬季和春季，呈现散发性。温暖、潮湿、污秽、阴暗的环境有利于本病的发生和传播，拥挤和卫生状况不良可使感染发生率增加，营养不良、皮肤不洁可诱发本病。

【临床症状】皮肤霉菌只寄生于皮肤表面，一般不侵入真皮层，主要在表皮角质、毛囊、毛根鞘中繁殖。其产生的外毒素可引起真皮充血、水肿、发炎。皮肤出现丘疹、水疱和皮屑，有毛区发生脱毛、毛囊炎或毛囊周围炎。有由黏性分泌物和脱落的上皮细胞形成痂皮。

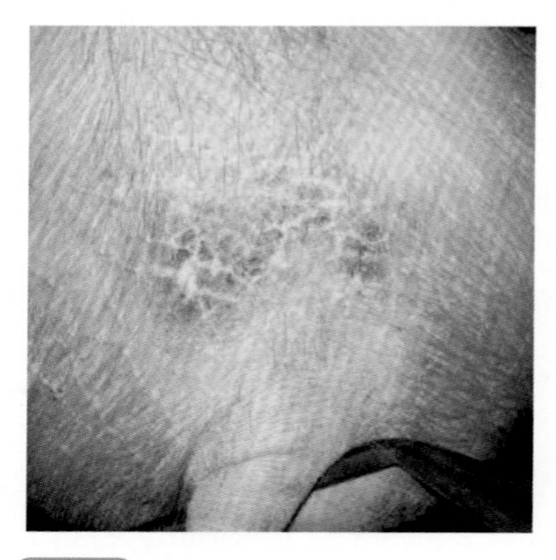

图1-513
猪皮肤真菌病（皮肤霉菌病）的临床症状（1）

病猪的皮肤开裂，呈现脱毛症状

病变主要在猪头部的眼眶、口角、颜面部、颈部、肩部，形成手掌大小的癣斑。中等程度瘙痒，很少见有脱毛现象，几乎不脱毛。病初患部皮肤中度潮红，皮肤中嵌有小水疱，2 ～ 3d后颜色逐渐变成紫红并伴有渗出性炎症和结痂。再过2 ～ 3d后，猪皮肤的痂块逐渐变成铁锈色或褐色斑块病灶，最后波及全身，产生灰棕色至微黑色连成一片的皮屑性覆盖物。皮肤皲裂和变硬（图1-513）。此时病猪往往堆挤一起，发痒蹭墙，摩擦患部，表皮增厚3 ～ 5倍，皮肤有大面积的毛发脱落，皮肤上有丘疹（图1-514 ～图1-516）。个别病猪伴有腹泻，仔猪生长发育受阻，患病严重的病猪瘦弱而死。

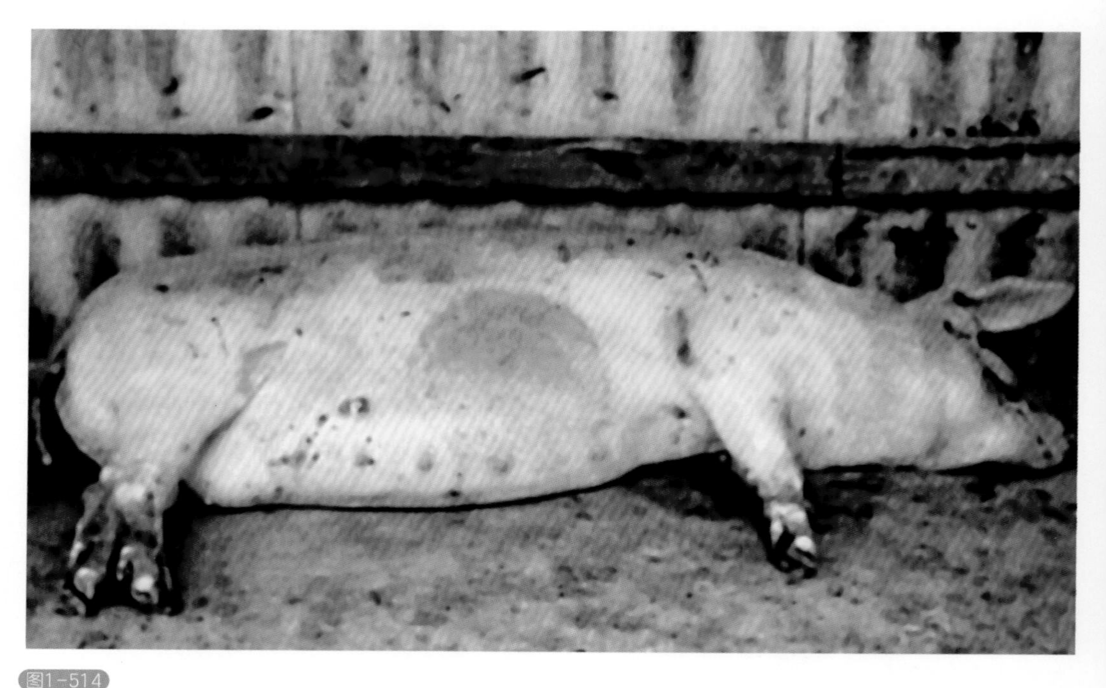

图1-514
猪皮肤真菌病（皮肤霉菌病）的临床症状（2）

病猪腹侧有一块大面积的轮状脱毛斑

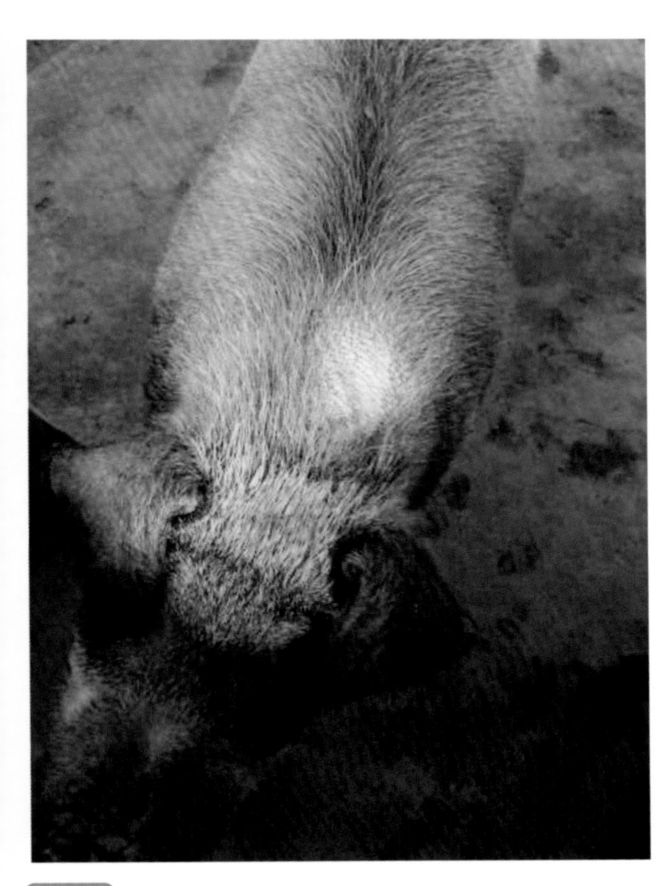

图1-515
猪皮肤真菌病（皮肤霉菌病）的临床症状（3）

病猪的皮肤增生肥厚，呈“象皮”样

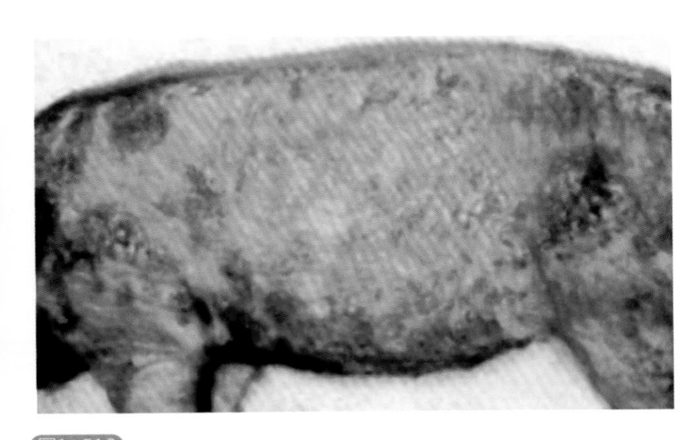

图1-516
猪皮肤真菌病（皮肤霉菌病）的临床症状（4）

皮肤局限性丘疹，并逐渐向外扩展

【诊断】可通过临床症状做出初步诊断。确诊可用实验室检查法。

实验室检查法一：刮取病灶的痂皮或粘有渗出液的被毛，置于载玻片上加上生理盐水或美蓝染色液一滴，盖上盖玻片，静置，待病料透明软化后，在显微镜下观察，可见分枝的真菌菌丝及各种孢子。根据病料镜检结果，可诊断为猪皮肤真菌病。

实验室检查法二：取病变部位的皮屑、癣痂、被毛或渗出物少许，置玻片上，滴加10%的氢氧化钾1滴。盖上盖玻片，用显微镜观察，也可见到分枝的菌丝体及各种孢子。

鉴别诊断：应注意与疥癣、湿疹和过敏性皮炎等相区别。疥癣为寄生虫病，能找到疥癣虫，病灶为界限不规则的大面积无毛区；湿疹有湿性渗出物，剧烈瘙痒，分离不到病原体；过敏性皮炎为皮肤的变态反应，可鉴定出过敏原。

【防治措施】

（1）预防　平时做好猪体皮肤和猪舍的卫生工作。发现类似症状的病猪应进行全群检查，立即隔离治疗，防止传染。对病猪舍、猪圈进行彻底的冲洗消毒（可用

5%的热氢氧化钠或0.5%过氧乙酸溶液）。饲养人员和畜牧兽医工作者应注意防护，以防被传染。要保证适当的饲养密度，猪舍要通风良好。

（2）治疗　患部先剪毛，再用温肥皂水洗净痂皮后涂擦药物，或直接涂擦药物。如10%水杨酸酒精或5%～10%硫酸铜溶液，每天或隔天涂敷直到痊愈；涂抹氧化锌软膏或5%碘甘油涂擦效果不错，每天一次，直至痊愈；克霉唑癣药水外用；也可以口服制霉菌素或灰黄霉素等。

6.猪霉菌性肺炎

猪霉菌性肺炎是由于致病性霉菌——小型丝状真菌（又叫病原性霉菌）的感染而引起猪肺部的真菌性疾病。其致病作用大致可分为3种：①引起机体深层组织或内脏感染；②引起皮肤病；③产生毒素。

猪霉菌性肺炎是在饲养环境差和卫生不良的情况下，由于猪吸入了霉变的粉尘或是长期食用霉变饲料中的霉菌和霉菌的孢子，通过呼吸道侵入肺部而引发的。其危害很大，治疗很困难。因此本病是当今呼吸道疾病的一大难题。

【流行特点】本病多发于雨季，多发于温暖潮湿的地区。温暖季节饲料容易滋生霉菌而发霉变质，垫草也容易发霉，猪在这样的条件下感染致病性霉菌而发病。本病的发病率较低（15%～20%），但病死率高（可达70%～75%）。尤其仔猪对发霉饲料敏感，仔猪开食后15～20d，先补料的先发病、先死亡，而且体型大、膘情较好的仔猪先发病、先死亡，治愈率较低。母猪一般不发病。不同猪群之间有较大的差异。

本病的发生与猪饲料的品质有关。如长期饲喂品质低劣的单一饲料，无青绿饲料，也缺乏矿物质，并且饲料发霉变质呈黑褐色或灰白色、有霉味（图1-517）。饲料的原料也要妥善保管，以防发霉变质（图1-518）。如果用这样发霉的饲料给猪喂食，可能发生此病。

【临床症状】致病性霉菌（又叫病原性霉菌）的致病作用既有感染性，也有中毒性，因其能产生毒素。

图1-517
发霉变质的饲料

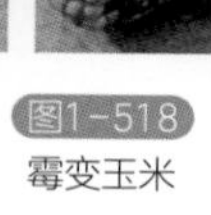

图1-518
霉变玉米

临床表现有小叶性肺炎的症状。早期最明显的症状与猪气喘病相似。表现为呼吸急促，腹式呼吸，鼻孔流出黏液性或浆液性渗出物，后期自鼻孔流出污秽不洁净的绿色黏液。多数病猪体温升高至40.4～41.5℃，稽留热。随着病程发展，食欲减少或停食，渴欲增加，喜欢饮水。病猪精神沉郁，皮毛松乱，静卧于地上或躲于一角，不愿走动。在发病中后期，多数病猪腹泻，尤以小猪更严重，粪便稀薄腥臭，肛门周围及后躯被排泄物所沾污。

急性病例，经5～7d死亡；亚急性病例，在10d天左右死亡；少数病例，可拖延至30～40d，并有反应增强的神经症状。病猪临死前，在耳尖、四肢和腹部的皮肤出现紫斑。有些慢性病例数周后病情逐渐减轻，但生长缓慢，饲料报酬率低，可能还会复发甚至死亡，对生产影响很大。

【病理变化】肺充血、水肿，间质增宽，充满浑浊的液体。将肺切开，切口流出大量带泡沫状的血水。肺内有灰白色、大小不等的肉芽状结节。切开气管、喉头及鼻腔，可见内部充满白色泡沫。心包腔积液，胸腔积液、腹腔积液增多。全身淋巴结水肿，尤其以肺门、股内侧、颌下淋巴结最为显著，切面多汁，有干酪样坏死。显微镜检查可见霉菌的菌丝。

【防治措施】隔离病猪及可疑病猪。立即停喂发霉饲料，补充青绿饲料及矿物质，全场大消毒。

（1）加强对饲料的保存和管理　杜绝霉变原料入库；控制仓库的温湿度，注意通风，防止原料在贮存过程中变质；尽量缩短饲料的贮存时间，防止饲料发霉变质。如果是农户自备的饲料，要适时收获，防止雨淋及受潮，再及时把籽实晾干。

（2）合理使用饲料防霉剂　作为饲料防霉剂，必须符合以下三个原则：一是具有较强的广谱抑菌效果；二是pH值要低，在低水分的饲料中能释放出来；三是要使用安全、经济、无致癌、无致畸、无致突变作用的添加剂，并且不影响饲料的适口性。

（3）饲料要除霉　在实际饲养过程中，要对轻微发霉的玉米用1.5%的氢氧化钠和草木灰水浸泡处理，再用清水清洗多次，直至浸洗液澄清为止，但处理后仍含有一定毒性物质，须限量饲喂。每吨饲料中添加200～250g大蒜素，可减轻霉菌毒素的毒害作用。再就是选择有效的毒素吸附剂，如霉可脱、霉立净等，视饲料霉变情况适量添加。

（4）治疗　猪发生霉菌毒素中毒后，应立即停喂发霉饲料，更换优质饲料，同时对症治疗。

① 病猪可用1/4000煌绿或结晶紫，每千克体重0.5～1mL，分点肌内注射，并加注磺胺嘧啶，每千克体重0.05～0.1g，每天2次，连用2～3d。再用硫酸钠30～50g，液体石蜡50～100mL，加水500～1000mL灌服，以排出肠内毒素，保护肠黏膜。

② 若病猪出现脑水肿，应按每千克体重20%的甘露醇1～2g静脉注射，每天注射两次。

③ 对出现阴道脱出和肛门脱出的病猪，将脱出的部分清洗、消毒后，再采用外科手术方法进行缝合，并用消炎药物治疗。

7. 猪传染性胸膜肺炎

猪传染性胸膜肺炎是由胸膜肺炎放线菌引起的猪的一种接触性传染病，又称为猪接触性传染性胸膜肺炎。以急性出血性纤维素性胸膜肺炎和慢性纤维素性坏死性胸膜肺炎为特征，急性型呈现极高的死亡率。

本病是猪的一种世界性呼吸道疾病，在许多国家都有流行，给集约化养猪业造成了巨大的经济损失，特别是近十几年来本病的流行呈上升趋势，已成为世界性集约化养猪的五大疫病之一。我国于1987年首次发现本病，此后逐渐流行，且危害日趋严重，已经成为猪细菌性呼吸道疾病的主要疫病之一。

【病原体】本病的病原体为胸膜肺炎放线菌，其具有显著的多形性。菌体有荚膜，不运动，革兰阴性。本菌已发现12个血清型，不同的血清型对猪的毒力不同。

本菌对外界抵抗力不强，对常用消毒剂敏感，一般消毒药即可杀灭。不耐干燥。排泄到环境中的病原菌生存能力非常弱，而在有机物中的病原菌可存活数天。对土霉素、青霉素、磺胺嘧啶、头孢类等药物较敏感。

【流行病学】

（1）易感猪只　各种年龄、性别的猪都可感染，其中以6周龄至6月龄的猪较多发，但以3月龄的仔猪最为易感。

（2）传染源　病猪和带菌猪是本病的传染源。种公猪和慢性感染猪在传播本病中起着十分重要的作用。

（3）传播途径　主要是通过空气飞沫传播。在病猪的鼻子、扁桃体、支气管和肺脏等部位是病原菌存在的主要场所。病菌随着呼吸、咳嗽、喷嚏等排出后形成飞沫，通过呼吸道传播。也可通过被病原菌污染的车辆、器具以及饲养人员的衣物等而间接接触传播。

（4）流行特点　本病的发生具有明显的季节性，多发生于4～5月和9～11月。饲养环境突然改变、转群、混群、拥挤、长途运输、通风不畅、湿度过高、气温骤变等的应激因素，均可引起本病的发生和传播，使发病率和死亡率增加。

【临床症状】本病的潜伏期为1～7d或更长。临诊上根据发病猪的病程可分为最急性型、急性型、亚急性型和慢性型。

本病的发生多呈最急性型或急性型而迅速死亡。最急性型的死亡率可达80%～100%。急性型的发病率和死亡率一般为50%左右。

（1）最急性型　突然发病，个别病猪可能还没出现任何临床症状就死亡。病猪体温升高至41～42℃，精神沉郁，倦怠、废食，并可能出现短期的腹泻和呕吐症状。后期出现心衰和循环障碍，鼻、耳、眼及后躯皮肤发绀（图1-519）。晚期呼吸极度困难，常呆立或呈犬坐式，张口伸舌，咳喘，并有腹式呼吸（图1-520）。临死前从口鼻流出血性泡沫。病猪于出现临床症状后24 ～ 36h内死亡。此型的病死率高达80% ～ 100%。

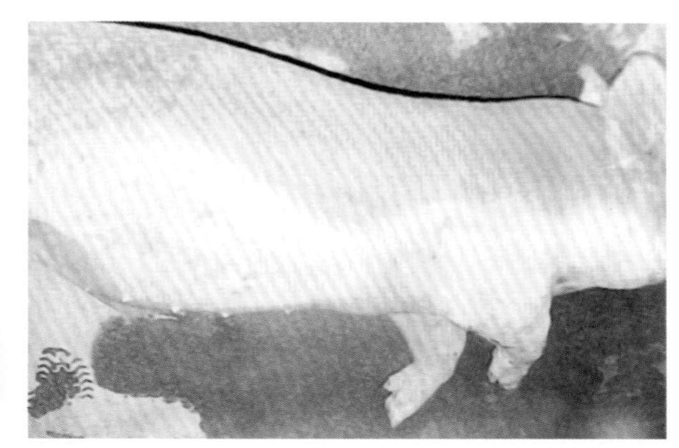

图1-519
猪传染性胸膜肺炎（最急性型）的临床症状（1）

病猪耳部、背部及四肢皮肤呈蓝紫色

图1-520
猪传染性胸膜肺炎（最急性型）的临床症状（2）

咳嗽，犬坐姿势。初期干咳，后逐渐消瘦，如果继发其他病原体的感染可能会发生死亡或被淘汰

（2）急性型　病猪体温高达40.5 ～ 41℃，皮肤发红，精神沉郁，不愿站立，厌食，趴卧地上（图1-521）。严重的呼吸困难、咳嗽、张口呼吸，也呈犬坐姿势，表现极度痛苦。由于饲养管理及其他应激条件的差异，病程长短不定，所以在同一猪群中可能会出现病程不同的病猪。上述症状在病初的24h内表现明显。如果不及时治疗，1 ～ 2d内会因呼吸困难窒息而死。

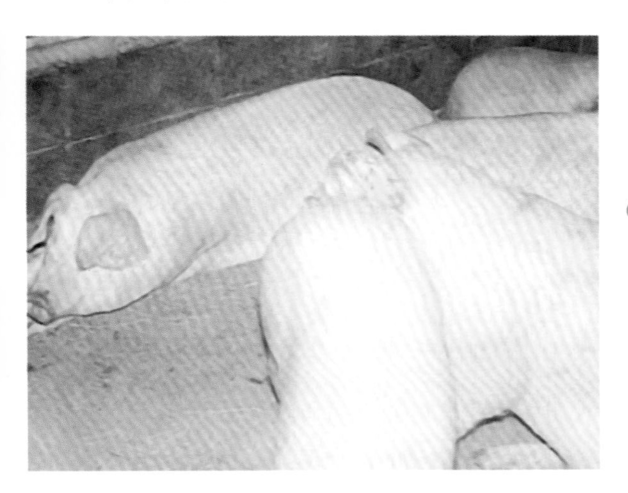

图1-521
猪传染性胸膜肺炎（急性型）的临床症状

病猪精神沉郁，常常卧地不起

（3）亚急性型和慢性型　病程长15～20d。病猪轻度发热或不发热，体温在39.5～40℃之间，精神不振，食欲减退。病猪不爱活动，仅在喂食时勉强爬起。间歇性咳嗽，呼吸异常，生长迟缓。病程几天至1周不等，当有应激条件出现时，症状会加重。发病的后期，病猪的鼻、耳、眼及后躯皮肤发绀，呈紫斑。

慢性型的猪症状表现不明显，若无其他疾病并发，一般能自行恢复。

【病理变化】主要病变集中于肺和呼吸道。常伴发心包炎，肝、脾肿大等症状。

（1）最急性型　死亡病猪的气管、支气管中充满泡沫状、血性黏液及黏膜渗出物。肺充血、出血和血管内有纤维素性血栓（图1-522）。肺间质水肿，肺部有炎症（图1-523）。

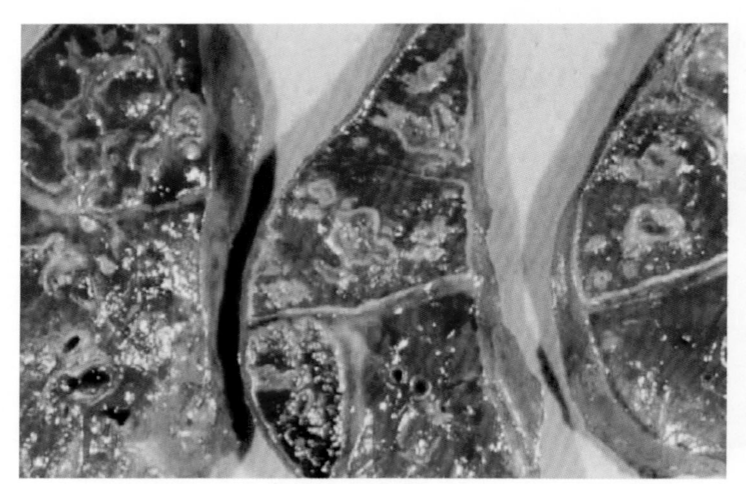

图1-522
猪传染性胸膜肺炎（最急性型）的病理变化（1）

病猪肺炎区域的横断面，呈紫红色，切面似肝脏，间质充满血液，小叶间水肿，支气管内充满泡沫状液体，肺炎区域呈现棕黑色

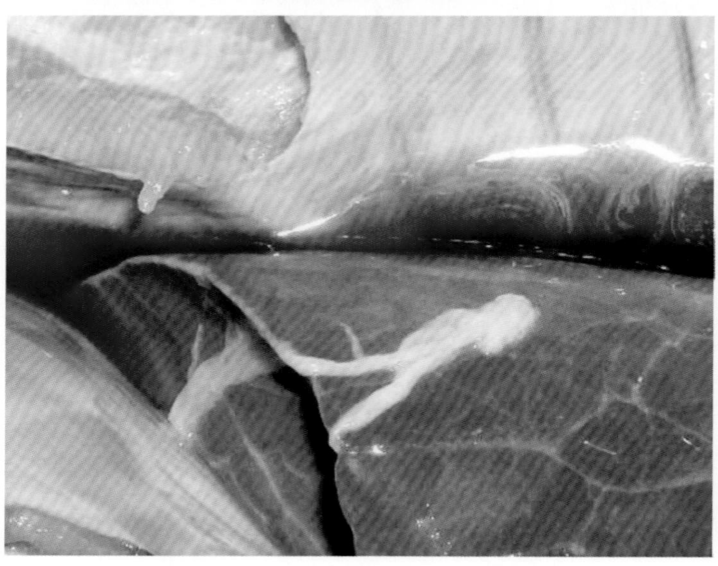

图1-523
猪传染性胸膜肺炎（最急性型）的病理变化（2）

大面积出血性肺炎，肺脏出血性坏死，边缘整齐

（2）急性型　死亡的猪可见到明显的病理变化。肺呈紫红色，喉头充满血样液体，肺门淋巴结显著肿大。肺炎常呈双侧性。发病24h以上的病猪，肺炎区（心叶、尖叶

和膈叶）出现纤维素性物质附于表面，病灶区出血、呈紫红色，肺间质增宽，有肝变，坚实、轮廓清晰，肺间质积留血色胶样液体，其与正常组织界线分明（图1-524）。随着病程的发展，纤维素性胸膜肺炎会蔓延至整个肺脏，使肺和胸膜粘连。

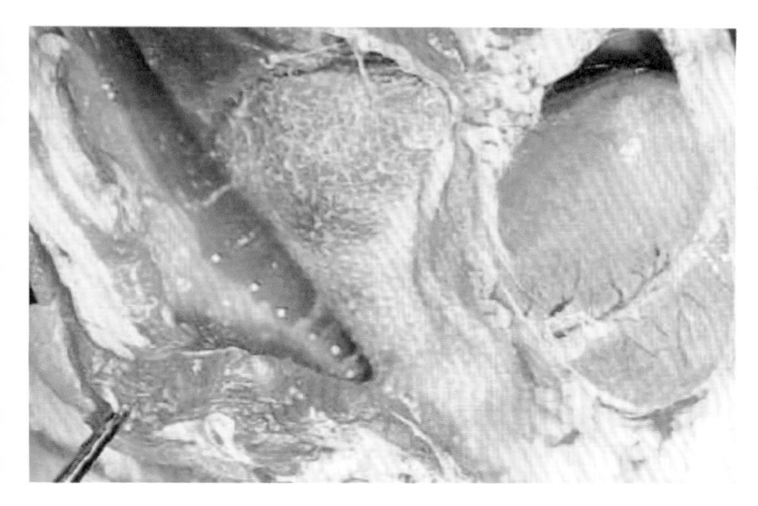

图1-524
猪传染性胸膜肺炎（急性型）的病理变化

纤维素性出血性肺炎，纤维素性物质附于肺脏的表面

（3）亚急性型　肺脏可能出现大的干酪样病灶或空洞，空洞内可见坏死碎屑。如继发细菌感染，则肺炎病灶则可能转变为脓肿，肺脏与胸膜之间会发生纤维素性粘连（图1-525）。

图1-525
猪传染性胸膜肺炎（亚急性型）的病理变化

胸腔积液，肺脏表面有纤维素性渗出，与胸壁粘连

（4）慢性型　病程较长的慢性病例，可见病灶硬化或坏死。肺脏上可见大小不等的结节（结节常发生于膈叶），结节周围包裹有较厚的结缔组织。结节有的在肺内部，有的突出于肺表面，并在其上有纤维素附着而与胸壁或心包粘连，或与肺之间粘连（图1-526～图1-529）。

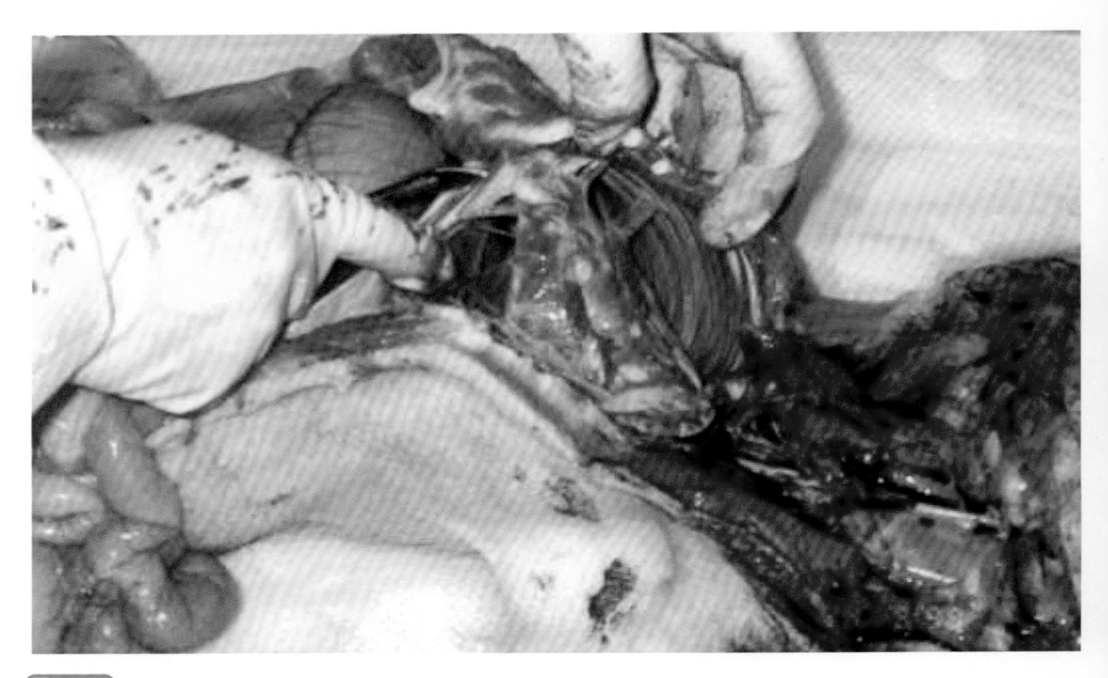

图1-526
猪传染性胸膜肺炎（慢性型）的病理变化（1）

肺脏充血、出血、水肿、坏死，表面附有纤维素性渗出物，肺与肋胸膜发生纤维素粘连

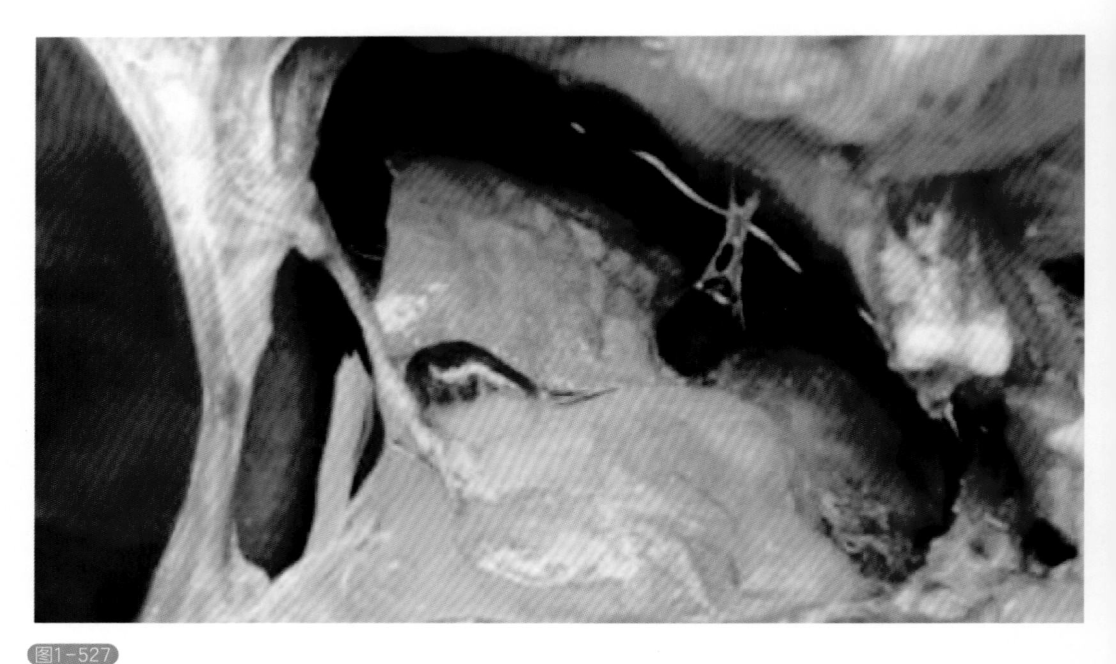

图1-527
猪传染性胸膜肺炎（慢性型）的病理变化（2）

胸腔积液，肺弥漫性急性出血性坏死，尤其是膈叶背侧，表面有绒毛样的纤维素渗出，与胸膜粘连

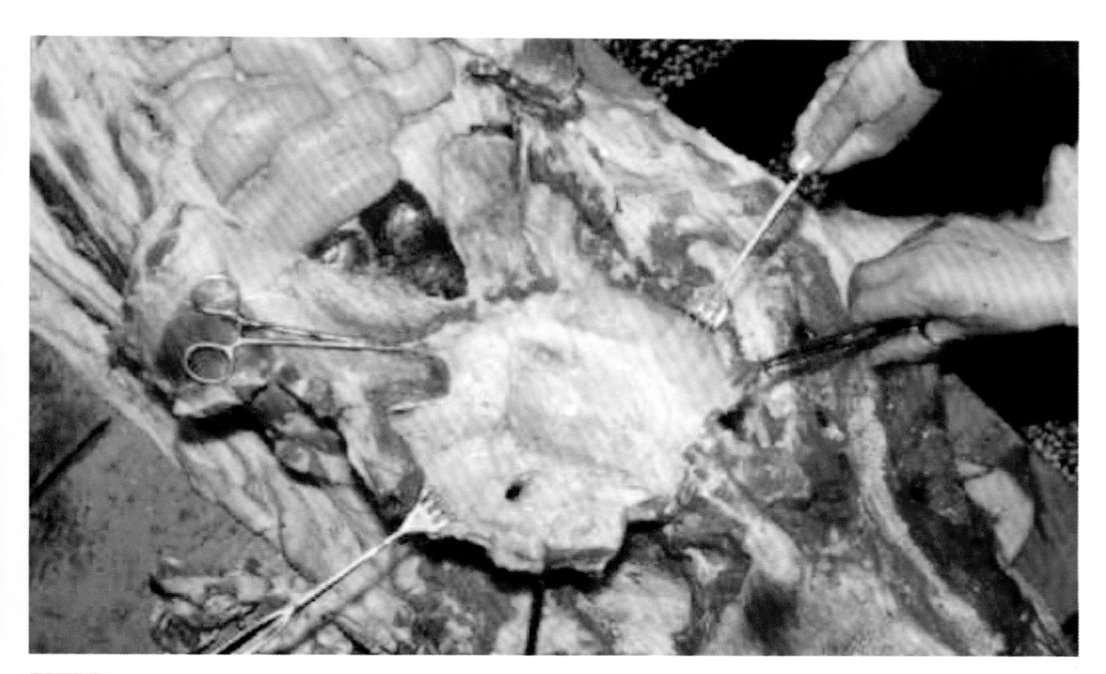

图1-528

猪传染性胸膜肺炎（慢性型）的病理变化（3）

整个肺脏表面纤维素性渗出物与胸膜中膈膜发生粘连

图1-529

猪传染性胸膜肺炎（慢性型）的病理变化（4）

粘连不仅发生在胸腔，肝脏表面也覆盖有纤维性物质，与膈肌、腹膜粘连

【诊断】根据本病主要发生于育成猪和架子猪，再加上比较具有特征性的临床症状和病理变化，可做出初步诊断。确诊要对可疑的病例进行细菌学检查。

（1）流行病学特点　猪的发病年龄多为6周龄至6月龄，且多呈最急性型或急性型病程。死亡突然，传播速度快。发病率和死亡率通常在50%以上。常发生于4～5月和9～11月。

（2）临床症状和病理学诊断　急性病猪出现高热，严重的呼吸困难、咳嗽、拒食、死亡突然，死亡率高。死后剖检病变主要局限于肺脏和胸腔，可见肺脏和胸膜有特征性的纤维素性、坏死性、出血性肺炎，纤维素性胸膜炎。

（3）鉴别诊断　本病应注意与猪肺疫、猪气喘病进行区别。

① 猪肺疫常见咽喉部肿胀，皮肤、皮下组织、浆膜以及淋巴结有出血点；而传染性胸膜肺炎的病变常局限于肺和胸腔。猪肺疫的病原体为两极浓染的巴氏杆菌；而猪传染性胸膜肺炎的病原体为小球杆状的放线菌。

② 猪气喘病患猪的体温不升高，病程长，肺部病变对称，呈胰样或虾肉样病变，病灶周围无结缔组织包裹。而传染性胸膜肺炎体温升高，病程较短，肺脏、胸膜有纤维素性渗出物，常常发生粘连。

【防治措施及方剂】

（1）预防

① 应加强饲养管理，严格卫生消毒措施。注意通风换气，保持舍内空气清新。减少各种应激因素的影响，保持猪群足够均衡的营养水平。注意常规的消毒措施要到位（图1-530）。

图1-530
猪传染性胸膜肺炎防治措施

猪场入口设置消毒池及消毒通道，注意人员和车辆的消毒

② 应加强猪场的生物安全措施。从无病猪场引进公猪或后备母猪，要防止引进带菌猪；采用“全进全出”的饲养方式，出猪后栏舍应彻底清洁消毒，空栏1周后才可重新使用。

③ 疫苗免疫接种。疫苗是控制猪胸膜肺炎放线杆菌感染的最有效手段。目前，使用较多的疫苗是“亚单位苗”和“灭活苗”，使用方法是注射2mL/头，注射1次后，间隔14～20d再加强免疫1次，免疫期一般为6个月。但灭活苗免疫效果不够理想，仅能减轻临床症状和肺部感染程度，不能刺激动物机体产生高效价抗体，也不能对其他血清型的感染提供有效的交叉保护。

（2）治疗　由于传染性胸膜肺炎放线菌的耐药性，抗生素在临床上的使用效果并不明显，但早期治疗可收到较好的效果。治疗时应以解除呼吸困难和抗菌为原则。经验证明，用氟甲砜霉素肌内注射或胸腔注射，连用3d以上，有很好的疗效，或在饲料中拌入支原净、多西环霉素、北里霉素，连续用药5～7d，也有较好的疗效。用药参考如下：青霉素肌内注射，每千克体重2万IU，每天2～4次；链霉素肌内注射，每千克体重1万IU，每天2～4次；受威胁区的未发病猪可在饲料中添加土霉素（每吨饲料添加400g）作预防性给药。需要注意的是，用抗生素进行治疗尽管在临床上能取得一定的成功，但并不能在猪群中消灭感染。

中药方剂：当归20g、冬花30g、知母30g、贝母25g、大黄40g、木通20g、桑皮30g、陈皮30g、紫苑30g、马兜铃20g、天冬30g、百合30g、黄芩30g、桔梗30g、赤芍30g、苏子15、瓜蒌50g、生甘草15g，共为末，开水冲服。

8. 猪放线菌病

猪放线菌病是由放线杆菌引起的一种疾病。本病的主要特征为败血症、肺炎、肾炎、关节炎、尿道炎、膀胱炎、输尿管炎、心内膜炎和流产等。患病动物的皮肤、黏膜或其他组织形成明显的肉芽肿或脓肿。通常为散发。

【病原体】猪放线杆菌为革兰染色阳性小杆菌。在动物组织中能形成带有辐射状菌丝的颗粒状聚集物，外观似硫黄颗粒，呈灰色、灰黄色或微棕色，大小如针头。兽医工作者形象地称其特点为：“单眼皮，瓜子仁，里边有颗粒”。组织压片经革兰染色，其中心菌体为紫色，周围辐射状的菌丝呈红色。

猪放线杆菌对外界的抵抗力不强，一般消毒药均可迅速将其杀灭。对青霉素、链霉素、四环素、林可霉素和磺胺类等药物敏感。

【流行病学】

（1）易感猪只　易感猪只为2～4周龄仔猪，常常造成死亡。而年龄较大的种猪，尤其是老母猪多不死亡。

（2）传染源　患病猪和带菌猪是本病的主要传染源。放线杆菌属于条件性致病菌，常存在于猪的扁桃体、上呼吸道、消化道以及皮肤和健康母猪的阴道内。另外，受污染的土壤、饲料和饮用水也存在本菌。

（3）传播途径　本病主要通过损伤的皮肤或黏膜感染。未感染的猪与感染猪同舍时也会受到感染。此外，还可以经过交配感染。

【临床症状】以2～4周龄仔猪最容易感染，一般可造成死亡。但成年猪很少死亡，一般只是在腹侧、颈部、乳房的皮下出现肿块。如果不及时治疗，肿块会逐渐增大，数量也会逐渐增多，会影响种猪的生产性能。

（1）2～4周龄仔猪　放线杆菌病常常造成2～4周龄仔猪突然死亡。发病仔猪体温升高（40℃），皮肤发绀，有出血性瘀斑。病猪喘气，有时伴有震颤或呈划水样。肢体末端充血，导致蹄、尾和耳坏死和关节肿胀。断奶猪可见厌食、发热、持续性咳嗽和呼吸困难、肺炎。

（2）成年猪　常常以年龄在3岁以上的种猪多见。在皮下形成大小不等的球形肿块，小的有核桃大小，大的甚至有排球大小。肿块边缘明显，较硬实。个别可发生穿孔，并形成瘘管，常有乳黄色黏稠的脓液排出（图1-531）。成年猪发病时死亡率很低。如果本病发生在母猪，可发生乳房炎、脑膜炎和流产等，这与哺乳时仔猪咬伤乳头形成伤口有关（图1-532）。

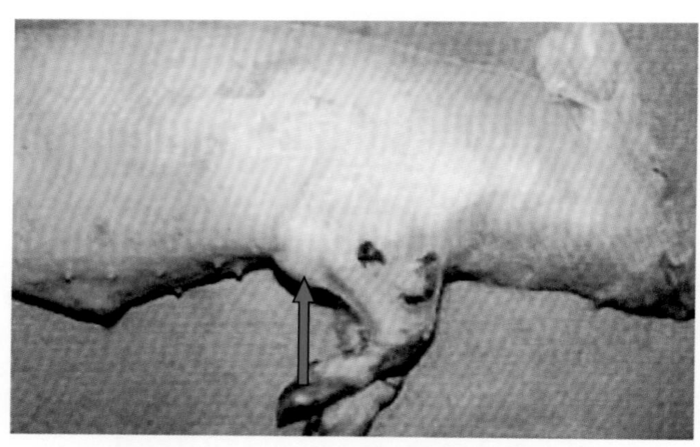

图1-531
猪放线菌病的临床症状（1）

放线杆菌感染，病死猪关节肿胀、化脓（图示右侧肘关节）

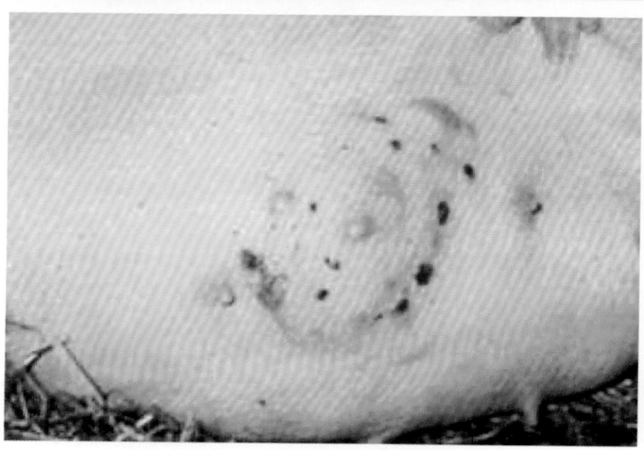

图1-532
猪放线菌病的临床症状（2）

母猪乳房感染放线杆菌发生乳房炎，乳房肿胀、化脓

【病理变化】最明显的病理变化是肺脏、心脏、肝脏、脾脏、皮肤和小肠的出血。最严重的是肺脏，可见肺小叶出血、坏死和血纤维素蛋白渗出，有化脓性病灶（图1-533～图1-534）。肺切面可见急性、出血性炎症，有红白色结节的结缔组织，坏死组织钙化（图1-535）。胸腔和心包膜中血浆和血纤维素性渗出物增多。日龄较大的哺乳仔猪和断奶仔猪可见胸膜炎、心包炎，在肺脏、肝脏、皮肤、肠系膜淋巴结、肾脏和脊柱等部位可见到大小不等的脓肿（图1-536）。有的猪可见关节炎和心瓣膜炎。在成年猪的皮肤上可见大量圆形、菱形或不规则的病变。

【诊断】依据临诊症状和肺脏等处的病理变化，可做出初步诊断，确诊需做细菌学检查与病原分离。

可取肺脏病变组织做成涂片，或取淋巴结做成触片，经革兰染色或美蓝染色，用镜检等方法。

【防治措施】

（1）预防　猪放线杆菌是一种条件性致病菌，此菌常存在于健康猪的扁桃体和上呼吸道等处，主要是由创口引起感染。因此，对本病的预防应加强猪群的日常饲养管理，栏舍不要有铁刺等锐利物体，防止皮肤、黏膜受损。搞好猪舍的卫生消毒，栏舍应定期消毒。局部发生损伤后要及时处理与治疗，仔猪应及时剪犬齿，从而减少猪的皮肤被划伤的可能性。

（2）治疗　猪群发病后，对病猪要进行隔离治疗。可用青霉素（300万IU）、链霉素、庆大霉素（40万～100万IU/头猪，每天肌内注射2次）等进行治疗。也可用氨苄西林（20mg/kg体重），或恩诺沙星（10mg/kg体重）进行治疗。在饲料中添加盐酸土

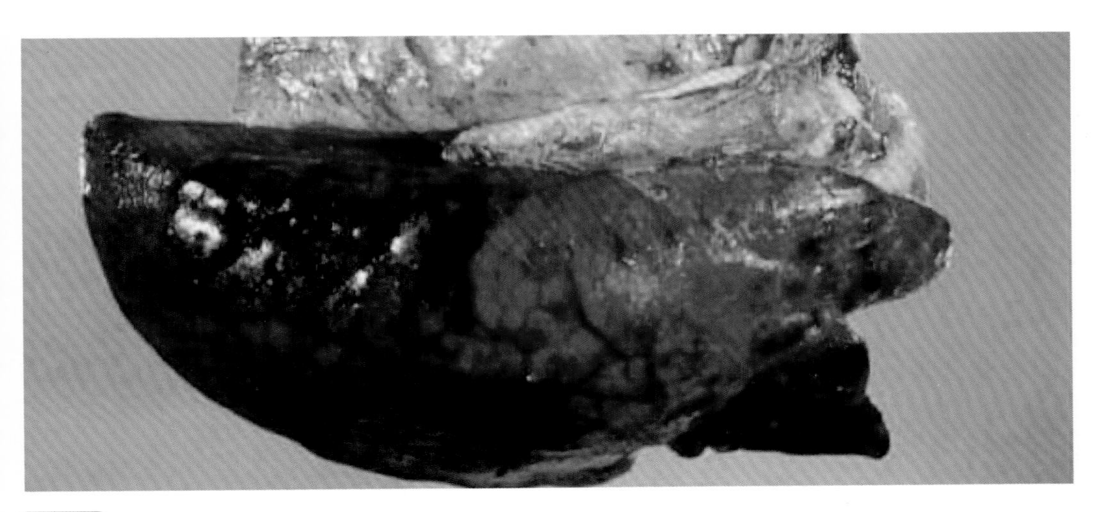

图1-533
猪放线菌病的病理变化（1）

猪感染放线菌后发生急性肺炎，肺脏的出血、坏死性病变

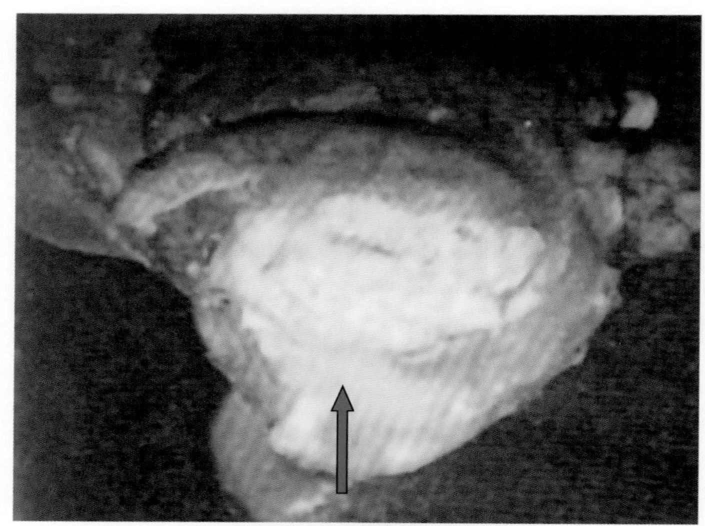

图1-534
猪放线菌病的病理变化（2）

心包放线菌性脓肿，呈豆腐渣样的化脓灶

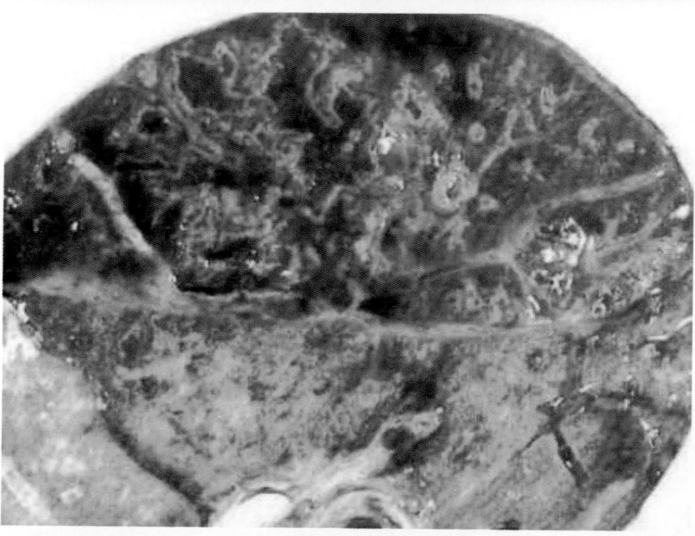

图1-535
猪放线菌病的病理变化（3）

放线菌引起的胸膜肺炎，肺切面可见急性、出血性炎症，有红白色结节的结缔组织，坏死组织钙化

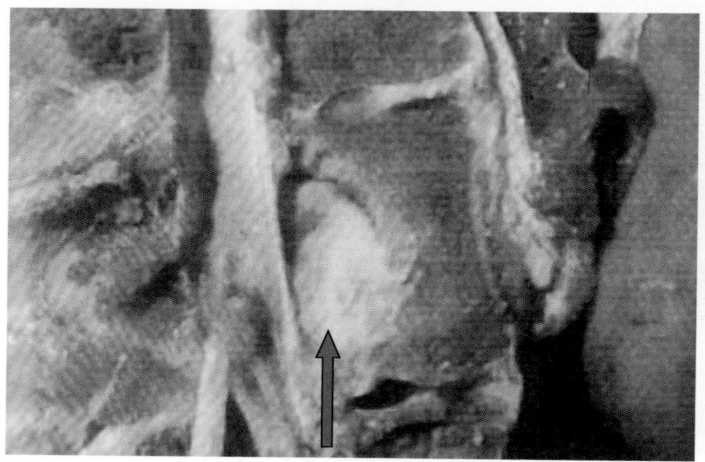

图1-536
猪放线菌病的病理变化（4）

脊柱处有放线杆菌性脓肿（箭头所指处，显示为灰黄色的脓肿）

霉素（每千克体重1g），饮水中添加多种维生素、葡萄糖，连用7d，有利于发病猪群病情的控制。

对于外部肿块较小的病灶，可在病灶的周围分点注射10%碘仿乙醚，每点2～4mL，共4～6点。肿块如果是拳头以上大的，应该采用外科手术摘除。如果有瘘管要连同瘘管一并切除。术后每天以碘酊消毒后再擦鱼石脂，直到愈合。如不采用摘除法，也可在肿块部垂直切开，排除浓汁，用0.1%高锰酸钾溶液清洗，然后用5%碘酊纱布填充创腔，1～2d更换一次，纱布量逐日减少，让肉芽组织长出，直至伤口愈合。

9.猪呼吸道疾病综合征

猪呼吸道疾病综合征（PRDC）是指由一种或多种病毒、细菌及其他很多因素之间相互作用而引起的混合感染。通常由病毒或支原体首先侵袭猪的呼吸道，破坏呼吸道天然防御屏障，进而继发细菌感染，引起细菌性肺炎，造成肺部混合感染。

猪呼吸道疾病综合征是当今危害养猪业的重要疾病之一。本病存在于母猪、保育猪和育肥猪等各个生产阶段。其病原有传染性的，也有非传染性的。猪呼吸道疾病综合征的特点是发病原因较复杂，临床症状不典型，发病率高，影响范围广，对养猪生产造成了巨大的损失。

【病因】病毒、细菌、支原体、气候及管理因素等都可导致猪呼吸道疾病综合征的发生。

（1）许多病毒和细菌往往造成本病的原发性感染　病毒中，如蓝耳病病毒、猪Ⅱ型圆环病毒、猪瘟病毒、伪狂犬病毒、猪流感病毒等。细菌中，如猪肺炎支原体、胸膜肺炎放线杆菌、多杀性巴氏杆菌，猪霍乱沙门杆菌、猪副嗜血杆菌、猪链球菌等。

（2）猪场的管理不科学　例如，猪舍通风不畅、猪群密度过大、不同日龄猪混群、不同来源猪混养、猪场温差过大、免疫混乱及生物安全措施差等。

（3）应激因素　比如，季节变换、冷热不均、营养不平衡、霉菌毒素污染等造成猪只免疫力低下，猪群免疫力参差不齐等。

【临床症状】发病的猪只食欲下降或废绝、精神沉郁、体温升高、眼睛分泌物增多、结膜炎、咳嗽、气喘、呼吸困难、腹式呼吸、皮肤苍白、贫血、育成或育肥猪生长缓慢、渐行性消瘦（图1-537～图1-538）。有些猪只甚至出现生长停滞，有些猪还会出现急性死亡，同一猪群中个体大小不一等。

【病理变化】病猪贫血，皮肤苍白。淋巴结肿大，呈黄褐色，有时出血。肝脏萎缩。肾肿大，呈黄色。肺部有实质性病变，有的充血、有出血点或出血斑、脓肿灶，有的表面有纤维素性被膜覆盖（图1-539～图1-540）。胸腔积液，有纤维素性渗出。

【防治措施】

（1）消除免疫抑制因素的影响　蓝耳病毒、圆环病毒Ⅱ型和霉菌是猪场主要的免疫抑制性病原。要先净化猪群中的蓝耳病，再通过疫苗免疫控制圆环病毒病，最后在饲料

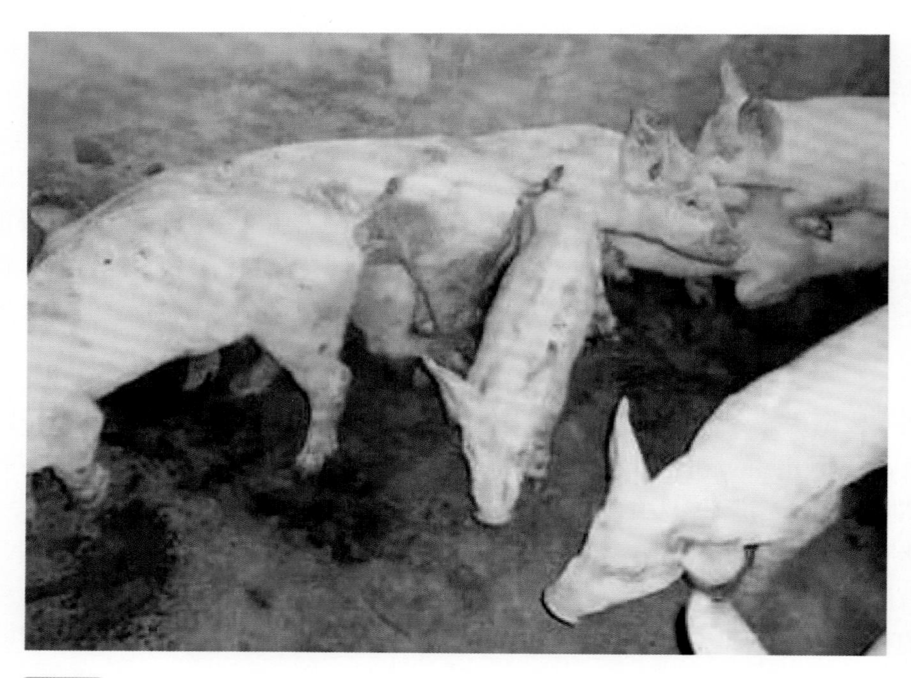

图1-537

猪呼吸道疾病综合征的临床症状（1）

病猪渐进性消瘦、咳嗽、气喘、呼吸困难、皮肤苍白、贫血，病猪群个体发育不整齐、大小不一

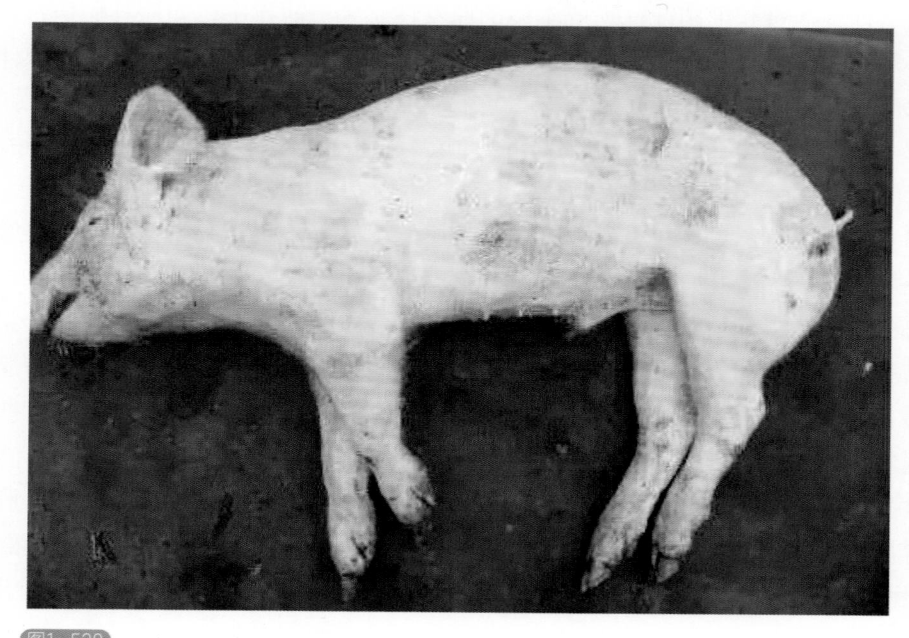

图1-538

猪呼吸道疾病综合征的临床症状（2）

病死的猪只死亡后，皮肤苍白、贫血、消瘦

图1-539

猪呼吸道疾病综合征的病理变化（1）

病猪的肺脏肿大，混合感染呈“花斑肺”

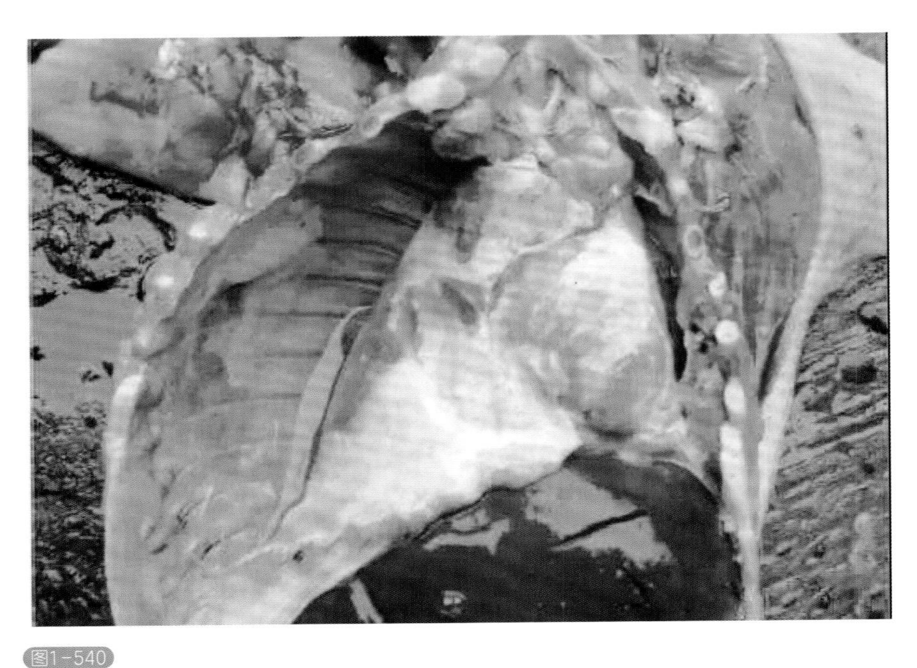

图1-540

猪呼吸道疾病综合征的病理变化（2）

病猪肺脏前叶、中叶呈肉样变

中添加降解霉菌毒素的药物，以修复肝、肾的损伤，增强猪只对霉菌毒素的抵抗力。

（2）保证育肥猪良好的生活环境　育肥猪要有一个良好的生活环境，要注意给育肥猪舍开窗通风。猪舍内的粪便要及时清理干净，以降低氨气、硫化氢等有害气体的浓度。保持猪舍内适当的湿度，当湿度高于70%时，容易暴发本病。同时，湿度也不能过低，猪舍太干燥，容易造成空气中粉尘和病原的含量增加。控制猪舍温度变化，育肥猪舍温度变化超过6℃时，就容易暴发本病。保证饲料和饮水的质量，育肥猪饲料中的营养物质一定要全面，而且饮水要洁净。

（3）做好育肥舍的生物安全　病猪要单独隔离，康复的病猪不能混入正常猪群。不同猪舍、不同批次的育肥猪不能交叉混养，以保证全进全出的饲养模式。育肥猪舍要经常进行带猪消毒，应选择对猪群影响小的消毒剂。当育肥舍空栏的时候，则要进行彻底的消毒和清理。同时要控制人员的流动，在育肥舍工作的员工要做好自身的消毒工作，器械、服装等不能在不同猪舍之间交叉使用。

二、猪寄生虫病

1.猪疥螨

猪疥螨病俗称癞、疥癣，是由猪疥螨虫寄生在皮肤内而引起的猪最常见的一种慢性、接触性体外寄生虫病。本病对猪的危害很大。其主要特征是皮肤发痒和发炎。由于病猪体表摩擦，造成皮肤肥厚、粗糙且脱毛，在面部、耳、肩、腹等处有外伤、出血，血液凝固并成痂皮。

【病原体及生活史】疥螨全部的发育过程都在宿主体内完成，其一生包括卵、幼虫、若虫、成虫四个阶段，整个发育周期为8～22d。离开宿主体后，一般仅能存活3周左右。

成虫、幼虫和若虫都寄生在猪皮肤的表皮，生活在由虫体挖凿的隧道内。虫体很小，肉眼不易看见，大小为0.2～0.5mm，呈淡黄色龟状，背面隆起，腹面扁平，腹面有4对短粗的圆锥形肢；虫体前端有一咀嚼式钝圆形的口器，以皮肤组织和渗出的淋巴液为食，在隧道内发育和繁殖（图2-1～图2-2）。由于疥螨在猪的皮肤内挖掘隧道，刺激皮肤和神经末梢，致皮肤发痒，影响猪的采食和休息，使猪发育受阻。

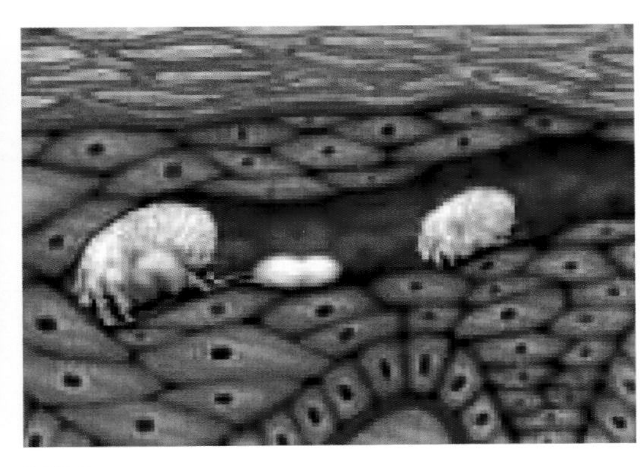

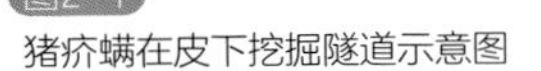

图2-1
猪疥螨在皮下挖掘隧道示意图

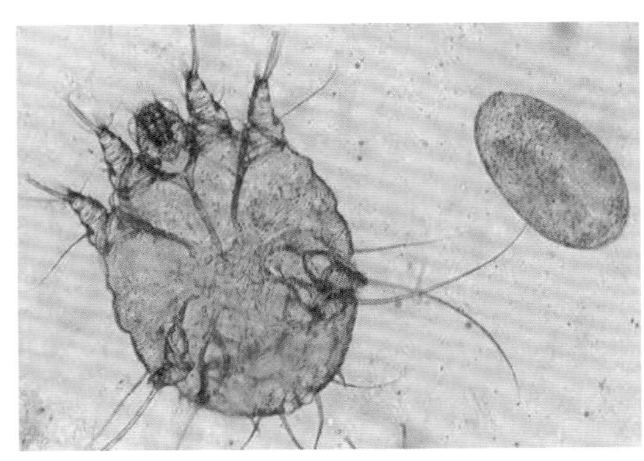

图2-2
猪疥螨成虫形态（100×）

【流行病学】各种年龄、性别、品种的猪均可感染本病。传播途径主要是病猪与健康猪的直接和间接接触，如患病母猪传染给哺乳仔猪，病猪传染同圈健康猪等。或通过被螨及其卵污染的圈舍、垫草和饲养管理用具间接接触等而引起感染。由于仔猪有靠在一起成堆躺卧的习惯，所以就造成了本病的迅速传播。此外，猪舍阴暗、潮湿、通风不良及咬架、打斗、碰撞、摩擦引起的皮肤损伤，均可促使本病的发生和发展。秋、冬季节，该病蔓延最快，以冬季光照不充足时发生最严重。抵抗力差、营养不良（瘦弱）的猪病情更为严重。

【临床症状】主要临床症状表现为剧烈瘙痒、不安、消瘦。在病猪的眼睛和耳朵四周、颈部、胸腹部、股内侧为发病较明显的部位。仔猪发病时，病初从眼周、颊部和耳根开始，以后蔓延到背部、体侧和股内侧，甚至可遍及全身。病猪到处摩擦或以肢蹄搔擦患部，甚至将患部擦破出血，以致患部脱毛、结痂，皮肤肥厚，形成皱褶和龟裂。本病主要分为两种类型。

（1）慢性皮炎型（皮肤角化型） 主要见于成年的经产母猪和种公猪。表现为皮肤剧痒、结痂、脱毛、消瘦，生长发育受阻等。

随着猪感染疥螨病程的发展，会出现皮肤过度角质化和结缔组织增生。可见猪皮肤变厚，形成大的皮肤皱褶、龟裂、脱毛，被毛粗糙多屑。此症状常见于成年猪耳郭内侧、颈部周围、四肢下部、踝关节等处，形成灰色、松动的厚痂。病猪经常用蹄子搔痒或在墙壁、栅栏上摩擦皮肤，造成皮肤损坏开裂、出血（图2-3～图2-5）。如果有金色葡萄球菌混合感染，便形成湿疹性渗出性皮炎，患部逐渐向周围扩展，一旦出现这种情况，便具有了高度传染性。

（2）皮肤过敏反应型（俗称“红皮病”） 本型较为常见，以仔猪、保育猪多发。病猪由于挠搔及擦痒使得猪皮肤变红，组织液渗出，干涸后形成黑色痂皮。

感染初期，从头部、眼周围、颊部和耳根开始，而后向后蔓延。3周后皮肤出现病变，以耳部、眼、鼻周围出现小痂皮（黑色）为特征。随后蔓延至整个体表、尾部和四肢，出现红斑、丘疹、黑色痂皮，并引起过敏反应，造成强烈痒感。由于发痒，病猪的正常采食和休息受到影响，并使消化、吸收机能降低。

总的来说，比较具特征性的症状是猪的腹下、颈下、大腿内侧等皮肤紫红、发痒、增厚、变得粗糙，并结痂。由于经常蹭痒摩擦而有渗出液（图2-6～图2-7）。

【诊断】本病一般可通过实验室检查法进行确诊。

本方法的具体操作是：用刀片在患病皮肤与健康皮肤交界处采集病料，刀刃与皮肤表面垂直，刮取皮屑、痂皮（症状不明显时，可检查耳内侧皮肤），直到稍微出血。将刮到的病料装入试管内，加入10%氢氧化钠（或氢氧化钾）溶液，煮沸，待毛、痂皮等固体物大部分被溶解后，静置20min，由试管底吸取沉渣，滴在载玻片上，用低倍显微镜检查，有时能发现疥螨的幼虫、若虫和虫卵。疥螨幼虫为3对肢，若虫为4对肢。疥螨卵呈椭圆形，黄色，较大（155μm×84μm），卵壳很薄，初产卵未完全发育，后期卵透过卵壳可见到已发育的幼虫（图2-8）。由于患猪常啃咬患部，有时在用水洗沉淀法做粪便检查时，也可发现疥螨虫卵。

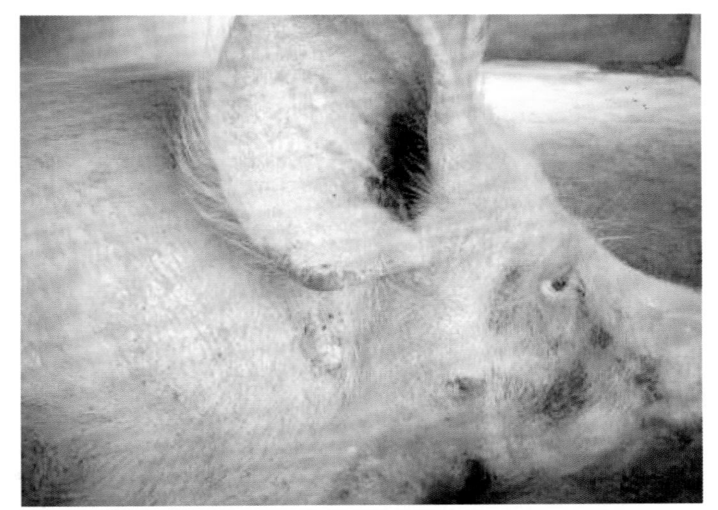

图2-3

猪疥螨病（慢性皮炎型）的临床症状（1）

病猪的耳部、颈部、面部大量结痂

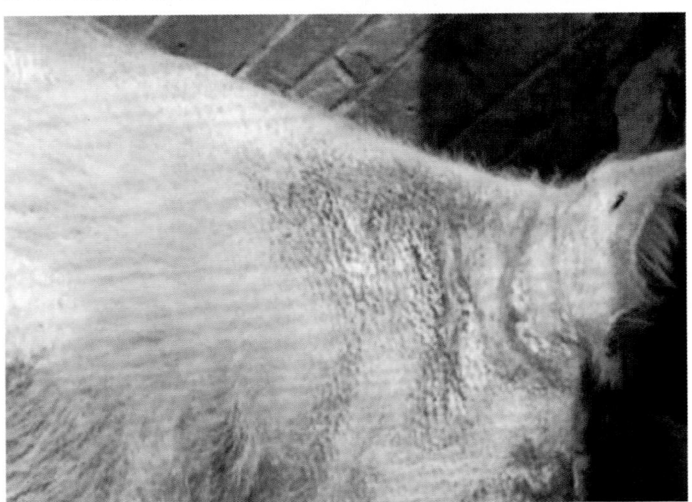

图2-4

猪疥螨病（慢性皮炎型）的临床症状（2）

疥螨病耳根、耳后部结痂

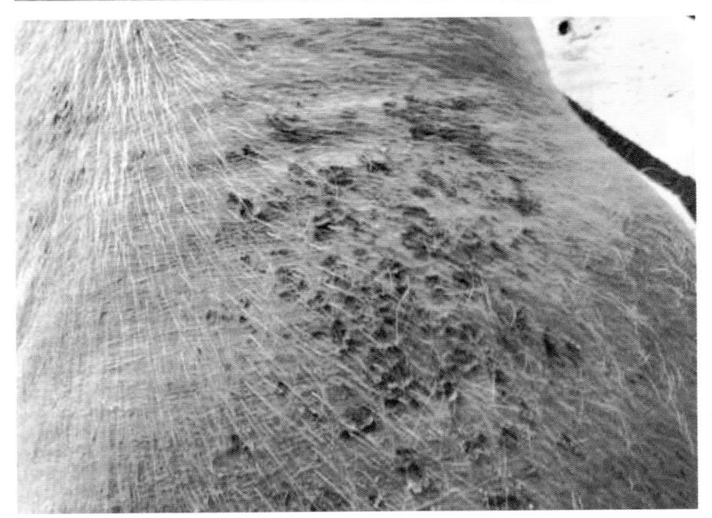

图2-5

猪疥螨病（慢性皮炎型）的临床症状（3）

患猪皮屑增多，皮肤过度角质化

图2-6
猪疥螨病（皮肤过敏反应型）的临床症状（1）

患猪皮肤变红，组织液渗出，干涸后形成痂皮，全身的皮肤增厚、粗糙

图2-7
猪疥螨病（皮肤过敏反应型）的临床症状（2）

患猪的耳郭内侧、颈部周围皮肤感染，形成灰色污浊的厚痂，有金色葡萄球菌混合感染，形成湿疹性渗出性皮炎

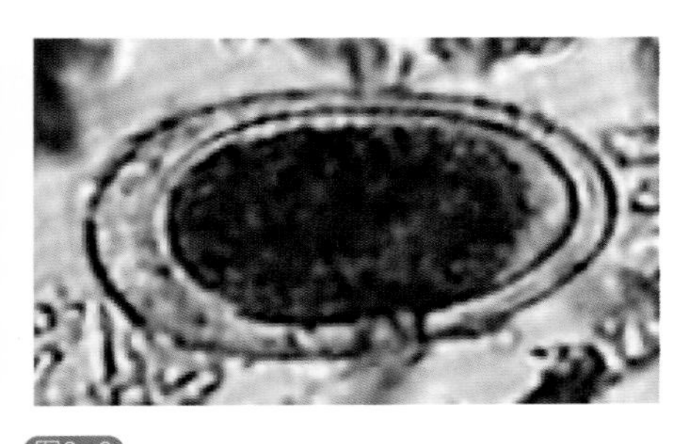

图2-8
显微镜下的疥螨虫卵（100×）

【防治措施及方剂】

（1）猪舍环境　猪舍保持卫生、清洁、干燥、通风，采光良好。

（2）引种　防止引进疥螨感染猪。

（3）药物净化　首选药物为阿维菌素，可驱除体内外主要寄生虫。1%注射剂按3.3mL/100kg皮下注射或1%粉剂按每30kg体重1g的剂量口服。

从外地引进的猪，驱虫后1周再合群。怀孕母猪产前1～2周用药1次；仔猪在20～30日龄和60～70日龄（转群）各驱虫一次；种猪每半年驱虫1次；未采用净化程序的发病猪场，全场猪用药1次，间隔7～10d再重复1次。

（4）药浴或喷雾法　20%杀灭菊酯（速灭杀丁）乳油，300倍稀释，或2%敌百虫稀释液，或双甲脒稀释液，全身药浴或喷雾治疗。要求务必全身都喷到，并连续喷7～10d。同时用该药液喷洒圈舍地面、猪栏、墙壁，以消灭散落的虫体。药浴或喷雾治疗后，再在猪耳郭内侧涂擦软膏（杀灭菊酯与凡士林，1∶100比例配制）。因为药物无杀灭虫卵的作用，根据疥螨的生活史，在第一次用药后7～10d，用相同的方法进行第二次治疗，以消灭孵化出的螨虫。也可用伊维菌素、双甲脒、螨净等药物。

（5）中兽医民间方剂治疗　先把患部用热肥皂水或煤油泡软，洗净分泌物和痂皮，然后用下列方剂进行处理。

方剂一，可使用废机油、废柴油、猪油、花生油或其他油脂涂擦患部皮肤，有很好的疗效。

方剂二，旱烟叶及烟梗1份，加水20份，煮沸1h，取煎汁洗涤患部。

方剂三，将棉籽油放在铝锅内烧开，再把粉碎的干辣椒放入油内快速搅拌均匀，炸成红色辣椒油，凉后就可用。大约100g棉籽油炸5g红辣椒粉，制成后在患部每天涂擦1次，连用2～3d。

方剂四，烟丝5～10g，浸泡在0.5kg的醋中，1周后涂擦患部。

方剂五，大蒜多量，把蒜捣烂加温水调成稀粥状，涂抹在患部。

方剂六，茵陈（小白蒿）适量，把药熬成浓汁，擦洗患部。

方剂七，卤水2份、豆油8份，或卤水3份、豆油7份。两药充分混合后，涂擦在患部，每天2次，防止啃咬。

方剂八，韭菜、熟猪油各等量，把韭菜焙干，研成细面，用猪油调匀，涂抹在患部，每天2次。可杀虫去毒，主治慢性疥癣。

2.猪带绦虫病

猪带绦虫病又称猪肉绦虫病、链状带绦虫病、猪囊尾蚴病、猪囊虫病，属于一种人畜共患的寄生虫。人是本病唯一的终末宿主（成虫寄生在人的小肠中），猪为中间寄主[猪带绦虫的幼虫——猪囊虫（也叫猪囊尾蚴）]寄生于猪的肌肉中，人也可以是中间宿主。患囊虫病猪的肉人们俗称为“米猪肉”“豆猪肉”。轻度感染囊尾蚴的猪肉要经无害处理后才能出售，但是肉的质量大大降低；感染严重的猪肉必须销毁。成虫寄生于人的小肠，可引起消化不良、腹痛、腹泻或者便秘等症状。如果囊尾蚴寄生于人体（人作为中间宿主），其危害性比成虫大得多，严重的可导致死亡。

【病原体】本病的病原体为猪带绦虫、链状带绦虫、有钩绦虫。绦虫没有消化系统，没有口及肠，而是通过皮层直接吸收食物。

成虫寄生于人的小肠，长约2～6m，白色带状，有700～1000个节片，分头节、颈部和体节（节片）3个部分（图2-9）。

① 头节：头节近乎圆球形，直径约为1mm，顶突上有25～50个小钩，排成内外两圈，顶突下有4个圆形的吸盘，这些都是适应寄生生活的附着器官，以吸盘和小钩附着于肠黏膜上。

② 颈节：头节之后为颈部，颈节纤细不分节片，与头节间无明显的界限，能继续不断地以横分裂方法产生节片，所以也是绦虫的生长区。节片越靠近颈部的越幼小，愈近后端的则愈宽大和老熟。

③ 体节（节片）：颈节后的节片是体节。依据节片内生殖器官的成熟情况可分为未成熟节片、成熟节片和孕卵节片（又称妊娠节片）3种。这部分节片数量较少，约数百个。未成熟节片宽大于长，内部构造尚未发育。成熟节片近于方形，内有雌雄生殖器官。孕卵节片长大于宽，近似长方形，内部几乎全被子宫所充塞（图2-10）。

图2-9

猪带绦虫成虫

身体呈长长的带状，有好多节片

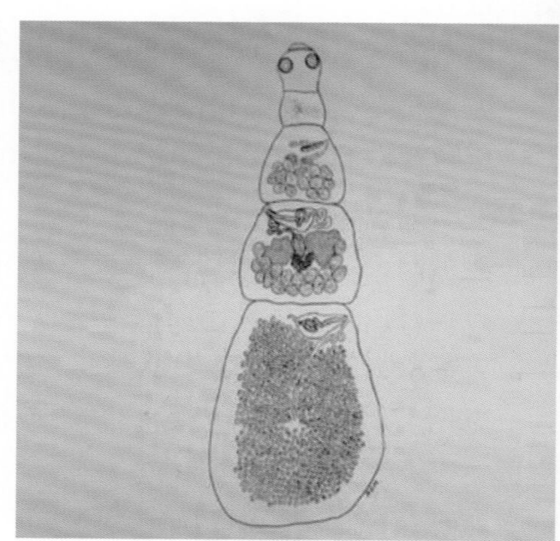

图2-10

猪带绦虫成虫示意图

由上到下依次是头部、颈部、未成熟节片、成熟节片和孕卵节片

人感染猪带绦虫成虫时，可引起消化不良、腹痛、腹泻、失眠、乏力、头痛，可影响儿童患者发育。

猪带绦虫的幼虫称为猪囊尾蚴又称为猪囊虫。猪囊尾蚴为卵圆形或椭圆形，为乳白色半透明的囊泡状，长6～10mm，宽约5mm（图2-11）。囊内含有囊液，囊壁上有一乳白色的小结，头节嵌藏凹陷在泡内，可见有小钩及吸盘。幼虫寄生在猪的肌肉组织中，有时也寄生于猪的实质器官和脑中。如果猪囊虫包埋在肌纤维间，外观似散在的豆粒或米粒，此种具有囊尾蚴的肉俗称为"米粒肉"或"豆猪肉"。群众常称其为"豆肉"或"米肉"。当人吃了具有感染力的、未煮熟的活的带有囊尾蚴的猪肉时，如果囊尾蚴未被杀死，在十二指肠中其头节自囊内翻出，借小钩及吸盘吸附固着在肠壁上，在人的小肠黏膜上经2～3个月后发育成熟变成成虫（图2-12）。成虫的寿命较长，有时长达25年以上，在人体内寄生后不断地向外界排出孕卵节片，成为猪囊虫的感染来源。特别需要注意的是幼虫也能寄生在人的肌肉组织和脑中，从而引起人的严重疾病。

图2-11
囊尾蚴的囊胞

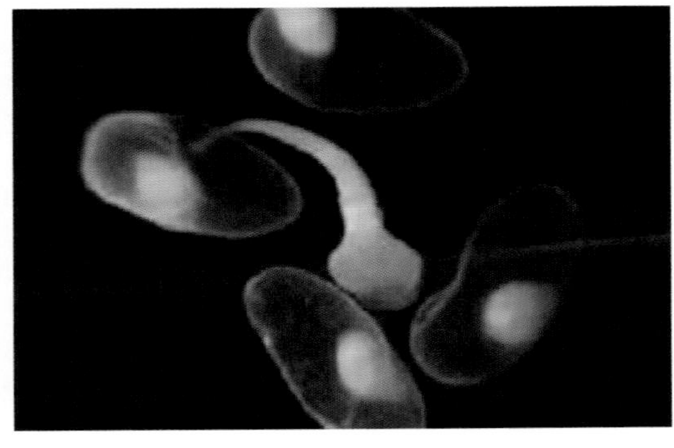

图2-12
囊尾蚴的头节翻出

大小为长5～10mm，宽5mm的半透明囊泡

【生活史】猪带绦虫成虫寄生在人小肠内，其虫体后端的孕卵节片自链体上脱落后，随着人的粪便排出体外，节片中的虫卵随着节片的破裂而散落于粪便中，虫卵在外界可存活数周。当孕卵节片或虫卵被中间宿主——猪吞食后，虫卵在猪小肠内受胃肠消化液的作用，卵壳溶解破碎，虫卵里的幼虫（六钩蚴）逸出。六钩蚴孵出后，利用其小钩钻入肠壁，随着血流或淋巴的流动而带到宿主体内周身各部位。并且虫体逐渐生长，约经过10周左右的发育，便成为成熟囊尾蚴。寄生的部位多在猪的肌肉中，而以咬肌、心肌、膈肌、舌肌、前肢上部肌肉、股部和颈部肌肉较多（图2-13）。

人不仅是猪带绦虫的终末寄主，也可成为中间寄主，如果人作为中间宿主，对人的健康危害更大。人的感染主要是在不卫生的条件下吃入了虫卵，或因肠逆蠕动（呕吐）时，而使孕卵节片返入胃中。在胃液的作用下，六钩蚴逸出，进入血液循环，再到各组织器官，如肌肉、皮下、脑、眼等部位发育为囊虫，从而患猪囊尾蚴病。如果寄生在人脑的部位，可引起癫痫、阵发性昏迷、呕吐、循环与呼吸紊乱；寄生在肌肉与皮下组织，可出现局部肌肉酸痛或麻木；寄生在眼的任何部位可引起视力障碍，甚至失明。

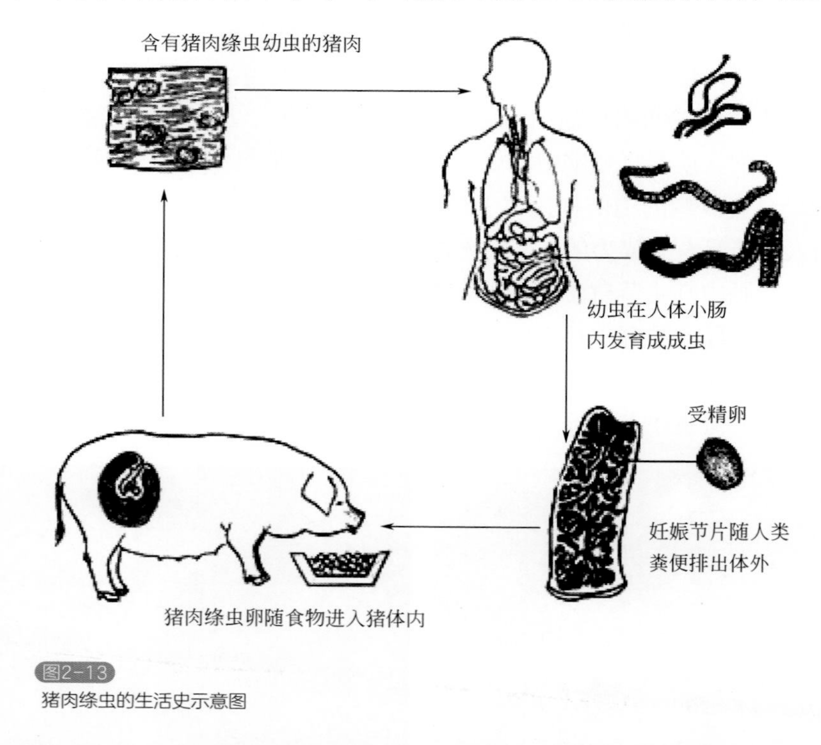

图2-13
猪肉绦虫的生活史示意图

【流行病学】猪带绦虫病在我国曾经广泛分布，各地均有散发病例，但都呈地方性流行、散发。近年来，由于饲养管理方式的改变，本病已经很少发生了。

感染了猪带绦虫成虫的人是该病的传染源。本病的发生与流行与人的粪便管理和猪的饲养方式密切相关。在农村仍有散养、放养的形式，往往是人无厕所猪无圈，甚至还有连茅圈（厕所与猪圈相连）的现象，或是猪常在圈外活动觅食，误吞入人粪中猪带绦虫节片或虫卵机会较多，猪患囊虫病感染率甚高。

传播途径主要是烹调时间过短猪肉未熟透或食入生的肉馅或吃生肉片火锅，或菜板上的生熟刀具不分等等，人因食用生的或半生不熟的含有猪囊尾蚴的猪肉时而被感染。人对猪带绦虫普遍易感，感染猪带绦虫后人体可产生带虫免疫，对宿主再次感染有保护作用。

【临床症状】猪感染后一般无明显症状，只有在极其严重的感染或某个器官受到损害时才表现出明显症状。病猪一般多呈现慢性消耗性疾病，常表现为营养不良、生长发育受阻、被毛长而粗乱、贫血、可视黏膜苍白，且呈现轻度水肿。

① 如果寄生在身体的前半部，如腮部等处，因为其肌肉发达，表现为前膀宽，胸部肌肉发达，而后躯相应的较狭窄，即呈现雄狮状，俗称“狮子膀”“炸腮”，观察患猪前后表现明显不对称（图2-14）。

图2-14
猪囊虫病（囊尾蚴病）的临床症状

囊尾蚴寄生在颈部、肩部的肌肉时，造成的“炸腮”症状

② 如果寄生于呼吸肌、肺脏、喉头，猪表现为呼吸困难、声音嘶哑和吞咽困难。病猪睡觉时，外部观察其咬肌和肩胛肌皮肤常表现出有节奏的颤动。病猪熟睡后常打呼噜，且以深夜或清晨表现得最为明显。

③ 如果寄生于舌部，外观病猪的舌底、舌的边缘和舌的系带部有突出的白色囊泡，手摸猪的舌底和舌的系带部可感觉到游离性的米粒大小的硬结。

④ 如果寄生于眼睛，可造成视力减退。病猪眼球外凸、饱满，用手指挤压猪的眼眶窝皮肤可感觉到眼结膜深处有似米粒大小的游离的硬结。翻开猪的眼睑可见眼结膜充血，并有分布不均的米粒状白色透明的隆起物。

⑤ 如果寄生于大脑，则有癫痫和急性脑炎症状。

人感染猪带绦虫病一般无明显症状。肠道内寄生猪带绦虫一般为一条，偶尔可有两条或以上的。临床症状可有腹痛、恶心、消化不良、腹泻、体重减轻，虫数多时偶可发生肠梗阻。防治猪带绦虫病的重要性在于病人肠道内的成虫有导致囊虫病自体感染的危险。当猪带绦虫患者在肠道逆蠕动或驱虫时，脱落的妊娠节片均有返流入胃的可能，经消化孵出六钩蚴而造成自体感染囊虫病。此种途径比因卫生习惯不良或虫卵污染食物而吞入虫卵更为严重。而猪带绦虫病人有2.3% ～ 25%同时并发囊虫病，且肠道带虫的时间越长，自体感染的危险性就越大，特别是皮下型和癫痫型囊虫患者。所以，对猪带绦虫患者不能因症状不明显而忽视早期的治疗。

【病理变化】检查病猪的眼睑和舌部，有因猪囊虫寄生而引起的豆状肿胀。可触摸到舌根和舌的腹面有稍硬的豆状疙瘩。病猪在膈肌、心肌、脑以及肺脏等部位，形成白色半透明、黄豆粒大的囊泡（图2-15 ～图2-18）。

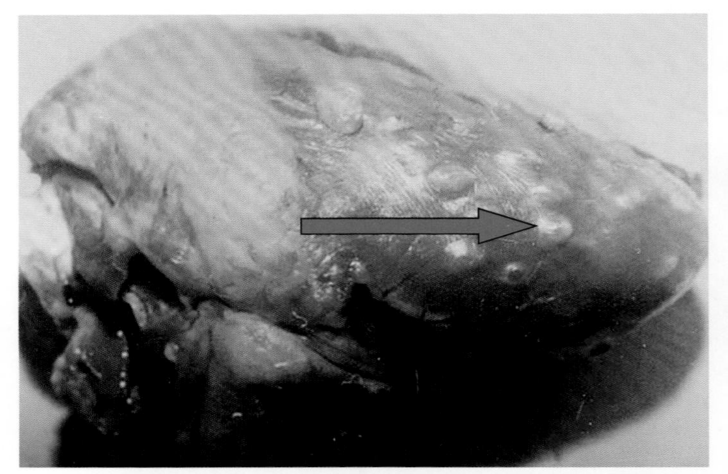

图2-15
猪囊虫病（囊尾蚴病）的病理变化（1）

寄生于心肌表面上的囊尾蚴（箭头所指处），囊内充满液体，囊壁上有一乳白色结节，即头节

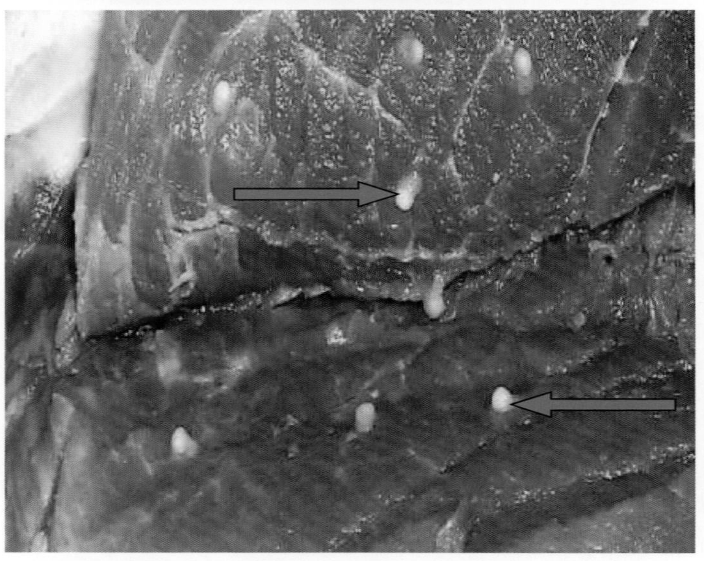

图2-16
猪囊虫病（囊尾蚴病）的病理变化（2）

寄生于心肌切面上的囊尾蚴

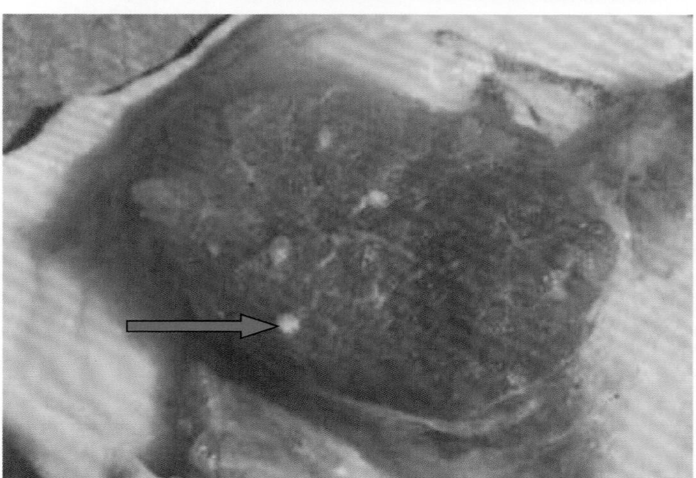

图2-17
猪囊虫病（囊尾蚴病）的病理变化（3）

寄生于肌肉中的猪囊尾蚴（箭头所指处），囊内充满液体，囊壁上有一乳白色结节，即头节

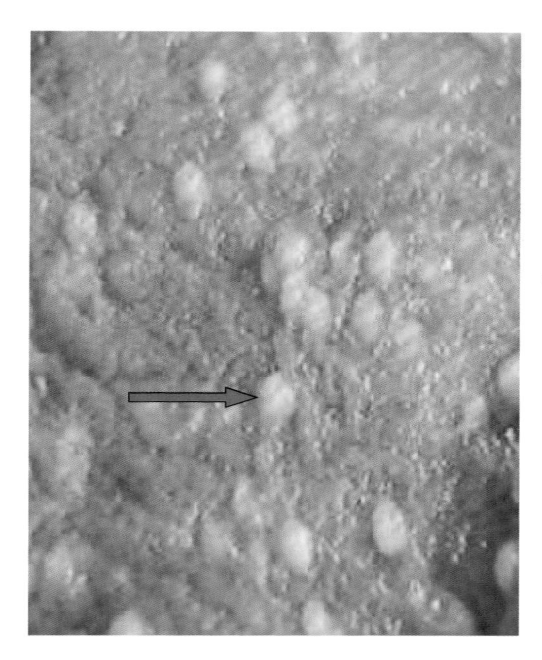

图2-18
猪囊虫病（囊尾蚴病）的病理变化（4）

猪肉切面有大量的白色囊尾蚴

【诊断】本病生前诊断比较困难，应根据猪的临床表现进行综合分析，可以检查眼睑和舌部的两侧，查看有无因猪囊虫引起的豆状肿胀。并结合屠宰后在猪的肌肉（如咬肌、舌肌、膈肌、肋间肌、心肌以及颈、肩、腹部肌肉）中观察到白色（或乳白色）半透明，如同米粒、黄豆大小椭圆形或圆形的透明状囊泡，囊泡中有小米粒大小的白点（钙化后的囊虫，包囊中呈现有大小不一的黄色颗粒）。猪只死后剖检见到肌肉内的囊尾蚴结节，再结合人的大便中有排出绦虫节片的历史，尤其伴有囊虫皮下结节或有癫痫样发作者均应考虑是猪带绦虫病，很容易确诊。现行的肉眼检查法，其检出率为50% ～ 60%，轻度感染时常发生漏检。

【防治措施及方剂】

（1）预防措施

① 普查普治：由于人是猪带绦虫唯一的终末宿主，故彻底治疗病人是控制本病的有效措施，不仅可使患者得以治愈，而且可减少猪囊虫病发病率。

② 加强卫生宣教：改变养猪方法，提倡圈养，不让猪有接触人粪而感染的机会。农村散养时，厕所要与猪圈分开，做到人有厕所猪有圈。教育群众改变不良的生食、半生食猪肉的饮食习惯，严格执行生熟炊具分开，注意个人卫生。

③ 严格肉类检疫：加强肉品卫生检疫，严格执行定点屠宰，集中检疫的制度。根据国家规定，屠杀生猪必须经国家指定卫生部门检疫后方可进入市场，严禁“米猪肉”上市买卖。在平均每$40cm^2$的肌肉断面上，有猪囊虫3个以上者，不准食用，3个以下者，煮熟或做成腌肉、肉松等出售。屠宰后如果是“米猪肉”，可将猪肉在−12 ～ −13℃下冷藏12h，能将囊尾蚴完全杀死。

（2）治疗措施　猪感染囊虫病后，可用丙硫苯咪唑，按照猪每千克体重60～65mg，以植物油配成6%悬浮液，肌内注射，每隔48h注射一次，共注射3次；或者用吡喹酮，肌内、皮下注射或口服，每日剂量为每千克体重30～60mg，共用3次；还可用硫双二氯酚，剂量为每千克体重80～100mg。

中药治疗，用中药槟榔南瓜子合剂、仙鹤草根芽都有较好的疗效。

人感染猪带绦虫病后有并发囊尾蚴病（囊虫病）的危险，故病人要注意隔离并及早治疗。此外注意个人卫生，饭前便后要洗手，以防自体感染。人的治疗也可用吡喹酮，按照每千克体重5mg，可获95%以上的有效率。需要特别注意的是：驱治猪带绦虫时应防止恶心呕吐，以免妊娠节片返流入胃或十二指肠，造成虫卵自体感染导致囊尾蚴病。驱虫前可先服小剂量氯丙嗪，服驱虫药后2h应服泻药，如50%硫酸镁60mL。本病的病程虽然很长，但预后多良好。

3.猪附红细胞体病

猪附红细胞体病是由附红细胞体引起的一种人畜共患病。附红细胞体是一种原核单细胞原虫，属于寄生虫（也有人认为是立克次体），是无浆体科，附红细胞体属的原虫。本病的临床特征为高热、贫血和黄疸。

【病原体】附红细胞体属于原核生物，也有说是属立克次体的。直径在0.8～2.5μm，通常呈环形，还可呈杆状、球状、哑铃状、S形、卵圆形或逗点状。无细胞壁，无明显的细胞核、细胞器，无鞭毛。镜检时常单独或呈链状或鳞片状附着于红细胞表面，还有一部分可游离于血浆中，但不在猪的血液外组织繁殖。附着在红细胞表面的虫体大部分围成一个圆，呈链状排列（图2-19）。

附红细胞体对干燥和化学药品的抵抗力很低，但耐低温。常用的消毒剂均能杀死病原，如0.5%的苯酚（石碳酸）于37℃ 3h就可将其杀死。

【流行病学】猪附红细胞体病在我国已经有20多年的历史，近年来有趋于严重的态势，很多猪场因此遭受损失。

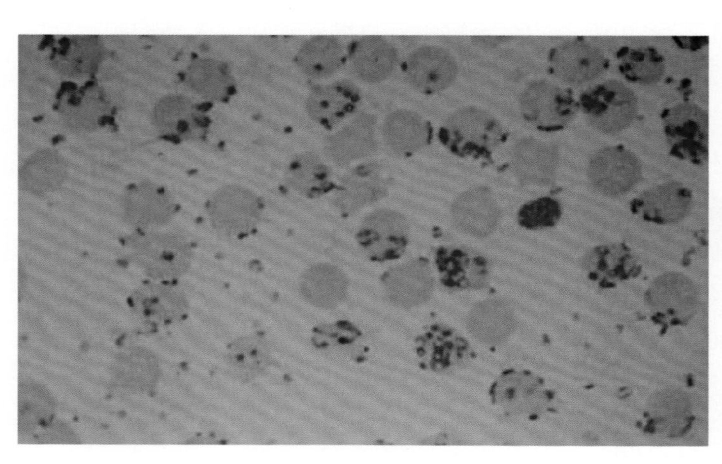

图2-19
红细胞表面和血浆中的附红细胞体（吉姆萨染色法，400×）

附红细胞体可发生于各年龄段的猪，感染率可达80% ～ 90%，以仔猪和长势好的架子猪死亡率较高。育肥猪和后备猪一般呈隐性感染。隐性感染和部分耐过猪的血液中长期带病原体，成为潜在的传染源。该病一旦侵入猪场则很难彻底根除。

传播途径有直接传播和间接传播。直接传播是通过食入血液或带血的物质，如舔食断尾的伤口、互相斗殴等而发生的。间接传播可通过活的媒介，如疥螨、虱子、吸血昆虫传播。人为传播也是不可忽视的因素，如注射时不更换针头等。此外，猪附红细胞体还可经交配传播，也可经胎盘垂直传播。在以上所有的感染途径中，通过吸血昆虫的传播是最重要的途径。

本病多发生于夏、秋季节。应激是导致本病暴发的主要外部因素，如过度拥挤、长途运输、恶劣的天气、饲养管理不良、更换圈舍或饲料及其他疾病感染时。通常情况下本病只发生于那些抵抗力下降的猪。

【临床症状】本病的潜伏期一般为6 ～ 10d，长者可达数月。猪附红细胞体病往往因个体状况的不同，临床症状差别很大。可以分为急性、亚急性和慢性3种类型。

（1）急性型　病猪体温升高至40 ～ 42℃，呈稽留热。精神沉郁，食欲下降或食欲废绝，全身皮肤发红（以耳部、鼻镜、腹部皮肤最明显）。本型的猪常于出现症状后1 ～ 2d死亡。

① 小猪表现为皮肤黏膜苍白、黄疸、发热、精神沉郁，即使恢复了也会变成僵猪。

② 母猪在病初便秘或便秘和下痢交替，后期下痢。呼吸困难，有时咳嗽。可视黏膜早期充血，后期可表现苍白。尿液呈茶色。皮肤和黏膜黄疸（图2-20 ～图2-21）。也有的猪乳房和阴唇水肿，产后奶水量少，缺乏母性行为，一般产后3d自愈。

本病最为典型的症状是出现“红皮猪”，有血液渗出，皮肤红紫色，指压不褪色（图2-22）。

（2）亚急性和慢性型　亚急性和慢性型的猪病程长，由于猪只的年龄不同，症状也有一定的差异。有些病小猪痊愈或治愈后表现贫血，生长受阻（成为僵猪），并终生

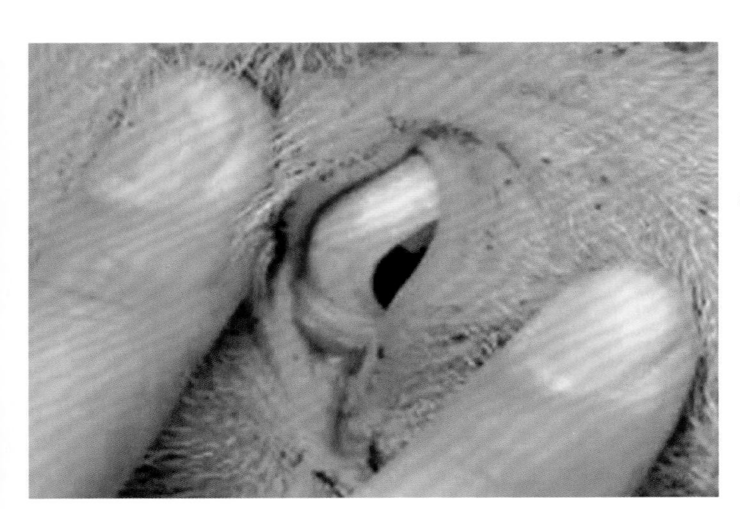

图2-20
猪附红细胞体病（急性型）的临床症状（1）

病猪眼结膜苍白黄染，眼分泌物增多

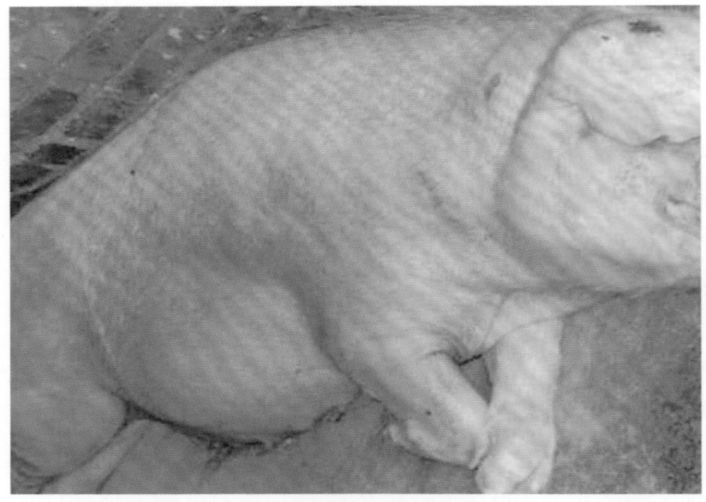

图2-21
猪附红细胞体病（急性型）的临床症状（2）

全身皮肤黄染

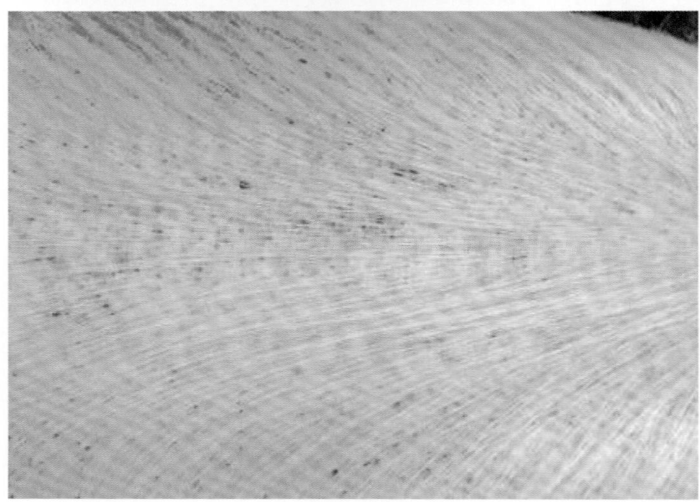

图2-22
猪附红细胞体病（急性型）的临床症状（3）

皮肤毛孔出血，毛孔处弥漫性渗血

带菌。本病死亡率一般为20%～30%。

① 哺乳仔猪：以5日龄内的仔猪发病症状明显。新生仔猪出现身体皮肤潮红，精神沉郁，哺乳减少或废绝，体温升高，眼结膜皮肤苍白或黄染，贫血症状，四肢抽搐、发抖，腹泻，粪便深黄色或黄色、黏稠、有腥臭味，死亡率在20%～90%。大部分仔猪临死前四肢抽搐或划地，有的角弓反张（图2-23）。部分治愈的仔猪会变成僵猪。

② 育肥猪：

a.亚急性型的育肥猪。病猪体温升高，可达39.5～42℃。病初精神沉郁，食欲减退，颤抖转圈，不愿站立，离群卧地。出现便秘或拉稀，有时便秘和拉稀交替出现。病猪耳朵、颈下、胸前、腹下、四肢内侧等部位皮肤红紫，指压不褪色，成为“红皮猪”（图2-24～图2-25）。有的病猪两后肢发生麻痹，不能站立，卧地不起。部分病畜可见耳郭、尾、四肢末端坏死。有的病猪流涎，眼结膜发炎。病程3～7d，或死亡或转为慢性经过。

图2-23

猪附红细胞体病（亚急性和慢性型）的临床症状

皮肤苍白，呈贫血症状，仔猪临死前的四肢抽搐、划地，角弓反张

图2-24

猪附红细胞体病（亚急性型）的临床症状（1）

全身皮肤发红，皮肤上有小的、细密的出血点

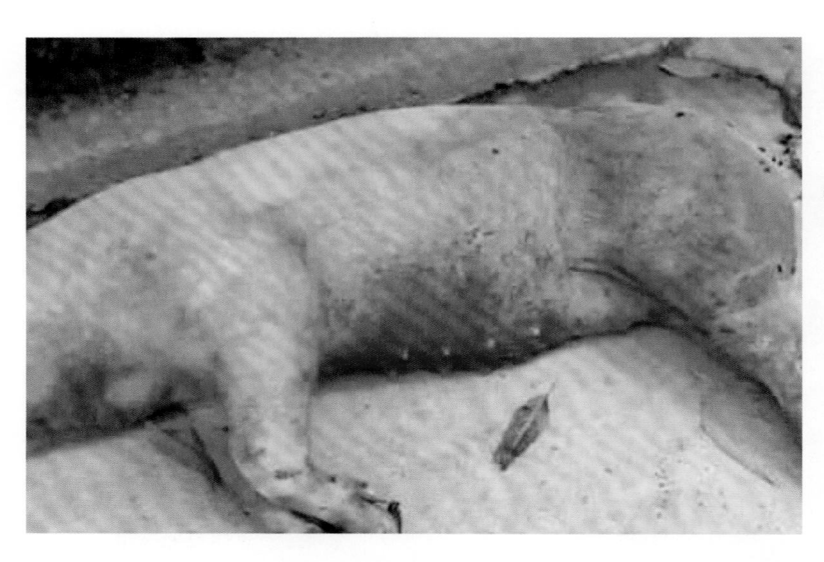

图2-25 猪附红细胞体病（亚急性型）的临床症状（2）

病猪身体皮肤发红，下颌、腹部、后躯及四肢末端等处的皮肤呈紫红色，有斑块，指压不褪色，呈现“红皮猪”症状

b.慢性型的育肥猪。患猪体温在39.5℃左右，主要表现贫血、全身皮肤苍白。后期皮肤上出现出血点，皮肤呈现紫红色，有大量的结节（图2-26）。患猪的尿液呈黄色。大便干燥，如栗状，表面带有黑褐色或鲜红色的血液。生长缓慢，出栏延迟。

③ 母猪：慢性感染的母猪呈现衰弱，黏膜苍白及黄疸，不发情或屡配不孕。如果有其他疾病或营养不良，可使症状加重，甚至死亡。

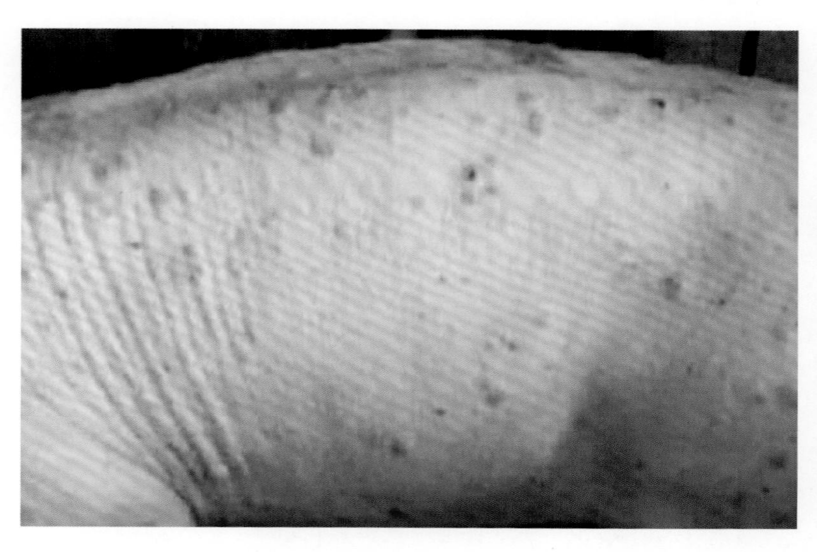

图2-26 猪附红细胞体病（慢性型）的临床症状

病猪全身苍白，有贫血现象，多处皮肤出现结节，呈紫红色

【病理变化】主要病理变化为贫血及黄疸。病死猪皮肤及黏膜苍白，全身的肌肉色泽变淡，皮下脂肪有不同程度的黄染（图2-27）。全身淋巴结肿大，切面外翻，有液体渗出。血液稀薄、色淡、凝固不良。肝脏肿大变性，呈棕黄色，质脆，有出血点，表面有黄色条纹状或灰白色坏死灶（图2-28）。胆囊膨胀肿大、内部充满浓稠墨绿色胆汁，呈

明胶样。肾肿大、混浊，贫血严重，黄染，有微细出血点或黄色斑点（图2-29）。脾脏肿大，质地柔软，有出血点，结节，有的脾脏有针头大至米粒大灰白（黄）色丘疹样坏死结节（图2-30）。肺淤血、水肿，也有黄染病变（图2-31）。心肌苍白松软，色熟肉样，质地脆弱，心外膜脂肪和冠状沟脂肪出血、黄染，心包积液，心包内有较多淡红色液体。胃浆膜、肠系膜、心包膜、胸肋膜等处，都有不同程度的黄染病变（图2-32～图2-35）。

【诊断】根据病猪发热、贫血和黄疸等特征可做出初步诊断，确诊则需要实验室检查。制备血涂片，经吉姆萨染色，在显微镜下检查，如红细胞上或在血浆中发现猪附红细胞体，其形态为圆盘状、球状、环状，呈稍淡紫红色，大小为0.8～1.0μm或更大，即可确诊。

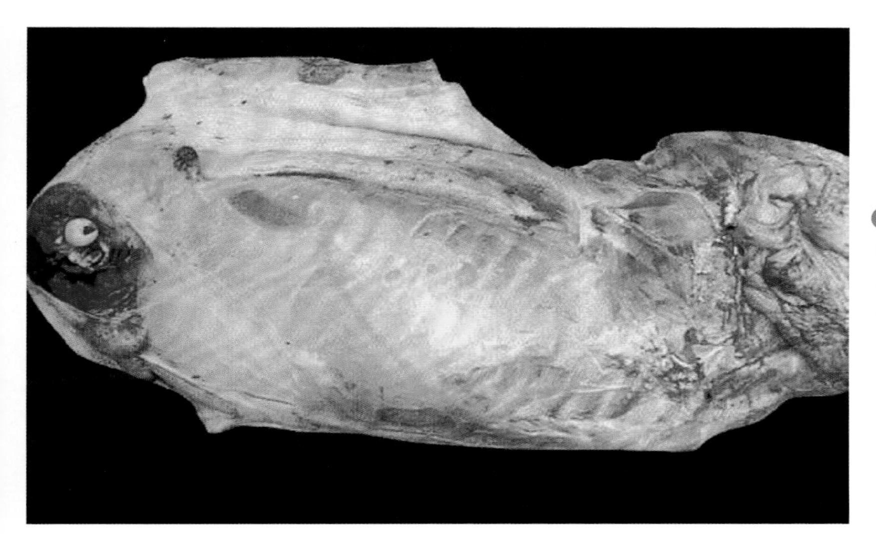

图2-27 猪附红细胞体病的病理变化（1）

皮下黄染

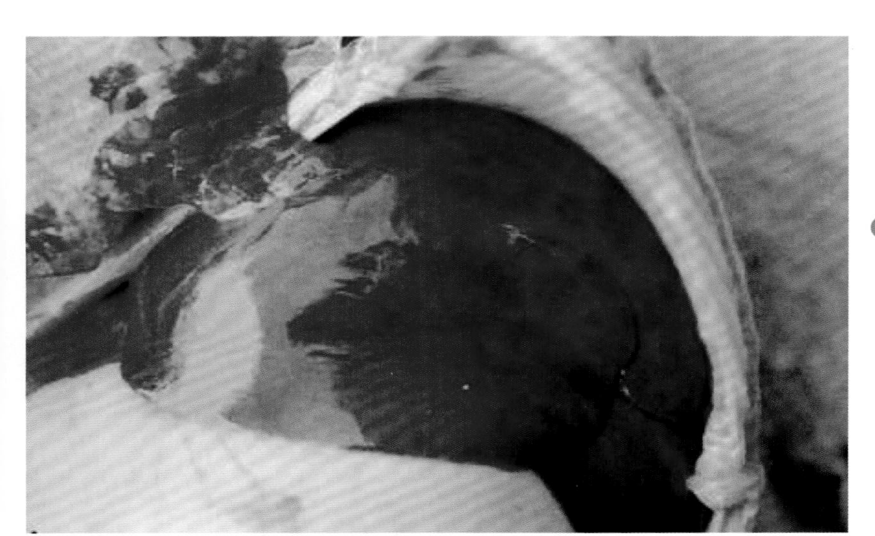

图2-28 猪附红细胞体病的病理变化（2）

肝脏有局灶性的坏死灶

图2-29
猪附红细胞体病的病理变化（3）

肾脏黄染

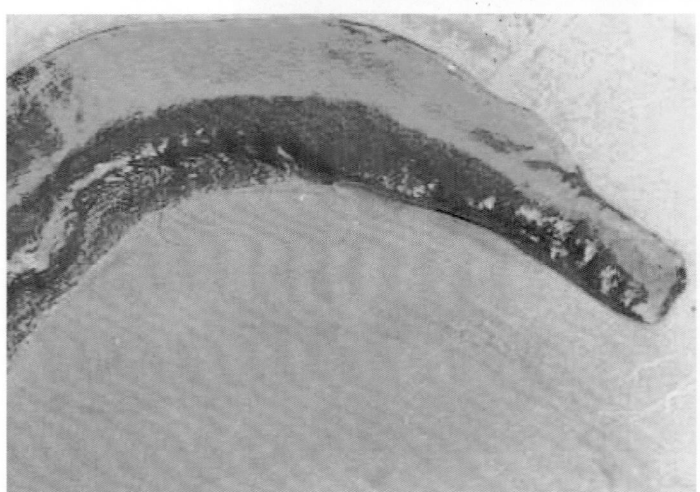

图2-30
猪附红细胞体病的病理变化（4）

脾肿大发黄、黄染

图2-31
猪附红细胞体病的病理变化（5）

肺脏黄染

图2-32
猪附红细胞体病的病理变化（6）

胃浆膜弥漫性黄染，有散在出血斑点，附近的淋巴结肿胀

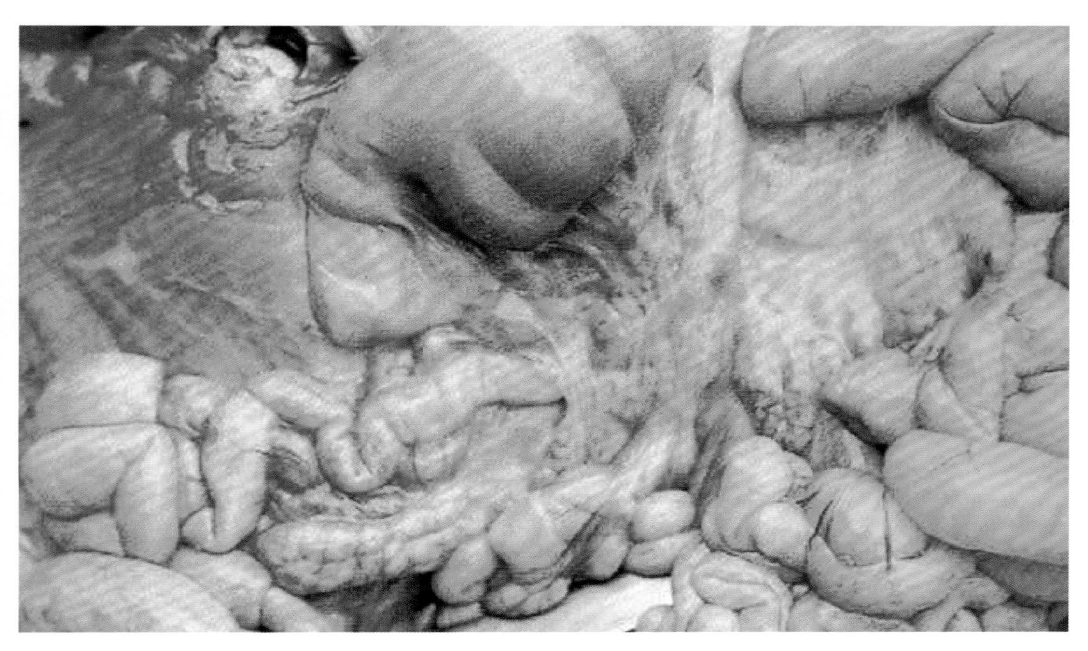

图2-33
猪附红细胞体病的病理变化（7）

小肠与肠系膜弥漫性黄染

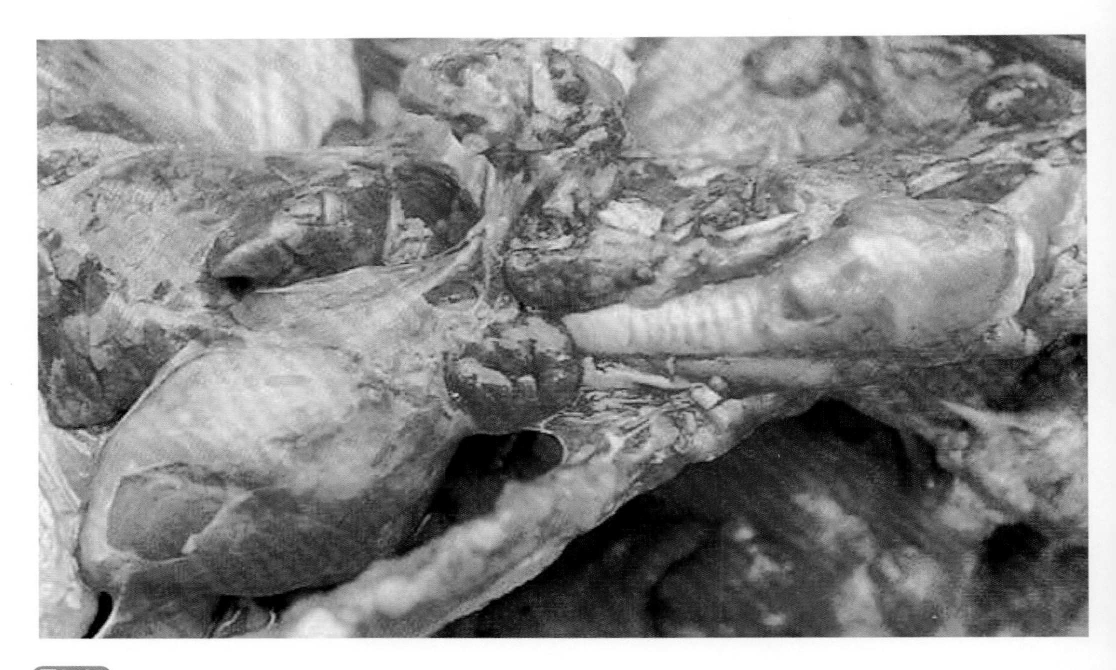

图2-34
猪附红细胞体病的病理变化（8）

心包浆膜黄染

图2-35
猪附红细胞体病的病理变化（9）

胸肋膜弥漫性黄染

（1）血液镜检　附红细胞体感染后7～8d，当病猪表现出高热时，血液内即有大量附红细胞体，血液检查很容易发现。

方法是：取高热期的病猪血液一滴涂片，用生理盐水10倍稀释，混匀，加盖玻片，放在400～600倍显微镜下观察。发现红细胞表面及血浆中有上述各种形态的虫体附着在红细胞表面，并且围成一个圆，呈链状排列。

（2）血液涂片染色　血涂片用吉姆萨染色，放在油镜暗视野下检查。发现很多红细胞边缘不整齐、变形，表面及血浆中有多种形态的染成粉红色或紫红色的折光度强的虫体（图2-36）。但要注意染料沉着而产生的假阳性。镜检应当与临床症状和病理变化相联系才能对该病进行正确诊断。

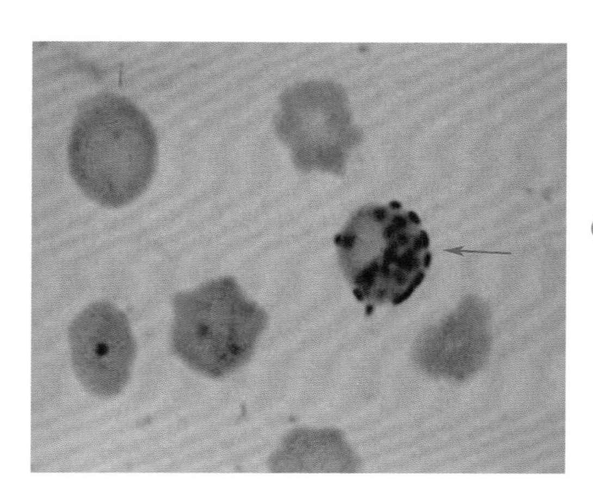

图2-36
红细胞表面的附红细胞体（箭头所指处）

（3）鉴别诊断

① 猪附红细胞体病与猪瘟的鉴别诊断

a.猪瘟流行无明显季节性，猪瘟弱毒苗预防注射完全可以控制流行。

b.猪瘟无贫血和黄疸病症。

c.猪瘟发生多发性出血为特征的败血症变化。在皮肤、浆膜、黏膜、淋巴结、肾、膀胱、喉炎、扁桃体、胆囊等组织器官中都有出血，淋巴结周边出血是猪瘟的特征病变。

d.在发生猪瘟时，约有25%～85%的病猪脾脏边缘具有特征性的出血性梗死病灶。慢性猪瘟在回肠末端、盲肠，特别是回盲口有许多轮层状溃疡（扣状溃疡）。

② 猪附红细胞体病与猪蓝耳病的鉴别诊断

a.猪蓝耳病（呼吸与繁殖障碍综合征）无贫血和黄疸症状。

b.猪蓝耳病（呼吸与繁殖障碍综合征）呼吸困难明显，剖检肺部有明显的病变。

c.猪附红细胞体病用四环素类抗生素治疗效果好。

【防治措施及方剂】

（1）预防　加强饲养管理，保持猪舍、饲养用具卫生，防止吸血昆虫叮咬，减少不良应激等是防止本病发生的关键。夏秋季节要经常喷洒杀虫药物，防止昆虫叮咬猪只，切断传染源。在进行防疫注射、断尾、打耳号、阉割等饲养管理程序时，均应更换器械、严格消毒。购入的猪只应进行血液检查，防止引入病猪或隐性感染猪。

（2）治疗　治疗猪附红细胞体病的药物虽然有许多种，但明显有特效的较少，每种药物对病程较长和症状严重的猪效果都不好，因此对于无治疗价值的猪要坚决予以淘汰。由于猪附红细胞体病常伴有其他继发感染，因此对其治疗必须辅以其他对症治疗才有较好的疗效。下面是几种常用的治疗药物。

① 血虫净（三氮脒、贝尼尔）：每千克体重用3～5mg，用生理盐水稀释成5%的溶液，本品应现用现配，分点深部肌内注射，每天一次，最多连用3d。

② 咪唑苯脲：每千克体重用1～3mg，每天一次，连用2～3d。

③ 抗生素治疗：可选用土霉素（每天每千克体重10mg）或金霉素（每千克体重15mg）分两次肌注或静注，连用7～14d。也可用土霉素600～800g/t拌料预防。

④ 新砷凡纳明（914）：按每千克体重10～15mg，用生理盐水或5%葡萄糖注射液溶解，配成5%～10%的注射液静脉注射。在溶解过程中禁止强力震荡，注射速度宜缓慢，切忌漏出血管外，2～24h内病原体可从血液中消失，一般3d后症状可消除。但本药品的副作用较大，目前较少应用。

4.猪蛔虫病

猪蛔虫病是由猪蛔虫寄生于猪小肠而引起的一种线虫病，是造成养猪业损失较大的寄生虫病之一。本病呈世界性流行，无论是集约化养猪场还是散养的猪只均广泛发生。本病分布范围广，感染普遍，尤其以3～6个月龄的猪最易感染。感染本病的仔猪生长发育不良，增重率可下降30%。严重患病的仔猪生长发育停滞，形成"僵猪"，同时伴发胃肠道疾病，甚至造成死亡。

【病原体】

（1）成虫形态　猪蛔虫是寄生于猪小肠中体型最大的一种线虫。新鲜虫体为淡红色或淡黄色，寄生的数量很多时，往往缠绕成团。虫体呈中间稍粗、两端较细的圆柱形。头端有3个唇片，一片背唇较大，两片腹唇较小，排列成品字形。体表具有一层厚的角质层。雄虫长15～25cm，尾端向腹面弯曲，形似鱼钩。雌虫长20～40cm，虫体较直，尾端稍钝（图2-37～图2-38）。

（2）虫卵　寄生在猪小肠中的雌虫产卵，每条雌虫每天平均可产卵10万～20万个，产卵旺盛时期每天可排卵100万～200万个，每条雌虫一生可产卵3000万个。随着猪的粪便排出体外的虫卵有受精卵和未受精卵之分。受精卵为短椭圆形，黄褐色，卵壳厚，由4层结构组成（图2-39）。

（3）猪蛔虫的发育史　蛔虫的发育过程包括虫卵在外界土壤中的发育和虫体在猪体内的发育两个阶段。生活史不需要中间宿主，属直接发育型。

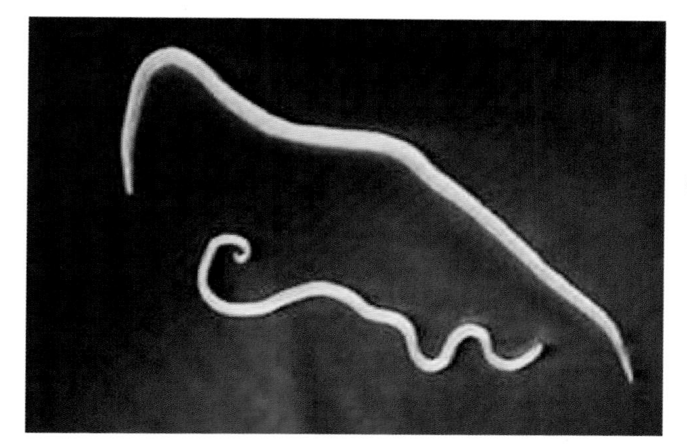

图2-37
猪蛔虫的成虫

上，雌虫；下，雄虫

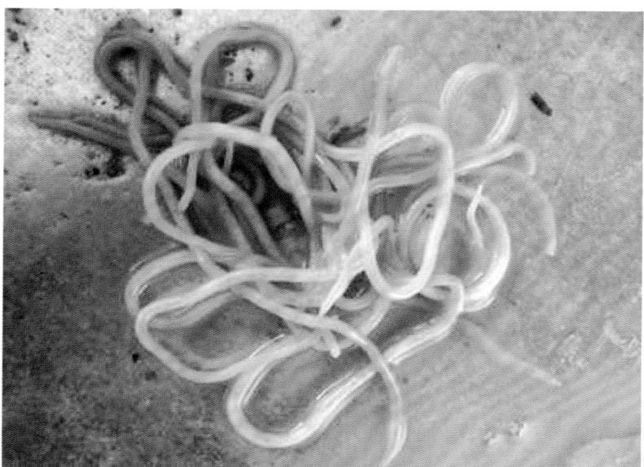

图2-38
寄生于猪小肠中蛔虫的成虫（缠绕成团状）

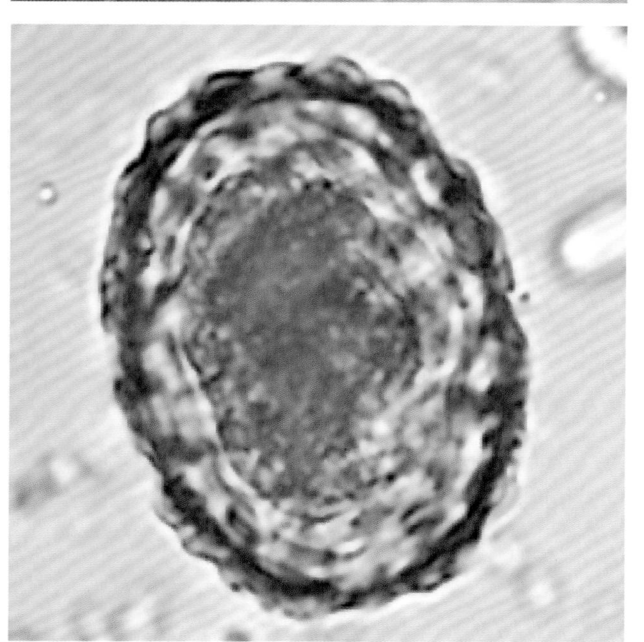

图2-39
猪蛔虫的受精卵（显微镜下）

虫卵随着猪的粪便排到体外，在适宜的外界环境下，经11 ～ 12d发育成内部含有感染性幼虫的卵。这种虫卵随同饲料或饮用水被猪吞食后，在小肠中孵出幼虫，并进入肠壁的血管，随血流被带到肝脏，再顺着血流而移行到肺脏。幼虫由肺毛细血管进入肺泡，在这里度过一定的发育阶段，此后再沿支气管、气管上行，之后随着黏液进入会厌，再经食道而至小肠发育为成虫（图2-40）。从感染时起到再次回到小肠发育为成虫，共需要2 ～ 2.5个月的时间。成虫以黏膜表层物质及肠内容物为食，在猪体内寄生7 ～ 10个月后，即随粪便排出。

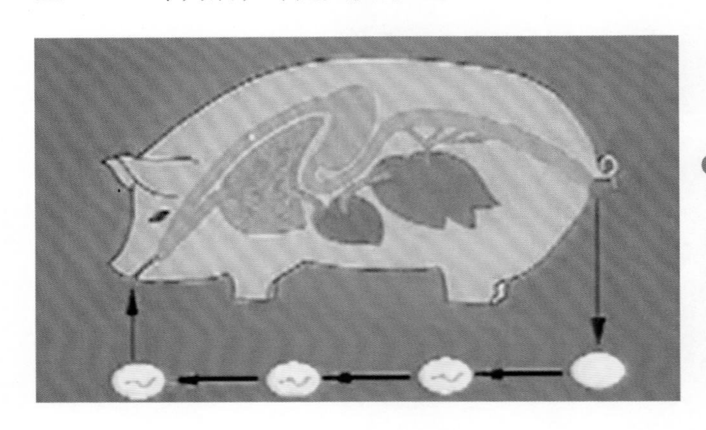

图2-40
猪蛔虫发育史示意图

肛门→虫卵→第一期幼虫卵→第二期幼虫卵→感染性虫卵→口腔

【流行病学】猪蛔虫病的流行很广，在饲养管理较差的猪场，一般有本病的发生。以3 ～ 6个月龄的仔猪最易感染，常常严重影响仔猪的生长发育，甚至造成死亡。

本病容易发生的主要原因是：第一，蛔虫生活史简单；第二，蛔虫繁殖力强，产卵数量多，每一条雌虫每天平均可产卵10万～ 20万个；第三，虫卵对各种外界环境的抵抗力强，因其具有4层卵膜，可保护胚胎不受外界各种理化因素的影响，保持内部湿度和阻止紫外线的照射，加之虫卵的发育是在卵壳内进行的，使幼虫受到卵壳的保护。因此，大大增加了感染性幼虫在自然界的存活时间。据报道，猪蛔虫的虫卵能够在疏松湿润的耕地或园土中生存长达3 ～ 5年。另外，虫卵还具有黏性，容易借助粪甲虫、鞋子等传播。

【临床症状和病理变化】猪蛔虫的幼虫和成虫由于感染的阶段和寄生的部位不同，所引起的临床症状和病理变化是不相同的。

（1）幼虫的危害　幼虫移行至肝脏时，能引起肝组织出血、变性和坏死（图2-41）；移行至肺时，引起蛔虫性肺炎，形成云雾状的蛔虫斑（直径约1cm），临床诊断表现为咳嗽、呼吸加快、体温升高、食欲减退和精神沉郁（图2-42）。病猪伏卧在地，不愿走动。幼虫移行时还能引起嗜酸性粒细胞增多，出现荨麻疹和某些神经症状。

（2）成虫的危害　成虫寄生在小肠时能够机械性地刺激肠黏膜，引起腹痛。蛔虫数量多时常凝集成团，堵塞肠道，导致肠破裂。有时蛔虫可进入胆管，造成胆管堵塞，引起黄疸等症状（图2-43 ～图2-46）。

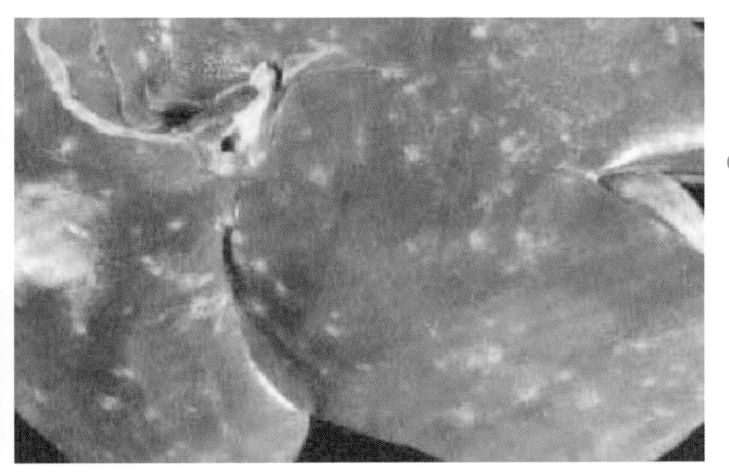

图2-41

猪蛔虫病（幼虫）的病理变化（1）

幼虫移行时，引起肝脏出血、坏死，形成星状白斑。慢性间质性肝炎，也称为“白斑肝”，白斑细小平坦，遍布整个肝部表面

图2-42

猪蛔虫病（幼虫）的病理变化（2）

由于猪蛔虫幼虫的移行引起的间质性肺炎，肺有淤点和出血斑

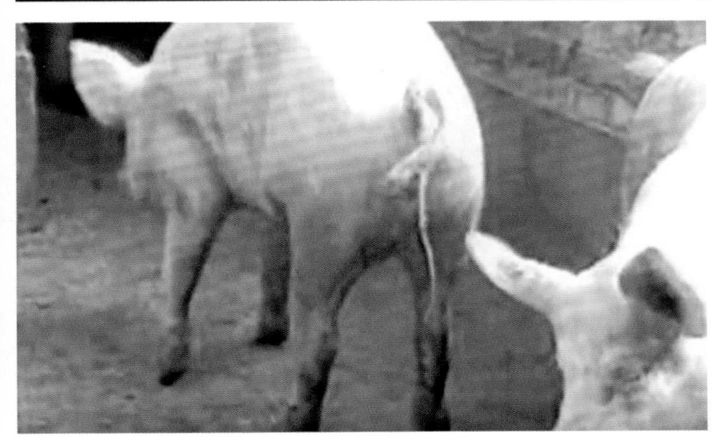

图2-43

猪蛔虫病（成虫）的病理变化（1）

从病猪肛门中脱出的蛔虫

图2-44
猪蛔虫病（成虫）的病理变化（2）

猪粪便中的蛔虫

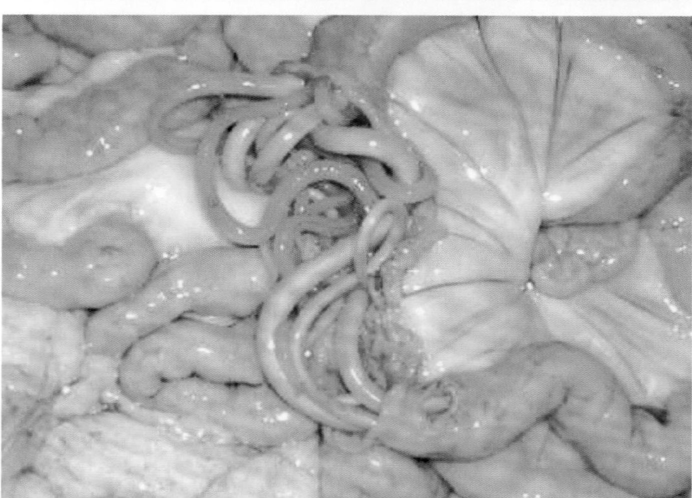

图2-45
猪蛔虫病（成虫）的病理变化（3）

寄生于猪小肠中的大量蛔虫

图2-46
猪蛔虫病（成虫）的病理变化（4）

蛔虫进入胆管，引起胆管阻塞，造成黄疸

成虫能够分泌毒素，作用于中枢神经系统，引起一系列神经症状。成虫寄生在小肠内，对肠道造成损伤，同时还能夺取病猪大量的营养，使仔猪发育不良、生长受阻、被毛粗乱，形成“僵猪”，严重者可导致死亡（图2-47 ～图2-48）。

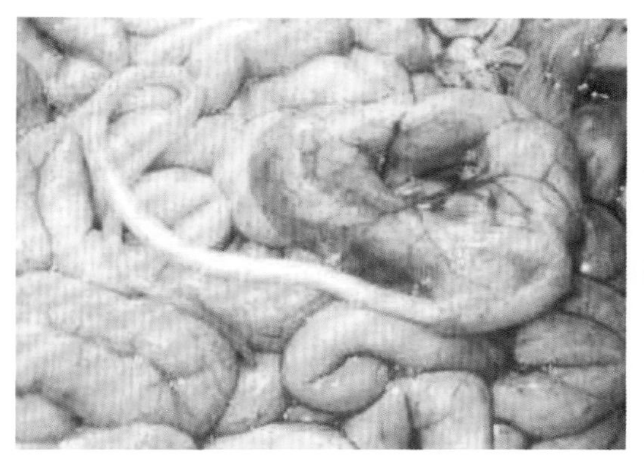

图2-47
猪蛔虫病（成虫）的病理变化（5）

蛔虫寄生于猪十二指肠使得肠壁变薄、透明

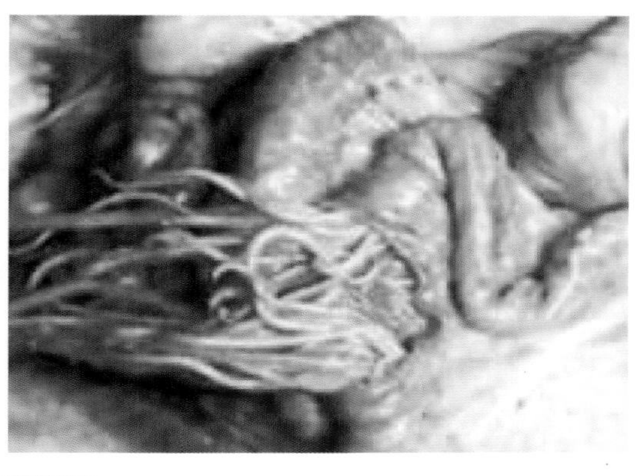

图2-48
猪蛔虫病（成虫）的病理变化（6）

猪蛔虫大量寄生于十二指肠时，造成肠道阻塞，最后大量虫体从破裂的小肠处涌出

【诊断】对于2月龄以上的仔猪，可用饱和盐水漂浮法检查虫卵。受精卵为短椭圆形，黄褐色，卵壳内有一个受精的卵细胞，两端有半月形空隙，卵壳表面有起伏不平的蛋白质膜，通常比较整齐。有时粪便中可见到未受精卵，偏长，蛋白质膜常不整齐，卵壳内充满颗粒，两端无空隙（图2-49）。

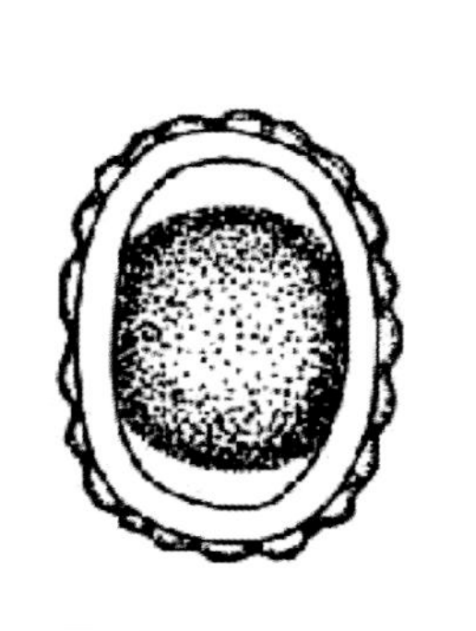

图2-49
猪蛔虫卵（示意图）

前，受精卵；后，未受精卵

【防治措施及方剂】

（1）预防　对猪蛔虫病的预防，应采取综合性措施。包括查治病猪，正确处理粪便，管好水源和预防感染几个方面。

① 定期驱虫：在规模化猪场，首先要对全群猪驱虫，以后公猪每年驱虫2次；母猪产前1 ～ 2周驱虫1次；仔猪转入新圈时驱虫1次；新引进的猪需驱虫后再和其他猪并群。产房和猪舍在进猪前应彻底清洗和消毒。在广大农村散养的猪群，建议在3月龄和5月龄各驱虫一次。

② 保持猪舍、饲料和饮水的清洁卫生。

③ 猪粪和垫草应在固定地点堆集发酵，利用生物热杀灭虫卵。

（2）治疗　可使用下列药物驱虫，均有很好的治疗效果。

① 左噻咪（左旋咪唑）：每千克体重8mg，溶水灌服，混料喂服或饮水服药；也可配成5%溶液进行皮下或肌内注射。对成虫和幼虫均有效。

② 敌百虫：每千克体重0.1g，总量不超过7g，配成水溶液一次灌服或混入饲料喂服。对成虫有驱虫作用。但要注意的是，本品在水溶液中不稳定，应现配现用。有的猪在服药后会出现流涎、呕吐、肌肉战栗等不良反应，但不久即可消失，必要时可皮下注射硫酸阿托品2～5mL。更为严重时可用硫酸阿托品与解磷定（每千克体重15～30mg）静脉注射。

③ 阿维菌素（虫克星）：注射液每10kg体重皮下注射0.2mL；粉剂，每千克体重0.3g内服，仔猪应适当减量慎用。

④ 阿苯达唑：每千克体重10～20mg，混在饲料中喂服。

⑤ 多拉菌素：每千克体重0.3mg，皮下或肌内注射。

⑥ 中药治疗

方剂一，成熟的生南瓜及瓜子多量，把瓜及瓜瓤切成小块，瓜子压碎，单喂或放在猪食内喂（注：南瓜及瓜子熟食无效）。

方剂二，生大葱白150～250g、豆油150g，把葱白洗净捣烂，再加豆油，混合在猪食内喂（注：葱叶无驱虫效果）。

方剂三，乌梅（破碎）50g、花椒20～40g，水煎浓汁加醋，给猪灌服。

方剂四，鲜蚯蚓（曲蛇）30～50g，把蚯蚓从土里挖出，放在糖内溶化，也可捣碎直接放在猪食内喂猪。

方剂五，洋葱150～250g，把洋葱捣碎加醋100g，放入猪食内喂猪。

5.猪弓浆虫病

弓浆虫病也叫作弓形体病（TP），还叫弓形虫病，是由弓浆虫感染猪和人等而引起的一种人畜共患的原虫寄生虫病。本病以无名高热，呼吸困难，神经系统症状和怀孕动物流产、死胎、胎儿畸形为主要特征。分布很广，在家畜和野生动物中都有广泛存在。

【病原体及流行病学】弓浆虫的终末宿主是猫，只能在猫的体内进行有性生殖。猫食入含有弓浆虫囊体的组织后，弓浆虫的囊体便开始崩解并释放出分裂缓慢的裂殖子，而这些裂殖子会在猫的肠道壁上皮细胞内进行增殖形成卵囊，最终会将所形成的卵囊混合于粪便中而排出体外。在适宜的外界环境中发育成感染性卵囊——孢子囊，孢子囊对外界环境具有较强的耐受，可存活1年以上。

弓浆虫的中间宿主很多，包括哺乳动物、鸟类以及人类等。具有感染能力的卵囊一旦被中间宿主食入之后，便会将其内的芽孢子释放出来。芽孢子便会在中间宿主的肠内逸出，钻入肠壁随血流或淋巴系扩散至全身，并以分裂快速的裂殖子形式来进行无性增殖，侵入各种组织的有核细胞内，使得芽孢子广泛地散播于全身，并在组织细胞内形成多个虫体的半月形的集合体——滋养体（囊体）（图2-50）。而猫一旦生食了这些具有弓浆虫囊体的组织（如肉类食物），便完成了弓浆虫的整个生活史。

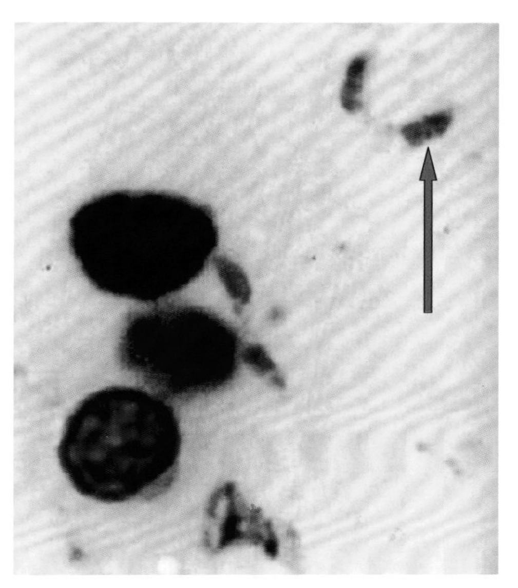

图2-50
猪弓浆虫

血液涂片中的滋养体，呈新月形或棱形，中央有细胞核，稍偏钝圆（吉姆萨染色，油镜观察）

滋养体为急性感染期常见的形态。慢性感染期虫体呈休眠状态，在脑、眼和心肌中形成圆形包囊（组织囊）。当宿主细胞破裂后，可释放出多个滋养体，再侵入其他细胞，如此反复增殖，导致病理损害，引起临床发病。弓浆虫不仅可以在细胞质内繁殖，也可侵入细胞核内繁殖。

猪弓浆虫多发于3～4月龄猪，发病无明显季节性。本病可通过口、眼、鼻、呼吸道、肠道、皮肤等途径侵入猪体，滋养体还可以通过受损的皮肤、黏膜而感染，另外，母体还可以通过胎盘传染给胎儿。病畜和带虫动物的分泌物、排泄物以及血液，特别是随着猫粪而排出的卵囊所污染的饲料和饮水，会成为主要的传染源。

【临床症状】病猪表现出一般性症状，精神萎靡，呼吸加速，少食或废绝。患初期体温升高达到40.5～42℃，呈稽留热，粪便干结并带有黏液。中期行走不稳，往往呈犬坐姿势，眼结膜充血，在病猪的体表，尤其是耳根、胸下、腹下、后肢和尾部等处有针状出血点，之后出现红斑，再后转为紫黑色，毛孔有铁锈色出血点（图2-51～图2-55）。后期表现呼吸困难，症状严重时往往出现腹泻、败血症以及心力衰竭，最终发生死亡。如果是怀孕母猪一般食欲正常，但后肢无力、瘫痪，并可发生流产。

本病传播迅速，能造成严重危害。病程一般为10～15d。

【病理变化】病猪全身淋巴结肿大，切面有坏死灶和出血点（图2-56～图2-57）。肺脏肿大，呈暗红色，间质增宽，表面有出血点和灰白色坏死灶（图2-58～图2-59）；肾脏有坏死灶和出血点（图2-60）；肝脏肿大，有针尖大的坏死点和出血点，脾脏也有坏死灶和出血点（图2-61）；胃肠道黏膜肿胀、充血、出血，肠黏膜上可见到纽扣状坏死灶。

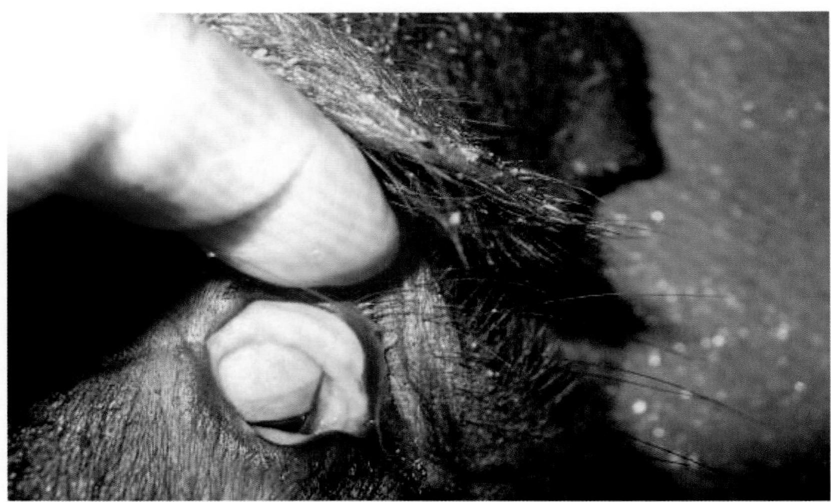

图2-51

猪弓浆虫病的临床症状（1）

眼结膜充血症状

图2-52

猪弓浆虫病的临床症状（2）

皮肤充血，全身皮肤发红

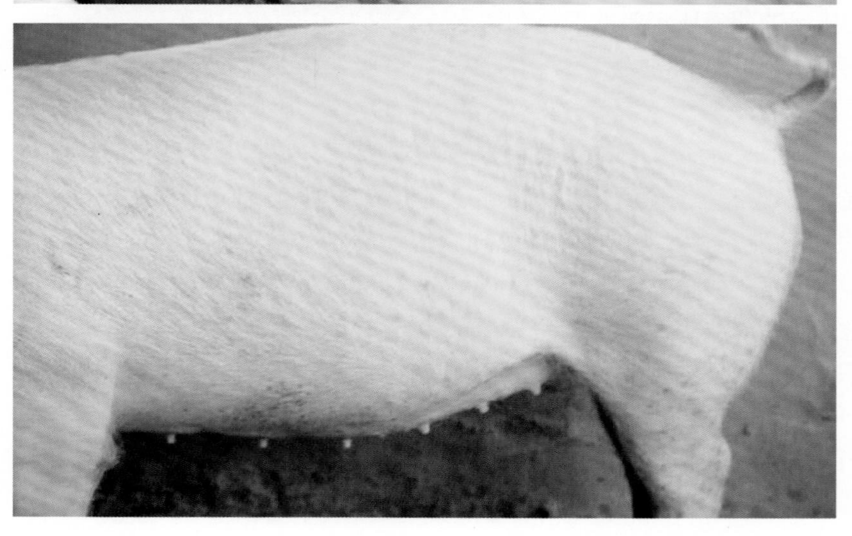

图2-53

猪弓浆虫病的临床症状（3）

全身皮肤充血发红，到了后期，皮肤会出现针状出血点

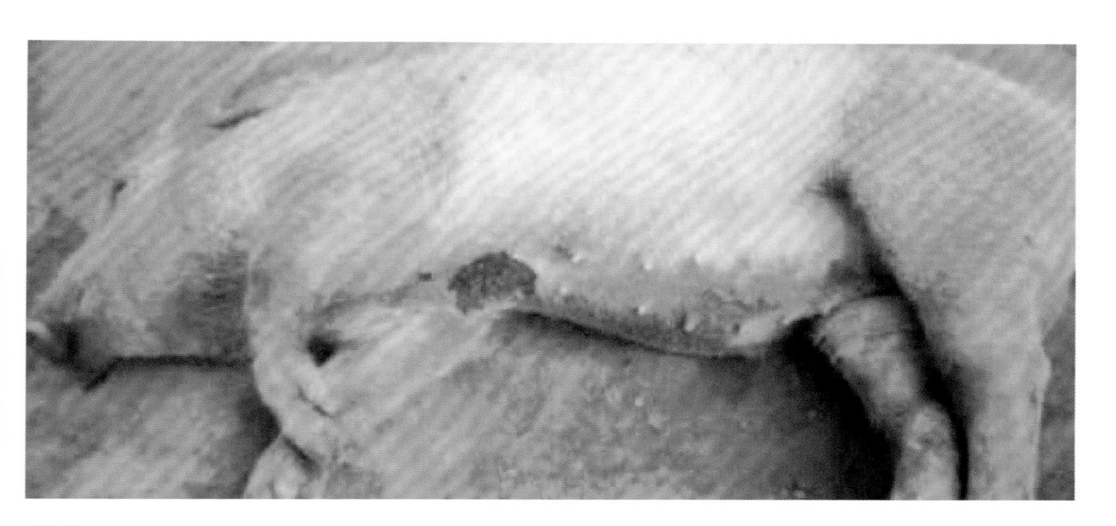

图2-54
猪弓浆虫病的临床症状（4）

全身出现紫红色瘢痕

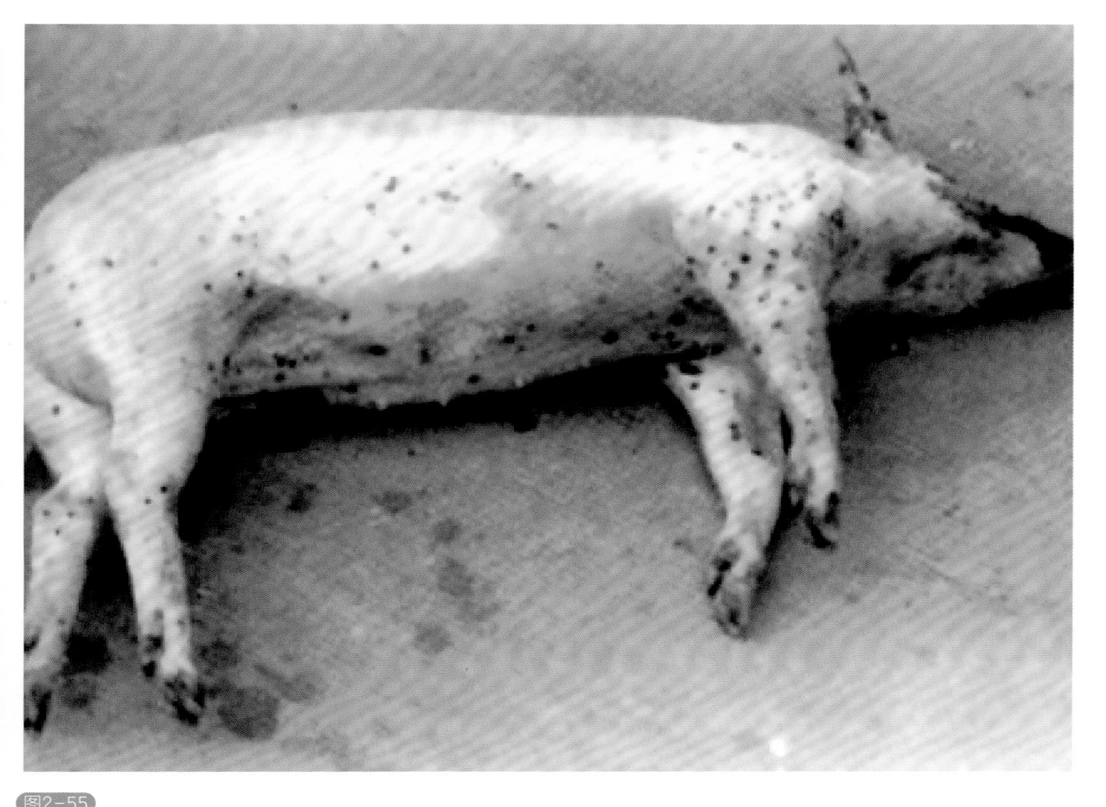

图2-55
猪弓浆虫病的临床症状（5）

胸、腹、耳部甚至全身发红，皮肤出血，结痂（4月龄）

图2-56
猪弓浆虫病的病理变化（1）

肠系膜淋巴结肿大，灰白色

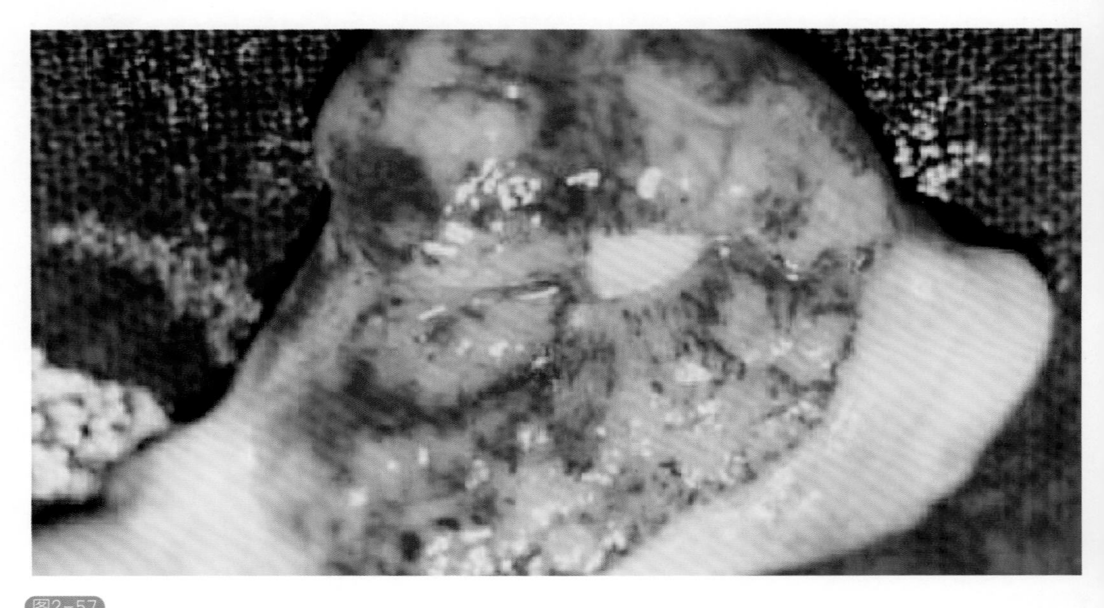

图2-57
猪弓浆虫病的病理变化（2）

病猪的淋巴结肿胀、出血

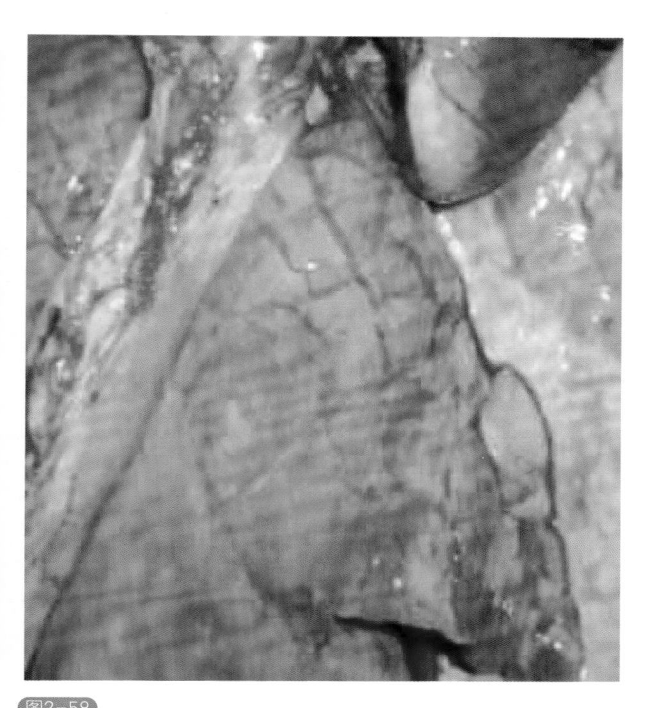

图2-58

猪弓浆虫病的病理变化（3）

肺水肿（特别是间质水肿更为明显），肺间质增宽、增厚，充满半透明的水肿液

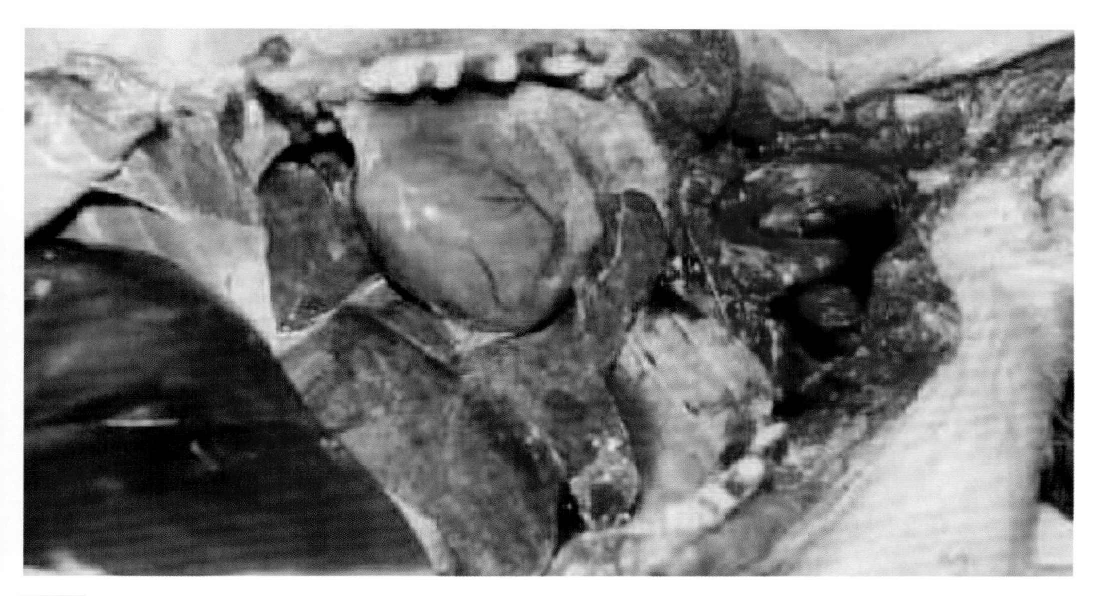

图2-59

猪弓浆虫病的病理变化（4）

病猪心包炎和间质性肺炎

图2-60
猪弓浆虫病的病理变化（5）

病猪的肾脏呈弥漫性出血、淤血

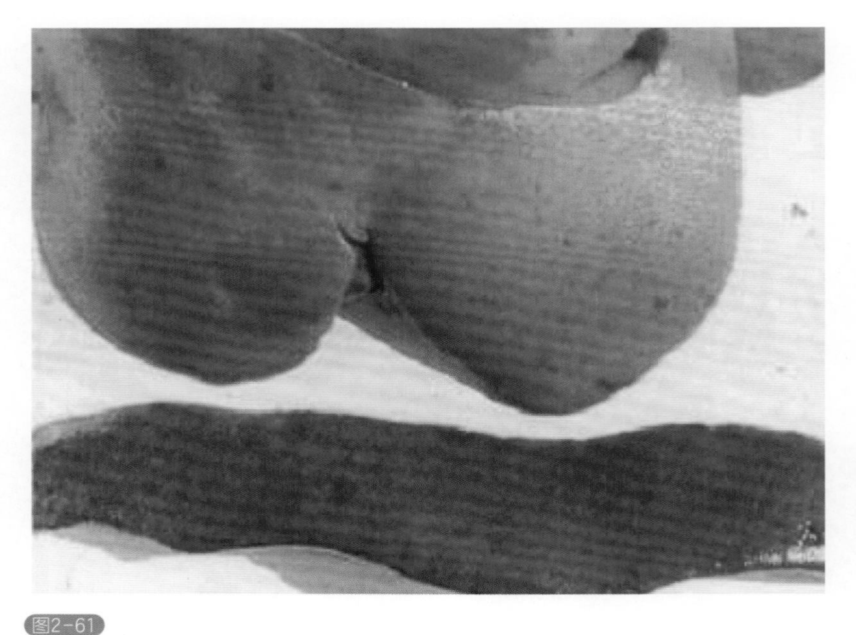

图2-61
猪弓浆虫病的病理变化（6）

上，肝脏散在出血点、坏死点；下，脾脏滤泡坏死

【诊断】取病猪的肺脏、淋巴结或胸腹腔的渗出液涂片，用吉姆萨或瑞氏染色液染色。在油镜下可发现月牙形或梭形虫体，核为红色，细胞质为蓝色，即为弓形虫。

鉴别诊断：为了便于进行准确的诊断，下表把几个同时具有引起猪高热和繁殖障碍的常见传染病放在一起进行比较鉴别（表2-1 ～表2-2）。

表2-1　引起猪高热等全身症状的常见传染病鉴别

病名	项目			
	病原体	流行情况	主要症状	主要病理变化
猪瘟	猪瘟病毒	无年龄和季节的区分，流行迅速，发病率和死亡率都高。因为免疫过，故多数为温和型表现	高热不退，结膜炎。早期便秘，后期严重腹泻，打堆，站立不稳，皮肤发绀。孕猪可发生流产，公猪发生包皮积尿	黏膜浆膜、喉头、肾脏、膀胱和大肠黏膜有出血斑点。淋巴结充血、出血肿大，切面有大理石样花纹。脾脏不肿大，边缘有锯齿状出血性梗死。大肠黏膜有纽扣状溃疡
猪丹毒	猪丹毒杆菌	以3 ～ 12月龄的架子猪多发。多见于炎热季节，吸血昆虫可以传播本病。该病也可传染给人	高热，结膜充血，眼睛清亮。先便秘后腹泻，病程3d左右后出现凸出于皮肤表面的疹块。慢性病例则出现关节炎和心内膜炎等症状	皮下弥漫性出血。心外膜斑点状出血。肺脏充血水肿。脾脏显著充血水肿，呈樱桃红色。肾脏明显充血肿大，呈“大红肾”。关节积液，滑膜增生
猪链球菌病	猪链球菌	断奶后的猪都可发生，每年的5 ～ 11月份多发。初次流行来势凶猛	高热不退，皮肤有出血点，结膜潮红，共济失调，有多发性关节炎，后期出现呼吸困难。仔猪可见神经症状	皮下广泛性出血。淋巴结肿大、出血、化脓。纤维素性肺炎，胸腹腔、关节腔积液，纤维素沉着。脾脏肿大呈暗红色，质地软脆。肾脏肿大有出血点。脑膜充血，脑切面有出血点。关节肿大
猪弓浆虫病	弓浆虫	无年龄和季节的区分，但以3 ～ 6月龄的猪多发。该病为人畜共患病	高热不退，皮肤有出血斑点，便秘。肺水肿。肝脏及全身淋巴结肿大。妊娠母猪发生流产、死胎或弱胎，但很少产木乃伊胎	淋巴结显著充血、出血、肿胀、坏死。肠系膜淋巴结有粟粒大白色坏死结节。脾脏肿胀。肾脏有轻度的出血点。小肠下部有出血、溃疡
猪附红细胞体病	附红细胞体（也有人认为是立克次体）	人和多种动物均易感，无年龄差异，但以断奶仔猪和孕猪多发。可经消化道、精液、伤口、蚊虫叮咬而传播。夏季多发，属于条件性致病菌。发病率和死亡率较高	高热，黄疸，有的呼吸困难。后期便秘，血尿。在耳尖、胸腹、尾根、四肢末端等部位皮肤红紫。尿液发红或呈咖啡色。孕猪高热，繁殖障碍	黄染症状明显，如黏膜和脂肪组织的黄染。贫血，血液稀薄如水。肝脏肿大，呈棕黄色，胆囊肿大，胆汁浓稠。心脏苍白或黄染，质地松软。肾脏有出血点或呈“大红肾”。脾脏肿大

表2-2　引起猪繁殖障碍的常见传染病鉴别

病名	项目			
	病原体	流行情况	主要症状	主要病理变化
猪乙型脑炎	乙型脑炎病毒	能够感染人和多种动物，但不能感染马属动物。主要经过蚊叮咬而传播，夏秋季节发病	妊娠母猪流产，有大小不等的死胎、畸形胎及木乃伊胎或弱仔猪，流产后不影响下一次配种。公猪单侧睾丸肿胀、萎缩。有的幼猪可呈全身肿胀	母猪子宫内膜炎，黏膜充血、出血及糜烂。胎儿头部及腹部水肿。肝脏、脾脏、肾脏有坏死灶。脑非化脓性炎症
猪细小病毒病	猪细小病毒	不同年龄、性别的猪均易感，初产的母猪多发。常见于4～10月份流产，容易长期连续传播	主要表现为妊娠母猪流产、死产及不孕，产木乃伊胎、弱仔等。个别母猪体温升高。关节肿大	母猪轻度子宫内膜炎，胎盘部分钙化。胎儿水肿、软化吸收或为木乃伊胎。非化脓性脑炎
猪伪狂犬病	伪狂犬病毒	猪和多种动物均可感染，各窝仔猪发病率、同窝仔猪的发病并不一致。发病与环境条件及饲养管理因素有密切关系	孕猪怀孕后期流产、死胎和弱仔。仔猪有脑脊髓炎等神经症状。死亡率高，病程为1周左右，多数能够康复	坏死性胎盘炎症，死胎及木乃伊胎等。发病仔猪肝脏局灶性坏死，小肠有坏死性肠炎
猪繁殖与呼吸系统综合征	繁殖与呼吸系统综合征病毒	妊娠母猪和1月龄内仔猪最易感。本病经呼吸道和胎盘传播，传播速度迅速	母猪体温短暂升高。不同程度的呼吸困难。孕猪早产，产死胎、弱胎或木乃伊胎。仔猪体温升高，呼吸困难，死亡率高	主要是弥漫性、间质性肺炎，胸腔积水液，皮下、肌肉及腹膜水肿。肺脏前叶有实质性病变。育肥猪和种猪一般无明显病变
猪布氏杆菌病	布氏杆菌	人、猪、牛、羊等多种动物均易感。各个年龄的猪都易感，但以生殖期发病最多。一般仅流产1次，多为散发	孕猪流产或早产，流产前有短暂发热。一般经过8～10d能够自愈。公猪双侧睾丸或附睾炎症。有时可见皮下脓肿	母猪子宫、输卵管以及胎盘，公猪的睾丸和附睾有化脓性炎症。流产胎儿状态、大小不同，有的可见皮下水肿。无木乃伊胎

【防治措施】

（1）预防　猪场禁止养猫，同时严格灭鼠。定期对猪舍进行消毒。病猪场和疫点用磺胺-6-甲氧嘧啶，按照每千克体重80mg的剂量，口服，连续用药7d，可防止弓浆虫的感染。

（2）治疗　对于弓浆虫病，只有磺胺类药物有特效，早期治疗效果好，其他抗生素无效。

① 磺胺嘧啶，每千克体重用量70mg，每天2次，连用3～4d。

② 甲氧苄氨嘧啶，每千克体重用10mg，混合后内服，每天1次，连用4d。

③ 12%复方氧甲吡嗪注射液，每千克体重用50～60mg，每天肌内注射1次，连用4次。

④ 长效磺胺，每千克体重60mg，配成10%溶液肌内注射，连用7d。

6. 猪细颈囊尾蚴病

猪细颈囊尾蚴病是由泡状带绦虫的幼虫——细颈囊尾蚴（群众俗称“水铃铛”）引起的寄生虫病。泡状带绦虫分布很广，虫体寄生数量少时可不表现症状，如被大量寄生，则可引起消瘦、衰弱等症状，使大量脏器废弃，造成经济损失。本病对仔猪的危害尤其严重，使猪的生长发育受影响。

本病在农村散养猪中发生较多，其主要原因：一是养猪户对本病缺乏认识，猪宰杀后将感染了的内脏拿来喂狗；二是现在农村养狗较普遍，且管理不严，任其游走流浪，到处散布虫卵，污染草地和水源等环境，从而形成感染循环。

【病原体】成虫寄生在狗的小肠，长1.5～2m，其孕卵节片随粪便排出。猪吞食虫卵后，释放出六钩蚴，六钩蚴随血流到达肠系膜和大网膜、肝脏等处，发育为细颈囊尾蚴，细颈囊尾蚴在猪体内很常见。狗由于食入带有细颈囊尾蚴的脏器而受感染。

成虫在狗的体内可生活一年之久。幼虫寄生在猪、牛、羊等家畜的肠系膜、大网膜和肝脏等处，外形是一个近似于鸡蛋大小的囊泡，头节所在处呈乳白色。

【临床症状】细颈囊尾蚴对仔猪的危害最严重。病猪表现消瘦，生长迟缓或停滞，被毛粗乱、无光泽。严重时食欲减退或废绝，体温升高，咳嗽，腹部膨大，下痢等。在肝脏中移行的幼虫数量较多时，可破坏肝实质及微血管，穿成虫道，引起出血性肝炎。严重时可能造成仔猪死亡。

慢性疾病多发生在幼虫自肝脏移行出来之后，一般不显临诊症状，有时病猪仅出现精神不振、食欲消失、消瘦、发育不良等症状。有时幼虫移行至腹腔或胸腔时，可引起腹膜炎或胸膜炎，表现出体温升高等症状。

【病理变化】病死猪的胸腔、腹腔有渗出液。肝表面有出血点，且有许多米粒大的突起，弯弯曲曲，短的几毫米，长的约1cm。在肝脏、肠系膜、大网膜、肺脏的表面有豌豆至鸡蛋大小的细颈囊尾蚴寄生，外观呈囊泡状（俗称“水铃铛”）。囊壁呈乳白色，泡内充满透明液，囊壁上有不透明的乳白色结节，如使结节的内凹部翻转出来，能见到一个相当细长的颈部和头节（图2-62～图2-64）。如果寄生数目较多时，可造成肝、肺体积增大，表面因囊状物的压迫而下陷。

【诊断】本病生前诊断比较困难，死后尸体剖检或肉检时发现虫体即可确诊。细颈囊尾蚴呈乳白色，囊泡状，囊壁薄而透明。内部只有1个头节。细颈囊尾蚴的大小如豌豆到鸡蛋大或更大，大的直径甚至可达8cm左右。

【防治措施】

（1）预防　现代化养猪场已经很少发生本病，农村散养的猪常发生。本病的预防主要是防止狗进入猪舍内散布虫卵，从而造成饲料和饮水受污染；不要用猪屠宰后的废弃物喂狗。

（2）治疗　吡喹酮和阿苯达唑等对细颈囊尾蚴有一定的杀灭作用。

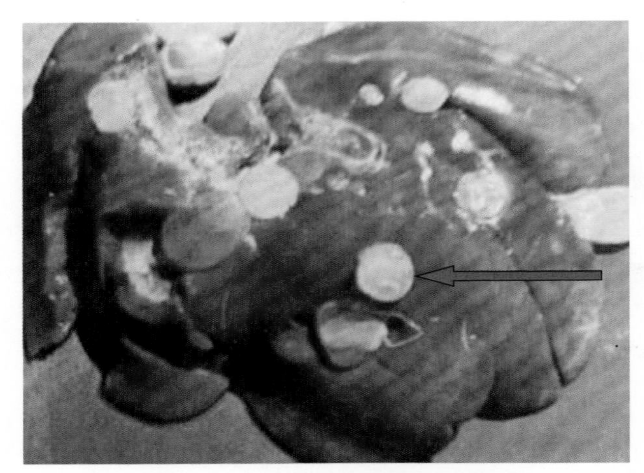

图2-62
细颈囊尾蚴病的病理变化（1）

细颈囊尾蚴寄生在肝脏表面的被膜上（箭头所指处），呈水疱样外观

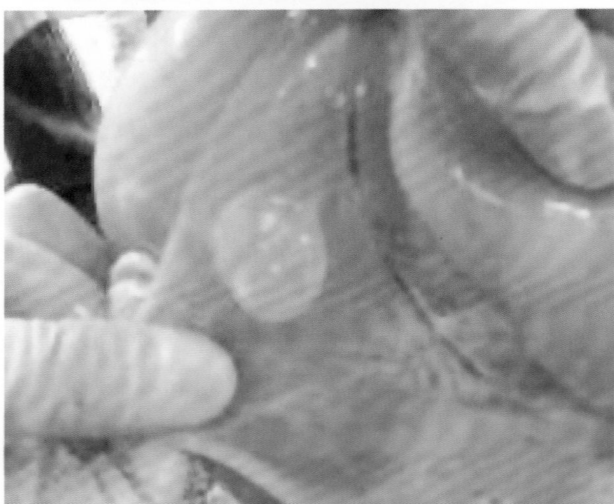

图2-63
细颈囊尾蚴病的病理变化（2）

寄生在肠系膜上的细颈囊尾蚴（水铃铛）

图2-64
细颈囊尾蚴病的病理变化（3）

腹腔内的细颈囊尾蚴（水铃铛）

① 进行狗的定期驱虫，可用吡喹酮，剂量为5mg/kg体重，或氯硝柳胺100 ～ 150mg/kg体重，喂服驱虫。

② 所有的病猪，也可采用吡喹酮治疗，按每千克体重100mg的剂量内服，每天1次，连用2d。或用吡喹酮，每千克体重50mg，与液体石蜡按1 ∶ 6比例混合均匀，分2次间隔2d深部肌内注射，可杀死全部虫体。对于发烧、咳嗽的猪，可肌内注射青霉素、链霉素、安乃近、地塞米松，连用2 ～ 3d。

7. 猪棘球蚴病

猪棘球蚴病是由细粒棘球绦虫的幼虫——棘球蚴引起的。成虫寄生在犬、狼、狐等肉食动物的小肠，幼虫寄生在猪及牛、羊、人等的肝、肺等脏器内。

本病对猪（包括人等）危害极大，可严重影响病猪的生长发育，甚至造成死亡。而且按照卫生检疫的规定，寄生有棘球蚴的病猪的肝、肺及其他脏器，都必须废弃，并加以销毁，从而对养猪业造成较大的经济损失。

【病原体】细粒棘球绦虫的成虫很小，体长仅仅2 ～ 6mm，由1个头节和3 ～ 4个体节组成。最后一节是孕卵节片，几乎占虫体全长的一半。其幼虫——细粒棘球蚴呈囊泡状，小的如豌豆大小，大的如同排球，囊内有无色透明的液体。囊壁分两层，外层为角质层，有保护作用；内层为生发层，可长出生发囊，生发囊的内壁上生成许多头节。生发囊和头节脱落后，沉在囊液里，呈细沙状，故称“棘球沙”或“包囊沙”。有时囊内还可生成子囊（或向囊外生成外生性子囊），子囊内还可生成孙囊。但有的棘球蚴不形成头节，无头节的囊泡称为“不育囊”，不育囊也能长得很大，病猪约有20%的是不育囊。其生活史见下图（图2-65）。

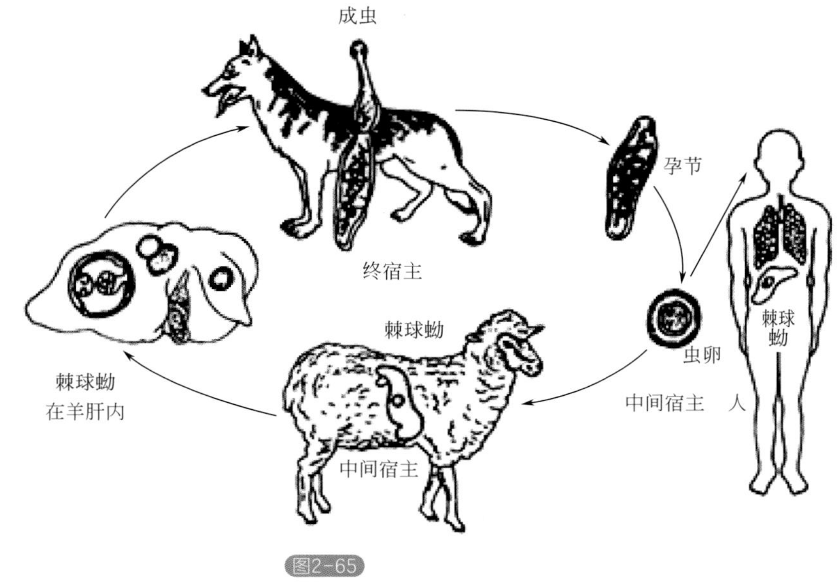

图2-65
细粒棘球绦虫的生活史（示意图）

【流行病学】细粒棘球绦虫的成虫寄生在终末宿主——狗、狼、狐等的体内，成虫数量一般很多，它们的孕卵节片随粪便排到外界，虫卵散布在牧草或饮水中。中间宿主——猪、牛和羊等随着吃草或饮水而遭受感染。虫卵在中间宿主胃肠消化液的作用下，六钩蚴脱壳而出，穿过肠壁，随血流而至肝和肺，逐步发育为棘球蚴。终末宿主狗、狼、狐等吃了含有棘球蚴的脏器而受到感染。

人误食细粒棘球绦虫的虫卵后，可患严重的棘球蚴病。寄生于人体的棘球蚴可生长发育达10～30年之久。

【临床症状和病理变化】初期一般表现不出任何症状。后期如果寄生在肺脏，会发生呼吸困难、咳嗽、气喘及肺浊音区逐渐扩大等症状；如果寄生在肝，最后多表现营养衰竭和极度虚弱（图2-66～图2-67）。

【诊断】本病生前诊断较为困难，死后剖检时，在肝、肺等处发现棘球蚴即可确诊。对人和动物也可用X线透视和超声波进行诊断。

与细颈囊尾蚴的鉴别：在肝脏、肺脏中发现棘球蚴时，应与细颈囊尾蚴相鉴别。细颈囊尾蚴呈乳白色，囊泡状，只有1个头节，囊壁薄而透明，大小如豌豆到鸡蛋大或更大。而棘球蚴囊壁厚而不透明，囊内有多个头节。

【防治措施及方剂】

（1）预防　①加强对狗的管理：要定期驱虫，管理好流浪狗。预防时可用吡喹酮

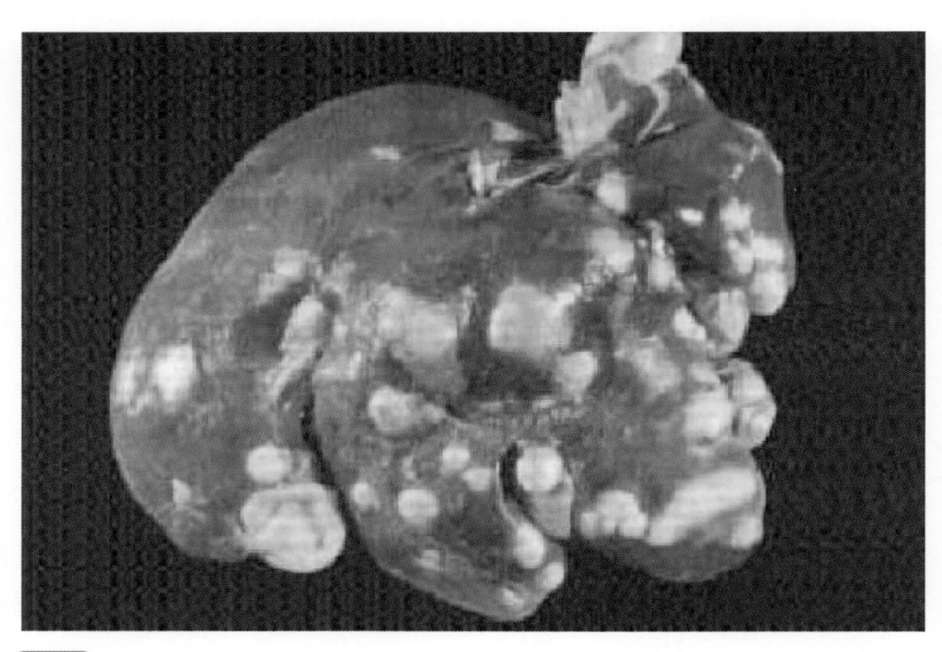

图2-66
猪细粒棘球蚴病的病理变化（1）

肝脏有大量的细粒棘球蚴寄生，严重影响肝脏的生理功能

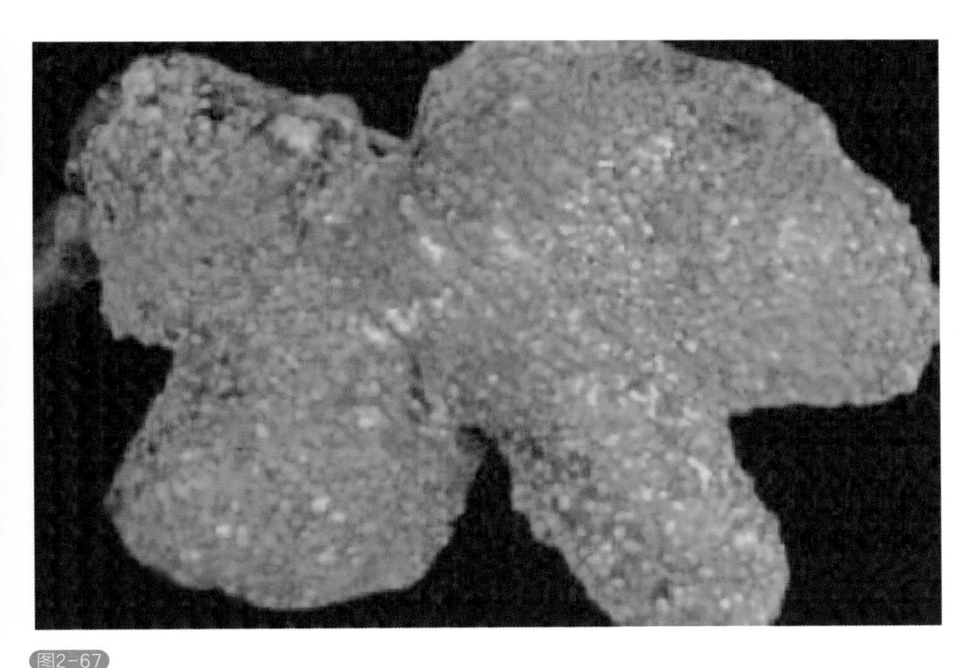

图2-67
猪细粒棘球蚴病的病理变化（2）

肝脏表面有无数细小的典型的棘球囊囊肿

按照每千克体重5mg、氯硝柳胺（灭绦灵）每千克体重25mg。可驱除狗体内的各种绦虫。驱虫后排出的粪便和虫体应彻底销毁。

② 加强肉品卫生检验工作：对于有病的脏器必须销毁，严禁拿来喂狗。

③ 保持畜舍、饲料和饮水卫生，防止狗粪便的污染。

④ 人与狗等动物接触时，或加工狗、狐等的毛皮时，应注意个人卫生，严防人被感染。人感染本病一般用外科手术的方法进行摘除。

（2）治疗　可用阿苯达唑，按照每千克体重90mg，连服2次，或吡喹酮每千克体重25～30mg，连服5d。

中药治疗，用中药槟榔南瓜子合剂、仙鹤草根芽的效果不错。

8.猪毛首线虫病

猪毛首线虫病（猪鞭虫病）是由猪毛首线虫寄生于猪的大肠（盲肠）所引起的一种线虫病。这是一种感染性极强的寄生虫病，常在仔猪中发生，严重感染时可引起仔猪死亡。本病分布广泛，遍及全国。

【病原体】猪毛首线虫属于肠道寄生性线虫。虫体呈乳白色（雌虫常因子宫内含有虫卵而呈褐色），前部呈毛发状（细长的丝状），故称毛首线虫。整个外形又似一杆“鞭子”，前部细，像鞭梢，后部粗，像鞭杆，故猪毛首线虫又称为“鞭虫”。

猪毛首线虫的雄虫长20～52mm，雌虫长39～53mm。食道占全虫体长的2/3左右，虫体前端呈乳白色的为食道部，细长；后端为体部，短粗，内有肠道和生殖器官。雄虫后端弯曲，雌虫后端钝圆（图2-68）。虫卵呈棕黄色，呈“腰鼓”状，卵壳较厚，两端有卵塞（图2-69）。由于毛首线虫的卵具有较厚的卵壳，所以其具有较强的抵抗力，感染性虫卵可在土壤中存活5年之久。

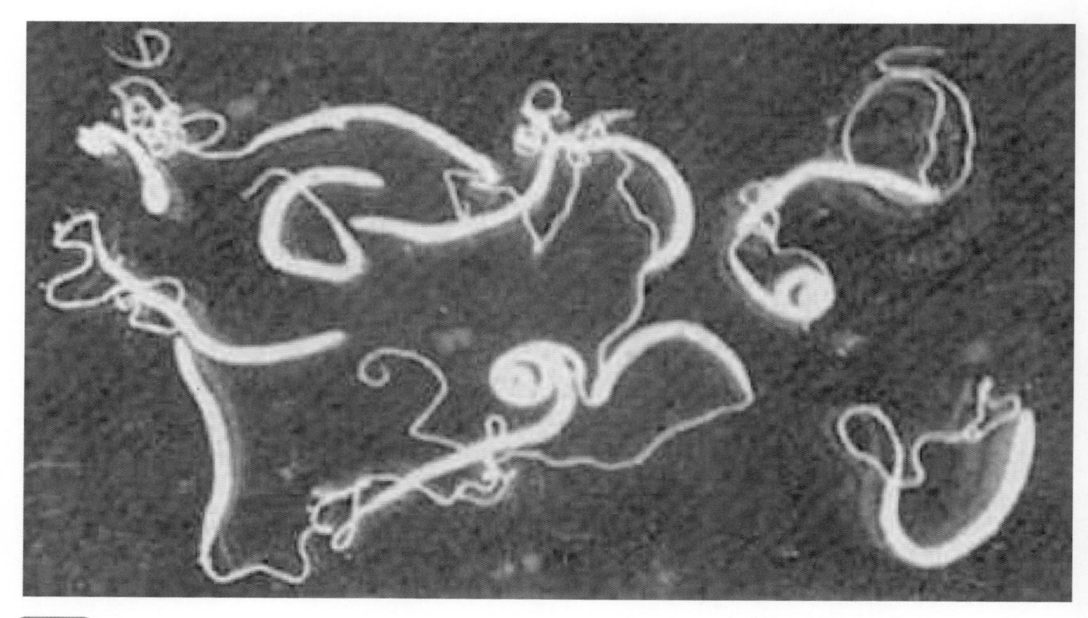

图2-68
猪毛首线虫成虫

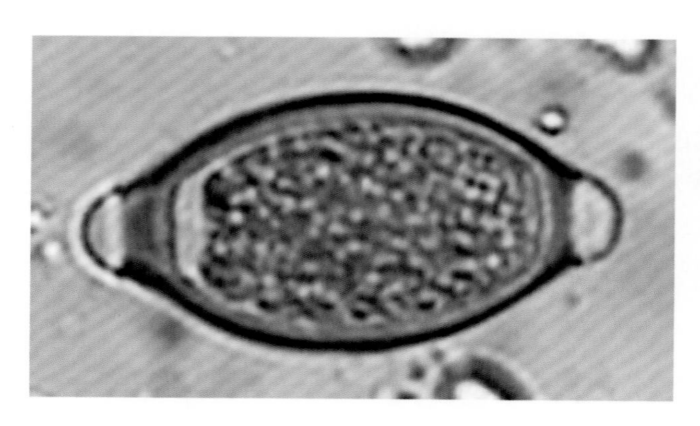

图2-69
猪毛首线虫的虫卵

用浮集法检查，虫卵的颜色、结构特殊，呈棕黄色，呈“腰鼓”状，卵壳厚、光滑，两端各有一个如同瓶塞状的结节，内有未发育的卵细胞

【生活史】毛首线虫的整个发育过程不需要中间宿主。雌虫在猪盲肠内产卵，卵随着粪便排出，虫卵在猪粪中发育至感染阶段。感染性虫卵内有第一期幼虫，既不脱皮也不孵化。猪吞食了感染性虫卵后，第一期幼虫在小肠后部孵化出来，钻入肠绒毛间发育，到第8d后移行到盲肠和结肠内，固着在肠黏膜上。感染后30 ～ 40d发育为成虫。成虫的寿命为4 ～ 5个月。

本病以仔猪多发，1月龄的仔猪即可检出虫卵，4月龄的猪虫卵数和感染率均急剧增高，以后减少。在清洁卫生的猪场，多为夏季感染，秋、冬季出现临床症状；在饲养管理条件差的猪场内，一年四季均可发生，但以夏季感染率最高。

【临床症状和病理变化】临床上病猪轻度感染时，表现有间歇性腹泻、轻度贫血、生长发育缓慢等症状；严重感染时，食欲减退、消瘦、贫血、顽固性腹泻、排水样血色粪便并有黏液，仔猪发育受阻。粪便呈灰白色、黄色或绿色粥样，混有脱落的黏膜，恶臭。如果虫体感染达到数千条时，病猪肛门周围常常覆着有红褐色稀粪，粪便中混有黏液和血液（图2-70）。病猪通常呈慢性经过，病程持续10～15d。寄生严重的，最后会由于严重脱水、呼吸困难、体质极度衰竭而死亡。

由于虫体以其细长的头部深深刺入肠壁黏膜下层甚至肌层，在盲肠、结肠内可见数量很多的乳白色虫体（图2-71）。即使用刀也很难将其刮下来，如果强行刮下来往往造成机械性损伤。再加上虫体能够分泌毒素，在毒素的作用下，造成盲肠、结肠严重的卡他性炎症、出血炎症，黏膜上出现充血、出血、肿胀、水肿，还可以出现坏死、溃疡等症状。

【诊断】本病的诊断可分为虫体诊断和虫卵诊断。

（1）虫体检查　肠道内（主要是大肠的盲肠段）可检查到虫体。虫体呈乳白色、鞭状。雄虫长20～52mm，雌虫长39～53mm。体前部（食道部）呈细长线状（内为食道），约占全长的三分之二；体后部（体部）短粗，内有肠管和生殖器官，约占全长的三分之一。

图2-70
猪毛首线虫病的临床症状

患毛首线虫病的病猪排出红褐色稀粪，混有黏液和血液，严重污染后躯

图2-71
猪毛首线虫病的病理变化

肠黏膜表面的大量寄生虫体

（2）虫卵检查　本病的生前检查主要检查粪便中的虫卵。可直接取粪便涂片或用饱和硝酸钠水溶液及饱和食盐水溶液用浮集法镜检，可检查到不同发育阶段的虫卵。毛首线虫的虫卵比较有特点，虫卵颜色呈棕黄色，外形“腰鼓”状，卵壳厚、光滑，两端有两个如同瓶塞状的结节，内有未发育的卵细胞。由于虫卵的颜色、结构、形态特殊，所以很容易区别和确诊。

【防治措施及方剂】

（1）预防　平时要保持环境卫生。定期对猪舍进行消毒，更换垫草，以减少虫卵污染的机会。粪便要勤清扫并进行发酵处理，以消灭虫卵。对本病常发地区，每年春、秋应给猪群进行两次驱虫，并对猪舍地面撒生石灰进行消毒（图2-72、图2-73）。另外，加强饲养管理，提高猪体的抵抗力也是预防本病的重要措施。

（2）治疗　常用的一些驱虫药，如敌百虫、左旋咪唑、阿苯达唑等对猪毛首线虫的驱虫效果都不很理想。这也是本病比较难控制的主要原因。

① 目前治疗猪毛首线虫病比较有效的药物是羟嘧啶，猪驱虫的剂量为2mg/kg，口服。

② 伊芬虫灭500g，拌料500kg，连用7d，间隔14d以后再重复用药一次。

③ 丙硫苯咪唑，按猪每千克体重10mg，混于饲料中一次喂服。

④ 中药治疗。炒苦楝根皮5 ～ 15g，煎水内服。如果出现毒性反应应减量或停喂。

在驱虫的同时，配合使用氟苯尼考等广谱抗菌药拌料，可治疗虫体损伤肠道而引起的炎症。用药两次后，可完全控制住病情，1个月后所有的猪都可痊愈。

图2-72
猪舍撒生石灰粉消毒

图2-73
猪舍消毒药喷雾消毒

9.猪后圆线虫病

猪后圆线虫病（猪肺丝虫病、猪肺线虫病）是由后圆线虫寄生于猪的肺、支气管和细支气管而引起的一种呼吸系统寄生虫病。由于后圆线虫寄生于猪的肺脏，且虫体呈丝状，故本病又称猪肺线虫病或猪肺丝虫病。

本病遍及全国各地，往往呈地方性流行，对幼龄猪的危害很大。严重感染时，可引起肺炎（尤以肺膈叶多发），能严重影响仔猪的生长发育和降低肉的品质，并且常常造成仔猪的大批死亡。本病在猪群中的感染率一般为20% ～ 30%，高的可达50%，给养猪业带来一定的损失。

【病原体】猪后圆线虫的虫体呈白色，长度为6cm左右，有口囊但口囊小，食道呈棍棒状（图2-74）。成虫成熟后交配产卵，随粪便排出的虫卵内含有幼虫。根据宿主、寄生部位和虫体大小便可鉴定后圆线虫。

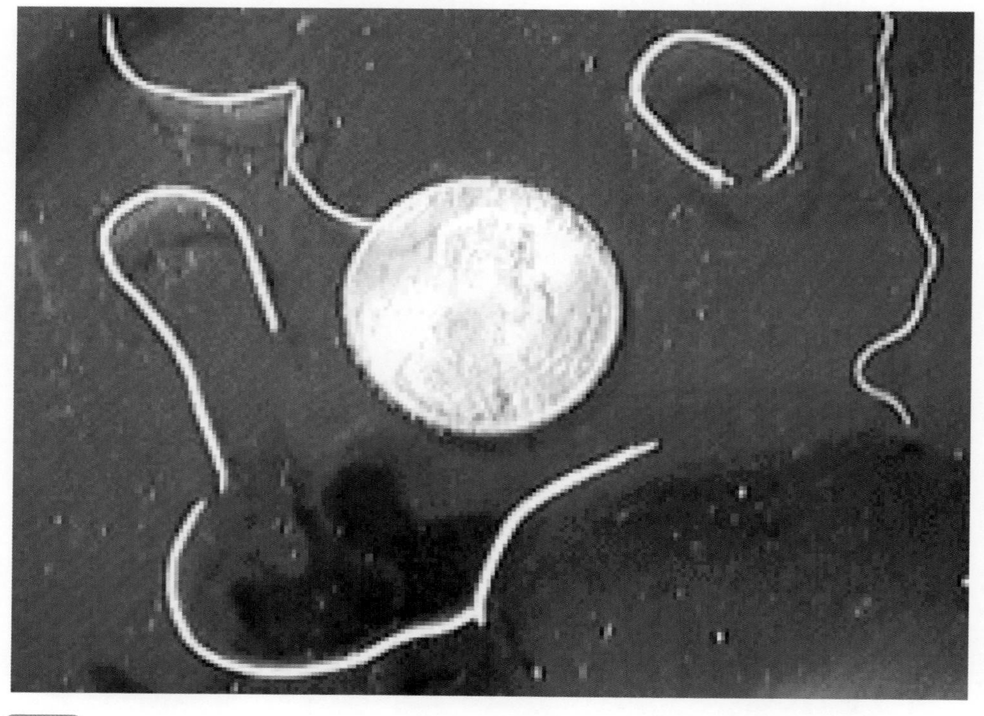

图2-74
猪后圆线虫

整条成虫，虫体长而细（长6cm左右），能在支气管中发现

【生活史】猪后圆线虫的成虫寄生在支气管内，所产的虫卵随气管中的分泌物进入咽部，再进入消化道后随粪便排到外界。虫卵被蚯蚓吞食，幼虫逸出卵壳，穿过蚯蚓

的肠壁，进入体腔，变为第一期幼虫。再经10d两次蜕皮，变为第三期幼虫（感染性幼虫）。猪在采食或拱土时，吃进蚯蚓，第三期幼虫经猪的肠壁淋巴管、肠系膜淋巴结、腔静脉和心脏到达肺血管，接着转入肺泡和支气管，在此发育为成虫。从幼虫感染至成虫排卵要经过1个月左右的时间。感染后5 ～ 9周阶段内排的卵最多。

【流行病学】本病以断奶仔猪、保育猪、育肥猪易感。发生季节多在夏季和秋季，往往呈地方性流行。传播途径主要为消化道传播（饲料及饮水），即猪食入了蚯蚓而体内带虫或食入了含有感染性幼虫的饲料而导致发病。传染源主要是自然宿主——蚯蚓和病猪。

后圆线虫的虫卵存活的时间很长，粪便中的虫卵可存活6 ～ 8个月，土壤中的虫卵甚至可以越冬。本病常发于蚯蚓繁殖旺盛的季节。感染性幼虫在蚯蚓体内能长期保持感染性，其时间的长短甚至与蚯蚓的寿命一样长。由于上述原因，后圆线虫的感染和流行相当普遍。

【临床症状】本病的一般性症状是食欲不良、贫血、生长缓慢和被毛粗乱。典型症状是气喘，肺炎，鼻孔流出脓性黏稠分泌物，呼吸困难，呕吐，腹泻。成年猪症状轻微，但影响生长发育。小猪可出现剧烈咳嗽和呼吸困难等症状，特别在运动及采食后和遇到冷空气刺激时症状更加严重。

【病理变化】病理剖检时可见肺呈现斑点状出血，肺泡萎陷，气管、支气管和肺脏出血和气肿。在膈叶腹面边缘有楔状肺气肿区，支气管增厚和扩张，靠近气肿区有坚实的灰色小结节。解剖时可以见肺膈叶内有黏性物质，支气管和细支气管被成虫虫体、虫卵、黏液、组织碎片所阻塞，甚至引起阻塞性肺膨胀不全，表现为肺气肿（图2-75、图2-76）。

【诊断】生前可根据临诊症状（咳嗽、消瘦及生长发育停滞等）和当地流行病学资料做出初步诊断。确诊须用硫酸镁（或硫代硫酸钠）饱和溶液漂浮法检查粪便（尤其是检查含黏液部分），即可发现虫卵。

病猪死后剖检，虫体寄生部位多在肺膈叶后缘，形成一些灰白色的隆起，剪开以后，常可在支气管中找到大量的虫体。

【防治措施及方剂】

（1）预防　加强饲养管理，保持运动场和猪舍的环境卫生良好，定期进行消毒。饲槽及其他用具经常使用消毒液冲洗。猪场要对污染的垫料和猪粪采取集中堆积发酵处理，将其中可能存在的寄生虫幼虫和虫卵杀死。对本病流行的猪场，应有计划地进行驱虫，尤其是3 ～ 6月龄的猪。

（2）治疗　对于症状严重的病猪，可按每千克体重皮下注射0.03mL的1%伊维菌素；对于症状较轻或者还没有表现出症状的假定健康猪使用阿苯达唑片治疗，可按每千克体重20mg，添加在饲料中混饲。此外，还可以应用下列药物。

① 左旋咪唑：每千克体重7mg，1次肌注，间隔4h重用1次，或每千克体重10mg，混于饲料1次喂服。对于幼虫和成虫均有疗效。

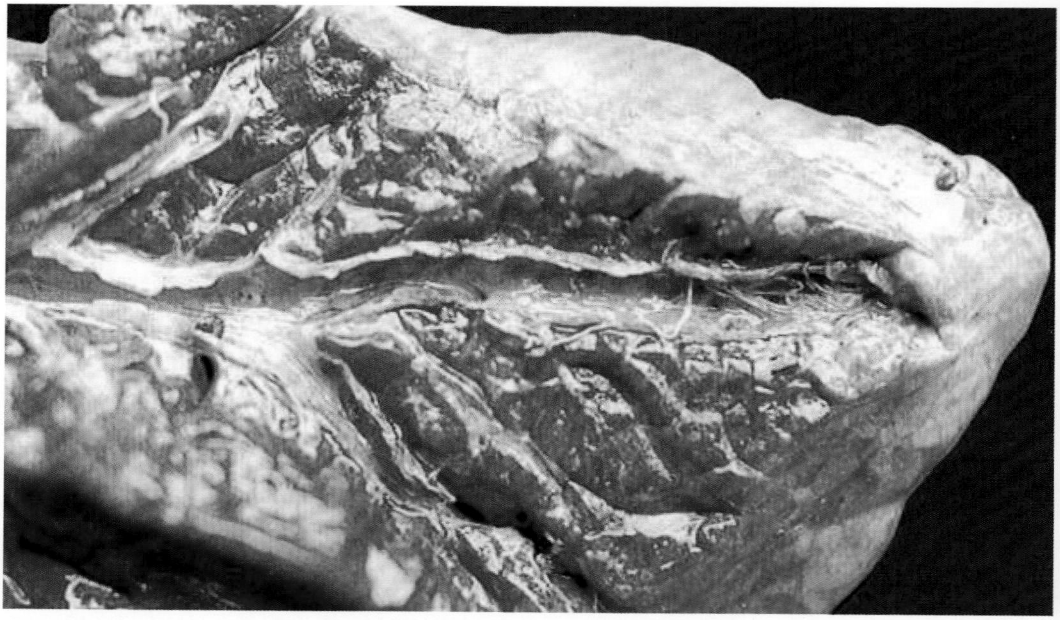

图2-75

猪后圆线虫病的病理变化（1）

肺纵切面，支气管内的大量的猪后圆线虫的成虫

图2-76

猪后圆线虫病的病理变化（2）

肺横切面，支气管内的猪肺线虫

② 四咪唑（噻咪唑、驱虫净）：每千克体重20～25mg，口服，或每千克体重10～15mg，肌注。

③ 海群生（乙胺嗪）：每千克体重100mg，溶于10mL蒸馏水中，皮下注射，每天1次，连用3d。

10.猪旋毛虫病

猪旋毛虫病是由于猪体内寄生了旋毛虫而引起的一种人畜共患的寄生虫病。猪旋毛虫的成虫寄生于猪的小肠，幼虫寄生于横纹肌。病猪主要表现出消化系统疾病，也有因为毒素的作用而出现神经症状的。本病的发生与日常的饮食卫生习惯有关，需要做好人员的防护工作，尤其要注意不吃生猪肉或未煮熟的猪肉。

【病原体及生活史】成虫寄生于宿主的小肠，幼虫寄生于同一宿主体的肌肉。当人或动物吃了含有活动性幼虫（含有旋毛虫幼虫包囊）的肌肉后，包囊被消化，幼虫在人或动物的胃内脱囊而出，逸出后钻入十二指肠和空肠的黏膜内，在小肠内经过大约40h发育为成虫。

成虫为白色，是前细后粗的小线虫，肉眼勉强可以看到。雄虫长1.4～1.6mm，雌虫长3.0～4.0mm。雌雄交配后，雄虫死亡，雌虫钻入肠腺或黏膜下淋巴间隙，经过7～10d产出幼虫。一条雌虫在肠内生活6周左右的时间，所产幼虫数量可以达到1500条。雌虫产出的幼虫经肠系膜淋巴结→胸导管→前腔静脉→心脏，然后随着血液循环到达横纹肌。横纹肌是旋毛虫幼虫最适宜的寄生部位，此外还有心肌、肌肉表面的脂肪。幼虫在肌纤维中逐渐卷曲并形成包囊，在其中发育为感染性幼虫。

感染性幼虫体表包被一层呈圆形或椭圆形的结缔组织，包囊的大小为（0.25～0.30）mm×（0.40～0.70）mm，眼观呈白色针尖状。包囊内含有囊液和1～2条卷曲的幼虫，个别可达6～7条。包囊内的幼虫生命力很强，在体内可以存活很长时间，在体外即使在−20℃条件下，仍可存活125d以上。包囊在数月至1～2年内开始钙化，钙化包囊内的幼虫仍能存活数年。

【流行病学】成虫和幼虫寄生于同一宿主体内，感染成虫后宿主为终末宿主，成虫产出幼虫后又成为中间宿主。旋毛虫的宿主范围十分广泛，有100多种动物在自然条件下可以感染旋毛虫，家畜中主要见于猪和狗等。猪感染旋毛虫主要是因为吃了未经煮熟的含有旋毛虫的泔水、废弃肉的下脚料等，许多地区猪旋毛虫感染率达50%以上。

本病是一种严重的人畜共患病，人也易感，有旋毛虫的猪肉又是人旋毛虫病的主要感染来源，可以引起人的严重疾病，甚至死亡。

【临床症状】猪旋毛虫病一般可分成两种类型，即由成虫导致的肠型和幼虫导致的肌型。

（1）肠型　肠型是由于猪旋毛虫的成虫寄生于猪小肠。猪对成虫具有较强的抵抗力，病猪轻微感染多不表现出症状而带虫，或出现轻微肠炎。严重感染时，会导致体温升高、下痢、便血、有时呕吐、食欲不振、排出混杂血液的粪便、身体消瘦，之后转为慢性。

（2）肌型　肌型是由于猪旋毛虫的幼虫寄生于猪肌肉。肌型对猪产生的危害最大。当幼虫侵入肌肉时，往往会引起肌肉急性发炎、疼痛和发热。病猪体温明显升高，运动障碍、麻痹，发出嘶哑叫音。呼吸、咀嚼与吞咽也出现程度不同的障碍，身体消瘦，运步困难，眼睑和四肢发生水肿。大约经过1个月后症状逐渐消失。耐过猪成为长期带虫者。

【病理变化】由于成虫和幼虫寄生的部位不同，所以表现出不同的病变。

（1）肠型的病理变化　猪旋毛虫的成虫侵入小肠上皮时，能够引起肠黏膜发炎。表现为肠黏膜肥厚、水肿，炎性细胞侵润，渗出液增加，肠腔内容物充满黏液，肠黏膜上有出血斑，偶有溃疡出现。

（2）肌型的病理变化　幼虫侵入肌肉时，肌肉急性发炎，表现为心肌细胞变性、组织充血和出血。后期，采取肌肉做活组织检查或死后做肌肉检查时，发现肌肉颜色为苍白色，切面上有针尖大小的白色结节，显微镜检查可以发现虫体包囊，包囊内有弯曲成折刀形的幼虫，外围有结缔组织形成的包囊（图2-77～图2-79）。

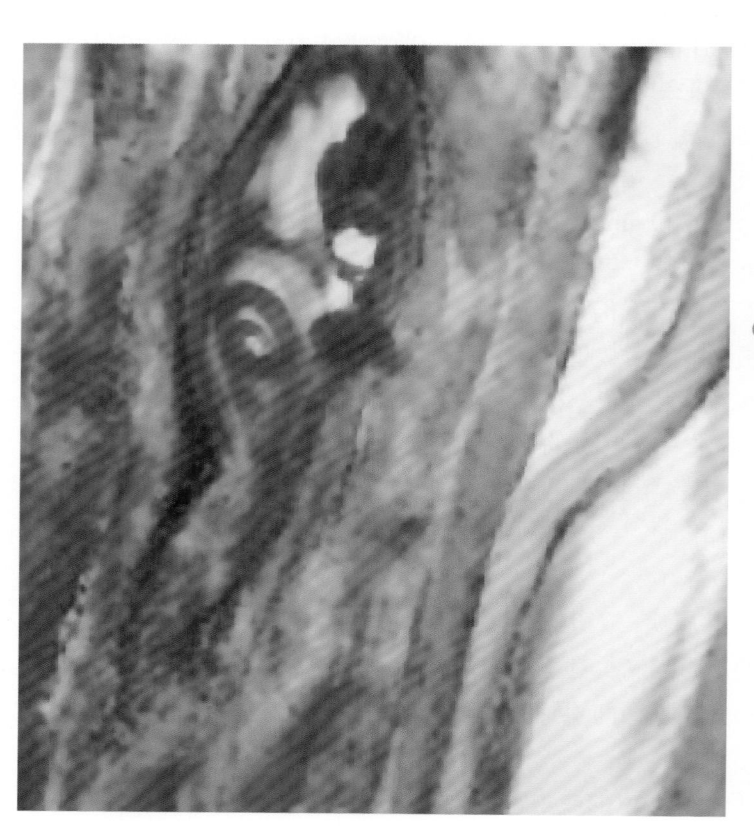

图2-77
猪旋毛虫病（肌型）的病理变化（1）

肌肉中的幼虫包囊，呈菱形、椭圆形，其长轴与肌纤维平行，一般内含1～2条幼虫，个别的含有6～7条。包囊大小为（0.25～0.30）mm×（0.40～0.70）mm，眼观呈白色针尖状

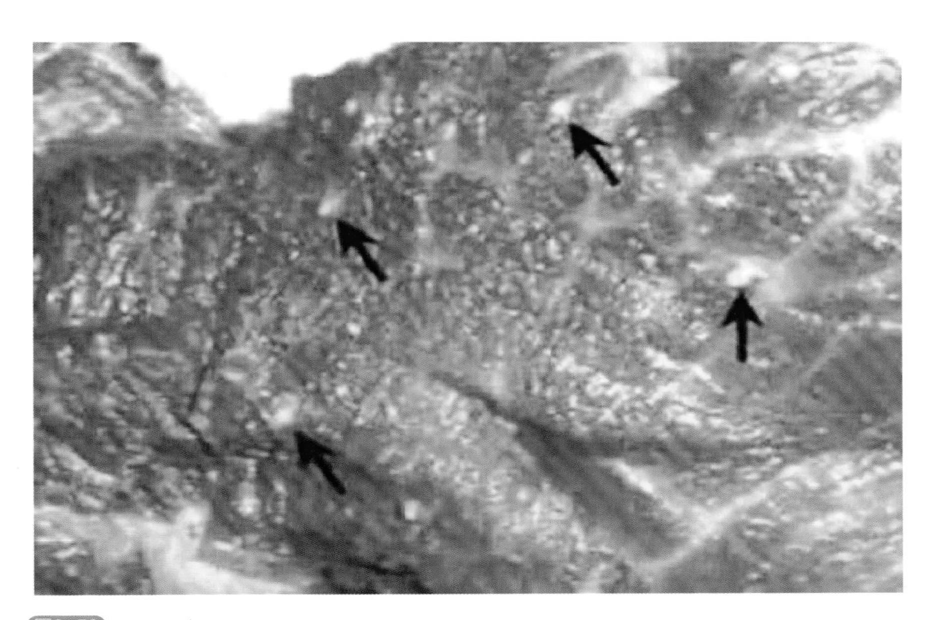

图2-78
猪旋毛虫病（肌型）的病理变化（2）

横纹肌中的旋毛虫幼虫包囊（箭头所指处）

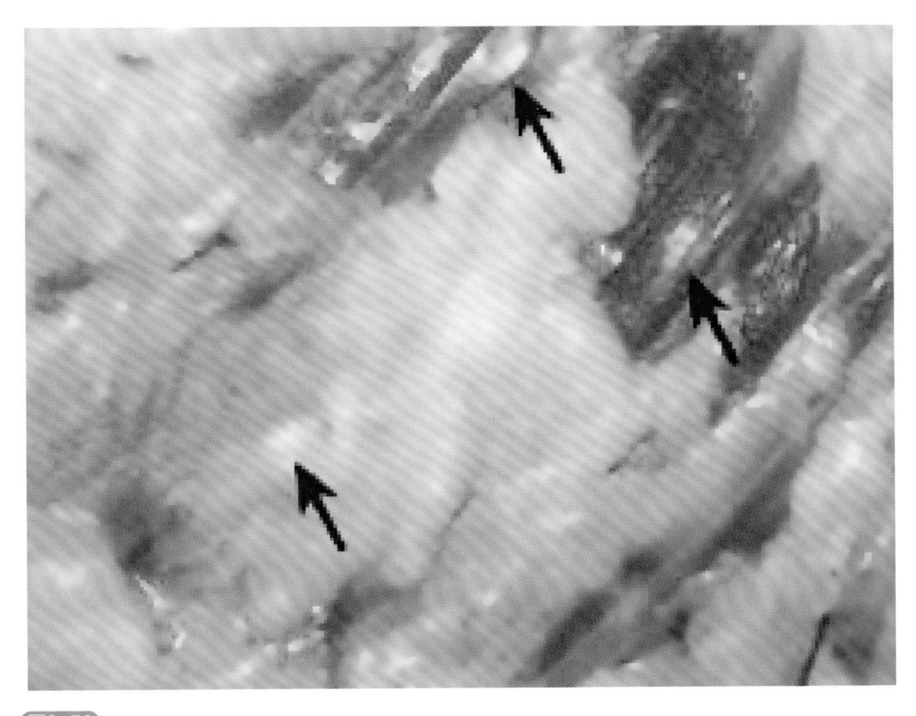

图2-79
猪旋毛虫病（肌型）的病理变化（3）

肌肉和脂肪组织中的旋毛虫幼虫包囊（箭头所指处）

【诊断】猪旋毛虫病的生前诊断较困难，因为旋毛虫所产幼虫不随粪便排出，故猪旋毛虫常常在屠宰后才能检出。

如果怀疑有本病时，只能通过检查肌肉中的虫体诊断。目前，常用压片法检查猪肉内的旋毛虫。一般是先用肉眼观察，当发现在膈肌纤维（膈肌脚是旋毛虫幼虫寄生最多的地方）间有细小的白点时，再取样做压片镜检。

具体方法是：从肉样上剪下麦粒大小的肉片24块（其中的小白点必须剪下），平摊在载玻片上，排成两行，每行12块，再用另一片载玻片压在上面，要压紧载玻片（一般需要分两组，4个载玻片进行），两端用橡皮筋缚紧缠牢，将肉粒压薄，置低倍镜下检查，逐个观察肉粒，观察肌纤维间有无旋毛虫幼虫的包囊。寄生于横纹肌中的包囊外有两层结构，幼虫虫体如折刀状卷曲于包囊中，包囊的宽度为0.25 ～ 0.3mm，长度为0.4 ～ 0.7mm，眼观白色针尖状（图2-80）。

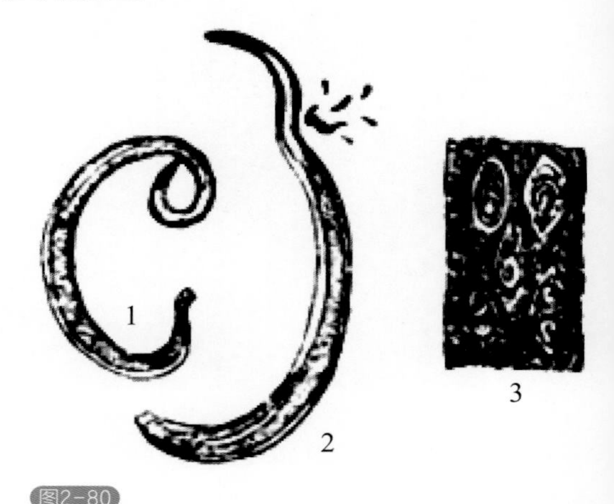

图2-80
猪旋毛虫成虫及肌肉中的包囊及包囊内幼虫示意图

1—雄成虫；2—雌成虫；3—在肌肉中的幼虫

【防治措施】

（1）预防措施　主要是改变传统的自由采食或散养的饲养方式，而采取集约化、规模化的圈养。同时防止猪接触猫、狗等能够感染旋毛虫的动物排出的粪便，切断动物与动物之间传播旋毛虫的途径。猪群如果饲喂泔水则必须经过煮熟处理。

病猪及猪场粪污一定要采取严格的处理方法。病猪感染旋毛虫后，必须按照国家规定的程序进行无害化处理，尸体焚烧或深埋销毁。猪场产生的污染物，要经过生物发酵处理，才能作为肥料使用。为了人身安全，养猪人员应该定期检查、驱虫，并注意个人卫生。

（2）治疗　目前尚无治疗本病的特效药物。可使用阿苯达唑、噻苯达唑或甲苯达唑进行治疗。病猪每天每千克体重25 ～ 40mg，分2 ～ 3次口服，5 ～ 7d为一个疗程，能驱杀成虫和肌肉中的幼虫。

11. 猪冠尾线虫病

猪冠尾线虫病又称肾虫病，是由有齿冠尾线虫寄生于猪的肾盂、肾周围脂肪和输尿管（偶尔也寄生于腹腔和膀胱）等处而引起的寄生虫病。本病分布广泛，危害性大，常呈地方性流行，是南方地区猪的主要寄生虫病之一。

【病原体】虫体粗壮，呈灰褐色，形似“火柴杆”，体壁较透明，其内部器官隐约可见。雄虫长20 ～ 30mm，雌虫长30 ～ 45mm。卵呈长椭圆形，较大，灰白色，两端钝圆，卵壳薄。

【流行病学】本病多发生于气候温暖的多雨季节。传染源是患病猪和带虫猪，它们粪便中的虫卵污染猪场而引起感染和流行。传播途径是消化道传染，或直接接触。感染性幼虫多分布于猪舍的墙根和猪排尿的地方以及运动场的潮湿处。猪只在墙根下或其他潮湿的地方躺卧时，感染性幼虫便钻入皮肤造成感染。

【生活史】成虫排出的虫卵随着尿液排出体外，在适宜的温度与湿度条件下，经1～2d孵出第一期幼虫；再经过2～3d，第一期幼虫再经过两次蜕皮，变为第三期幼虫——感染性幼虫。感染性幼虫可经过口（食入）、皮肤（直接接触）两个途径感染给猪。经口感染是因为猪吞食了感染性幼虫，幼虫钻入胃壁，脱去鞘膜，经3d后进行第三次蜕皮变为第四期幼虫，然后随血流进入肝脏；经皮肤感染的幼虫钻进皮肤和肌肉，约经70h变为第四期幼虫，随血流经肺和循环系统进入肝脏，幼虫在肝脏停留3个月或更长时间，穿过包膜进入腹腔，后移行至肾脏或输尿管组织中形成包囊，并发育成成虫。少数幼虫误入脾、脊髓、腰肌等处，不能发育成成虫而死亡。从幼虫侵入猪体到发育成成虫，一般需要经过6～12个月的时间。

【临床症状】猪冠尾线虫的幼虫和成虫的致病力都很强。猪无论大小，幼虫钻入皮肤时，病初均出现化脓性皮炎。皮肤发生红肿、丘疹和红色小结节，尤以腹部皮肤最常发生。同时，患处附近的淋巴结常肿大。再以后，病猪表现出精神沉郁、食欲不振、贫血消瘦、被毛粗乱、行动迟钝。随着病情的发展则出现后肢无力，走路时后驱左右摇摆或跛行，喜躺卧。尿液中带有白色黏稠的絮状物或脓液。有时继发后躯麻痹或后肢僵硬、不能站立、拖地爬行、食欲废绝。仔猪发育停滞，公猪性欲减退或失去交配能力，母猪不孕或流产，患病严重的病猪，多因极度衰弱而死亡。

【病理变化】病理剖检可见尸体极度消瘦，皮肤上有丘疹或结节，淋巴结肿大。幼虫在猪体内移行时，可损伤各种组织，其中以肺脏受害最重。肝脏肿大，结缔组织增生、硬化，切面上有淡黄色幼虫钙化结节。有的肝内有包囊和脓肿，内含幼虫，结缔组织增生。体内脂肪组织中也可见到冠尾线虫的虫体（图2-81）。肾盂有脓肿，结缔组织增生。输尿管管壁增厚，常有数量较多的虫体包囊，包囊内有虫体。有时膀胱外围也有类似的包囊，膀胱黏膜充血明显。腹腔内的腹水较多，并可见到成虫。在胸膜和肺脏中也可发现有淡黄色结节和脓肿，脓液中可找到幼虫。在后肢瘫痪的病猪体内可见幼虫压迫脊髓。

【诊断】猪冠尾线虫病可通过临床症状和病理变化进行初步判断，确诊需要做变态反应和实验室诊断。

（1）临床症状诊断及变态反应诊断　如果发现病猪有腰背松软无力、后躯麻痹或有不明原因的跛行时，可镜检尿液。当发现大量虫卵时，即可确诊。也有人用皮内变态反应进行早期诊断，即用冠尾线虫的成虫制作抗原，配成1 ∶ 100的浓度，皮内注射0.1mL，经5～15min检查结果，凡注射部位发生丘疹，且其直径大于1.5cm者为阳性反应；直径1.2～1.5cm者为可疑；小于1.2cm者为阴性反应。

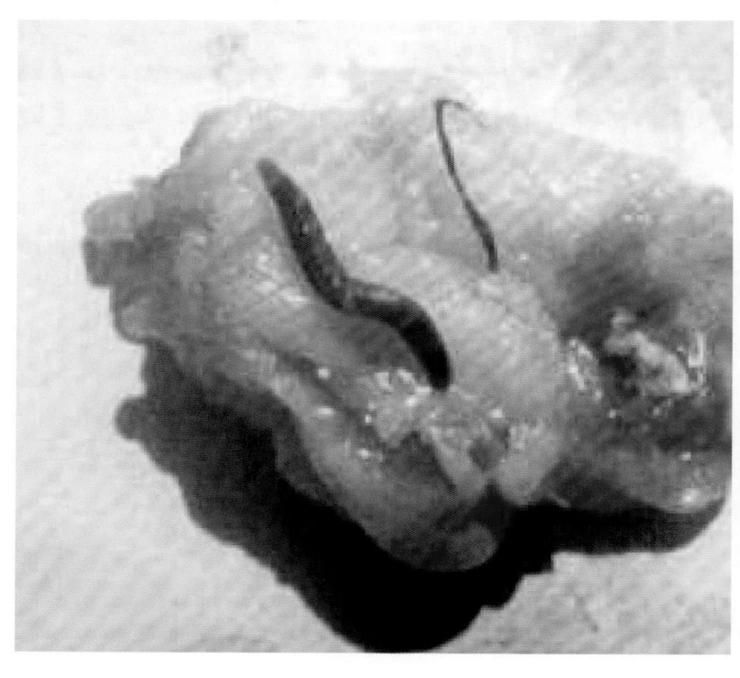

图2-81
猪冠尾线虫的病理变化

成虫寄生于脂肪组织中，虫体粗壮，呈灰褐色，形似“火柴杆”。雄虫长20～30mm，雌虫长30～45mm。体壁较透明，隐约可见内部器官

（2）实验室诊断　收集病猪清晨的尿液于烧杯中，沉淀35min，倒去上层尿液，在烧杯底以黑色为衬底，肉眼见杯底有白色虫卵颗粒，其黏性较大。显微镜观察，卵呈椭圆形、灰白色、壳薄、两端钝圆。

实验室诊断的另一种方法是：取肝包囊，挤出脓液于载玻片上，再盖上盖玻片，在显微镜下观察。发现有形似“火柴杆”大小的，且体壁透明、内部组织呈灰褐色的虫体时，可以做出诊断（图2-82）。

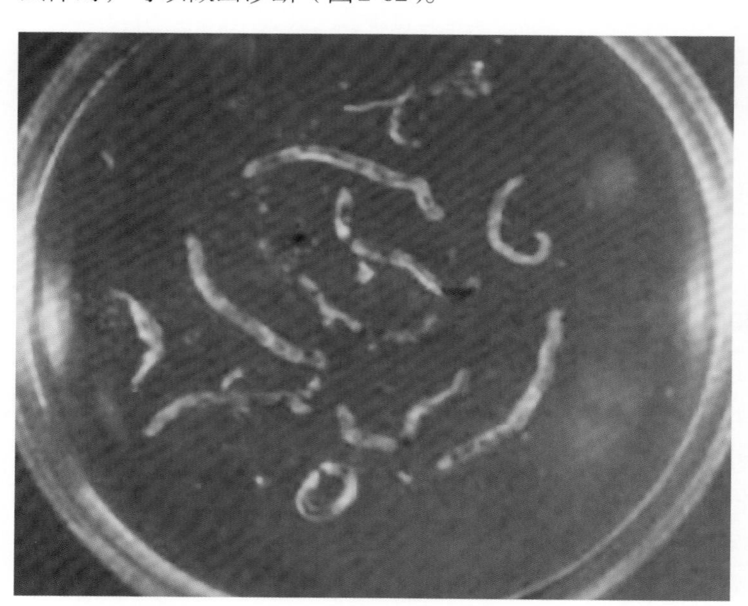

图2-82
肝脏包囊中的猪冠尾线虫成虫的虫体

【防治措施】

（1）预防措施　猪舍及运动场所要经常清扫，保持地面的清洁和干燥。疏通粪尿排放沟，并对粪尿进行集中处理。猪的运动场所及注射的用具用1%～3%漂白粉定期消毒。猪只要经常进行尿检，发现阳性猪只，立即隔离治疗。具体措施是：将患病猪和假定健康猪分开饲养，将断乳仔猪饲养在未经污染的圈舍内。注意补充维生素和矿物质，以增强猪只的抵抗力。调教猪只定点排便，以利于粪尿的集中处理。

（2）治疗方法　治疗本病的药物种类较多，可选择使用。

① 左旋咪唑：按每千克体重5～7mg，一次肌内注射。

② 阿苯达唑：按每千克体重20mg，一次拌料口服。

③ 阿维菌素：用1%的阿维菌素按照每30kg体重1mL的剂量，颈部皮下注射。

④ 驱虫净：每千克体重20～30mg，拌在饲料内喂给，可抑制其排卵，并对成虫也有杀灭作用。

12. 猪球虫病

猪球虫病是由艾美尔属和等孢属的球虫引起的仔猪消化道疾病。由于猪发病的年龄多在10日龄左右，故又被称为“10日龄腹泻”。本病的主要特征是腹泻，粪便呈水样或糊状、显黄色至白色，有的由于潜血而呈棕色，身体消瘦及发育受阻。本病多见于仔猪，可引起仔猪严重的消化道疾病，成年猪多是带虫者。

【病原体及生活史】猪球虫病的病原体是艾美尔属和等孢属的球虫。

猪球虫在猪体内进行无性世代（裂殖生殖）和有性世代（配子生殖）两个世代的繁殖，而在外界环境中进行孢子生殖。

球虫的卵囊存在于猪的肠腔中，病猪排粪时便把卵囊也一起排到了外界。刚排出的卵囊内含有一个单细胞的合子。在适宜的条件下，球虫的卵囊发育至感染阶段，内部的合子发育成子孢子。当感染性的卵囊被猪食入后，子孢子便释放出来，进入肠腔，钻入肠上皮细胞，在上皮细胞内变成滋养体。滋养体经裂殖生殖发育为裂殖体，每一个成熟的裂殖体内都含有许多裂殖子。当宿主细胞破坏崩解时，裂殖子从成熟的裂殖体内释放出来，进入肠腔。

当逸出的裂殖子再侵入其他肠细胞后，就可能发育形成新一代裂殖体或配子体。在进行了2～3代裂殖生殖之后便开始转入配子生殖，最终形成配子体。

有性世代的虫体有大配子体和小配子体。大配子体积较大，通常在一个宿主细胞内仅有一个，这种大配子相当于高等动物的卵子；另外还含有许多能高度运动、带鞭毛的小配子，这种小配子相当于高等动物的精子。最终含有小配子体的宿主细胞崩解，小配子逸出，进入肠腔，进而钻入含有大配子的肠细胞，使大配子受精。

大配子和小配子结合后叫合子，合子便接着发育变成卵囊。当卵囊成熟后，肠细胞崩解，卵囊进入肠腔，然后，随粪便排出，在体外进行孢子生殖，从而完成一个生活史。

【流行病学】猪球虫病多发生于7～11日龄的仔猪，成年猪一般也可发生，但成年猪多为带虫者，是本病的主要传染源。传播途径主要是虫体以未孢子化的卵囊经过消化道传播，但必须经过孢子化的发育过程，才具有感染力。猪场及时清除粪便能有效地控制球虫病的发生。

【临床症状】猪球虫病的主要临诊症状是腹泻。腹泻一般可持续4～6d，粪便呈水样或糊状，显黄色至白色，偶尔由于潜血的原因而呈现棕色（图2-83）。

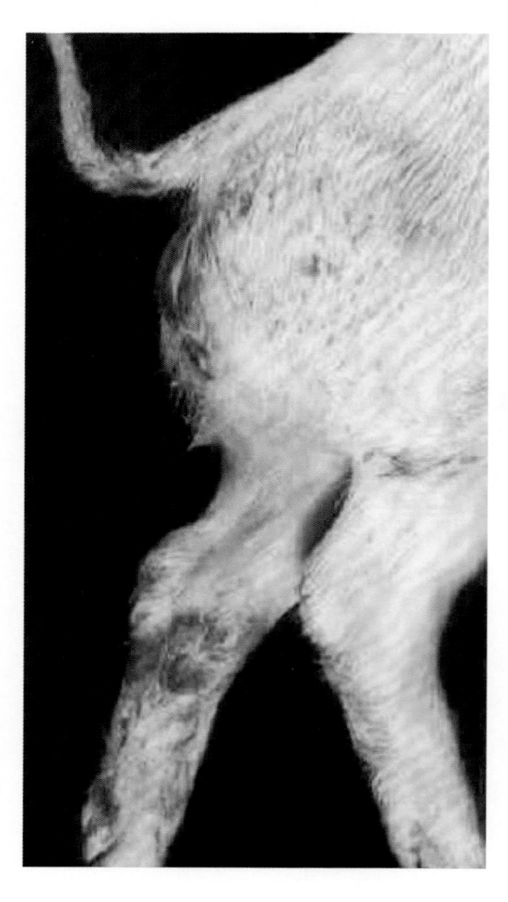

图2-83
猪球虫病的临床症状

哺乳仔猪的粪便呈水样或糊状、黄色至白色，肛门周围出现油状粪便

外部表现为消瘦及发育受阻。本病一般发病率较高（50%～75%），但死亡率很低。死亡率的高低主要取决于猪吞入孢子化卵囊的数量多少和猪场环境条件的好坏，以及是否同时存在其他疾病。

【病理变化】尸体剖检所观察的特征性病变是急性肠炎（一般局限于空肠和回肠）。有的炎症反应较轻，有的则可见整个黏膜的严重坏死性肠炎，眼观特征是表面有黄色纤维素坏死性假膜松弛地附着在充血的黏膜上（图2-84～图2-85）。

显微镜下检查，发现空肠和回肠的绒毛变短，约为正常长度的一半。发育的各个阶段的各型虫体存在于小肠绒毛的上皮细胞内（图2-86）。在发病的后期，还可能出现卵囊。

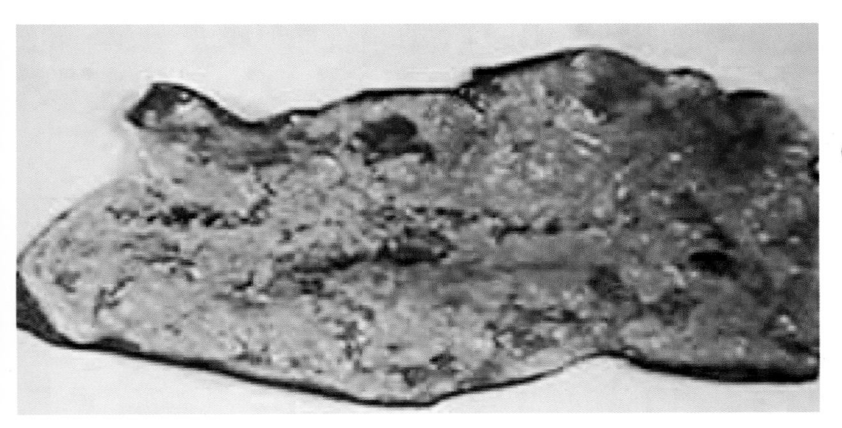

图2-84

猪球虫病的病理变化（1）

8日龄仔猪小肠内的病变，大肠黏膜表面的黄色纤维素性坏死性假膜

图2-85

猪球虫病的病理变化（2）

10日龄仔猪因球虫感染而造成回肠变厚

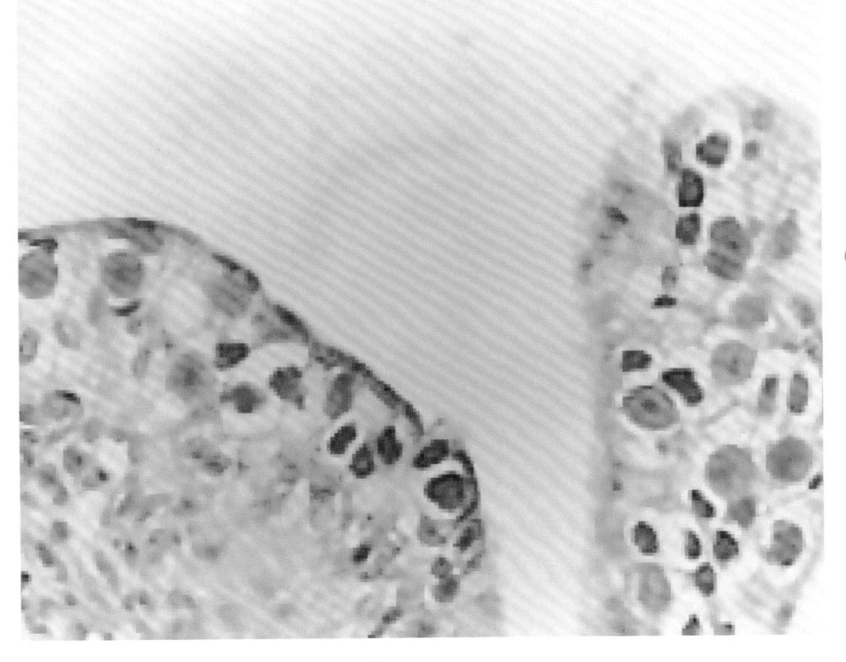

图2-86

猪球虫病的病理变化（3）

猪球虫寄生于小肠黏膜上皮细胞内（200×）

【诊断】确诊必须从待检猪的空肠与回肠内，检查出某发育阶段的球虫虫体。各种类型的虫体可以通过空肠和回肠压片或涂片染色而发现。临床上猪球虫病与仔猪黄痢在很多地方很相似，表2-3对两种病进行了比较。

表2-3　猪球虫病与仔猪黄痢的鉴别

病名	项目			
	病原体	流行病学	临床症状	病理变化
猪球虫病	艾美尔球虫、等孢子球虫等	主要发生于小猪，且多发于7～11日龄的仔猪，成年猪多为带虫者。本病多发于春末和高温潮湿的夏季，特别在天气炎热时	临床症状多出现在7～11日龄的健康仔猪。腹泻出现在断奶后4～7d。发病率很高，但死亡率极低。腹泻是本病主要的临床症状，粪便呈黄色到灰色。开始时粪便松软沿肛门下流或呈糊状，随着病情加重粪便呈液状。仔猪被毛粗乱，脱水，消瘦，增重缓慢。不同窝仔猪症状的严重程度往往不同，即使同窝仔猪不同个体受影响的程度也不尽相同	球虫病特征性病变是空肠和回肠黏膜出现纤维素性坏死，肠绒毛萎缩和脱落
仔猪黄痢	致病性大肠杆菌	主要在出生后数小时至5日龄以内的仔猪发病，尤其以1～3日龄最为多见，一周以上的仔猪很少发病。育肥猪及成年公、母猪不见发病。以第一胎母猪所产仔猪发病率最高，死亡率也高，甚至可高达100%。环境卫生不好的猪场多发。母猪携带致病性大肠杆菌是发生本病的重要因素	如果是最急性的，往往看不到明显症状，于出生后十多个小时因急性败血症而突然死亡。出生后2～3d以上发病的仔猪，病程稍长，排黄色或黄白色稀粪，有特殊的腥臭味，粪便中含有凝乳片。肛门松弛，捕捉时能从肛门冒出稀粪。病猪精神沉郁，不吃奶，很快消瘦、脱水，最后衰竭而死	仔猪黄痢的主要病变为急性肠炎和败血症。颈部、腹部、皮下常有水肿。肠内有多量黄色液状内容物和气体，肠黏膜有急性卡他性炎症，肠腔扩张，肠壁很薄，肠黏膜呈红色，病变以十二指肠黏膜病变最为严重。肠系膜淋巴结有弥漫性小出血点。肝呈紫红色和红黄相间的条纹样色调。肾脏色淡，表面有数量不等、针尖大小的出血点。尸体外观严重脱水，干瘦，黏膜苍白发绀，肛门及腹部周围有黄白色稀粪污染

归纳起来，猪球虫病和仔猪黄痢的鉴别诊断要点如下：

① 猪球虫病的发病日龄是7～11日龄之间，5日龄前一般不会发病，大多数在2周后拉稀现象消失。而仔猪黄痢主要是出生后5日龄内的仔猪感染发病；

② 球虫病用抗菌药无效，而仔猪黄痢应用抗菌药有效；

③ 猪球虫病死亡率低，而仔猪黄痢死亡率很高；

④ 球虫病一旦出现一窝猪发病，等下一窝猪到7日龄马上也发病，接下来整栋圈舍

1～7日龄的哺乳仔猪通常也会很快发病，而仔猪黄痢出现整栋圈舍发病的情况较少见。

【防治措施】

（1）预防　搞好环境卫生是最佳的预防办法。产房要清洁，产房可用漂白粉或氨水消毒数小时以上或进行甲醛熏蒸。产仔前母猪的粪便必须清除，消毒时猪圈应是空的。限制饲养人员进入产房，以防止由鞋或衣服带入卵囊。还应严防猫狗等进入产房，因其爪子可携带卵囊而导致卵囊在产房中散布。大力灭鼠，以防鼠类机械性传播卵囊。母猪在每次分娩后应对猪圈再次消毒，以防新生仔猪感染球虫病。

（2）治疗　治疗球虫病最好的药物是磺胺类药物，但由于球虫病发展快，常因治疗不及时，而不能获得好的治疗效果。由于球虫病常常发生在7日龄左右，因此在发病前2～3d在全窝仔猪饮水中加入抗球虫药对抗虫很有效。由于小猪仍要吃奶，每头仔猪应口服治疗5d。

还可以用百球清（5%混悬液）治疗猪球虫病，剂量为20～30mg/kg体重，口服。可使仔猪腹泻减轻，粪便中卵囊减少，使发病率大大降低。它既能杀死有性阶段的虫体，也能杀死无性阶段的虫体。

13.猪住肉孢子虫病

猪住肉孢子虫病是由住肉孢子虫引起猪的一种寄生性原虫病。本病是一种人畜共患寄生虫病，临床上常无明显症状，只有当虫体寄生严重时，才可引起病猪食欲减退、体温升高、腹泻，甚至后肢一时性瘫痪，还可引起肌肉变色，形成包囊（米氏囊），从而降低肉品的利用价值。

【病原体】寄生于猪体内的猪住肉孢子虫有：米氏住肉孢子虫、猪人住肉孢子虫、猪猫住肉孢子虫3种。

寄生于猪体内的猪住肉孢子虫体形较小，长仅为0.5～5mm，主要见于猪的舌肌、膈肌、肋间肌、心肌、咽喉肌和腹斜肌等处，尤其见于猪的食道、膈肌和心肌，形成与肌肉纤维平行的包囊。包囊多呈纺锤形、椭圆形或卵圆形，颜色灰白或乳白，囊壁由两层组成，内壁向囊内延伸，构成许多中隔，将囊腔分成若干小室。在发育成熟的包囊小室中包藏着许多“肾形”或“香蕉形”的慢殖子，又称囊殖子，其大小为（10～12）μm×（4～9）μm，一端稍尖，一端偏钝。

【生活史】住肉孢子虫的发育史由有性繁殖期与无性繁殖期两个阶段组成，其完成一个生活史必须在两个不同种的宿主体内完成。

本病的中间宿主是猪，终末宿主是狗、猫和人等。有性繁殖期在终末宿主的小肠中进行。当终末宿主在吞食了中间宿主的包囊之后，囊壁被消化，慢殖子逸出，并钻入小肠黏膜的固有层，直接发育为大配子体（雌性配子体）和小配子体（雄性配子体）。小配子体又分裂成许多小配子，然后大、小配子结合为合子，进而发育成卵囊。卵囊壁薄而且脆弱，常在肠道内自行破裂，因此，在粪便中常见到的虫体为含子孢子的孢子囊。当卵囊或孢子囊随终末宿主的粪便排出体外而被中间宿主——猪吞食后，子孢子经血液循环到达各脏器（如肝脏等），在猪体脏器血管的网状内皮细胞内进行2～3代裂殖生殖（无性繁殖），产生大量裂殖子，然后裂殖子进入血流在单核细胞内增殖，最后转入心肌或骨骼肌细胞内发育为包囊，最后转变成肌肉内的囊体，再经1个月至数月发育成熟。当含有囊体的肉被终末宿主食入后，在那里进行配子生殖（有性繁殖）产生卵囊，从而完成一个世代。

【流行病学】猪住肉孢子虫寄生的宿主非常广泛，有鼠类、鸟类、爬虫类和鱼类，偶尔寄生于人。

（1）感染情况　猪的感染率差别很大（0.2%～96%），感染率随着年龄的增长而有增高的趋势，大猪的感染率明显高于小猪。本病的感染与人们的生活方式和猪的饲养管理方式有关，如：猪散养，猪与狗混养在一起，不建造厕所随地大便等。

（2）感染源　终末宿主粪便中的孢子囊和卵囊是猪住肉孢子虫病的感染来源。终末宿主一次感染，可持续排出孢子囊和卵囊十几天乃至数月。孢子囊和卵囊对外界环境的抵抗力极强，在4℃温度下甚至可存活1年之久。

人感染住肉孢子虫是由于食入未煮熟的猪肉（或牛、羊肉）而引起的。

【临床症状】严重感染的病猪往往发生急性症状，呈现呼吸困难、发高烧（41.5℃左右）、腹泻、肌炎、肌肉震颤、行、运动困难。耳部和头部出现紫斑，伴有全身出血、血细胞减少、血小板减少、血凝不良等症状，常常于感染后12～15d发生死亡。妊娠3～15周的母猪感染后，孕猪出现厌食、发热、肢体僵硬、运动困难等严重的临诊症状，并表现肌肉僵硬和短时期后肢瘫痪等。感染猪于9～14d发生流产并死亡。

【病理变化】猪住肉孢子虫的寄生有明显的致病性。病理剖检时，在肌肉组织中肉眼可见与肌纤维平行的白色带状包囊。肌肉（舌肌、膈肌和心肌等）褪色，颜色变淡，上有小白点，陈旧的已钙化。肺充血，胸腔积液、腹腔积液增多。肌纤维间可发现住肉孢子虫。

【诊断】病理剖检时在肌肉组织中发现特异性包囊即可确诊（肉眼可见到与肌纤维平行的白色带状包囊）。

制作涂片时可取病变肌肉组织压碎，在显微镜下检查香蕉形的慢殖子（图2-87～图2-89）。也可用吉姆萨染色后观察。做切片时，可见到住肉孢子虫包囊壁上有辐射状棘突，包囊中有中隔。

【防治措施】

（1）预防措施　预防本病的关键是切断住肉孢子虫的传染途径。加强饲养管理，严禁用生肉喂狗、猫等终末宿主，禁止狗、猫与猪接触，猪不应与狗、猫混杂在一起养，猪不要散养，人不要随地大小便。再就是要加强肉品卫生检疫，在屠宰时发现虫体较多且肌肉有病变时，有病变的肌肉、脏器、组织要剔除进行无害化处理，或作工业用及销毁，而寄生有住肉孢子虫但无病变的猪肉必须高温处理或冷冻处理后方能利用。

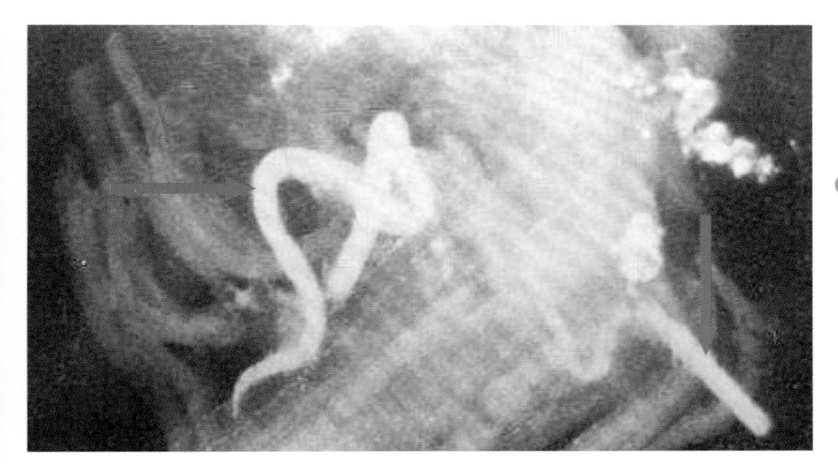

图2-87
猪住肉孢子虫病（1）

包囊中呈“香蕉形”的慢殖子（箭头所示）

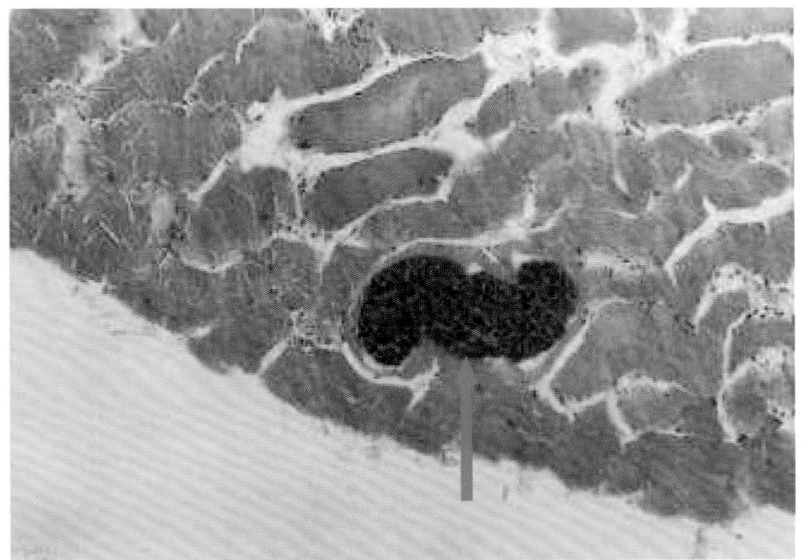

图2-88
猪住肉孢子虫病（2）

猪肌肉中孢子虫包囊切面，内含慢殖子（箭头所示）

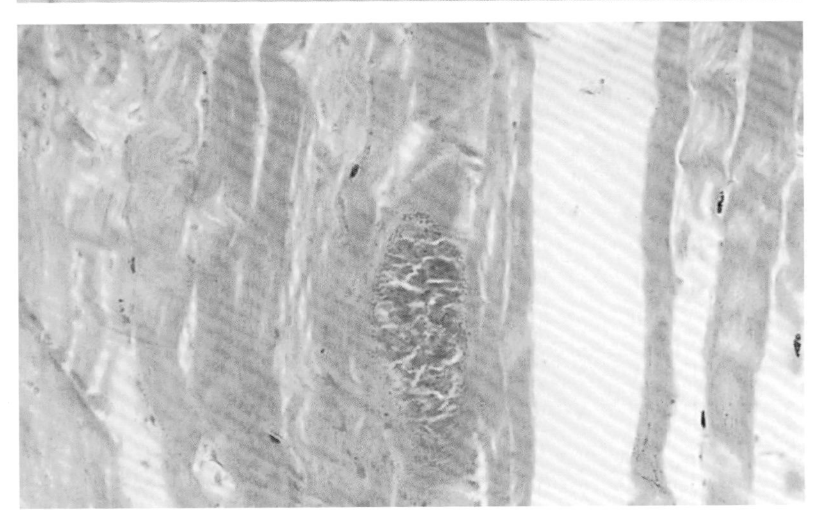

图2-89
猪住肉孢子虫病（3）

病变肌肉中寄生的虫体切片

由于人也可能感染住肉孢子虫病，故应注意个人的饮食卫生，不吃生的或未煮熟的肉品。

（2）治疗　目前，尚无杀死虫体的有效药物。猪住肉孢子虫病的治疗尚处于探索阶段。使用土霉素、氨丙啉、莫能菌素等抗球虫药治疗有一定的疗效。肠型住肉孢子虫病可用磺胺嘧啶、复方新诺明、吡喹酮进行治疗。

14. 猪食道口线虫病

猪食道口线虫病是由食道口属的多种线虫寄生于猪的结肠中而引起的一种线虫病。由于其幼虫能寄生在大肠壁（盲肠或结肠）上形成结节，故又被称为“结节虫”病。本病全国各地均有分布，是目前规模化猪场发生的主要线虫病之一。一般情况下虫体的致病力轻微，但严重感染时可以引起消化系统炎症，造成结肠炎，从而影响到肠衣的质量，造成经济损失。

【病原体】食道口线虫的头部有口囊，其口囊呈小而浅的圆筒形，外周有显著的口领。成虫呈乳白色，大小为5 ～ 7mm，前部的表皮常膨大形成头囊。猪的食道口线虫有①有齿食道口线虫；② 长尾食道口线虫；③短尾食道口线虫3种。

【生活史】食道口线虫的成虫在大肠内产卵，卵随着粪便排出体外，在外界适宜的条件下，孵化出幼虫。幼虫再经3 ～ 6d两次蜕皮，发育为第三期带鞘的幼虫（感染性幼虫）。猪在吃食或饮水时吞进感染性幼虫后，幼虫（图2-90）即在猪大肠黏膜下蜕皮，并形成大小为1 ～ 6mm的结节。再经过6 ～ 10d后，幼虫在结节内第3次蜕皮，成为第四期幼虫而返回肠腔。之后再蜕皮1次（第4次蜕皮）即发育为第五期幼虫。感染后1 ～ 2个月发育为成虫（图2-91）。成虫在猪体内的寿命为8 ～ 10个月。

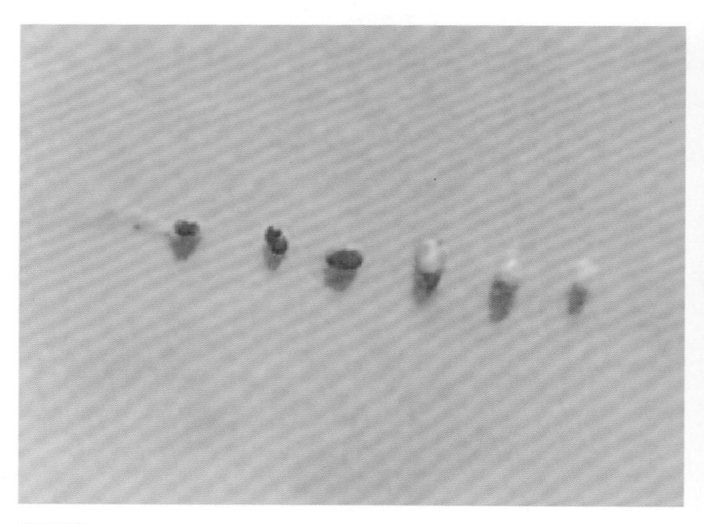

图2-90
自结肠黏膜上刮下的食道口线虫的幼虫

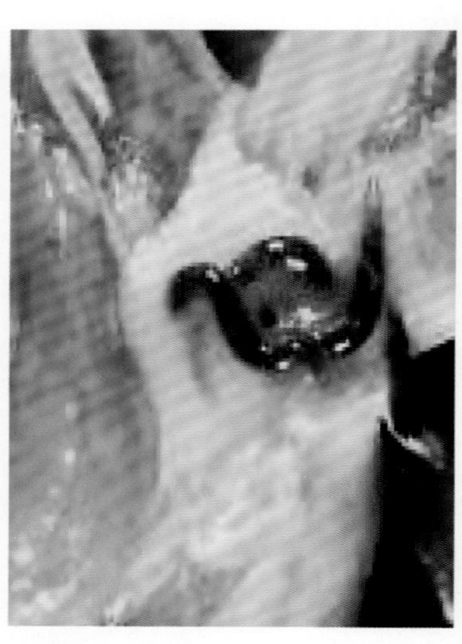

图2-91
大肠内的食道口线虫的成虫

【流行病学】成年猪被寄生的较多。放牧散养的猪在清晨、雨后和多雾时易遭感染。在潮湿和不勤换垫草的猪舍中，感染也较多。

虫卵和幼虫对干燥和高温的耐受性较差，在60℃温度下迅速死亡；干燥可使虫卵和幼虫致死，潮湿的环境有利于虫卵和幼虫的发育和存活。但其感染性幼虫不怕冷，甚至可以越冬。在室温22 ～ 24℃的湿润状态下，可生存达10个月，在−19 ～ −20℃下可生存1个月。

【临床症状】病猪只有在严重感染时，大肠才产生大量结节，发生结节性肠炎。如果结节破裂可形成溃疡，造成顽固性的肠炎。病猪粪便中常带有脱落的黏膜，表现腹痛、腹泻或下痢，高度消瘦，发育障碍。如果继发细菌感染，则发生化脓性、结节性大肠炎。由于虫体对肠壁的机械损伤和毒素作用，则引起病猪渐进性贫血和虚弱，严重时可引起死亡。

【病理变化】幼虫对大肠壁的机械刺激和产生毒素的作用，可使大肠黏膜下、直肠黏膜、浆膜表面、结肠壁形成粟粒状大小的大量结节（图2-92 ～图2-95）。结节的危害性较大，能造成结节周围局部性炎症的发生。初次感染时，很少发生结节，感染3 ～ 4次后，结节即大量发生，这是黏膜产生免疫力的表现。大量感染时，大肠壁普遍增厚，黏膜充血，肠系膜肿胀，有卡他性肠炎，肉眼可见黏膜上的黄色小结节，破裂形成溃疡。如果结节向浆膜破裂，则形成腹膜炎。除大肠外，小肠（特别是回肠）也有结节发生。结节感染细菌时，可能继发弥漫性大肠炎。也有幼虫进入肝脏的，形成包囊，幼虫死亡后，可见坏死组织。

【诊断】根据病猪临床上表现出的腹痛、腹泻或下痢、高度消瘦、发育障碍，再结合病史及流行病学特点可以做出初步诊断。但要确诊，还必须结合其他的检查方法。

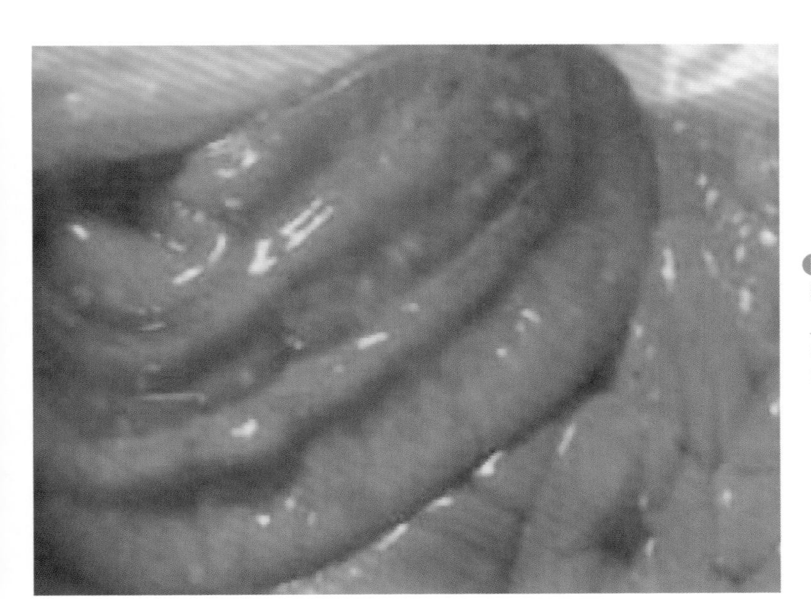

图2-92 猪食道口线虫病的病理变化（1）

在结肠黏膜表面可见小豆粒大小的隆起的结节

图2-93
猪食道口线虫病的病理变化（2）

直肠黏膜上有透明样的结节

图2-94
猪食道口线虫病的病理变化（3）

结肠表面的黄色结节

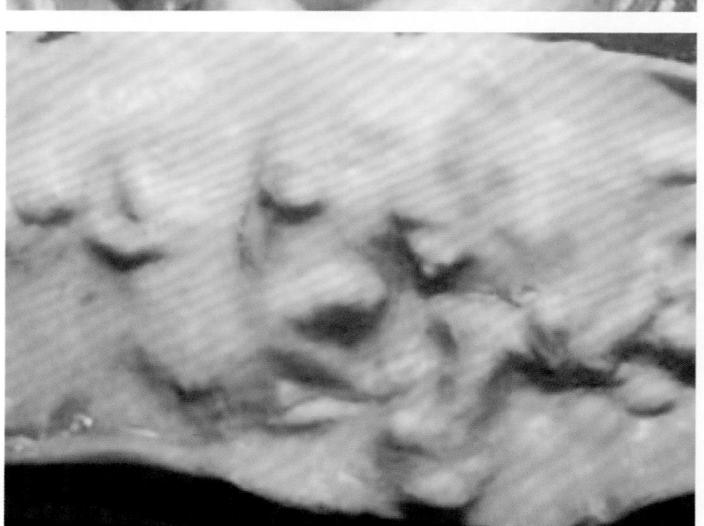

图2-95
猪食道口线虫病的病理变化（4）

结肠壁上有大量结节，肠壁增厚

最常用的检查方法是：用粪便漂浮检查法检查粪便中有无虫卵。虫卵呈椭圆形，卵壳薄，内有胚细胞。虫卵不易鉴别时，可培养检查幼虫。还要注意察看粪便中有否自然排出的虫体。食道口线虫幼虫短而粗，尾鞘长，尾部呈圆锥形。剖检时发现虫体再结合结节性病灶即可确诊。

【防治措施】

（1）预防　每年春、秋两季各做一次预防性驱虫，保持猪圈清洁卫生。猪粪应堆积发酵以消灭虫卵。保持饲料、饮水清洁，防止被幼虫污染。发现病猪迅速治疗。

（2）治疗　一般的药物对成虫有效，但对组织内的幼虫有效的药物较少，可选择性使用下列药物进行驱虫。

① 敌百虫：每千克体重0.1g，拌入饲料中喂服。

② 阿苯达唑：每千克体重10～20mg，拌入饲料中喂服。

③ 左旋咪唑：每千克体重8～10mg，拌入饲料中喂服。

④ 噻嘧啶：每千克体重20～30mg，拌入饲料中喂服。

⑤ 氟苯咪唑：每千克体重5mg，拌入饲料中喂服，或以每吨饲料30g混饲，连用5d。

⑥ 阿维菌素：每千克体重0.3mg，皮下注射或喂服。

⑦ 伊维菌素：每千克体重0.3mg，皮下注射或喂服。

⑧ 多拉菌素：每千克体重0.3mg，皮下或肌内注射。

15. 猪棘头虫病

猪棘头虫病由巨吻棘头虫寄生于猪的小肠内而引起的一种寄生虫病。本病分布于全国各地，呈散发或地方性流行。主要特征是病猪消化机能障碍、腹痛、食欲减退、下痢和粪中带血等。

【病原体】巨吻棘头虫是一种大型虫体，呈长圆柱状，灰白色、淡红色或微黄色。雄虫长7～15cm，雌虫长30～68cm。虫体的前端粗大，后端较细，体表有明显的环状皱纹。身体的前端有一个棒状的吻突，吻突上生有5～6列强大而向后弯曲的小钩（图2-96）。寄生时，吻突插入小肠的黏膜，甚至能穿透黏膜层。

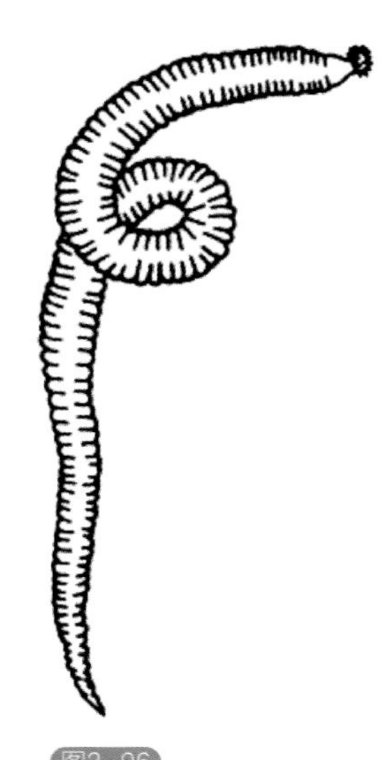

图2-96
猪巨吻棘头虫成虫示意图

雌虫在小肠内产卵，每条雌虫每天可排卵25万个以上，并可持续排卵10个月。虫卵的卵壳厚，呈长椭圆形，暗棕色，两端尖，卵壳上布满着斑点状的小穴，酷似桃核。卵对外界环境中各种不利因素的抵抗力很强，可存活很长时间，如可在土壤中生存2～3个月。棘头虫在中间宿主体内可保持生活力达2～3年之久。

【生活史】 猪是棘头虫的终末宿主，棘头虫寄生于猪的小肠内。成虫排出的卵随猪的粪便排出体外，当虫卵被中间宿

图2-97
金龟子的幼虫——蛴螬

主——天牛或金龟子等甲虫的幼虫——蛴螬（图2-97）吞食后，卵壳破裂，棘头蚴逸出，并穿过肠壁进入甲虫体内，经过发育最后变成感染性棘头体，在甲虫体内发育为感染性幼虫。感染性棘头体存活于甲虫各发育阶段的体内，并保持对终末宿主的感染力。自幼虫侵入猪体到发育为成虫需2～4个月。猪在拱土时吞食了蛴螬（体内含有感染性的棘头体）而遭受感染，在猪小肠内发育为成虫，完成一个世代（图2-98）。成虫在猪体内可寄生10～23个月。

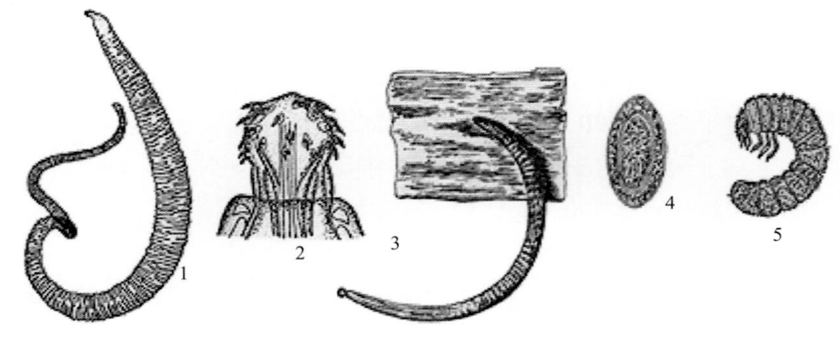

图2-98
棘头虫的各个发育阶段及身体构造示意图

1—巨吻棘头虫成虫；2—巨吻棘头虫的头部；3—巨吻棘头虫头部伸入肠黏膜；4—虫卵；5—中间宿主蛴螬

【流行病学】本病主要感染8～10月龄的猪，在流行严重的地区感染率可高达60%～80%。常呈地方性流行。

本病的感染季节与中间宿主金龟子的活动密切相关。金龟子一般出现在早春至6～7月份，因此春季、夏季为猪棘头虫病的感染旺季。放牧猪比舍饲猪感染率高，后备猪较仔猪感染率高。

【临床症状】在猪轻度感染、虫体数目不多（少于15条）时，临床症状不明显，仅出现消瘦症状。当虫体数目较多、严重感染时可见消化障碍、腹痛、精神不振、食欲减退、下痢和粪中带血等症状。猪只生长发育停滞、消瘦和贫血等。当患猪由于肠壁被虫体穿孔、固着部位发生化脓而继发腹膜炎时，则体温升高，不食，有腹痛、腹泻、血便表现，手压腹部有疼痛感，喜卧，最后卧地抽搐而死。

【病理变化】剖检时可见黏膜苍白，在空肠和回肠的浆膜上有灰黄色或暗红色的小结节，其周围有红色充血带。在小肠壁上可以见到蚯蚓状的成虫虫体吸着，虫体前端有一个吻突，深深地钻入肠黏膜内。肠黏膜发炎，肠壁增厚，有溃疡病灶，严重的可见吻突穿过肠壁造成肠壁穿孔。还可见到被虫体破坏的散在的炎性坏死灶。严重感染时，肠道内塞满虫体，有时可造成肠破裂而导致死亡（图2-99～图2-100）。

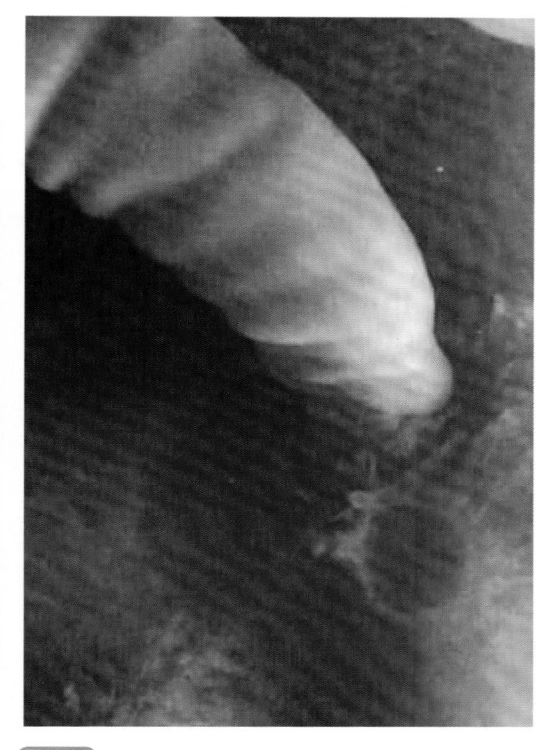

图2-99
猪棘头虫病的病理变化（1）

棘头虫成虫的头部伸入肠黏膜，以吻突深深地固着在肠壁上

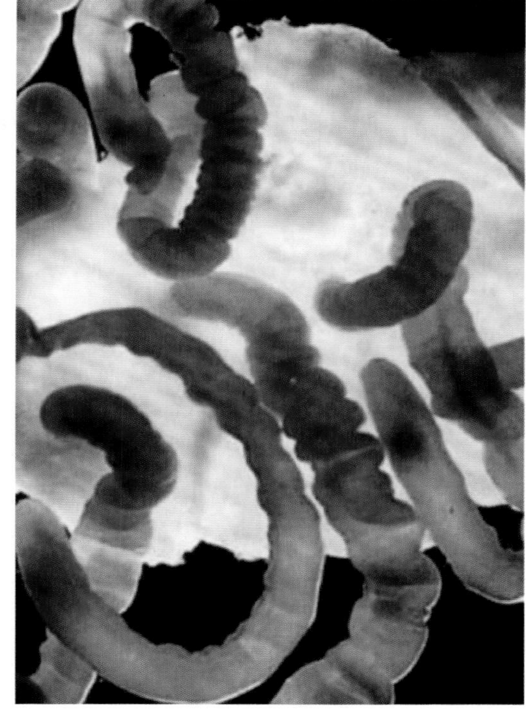

图2-100
猪棘头虫病的病理变化（2）

小肠黏膜内有大量的棘头虫

【诊断】死后剖检，在小肠壁上找到体表有环状皱纹的棘头虫，以吻突深深地固着在肠壁上，可做出诊断。

猪生前可用反复沉淀法或硫代硫酸钠饱和溶液漂浮法进行粪检，里面如果找到虫卵可做出诊断。棘头虫的虫卵呈椭圆形，颜色深褐色，卵壳上布满着斑点状的小穴，颇似核桃。

虫卵检查的具体方法是：取粪便5～10g与常水10倍量混合，搅拌均匀，用铜筛过滤，静置30min后，小心倒去上层液体，再加水与沉淀物拌匀，静置。按上述方法，反复加水沉淀数次，直到上层液体透明为止。然后小心地倒去上层液体，用吸管自容器（试管或烧杯）的底部吸取沉淀物，滴于载玻片上，加盖玻片镜检。如观察到卵呈长椭圆形，有4层卵壳，黑褐色，表面有许多小沟穴，卵内含有带小刺的棘头虫卵时即可确诊。

【防治措施及方剂】

（1）预防　本病预防的关键在于消灭中间宿主——金龟子，在猪场以外的适宜地点设置诱虫灯可捕杀金龟子。在本病流行的地区，尽量不要散养放牧，以减少猪食入蛴螬和金龟子的机会。病猪粪便应堆集发酵，以杀灭虫卵。每年春、秋季各定期驱虫1次。

（2）治疗　目前本病尚无特效药进行治疗，可选择使用下列药物。

① 左旋咪唑：剂量为每千克体重15 ～ 20mg，口服或肌内注射，对成虫有效。

② 驱虫净：对成虫有一定驱除效果，但对幼虫无效。可按每千克体重15 ～ 20mg，一次喂服。

③ 阿苯达唑：按照每千克体重5mg，一次口服。

④ 中药方剂：雷丸5g、槟榔5g、鹤虱5g，共研末，一次喂服。

16.猪虱病

猪虱病又称猪血虱病，是由猪虱寄生在猪的皮肤体表所引起的一种体外寄生虫病。猪虱多寄生于猪的耳周围、体侧、臂部等处。临床表现为：瘙痒不安、食欲下降，严重影响睡眠和进食，从而导致消瘦，尤其是仔猪的表现更加明显。本病虽然不能引起猪只死亡，但对生猪的生长发育还是有相当大的影响。

【病原体及生活史】猪虱的整个发育过程包括卵、若虫、成虫3个阶段。雌、雄虱交配以后，雄虱死亡，雌虱经过2 ～ 3d后开始产卵，一昼夜可产卵1 ～ 4个。雌虱产卵时能分泌一种胶状液体，使得卵黏附在猪毛上。雌虱一生产卵50 ～ 90个，之后便死亡。卵经过13 ～ 15d，孵化出若虫，若虫即开始吸血。若虫经过3次蜕皮后变成成虫。

猪虱是各种虱类中个体最大的一种，雄虫长约1.5mm，雌虫长约5mm，体呈灰黄色，虫体扁平。猪虱常常寄生在腋下、股内侧、下颌、颈下部、体躯下侧面、耳郭下方的皮肤皱褶等处，可以在病猪体表看到黄白色的虫卵和深灰色的虫体（图2-101 ～图2-102）。自卵到发育为成虫需要3 ～ 4周。猪虱每天吸血2 ～ 3次，每次持续5 ～ 30min，能吸血0.1 ～ 0.2mL。

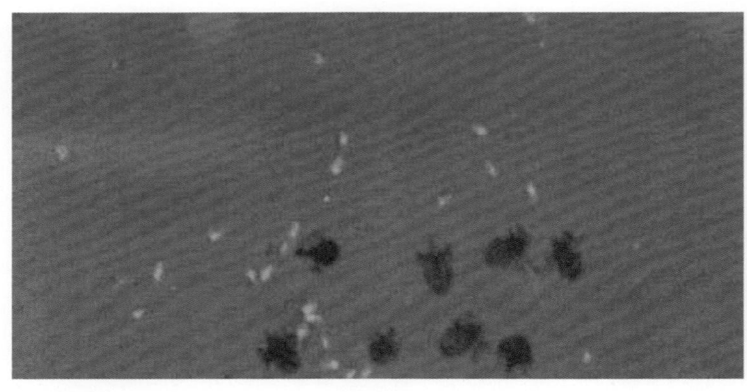

图2-101
猪虱的虫体和虫卵（黑色为虫体，白色为虫卵）

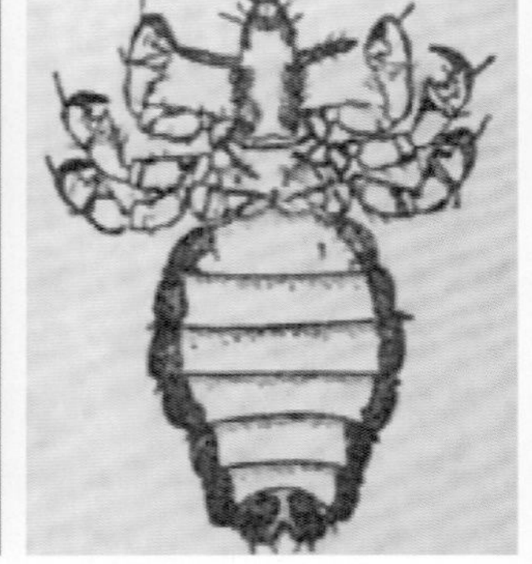

图2-102
猪虱成虫的示意图

猪虱寄生于猪的体表，靠吸取猪的血液生活。在吸血的同时还能分泌毒素，使得吸血部位发生痒感，从而影响猪只的休息和采食。

【流行病学】猪虱病主要为直接接触传染，即病猪与健康猪相互接触时，虫卵、若虫或成虫落到或爬到健康猪的身上而引起感染。此外，也可间接传播，即通过带有虫卵、若虫或成虫的饲养用具、栏杆、墙壁、饲槽及垫草等传染。猪虱病的发育周期短，传播速度快。

当猪舍卫生条件差，养殖密度过大，管理不良时最容易感染本病。另外，母猪身上的虱子可通过哺乳造成全窝仔猪都感染。

【临床症状】由于猪虱吮吸猪的血液，引起猪只身体瘙痒和不安，不能安心采食和休息，且容易疲劳。由于瘙痒而经常摩擦和啃咬，造成被毛粗乱、脱落及皮肤损伤。临床上病猪常摩擦而导致体表出血，甚至造成皮肤发炎和产生痂皮，严重时皮肤可见泡状小结节。时间长后引起消瘦，增重缓慢，仔猪发育不良，影响养猪的生产效益。

【诊断】如果看到猪只经常蹭痒、不安静，检查其耳根、颌下、腋间、股内侧等处。当发现有椭圆形、背腹扁平的灰白色或灰黑色猪虱，猪毛上黏附有椭圆形、黄白色的猪虱卵时即可确诊。

【防治措施及方剂】

（1）预防措施　加强饲养管理，搞好猪舍、猪体的清洁卫生。猪舍、运动场要经常打扫，勤换垫草，饲养用具要经常消毒。猪舍保持良好的通风，避免拥挤。

发现猪虱寄生时，应立即隔离治疗，以防传染。要经常检查猪只，特别是从外地购入的猪更应仔细检查，主要检查耳根、下颌、腋下、股内侧等处，看看有无猪虱、猪毛上有无虱卵，一经发现及时治疗。

（2）治疗　可用0.5%～1%的兽用精制敌百虫溶液，用喷雾器对准患部喷洒或直接取药液在患部涂擦。每天1次，连用2次即可杀灭。或使用伊维菌素，每千克体重0.3mL，颈部皮下注射。另外，还可将双甲脒配成0.01%～0.05%溶液，喷洒或涂擦猪只全身。

本病还可以采用下列民间简单的方法及中药药物进行治疗。

方剂一，烟叶30g，加水1kg，煎汁涂擦患部，每天1次。

方剂二，用花生油擦洗寄生有生虱的地方，很短时间内猪虱便可掉落下来。

方剂三，生猪油、生姜各100g，混合捣碎成泥状，均匀地涂在虱子寄生的部位，1～2d内，猪虱便会被杀死。

方剂四，扁柏叶250g，研末，煮沸，候冷，给猪全身洗澡。每天1次，连用2～3d。

方剂五，生桃树叶捣碎，在猪皮毛上涂擦数遍。

方剂六，百部50g，烧酒500g。将百部放入烧酒内浸泡1d后，滤去药渣，用滤液涂擦患部。

方剂七，煤油357mL，热水189mL，肥皂14g。先用热水把肥皂溶解，再加煤油，搅成乳剂，使用时加10倍清水冲淡，涂擦患部。

方剂八，食盐1g，温水2mL，煤油10mL，按此比例配成混合液涂擦猪体，虱子立即死亡。

17.猪姜片吸虫病

猪姜片吸虫病是由布氏姜片吸虫寄生于猪的小肠内（以十二指肠为最多）而引起的，是我国长江流域以南地区常见的一种人兽共患的寄生虫病。本病对猪和人的健康有明显的损害，可以引起贫血、腹痛、腹泻等症状，甚至可引起死亡。

【病原体】新鲜的姜片吸虫呈肉红色，虫体背腹扁平、前端稍尖、后端钝圆、肥厚宽大，很像斜切下的生姜片，故称姜片吸虫。姜片吸虫是吸虫中最大的，虫体的大小常因肌肉伸缩而变化很大，一般长20 ～ 75mm、宽8 ～ 20mm、厚2 ～ 3mm。体表有小刺，腹吸盘强大，位于虫体的前方，与口吸盘十分靠近（图2-103）。两条肠管弯曲，不分枝，伸向后方，并深达虫体后端。睾丸2个，分枝，前后排列在虫体后部的中央。卵巢一个，分枝，位于虫体中部稍偏前方。卵比较大，淡黄色，长椭圆形或卵圆形，卵壳很薄，有卵盖，卵内含有一个卵细胞。

【生活史】姜片吸虫的发育需要一个中间宿主——扁卷螺（图2-104），并以水生植物为媒介完成其发育史。

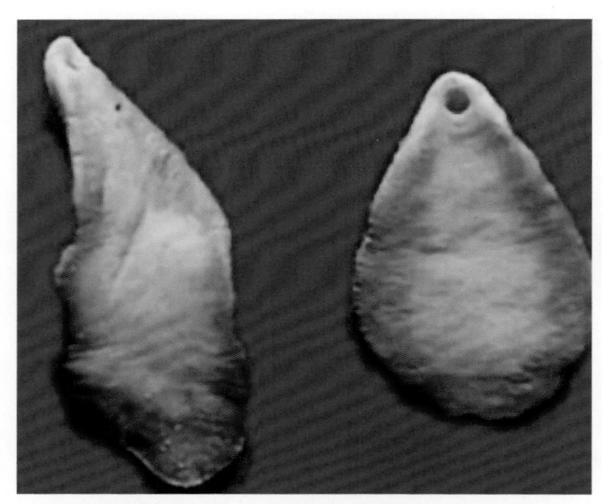

图2-103
姜片吸虫的成虫

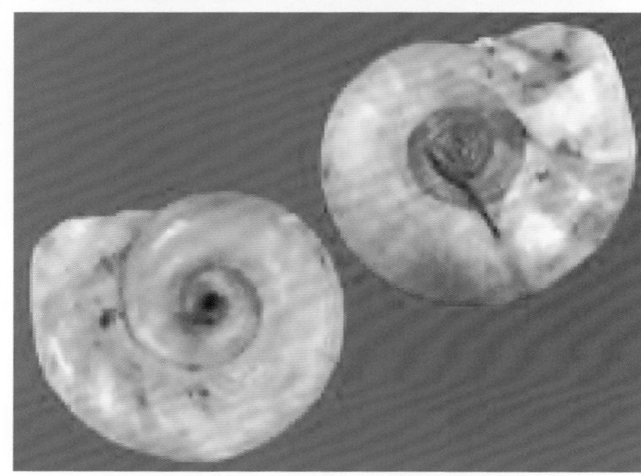

图2-104
姜片吸虫的中间宿主——扁卷螺

成虫寄生在猪的小肠（主要是十二指肠）内，在小肠内产出虫卵，虫卵随着粪便排出体外，落入水中孵出毛蚴，毛蚴钻入扁卷螺体内发育繁殖，经过胞蚴、母雷蚴、子雷蚴各个阶段，最后形成大量尾蚴由螺体逸出。尾蚴附着在水生植物（如水浮莲、水葫芦、菱角、荸荠等）的茎和叶上，并形成灰白色、针尖大小的囊蚴，囊蚴进入猪体内发育至成虫，完成整个发育史大约需要3个月（图2-105）。虫体在猪体内的寿命为9～13个月。

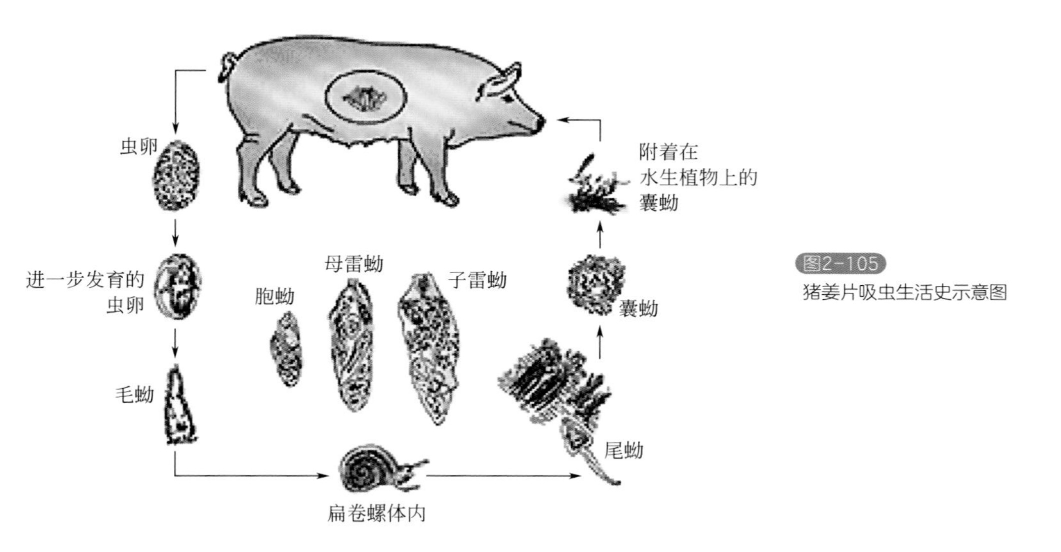

图2-105
猪姜片吸虫生活史示意图

【流行病学】姜片吸虫病呈地方性流行，主要发生于以水生饲料喂猪的地区。猪生食了水生植物而遭受感染的，以5～8月龄感染率最高。患病猪的粪便内常常含有大量的虫卵，而猪粪没经过无害化处理即用作有机肥料，常能造成本病的流行。

水中有中间宿主扁卷螺，给毛蚴最终发育为尾蚴提供了条件。在南方地区姜片吸虫的感染多在春、夏两季。饲养条件差、天气寒冷，病情更为严重，死亡率也高。

【临床症状】姜片吸虫病对幼龄猪危害严重，以5～8月龄猪感染率最高。病猪表现为精神沉郁，反应迟钝，低头弓背，消瘦，贫血，营养发育不良，被毛稀疏无光泽，生长缓慢，食欲减退，常流口水。有时出现腹泻，粪便带有黏液，幼猪发育受阻、增重缓慢。当姜片吸虫大量寄生时，由于肠黏膜出血、溃疡和坏死，病猪可表现腹痛、下痢、眼睑和腹下出现浮肿。病后期体温稍升高，最后可由于虚脱或并发其他病而死亡。

【病理变化】姜片吸虫以强大的口吸盘和腹吸盘紧紧吸住肠黏膜，并以其前端埋入肠壁，使吸着的部位发生机械性损伤，可引起小肠（尤其是十二指肠）黏膜弥漫性出血、溃疡和坏死，造成肠炎，肠黏膜脱落，甚至发生脓肿。当虫体大、感染数量多、感染强度高时可造成肠道机械性阻塞，甚至引起肠破裂或肠套叠而死亡。再就是由于虫体大，虫体夺取大量养料，使病猪呈现贫血、消瘦和营养不良的现象。

【诊断】本病根据临床症状和流行病学可做出初步诊断。确诊还要取粪便直接涂片法和沉淀法检查虫卵，或结合尸体剖检做出确诊。其中，最常采用水洗沉淀法或直接涂片法检查虫卵。姜片吸虫卵呈淡黄色，卵圆形，两端钝圆，长130～145μm，宽85～97μm。卵壳较薄，卵盖不甚明显，卵黄细胞分布均匀。卵胚细胞1个，常靠近卵盖的一端或稍偏。

【防治措施】

（1）预防　每年对猪进行两次预防驱虫，可减少传染源。驱虫后的粪便应集中处理，以达到灭虫、灭卵的要求。

① 管理好猪和人的粪便：猪要圈养，避免猪的粪便进入有中间宿主的环境中，禁用猪的粪便直接给水生植物施肥。

② 消灭中间宿主扁卷螺：具体做法，在秋末冬初比较干燥的季节挖塘泥晒干积肥，以杀死螺蛳，或用化学药物（如硫酸铜或0.1%生石灰等）灭螺。

③ 禁止猪自由采食水中植物：青绿饲料最好青贮发酵后喂猪，以便加热杀死囊蚴和螺。

④ 对病猪进行隔离及治疗：流行地区每年春秋两季进行预防性驱虫。隔离检查从外地引入的猪，经检验无虫或经治疗后再合群饲养。

（2）治疗措施　目前常用的驱虫药及用法如下。

① 敌百虫：按照每千克体重0.1g拌料喂食，大猪每头最大量不超过8g。早晨空腹喂猪，隔日1次，2次为1疗程。给药后个别猪有流涎或肌肉震颤、呕吐或卧地不起时，应及时皮下注射硫酸阿托品解毒。

② 硫氯酚：体重50～100kg及以下的猪，按照每千克体重80～100mg；体重100～150kg及以上的猪，按照每千克体重50～60mg，混在少量精料中喂服。此药无异味，较敌百虫喂服方便。一般服后可出现腹泻现象，1～2d后可自然恢复正常。

③ 辛硫磷：按照每千克体重1.2mg，混饲喂给。

④ 吡喹酮：每千克体重用3～6mg，拌料1次喂服。

三、猪中毒病

1.猪霉菌毒素中毒

本病是由于猪采食了被霉菌毒素所污染的饲料而引起的疾病，以肝脏损害、生殖系统障碍等为主要特征的中毒病。

据中国畜牧业协会提供的数据：中国养殖所用的饲料及原粮中霉菌的检出率高达94.2%。在有的猪场中问题更为严重，哺乳期小猪腹泻严重，死亡率竟然到50%。

霉菌是广泛存在于自然界中的一类真核生物。据报道，目前发现的霉菌种类超过10万种，许多霉菌在适当的条件（潮湿、多雨）下大量生长繁殖。当饲料及玉米贮存不当时极容易出现霉变，产生毒素，其中不少毒素的毒性极强（如黄曲霉毒素中的B_1毒素，其毒性相当于氰化钾的10倍，砒霜的68倍）。当猪群采食了这些被霉菌毒素感染而发霉变质的饲料后，可出现中毒，导致多种疾病，甚至造成死亡。轻则使各类猪只生长发育迟缓，配种、繁殖障碍，抗病力下降等。下面主要以玉米赤霉烯酮为例叙述猪霉菌毒素中毒的情况。

【病原体及致病性】饲料中常见的霉菌毒素有多种，如玉米赤霉烯酮毒素（F-2毒素）、黄曲霉毒素、赭曲毒素（T-2毒素）、单端孢霉烯族毒素、呕吐毒素、烟曲霉毒素等。其中，以玉米赤霉烯酮毒素和黄曲霉毒素中毒最为常见也最为严重，尤其是玉米赤霉烯酮毒素。这些毒素引起猪的发病率高低与食用这种饲料的量的大小呈正相关。

（1）霉菌毒素对猪只的危害

① 饲料中的霉菌毒素会降低饲料的营养价值、改变饲料的适口性，使得猪群食欲下降、采食量减少、生长受阻、饲料转化率降低。

② 猪采食了含有霉菌毒素的饲料后，霉菌毒素会破坏猪体的免疫系统，影响猪体的免疫应答，造成免疫抑制，使得猪的抵抗力下降，从而使得发病率增高。注射疫苗后不能产生免疫应答。

③ 猪对玉米赤霉烯酮毒素最为敏感，其主要作用于猪的生殖系统，严重影响母猪的生殖机能。玉米赤霉烯酮毒素进入猪体内会发挥类似雌激素的作用，使猪发生雌激

素样亢进，因此它也被称为“类动情激素”，能引起假发情现象，导致母猪发情延迟，可引发休情、阴道炎、流产、产死胎和畸形胎、受胎率下降、胎儿发育受阻。长期饲喂能引起卵巢萎缩，发情停止或发情周期延长。

同时，由于玉米赤霉烯酮毒素对猪具有促黄体作用，母猪在排卵期对玉米赤霉烯酮又特别敏感，最终可能导致流产和木乃伊胎。孕早期则可引起畸形胎，新生仔猪八字腿；孕中后期可引起阴门开启，外阴部红肿和乳腺膨大，导致产死胎、弱胎或干尸，引起流产和早产。对小母猪则产生雌激素过多综合征的典型症状，比如阴门和乳腺红肿、卵泡囊肿等。泌乳母猪可引起泌乳量减少，严重时无奶。

此外，猪采食受玉米赤霉烯酮毒素污染的玉米、大麦、高粱、豆类以及青贮饲料等后，能造成猪只急性、慢性中毒。摄入的剂量越高，产生的症状就越严重。

玉米赤霉烯酮毒素是由镰刀菌（如禾谷镰刀菌、粉红镰刀菌、串珠镰刀菌、木贼镰刀菌、黄色镰刀菌等）产生的。这类霉菌可在多种谷物上滋生，尤其是在高湿度、中等温度的环境下最易产生。它具有良好的热稳定性，在水中的溶解度低，但极易溶于有机溶剂。

④ 霉菌毒素会导致母猪尿石症，母猪排出浑浊的尿液，干燥后在地面上形成白色石灰样粉末。

（2）不同的霉菌毒素中毒能引起不同的症状

① 玉米赤霉烯酮中毒症状：母猪返情严重，假发情、阴户红肿、产仔率低、产死胎和木乃伊胎等。

② 黄曲霉毒素中毒症状：黄疸、贫血、神经症状、肝肿大变性。

③ 赭曲霉毒素中毒症状：血尿、肾变性肿大。

④ 单端孢霉烯族毒素中毒症状：拒食、呕吐、肠炎、便秘和皮炎等。

【病因】饲料霉变是猪群中毒发病的最主要原因。当阴雨连绵、地面潮湿严重时，收获的玉米没能及时晾晒入库，玉米的含水量过高（达到20% ～ 30%）且贮存的时间较长，又未能很好地保管，就会出现霉变，再用发霉的玉米饲喂猪，则会造成霉菌毒素中毒（图3-1 ～图3-4）。

【临床症状】霉菌的种类不同，表现出的症状也有很大差异。本病多发于3 ～ 5月龄的猪。常呈群发性，发病率高，死亡率低，病猪生长速度缓慢，饲料报酬降低，给养猪生产造成的经济损失相当严重。下面以玉米赤霉烯酮毒素（F-2毒素）为主进行讲述。

（1）玉米赤霉烯酮中毒的典型症状　由于玉米赤霉烯酮毒素是一种具有与雌性激素相类似作用的物质，猪采食后会出现雌激素综合征和雌激素亢进症。其主要症状是：新生仔猪和保育猪的阴唇红肿；后备母猪的假发情、不发情或者发情后配不上，配种后又返情；繁殖母猪阴道炎，持续性发情，屡配不孕，流产，产弱仔，产死仔和仔猪八字腿（图3-5 ～图3-9）；公猪性欲丧失、阳痿、包皮肿大、精液总量低。

图3-1
正在晾晒的发霉变质的玉米

图3-2
发霉变质发芽的玉米

图3-3
发霉变质的饲料，嗅闻时有一股霉变气味

图3-4
发霉变质的饲料，呈现乌黑色

图3-5
猪霉菌毒素（F-2毒素）中毒的临床症状（1）

曲霉菌感染中毒致母猪流产

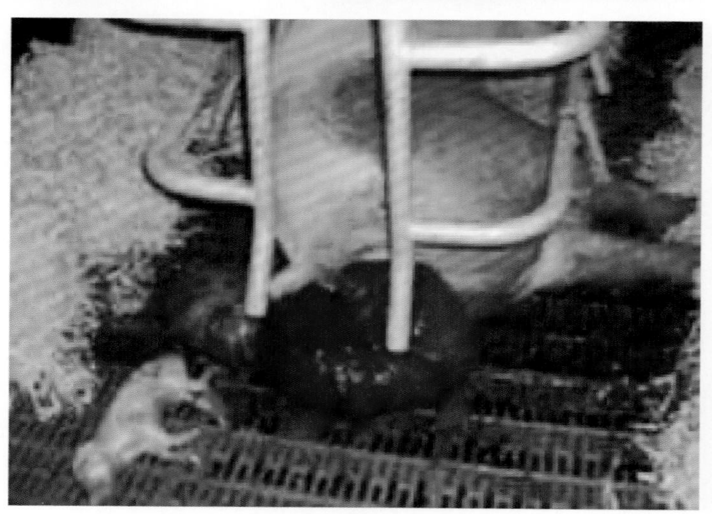

图3-6
猪霉菌毒素（F-2毒素）中毒的临床症状（2）

流产，产死胎甚至子宫脱出

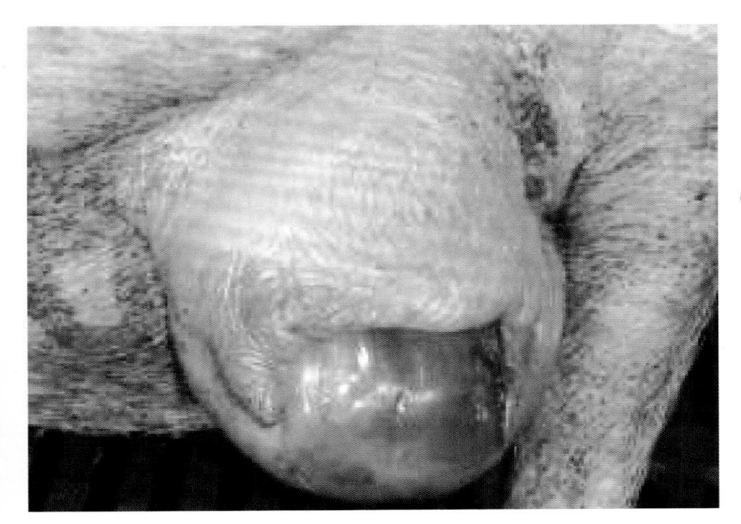

图3-7
猪霉菌毒素（F-2毒素）中毒的临床症状（3）

母猪妊娠期感染霉菌毒素，分娩母猪外阴水肿破溃

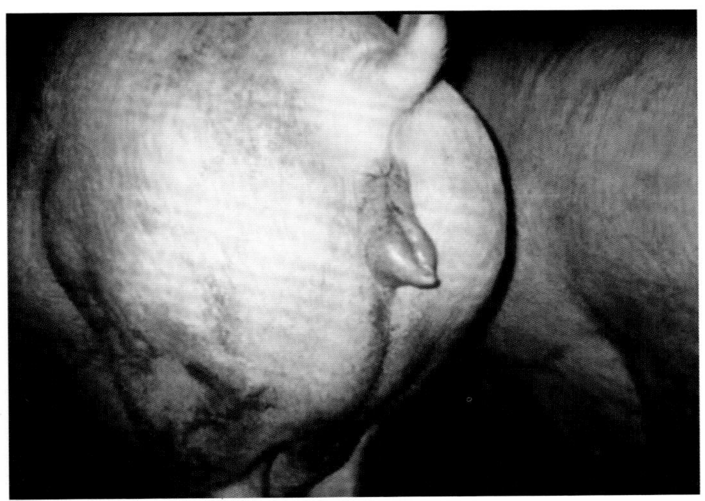

图3-8
猪霉菌毒素（F-2毒素）中毒的临床症状（4）

后备母猪假发情，阴门开启、红肿，黏膜充血

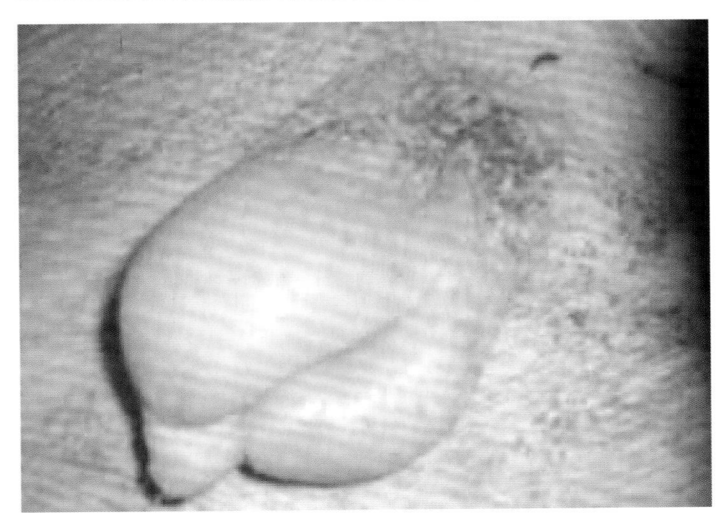

图3-9
猪霉菌毒素（F-2毒素）中毒的临床症状（5）

临产母猪外阴严重水肿

一般性症状是：渐进性食欲减退，口渴。粪便干燥球状，表面附有黏液与血液。精神沉郁，后肢无力。有时出现间歇性抽搐、过度兴奋、角弓反张等。生长发育缓慢，消瘦，眼睑肿胀，可视黏膜黄染，皮肤发黄或充血发红，有出血斑，发痒，皮肤有损伤性炎症（图3-10～图3-11）。表3-1表示了玉米赤霉烯酮毒素中毒在不同类型不同生长阶段的猪只的临床症状。

图3-10
猪霉菌毒素（F-2毒素）中毒的临床症状（6）

全身皮肤充血、呕吐

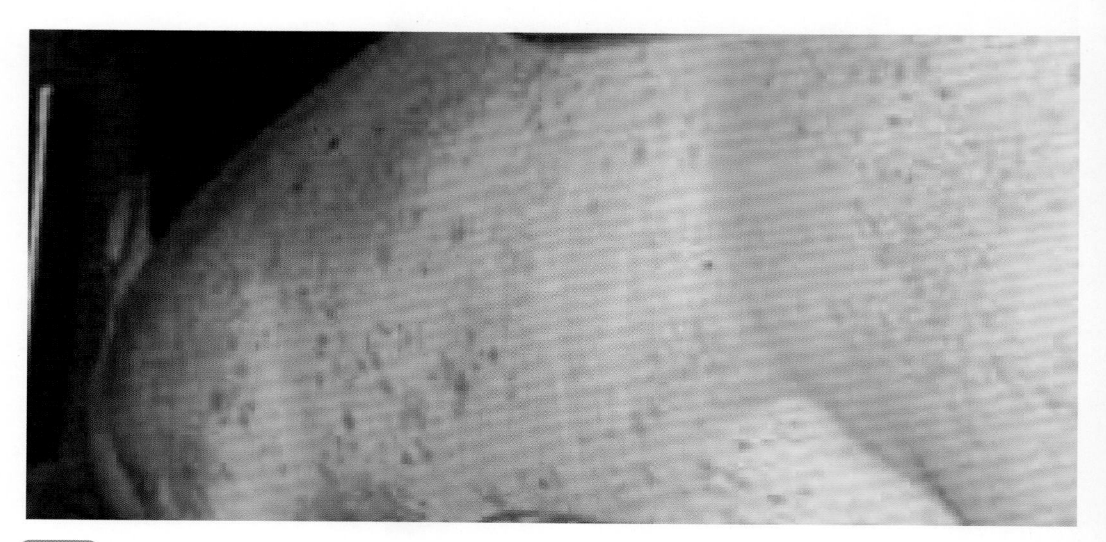

图3-11
猪霉菌毒素（F-2毒素）中毒的临床症状（7）

中毒猪只的皮肤有大量的出血性斑点

表3-1　不同类型不同生长阶段的猪只玉米赤霉烯酮毒素中毒后的临床症状

生长阶段	玉米赤霉烯酮含量/(mg/kg)	观察到的临床症状
初情期至初配之前的母猪	3～5	乳腺增大、外阴水肿、子宫卵巢体积增大
母猪	3～5	子宫体积增大、水肿，黄体保留，发情期超过50d
母猪	2.2	无临床表现
产前15d的怀孕母猪	5	产弱仔，新生母猪阴户红肿，八字腿
产前15d的怀孕母猪	3～4	57%的雌性动物表现雌激素过多的症状
20～30kg的后备母猪	3.5～11.5	外阴阴道炎及生殖道肿大
65kg的后备母猪	3	饲料消耗无变化
65kg的后备公猪	6～9	日采食量下降，饲料转化率降低，出现雌激素综合征的典型症状
公猪	3～9	不影响性欲
公猪	2～200	不影响性欲或生殖潜能

① 青年公猪及种公猪：一般青年公猪比成年公猪受到的危害更大。主要临床症状包括乳腺增生，包皮水肿（甚至阻碍排尿），睾丸萎缩，精子质量下降和数量减少，造成生产性能显著下降。

青年公猪采食了被污染的饲料，可导致睾丸和附睾重量减轻，会中断精子的生成；对于14～18周龄的公猪，可出现性欲降低和血浆睾酮浓度降低，甚至公猪性欲丧失、阳痿、包皮肿大及表现为不育症。精液总量低，无凝胶，精子的活力降低，畸形精子大大增加。

② 青年母猪：青年母猪对玉米赤霉烯酮最为敏感。常见的症状是母猪外阴发红肿胀，乳腺过早发育。可引起还没有性成熟的母猪子宫增大、乳腺增生、阴门开启、外阴红肿变大，出现里急后重症状等。严重的可导致直肠、阴道、子宫脱出，子宫内膜和子宫肌层组织增生（图3-12）。去势后肥育母猪亦有类似病症发生。

猪玉米赤霉烯酮中毒的最大后果之一是发情周期内发情症状的异常。通常情况下，母猪表现出所有典型的发情症状，但是不表现出接受交配的意愿，拒绝爬跨。猪群的受胎率可能会降低70%，而且怀孕母猪产仔数减少。仔猪在出生后24h内的存活率也受到严重影响。产死仔的数量也增多，1周内仔猪存活率受到影响，很多仔猪表现出八字腿的症状，有的表现四肢不协调（图3-13～图3-14）。

新生仔猪，无论是母猪还是公猪均表现出不同程度的乳腺肿胀，阴门开启，阴门红肿，乳腺增生肿大症状（图3-15～图3-18）。仔猪中毒可能是通过母猪传递给仔猪的，或在产后，通过乳汁传递给仔猪。

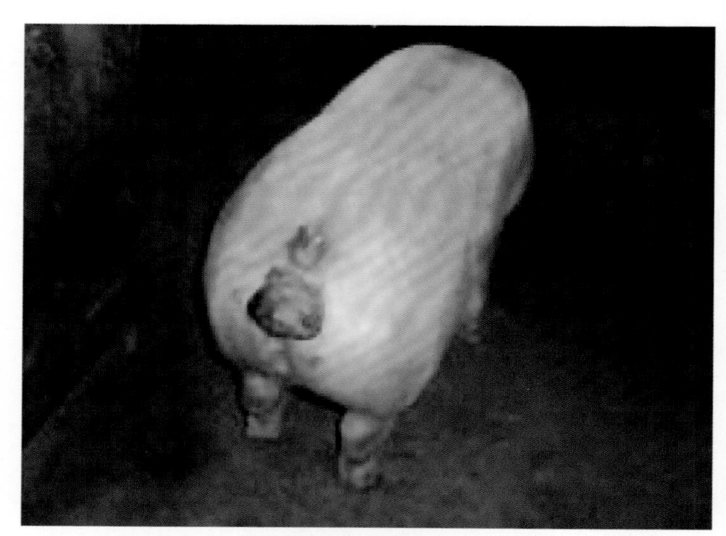

图3-12
猪霉菌毒素（F-2毒素）中毒的临床症状（8）

直肠脱出

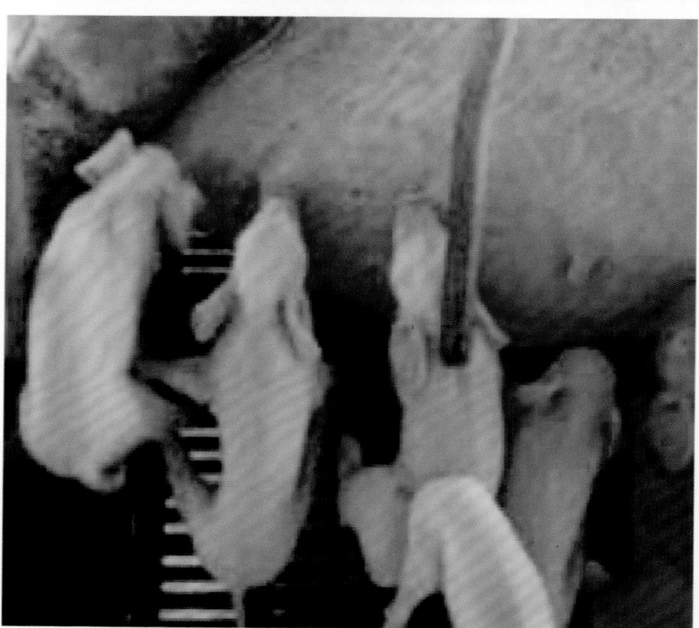

图3-13
猪霉菌毒素（F-2毒素）中毒的临床症状（9）

初生仔猪后肢呈“八字腿”

图3-14
猪霉菌毒素（F-2毒素）中毒的临床症状（10）

新生仔猪外翻腿

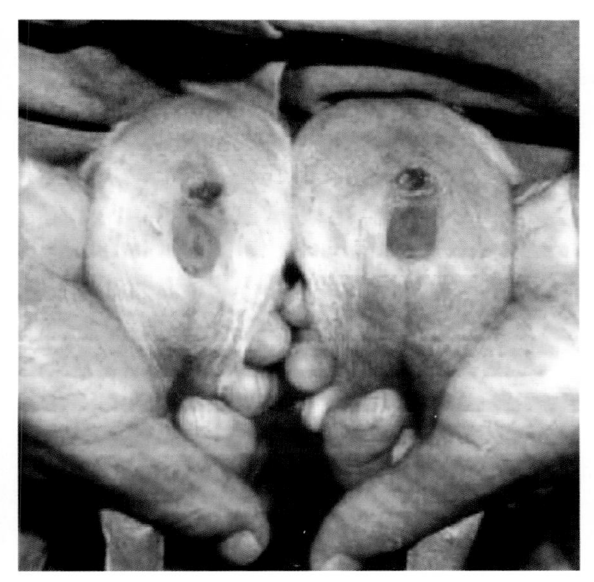

图3-15
猪霉菌毒素（F-2毒素）中毒的临床症状（11）

产房新生仔猪外阴部红肿，阴门开启，黏膜充血

图3-16
猪霉菌毒素（F-2毒素）中毒的临床症状（12）

新生仔猪外阴发红、肿胀、变大，黏膜充血

图3-17
猪霉菌毒素（F-2毒素）中毒的临床症状（13）

小母猪假发情症状，外阴红肿，阴道炎

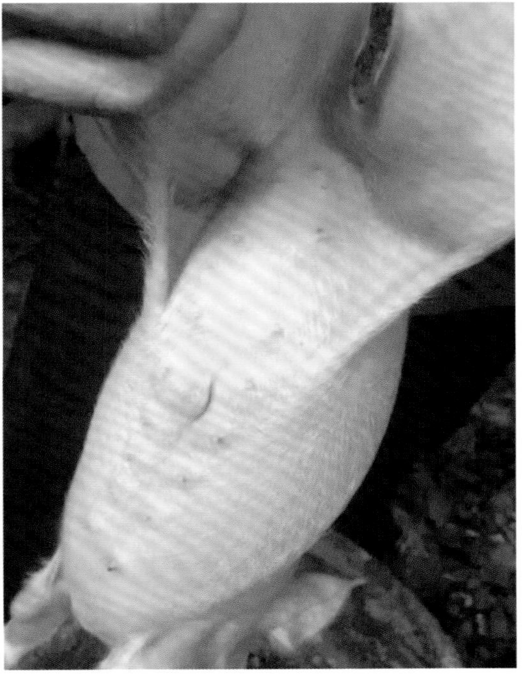

图3-18
猪霉菌毒素（F-2毒素）中毒的临床症状（14）

小猪的腹股沟淋巴结颜色发青，伴发着小猪的乳腺肿大

由于玉米赤霉烯酮的毒素具有促进子宫增生的作用，会导致子宫体积明显增大，特别是在子宫角部位。初情期前母猪卵巢体积增大。另外，乳腺和乳头会发生水肿，体积明显增大。

③ 性成熟母猪：玉米赤霉烯酮可引起性成熟母猪多种生殖功能失调。母猪不孕、假妊娠、持续发情，产仔数减少，胚胎畸形。妊娠母早产，阴道炎，屡配不孕。外阴和前庭黏膜充血，分泌物增多；断奶母猪发情延迟或发情异常，发情停止，卵巢萎缩，发情间隔时间延长或发情周期延长，分娩母猪产程延长，产弱仔、死胎增多。

④ 怀孕母猪：怀孕母猪采食了被玉米赤霉烯酮污染的饲料，可导致流产、死胎、少胎和弱胎，甚至胚胎被吸收，还能引起新生仔猪死亡。能使泌乳母猪的断乳-发情间隔延长，可导致发情抑制，卵巢萎缩。还引起泌乳量减少，严重时甚至无奶。

（2）T-2毒素（或称单端孢霉烯族毒素）中毒症状　以呕吐和腹泻为主要特征。呕吐毒素引起猪的呕吐，对胃肠道刺激造成猪的腹泻，猪群的免疫抑制造成皮肤感染发炎等等（图3-19～图3-20）。

（3）赭曲霉毒素中毒的症状　赭曲霉毒素中毒是一种由霉菌肾毒素引起肾脏和肝脏遭受损害的中毒病，临床上以多尿为主要特征。

（4）新月霉菌毒素中毒的症状　主要症状为皮肤坏死，淋巴系统严重损伤，胃肠炎，采食量下降，严重时出现拒食或呕吐，最后导致心血管衰竭而死亡。

【病理变化】玉米赤霉烯酮主要作用于生殖器官，使猪只发生雌激素样亢进。剖检可见阴唇、乳头肿大，乳腺间质性水肿。阴道黏膜水肿、坏死和上皮脱落。子宫颈上皮细胞增生，子宫壁肌层高度增厚，子宫角增大和子宫内膜发炎。卵巢发育不全，常出现无黄体卵泡，部分母猪的卵巢萎缩。公猪睾丸萎缩。

如果是黄曲霉毒素中毒，则有肝脏硬变、肿大、硬化形成结节、颜色变淡等症状（图3-21～图3-22）。肾脏出血，有针尖大出血点或大的出血斑（图3-23～图3-24）。胎儿流产，胎盘上有坏死性病斑（图3-25）。

一般性的病理变化有：贫血和出血，全身黏膜、浆膜和皮下肌肉内常有针尖状或淤血斑状出血。慢性的主要是肝脏硬化，黄色脂肪变性，病猪剖检的肝脏肿大发黄。胸腔、腹腔积液。

【诊断】根据病史（饲喂发霉饲料）、临诊症状、病理变化可做出诊断。确诊需要做毒物鉴定。

【防治措施】

（1）预防

① 饲喂时的注意事项

a.防止饲料发霉变质：应从饲料原料的源头做起，控制好饲料原料的水分，做好饲料及饲料原料的防霉、去霉工作，严格把好饲料原料关。发霉变质的饲料，禁止用来喂猪。

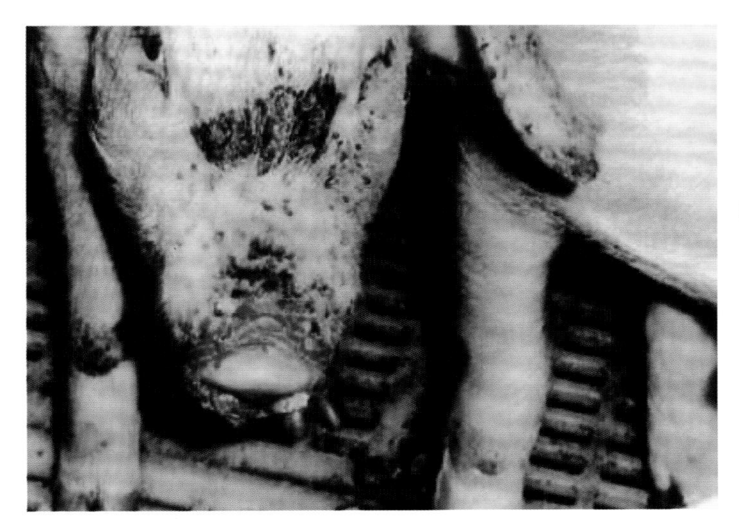

图3-19
猪霉菌毒素（T-2毒素）中毒的临床症状（1）

毒素引起的皮肤损伤性炎症

图3-20
猪霉菌毒素（T-2毒素）中毒的临床症状（2）

霉菌毒素中毒兼外伤，造成病猪被毛粗乱、瘦弱

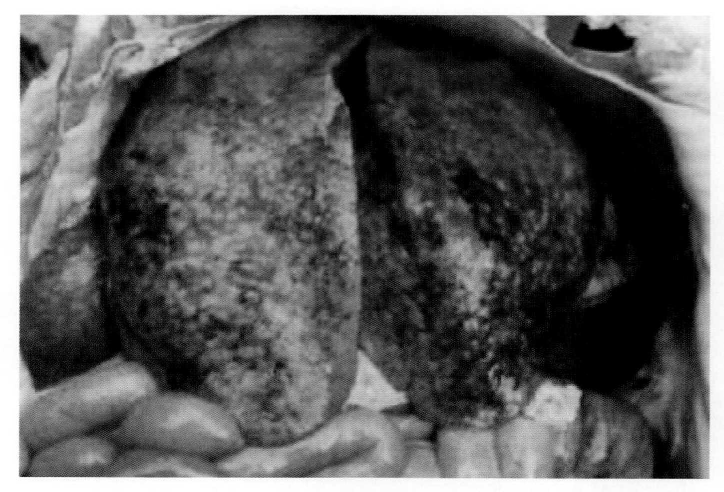

图3-21
黄曲霉毒素中毒的病理变化（1）

肝脏肿大，呈橘黄色，进而肝脏硬变

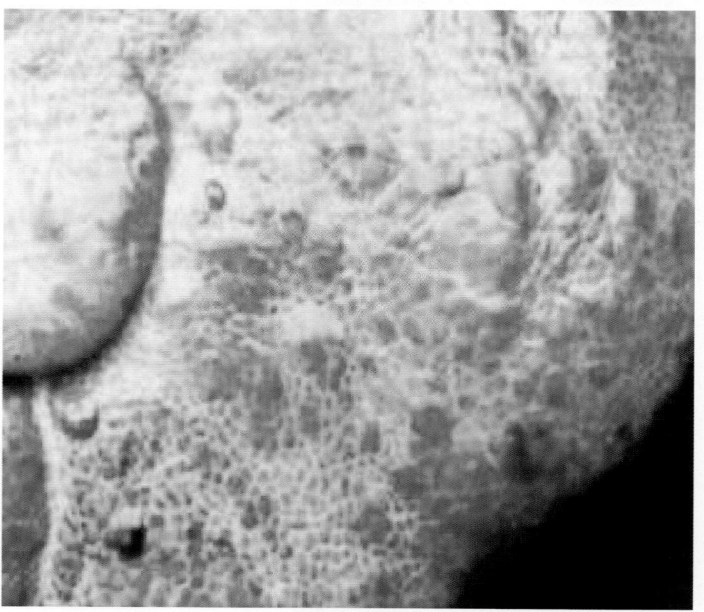

图3-22
黄曲霉毒素中毒的病理变化（2）

肝脏硬变，肿大3倍，硬化形成结节，颜色变淡

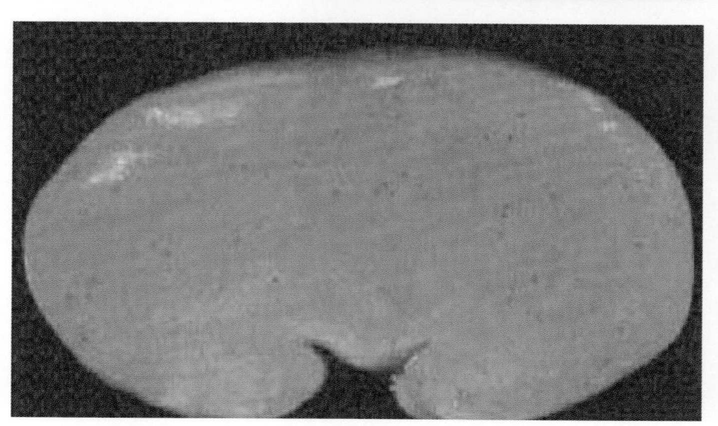

图3-23
黄曲霉毒素中毒的病理变化（3）

肾脏的出血瘀斑，完全渗入且分布于肾实质中

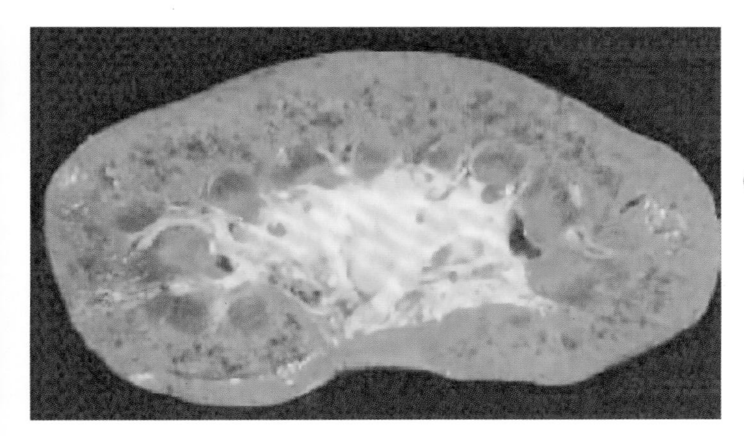

图3-24
黄曲霉毒素中毒的病理变化（4）

肾脏纵切面可见细小出血点

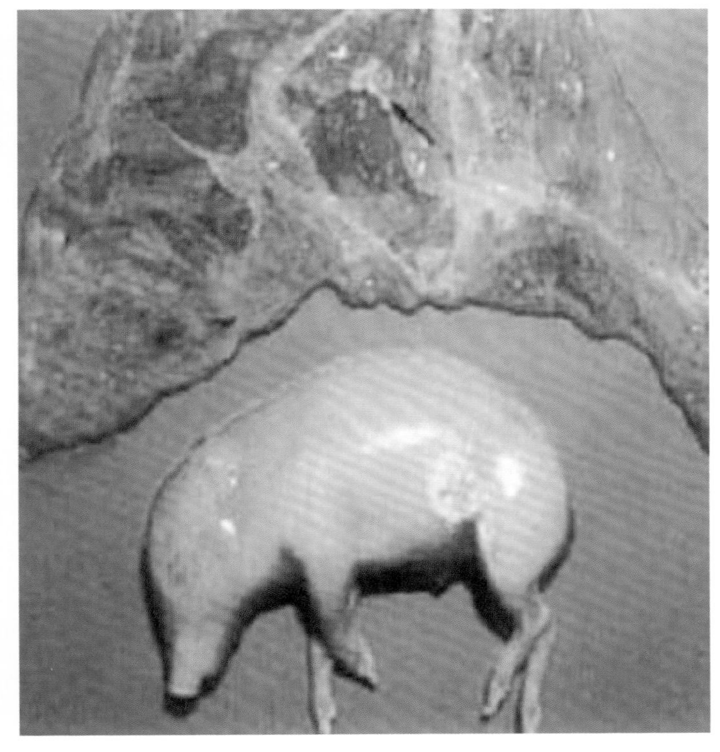

图3-25
黄曲霉毒素中毒的病理变化（5）

病变的胎儿及胎盘上的病变斑块

b.夏季喂料要少给勤添：使用预混料时，禁止一次性上采食数天的料量，这样的饲料容易霉变且不易被发现。夏季猪群采食完饲料后，应彻底清洗料槽，防止剩下少量的饲料霉变后被猪采食，导致中毒，尤其是产房母猪及仔猪采食后更要及时清理。

c.玉米等饲料原料避免受潮发霉：轻度发霉的饲料，可用1.5%氢氧化钠溶液至少浸泡12h后再用清水多次浸泡，并多次清洗，直到浸泡液无色澄清为止。也可用草木灰浸泡。这样处理后，仍然会有一定的毒性成分，还应限量饲喂，并添加霉菌毒素吸附剂。

② 饲料原料玉米霉变的检测方法

a.感观检查：将购买来的原料玉米直接堆放在地面上，检查时如果闻有霉味，并且发现有的玉米粒表面长有白色绵丝状物，粉碎了的玉米还有霉味，证明有霉变。

b.毒素检测：随机抽取玉米样品和混合饲料样品，用气相色谱测定的方法可以测定玉米中是否存在赤霉烯酮毒素，并可测定样品中玉米赤霉烯酮的含量。

③ 饲料脱毒方法

a.物理脱毒法：主要有水洗法、剔除法、脱胚去毒法、溶剂提取法、加热去毒法。对轻微霉变的原料用辐射或暴晒的办法处理，可破坏其中50% ～ 90%的黄曲霉毒素。

b.化学方法：化学处理方法又可分为以下3种。

其一，碱处理法。利用2%氢氧化钙处理玉米赤霉烯酮污染的玉米，可使玉米赤霉烯酮的含量大幅度下降；用氢氧化钙单甲胺[$Ca(OH)_2$-MMA]也可转化和降解玉米赤霉烯酮。

其二，吸附法。饲料中添加霉菌毒素吸附剂进行脱毒，如利用某些矿物质（如硅藻土、伊利石、绿泥石等），将它们作为吸附剂添加到饲料中，可吸附饲料中的霉菌毒素，以减少猪消化道对霉菌毒素的吸收。

其三，利用脱霉剂脱毒。目前这类产品较多，但在实践中应用较多、效果比较确切的有百安明、霉可脱、霉可吸、脱霉素和澳霉脱等，可根据霉变程度添加0.05% ～ 0.2%。

（2）治疗　目前尚无特效治疗方法。当怀疑饲料霉变中毒时，立即停喂霉变饲料，改喂多汁新鲜青绿饲料、富含维生素的全价饲料，同时多饮清水，保持舍内通风卫生。

对病猪进行对症治疗和支持疗法。灌服人工盐或5%硫酸钠溶液500 ～ 1000mL，促进毒素排出，清理胃肠道内有毒物质。静脉注射25%葡萄糖生理盐水250 ～ 500mL，加适量的维生素C。用5%葡萄糖氯化钠以及10%安钠咖进行强心补液。

2.猪食盐中毒

猪食盐中毒是由于猪摄食了过多的食盐，同时又饮水不足而发生的一类中毒性疾病。本病多发于散养的猪，由于饲喂不当而引起本病，规模化猪场很少发生。病猪的主要临床表现是神经系统症状，同时伴随一定的消化机能紊乱。

【病因】食盐为猪饲料中的组成部分之一，对维持机体的机能有很大的作用，也是有机体不可缺少的物质。但当饲喂不当或饲喂了含盐分较多的饲料，而又饮水不足时，则易发生中毒。如用泔水、腌咸菜水、饭店食堂的残羹剩饭、洗咸鱼的水或酱渣等喂猪，或者是混配饲料时误加了过量的食盐，或是混合不均匀等而造成。

食盐中毒的关键在于饮水不足。饮水是否充足，对食盐中毒的发生有很大影响。猪的食盐摄入量超过每千克体重2.2g，就有引起中毒的危险。致死量为100 ～ 250g。

【临床症状】猪食盐中毒的症状有轻有重，取决于食盐的摄入量多少，再有就是个体差异。本病的一般性症状是体温38 ～ 40℃，因痉挛抽搐可升高到41℃，也有的仅36℃。食欲减退或消失，渴欲增加，喜欢饮水，尿少或无尿。不断空嚼，大量流涎、吐白沫、呕吐。出现便秘或下痢，粪中有时带血。口腔黏膜潮红肿胀。有的腹疼，腹部皮肤发紫、发痒，肌肉震颤。心跳100 ～ 120次/min，呼吸加快，后期发生强直痉挛，后驱不完全麻痹或完全麻痹。

（1）最急性型　如果一次性食入大量食盐，就会发生最急性食盐中毒症状。临床主要表现为肌肉震颤、兴奋奔跑，继则卧倒昏迷、阵发性惊厥，最快的2d内死亡。

（2）急性型　当病猪食入的食盐较少，而饮水不足时，病程经过一般为1 ～ 5d，这种类型在临床上较为常见。主要症状为食欲减退，口渴，流涎。瞳孔散大。步态不稳，有时向前直冲，头碰撞物体，遇障碍而止，向前挣扎。卧下时四肢做游泳动作，偶有角弓反张。有时呈间歇性癫痫发作，或做圆圈运动，或向前奔跑，7 ～ 20min发作一次。

神经症状发作时，颈部肌肉抽搐，不断咀嚼流涎，犬坐姿势，张口呼吸，皮肤黏膜发绀；发作间歇时，病猪可不呈现任何异常情况。每天可反复发作无数次。末期后躯麻痹，卧地不起，常在昏迷中死亡（图3-26）。

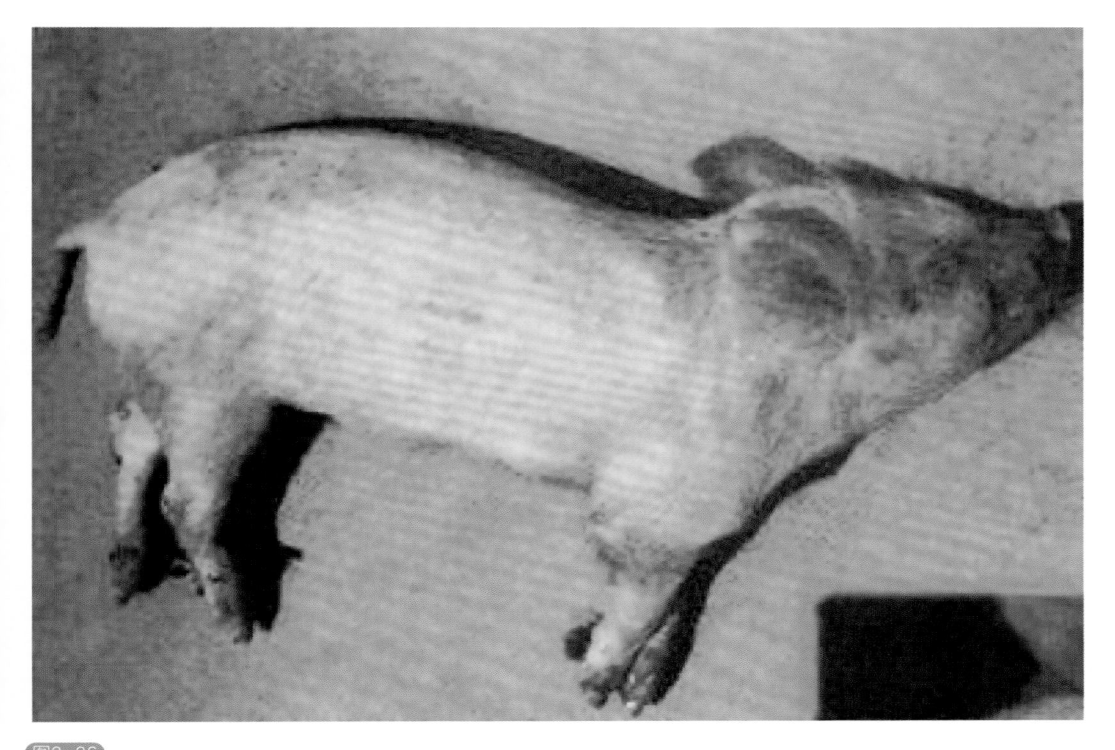

图3-26
猪食盐中毒的临床症状

侧卧地上，头颈后仰，颈部皮肤红斑，肘头水肿，肢体强直

【病理变化】剖检可见胃肠黏膜充血、出血、水肿，呈卡他性和出血性炎症，并有溃疡，胃底部更为严重。粪便液状或干燥。小肠段充血、出血，有卡他性炎症（图3-27）。大肠内容物干燥并黏附在肠黏膜上。肝肿大，质脆。心肌松弛，有小出血点。肺水肿。肾紫红色肿大，包膜易剥离。胆囊膨满，胆汁淡黄。尸僵不全，血液凝固不全成糊状。全身组织及器官水肿，脑充血、水肿、可见灰质软化（图3-28）。体腔及心包积液。

图3-27
猪食盐中毒的病理变化

小肠充血、出血，发生出血性炎症

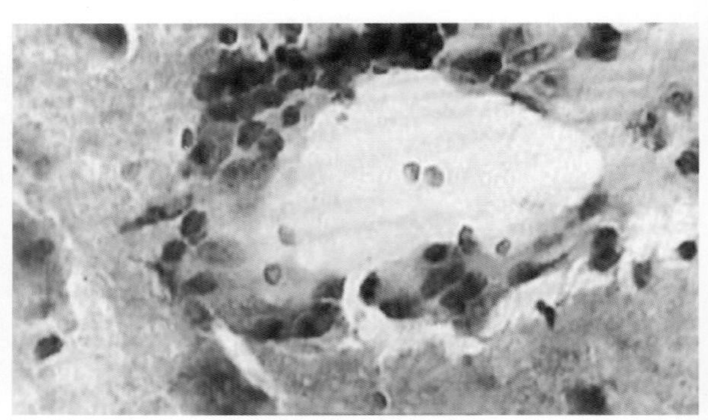

图3-28
猪食盐中毒（显微镜下）的病理变化

脑部局部水肿、坏死，脑血管周围嗜酸性粒细胞浸润

【诊断】主要根据过量食入食盐或食入较多食盐而饮水又不足的病史，再结合暴饮后癫痫样发作等突出的神经症状，以及脑组织典型的病变可以做出初步诊断。

如果需要确诊，可采取饮水、饲料、胃肠内容物以及肝、脑等组织做氯化钠含量测定。肝和脑中氯化钠含量分别超过2.5mg/g和1.8mg/g，即可认为是食盐中毒。

【防治措施及方剂】

（1）预防　混配饲料时，食盐要严格按比例加入，并且要充分搅拌均匀。用泔水、饭店食堂的剩菜剩饭作饲料时，要控制好食盐的用量，每千克饲料：仔猪不得超过0.4%，育肥猪不得超过0.2%，母猪不得超过0.35%。同时还必须保证充足的饮水。

用酱渣、酱油渣、腌菜水、咸鱼及鱼粉等东西喂猪时，要控制饲喂的数量，最好避免用上述东西饲喂。

（2）治疗　本病无特效解毒药。发病后要立即停止食用原有的饲料，逐渐补充饮水，但必须少量多次给，不要一次性暴饮，以免造成组织进一步的水肿，加剧病情。可以采取辅助治疗，其原则是促进食盐的排出，恢复离子平衡和对症治疗。

当猪发生食盐中毒后，可采取下列措施：

① 少量多次给予新鲜饮水，并静脉注射5%葡萄糖液100～200mL。

② 为保护胃黏膜，可用0.5%～1%鞣酸溶液洗胃或内服1%硫酸铜50～100mL催吐，再内服白糖150～200g或面粉糊、牛奶、植物油等。

③ 为缓解兴奋和痉挛发作，可用5%溴化钾或溴化钙10 ～ 30mL静脉注射，以排除体内蓄积的氯离子。

④ 如排尿少或无尿，可用10%葡萄糖250mL与呋塞米40mL混合静注，每日2次，连用3 ～ 5d。也可使用氢氯噻嗪进行利尿，以排出钠离子、氯离子，口服0.05 ～ 0.2g。

⑤ 病程稍长，可能有脑水肿症状。为了缓解脑水肿，降低颅内压，可用甘露醇注射液100 ～ 200mL（25kg体重），加5%葡萄糖静脉注射。

⑥ 为了抑制狂躁兴奋不安，可用25%硫酸镁20 ～ 40mL或氯丙嗪每千克体重1 ～ 3mg肌内注射；也可用巴比妥、静松灵等，以解除兴奋。

⑦ 中兽医处理方法。

a.针灸：针耳尖、太阳、山根、百会穴，剪耳、尾放血等。

b.醋200mL加水或生豆浆1000mL；或甘草50 ～ 100g加绿豆200 ～ 300g煎服。

c.中药方剂：生石膏25g、天花粉25g、鲜芦根35g、绿豆40g，煎汤候温内服（15kg左右体重猪的用量）。

3.猪克伦特罗（瘦肉精）中毒

盐酸克伦特罗俗称“瘦肉精”，简称克伦特罗，别名还有：盐酸双氯醇胺、克喘素、氨哮素、氨必妥等。这是一种平喘药，也是一种β-肾上腺素激动剂。该药物既不是兽药，也不是饲料添加剂，原来主要是用来治疗支气管哮喘、慢性支气管炎和肺气肿等疾病的。本品为白色结晶状粉末，无臭，味道略苦。

克伦特罗（瘦肉精）大剂量地用在饲料中可以促进猪的增长，减少脂肪含量，提高瘦肉率。但食用含有瘦肉精的猪肉对人体有害，因此“瘦肉精”在我国已经禁用。我国农业部1997年发文禁止瘦肉精在饲料和畜牧生产中使用。2001年12月27日和2002年2月9日、4月9日，农业部又分别下发文件，禁止食品动物使用β-激动剂类药物作为饲料添加剂。

【相关背景】克伦特罗虽曾经作为药物用来治疗支气管哮喘，但后来由于其副作用太大而被禁用。再后来人们发现，克伦特罗能够让猪的瘦肉率提高，只长瘦肉不长肥膘，能带来更多经济价值，而在饲料中掺入克伦特罗（其他这样类似药物还有沙丁胺醇和特布他林等）。但他对人体健康有很大的副作用，因而对人体健康造成安全隐患。因此，它们也在全球范围内遭到禁用。于是，国内有些养猪户便不顾农业部的规定偷偷使用这类药物。

当克伦特罗等这类药物以超过治疗剂量5 ～ 10倍的用量用于家畜饲养时，有显著的营养“再分配效应”——促进动物体蛋白质沉积、促进脂肪分解抑制脂肪沉积，能显著提高胴体的瘦肉率，促进增重和提高饲料转化率。还能提高猪的生长速度，使猪的毛色红润光亮，收腹，卖相好；屠宰后，肉色鲜红，脂肪层极薄，往往是皮贴着瘦肉，瘦肉丰满。因此，克伦特罗曾被用作猪、牛、羊、禽等畜禽的促生长剂、饲料添加剂。

当猪饲喂瘦肉精后，可发生四肢震颤无力、心肌肥大、心力衰竭等毒副作用。又由于它用量大、使用的时间长、代谢慢，所以屠宰上市时，在猪体内的残留量很大。这个残留量通过食物进入人体后，就使人体逐渐地积蓄中毒。如果一次摄入量过大，就会产生具有异常生理反应的中毒现象。

【人中毒的临床症状】人类食用了含有克伦特罗的猪产品（如食入猪的肝脏0.25kg以上），便有恶心、头晕、四肢无力、手颤等的中毒症状。含“瘦肉精”的食品对心脏病、高血压患者，尤其对老年人的危害更大。

急性中毒的人有心悸，面颈、四肢肌肉颤动，手颤抖甚至不能站立，头晕，乏力，口干，呕吐，腹痛等症状；原有心律失常的患者更容易发生反应，心动过速、室性早搏；原有交感神经功能亢进的患者，如有高血压、冠心病、甲状腺功能亢进者，上述症状更容易发生。

【“瘦肉精”猪肉的鉴别方法】含有“瘦肉精”猪肉的鉴别，可参考下列方法。

（1）一看　看猪肉的脂肪。一般含“瘦肉精”的猪肉，肉色异常鲜艳。生猪吃“药”生长后，其皮下脂肪层明显变薄，通常不足1cm。猪肉比较软，切成二、三指宽的肉块甚至不能立于肉案之上。瘦肉与脂肪间有黄色液体流出。含有“瘦肉精”的猪肉后臀肌饱满突出，脂肪层非常薄，两侧腹股沟的脂肪层内毛细血管分布较密，甚至充血。

（2）二察　观察瘦肉的色泽。含有“瘦肉精”的猪肉肉色较深，肉质鲜艳，颜色为鲜红色，肌纤维比较疏松，时有少量“汗水”渗出肉面。而一般健康的瘦猪肉是淡红色，肉质弹性好，肉上没有“出汗”现象（图3-29）。

A

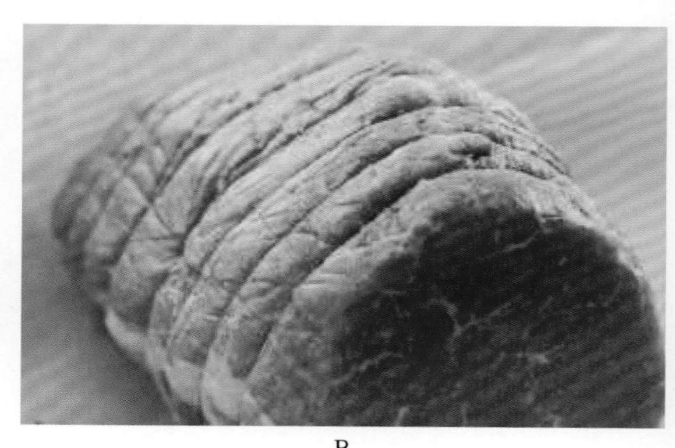

B

图3-29
健康猪肉与“瘦肉精”猪肉的比较

A—健康猪肉，颜色淡红、肉质弹性好；B—“瘦肉精”猪肉，颜色鲜红、几乎没有肥肉

（3）三测　用pH值试纸或检测卡进行检测。

① pH值试纸检测：正常新鲜肉多呈中性或弱碱性，宰后1h内pH值为6.2～6.3，自然条件下冷却6h以上pH值为5.0～6.0；含有“瘦肉精”的猪肉则偏酸性，pH值明

显小于正常范围。

② 盐酸克伦特罗检测卡进行检测：把检测卡蘸在猪肉表面，如果看到检测卡上有一条红杠到达“C”处为阳性；如果检测卡上有两条红杠，分别到达“C”处和“T”处，为阴性（图3-30）。

（4）四买　购买时一定看清该猪肉是否盖有检疫印章和是否有检疫合格证明。

【防治措施】

（1）控制源头　加强法规的宣传，禁止在猪饲料中掺入瘦肉精。政府部门要以坚决的态度、过硬的举措、更大的力度，持续深入地整治非法添加“瘦肉精”的行为。要重点治乱，加大惩处力度，切实改变违法成本低的问题，让不法分子付出高昂代价，真正起到震慑作用。

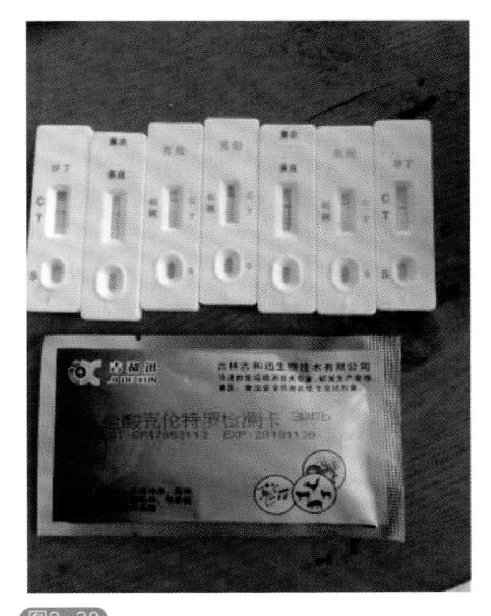

图3-30
盐酸克伦特罗检测卡

（2）质量检验　加强对上市猪肉的检验。

（3）选择购买　消费者购买猪肉时要拣带些肥膘（1～2cm）的肉，颜色不要太鲜红，猪内脏因“瘦肉精”残留量多，更不宜食用。

4.猪亚硝酸盐中毒

猪亚硝酸盐中毒是由于猪摄入了含有硝酸盐、亚硝酸盐过多的饲料或饮水而引起的一种导致组织缺氧的急性、亚急性的中毒性疾病。临床上以可视黏膜发绀，血液酱油色，呼吸困难及缺氧症状为主要特征。

本病多发在偏远的农村和山区，一些养猪户在饲喂青绿饲料时，仍采用传统的熟喂方式，对青绿饲料蒸煮闷盖并在锅内贮存过夜而造成亚硝酸盐积累。本病常常在猪吃饱后15min到数小时发病，故又称为“饱潲病”或“饱食瘟”。

【病因】中毒的原因往往是猪摄入了过多的亚硝酸盐。在青绿饲料中，如白菜、油菜、萝卜缨、甘蓝、甜菜叶、甘薯藤叶及野菜等均富含硝酸盐，其在贮存或调制中方法不当，如慢火焖煮、霉烂变质、枯萎等，硝酸盐极易被硝酸盐还原菌还原为毒性很强的亚硝酸盐。猪只采食了大量富含亚硝酸盐的饲料和饮水后，就会中毒。亚硝酸盐的毒性比硝酸盐毒性高15倍。

【发病机理】亚硝酸盐是一种强氧化剂。当猪采食了含亚硝酸盐的饲料，亚硝酸盐经吸收而进入血液后，血液中正常的氧合血红蛋白中的二价铁（Fe^{2+}）迅速地被氧化成高铁血红蛋白中的三价铁（Fe^{3+}），从而丧失了血红蛋白的正常携氧功能，导致组织缺氧。同时，机体的末梢血管扩张，外周循环衰竭，使组织缺氧进一步加剧，引起猪只呼吸困难和神经机能紊乱。

【临床症状】中毒的猪常在采食后15min（急性中毒）至数小时内（慢性中毒）发病。一般体格越健壮、食欲越旺盛的猪因采食量大而发病更加严重。

病猪表现为精神不安，呼吸严重困难，多尿，全身皮肤、眼结膜和口腔黏膜等可视黏膜发绀。穿刺刺破耳尖（耳静脉）或尾尖放血时，流出少量酱油色血液，血液凝固不良。体温正常或偏低，全身末梢部位发凉。胃肠炎症状明显，如呕吐、腹痛、腹泻等。共济失调、转圈、四肢无力、痉挛、肌肉震颤、左右摇摆、挣扎鸣叫，或盲目运动、心跳微弱。突然倒地、抽搐、昏迷，临死前角弓反张。

【病理变化】中毒严重、抢救无效死亡的病猪，腹部膨大，皮肤呈青白色，口腔黏膜、眼结膜呈蓝紫色。剖检中毒猪的尸体时，腹部多膨满、口鼻青紫、可视黏膜发绀。口鼻流出白色泡沫或淡红色液体，血液紫黑色呈酱油状，凝固不良，长期暴露在空气中也不变色。胃肠黏膜充血、出血及脱落，胃内容物有硝酸样气味。

【诊断】依据发病急、群体性发病的病史，结合饲料的贮存状况，临诊见到黏膜发绀及呼吸困难，剖检时血液呈酱油色等特征，可以做出诊断。可根据特效解毒药——亚甲蓝进行治疗性诊断。还可以通过实验室来进行亚硝酸盐检验、变性血红蛋白检查、试纸法检查等来进行验证性诊断。

（1）亚硝酸盐检验（联苯胺法） 取胃肠内容物或残余饲料的液汁1滴，滴在滤纸上，加10%联苯胺液1～2滴，再加10%的醋酸1～2滴。如果滤纸变为棕色，则为亚硝酸盐阳性反应（有亚硝酸盐存在）；如果滤纸不变色则为阴性（无亚硝酸盐存在）。也可将胃肠内容物或残余饲料的液汁1滴，加10%高锰酸钾溶液1～2滴，充分摇动，如有亚硝酸盐，则高锰酸钾变为无色，否则不褪色。

（2）变性血红蛋白检验 取血液少许于试管内振荡，振荡后转变为鲜红色为正常血液，振荡后血液仍为棕褐色的，可初步认为是变性血红蛋白。为进一步验证，可滴入1%氰化钾1～3滴，血色即转为鲜红。

（3）试纸法检查 将试纸浸入被检查的饲料、呕吐物、尿或胃内容物内，如试纸很快变为红色或玫瑰红色，则亚硝酸盐检测为阳性。

【防治措施及方剂】

（1）预防 亚硝酸盐中毒发病急，病程短，不容易被及时发现并进行救治。因此，对于本病，应防治结合，防重于治。

主要预防措施是：改变饲喂方式，改传统熟喂为生喂，既可节能省力、减少营养损失，又可减少因调制不当而使亚硝酸盐大量形成的机会。青绿饲料不宜堆放或蒸煮，如果确实需要蒸煮时，应加足火力迅速煮熟，并敞开锅盖且不断搅拌，勿闷于锅里过夜。蒸煮饲料时可加入适量的醋，既可以杀菌，又能分解亚硝酸盐。青绿饲料在贮存过程中应摊开存放，不要堆集、日晒、雨淋，且贮存时间越短越好，一旦发现发黄腐烂变质，应废弃。

（2）治疗

① 特效药物治疗：可迅速使用特效解毒药治疗病猪，如美蓝（亚甲蓝）或甲苯

胺蓝等。

a. 美蓝。可按照每千克体重静脉注射1%的美蓝1mL，也可深部肌内注射。临床治疗中值得注意的是，美蓝是一种氧化还原剂，在低浓度小剂量时是亚硝酸盐的特效解毒药，高浓度大剂量使用时，可使氧合血红蛋白变性为血红蛋白，反而会使病情进一步恶化，因而应严格按照说明剂量使用。

b. 甲苯胺蓝。按照每千克体重5mg，可内服或配成5%的溶液静脉注射、肌内注射或腹腔注射。

c. 在没有美蓝、甲苯胺蓝时，可就地取材，用纯蓝墨水对患猪作分点肌注，也可在颈部皮下或腹腔1次注射，注射量为大猪20mL/头，架子猪10mL/头，仔猪5mL/头。

d. 另外，还可以灌服0.05% ～ 0.1%的高锰酸钾溶液500 ～ 1000mL/头，以破坏胃内尚未吸收的亚硝酸盐。

e. 强力解毒敏4 ～ 8mL，肌内注射。

在使用特效解毒药时，还可配合使用高渗葡萄糖300 ～ 500mL，以及每千克体重10 ～ 20mg的维生素C。

② 放血：中毒严重的猪，尽快用剪刀剪耳尖、尾尖放血进行抢救，放血量为每千克体重1mL。放血后再尽快使用特效药物进行治疗。

③ 对症治疗：呼吸急促时，可用尼克刹米等兴奋呼吸的药物。对心脏衰弱者，注射0.1%盐酸肾上腺素溶液0.2 ～ 0.6mL，或注射10%安钠咖进行强心。

④ 中药方剂：

方剂一，绿豆200g、甘草100g，煎水口服。

方剂二，“十滴水”4支，口服，20min即可痊愈。

方剂三，老腌菜水500mL，灌服。

5. 猪酒糟中毒

猪酒糟中毒是因为一次性大量饲入了酒糟或误食了腐败变质的酒糟引起的一种中毒病。病猪主要表现为消化系统和中枢系统异常的症状。

酒糟是酿酒后的残渣（糟渣），里面除了含有蛋白质、脂肪等营养物质外，猪食入后还有促进食欲、帮助消化等作用。农村养猪户常把酒糟当作猪饲料。但如果贮存方法不当或存放时间过久，则会发生腐败、变质、霉烂，产生大量的游离有机酸、酒精等有机物质或生长各种霉菌。猪食入了这种有毒酒糟会直接刺激胃肠和传导神经而发生中毒。另外酒糟性热，即使没有变质，如果调配不当，饲喂过量或长时间单一饲喂，也能引起猪只中毒。

【临床症状】根据病程的长短不同，本病可分为急性和慢性两种类型。

（1）急性中毒　猪急性中毒时，初期体温升高、眼结膜潮红、狂躁不安、呼吸急促。主要表现为腹痛、腹泻等胃肠炎症状，食欲减退或废绝。病猪四肢麻痹，卧地不起。

（2）慢性中毒　猪慢性中毒时，以上的急性症状稍有缓和。表现为食欲减退或停食，消化紊乱，先便秘后腹泻。继而高度兴奋、心悸亢进、呼吸困难、步态不稳、共济失调、肌肉颤动、跌倒、失神、逐渐失去知觉。视力减退甚至失明。出现皮疹和皮炎。有时有贫血、水肿、尿血等症状出现。病猪逐渐消瘦，背毛粗乱。之后猪四肢麻痹，卧地不起，体温下降，瞳孔放大，呼吸衰竭，大、小便失禁。如果治疗不及时则会导致死亡。

【病理变化】猪咽喉黏膜轻度发炎。胃肠黏膜充血、出血，黏膜表层易剥落，幽门部有明显的发炎症状。小肠、结肠内出现纤维素性炎症。直肠出血、水肿。肠系膜及心内膜和皮下有出血点。肺充血、水肿。肝、肾肿胀，质度变脆、变性。剖检时可见脑和脑膜充血，脑实质常有出血。心脏及皮下组织有出血斑，心内膜、心外膜出血。胃内容物有酒糟和醋味。以上病变中，肺充血、水肿是本病病理诊断的重要依据。

【诊断】根据病史调查——猪长期饲喂酒糟的病史，再据临床症状及病理剖检变化可做出初步诊断。确诊需实验室检验和进行动物饲喂试验。

【防治措施】

（1）预防　注意酒糟的保管，存放的时间不宜过长，应尽可能新鲜喂给，禁喂发霉变质的酒糟。用新鲜酒糟喂猪时，不得超过日粮的1/3。妊娠母猪应减少喂量或不喂，否则易出现流产、产死胎、产仔弱等。轻度酸败的酒糟可加入澄清的石灰水或小苏打粉，以中和酸性物质，降低毒性。

饲喂酒糟时，要合理搭配一定数量的精、粗饲料，并适当补充含矿物质的饲料。用酒糟喂猪时还应注意不能超量饲喂，喂量应由少到多，喂一段时间停一段时间。

（2）治疗　目前尚无特效解毒药。发现猪中毒后要立即停喂酒糟，将病猪安置于干燥且通风良好的地方，

① 用1%碳酸氢钠液1000～2000mL口服或灌肠。

② 对便秘的猪可用硫酸钠30g、植物油150mL，加适量水混合后内服。

③ 对兴奋不安的猪及时使用镇静剂，如静脉注射硫酸镁、水合氯醛、溴化钙等。

④ 对于发生皮疹或皮炎的猪，用2%明矾或1%高锰酸钾液冲洗；剧痒时，可用5%石灰水冲洗或3%石碳酸酒精涂擦。

6.猪棉籽饼中毒

猪棉籽饼中毒是由于猪长期或大量采食榨油后的棉籽饼而引起的一类中毒病。主要特征是病猪出现胃肠炎、全身水肿、血红蛋白尿等症状。

【病因】棉籽壳及棉籽饼是富含蛋白质的饲料，但也含有毒物质——棉酚。猪对棉酚最敏感，长期大量饲喂未经去毒处理的棉籽、棉籽饼，可引起中毒（图3-31～图3-32）。

棉酚的毒性虽然不大，但在体内比较稳定，排泄缓慢，不易被破坏，而且还有蓄积作用。因此，用未经去毒处理的棉籽饼作饲料且一次大量喂给或长期饲喂时，棉酚

图3-31
棉籽饼（1）

图3-32
棉籽饼（2）

便被摄入，可能引起中毒。可引起出血性胃肠炎，血管壁通透性增强，导致溶血，引起水肿和出血。可危及生殖系统，引起妊娠母猪流产、公猪不育。能使心、肝、胃等实质器官发生变性和坏死。

【临床症状】本病的病程一般为3～15d。因为棉酚的毒性相对较小，发病较缓慢，因而中毒多呈慢性经过。棉籽饼中毒的共同症状是食欲下降、体重减少，但体温一般正常。

（1）轻者仅见食欲下降、下痢，呈慢性中毒症状。身体虚弱、精神不振、呕吐、咳嗽、耳根紫红色、黏膜轻度黄染、便秘或下痢、粪便干黑带血、尿中带血。腹痛、厌食、心跳加快、呼吸困难、昏迷嗜睡、麻痹等。结膜充血、发绀，弓背、四肢软弱、行走摇晃、肌肉震颤、尿频、呼吸急促带鼾声、鼻腔有分泌物流出、肺泡音减弱。

（2）病重者食欲废绝、被毛粗乱、拱腰、失明、口渴、大便秘结、后肢无力。严重者卧地不起。皮肤干燥、皲裂和发绀、肌肉痉挛、咬牙、气喘、腹式呼吸、粪便干结带血。仔猪常腹泻、脱水和惊厥，死亡率高。怀孕母猪可出现流产、产死胎及畸形仔猪的现象。

【病理变化】胃肠黏膜出血性炎症、肾炎、肝充血肿大、实质脆弱、变色。红细胞减少、嗜中性粒细胞增加。

（1）急性中毒时，胸腔和腹腔内积有淡红色的透明渗出液。胃肠道黏膜充血、出血和水肿，甚者肠壁溃烂。肺淤血、充血、水肿，间质增宽，切面可见大小不等的空腔，有多量泡沫样液体溢出。气管、支气管充满泡沫状液体。心脏扩张，心内膜心外膜有出血。肾肿大，被膜点状出血。

（2）慢性中毒者，病猪消瘦，有慢性胃肠炎、肾炎的病变。

【诊断】根据饲喂棉籽饼的病史，并结合临床症状的胃肠炎以及病理变化的粪尿带血、尿少、血液嗜中性粒细胞显著增多、单核细胞和淋巴细胞减少等，可做出初步诊断。确诊需做棉籽饼及血液中游离棉酚含量测定。

【防治措施及方剂】

（1）预防　用棉籽和棉籽饼作饲料时，必须限量饲喂，母猪日粮中不能超过5%，且每饲喂2～3周后须停喂2周。棉籽饼作饲料时必须经过加工除毒处理，如将棉籽饼、棉籽打碎，放入锅内煮沸1～2h，或用2%石灰水、2.5%碳酸氢钠或0.1%硫酸亚铁水浸一昼夜，然后把棉籽饼捞出，再用清水漂洗1～2次。另外，采用发酵方法也可以去毒。

（2）治疗　本病无特效解毒剂，主要采用消除致病因素、加速毒物的排出及对症疗法。发现本病应立即停喂棉籽饼、棉籽壳，改换其他的饲料。

① 初期可用0.1%高锰酸钾或3%～5%苏打水洗胃或灌肠，同时内服硫酸镁或硫酸钠等盐类泻剂25～80g；根据猪的大小可放血200～300mL后，再静脉滴注25%高渗葡萄糖盐水100mL、生理盐水500mL、安钠咖5mL。

② 对于慢性病例，可用鞣酸1～2g、硫酸亚铁2g，加水200mL一次内服。为了阻止渗出、增强心脏功能、补充营养和解毒，可用25%葡萄糖注射液200～250mL、20%安钠咖5～10mL、10%氯化钙溶液50mL，一次静脉注射。

③ 可以采用中药疗法：

方剂，绿豆粉500g、苏打粉45g。用法，水调一次灌服，或混于泔水中喂服。

当病猪尚有食欲时，尽可能多喂些青绿饲料，如青菜、胡萝卜等，对病猪的恢复很有效果。当大群猪发生中毒，而症状不很严重时，可在饲料中加喂少许食盐、大蒜等，并给予大量饮水，对缓解症状有作用。对食欲较差病例，可给予健胃剂。

7.猪有机磷农药中毒

猪有机磷农药中毒是由于猪接触、吸入、误食或用有机磷制剂驱除体内外寄生虫不当而引起的一种中毒病。以体内胆碱酯酶活性受抑制和乙酰胆碱蓄积而出现神经机能紊乱、神经兴奋为特征，同时还有大量流涎和流泪、呼吸快速、肌肉震颤等症状。

有机磷农药的种类很多，毒性很大的有甲拌磷（3911）、对硫磷（1605）、内吸磷（1059）、敌敌畏、乐果等，毒性较低的有敌百虫、马拉硫磷等。虽然毒性强的有机磷药已经是“禁药”了，但低毒类的有机磷仍在使用。

【临床症状】由于有机磷农药的毒性、摄入量、进入途径不同，以及机体的状态不同，中毒后的临床症状和发展经过也就多种多样。除极少数呈闪电型最急性经过外，部分呈隐性型慢性经过外，绝大多数为急性经过。

（1）急性型　有机磷农药可经消化道、呼吸道、皮肤进入机体。采食后约半小时出现症状，吸入或皮肤沾染后数小时内出现症状。

主要症状表现为神经兴奋、口吐白沫、大量流涎、躁动不安。也有的流鼻液、泪液，眼结膜高度充血、瞳孔缩小。磨牙、肠蠕动音亢进、呕吐、肌肉震颤、全身出汗。病情加重时，呼吸快速、心跳疾速、脉搏细弱，眼斜视、四肢软弱、卧地不起、大小便失禁，若不及时抢救，常会发生肺水肿而窒息，一般在1～3d内死亡。

（2）慢性型　慢性经过的病猪，无瞳孔缩小及腹泻等剧烈症状。表现为四肢软弱，两前肢腕部屈曲跪地，欲起不能，尚有食欲，病程长达5～7d。

【病理变化】剖检可见胃黏膜出血，胃内容物有蒜臭味或农药味。肺水肿，气管及支气管内有大量泡沫样液体。肝肿大、出血、脂肪变性、胆汁滞留。肾脏肿大。肠黏膜出血。脑水肿、充血。

【诊断】主要依据有接触有机磷农药的病史，以及以神经兴奋为基础的一系列临床表现（流涎、出汗、肌肉痉挛、瞳孔缩小、呼吸困难等），并结合剖检变化可做出初步诊断。确诊需采取可疑饲料、饮水或胃内容物进行有机磷农药的毒物检验。

【防治措施及方剂】

（1）预防　保管好有机磷农药，防止污染饲料和饮水。喷洒过有机磷农药的青绿饲料在6周内不要用来喂猪，使用前要用清水反复泡洗后再用。用敌百虫驱虫时应严格掌握用量。

（2）治疗　发病后立即使用特效解毒剂，尽快除去尚未吸收的毒物。

① 毒物的去除：如果是经皮肤中毒的，要先用肥皂水或清水冲洗皮肤（敌百虫中毒切忌用肥皂水洗）；如果是经消化道中毒而未完全吸收者，先用1%～2%苏打水或食盐水等洗胃，并用1%硫酸铜50～100mL灌服催吐、灌肠等去除毒物。然后立即用解毒药治疗。同时配合必要的对症治疗。

② 特效解毒剂的使用：有机磷中毒的特效解毒剂有解磷定、氯解磷定、双解磷、双复磷等胆碱酯酶复活剂，还有乙酰胆碱的对抗剂（硫酸阿托品）。

a. 1%硫酸阿托品注射液100～200mg。用法为一次皮下注射，按每千克体重2～4mg用药。需要注意的是，注射后要注意观察病猪的瞳孔变化，如20min后无明显好转，应重复注射一次。

b. 4%解磷定注射液0.75～1.5g。用法为一次静脉注射或腹腔注射，按每千克体重15～30mg用药。

c. 12.5%双复磷注射液0.75～1.5g。用法同上。

③ 对症治疗：当病猪兴奋不安，痉挛抽搐时可用巴比妥。当病猪腹泻时，注射葡萄糖和复方氯化钠、维生素C和防止继发感染的消炎药。为了维护心脏功能，可用安钠咖或尼可刹米等。

④ 中药方剂：

方剂一，绿豆（去壳）250g、甘草50g、滑石50g。共为细末，开水冲调，候温，一次灌服。

方剂二，绿豆（磨粉）500g、甘草末250g、滑石120g、白糖180g，混合，加多量水口服，每天1剂，直至症状消失。

四、猪内科病及代谢性疾病

1. 仔猪缺铁性贫血症

仔猪缺铁性贫血是一种营养性贫血，多发于5～21日龄的哺乳仔猪。主要原因是：缺铁或铁需求量大而供应又不足，从而影响了仔猪体内血红蛋白的生成，造成红细胞的数量减少而发生的缺铁性贫血。另外，母猪及仔猪饲料中缺乏钴、铜、蛋白质等也可发生贫血。

在所有动物中，猪是最易发生缺铁性贫血的。原因是猪的生长速度快、饲料报酬高，越是这样的动物，就越容易发生缺铁性贫血症。本病在一些地区有群发性，多发于秋、冬、早春季节，对猪的生长发育危害严重。

【机理及原因】仔猪和母猪最容易发生缺铁性贫血症。当发生缺铁性贫血症时，会造成猪的血液携带氧气的能力严重不足，从而影响猪只的新陈代谢，抗应激能力下降，容易继发其他疾病。原因是：

① 铁是动物机体必需的一种微量元素。仔猪出生时，由于从母体内带来的形成血红素、肌红蛋白的铁非常少，母猪的奶水每天只能供给仔猪1mg铁，而仔猪每日生长发育所需的铁为8～10mg，故造成缺铁性贫血。

② 母猪在怀孕后期，为了保证胚胎造血机能有足够的铁供应，会尽量动用体内铁的贮备。所以母猪产前和产后最容易得缺铁性贫血症。

【影响铁被消化吸收的因素】

① 自然界中的铁一般都是三价铁（Fe^{3+}），猪是不能消化吸收和利用三价铁的。而饲料中添加的二价铁（Fe^{2+}），特别是硫酸亚铁又极易氧化成三价铁。且硫酸亚铁是无机铁，猪只能消化吸收其中的3%～10%。再加上硫酸亚铁不能添加得太多，因为硫酸亚铁过多会影响其他微量元素、维生素的消化吸收，尤其是被称为抗贫血维生素——维生素B_{12}更容易被氧化，造成维生素缺乏症。

② 饲料中的草酸、植酸及过多的磷酸盐与铁能够形成不溶性的铁盐，均会阻碍饲料中铁的吸收和利用。饲料中钙、磷配制的比例不当会影响铁的消化吸收。高铜也会影响铁的吸收。

【临床症状】本病一般发生于仔猪和母猪，一般以5～21日龄仔猪多发。不同类型的猪发生缺铁性贫血症时表现的症状有差异。

（1）仔猪缺铁性贫血症　病仔猪表现精神萎靡、嗜睡、独自离群卧在地上。皮肤以及黏膜淡红色或者苍白色、皮毛粗糙无光泽、食欲不振、体质消瘦、生长发育缓慢。耳部呈灰白色，基本上无法看到明显的血管，即使用针刺也只有少量出血（图4-1）。患病仔猪的免疫力和抗病力低下，抵抗外界各种不良刺激（特别是低温刺激）的能力差，容易发生各种传染性疾病。

图4-1
缺血性贫血的病仔猪

皮肤以及黏膜淡红色或者苍白色，肌肉无力，独自离群趴卧在地上

症状严重的患病仔猪，头颈部发生水肿，皮肤呈明显的苍白色，尤其是白皮肤的猪表现得更加明显。心跳加速、心音亢盛、呼吸急促且困难，特别是在哄赶奔跑后更加明显，且经过较长时间才能够恢复平静。严重的会由于心力衰竭而导致病仔猪死亡。

本病的病程可持续1个月左右，通常仔猪在2周龄时出现发病，在3～4周龄时症状最为严重，在5周龄时开始逐渐减轻。如果没有及时进行治疗，往往会继发其他疾病，一般会由于贫血性心肌炎、肺炎、腹泻等发生死亡。

（2）育肥猪缺铁性贫血　病猪表现为生长发育缓慢，食欲不振、抗病力低、血液携氧能力严重不足。猪的肌肉会因为无氧呼吸的异化作用而造成大量的乳酸堆积，导致胴体肌肉pH值下降形成“水样肉”。

（3）母猪缺铁性贫血　母猪患病后主要表现出肌肉收缩无力、产程延长。当仔猪脐带断裂后，母猪却无力产出，发生死产，且死产的比例比正常母猪高出3倍。另外，由于产程时间过长，往往还会发生难产。母猪的泌乳量减少且发情异常，不容易配种成功，且由于抗病力、免疫力减弱，容易发生各种疾病。

【病理变化】皮肤及可视黏膜苍白，肌肉颜色变淡，呈淡红色。肝脏肿大且有脂肪变性。血液较稀薄。肺水肿或发生炎性病变。

【防治措施及方剂】预防缺铁性贫血的方法主要是补铁，补铁越早，效果越好。

（1）母猪补铁

① 添加硫酸亚铁：母猪补铁可在饲料中添加硫酸亚铁，也可添加右旋糖酐铁等。

需要注意的是，在分娩前后给母猪补饲硫酸亚铁并不能增加胎儿体内铁的贮备及显著增加奶水中的含铁量，因而不能防止仔猪贫血。

② 在饲料中添加含甘氨酸螯合铁的“泌乳进”：本品可将铁转移给胎儿，容易通过乳汁传递给仔猪。按150μg/g浓度的甘氨酸螯合铁添加在临产母猪的日粮中，饲喂5周，出生后的仔猪不用再采取任何补铁措施，就可以达到防治仔猪贫血的目的，还可以使仔猪血红蛋白量、增重、成活率方面均比注射“铁钴针”的效果好，而且成本低，可节省大量人力。

（2）仔猪补铁

① 仔猪出生后，用硫酸亚铁2.5g、硫酸铜1g、氯化钴0.2g与1000mL温水混合，再用纱布过滤，装入瓶中，待仔猪吃奶时，涂擦在母猪乳头上，让仔猪吸乳时吮食，每天1～2次。或可用深层挖出的红土，撒在猪圈一角，让仔猪自由舔食。

② 3～4日龄的仔猪注射“铁钴针”：于仔猪出生后的3～4d，每头仔猪肌注右旋糖酐铁钴注射液2mL（每毫升含铁50mg），隔周一次，或出生后3d肌注“牲血素”1mL（每毫升含铁150mg）（图4-2）。

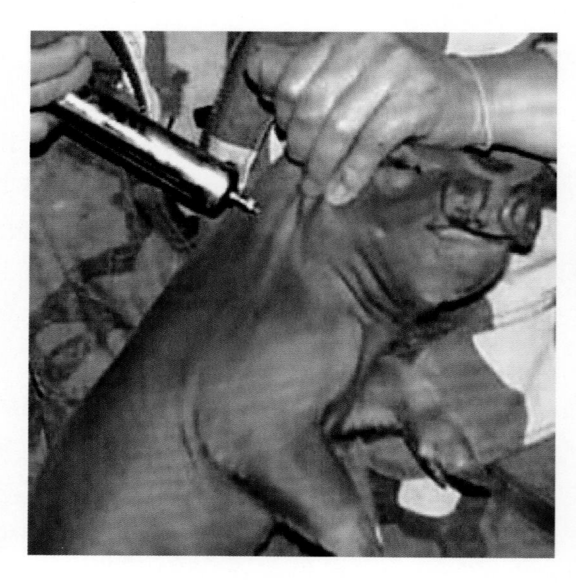

图4-2
仔猪缺铁性贫血

仔猪的注射补铁

③ 仔猪饲料中添加甘氨酸螯合铁：甘氨酸螯合铁母猪可用，仔猪也可用，且仔猪可以100%吸收和利用，并可迅速转化成更多的血红素。目前甘氨酸螯合铁被公认为是世界上最优秀的口服补铁产品，饮水或饲料添加都能达到极佳的补血效果。

④ 补饲铁铜合剂：本合剂的配方为，硫酸亚铁21g、硫酸铜7g，溶解于100mL水内，混合后用纱布过滤，每头仔猪每天4mL，喂至20日龄。

⑤ 中药治疗：

方剂一，红土（冻土也行）适量，如果是冻土需融化，放在木槽子内让仔猪自由舔食。红土含铁。

方剂二，黄芪6g、熟地4g，把药研成末，放入少量食内喂仔猪，如果仔猪还不能吃食，可灌服。具有补铜补铁的作用。

方剂三，大豆汁适量，猪血20g，把大豆汁和猪血煮熟，供1头仔猪服用。可补蛋白质和补铁。

方剂四，仙鹤草6～10g、薏苡仁6～10g，仙鹤草煎水，薏苡仁研末，放入猪食内，每头仔猪每日可分2次喂服。

2.猪应激性综合征

猪应激性综合征（PSS）是指机体在各种不良因素（刺激源）的刺激下而产生的非特异性或紧张状态应答反应的总和。本病是一种应激反应，如同是热引起出汗、冷引起颤抖等一样，不是一种独立的疾病。在生产实践中应激往往对猪的生产力和健康造成极其不良的影响。

应激综合征以良种、瘦肉型、生长速度快的猪多发，本地品种的土种猪则少发。

应激是一种生理反应，其目的是克服不良环境刺激的危害性，以适应环境。但如果不良刺激较强或时间过长，机体适应机能就会逐渐减弱、衰竭甚至失效，从而造成免疫机能和抗病能力下降。环境中本身就存在的病原菌，如霉形体、大肠杆菌等就可能引起疾病。由于我们现在饲养的猪品种的生产水平高，承受各种应激刺激的能力反而下降了，由此造成了更大的损失。

【引起应激的因素】引起应激的因素很多，实际上，一切能引起猪不适的，并形成体内复杂的防卫反应和损害变化的因素，都可称为应激因素。按照类型可分为心理应激、生理应激和遗传应激等。

（1）遗传因素　这与猪的遗传性能有关，有些品种的猪，尤其是外来品种的，其本身抗应激的能力就差。

（2）环境和气候因素　不良的环境因素如高温高湿、低温高湿、阴暗潮湿、猪舍肮脏不堪。不良的气候因素如贼风，夏秋温度过高，以及空气污染等。还有惊吓、捕捉、保定、运输、驱赶、过冷过热、拥挤、践踏、混群、转群、噪音、电刺激、断乳、生活环境的突然改变、防疫、公猪配种、母猪分娩等。尤其在断尾、注射、投药、抓猪等的强烈刺激下，应激反应更为强烈。再就是饲养密度过高、有害气体浓度高、灰尘及病原微生物多又不注重消毒、不注意通风换气等也会引起应激反应（图4-3～图4-5）。

（3）饲料营养因素　饲料品种、数量、饲喂次数的突然改变；配方不合理，某些营养成分的长期缺乏或过量。如硒缺乏症、蛋白质缺乏症等。

【致病机理】应激反应可分为动员（惊恐）、适应（抵抗）和衰竭三个阶段，对猪的不良影响发生在第一和第三阶段。

图4-3
猪应激性综合征（1）

猪只生活在阴暗潮湿拥挤的环境中

图4-4
猪应激性综合征（2）

猪只生活区的环境条件太差

图4-5
猪应激性综合征（3）

猪只生活在极其肮脏的圈舍中

当猪受到应激因子的作用，如捕捉、驱赶、注射、手术等刺激后，为了获得抗应激所需要的能量，下丘脑兴奋，分泌促肾上腺皮质释放激素，加强分解代谢，分解体内的贮备，以产生足够的能量来抵抗应激，抑制炎症和免疫反应。但由于应激时的分解代谢是在无氧或缺氧情况下进行的，机体会产生大量的中间代谢产物，如乳酸等，使体内各种平衡，尤其是酸碱平衡被破坏。中间代谢产物（废物、毒素等）积聚体内，能损害实质性器官，使其功能下降，进而降低猪的生长速度，影响产仔数，还影响猪肉的质量，造成猪肉颜色发淡、质软、有渗出液等。

应激因子作为非特异性的致病因子，会造成机体免疫力、抗病力下降，引起条件性致病菌感染，如发生大肠杆菌病、支原体肺炎等。而这些平时就存在的病原菌，无应激因子的情况下一般是不会发生的。如果应激的强度大、作用持续时间长，肾上腺皮质分泌功能衰竭，可造成猪发病和死亡。

【临床症状】根据应激因子的性质、刺激程度和持续时间的长短等区分，本病在临床上有多种类型。

（1）猝死应激综合征　也称为突毙综合征，又称为致死性昏厥、急性心衰竭等。这种类型是应激表现最为严重的形式。

其主要表现是：急性死亡和心肌及全身横纹肌变性。主要是受强烈应激因素的刺激，“交感-肾上腺”系统活动过强而引起的，如个别应激敏感性特别强的猪在受到抓捕惊吓或注射时便突然死亡。猪只受到追赶而过于惊恐，或有些猪在车船运输时过度拥挤等，都可能造成神经过于紧张，引起休克或虚脱，造成在无任何临床症状的情况下猝然死亡。有的病猪可见到其疲惫无力、运动僵硬、皮肤发红等症状。

应激死亡多发生于酷热的季节，仔猪和肥育猪都可发生，以3～5月龄猪最为常见。

（2）急性应激综合征　本型以3～5月龄猪最为常见。主要由运输应激、热应激和拥挤应激等引起，如运输途中的肥猪多发生大叶性肺炎。病猪全身颤抖、呼吸困难、黏膜发绀、皮肤潮红或呈现紫斑、肌肉僵硬、体温增高直至死亡。

（3）全身适应性综合征　本型主要表现为休克、沉郁、肌肉弛缓、应激性肌变等。尤其是应激性肌变，可发生背部单侧或双侧肌肉肿胀，肿胀部位不见疼痛反应，但肌肉僵硬、震颤。病猪卧地，呈犬坐姿势或跛行。皮肤红一阵白一阵。哺乳母猪泌乳减少或无乳，公猪的性欲下降。

（4）慢性应激综合征　本型是由于刺激强度不大、持续时间短或间断反复刺激而引起的轻微反应。病猪表现为生产性能降低、防卫机能减弱、容易继发感染、引起其他疾病。

【病理变化】

（1）猪心性急死　主要病变是心肌及全身横纹肌变性。心肌有白色条纹或斑块病灶，心包积液；脊椎棘突的上下纵行肌肉以及外臂部和腰部肌肉呈灰白色或白色，有时肌肉的一端病变而另一端正常。

（2）猪应激性肌变　主要发生于肥育猪，特征是屠宰后肌肉水肿、变性、坏死及炎症。眼观可见背最长肌、后肢半膜肌、腰大肌等处的肌肉苍白、色淡，质地疏松和有液体渗出。病猪死后立即发生尸僵，肌肉温度偏高。如果是反复发作而死亡的猪，可见背部、腿部肌肉干硬而色深，更为严重时，肌肉呈水煮样，颜色发白、松软、弹性差、纹理粗糙，甚至如同“烂肉样”，手指可轻易插入（图4-6）。

常发生的部位是前后肢负重的肌肉，病变往往呈对称性。如果反应比较轻，则腿肌坏死、外观为粉红色、湿润多汁、轻挤压时有大量淡红色液体渗出；如果反应严重，则腿肌坏死、肌肉呈灰白色、色暗无光泽、质地硬。

猪的应激性肌变有3种：一种是“水猪肉”；另一种是背肌坏死（以背肌坏死为主的疾病）；最后一种是腿肌坏死（以腿部肌肉炎症坏死为主的疾病）。“水猪肉”在屠宰后45min内pH值低于6，肌纤维分离，肌肉保水性差，纹理粗糙，煮熟后耗损大，口味很差，加工出次品。这种猪肉在国外要全部废弃。

（3）心脏的病变　最典型的病变是心脏广泛出血，心脏外观如桑葚样。慢性应激死亡的猪心脏肥大，以右心及中隔最为明显，肾上腺肥大、胃肠溃疡等。

【抗应激的措施】应根据应激因子及应激综合征的性质选用具体的防治措施，主要是改善猪外部和内部的环境。

（1）选择抗应激性强的猪种　那些胆小神经质、难于管理、容易惊恐、皮肤易起

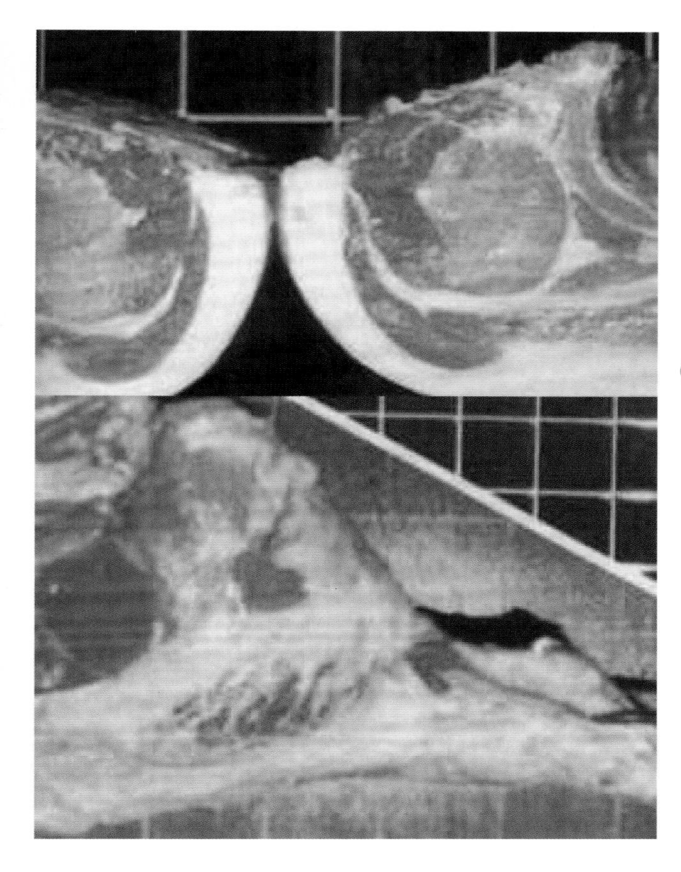

图4-6
猪应激性综合征（猪应激性肌变）的病理变化

上图为正常的猪肉；下图为应激性肌变肉（水猪肉），肌肉色深，外观为粉红色，呈水煮样，松软如同烂肉样，手指可轻易插入，湿润多汁

红斑、外观丰满的猪，多为应激敏感型猪群，最好不要选作种用。有应激敏感病史的，也不宜留用。这样可以减少或杜绝发病内因。

（2）消除应激原　改进饲养管理，制定严格的操作规程，并严格按照免疫程序进行免疫，减少和避免各种外界干扰和不良刺激，如猪舍要通风良好，防止拥挤、忽冷忽热、噪声和其他各类骚扰等。在运输时注意防寒防暑、防压、防过劳。出栏前12 ～ 24h内不饲喂或减饲，饮用补液盐水；车船运输或陆路驱逐时，避免过分刺激；在出栏运输前，对应激敏感型猪，可用氯丙嗪进行预防注射或应用抗应激药物以及抗应激添加剂，以防止发生应激现象。针对饲养环境差的情况，有条件的养殖场，应添置能有效地控制猪舍小气候的各种先进机械设备，如排风扇、热风炉、喷雾消毒器械、降温湿帘等（图4-7 ～图4-10）。

（3）及时治疗，以减少损失　对于已经受到应激因子刺激的猪群，应立即进行治疗。症状轻的可让其立即休息，慢慢可以自愈。开始肌肉僵硬时，可注射镇静剂，如盐酸氯丙嗪每千克体重1 ～ 3mg，肌内注射；或苯巴比妥每千克体重50 ～ 60mg；或3.5%静松灵注射液，每千克体重0.5 ～ 1.0mg，肌内注射。在猪转群前9d和2d用亚硒酸钠维生素E合剂每千克体重0.13mg。处于休克状态时，应予急宰。

图4-7
消除应激原（1）

为了避免热应激及有害气体浓度过高刺激的发生，猪舍内墙壁上安装横向的排风扇

图4-8
消除应激原（2）

为了防止夏季猪舍温度过高，猪舍的自动喷雾降温措施

图4-9
消除应激原（3）

猪舍地面的喷水降温

图4-10
消除应激原（4）

夏季猪舍水帘降温

（4）对病猪应单独饲养　病猪进行单独圈舍隔离饲养。对重症者可肌注或口服氯丙嗪每千克体重1～3mg或催眠灵每千克体重50mg；为了防止过敏性休克和变态反应性炎症，可适量静注氢化可的松或地塞米松磷酸钠等皮质激素。

总之，严格有效的生物安全措施、合理的猪舍建筑及布局、有效而先进的饲养设备（特别是通风换气保温设备）、严格彻底有效的隔离卫生消毒措施、科学的饲养管理、严格的操作规程，是预防应激的有效措施。

3.仔猪腹泻

仔猪腹泻（特别是分娩舍仔猪腹泻）是当今养猪业的一大难题，尤其是近年来，仔猪腹泻的发生率明显增加。因此，各个猪场为了减少本病的发生，培育出更多更健康的仔猪，都采取了更为严格的猪场管理措施，以减少本病的发生。

【病因】引起仔猪（尤其是分娩舍的仔猪）腹泻的原因很多，归纳起来有以下几个方面。

① 新生仔猪只能有被动免疫机能：新生仔猪本身没有保护性免疫机能，只能从初乳中获取相应的抗体来获得被动免疫能力。初乳中抗体的含量虽很高，但其水平下降也快，因此，仔猪如果受到病原微生物的侵袭就容易患病。

② 仔猪调节体温的机能不健全：初生仔猪体温调节的神经系统尚未发育完善，故对寒冷的抵抗力低。仔猪在出生20d内体温受环境变化的影响很大，当外界环境温度比仔猪的体温低很多时，仔猪的体温能迅速下降，代谢减弱，机体的免疫抵抗力降低，常发生各种疾病，特别是腹泻病的发生（图4-11）。

图4-11
仔猪腹泻

新生仔猪排出淡绿色水样的稀粪

③ 新生仔猪消化功能不完善：初生仔猪仅能吸收乳糖，胃内仅含有凝乳酶，而胰脂肪酶、胃蛋白酶和胰蛋白酶等其他的酶类都很少，并且活性也低。

④ 规模化猪场仔猪早期断奶应激过强：对于实施早期断奶的仔猪，其环境温度、饲料营养、管理条件没能跟上需要，更容易致病。据报道，早期断奶应激可造成仔猪免疫反应抑制，导致仔猪抗病力弱而易发生腹泻。

⑤ 营养和饲养管理不当：由于母猪无奶综合征而导致仔猪低血糖，仔猪发生水样腹泻，严重的由虚弱发展到体温降低、昏迷或神经症状。对仔猪突然强制补料或饲喂不良的奶汁和饲料，可导致仔猪补料诱导性腹泻或营养性腹泻。

⑥ 细胞性病原菌造成腹泻：

a.仔猪黄痢。1～7日龄的仔猪发病，是由致病性大肠杆菌引起的，四季均可发病，以第一胎母猪所产仔猪或环境卫生条件较差的发病率较高，日龄越小死亡率越高。排黄色稀粪，内含凝乳小片，排粪失禁，脱水消瘦，衰竭死亡。

b.仔猪红痢。四季可发，主要是1～3日龄仔猪发病，是由C型魏氏梭菌产生的外毒素而引起的。发病急剧，病程短促，大多于1～3d内死亡。排出浅红色或红褐色稀粪，后期排出的粪便中含灰色坏死组织碎片，变成“米粥”状粪便。

c.仔猪白痢。四季可发病，主要是10～20日龄仔猪发病，也是由致病性大肠杆菌引起的。饲养管理差、气温剧变、阴雨连绵等情况下多发。病程2～10d，以排出乳白色或灰色腥臭的糊状稀粪为特征。

d.仔猪副伤寒。多发生于多雨潮湿的季节，多见于卫生状况差的猪场，是由致病性沙门菌引起的。主要是慢性结肠炎病变（与肠型猪瘟相似），有的呈急性败血症，经1～6d死亡。

⑦ 病毒性病原体导致腹泻：

a.猪传染性胃肠炎。是由传染性胃肠炎病毒引起的，在冬、春季较易发，各年龄段的猪均可感染发病，对日龄越小的仔猪危害越大。仔猪呕吐、水样腹泻，最后脱水死亡或成为僵猪。成年猪轻度水样腹泻。

b.轮状病毒病。以晚冬和早春季多发，以10～20日龄的仔猪最易感，多为散发。成年猪多为隐性感染。仔猪呕吐、腹泻，粪便黄白色或黑色、较腥臭、呈水泻样或糊状。

c.伪狂犬病。冬春季节多发，病猪精神沉郁、呕吐、腹泻、发抖，有的出现后退、转圈等神经症状。

⑧ 弓浆虫病：夏秋季多发，呈地区性，湿热季节较多发，似猪瘟、流感症状，体温升高稽留，腹泻或便秘，皮肤发绀。

⑨ 缺铁性贫血：四季可发，以规模化猪场多发。病猪消瘦、食欲不振、便秘与下痢交替，可视黏膜苍白。

【防治措施】为预防本病的发生，一定要确保猪场与外界严格隔离，保证分娩舍和保育舍的清洁卫生，严格遵守“全进全出”的管理方式，不断提高猪场的卫生标准等。

① 防止怀孕母猪过肥或过瘦：要想获得体质健壮的仔猪，母猪的科学饲养非常重要。一般在怀孕的前期用低标准饲料，且多喂青绿饲料或多汁饲料；怀孕后期应采用高标准饲料，以保证营养供给，促进胎儿正常发育，减少母猪脂肪消耗，为产后恢复体力和分泌初乳积蓄营养。产后当天不要喂精料，适当饲喂麸皮汤或硫酸镁等轻泻剂。从产后的第三天起，逐渐增加母猪饲喂量，可防止因母猪产后不食、便秘、缺奶而导致仔猪的腹泻。

② 做好母猪分娩前的免疫接种和产后的护理工作。

a.一般可采用下面的免疫方法。母猪于产前36～42d注射“猪传染性胃肠炎-轮状病毒”二联苗；于产前21～28d注射“大肠杆菌基因工程四价苗”；于产前30d、15d各免疫接种一次红痢菌苗。

b.待产母猪进入分娩舍前，必须对产栏和母猪进行彻底消毒。有条件的猪场可实行全进全出的方法，更有利于杜绝病原微生物的感染。

c.做好母猪围生期的保健用药。在临产前一周到产后一周的母猪饲料中添加保健药物，对于预防仔猪腹泻病有良好的效果。

d. 母猪进入分娩舍后和临产中，均应用温热的0.1%高锰酸甲溶液洗涤母猪的阴门、乳房和腹部。临产中擦洗并按摩乳房，挤掉奶头的第一、第二把奶，辅助仔猪吃上初乳。这是防止母猪乳房炎和仔猪腹泻的重要措施，尤其对于第一胎母猪更为重要。

e. 注意保温工作，保持猪舍干燥，保证良好的卫生条件。适当限制仔猪的采食量，防止仔猪过度采食而引起消化不良性腹泻。仔猪出生后72h内注射补铁针1～2mL，对于仔猪因缺铁而造成的贫血、腹泻有很好的防治作用。

4. 母猪产后缺乳或无乳综合征

母猪产后无乳或者乳汁分泌少，称为缺乳或无乳综合征。本病的发生多是由母猪在妊娠期间及哺乳期间的饲料品种单一、营养不全，或母猪过早配种，乳腺发育不全，以及患乳腺炎、子宫内膜炎和其他传染病而引起的，常发生于母猪产仔后几天之内。本病是规模化猪场初产母猪及老龄母猪的常见病。往往是仔猪出生后，吃不到足够的初乳，从而诱发了很多种胃肠疾病，常常给猪场造成很大的经济损失。

【病因】引起本病的主要原因有以下几个方面：

① 母猪怀孕期间饲养管理不善，使得营养不足或营养过剩而导致母猪过瘦或过肥，造成乳腺发育不良，导致奶水少或没奶水。

② 母猪体型较小，后备母猪过早配种，乳腺发育尚未完善。或者母猪年龄太大，生理机能下降，奶水少。

③ 母猪运动不足，分娩时间太长或胎衣不下继发子宫感染，如感染葡萄球菌、大肠杆菌、链球菌等造成母猪患乳房炎等（图4-12）。

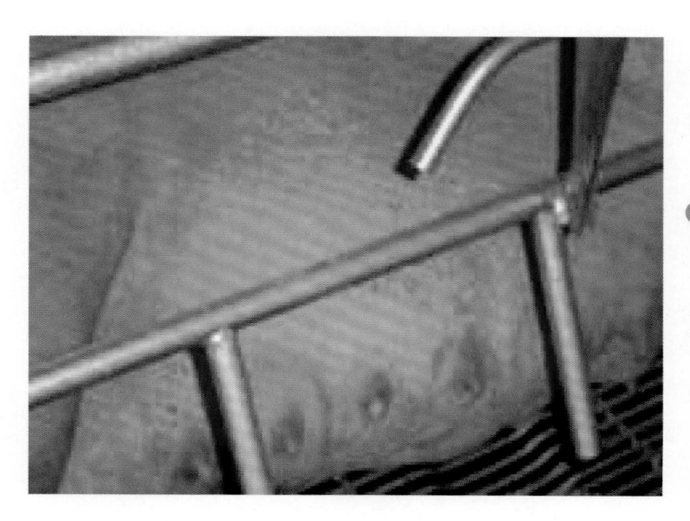

图4-12 母猪产后缺乳或无乳综合征的病因

不注意母猪产前、产中和产后的护理，感染细菌性病原体所导致的乳房炎

④ 母猪有消化道类疾病，造成食欲不振、消化吸收机能差。

⑤ 母猪发生了某些疾病，如蓝耳病、附红细胞体病、猪瘟、支原体病等，导致了本病。

⑥ 母猪受到外界的刺激，如高温、噪声、强行驱赶、惊吓等产生应激反应，导致内分泌失调，使得母猪产奶少或没奶水。

【临床症状】多数母猪往往在分娩过程中或者分娩刚结束的一段时间能正常泌乳和哺乳仔猪。产后的吃喝、精神、体温也正常。但2～3d后泌乳量明显减少或者彻底无乳。乳腺瘦小干瘪、充乳不足（图4-13）。用手挤奶，奶量很少或乳汁稀薄甚至挤不出乳汁。有的病猪则乳房肿胀，触诊有痛感，拒绝仔猪拱撞吸吮。母猪体温升高至40.5℃左右，鼻盘干燥、喜躺卧、粪便干、尿短赤等。母猪常拒绝仔猪吃奶，并用鼻子拱或用腿踢仔猪。

图4-13 母猪产后缺乳或无乳综合征的临床症状

母猪的乳腺发育不良、瘦小干瘪、泌乳不足（靠后的几对乳头）

由于母猪泌乳量减少，可见仔猪吃奶次数增加，但仍吃不饱，仔猪常追着母猪吮乳，不停地对母猪奶头进行拱动，叼住奶头不放。因吃不到奶而表现出焦躁不安、饥饿嘶叫、持续发出刺耳的尖叫声，吃奶时甚至咬伤母猪奶头。还有部分仔猪到处找寻食物，增加饮水，甚至可能饮用地面上积聚的脏水或尿液，从而导致全窝仔猪突然腹泻。大多数仔猪会因吃不饱而身体很快消瘦，脊背突出，虚弱无力，皮肤呈苍白色，被毛逆立、粗乱、无光泽，步态不稳，体温下降，怕冷，不停呻吟，嗜睡，还会出现抽搐、惊厥的现象。因抵抗力下降而常诱发各种疾病。部分仔猪由于消耗掉了过多的能量，体质严重消瘦虚弱，在母猪旁边伏卧时，非常容易被压死或者踩死。对于少数能够存活的仔猪，生长发育缓慢，往往变成僵猪。

【防治措施及方剂】

（1）预防　加强饲养管理，后备母猪不可过早配种，产前1周将母猪转移至产房，分娩过程中减少应激。仔猪出生后适时断牙，防止吮乳时咬伤母猪乳房而引起乳房炎（图4-14）。

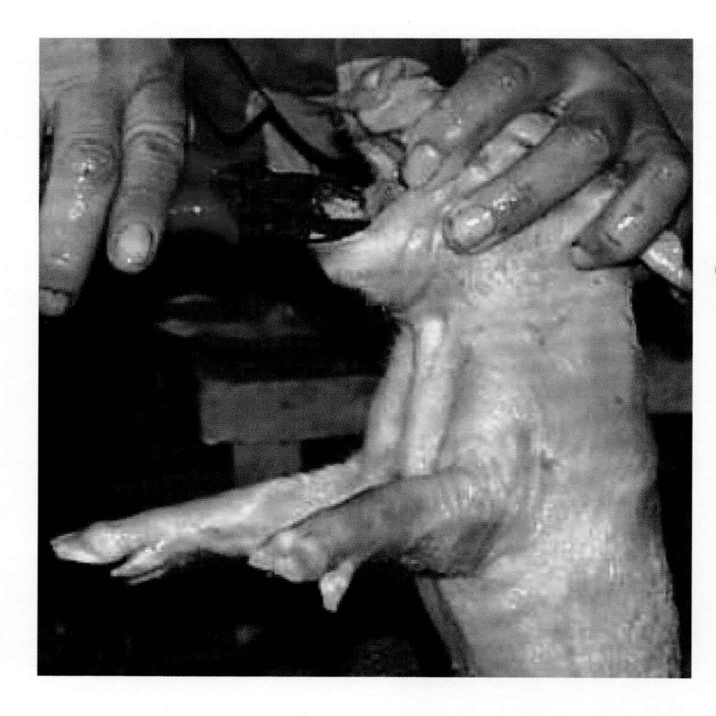

图4-14
新生仔猪剪牙操作

用锋利的、刀口平整的剪牙钳，夹住一颗牙齿快速而有力地剪牙。剪牙后要确认是否剪平以及有无残留的尖锐牙齿碎片。如果有残留的牙齿碎片就要用牙钳剪掉，用手抚摸剪过的部位，直到平整不刺手为止

① 保持妊娠母猪体况适中，防止过瘦或过肥，尤其要防止便秘和产后不食。

② 必须保证母猪全价的配合日粮：一般在怀孕初、中期（配种到怀孕95d）每天喂给妊娠母猪料1.8～2.2kg；怀孕后期（怀孕95d到产前2d）喂哺乳母猪料3～3.5kg，辅以新鲜牧草、青菜，或苜蓿草粉等青绿饲料；母猪产前2d饲喂2～2.5kg的哺乳母猪料；临产的当天根据猪的食欲喂哺乳母猪料2kg。

③ 产前母猪身体的清洗和消毒：临产前一周先要清洗母猪的身体，后选用0.1%高锰酸钾液或新洁尔灭或次氯酸钠等给母猪体表进行消毒，尤其是其乳房、腹侧和臀部。然后进入消毒过的清洁的产房。

④ 产后的再清洗和消毒：产后主要清洗和消毒的部位是母猪的乳房、腹侧和臀部。按摩乳房，把每个乳头的第一把、第二把奶挤掉。产后的前7d内，母猪每天喂3～5次，喂量3～3.5kg/天，防止过食，多喂青绿牧草。自产后第7d开始逐渐增加配合日粮至自由采食，每头母猪日喂量采用母猪基础日粮："1.5kg+所带仔猪数×0.5kg"的公式计算。喂料应该喂湿拌料。

⑤ 产前一个月和产后当日，给母猪肌注1次亚硒酸钠维生素E注射液（每毫升含亚硒酸钠1mg，维生素E 50IU）10mL，产后当天喂服"促乳灵"。

（2）治疗方法　母猪产后无乳或少乳的，可以找代乳母猪（保姆猪）或用奶粉或牛奶补喂；做好饲养管理，减少应激刺激，提高母猪的抵抗力；做好猪圈的卫生管理，减少病菌感染；每天给母猪乳房按摩2～3次；喂些高蛋白饲料，如豆制品，提高泌乳量；添加青绿饲料，促进消化。

① 在产仔猪期间或产后，可肌注垂体后叶素10～30IU，用药后15min，再把隔离的乳猪放回来，让乳猪吃奶。此药可每小时注射1次，一般3～5次即可见效。

② 青年母猪生产仔猪后，可能有的会异常兴奋，也可引起缺乳或无乳，可以肌注阿尼利定注射液10～20mL。

③ 如果是患了乳房炎的，可肌注鱼腥草注射液20～30mL，每天2次，连用3d。对于炎症明显的应用青霉素、链霉素、地塞米松、氨基比林进行消炎。药物治疗的同时，可用温毛巾按摩乳房，每日2～3次，每次20min。

④ 促进泌乳，可肌注己烯雌酚5～6mL，每日2次。

⑤ 中药或土法催奶：

方剂一，每头母猪每日肌注10～20mL高度（50°以上）白酒，连用2d。

方剂二，红糖200g、黄酒250g、鸡蛋1个，拌入饲料内喂猪，连喂3～4d。

方剂三，王不留行、党参、熟地各55g，穿山甲、黄芪各45g，通草35g，水煎灌服。或将药汁拌入饲料内喂给母猪，1日1剂，连服2d。

方剂四，海带300g泡胀切碎，然后加入120g动物油煮汤，1日2次，连喂2～3d。

方剂五，在煮熟的豆浆中，加入100～200g的猪油，连喂2～3d。

方剂六，穿山甲8g、通草8g、益母草28g、王不留行8g，水煎拌料喂猪。

方剂七，大豆煮熟，然后加入适量的动物油，连喂2～3d，每日1～2次。

方剂八，对于体质瘦弱、乳房小、乳汁不能充盈的母猪，可用王不留行30g、穿山甲30g、党参20g、川芎30g、生熟地20g，共研为细末，开水冲调或煎温喂服。

方剂九，干燥胎衣粉末60～80g、王不留行60g，先将王不留行水煎2次，再加入胎衣粉末，混合在猪食内，每天早晚分2次喂给。

方剂十，猪膀胱2个、大豆1500g，先将大豆磨成豆浆，把猪膀胱切碎，再加在豆浆中煮熟，混在饲料内喂给母猪，每天2次。

5. 母猪低温症

母猪低温症是一种因饲养管理不当，营养失调，体内产热不足或散热过多而引起母猪体温下降的一种临床综合征。主要特征是突然发病，体温降至35～37℃，食欲明显下降甚至废绝，特别严重时出现不能站立，肛门松弛、脱肛等症状。如不及时治疗或治疗方法不当，往往造成母猪、仔猪共同死亡。

本病多发生在严冬和春初，天气突变是其诱因；多发生在妊娠后期，发病率常常在15%以上；多发生于体质虚弱的母猪，并且以长期饲喂生粉料、饮用凉水的母猪高发。

【病因】发病的主要原因是营养不良、管理差，青、精饲料搭配不合理，以致于猪的营养供给与消耗不平衡，再加上体内胎儿逐渐发育而引起代谢障碍，进而体温降低。归纳起来有如下几个方面：

（1）饲养管理不当及气候环境等因素　如饲料蛋白含量过低或饲料营养搭配不当，

猪舍地面长期潮湿，气温突变等，使得母猪难以适应而造成体温下降。

（2）退烧药使用不当（一般为过量） 安乃近、扑热息痛、阿尼利定等都会造成低温。原理是，药物刺激了温敏神经，使温敏神经受到抑制从而导致机体能量代谢紊乱，结果出现低温症状。

（3）营养代谢失衡 这可以造成能量代谢紊乱，体内的酶无法正常运转，无法维持正常的体能从而导致低温。

（4）内毒素作用 猪肠胃运动机能减弱，无法将内毒素完全排出导致低温。

（5）中毒因素 如农药中毒、饲料中毒等。农药中含有汞、砷、有机磷、有机氯等成分，一旦误食会造成中毒；预混料、玉米、豆粕等发生霉变后，猪只食入也会造成中毒。中毒严重时有明显的口吐白沫、角弓反张等症状，再就是表现为体温下降、食欲减退。

（6）病原体感染 由于病原体进入机体后没有得到有效的控制，进入血液形成菌血症或毒血症，一般表现为前期体温升高，后期体温下降。

【临床症状】病猪突然发病，被毛粗乱，瘦弱，体温降到36℃以下，严重的可降至35℃以下。精神高度沉郁，反应迟钝，食欲减少或废绝，卧地难起，嗜睡，呼吸加快，心跳加快，皮肤干燥、缺乏弹性，畏寒打颤，耳鼻发凉，四肢厥冷。眼结膜、口舌黏膜苍白。有时呕吐或流涎，不愿让仔猪吃乳。有的猪大便干燥呈粒状或腹泻，尿量减少。怀孕母猪易早产、产弱仔或死胎，空怀母猪延期发情。病程一般7 ～ 10d，最后昏迷衰竭而死。

【病理变化】病猪皮肤及可视黏膜苍白，心肌松弛，肺有不同程度的充血、水肿。

【防治措施及方剂】治疗时应补液、强心、恢复神经系统的正常调节功能。对此病应早诊断并及早正确用药。

（1）每100kg体重的母猪用50%葡萄糖120 ～ 160mL、辅酶A 800 ～ 1000IU、维生素B_6 400 ～ 500mg、维生素C 2.5 ～ 4.0g，混合后一次静脉缓慢推注（注射液加热至37.5 ～ 39.5℃效果更好）。

（2）颈部肌内注射10%安钠咖注射液，按每千克体重0.4mL肌内注射，隔日1次。或10%的樟脑磺酸钠10 ～ 20mL，每天1次，连用3 ～ 4d。还可以在饲料里加入适量的人工盐和酵母片。

（3）中药疗法 方剂，党参、黄芪、肉桂、熟附子各25g，干姜、草果、连翘、炙甘草各15g，共研成细末，用开水冲后加适量红糖，候温灌服。

（4）肾上腺素加红糖疗法 按病猪体重的大小，取0.1%盐酸肾上腺素注射液8 ～ 10mL，一次肌内注射，每天1 ～ 2次，连续2 ～ 3d。接着取红糖（也可用白糖）100 ～ 150g，加适量开水溶解，候温，一次灌服或让其自饮，每天2 ～ 3次，连续3 ～ 4d。

（5）对于大便干硬的可先用温肥皂水灌肠，待干硬粪便冲出后，再用温肥皂水深部灌肠。对于呕吐的可适量肌内注射贝那替秦。喂食和饮水中可适当加入熬好的生姜辣椒汤，以加快机体血液循环，有助于体温上升。还可适当提高猪舍温度，铺干净柔软的垫草。

6.母猪产后热

母猪产后热又称为产后高热，是母猪产后1～3d发生的以高热、不食为特点的一种疾病。特征为母猪食欲减退或废绝、泌乳量降低，从而造成仔猪生长发育受阻、腹泻。本病发率在10%左右，以炎热季节较为多见，如不及时治疗，会很快导致母猪死亡。本病发生的主要原因是产后细菌感染。

【临床症状】本病的症状为母猪体温升高至40.5～41.5℃，脉搏110次/min左右，精神高度沉郁。喜卧、皮肤发红、食欲减退或废绝、张口呼吸、身体颤抖、呼吸加快、大便较干、尿发黄。泌乳减少，阴户流出脓性分泌物。

【防治措施】

（1）预防

① 加强母猪产前、产后的饲养管理：母猪产仔前一周开始减料，但应逐渐减少饲喂量，产前3d要减至一半，临产前最好不喂料，这样有利于分娩。产仔当天只供给充足的热麸皮水或温盐水，不可喂给大量浓厚的精饲料。产后3～5d可视母猪食欲与膘情逐渐增加精料喂量，一周左右即可转入正常饲养。

② 改善猪舍环境卫生：在母猪产仔前7d，将产房及用具用2%的烧碱溶液或甲醛溶液进行全面消毒。在母猪分娩前后，猪圈舍内的温度要适宜，光照要充足，空气要流通，地面应干燥，垫草要柔软，并做好防寒工作。

③ 药物预防：母猪产仔前后用0.1%的高锰酸钾溶液清洗阴户及乳房；如果母猪产仔困难，可注射垂体后叶素进行催产，尽量不要将手伸入产道硬拉。这些措施可有效地预防产后几天内发热、不食现象的发生。

（2）治疗　症状较轻的可肌内注射青霉素、链霉素或恩诺沙星等抗生素，每天2次，连注2～3d。症状较严重的，可适当加大抗生素用量，同时皮下注射10%的安钠咖注射液10mL或垂体后叶素20～40IU，每天2次，连注3～5d，即可痊愈。

7.母猪分娩前后便秘

母猪分娩前后便秘是现代化养猪场中经常发生的疾病。主要特征为母猪采食量下降、排便困难、粪球干硬。如果是产前便秘，可能意味着将出现难产；如果是在哺乳期间便秘，可能是继发了子宫炎、乳房炎等。便秘会使得整个猪场的生产成绩低下，疾病频发。据统计，大约60%的母猪有便秘的现象。

【病因】本病的病因很多，归纳起来有以下几个方面。

（1）生理性原因　母猪怀孕后随着身体孕激素水平提高，子宫肌及肠平滑肌会出现松弛（这有利于胎儿的稳定）。再有，怀孕后期胎儿迅速长大压迫直肠，同时也会造成肠蠕动减慢，粪便在肠道内停留时间过长，水分被过度吸收，造成母猪便秘（图4-15）。

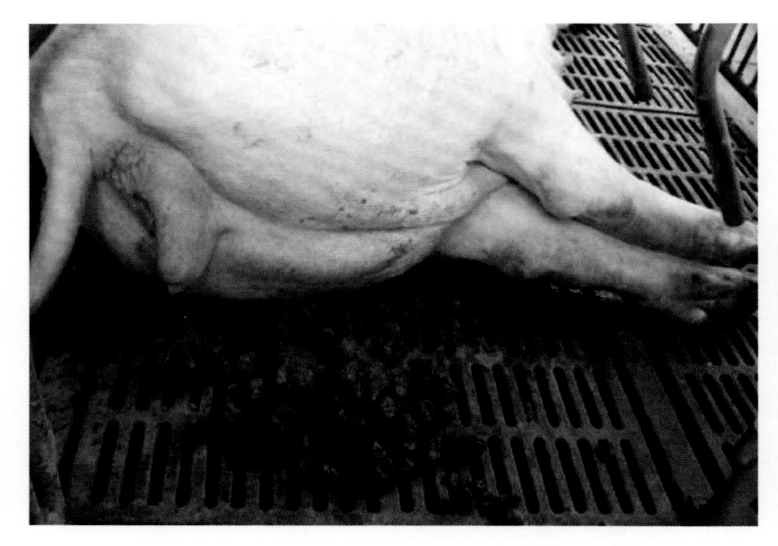

图4-15
母猪产前便秘症状，粪便呈球状，小且干硬

（2）营养问题

① 怀孕母猪日粮中粗纤维含量不足，不能对肠道产生足够的刺激，使肠道蠕动减缓而引起便秘。

② 日粮中能量和蛋白质水平过低、粗纤维含量过高，引起营养不良，导致体质虚弱性便秘。

（3）饲养管理问题　主要是许多猪场不重视、不注意母猪分娩前后便秘的防治。

① 饲喂问题：部分养殖户在产前3d，母猪不减料，造成母猪分娩前采食过多，肠内容物与怀孕后期胎儿迅速增长，粪便在肠内停留时间过长，水分过度被吸收形成便秘，进而导致胎儿分娩困难。这种情况多见于产仔数多、仔猪过大的母猪。

② 饲料问题：饲料颗粒过细，不喂或很少喂含水分较多的青绿饲料，导致直肠中没有足够的水分而引起便秘。

③ 温度问题：盛夏高温持续数日可引起母猪高温热应激，导致水分丧失过多，水盐代谢紊乱而便秘。

④ 饮水问题：很多时候母猪便秘是由饮水不足造成的。实际生产中，各类饮水器的设置不当（如高度、位置、水流量等）（图4-16），造成母猪饮水不畅。抑或是水压或者水质问题，母猪饮水不足。

⑤ 运动问题：现在流行母猪圈养，母猪多在限位栏里笼养，这样便限制了母猪的运动。长期缺乏运动造成胃肠功能降低，肠蠕动减缓，肠道中的水分因过度吸收而发生便秘。

⑥ 其他因素：妊娠母猪的内分泌状态变化、母猪年龄、饲养管理及各种生理因素都可能引起分娩前后母猪的便秘和乳房水肿，特别是应激因素。母猪的妊娠便秘类似于许多妊娠妇女都有便秘，伴有下肢水肿现象一样。

图4-16
饮水器设置的位置过低

（4）疾病问题　主要是饲料霉变（霉菌毒素），尤其是黄曲霉毒素中毒，可引起母猪便秘或腹泻。再就是很多猪场采用定期向猪群投药来预防疾病，药物投喂过量会引起药源性便秘。另外还有一些热源性疾病也会引起便秘，如母猪产后MMA（母猪产后三联综合征，即子宫内膜炎、无乳、乳房炎）、猪瘟（多温和型）、弓浆虫病及蓝耳病等均可以致母猪便秘。

实际上，母猪便秘是一种症状并非是一种单独的疾病，母猪便秘也不是由某一个原因引起的，而是几个因素共同作用的结果。这种症状绝大多数是由于应激和其他因素综合作用于某些管理不善的猪群。

【临床症状】母猪分娩前后便秘的主要症状是母猪体温升高、排干硬的粪球、厌食、拒食。母猪的乳房水肿，严重的有乳汁变质、仔猪下痢。严重时会引起母猪分娩无力、产程延长、母猪难产、产死胎。母猪精神沉郁或暴躁，坐立不安，导致胎儿死于腹中，或产出的仔猪被压死、咬死、夹死等。

【危害】母猪便秘的危害主要表现为：

① 炎热夏季便秘可使体内粪便异常发酵产热，导致母猪体温升高，重则引起其他疾病，影响母猪的各项正常的生理机能。

② 粪便在大肠内异常发酵时所产生的毒素等有害物质进入血液会损害机体的器官，引起各种炎症，如子宫炎、阴道炎、乳房炎等。炎症会加剧母猪的乳房水肿现象，严重的会引起乳汁变质，仔猪吮吸这样的乳汁后会引起仔猪下痢，对母猪和仔猪都有危害。

③ 便秘会造成母猪厌食、拒食，分娩前严重时会引起母猪腹部和子宫肌群收缩无力、分娩无力、产程延长。没有排出的粪便在直肠内会压迫产道，引起母猪难产，造成死胎数增加。长时间便秘可导致脱肛或脱宫。

【防治措施及方剂】本病只有采取有针对性的措施，才可以有效地提高生产成绩。

（1）预防　本病的预防需主要注意以下几个方面。

① 合理饲喂：选择高品质饲料，以满足母猪营养需求，并按照标准的饲喂程序进行精准饲喂。同时适量增加青绿饲料的用量，并使用粗纤维饲料，如麦麸等。

② 保证充足饮水：合理设置猪舍饮水器，饮水器的高度要与母猪肩部同高，水的流量最低是2L/min（图4-17）。夏季也可在母猪采食后，在料槽内注水，令其自由饮水。也可以饲喂湿拌料。

图4-17
猪舍内饮水器的设置

③ 加强环境条件的控制，减少热应激所导致的便秘。尤其是夏天，必须做好降温措施，给母猪提供舒适的生活环境，如设置水帘降温，墙壁安装风机通风降温等。

④ 适当运动：妊娠30～90d有条件的可以适当增加母猪的运动。利用猪舍间的空地作为运动场，把猪驱赶入运动场任其自由活动。

（2）治疗

① 适时适量使用泻药：硫酸镁和硫酸钠等都具轻泻作用，以硫酸镁作用更为强烈一些、效果也更好些。必须注意的是，在应用泻药时，剂量要合理准确，要注意猪的品种、年龄和体重。硫酸镁（硫酸钠）一般用量为30～80g，内服。或石蜡油50～150mL（也可用植物油代替），内服。或是大黄末50～150g，加入适量水内服。同时可以添加大剂量的葡萄糖粉，增加饮水量及饮水的次数。

② 灌肠：用温水或2%小苏打水或肥皂水，反复深部灌肠。

③ 采用微生态制剂：微生态制剂可以改善肠道的内环境，减少肠道内的异常发酵，可以刺激肠道蠕动，使粪便湿润，缓解便秘。如用“泌乳进”，可改变结肠和直肠对水分的吸收率，能吸引水分至大肠腔内从而增加粪便的水分的滞留量，粪便因此变得柔软一些，易于从肠道排出。

④ 适当饲喂青绿饲料：饲喂青绿饲料能提高食欲，补充膳食纤维和天然维生素，可促进泌乳、预防便秘，还能节省成本，但在哺乳高峰期要注意饲喂量。

⑤ 中药治疗：

方剂一，大黄30g、槟榔片20g、厚朴20g、枳壳30g、人工盐50g（为50kg大猪的药量），把前4味中草药水煎，稍温后溶化人工盐，用胶管内服。

方剂二，豆油250g、大黄30g、滑石粉30g、炒牵牛子15g，把后3种草药水煎后，加入豆油内服。

方剂三，芒硝100g、大黄30～50g、枳实25g、蒲公英50g、黄芩30g，把草药水煎后，溶化芒硝加水内服。

8. 母猪乳房水肿

母猪分娩前后非常容易发生乳房水肿，常常被养猪人错误地认为是分娩前后母猪正常的“胀乳”而被忽视。乳房水肿液的增加，会压迫乳腺组织，影响到母猪的泌乳功能。因此，母猪乳房水肿一定要引起重视。

【原因】

① 分娩前母猪缺乏运动。特别是母猪笼养，更加限制了母猪的运动，运动量不足会影响到母猪的血液循环。

② 饲料营养缺乏或营养不平衡。

③ 饲养管理不科学。比如，在寒冷的冬季，母猪长期睡在寒冷的水泥地面上，会造成腹部血液循环障碍而使母猪患乳房水肿，这是怀孕后期母猪经常出现的一种现象。

【危害】乳房水肿一般开始于分娩前几周，在产后10d左右可自然消散，通常不影响泌乳量和乳质。乳房水肿的危害有以下几个方面：

（1）乳房水肿会严重影响母猪的乳房发育　水肿使母猪无乳或乳汁少，还容易引发乳房炎。母猪患有乳房水肿还能导致初乳产量少，仔猪吃不到初乳会影响到其生长发育，使得抗病力下降，严重的会形成僵猪（图4-18）。

（2）乳房水肿影响配种　母猪乳房水肿会造成母猪过瘦或过肥，或使母猪发情异常，配种困难。造成母猪的可生育年限缩短，饲养母猪的效益下降。

（3）乳房水肿导致母猪便秘　母猪患有乳房水肿容易导致便秘，使采食量降低，使得饲料的利用率下降；还会造成粪便在肠道内异常发酵，生成一定量的毒素，从而容易引发其他疾病；还会使母猪情绪过于烦躁，容易发生机械性流产等情况。

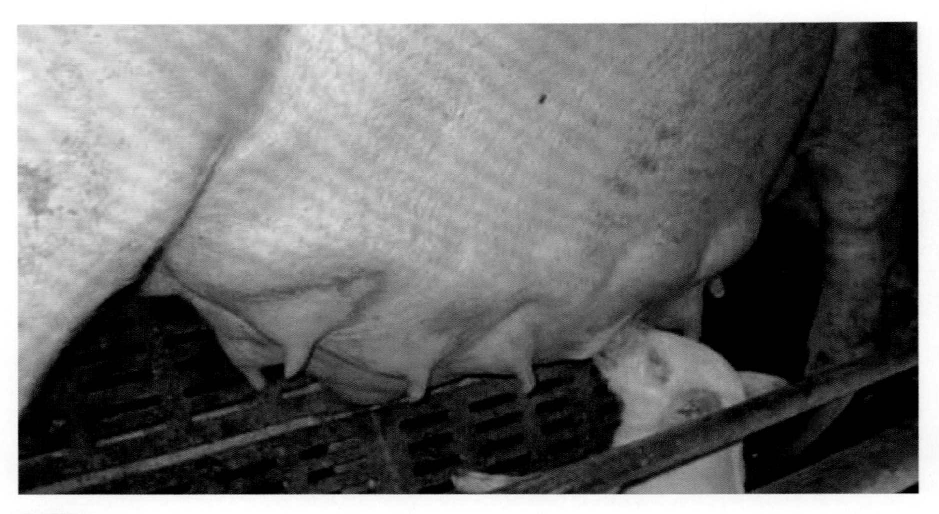

图4-18
母猪奶水过少

【临床症状】病猪初期表现体温升高、精神沉郁、食欲减退。发病的乳房发生明显肿大，潮红发紫，触摸感到较热，且伴有疼痛，不接受仔猪哺乳（图4-19）。随着病情的进一步恶化，只能够从乳房挤出稀薄的乳汁，且里面含有少量的絮状物。如果病情严重恶化，甚至发生脓性乳房炎时，可导致乳房中存在大小不等的脓肿，且脓汁可从乳头挤出。如果没有及时采取有效的治疗，会引起坏疽性乳房炎。

【防治措施】

（1）预防　要根据母猪的具体情况，适时地调整饲料的供给量，并做好各项饲养管理工作。

母猪妊娠中期，添加适量的健胃、助消化的保健药于饲料中，如干酵母、大黄苏打片等。妊娠后期，适当增加能量和蛋白质的含量。同时还要注意饲喂足够的青绿饲料，并补充适量的维生素，确保饮水清洁、充足。禁止饲喂发生霉变的饲料以及腐败的青绿饲料。但妊娠后期尽量不要增加粗纤维饲料。分娩结束后，需要饲喂容易消化的稀粥状饲料或者湿拌饲料，并采取少给勤添的方式，可每天增加1 ～ 2次饲喂次数，使其经过5 ～ 7d的过渡期，再逐渐恢复到泌乳期所需的营养水平。

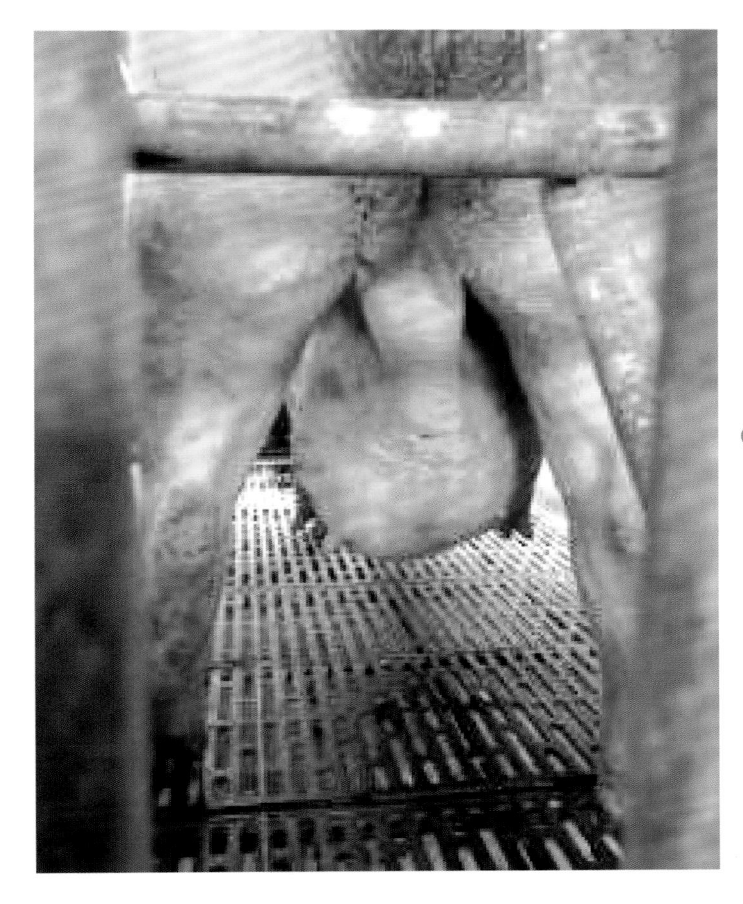

图4-19
母猪乳房水肿的临床症状

猪舍内外的环境要保持清洁，垫草要定期进行更换，还要注意进行定期消毒。一定要注意避免乳房发生损伤，如果发现有损伤则要立即进行处理，以确保母猪乳房和乳头健康、清洁、卫生。产前对乳房用温水进行擦洗，并进行轻柔按摩，一般每天2次，每次持续15min左右，这样可以促使水肿尽快消退。

（2）治疗　发现母猪患病后，要立即使其与仔猪隔离，将发生肿胀的乳房中的乳汁挤去，并在局部涂抹樟脑油或碘软膏（内含有凡士林100g、碘化钾3g、碘1g）或者10%鱼石脂软膏等。也可使用50～100mL添加有200～400万IU青霉素的0.5%盐酸普鲁卡因局部封闭。同时还要配合温敷、按摩，并对全身使用抗生素进行对症治疗。

9. 母猪产程过长综合征

母猪从分娩产出的第一头仔猪落地到胎衣全部排出的整个产仔过程，简称为产程。母猪正常的产程时间一般为2～3h，但因母猪个体、年龄、胎次、产仔数量、品种等的不同，母猪产仔时间有很大差异。人们常常将母猪分娩无力，产仔时间超过3h（有些国家则规定超过2.6h）的现象称为母猪产程过长综合征。

【病因】母猪产程过长的原因很多，归纳起来有以下几种：

（1）营养供应的问题　饲料营养不平衡或部分维生素含量不足，会导致母猪体质过差、体弱无力、便秘、产前厌食等，致使分娩母猪子宫肌肉组织收缩无力或产道变窄。

（2）饲养管理原因　怀孕母猪缺少适当的运动，过度限位饲养；妊娠期饲喂量不当，造成分娩时母猪过肥或过瘦；饲喂不合格的饲料添加剂，如使用含催眠药的饲料添加剂，使母猪组织活力减弱，子宫收缩无力而延长产仔时间；还有的妊娠母猪喂得太多或补料过早，造成胎儿生长发育过大等。

（3）胎位、胎次原因　初产母猪，尤其是早配且体重较小的母猪产仔时，子宫及腹部肌肉的间歇性收缩力较小，骨盆腔口和阴道较狭窄。而经产母猪的产程最短的仅用1h左右，但胎次过多的产程也会延长，如8胎以上的老母猪，产程往往能拖延到10h以上。

（4）品种方面的原因　从国外引进的大约克夏、杜洛克、长白、汉普夏、皮特兰等几个瘦肉型品种母猪和国内新培育成的母猪，均较当地地方品种的母猪产程要长约1～2h。

（5）感染传染性疾病　当母猪感染了猪瘟、乙型脑炎、细小病毒、蓝耳病、伪狂犬病等，都可引起母猪的繁殖障碍，造成产程过长，甚至引起产道感染（图4-20）。妊娠中期或后期，胎儿死在母猪的腹中，往往数小时产出一头由腐烂胎衣包着的死胎或木乃伊胎。有的产程长达3～4d，甚至更长的时间。

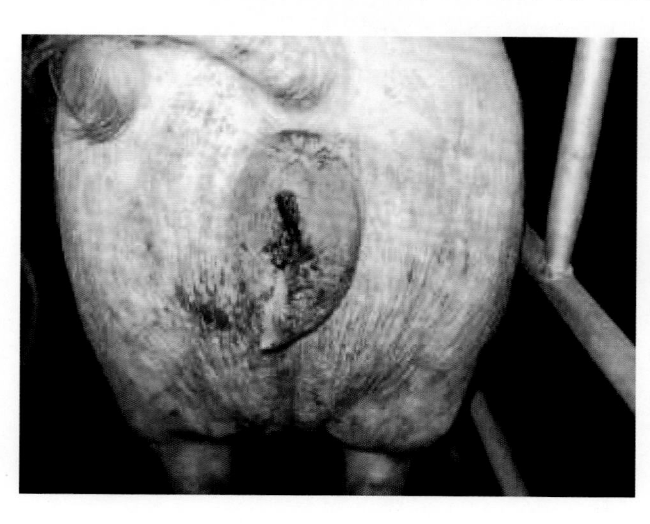

图4-20
母猪产道感染，产道发炎，流出脓汁

（6）配种间隔原因　青年母猪性欲旺盛，发情持续期3～5d。有的母猪开始接受爬跨即配种，因迟迟不落情，有的间隔两三天又复配。由于复配间隔时间过长，产程也略有延长。

（7）母猪贫血　母猪贫血会使身体组织缺氧，造成子宫肌肉组织收缩无力，从而使得产程过长。

（8）其他原因　胎儿畸形或胎位异常；母猪产仔时，母猪往往精神紧张、敏感，如果产房内有陌生人或有其他不良刺激会造成产程延长；虽然催产素能引起子宫收缩，但催产素使用时间不当或使用剂量不准确，注射催产素后反而会引起子宫痉挛，也会延长下一胎的产程。

【临床症状】母猪产程过长综合征的症状表现为母猪分娩无力。产仔时，从产出第一头猪至最后一头猪及胎衣全部产出的时间超过3h，每头仔猪产出时间平均超过15min。

【对母猪和仔猪的危害】

（1）产程过长对母猪的危害　产程过长会导致母猪体力消耗过大，产后精神状态极差；产后子宫、产道损伤严重，造成阴道外翻，子宫、产道出血和阴门水肿，恶露不尽和产后感染，引发子宫内膜炎、阴道炎等；产后胎衣滞留，延长子宫复原的时间；产后高热不退、食欲难以恢复；断奶后发情不正常或根本不发情，以至于无法配种。

（2）产程过长对仔猪的危害　由于母猪的产门到子宫角有2m长，当胎盘脱离子宫或脐带断裂以后，仔猪只能通过鼻子呼吸得到氧气，而长时间的宫缩和努责就会造成仔猪的持续性缺氧，仔猪在子宫内被压迫、窒息，造成弱仔、假死。一般情况下，仔猪在子宫和产道中受到挤压停留超过5min就会因缺氧而窒息死亡。经验证明，初生仔猪活力的下降往往与产程过长有关，对胎儿的危害相当大。

【防治措施】

（1）加强饲养管理　重视母猪的饲养管理，保证饲料营养的合理性。尽量少用或不用粗稻糠、玉米皮、草粉等难于消化的原料，但妊娠前中期饲料中粗纤维含量最好不低于4%，可以添加适量的麸皮等。同时应提供充足的饮水。

后备母猪除了严格选种外，需经过2 ～ 3个发情期后再进行配种。配种年龄以8 ～ 9月龄为宜，体重应达到100kg以上。后备母猪从60kg开始至配种再至产前20d，最好用后备猪专用料。100kg体重前自由采食，配种至产前20d，每天为2.0 ～ 2.5kg。产前20d左右换成哺乳母猪料，喂量为2.5kg/d。如果后备母猪产前补料量过大会导致胎儿过大，引起产程过长甚至难产等。

经产母猪怀孕期间严格控制饲喂量。怀孕前期（配种至怀孕第21d），妊娠母猪料2.0kg/d；怀孕中期（怀孕21d至产前20d），妊娠母猪料2.25 ～ 2.5kg/d；怀孕后期（产前20d至分娩），哺乳母猪料3.0 ～ 3.5kg/d。

种猪群中7胎龄以上老龄母猪所占比例应小于10%。老龄母猪产仔后期，疲劳过度，无力产仔时，用10%葡萄糖注射液500 ～ 1000毫升静脉滴注。同时肌内注射垂体后叶素10 ～ 50IU，既能催产，及时排出死胎、胎衣，还能加速子宫复原，另外还有催乳的作用。

（2）做好疫苗接种　初产母猪配种前接种猪瘟、伪狂犬、细小病毒、乙型脑炎、口蹄疫等疫苗时，最好接种单苗，多联疫苗一般不如单苗免疫效果好。经产母猪细小病毒苗、乙型脑炎苗可以不接种。

（3）合理安排配种间隔　两次配种的时间间隔以8 ～ 12h为宜，最好在当天的早、晚各配种一次为好；或者下午配第1次，次日早上配第2次。

（4）产房环境安静舒适　注意保持产房安静舒适的环境，尽量减少对分娩母猪的惊扰，避免陌生人进入产房。

（5）人工助产　人工助产须特别慎重进行。按摩腹部乳房，改变母猪体位时一定要小心。助产人员在助产之前先要把手洗干净，剪去指甲并磨平，要进行手、手臂的消毒或戴薄手套，必须耐心地配合母猪子宫的收缩来进行人工助产。助产后给母猪注射抗生素，防止产道感染（图4-21 ～图4-22）。

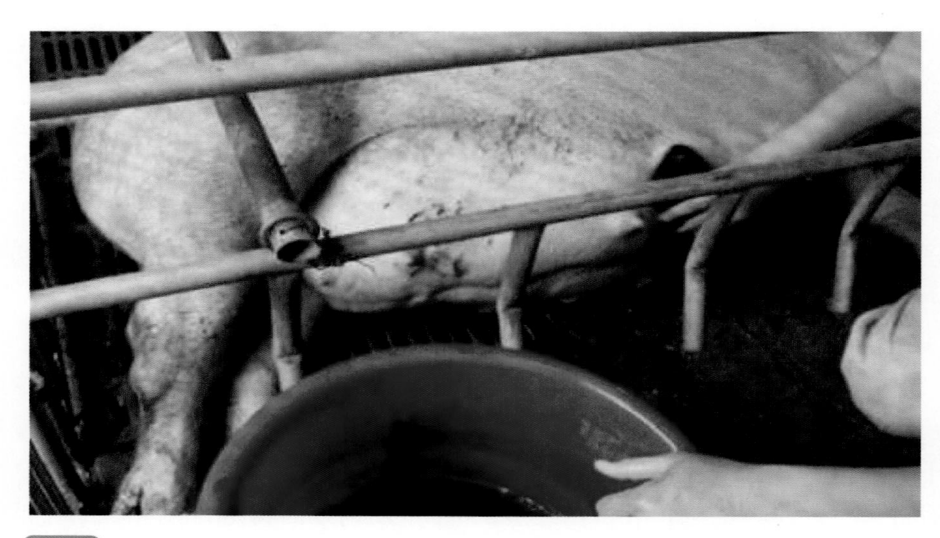

图4-21
母猪产前乳房部的消毒、清洗

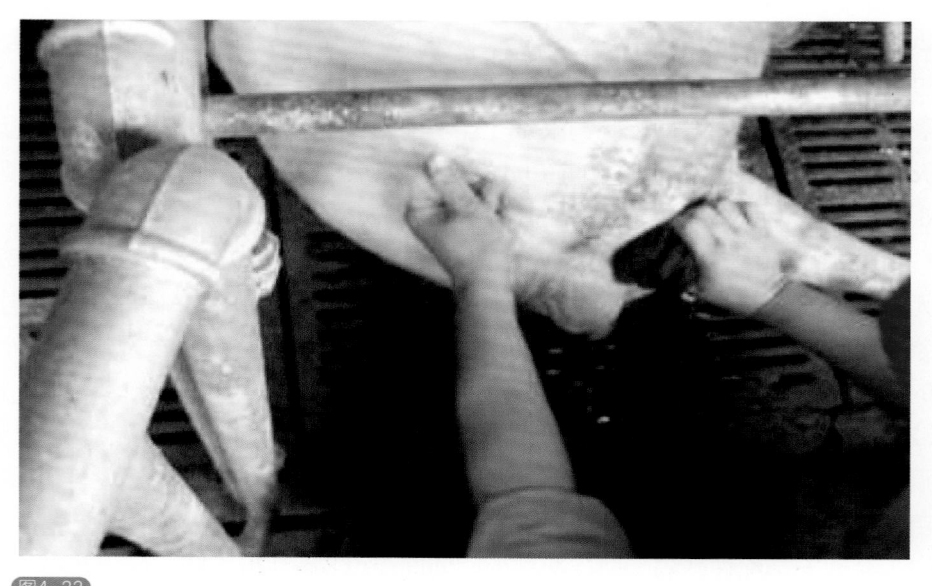

图4-22
母猪产前外阴部的消毒及清洗

（6）正确使用催产素　催产素能起到加强子宫收缩、缩短母猪产仔时间的作用。但如果催产素使用时间不当或使用剂量不准确反而会因为子宫痉挛而造成母猪难产，严重的还会影响母猪的泌乳和以后的发情配种，所以须准确掌握剂量和注射的时机。

10. 母猪不发情

猪不发情也称乏情，一般是指青年母猪断奶15d后仍不发情，或后备母猪达8月龄时或经产母猪在仔猪断奶后20d内还不发情，其卵巢仍处于静止状态的现象。

【病因】造成母猪不发情的原因归纳起来大致有以下四个方面。

（1）先天性因素　主要是生理缺陷和遗传缺陷，如生殖器官发育不健全、两性猪、激素分泌异常等。

（2）传染性疾病的原因　猪的附红细胞体病、猪繁殖与呼吸综合征、猪伪狂犬病、猪布氏杆菌病、乙脑、细小病毒病、衣原体病等，都可导致猪的生殖功能发育不良，造成猪不发情或发情不明显或流产，从而造成繁殖障碍。

（3）饲养管理方面的问题　由这种原因造成的母猪不发情占比例很大，具体又包括以下几个方面。

① 营养方面：母猪哺乳期采食量不足或营养水平偏低，哺乳期母猪体重损失过多等。由于营养不良，母猪过于瘦弱；由于饲喂单一品种的饲料，母猪营养不良；饲喂霉变饲料；后备母猪饲料中维生素和微量元素不足等。

② 母猪断奶过晚或后备母猪初配年龄过早：母猪哺乳后体重损失在15kg以上，导致身体状况差，造成断奶后发情推迟或不发情。

③ 缺乏刺激：母猪应在160日龄以后就要有计划地与公猪接触，每天接触2次，每次15～20min。

④ 季节和温湿度的影响：母猪为周期性发情家畜。夏季的发情率低（温度在32℃以上一般不发情）。当环境温度超过30℃时，卵巢的机能受抑制，母猪的发情与产仔会受到影响，后备母猪与初产母猪尤其明显。3、4月份的高湿季节对母猪的再发情也有较大影响。

⑤ 母猪过肥或过瘦：母猪的膘情要适中，如果体内脂肪沉积过多，过分肥胖能导致其乏情；由于能量摄入不充足，脂肪贮备不足会过瘦。一般后备母猪在配种之前的背膘厚应在20～25mm。

（4）生殖器官疾病　生殖器发育不良、畸形、激素分泌异常等，也会造成后备母猪的乏情。经产母猪不发情或久配不准主要是由子宫内膜炎导致的。

【防治措施及方剂】猪舍的建筑要合理，有合理的光照，舍内通风要好，有适宜的温度和良好的卫生环境。以下这些方法都可促使母猪发情。

（1）建立完善的发情档案　后备母猪在160日龄以后，需要每天到栏内用压背法结合外阴检查法来检查其发情情况。对发情母猪要建立发情记录，为配种做准备。

对不发情的后备母猪做到早发现、早处理。

（2）公猪刺激　后备母猪160日龄以后应有计划地让其与结扎的试情公猪接触来诱导发情，每天接触2次，每次15 ～ 20min。用不同公猪刺激比用同一头公猪效果更好。必要时可用公猪追逐。

具体做法是：用试情公猪（不作种用的公猪）追赶不发情的母猪，或者每天把公猪关在母猪圈内10 ～ 20min，通过爬跨等刺激，促进母猪发情排卵（图4-23）。追逐的时间要适宜，时间过长，既对母猪造成伤害，又会使公猪对以后的配种缺乏兴趣。

图4-23
驱赶公猪到母猪栏内，诱导、刺激母猪

（3）发情母猪刺激　选一些刚断奶的母猪与久不发情的母猪关在一栏内。发情的母猪会不断地追逐爬跨不发情的母猪，可刺激不发情母猪的性中枢活动。

（4）其他的刺激措施

① 混栏：经产母猪断奶后不发情的，可以将其集中到一个栏内，调离其原先的环境；没发过情的后备母猪每星期调栏1次，每栏放5头左右。一般有近一半的母猪在调栏后的10d左右出现发情症状。要求这些母猪的体况及体重尽量相近。

② 饥饿催情：对过肥母猪可限饲3 ～ 7d，日喂1kg左右，供给充足饮水，然后自由采食。

（5）发情不明显母猪的措施　在发情过程中有一部分母猪由于某种原因而发情征兆不明显或没“静立”状态。这些母猪只能根据外阴的肿胀程度、颜色、黏液的浓稠度等适时进行人工输精，同时在输精前12h注射氯前列烯醇等。

（6）正确的管理　配种准备期的母猪要求适当增加舍外的运动和光照时间，舍内保持清洁，经常更换垫草，冬、春季节注意保温（图4-24 ～图4-25）。后备母猪每周至少在运动场自由活动1d。分娩一周后，哺乳母猪料中可加入3% ～ 4%的油脂。母猪断奶后应短期优饲，继续喂哺乳母猪料，每天喂3 ～ 3.5kg，以促进其早发情、多排卵。

图4-24
寒冷地区猪舍屋顶加盖彩钢瓦和泡沫板保温

图4-25
后备母猪在阳光下运动有助于其发情

（7）按摩乳房　按摩乳房能够刺激母猪发情排卵，要求每天早晨饲喂以后，待母猪侧卧时，用整个手掌由前往后反复按摩乳房10min。当母猪有发情征兆时，在乳头周围做圆周运动按摩5min，可刺激母猪尽早发情。

（8）饲喂全价日粮　母猪在哺乳期应全价足量饲喂，特别应注意矿物质和维生素的添加，有条件的应补足青绿饲料（图4-26）。母猪哺乳期的失重，以不超过分娩时体重的8%（大约15kg）为宜，失重过多则会延迟再发情。根据母猪的体况，在配种前的半个月或一个月左右的时间，适当加料，能让其尽快恢复膘情，便于较早发情、排卵和接受交配。

（9）控制膘情　在母猪空怀期应保持膘情适中，过肥或过瘦都会影响母猪发情配种。一般要求配种前的母猪保持7成膘即可。

① 对过肥母猪应减肥、减料或增加粗饲料，多喂青饲料。在日粮中添加3%氯化钙连喂数天，有减肥效果。

② 对断奶后营养缺乏而过度消瘦的母猪，应加喂精饲料以便母猪尽快恢复体况。饲料中除供给足够的能量和蛋白饲料外，还应满足其矿物质和维生素的需要。

图4-26
饲喂青绿饲料

（10）初产母猪乏情的处理　初产母猪的产后乏情较普遍，为了防止这种情况的发生，必须想办法提高初产母猪断奶后的体重。据报道，体重在120 ～ 130kg的断奶母猪初配时产仔数较多，断奶后乏情发生也较少。

（11）掌握合适的配种时机及合理的哺乳时间　可根据母猪阴道黏液的性状、颜色等来判断配种的时机（图4-27 ～图4-29）。实行早期断奶或仔猪并窝的办法也有助于母猪的发情。

（12）饲喂维生素E　对体质良好、外观健康、膘情适中、食欲正常的不发情母猪，可在其饲料中添加维生素E，每天400 ～ 600mg，连喂3d。对于少数仍不发情的母猪，停药2d后再喂一个疗程，发情后即可配种。

（13）药物催情　可参考使用下列药物进行催情：①氯前列腺烯醇200μg；②律胎素2mL；③孕马血清促性腺激素1000IU + 绒毛膜促性腺激素500IU。使用方法参照相应的说明书。

（14）母猪不发情的土方催情

① 食醋30mL、山楂（研细）50g，开水冲，混合喂服。每天1次，连用3d。

② 将30g左右的红糖倒入锅内加热，并不断搅拌，等烧至半焦后加一瓢清水烧开，煮沸3min，倒入饲料中拌匀。每天3次，4 ～ 5d后能激发母猪发情。

③ 中草药催情。内服中药“催情散”，其配方为：益母草35g、淫羊藿20g、当归10g、阳起石25g、菟丝子5g、红花5g。连喂5d，发情后即可配种。民间还有用韭菜喂猪的，每头每天500g，连用5 ～ 7d即可发情。

④ 采用挠痒按摩法可以为母猪催情，其具体方法是：

a. 用四指在母猪的腹部轻挠数下，待母猪情绪稳定并躺倒后，轻拉其四肢，使之伸展、伸直。

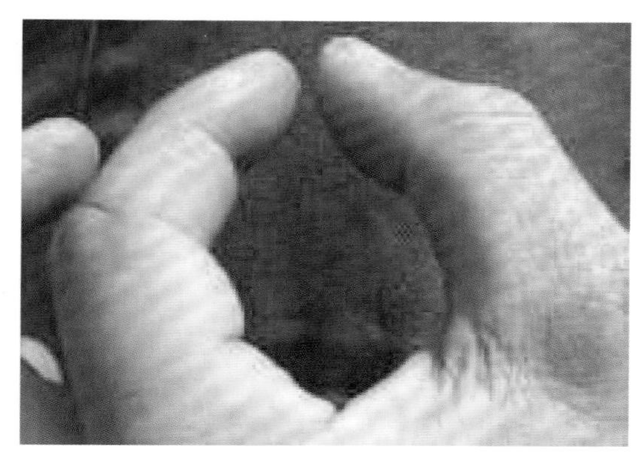

图4-27
根据母猪阴道内黏液的性状来判定配种时机

母猪发情的黏液呈白色、藕丝状是配种的最佳时机，如果呈淡黄色说明已经过时

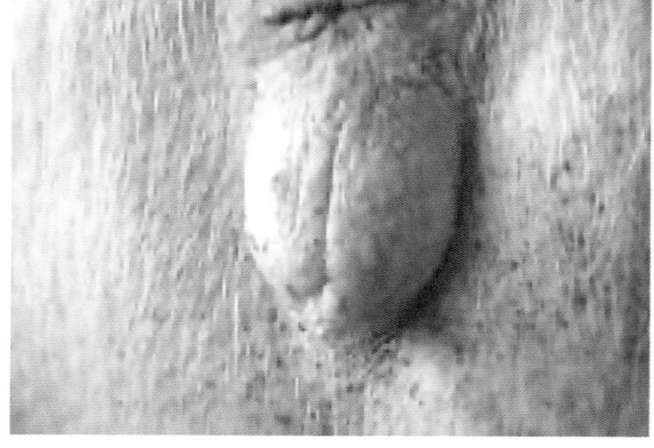

图4-28
不同年龄的母猪发情配种时机的掌握

老配早，少配晚，不老不少配中间

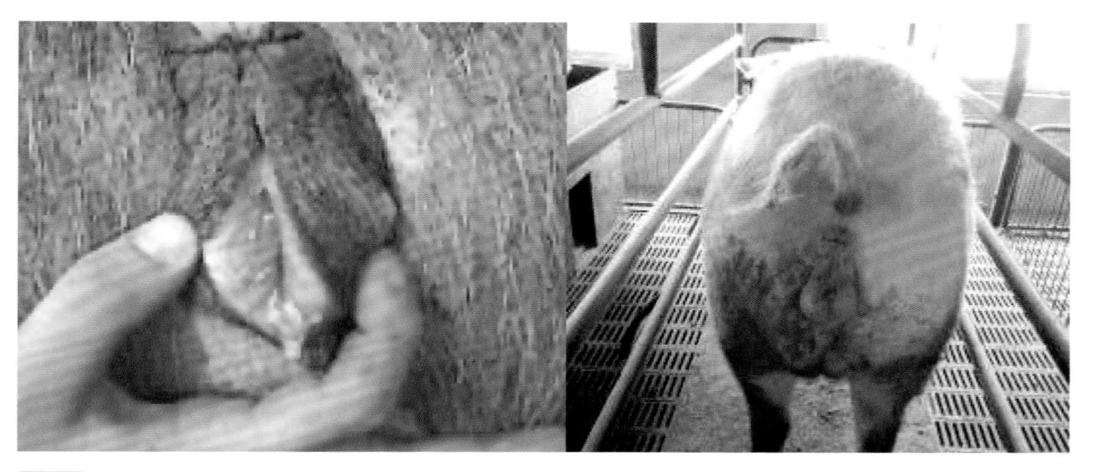

图4-29
母猪发情配种时机的掌握

口诀为“粉红早，黑紫迟，老红正当时”

b.用一只手轻按母猪的颈部，另一只手的中指和食指轻夹其乳头基部，拇指按住乳头顺时针方向按揉20圈，再逆时针方向按揉20圈，直至将母猪的乳房全部按揉一遍。

c.用左手轻轻抬起母猪的前腿，右手拇指先按顺时针、后按逆时针方向按揉其双侧腋下各30圈，再按揉其后腿腋下各30圈。

d.用左手按住母猪躯体，右手掌先按顺时针、后按逆时针方向按揉母猪臀部近阴侧各20圈，力度为先轻后重。

e.让猪站立，双臂夹住猪身，两手掌同时按揉猪正下腹两行乳房的外侧，前后推拉15次。整个过程结束后，右手掌轻拍母猪臀部，让其在圈内走动数十步，然后让其休息。每天早晚各按摩一遍，连续按揉5d，母猪一般都能提前发情。

（15）精液催情法　长期不发情的母猪，可以用公猪精液来催情。方法是：取20mL公猪精液，用输精管慢慢注入母猪子宫，同时要不断地抽动、转动输精管，再在母猪鼻部涂抹少量精液，一般经过3d左右即可发情。

11. 新生仔猪溶血症

新生仔猪溶血症是由于母猪血清和初乳中存在抗仔猪红细胞抗原的特异性抗体，新生仔猪吃初乳而引起的急性的红细胞溶解、血管内溶血的疾病。以贫血、血红蛋白尿和黄疸为临床特征。溶血病在刚出生的仔猪身上很难发现，只有在仔猪吃过初乳几个小时后才能发现。一般发生于个别窝猪中，但致死率极高，几乎可达100%。

【发病机理】仔猪的父母血型不合，仔猪继承的是父亲的红细胞抗原，这种仔猪的红细胞抗原在妊娠期间进入母体血液循环，母猪便产生了抗仔猪红细胞的特异性同种血型抗体，这种抗体分子不能通过胎盘，但可分泌到初乳中。仔猪吸吮了含有高浓度抗体的初乳，抗体经胃肠吸收后与红细胞表面特异性抗原结合，激活补体，引起急性血管内溶血。

【临床症状】新生仔猪出生时健康、正常，吸吮初乳后数小时发病。不吃奶，精神差，怕寒发抖，全身皮肤、结膜黄染，排红色透明尿液，体温39.2～40.1℃，常在数小时或1～2d内死亡。根据病程的长短，本病可分为3种类型：

（1）最急性型　仔猪吸吮初乳后12h内突然发病，急性贫血，停止吃奶，精神萎靡，畏寒，震颤，很快便陷入休克而死亡。

（2）急性型　此型病例最为常见。仔猪吸吮初乳后24～48h出现明显的全身症状。表现为精神委顿、畏寒震颤、后躯摇晃、尖叫、皮肤苍白、肠黏膜与口黏膜和皮肤黄染，尿呈棕红色透明。血液稀薄，不易凝固。呼吸、心跳加快，多数病猪于2～3d内死亡。

（3）亚临床型　仔猪吸吮初乳后，临床症状不明显或不表现症状。有贫血表现，血液稀薄，不易凝固，不表现血红蛋白尿，血检才能发现溶血。

【病理变化】病仔猪全身苍白或黄染，皮下组织、肠系膜、大（小）肠不同程度黄染。胃内积有大量乳糜。脾、肾肿大，肾包膜下有出血点。膀胱内积聚棕红色尿液。血液稀薄，不易凝固，红细胞数和血红素大幅度下降，红细胞大小不均，多呈崩溃状态。

【诊断】根据本病症状与病变容易诊断。必要时采集母猪的血清或初乳与仔猪的红细胞做凝集试验、溶血试验。

【防治措施】 立即让全窝仔猪停止吸吮原母猪的奶，由其他母猪代替哺乳或进行人工哺乳，可使病情减轻，逐渐痊愈。重病仔猪，可选用地塞米松、氢化可的松等配合葡萄糖治疗，以抑制免疫反应和抗休克。为防止继发感染，可选用抗生素。为增强造血功能，可选用铁制剂等治疗。对发生仔猪溶血病的母猪，下次配种时，改换其他公猪，不再使用前一次配种的公猪，可防止再次发病。

12.猪中暑

中暑是猪在炎热季节，由于头部受到强烈日光直射，或在热作用下机体散热不良时引起的机体急性体温过高性疾病。中暑是日射病和热射病的总称，故可分为日射病和热射病两种情况。

日射病是指猪受到日光照射，引起脑及脑膜充血和脑实质的急性病变，导致中枢神经机能严重障碍的疾病。

热射病是猪只在炎热季节及潮湿闷热的环境中，新陈代谢旺盛，产热增多，散热减少，体内积热，所引起的严重的中枢神经系统功能紊乱现象。又因大量出汗，水盐损失过多，可引起肌肉痉挛。

【病因】夏季天气炎热，气温过高，又因猪的皮脂较厚，汗腺也不发达，再加上日光照射过于强烈，且湿度较高，猪受日光照射时间又长；或猪圈狭小且不通风，饲养密度过大；猪舍无树木遮阳或无遮阳的措施，饮水不足时；长途运输时运输车厢狭小，过分拥挤，通风不良等。以上诸因素均可引起猪中暑。

【临床症状】本病易发生于闷热的夏季。表现为突然发病，体温急剧升高，往往在41℃以上，甚至达到44℃。病初呼吸迫促、心跳加快、四肢乏力、走路摇摆、行走无力、眼结膜充血、精神沉郁、食欲缺乏、有饮欲、喜卧湿地、常出现呕吐。后期出现痉挛、共济失调、倒地不起、四肢缓慢地乱蹬、有的发抖并口吐白沫。最后昏迷、卧地不起、四肢乱划呈游泳状，可因心肺功能衰竭在2～3h内死亡。本病以临产猪、哺乳母猪、有肢蹄病的猪较容易发生。

【病理变化】剖检可见脑组织及脑膜充血、水肿。肺充血、水肿。胸膜、心包膜以及肠系膜都有淤血斑和浆液性炎症。发生日射病时，可见到紫外线所致的组织蛋白变性，皮肤新生上皮的分解。

【诊断】主要根据临诊症状和病史做出诊断。

【防治措施及方剂】

（1）体温过高的病猪以降温为主　尽快将病猪移至阴凉处，用凉水反复对其头部及全身缓缓喷洒，头部多洒，或头上用冰块冷敷。病猪意识清醒时，让水流入猪的嘴中让猪喝水。有条件时用凉水反复灌肠或灌服冰冷的2%～3%盐水等，直至体温降到38.5～39.0℃为止。

（2）对昏迷的患猪要促进其苏醒　可用生姜汁或大蒜汁或氨水适量放置于鼻前，使其自由吸入以刺激鼻腔，引起打喷嚏，促使其苏醒。同时皮下注射安钠咖注射液5～10mL，尼克刹米注射液2～4mL。过度兴奋时，每千克体重肌内注射盐酸氯丙嗪1～3mg。严重失水时，灌服生理盐水或静脉注射5%葡萄糖生理盐水200～600mL。

（3）抗休克调节微循环　用樟脑磺酸钠、地塞米松和维生素C混合肌内注射。

（4）放血　适量的耳尖和尾尖放血，可以减轻心脏负担。方法是：用消毒过的手术剪将病猪的耳尖和尾尖剪破或用针刺破，放血量100～200mL。

（5）用十滴水灌服　大猪用量是人用量的10倍以上。

（6）中药疗法

方剂一，鱼腥草100g、野菊花100g、淡竹叶100g、陈皮25g。用法：煎水1000mL，一次灌服。

方剂二，生石膏25g、鲜芦根70g、藿香10g、佩兰10g、青蒿10g、薄荷10g、鲜荷叶70g。用法：水煎灌服，每日一剂。

方剂三，生石膏400g、滑石粉100g、甘草末30g，这3味中药必须研磨成极细的末，用开水冲泡后，加冷水内服。

方剂四，西瓜及西瓜皮2000～2500g、大蒜100g、食盐25g、小苏打25g，如果加氯化钾25g更好。把西瓜带皮加大蒜捣碎，再与其他药物混合后一起灌服。

方剂五，鲜嫩韭菜或大蒜，适量。把韭菜或大蒜捣烂拧出汁液，于两鼻孔内各滴入7～10滴，每间隔20～30min滴一次。

13.猪便秘

猪便秘是由于粪团久居大肠，水分被吸收之后造成的一种排干粪或球粪甚至不排粪的现象。猪便秘是一种现象或者说是一种症状，并非是一种疾病。本病是由多种原因所引起的，如长期饲喂含纤维过多或干硬的饲料，缺乏青饲料，饮水不足或运动不足及某些疾病的继发病等。猪的便秘部位多发生于结肠。

【病因】引起猪便秘的原因是多方面的。原发性便秘是由于喂了干硬不易消化的饲料，如稻壳糠、坚韧的秸秆和藤蔓等含纤维过多的饲料，缺乏青饲料，饮水及运动又不足等。另外还有饲料中含有多量泥沙，不规律的饲养方式，以及妊娠后期或分娩不久的母猪伴有直肠麻痹等。

【危害】便秘给猪带来的危害是巨大的，会严重影响猪正常的生理机能。

（1）造成体温升高　粪便久停于大肠内造成粪便发酵，产热，导致直肠温度升高。猪表现发烧、不食。这种情况下的发烧用退烧药很难退烧或者是退烧后不久又开始发烧。

（2）引发猪只生殖系统炎症　粪便久停于大肠会产生一系列的毒素，这些毒素会进一步地侵害生殖系统，如诱发子宫内膜炎、乳房炎等。这种子宫内膜炎和乳房炎用抗生素的效果很差，或几乎没效果。乳房炎造成的仔猪腹泻，也很难控制，死亡率居高不下。

（3）造成母猪的母性降低　母猪的便秘会造成母猪异常烦躁。处于烦躁状态下的哺乳母猪的母性会大幅度降低，极易造成小猪被压死、放奶时间缩短、奶水质量和数量下降等。

（4）对肠道造成损伤　粪便长时间停留于大肠（尤其是结肠）会带来肠黏膜的损伤、出血。肠道中的常在菌群会随着血液对猪体造成感染，给猪带来多种疾病。

（5）造成母猪的产程过长　怀孕后期的母猪便秘，粪团会造成对子宫的压迫，从而造成产程的延长。便秘会带来母猪采食量的降低以及对营养吸收能力的减弱，使后期储能不足，造成娩出无力使产程延长。产程长会造成仔猪缺氧，死胎增加，子宫内膜炎症加剧。

【临床症状】病猪表现为少食、贪饮、鼻镜干燥、腹痛、排少量干硬粪球、尿色深黄且量少等症状（图4-30～图4-31）。在猪场中，母猪便秘现象非常普遍，对于母猪危害尤其大，会造成母猪食欲不振、产后无乳、产弱仔、营养不良等。

图4-30
猪便秘的临床症状（1）

便秘病猪的干硬粪球

图4-31
猪便秘的临床症状（2）

母猪便秘，便秘的猪粪粪球小且干硬

【防治措施及方剂】

（1）预防　预防猪便秘的发生，饲养管理是关键。合理地搭配饲料，经常供给充分的饮水。炎热季节及长途运输，要喂给充足的青绿多汁的饲料。干硬或含粗纤维多的饲料，应经粉碎发酵后再饲喂。饲喂要定时定量，适口性强的饲料也不要过多喂给。刚断乳的仔猪，禁用纯米糠饲料。适当运动，注意卫生，可防止某些传染病和寄生虫病的发生，也可减少其他疾病的发生。

（2）治疗　本病的治疗要以除去病因、润肠通便为原则。早晨在没饲喂前，先空肚子饮用些室温的冷水，猪肠胃受到冷刺激后会容易产生便意。具体可根据实际情况选择下列方法。

① 硫酸钠6g，人工盐6g。用法：拌料内服，每天3次。也可用大黄苏打片喂服（用量参照说明书）。或用硫酸镁40g，分两次拌料内服。

② 中兽医方法治疗：

方剂一，300g海带泡水后切丝，加100g黄豆煮熟，捞出放凉，加盐、面适量拌匀饲喂（注：海带纤维粗，可促进肠道蠕动，增加排便数量。黄豆中富含油脂和不饱和脂肪酸，也能促进排便）。

方剂二，喂生芝麻。把生芝麻擀碎，加少许食盐混合后喂，每次喂50g（注：生芝麻含有大量氨基酸、纤维素和矿物质，能促进排便）。

方剂三，用米醋、蜂蜜各20～30mL，加5倍清水稀释后喂猪，可促进排便。

方剂四，食盐100～200g、鱼石脂（酒精溶解）20～25g。用法：加温水8～10kg，待食盐化开后，一次灌服。

方剂五，温肥皂水适量。用法：深部灌肠。

方剂六，蜂蜜100g、麻油100mL。用法：加温水适量调匀，一次灌服。需要注意的是，本法适用于瘦弱、怀孕后期的母猪。

方剂七，大黄30g、槟榔片20g、厚朴20g、枳壳30g、人工盐50g，把4味中药水煎2次，稍温后溶化人工盐，用胶管投药内服（注：此方剂为50kg大猪的药量）。

方剂八，豆油250g、大黄30g、滑石粉30g、炒牵牛子15g，3味中草药水煎2次，加豆油内服。

方剂九，用粗壮葱白一根，抹上蜂蜜，慢慢送入保定好的猪肛门内，来回拉动数次，易刺激引发排便。

14. 猪肠变位

猪肠变位又称机械性肠阻塞，旧名变位疝，是由于猪的肠管自然位置发生变化，使肠系膜受到挤压绞绕，导致肠腔机械性闭塞而引起的急性腹痛病的总称。本病以突然发病，腹痛重剧，病程短促为特征。猪肠变位的发病率很低，但多取死亡经过。肠变位类型有肠套叠（图4-32）、肠扭转和肠嵌闭等。

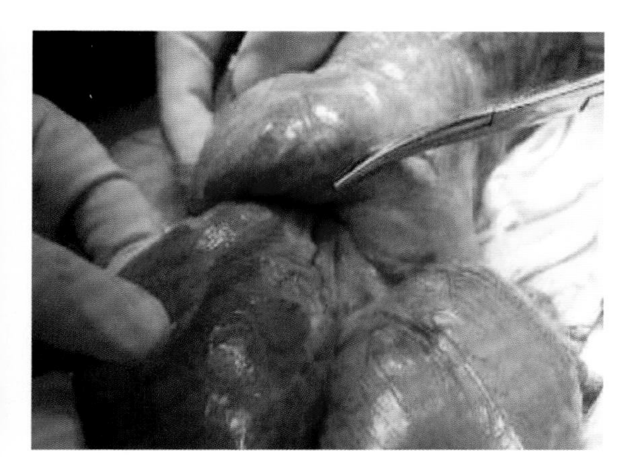

图4-32
肠套叠：一部分肠管套入另一部分肠管内

【病因】 肠变位因发病原因不同，而表现不同的症状。主要原因归纳起来有以下几种类型：

（1）肠套叠　当肠管运动机能失调，局部肠段痉挛性收缩时，可导致肠套叠的发生。哺乳期仔猪因母猪营养缺乏而致奶水不足或品质下降，仔猪处于饥饿状态，肠管长时间空虚；采食品质不良而刺激性又较强的饲料，饮用了冷水；母猪的乳头不洁净，仔猪突然受寒刺激等的影响下，刺激肠管和个别肠段的痉挛性收缩；仔猪断乳期时喂变质、低劣料，引发肠道机能失调；施行去势术时因捕捉、按压，使得仔猪腹内压过度增高等。肠套叠剖面示意图见图4-33。

（2）肠扭转　猪肠扭转多因饲料冰冻、不净、酸败、含泥沙过多，或因异嗜、误食泥沙，引起肠管内积沙过多，在刺激部分肠道或急剧运动或突然跳跃或翻滚时，使其蠕动变强，而另一部分肠管仍然松弛并充塞着食物，该段肠系膜受牵引而紧张，造成了某一肠段或肠系膜根部扭转（图4-34）。多见于空肠或盲肠。

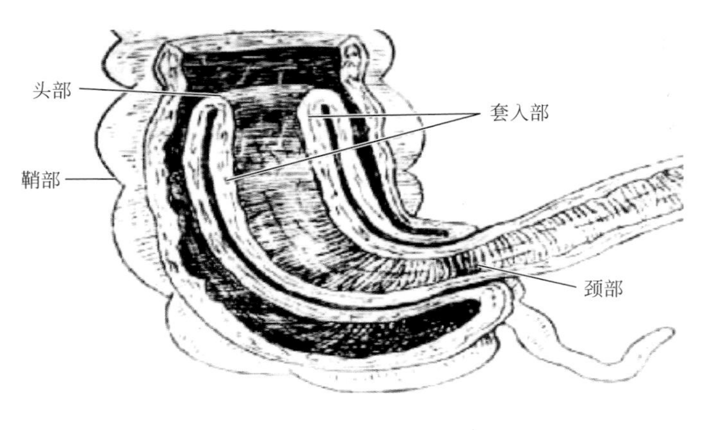

图4-33
肠套叠剖面示意图

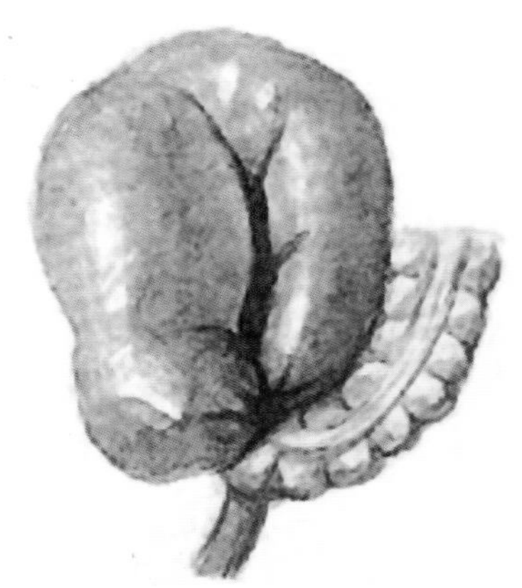

图4-34
肠扭转：空肠段的肠扭转

（3）肠嵌闭　又名疝气、阴囊疝或脐疝。因病变的腹壁孔、阴囊孔先天性过大，脐孔闭合不全，导致部分肠管经上述孔口坠入皮肤内并隆突形成疝；若疝孔的口径小，胀肠管坠落多，食物难以经孔口在肠内正常运行，就发生闭塞、肿胀、淤血、疼痛；若疝孔大，肠管坠落少，肠内食物运动无碍，肠道未闭塞，则少有剧烈症状。成年母猪的去势或剖腹产手术，因手术不规范而使肠管与腹膜粘连或掉入腹膜破裂孔内，也有的肠管被嵌顿在腹壁肌肉间，致使肠管闭塞。根据嵌闭的部位不同，通常有腹壁疝、阴囊疝、脐疝。自然病例中多见于小肠。如果治疗不及时，可致使脱出腹腔的肠管互相粘连、发炎、肿胀、挤压而发生闭塞，预后不良。

【临床症状】 无论何种肠变位，总的特征都是突然发病、腹痛症状重剧、腹围增大、打滚翻转、跪地爬行、四肢趴地、头顶地呻吟、弓背吊腹、侧卧鸣叫、四肢乱划、鼻盘干燥、眼球下陷、结膜潮红、呼吸急促、心跳加速、体温升高。病猪排粪在开始时量少且黏液较多，以后排粪停止或只排出黏液、血液等。在幼猪腹部可摸到肠变位，有的如香肠状，压之痛感明显。随着病程延长，若伴发肠坏死，症状加剧，救治不当，以死亡告终。

【防治措施】本病的预防，主要是加强饲养管理。饲料品质要优良，饮水要清洁干净，猪圈舍要干净卫生（图4-35），防止误食泥沙和污物；在运动时要防止剧烈奔跑和摔倒，严防惊扰；注意防暑保暖；发现有阴囊疝、脐疝或腹壁疝时，要及时治疗；去势时，手术要规范，防止发炎并引起肠管粘连等。

在治疗上，由于病程短，病情发展快，因此在初步诊断为肠变位时，应及时剖腹探查。已经确诊则立即施行手术治疗，或手术整复，遇有肠管坏死时则行肠切除和肠吻合术。术后注意抗菌消炎和饲养管理。

图4-35
猪舍卫生条件差，
肮脏泥泞

15. 仔猪低血糖症

仔猪低血糖症又称乳猪病或仔猪憔悴病，这是一种发生在新生仔猪身上的营养不良症。本病的特征是血糖显著降低，血液非蛋白氮含量明显增多。临床上呈现反应迟钝、身体虚弱、突然惊厥和昏迷等症状，病猪多以死亡告终。本病以预防为主，同时要注意妊娠母猪的营养，做好仔猪的饮食以及温度等方面的护理。

【病因】仔猪出生后7d内，体内缺少相关酶类，糖异生能力差，其代谢调节机能不全。在此期间，血糖主要来源于母乳和胚胎期贮存的肝糖原的分解，再加上仔猪吮乳不足或吮乳缺乏，初生仔猪活动增加，体内耗糖量增多，使能量贮备迅速耗尽，血糖急剧下降。当血糖浓度低于50mg/dL时，便会影响脑组织的机能活动，初现一系列神经症状，严重时机体陷入昏迷状态，最终死亡。常常是30% ～ 70%的同窝仔猪发病。造成本病的具体原因可归纳为以下几个方面：

（1）产房的温度较低　低温是造成新生仔猪低血糖症的主要原因之一。由于寒冷的环境，新生仔猪为了维持正常体温，就必须增加体内糖原的消耗，这就使体内贮存的糖原减少，当新生仔猪对糖原的需求量大于糖原的供给量，达到一定的差距而又不能及时得到补充时，便发生低血糖症。

（2）母猪无乳或乳量不足　由于母猪在怀孕后期饲养管理不善，造成母猪无乳、少乳，乳中含糖量低下。或者是母猪患病，如患乳房炎、传染病、发热等疾病，致使泌乳障碍，造成产后乳量不足或无乳。仔猪获取糖原不足或未能获取糖原而发生本病。

（3）仔猪出生后吮乳不足或消化吸收机能障碍　仔猪先天性较弱，生活能力低下而不能充分吮乳。或者个别初产母猪不让仔猪吮乳；同窝仔猪数量过多，母猪乳头数量不足，有的仔猪抢不到乳头而吃不到母乳；仔猪患有大肠杆菌病、链球菌病、传染性胃肠炎、先天性震颤等疾病时，吮乳减少，同时因消化吸收机能障碍而引起低血糖症。

（4）新生仔猪在母体内发育不良　由于母猪孕期的营养、管理及疾病等方面的因素，新生仔猪在母猪体内生长发育不良，导致仔猪先天性糖原不足而出现低血糖症。

（5）活动过强　仔猪出生后活动加强，体内耗糖量增多，血糖即急剧下降。

【临床症状】本病多发生在仔猪出生的最初几天，因饥饿致体内贮备的糖原耗竭和体内缺少糖异生作用的酶，血糖含量大幅度减少而引起血糖显著降低的一种营养代谢病。

一般仔猪出生后第二天突然发病，发病晚的在3 ～ 5d才出现症状，并且同窝猪中的大多数仔猪都可发病。病初精神沉郁，吮乳停止，四肢无力或卧地不起，肌肉震颤，步态不稳，体躯摇摆，运动失调，颈下、胸腹下及后肢等处浮肿。不愿吮乳，离群伏卧或钻入垫草呈嗜睡状，皮肤发凉苍白，体温低。尖叫，痉挛抽搐，头向后仰或扭向一侧，四肢僵直，或做游泳状运动。磨牙空嚼，口吐白沫。被毛蓬乱无光泽。粪便尿液呈黄色。后期昏迷不醒，角弓反张或四肢呈游泳样划动，感觉迟钝，意识丧失，最终陷于昏迷状态，很快死亡（图4-36 ～图4-37）。本病的病程一般不超过36h。

图4-36
仔猪低血糖症的临床症状（1）

低血糖症死亡仔猪

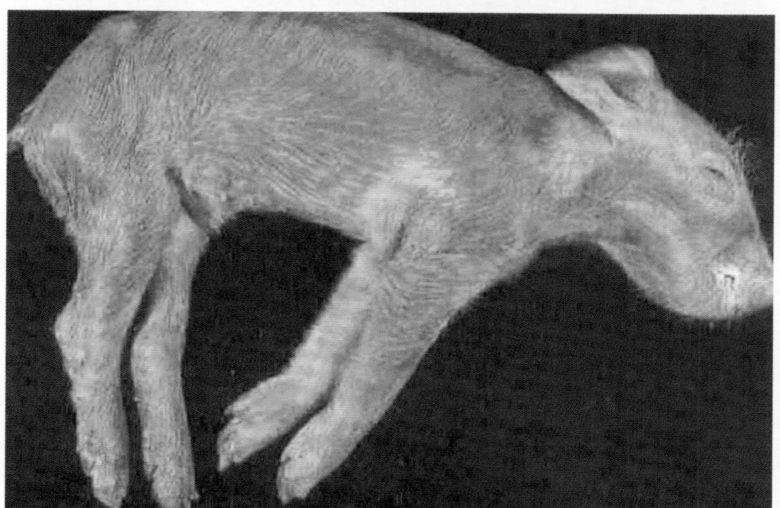

图4-37
仔猪低血糖症的临床症状（2）

死亡的病仔猪躯体呈逗点状，口吐白沫

血检时血糖水平由正常的90～130mg/dL下降到5～15mg/dL。当下降到50mg/dL以下时，通常有明显的临诊症状。

【病理变化】病死仔猪尸僵不全，皮肤干燥无弹性。尸体的颈下、胸腹下及后肢有不同程度的水肿，水肿液透明无色。血液凝固不良，稀薄而色淡。胃内无内容物，也未见白色凝乳块。肝脏呈橘黄色，表面有小出血点，切开肝脏后流出淡橘黄色血液，边缘锐薄，质地如豆腐稍碰即破，肝小叶分界明显。脾脏呈樱红色，边缘锐利，切面平整，不见血液渗出。

【诊断】可依据以下几个方面诊断本病：

（1）发病与流行特点　调查病因，常见于母猪怀孕后期饲养管理不当，母猪缺奶或无奶，新生仔猪饥饿24～48h就发病。本病多发于冬末春初。

（2）出现以神经和心脏为主的一系列症状　病初步态不稳，心音频数，呈现阵发性神经症状，发抖、抽动。病后期则四肢绵软无力，呈昏睡状态，心跳变弱而慢，体温低。

（3）根据仔猪血糖浓度诊断　用葡萄糖氧化酶法测定仔猪的血糖浓度，可发现病仔猪血糖低于50mg/dL（常常下降到5～50mg/dL），而正常仔猪的血糖值为90～130mg/dL。血液的非蛋白氮及尿素氮含量明显升高。

（4）治疗性的诊断　给病乳猪腹腔注射5%～20%葡萄糖注射液10～20mL，立刻见到明显的疗效。

【防治措施及方剂】

（1）预防　保证母猪在怀孕后期有足够的营养，不但能增加仔猪初生重，还能提高分娩母猪在哺乳期的泌乳量，确保仔猪出生后能吃到充足的乳汁，避免仔猪低血糖症的发生。加强对初生仔猪人工固定乳头的管理，在初生仔猪吃初乳之前，先将刚分娩母猪的乳头，逐个挤出几滴乳之后，再让初生仔猪吃初乳。这样做，既可挤掉乳导管中的堵塞物，又可检查母猪的泌乳量。发现无乳、少乳，可及时采取有效措施，对于仔猪过多的，要进行人工哺乳或找保姆猪，防止仔猪低血糖症的发生。

① 加强母猪的饲养管理：保证母猪能从日粮中获得充足的营养物质，以满足胎儿生长发育的需要，但不要使母猪过于肥胖。母猪妊娠后期应增加日粮中蛋白质、维生素、矿物质及微量元素的含量，并适当增加能量饲料和青绿多汁饲料，保证胎儿的正常发育和分娩后母猪有充足的乳汁。

在母猪生产时，注意圈内清洁卫生，以防止感染生殖器官疾病和乳房炎等。在管理上要注意适当运动，增强母猪体质。在给泌乳母猪调配日粮时，要注意适宜的能量和蛋白质水平，产后投料要由少到多，逐步增加，有条件的可以在夜间补饲一次青饲料。

② 注意初生仔猪的防寒保暖：培育仔猪的适宜温度见表4-1。

表4-1　仔猪日龄与仔猪需要的适宜温度

仔猪日龄 /d	仔猪所需的适宜温度 /℃
1 ～ 3	34 ～ 30
4 ～ 7	30 ～ 28
8 ～ 14	28 ～ 25
15 ～ 30	25 ～ 22
31 ～ 45	22 ～ 20

具体保暖措施可采用在母猪舍内设一个长宽各60 ～ 80cm的保温护仔箱的方法，铺上垫草，安装灯泡，以提高舍温（图4-38 ～图4-39）。前3d待仔猪吃饱后放进护仔间，3d后就可以让仔猪自行出入，这样既能保持仔猪体温恒定，又能有效防止母猪压死仔猪。

③ 固定乳头，早吃、吃足初乳：早吃初乳可以及早获得免疫力，获得丰富营养，尽快产生体热，以增强抗寒抗病能力。一旦发现有仔猪争抢同一个乳头时，要及时进行调解。最好是将弱小仔猪固定在前、中部，体大有力的仔猪固定在中、后部，以便使整窝仔猪发育均匀整齐（图4-40）。产仔过多时，可把部分仔猪寄养给其他母猪。一般仔猪出生后半小时内要吃上初乳。

④ 对常发本病的猪群可采取葡萄糖盐水补给预防：一般于产后12h开始，给仔猪口服20%葡萄糖盐水，每次10mL，每天2次，连服4d。

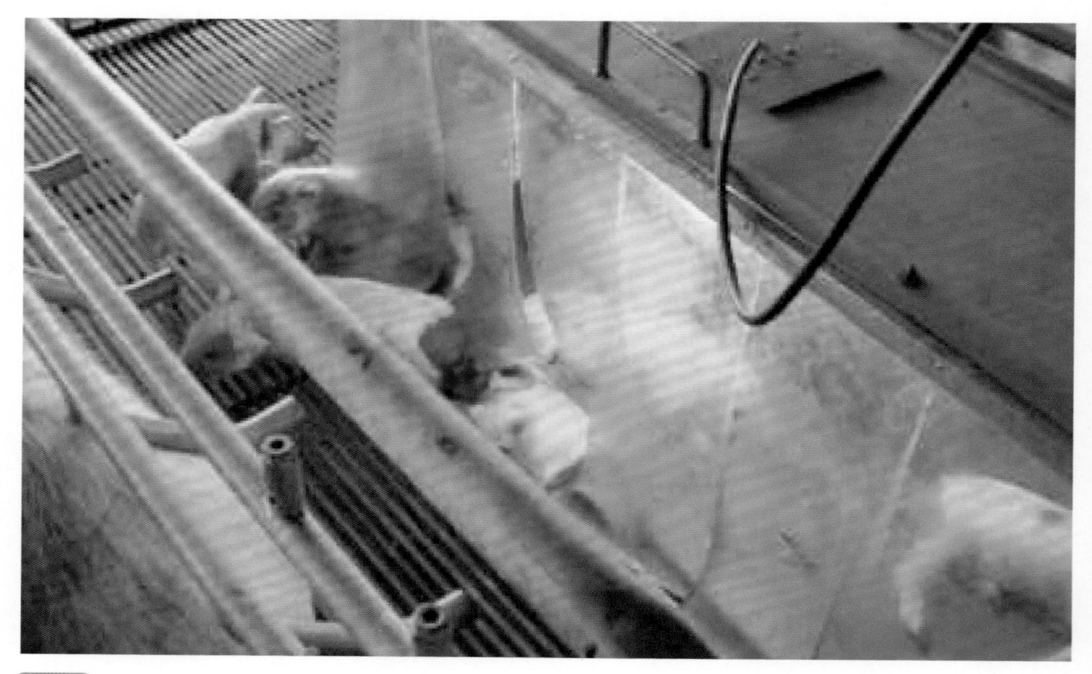

图4-38
产房内的仔猪保温箱

图4-39
产房内设置仔猪保温箱，以提高猪舍温度

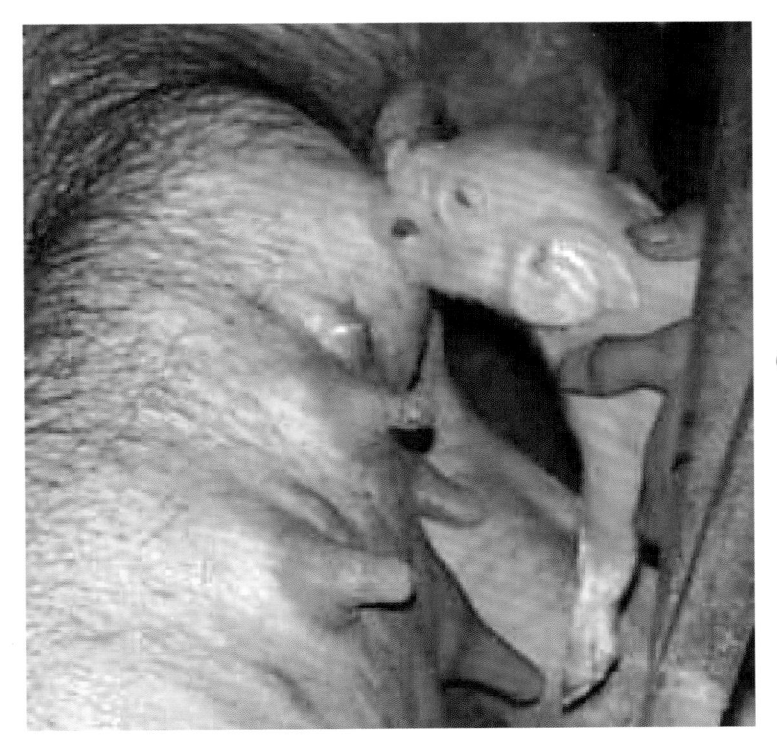

图4-40
仔猪初生后人工固定乳头

（2）治疗　治疗原则是：一头发病，全窝防治；早期补糖，标本兼治；以补糖为主，辅以可的松制剂，促进糖异生。

① 发病后及时进行救治：发生本病后要迅速采取补糖措施。可用20%葡萄糖液10mL、复合维生素B液2mL、地塞米松0.5mL，腹腔内注射，每天3次，直至症状缓解并能自行吮乳时为止。

② 口服50%葡萄糖水15mL，每天3～6次。

③ 地塞米松磷酸钠注射液，按每千克体重1～3mg加入葡萄糖注射液内，腹腔注射；也可肌注，每天1～3次，4d为1个疗程。

④ 对症状较轻者用25%葡萄糖液灌服，每次10～15mL，每隔2h用药一次，连用2～3d。为了防止复发，停止注射和灌药后，让其自饮20%的白糖水溶液，连用3～5d。

⑤ 促进糖原异生：醋酸氢化可的松25～50mg或者促肾上腺皮质激素10～20单位，一次肌内注射，连续3d。

⑥ 中兽医治疗：

方剂一，当归20g、黄芪20g，加水煎成100mL时再加入红糖30g，内服。当仔猪有痉挛症状时，加钩藤20g。当仔猪四肢无力时，加牛膝20g、木瓜20g。

方剂二，鸡血藤50g，加水煎成50mL，混匀，灌服，每天3次。

16.猪钙磷缺乏症

猪钙磷缺乏症是猪的一种营养代谢病，本病是由饲料中钙和磷缺乏或者是二者的比例失调而引起的。幼龄猪表现为佝偻病，成年猪则形成骨软病。临床上以消化机能紊乱、异嗜癖、跛行、骨骼弯曲变形为特征。

【病因】日粮中的钙磷缺乏或钙磷比例不恰当是该病的直接原因。例如，单一饲喂缺乏钙磷的饲料及长期饲喂高磷低钙饲料或高钙低磷饲料都可引起发病。另外，猪体内维生素D缺乏也可能导致本病发生。还有就是胃肠道疾病、寄生虫病、先天性发育不良等因素及肝肾疾病也可影响钙、磷及维生素D的吸收利用。

【临床症状及病理变化】猪钙磷缺乏症因年龄的不同而表现出不同症状。

（1）仔猪的临床症状及病理变化　仔猪发生的钙磷缺乏症（佝偻病）又可分为先天性和后天性两种。

① 仔猪的先天性佝偻病常常表现为：初生仔猪颜面骨肿大，下颌突出，四肢肿大且不能屈曲，病猪衰弱无力。

② 后天性佝偻病发病缓慢。早期呈现食欲减退，消化不良，精神不振，不愿站立和运动，可能会出现异嗜癖。随着病情的发展，关节部位肿胀肥厚，触诊时疼痛敏感，跛行，骨骼变形。仔猪常以腕关节站立或以腕关节爬行，后肢则以跗关节着地。疾病后期，骨骼变形加重，出现凹背、“X”形腿、颜面骨膨隆，采食咀嚼困难，肋骨与肋软骨结合处肿大，压之有痛感（图4-41）。

图4-41
猪钙磷缺乏症（佝偻病）

关节变形，僵直，行走困难，有的病猪“X”形腿，行走摇摆

（2）成年猪的钙磷缺乏症　成年猪发生的钙磷缺乏症又叫骨软症，多见于母猪。病初表现为以异嗜为主的消化机能紊乱。随后出现运动障碍，腰腿僵硬、拱背站立、运步强拘、跛行，经常卧地不动或匍匐姿势。后期则出现膝关节、腕关节、跗关节肿大变粗，尾椎骨移位变软，肋骨与肋软骨结合部呈串珠状。关节及关节软骨磨损，甚至碎裂（图4-42～图4-44）。头部肿大，骨端变粗，易发生骨折和肌腱附着部撕脱。

【诊断】佝偻病发病于幼龄猪，骨软病发生于成年猪。饲料中钙磷比例失调或不足、维生素D缺乏、胃肠道疾病以及缺少光照和户外活动等可引发本病。必要时要结合血清学检查、X线检查以及饲料分析以帮助确诊。

【防治措施及方剂】本病多以预防为主，可以采用注射钙磷制剂进行治疗。

（1）预防　应经常检查饲料，保证日粮中钙、磷和维生素D的含量，合理调配日粮中钙、磷比例，平时多喂些青绿饲料。对于妊娠后期的母猪更应注意钙、磷和维生素D的补给。特别是长期舍饲、不易受到阳光照射及维生素D缺乏的猪，更应及时采取预防措施。

（2）治疗　改善妊娠母猪、哺乳母猪和仔猪的饲养管理，补充钙磷和维生素D源充足的饲料，如青绿饲料、骨粉、蛋壳粉、蚌壳粉等。合理调整日粮中钙磷的含量及比例，同时适当运动和进行日光照射。

对于发病仔猪，可用维丁胶性钙注射液，按说明书使用。维生素A、维生素D注射液2～3mL肌内注射，隔日1次。成年猪可用10%葡萄糖酸钙50～100mL静脉注射，每日1次，连用3d。此外20%磷酸二氢钠注射液30～50mL耳静脉注射1次。也可用磷酸钙2～5g，每日2次拌料喂给。

中兽医治疗方法：调整胃肠道生理机能，补充钙、磷，补血强筋，壮骨营养。

方剂一，煅牡蛎粉40g、人工盐40g、健胃散50g、苍术30g，混合，加水适量，一次灌服，每天1次，连用1～2周。

图4-42
猪钙磷缺乏症（骨软症）（1）

肩关节软骨磨损，肩臼软骨碎裂

图4-43
猪钙磷缺乏症（骨软症）（2）

继发感染后，有化脓性关节炎和关节周围炎。左，关节软骨已经化脓溶解；右，关节面出血、坏死、溃疡，周围软组织化脓性溶解

图4-44
猪钙磷缺乏症（骨软症）（3）

右上，肩胛骨的肩臼软骨碎裂；左下，肱骨头坏死、溃疡，边缘软骨碎裂

方剂二，鸡蛋壳炒黄研末，每只仔猪20g，拌在饲料内，每天分2次喂服。

方剂三，苍术10g、熟地10g、山药10g，先把药研成细末，再熬水，连同药末拌于饲料中喂服，每天1次，连续喂10d。

方剂四，鱼粉10～20g（仔猪），每天分2次加入饲料中喂服。

17.猪异嗜癖

猪异嗜癖是指猪因外界和内部因素的影响（如环境、营养、内分泌、遗传等）而引起的一类由于代谢机能紊乱、味觉异常的综合性疾病。临床上以到处舔食、啃咬那些无营养价值而不应该采食的东西为特征。本病多发生于光照时间不足、气温低的冬季和早春，多群发，以仔猪和母猪多发。猪异嗜癖常常造成猪厌食、生长发育不良。

【病因】异嗜癖的原因较多，包括：饲养密度过大；许多营养元素如铁、铜、锰、钴、钠、硫、钙、磷、镁等不足，尤其是钠缺乏；某些蛋白质、氨基酸缺乏；维生素A和维生素B族的缺乏；体外寄生虫直接刺激或产生毒素；肠道消耗性疾病、慢性消化不良等。

【临床症状】异嗜癖多以消化不良开始，随后出现味觉异常和异嗜。病猪舔食、啃咬、吞咽被粪便污染的食物及垫草，舔食墙壁、食槽、砖瓦块、煤渣、破布、毛发等无营养的东西（图4-45）。

图4-45
猪异嗜癖（1）

病猪胃内集聚的毛团

病初猪只敏感性高，容易惊恐，反应迟钝，磨牙，畏寒。有时便秘、有时腹泻或交替出现。皮肤被毛干燥无光。常继发胃异物及肠道阻塞。母猪有食胎衣、仔猪情况，仔猪和架子猪有相互啃咬尾巴或耳朵，常因相互啃咬，引起外伤。接着食欲下降、生长不良，病猪渐渐消瘦，对外界刺激的敏感性增高，常可引起互相攻击而发生外伤（图4-46～图4-47）。个别患猪贫血、衰弱、食欲减退，病情进一步恶化甚至发生衰竭而死亡。

【诊断】依据临诊症状做出诊断并不难，但要查出真正的病因却很难。通常情况下要根据病史、临诊症状、治疗性诊断、实验室检查、饲料成分分析等多方面资料综合判断，才能确诊。

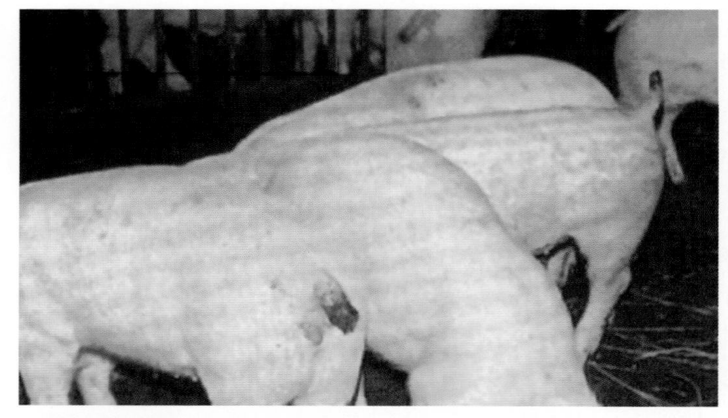

图4-46
猪异嗜癖的临床症状（2）

异嗜癖病猪互相咬尾巴，咬断的猪尾巴引发感染

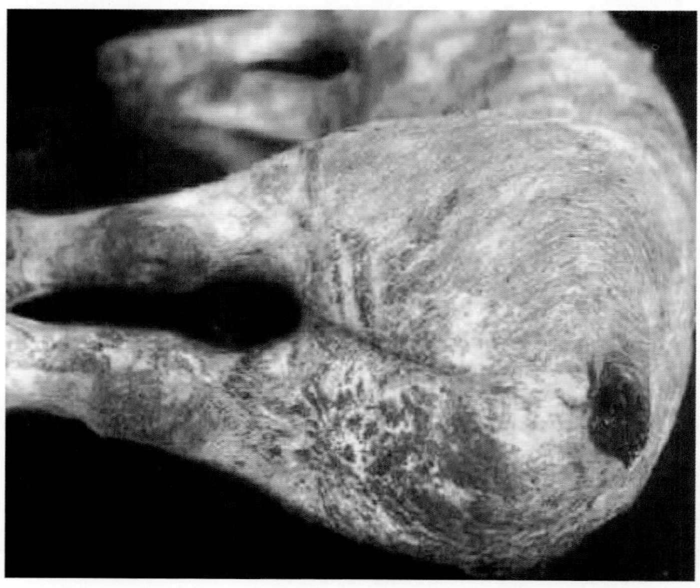

图4-47
猪异嗜癖的临床症状（3）

病猪由于咬尾造成尾部感染坏死

【防治措施及方剂】要针对不同病因而采取相应的预防措施。

（1）预防　预防本病的发生首先要改善饲养管理，合理配料。如果饲料成分分析发现缺少某一物质，就补充所缺的物质。如果缺乏维生素，可补充些青菜类的青饲料，缺乏无机盐时可按饲料总量的0.5%～0.9%补充食盐或补充骨粉、贝壳粉20～50g，或内服氯化钴5～20mg，每3～5日1次。如果缺乏铜、铁等微量元素，可往圈内撒些红土、黄土，任其采食。应加强母猪产后管理，细心看护，及时喂予稀粥或米汤。妊娠母猪要喂给蛋白质饲料，以满足母猪及胎儿生长发育的需要，有条件的可将河虾、小鱼煮后喂猪，在饲料中添加鱼粉、血粉、肉骨粉更好。

（2）治疗　主要是查明病因，及时对症治疗。据报道，氯化钴对异嗜癖有良好的治疗作用，硫酸铜和氯化钴配合使用效果更好。治疗用量为：氯化钴10～20mg，硫酸铜75～150mg。此外，适当补充矿物质和复合维生素。根据具体情况，可选择使用下列方法。

① 对于有啃墙、啃圈习惯的猪，可喂红土，以补充铁、锰、锌、镁等多种微量元素。

② 对于爱啃砖头、吃煤渣、饮尿的猪，应在饲料中添加0.5% ～ 0.8%食盐，但添加量不得超过1%，以防食盐中毒。

③ 有吃石灰习惯的猪，应在饲料中添加钙和磷，如熟石灰、骨粉等，也可在饲料中添加维生素D_3、维生素E粉或肌注维丁胶性钙5 ～ 10mL，连用4 ～ 7d。

④ 啃吃垫草的，可喂服或肌注多种维生素，每次10 ～ 20mL，每天1次，连续3 ～ 4d。

⑤ 有吃猪粪、鸡粪的猪，可肌注维生素B_{12}，剂量参考说明书。

⑥ 有习惯吃胎衣、胎儿的猪，除了加强护理外，还可以用河虾或小鱼100 ～ 300g，煮汤饮服，或在饲料中加鱼粉，每头猪50 ～ 100g，连续喂10 ～ 20d。

18.猪胃肠炎

猪胃肠炎是指猪胃、肠黏膜表层及黏膜下深层组织的重剧性炎症。胃、肠的炎症多同时或相继发生，故合称“胃肠炎”。

本病多因喂给腐败变质、发霉、不清洁或冰冻饲料，或误食有毒植物或化学药物，或暴食暴饮等刺激胃肠所致。临床上以体温升高、剧烈腹泻、呕吐、腹痛、粪便带血或混有白色黏膜等为特征。

【病因】胃肠炎按病因可分为原发性和继发性；按炎症性质可分为黏液性、化脓性、出血性、纤维素性和坏死性胃肠炎；按其病程经过可分为急性和慢性胃肠炎。

（1）原发性胃肠炎　原发性胃肠炎的原因包括：采食了发霉变质、冰冻腐烂的饲料或污染的饮水；采食了有毒植物如蓖麻、巴豆等或有刺激性的化学物质如酸、碱、砷、磷、汞等；饲养管理不善、气候突变、卫生条件不良、运输应激等可使机体抵抗力降低，受到条件性病原的侵袭；猪场滥用药物，滥用抗生素使胃肠道菌群失调（图4-48）。

（2）继发性胃肠炎　继发性胃肠炎常见于各种病毒性传染病（猪瘟、传染性胃肠炎等）、细菌性传染病（沙门菌病、巴氏杆菌病等）、寄生虫病（蛔虫等）及一些内科疾病（肠变位、便秘等）。

【临床症状】

（1）急性胃肠炎　病猪体温升高（病情严重时体温反而降低），精神沉郁，食欲减退或废绝，脉搏增加，呼吸增数。腹泻时粪便较稀软，有恶臭或腥臭味，有时混有黏液、血液或脓性物。病初肠音高亢，逐渐减弱至消失，重症的猪肛门松弛、排便失禁或呈里急后重，尿量减少。腹痛和肌肉震颤，肚腹蜷缩。四肢、耳尖等末梢冰凉。因机体脱水而血液浓稠，眼球下陷，皮肤弹性降低。后期可发生痉挛、昏迷、脱水、消瘦，最后可衰竭死。

（2）慢性胃肠炎　眼结膜颜色红中带黄，舌苔黄厚。异嗜，喜食砂土、粪尿。便秘或者便秘与腹泻交替，肠音不整。

【病理变化】肠内容物常混有血液，有腥臭味。肠黏膜充血、出血、脱落、坏死，有时可见到假膜并有溃疡或烂斑（图4-49）。

图4-48
某猪场药物滥用情况

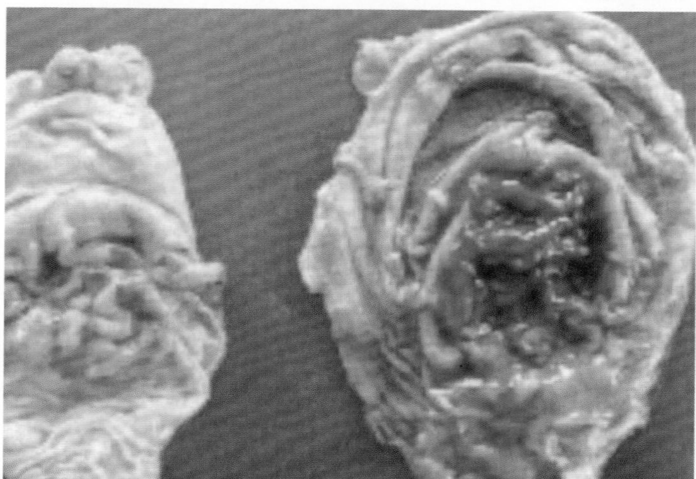

图4-49
猪胃肠炎的病理变化

胃底黏膜潮红充血，点状或斑状出血

【诊断】根据舌苔颜色变化，腹泻，粪便中有黏液或脓性物等临诊症状，以及剖检所见肠道变化可做出诊断。

【防治措施及方剂】

（1）预防　加强饲养管理，禁喂发霉变质、冰冻或有毒的饲料；保证饮水清洁卫生；及时驱虫，减少各种应激因素。寒冷季节一定要做好猪舍的防寒保温工作，加厚保温垫料并勤更换。经常打扫、清理猪舍粪水等，无疫情时每周用3% ～ 4%氢氧化钠溶液消毒1 ～ 2次，之后再用清水冲洗1 ～ 2次，或喷50%百毒杀3000倍液等消毒。

（2）治疗　可以参考下列方法进行治疗。

① 抗菌消炎，可选多种抗生素，如氯霉素1 ～ 1.5g，一次肌内注射，每天2次，连用3 ～ 4d。也可每千克体重注射磺胺嘧啶钠0.1 ～ 0.15g。

② 碱式硝酸铋2 ～ 6g，一次内服。也可用鞣酸蛋白2 ～ 5g内服。

③ 10%安钠咖或樟脑磺酸钠注射液5 ～ 10mL，一次肌内注射。

④ 中兽医疗法：

方剂一，木炭末或锅底灰10 ～ 30g，内服。

方剂二，对于仔猪腹泻用百草霜30g，红糖、白糖各5g，混合后，开水冲服。

方剂三，对于腹泻时间久的大猪，可用当归40g、白芍40g、茯苓40g、干姜30g、山芋肉30g、黄芪40g、党参40g、白术40g、木香40g、泽泻40g、附子20g、甘草25g，水煎温服。

19.感冒

感冒是由于受到寒冷等的刺激，使得机体的防御机能降低，从而引起上呼吸道黏膜感染的一种全身性疾病。临床上以体温升高，精神沉郁，食欲下降，鼻塞、流鼻涕，畏光流泪，咳嗽为特征。本病一年四季均可发生，但以春、秋季气候多变季节多发。

【病因】本病的发生主要是由于饲养管理不当。气候忽冷忽热，猪只受风寒、贼风的侵袭；猪舍简陋寒冷潮湿，猪受到风吹雨淋；过于拥挤。另外，营养不良、长途运输等也可导致机体抵抗力下降和发生应激反应等，机体抵抗力降低引发本病。

【临床症状】本病的病程一般为3 ～ 5d，多取良性经过，如果治疗不及时容易继发支气管肺炎。

病猪精神沉郁，食欲减退，体温升高，皮温不整，耳尖、鼻端发凉。结膜潮红，畏寒怕冷，眼睑轻度肿胀，畏光流泪，有黏性分泌物。

病初期呼吸加快，咳嗽，打喷嚏，流出水样鼻液，鼻黏膜充血，鼻塞不通畅，随后转为黏液或黏液脓性。严重时食欲废绝，如果并发支气管炎，则出现干性或湿性啰音。脉搏快，口腔黏膜干燥，舌苔淡白色。

【诊断】根据临诊症状，如体温升高到40℃以上、咳嗽、打喷嚏、畏光流泪、呼吸加快、脉搏增数等，以及受到寒冷刺激的病史可做出诊断。

【防治措施及方剂】

（1）预防　在早春、晚秋气候多变的季节，要保持猪舍干燥、卫生，注意防寒保暖，避免贼风侵袭。

（2）治疗　本病以解热镇痛，祛风散寒，防止继发感染为原则。治疗措施上，让病猪安静休息，给予清洁新鲜的饮水。猪只感冒后如果及时治疗，很快就可治愈。若治疗不及时，出现并发症，拖延时间会较久。体质良好的病猪一般经过3～7d可自愈。

① 解热镇痛：以体重50kg的猪计算，可用30%安乃近注射液5mL，或阿尼利定注射液5～10mL，或柴胡注射液5mL。每日2～3次，或肌内注射10%复方氨基比林注射液2～3mL。

② 防继发感染：青霉素每千克体重10000IU或磺胺甲噁唑（新诺明）2～10mL肌注，或口服土霉素2g，12h一次。

③ 止咳：氯化铵0.3～1.0g或喷托维林（咳必清）0.2g，口服。

④ 针灸：耳尖、尾尖、百会、山根等穴位。

⑤ 放血：在耳尖、尾尖、四蹄用小宽针放血。

⑥ 中兽医方法治疗：

方剂一，生姜l0g，大蒜5g，葱3根，泡水后内服。或金银花40g，连翘、荆芥、薄荷各25g，牛蒡子、淡豆豉各20g，竹叶、桔梗各15g，芦根30g，煎汤灌服。

方剂二，葱白适量捣碎，塞入一侧鼻孔，包扎固定，每天1次。

方剂三，荆芥20g、防风20g、羌活15g、独活15g、柴胡15g、前胡15g、甘草15g，煎汤去渣，灌服。

20.肺炎

猪肺炎是指肺脏实质发生炎症，肺泡内有炎性渗出物而引起的呼吸机能障碍的一种疾病。一般可分为小叶性肺炎和大叶性肺炎两类。

1）小叶性肺炎

小叶性肺炎又称支气管肺炎、卡他性肺炎。其炎症病变仅仅局限于个别肺小叶或一部分肺小叶及其相连接的细支气管，一般多由支气管炎的蔓延所引起。临床上以出现弛张热型，呼吸次数增多，叩诊有散在的局灶性浊音区和听诊有捻发音，有炎症渗出物为主要特征。本病以仔猪和老龄猪更常见，多发于冬、春季节。

【病因】诱发本病的主要原因有：

① 饲养管理不当，机体抵抗力减弱，受冷空气侵袭。

② 猪圈通风不良，空气混浊，如刺激性烟雾、刺激性气体、尘埃、氨气等被吸入。

③ 猪只因饥饿、缺水而抢食、抢饮，相互争夺时，误将饲料或水呛入气管。

④ 感冒、支气管炎、肺丝虫病、蛔虫病、流感猪丹毒、猪副伤寒等病也能继发本病。

【临床症状】病猪表现精神沉郁，食欲减退或废绝，结膜潮红或蓝紫，体温升高至40℃以上，呈弛张热型，有时为间歇热。呼吸困难，并且随病程的发展逐渐加剧。咳嗽，病初表现为干短带痛的咳嗽，继之变为湿长的咳嗽，但疼痛减轻或消失。气喘，流鼻涕。胸部听诊，在病灶部分肺泡呼吸音减弱，可听到捻发音，以后由于渗出物堵塞了肺泡和细支气管，肺泡呼吸音消失，可能听到支气管呼吸音，而在其他健康部位，肺泡音亢盛。胸部叩诊，胸前下三角区内可发现一个或数个局灶性的小浊音区。

【病理变化】小叶性肺炎的多发部位是心叶、尖叶和膈叶的前下缘，病变为一侧性或两侧性的。发炎部位的肺组织质地变实，呈灰红色。病灶的形状不规则，散布在肺的各处，呈岛屿状，病灶的中心常可见到一个小支气管。肺的切面上可见散在的病灶区，呈灰红色或灰白色，粗糙突出于切面，质地较硬，用手挤压可见从小支气管中流出一些渗出物。支气管黏膜充血、水肿，管腔中含有带黏液的渗出物。

【诊断】根据临床症状即可初步诊断。病情发展较慢，体温突然升高到40℃以上，呼吸促迫。流鼻涕，鼻液先呈浆性后转稠，再后是脓性。咳嗽而带痛，后期疼痛变弱。胸部听诊有啰音，胸部叩诊有痛感。常常伴发支气管炎，呼吸加快而困难，阵发性咳嗽。食欲减退，常饮水，逐渐消瘦。

剖检仅见肺炎的病灶（肺小叶）有一个或一群，新病区呈红色或灰红色，较久的病区呈灰黄色或灰白色，剪取病变组织投入水中下沉。通过这些变化可确诊。

【防治措施及方剂】防治原则是加强护理、抗菌消炎、祛痰止咳，制止渗出和促进渗出物的吸收及对症疗法。

（1）预防

① 平时应注意饲养管理，喂给营养丰富、易于消化的饲料，圈舍要通风透光，保持空气新鲜清洁，以增强仔猪的抵抗力。

② 加强耐寒锻炼，防止感冒，保护猪只免受寒冷、风、雨和潮湿等的袭击。

③ 应加强对能继发本病的一些传染病和寄生虫病的预防和控制。

（2）治疗

① 恩诺沙星注射液对猪小叶性肺炎有特效作用。方法及用量为：恩诺沙星注射液每千克体重2.5mg，肌注，每天2次，连用3d。

② 复方磺胺嘧啶钠注射液，每千克体重0.07～0.1mL，肌注，每天2次，连用3～5d。

③ 中药治疗：

方剂，麻黄、杏仁各20～30g，甘草、桑白皮、石膏、知母各10～15g，水煎，分两次内服。

2）大叶性肺炎

猪大叶性肺炎，又称为纤维素性肺炎。本病多发生于晚秋和早春季节，是一种伴有高热的急性肺炎。其炎症病变发展很快，不仅仅局限于肺小叶，而且可蔓延至整个肺叶。病猪特征性的表现为高热稽留，流铁锈色鼻液，大片肺浊音区。临床经过可分为充血水肿期、红色肝变期、灰色肝变期和溶解期四个阶段。

【病因】引起猪大叶性肺炎的病因有多种，当动物受寒感冒、吸入有害气体、长途运输时，机体抵抗力下降，呼吸道黏膜的病原微生物即可致病，或发生细菌及病毒的感染，如感染肺炎链球菌、绿脓杆菌、巴氏杆菌、猪瘟病毒等，也都可继发大叶性肺炎。

【临床症状】体温突然升高至40℃以上，呈稽留热型。皮温不整，食欲减退或消失，精神倦怠，头下垂，眼睛半睁半闭，怕冷寒战，喜欢钻入垫草中。眼结膜发红。呈腹式呼吸，咳嗽，喘气，流脓性鼻液或铁锈色鼻液。大便干燥或便秘。胸部听诊时，随着病程的发展可出现不同的杂音。

高热一般可持续7d左右，随后体温下降至正常。但有些病例在体温下降至正常后又升高，持续1～2d，再退至正常或低于正常。

【病理变化】大叶性肺炎的典型病例，病程可明显分为4个阶段，即充血水肿期、红色肝变期、灰色肝变期和溶解期，在不同阶段的病理变化也不尽相同。

① 充血水肿期：肺脏体积略微增大，有一定弹性。病变部位的肺组织呈褐红色，切面光泽而湿润，按压流出大量血样泡沫，切取一小块投入水中，呈半沉于水的状态。

② 红色肝变期：肺脏肿大，质地变实，呈暗红色，类似肝脏，所以称肝变（图4-50）。切取一小块投入水中，完全下沉。

③ 灰色肝变期：病变部呈灰色（灰色肝变）或黄色，肿胀，切面为灰黄色花岗岩样，质地坚实如肝。投入水中完全下沉。

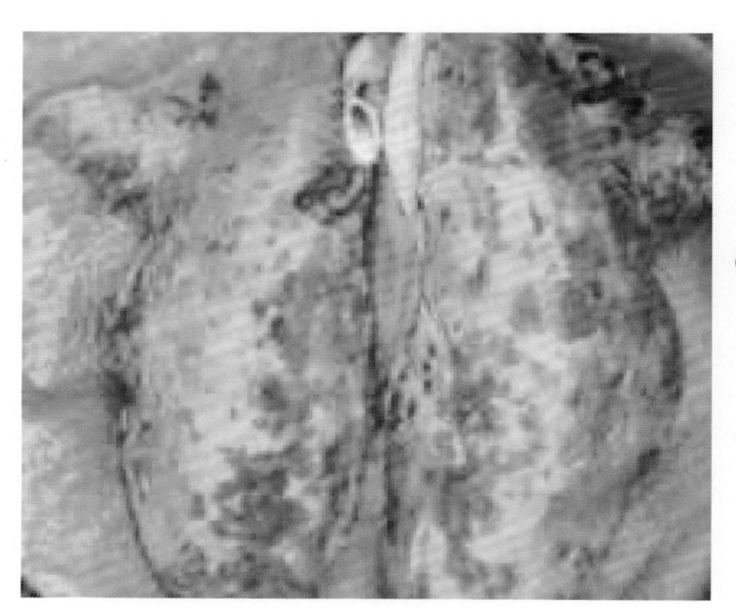

图4-50
大叶性肺炎的病理变化

肺部炎症，处于红色肝变期（肺脏呈暗红色）

④ 溶解期：病肺组织较前期缩小，质地柔软，挤压有少量脓性浑浊液流出，色泽逐渐恢复正常。

【防治措施】

（1）预防　加强饲养管理，增强猪的抗病能力，避免受寒冷刺激，喂给营养丰富的饲料。注意环境卫生，猪舍保持干燥、通风、温暖，适当光照，防止受寒感冒，增强猪只的抵抗力。病猪服药时，应保定好，防止药物灌入气管。同时，加强对传染病、寄生虫病的防治。

（2）治疗　大叶性肺炎的治疗原则是：抗菌消炎、制止渗出、促进渗出物吸收。由于本病发展迅速，病情发展极快，在选用抗菌消炎药时，要特别慎重。

① 抗菌消炎：新胂凡纳明对本病有较好的疗效，其用量为1.5～2.5g，用温5%葡萄糖生理盐水溶解，缓慢静注，不得漏出血管外，用前可先肌内注射10%安钠咖10～20mL；也可采用10%磺胺嘧啶钠溶液30mL，40%的乌洛托品20～40mL，5%糖盐水100～300mL，一次静注，每日1次。

② 祛痰止咳：如果频频发生痛咳，分泌物不多时，可使用止咳剂，如复方樟脑酊5～10mL或复方甘草合剂10～20mL内服，每天2～3次；制止渗出或促进渗出物吸收，可用10%氯化钙液10～20mL，静脉注射，每天1次；或氯化铵及碳酸氢钠各1～2g，每天2次，混入饲料中喂服，有良好的效果。

③ 心脏衰弱时，可注射10%安钠咖2～5mL。当猪只体力虚弱时，可注射50%葡萄糖50mL及2～10mL 5%的维生素C。

21.猪黄脂病

猪黄脂病俗称“猪黄膘”，又称为黄脂肪病或营养性脂膜炎。本病是以猪体脂肪组织呈现黄色蜡样为特征的一种黄色色素颗粒沉积性疾病，故称“黄膘”，并伴有特殊的鱼腥味或蛹臭味，严重影响肉质。

生猪屠宰后皮下脂肪变黄的猪肉，如果是因为饲料而引起的称为“黄膘肉”，如果是因为疾病而引起的则称为“黄疸肉”。

【病因】诱发猪只发生黄脂病的原因主要有两种：

一种是病理性的，称为黄疸，有实质性黄疸、阻塞性黄疸和溶血性黄疸的区别。其病因可能是由锥虫病、焦虫病或钩端螺旋体侵入肌体而引起机体内大量溶血、发生中毒和全身感染，胆汁排泄出现障碍，使大量胆红素排入血液，将全身各组织染成黄色，造成黄疸肉。

另一种是饲料中不饱和脂肪酸甘油酯含量过高，或缺乏维生素E所致。如长期饲喂变质的鱼粉、鱼肝油下脚料、鱼类加工时的废弃物、蚕蛹等，易发生黄脂。再就是饲喂的饲料中含有天然黄色素较丰富的饲料（如紫云英、胡萝卜等），或饲料中添加了导致产生黄脂病的药物（如磺胺类和某些有色的中草药）等，也可能产生黄脂。

【临床症状】病猪大多没有明显的临诊症状，只是生前表现为衰弱、倦怠、被毛粗糙、食欲减退、增重缓慢、黏膜苍白，通常眼有分泌物。

【病理变化】剖检可见皮下及腹腔脂肪呈黄色或黄褐色，蜡样，可闻到腥臭味（图4-51）。变黄较为明显的部位是肾脏周围、下腹、骨盆腔、肛周、耳根、眼周及股内侧。黄脂具有鱼腥味，加热更加明显。骨骼肌、心肌呈灰白色（与白肌病相似），变脆。肝脏呈黄褐色，脂肪变性。淋巴结肿胀、水肿。肾脏呈灰红色。胃肠黏膜充血。

图4-51
猪黄脂病的病理变化

病猪的脂肪组织呈现黄色或黄褐色，蜡样

【诊断】生前诊断较难，主要根据屠宰后剖检病变做出诊断。鉴别诊断注意与黄疸相区别。黄膘猪的肥膘及体腔内脂肪呈不同程度的黄色，其他组织无黄色现象。而黄疸使得猪的皮肤、黏膜、皮下脂肪、腱膜、韧带、软骨表面、组织液、关节液及内脏等均呈黄色。

【防治措施】因本病生前诊断很难，也无法治疗，因此，应主要做好预防工作。

合理调整日粮，增加维生素E的供给量，减少饲料中不饱和脂肪酸的高油脂成分，不要饲喂致病的饲料，将日粮中不饱和脂肪酸甘油酯的饲料限制在10%以内。禁喂鱼粉或蚕蛹，或减少鱼粉的用量及使用高质量的脱脂鱼粉。

日粮中添加维生素E，每头每日500 ～ 700mg。或加入6%的干燥小麦芽，或30%米糠，都有预防效果，只要添加的时间足够长，已发病猪组织中全部蜡样质可除去。如果是由霉菌毒素饲料引起的，要对饲料进行脱毒，凡发霉饲料一律禁喂。

22.猪风湿病

风湿病，中兽医上称“痹症”，主要侵害猪的背、腰、四肢的肌肉和关节，同时也侵害蹄部和心脏以及其他组织器官的一种常有反复发作的急性或慢性非化脓性炎症。有人认为风湿病是由风、寒、湿侵袭所引起。还有人认为这是一种变态反应性病理过程。

【病因】风湿病在寒湿地区和冬、春季发病率高。广大兽医工作者在实践中体会到，寒冷、潮湿等因素在风湿病的发生上起着重要作用。本病的病因和发病机理迄今尚未完全阐明，现有几种说法：

① 一般认为风湿病是一种变态反应性疾病，且与溶血性链球菌感染有关。当肌体抵抗力降低时，溶血性链球菌侵入肌体组织，引起局部性感染，并产生毒素和酶类，如溶血毒素、杀白细胞毒素、透明质酸酶和链激酶等。这些毒素和酶类刺激机体产生抗体，以后肌体抵抗力再次下降时，链球菌再次感染肌体，产生的毒素和酶类再与先前形成的抗体相互作用而引起变态反应，从而发生风湿病。

② 有人认为病因是一种滤过性病毒，也不否认链球菌的作用，其代谢产物可提高肌体的感受性。

【临床症状】风湿病的主要表现是发病的肌群、关节及蹄部的疼痛和机能障碍。疼痛表现时轻时重，可随病猪的运动而减轻，随环境温度升高而有所减轻，并具有季节性、反复性和游走性的特点。本病主要以全身关节、肌肉发炎，疼痛为特征。

（1）肌肉风湿　发生肌肉风湿病时，病猪经常躺卧、不愿起立、运步不灵活。触诊和压迫患部肌肉，表面不光滑、发硬、有温热，并有疼痛反应。当转为慢性时，患部肌肉萎缩。如果是颈部肌肉风湿时，病猪出现斜颈或头颈伸直、低头困难；如果腰肌风湿时，表现拱背、腰僵硬、活动不灵活；如果是肩臂风湿时，患肢不敢负重、跛行；如果是四肢肌肉风湿时，病猪则跛行、步幅缩短、关节伸展不充分；如果是多数肌肉发生急性风湿时，则可有明显的全身症状，精神沉郁、食欲减退、体温升高等。

（2）关节风湿　关节风湿病常表现为对称性的，多发于肩、肘、髋、膝等活动性较大的关节。急性的表现为急性滑膜炎的症状：关节囊及周围组织水肿，患病关节肿大，有温热和疼痛反应，运步时出现跛行，跛行随运动量的增加而减轻（图4-52）。病猪精神差，体温升高，食欲不振，喜卧，不愿站立与运动。慢性时，关节组织增生、肥厚，关节变粗，活动范围变小，运步出现强拘（图4-53）。

【诊断】依据病史、临诊症状可做出诊断。必要时可使用水杨酸钠、碳酸氢钠再进行运步检查，如果跛行明显减轻即可确诊。

【防治措施及方剂】

（1）预防　应注意冬季的防寒保暖，避免感冒。猪舍经常保持清洁干燥、通风和充足的阳光，防止贼风袭击，在出汗和雨淋后应让猪停留在避风处，以防受到风寒。

（2）治疗　风湿病的治疗原则是消除病因、加强护理、祛风除湿、解热镇痛、消除炎症。

治疗本病的方法很多，但都易复发。常用的疗法有以下几种。

① 水杨酸制剂疗法：水杨酸制剂具有明显的抗风湿、抗炎和解热镇痛作用，用于治疗急性风湿病效果较好。可静脉注射10%水杨酸钠溶液20～100mL。此外，安替比林和氨基比林也有良好的效果。

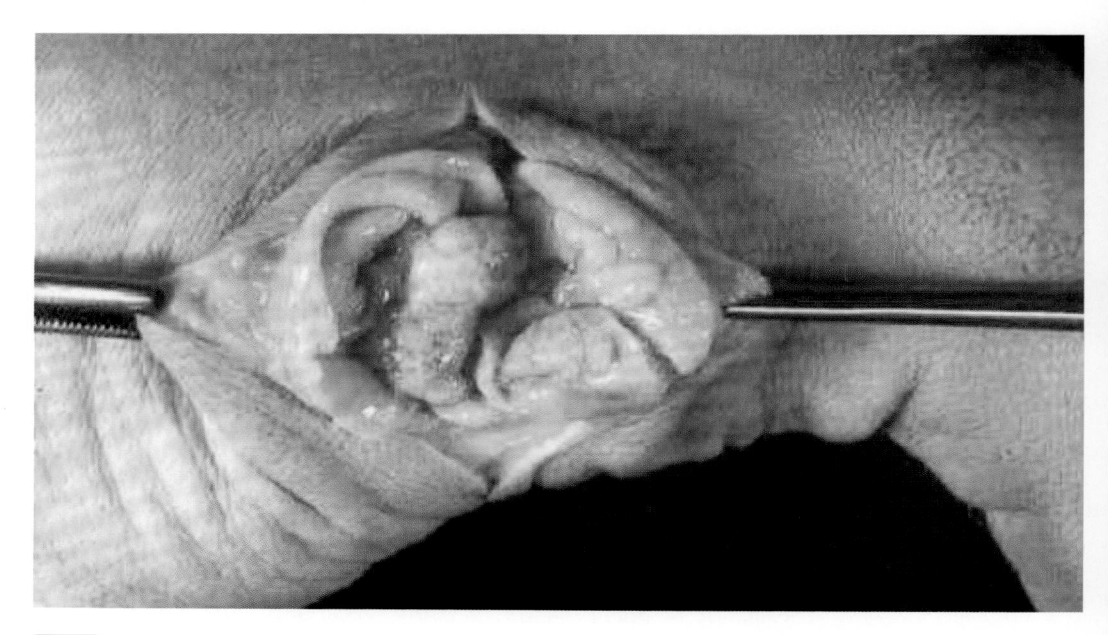

图4-52
猪风湿病的临床症状（1）

滑膜炎症状，关节囊及周围组织水肿，患病关节肿大

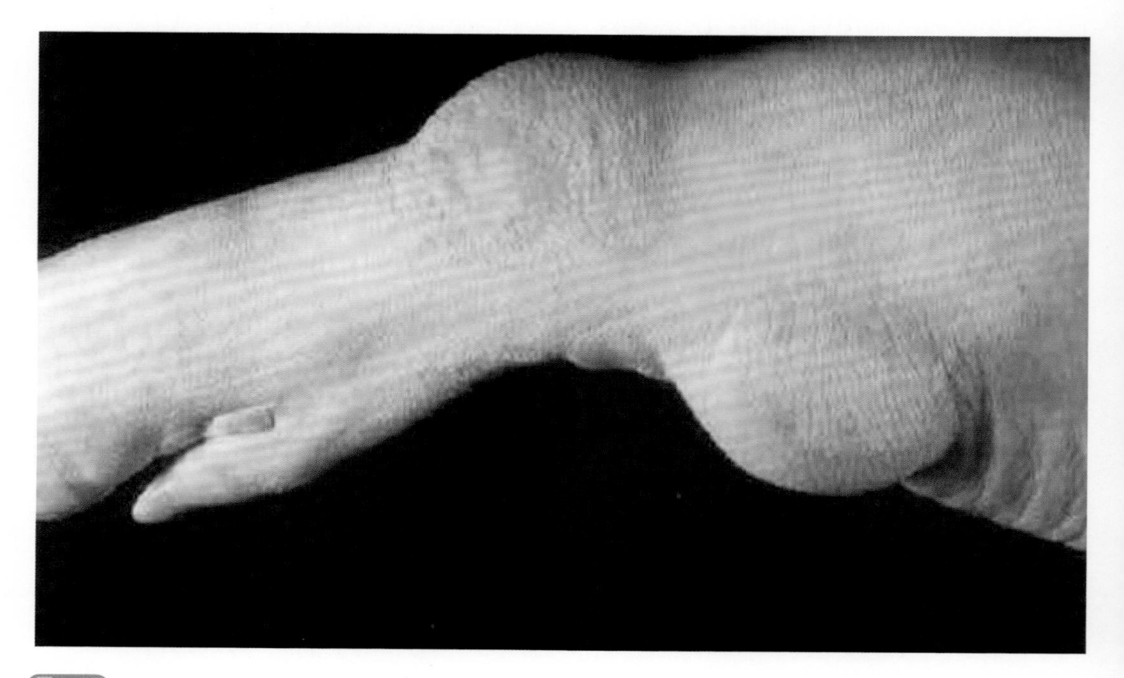

图4-53
猪风湿病的临床症状（2）

患病肢体关节囊周围出现浮肿，关节肿大，关节组织增生，关节变粗

② 可的松制剂疗法：可的松类具有抗过敏、抗炎的作用，用来治疗急性风湿病也有显著的效果。可选用醋酸可的松，氢化可的松，氟米松等。0.5%氢化可的松10～20mL，肌内或静脉注射，每天1次，连用5～7d。

③ 局部治疗：局部可采用涂擦刺激剂、温热疗法、电疗法及针灸疗法等。局部刺激剂有樟脑酒精、水杨酸甲酯软膏等。热敷可采用酒精或白酒加温（40℃左右），或用麸皮与醋按4∶3的比例混合炒热装于布袋内进行局部热敷。对于背腰风湿可用醋酒灸法、醋麸灸等。

④ 中兽医中药疗法：可用针灸疗法和中草药疗法。

a.针灸疗法可根据病情选用白针、火针、电针，并根据病情选择穴位，每日或隔日1次，4～6次为一疗程。

b.中药疗法：

方剂一，独活50g、羌活50g、木瓜50g、制川乌40g、制草乌40g、薏苡仁50g、牛膝50g、甘草20g。用法，制川乌、制草乌加新鲜带肉猪骨500g文火炖4h，再加入其余的草药煎汁，每天分2次灌服，连服5d。

方剂二，凤仙花全草（或透骨草），适量。把此草熬成浓汁，趁热熏洗患部，洗后擦干。

方剂三，大蒜、花椒、生姜、艾蒿叶各等量。把药熬水，趁热擦洗患部。

23.僵猪

僵猪俗称“小老猪”“小赖猪”“落脚猪”，是由于先天营养不良所导致的一种疾病。本病的突出特点是养不大，光吃不长。临床表现为精神状况尚好，饮食欲也较为正常，但体重轻、精神呆滞、曲背躬腰、个头比同窝仔猪明显偏小、青年期及其以后生长速度极慢。本病往往造成饲料浪费，肉料比增高，严重影响猪场的经济效益。

【病因】造成僵猪的原因有很多种，归纳起来有如下4个方面：

（1）胎僵　胎僵形成的原因是母猪在妊娠期间，由于饲养管理不当所造成的。表现为生产力降低、生活力下降、适应性差、生长缓慢、体质弱。

① 怀孕期间母猪的营养水平低下，日粮中缺乏蛋白质、矿物质、微量元素及维生素，或者母猪隐性发病，造成某些营养物质不能被吸收，同时母体的营养不能满足多个胎体同时正常发育的需要，胎体发育受阻，导致胎体先天发育不良。

② 近亲繁殖造成的仔猪品种退化，生长发育停滞。

③ 母猪的年龄过大，体质降低，贮备不足，身体的各项机能就会全面下降，尤其是吸收、消化、运输营养的性能会大幅度降低，从而供给胎儿的营养不足。

④ 后备种猪过早进行交配。种猪经过4～6个月达到性成熟，就会出现发情现象，之后还要经过一段时间后才能达到体成熟。性成熟后并不意味着已经到了交配的时机。如果交配过早，一方面自身仍需要生长发育，另一方面还要供给胎体的生长发育，就

容易导致僵猪。

⑤ 种猪自身发育不良而导致后代的发育不良，形成僵猪。

（2）奶僵　奶僵猪最明显的表现就是在哺乳期生长缓慢，断奶时仔猪被毛粗乱、体重轻。

① 新生仔猪的护理不当，如小猪出生后没有及时固定乳头等。虽然仔猪出生后可以自己固定，但所需时间过长，很容易让体质健壮的仔猪吃到中间和前排乳头的乳汁，体质弱的只能吃到后排乳头。这样就会出现强壮的仔猪占有泌乳量高的中间及前排乳头，弱小的被挤到泌乳量少的后排乳头，导致强者更强、弱者更弱，强弱悬殊过大。

② 没有及时进行寄养，母猪产仔过多，可能就会超出自身的乳头数。或者是母猪泌乳量不足或母猪产后死亡，仔猪没能及时寄养（寄养以不超过3d为宜），仔猪就会吃不到乳而引起生长受阻。

（3）食僵　原因是没有抓好开食和补料关。

① 如果仔猪开食、补料太晚，其消化机能就无法得到锻炼，仔猪就会出现食欲不振、拉稀、消瘦等症状。

② 随着仔猪生长速度的加快，母乳的供应与仔猪生长所需营养就会形成矛盾，如果没能及时补料，仔猪发育就会受阻，即便以后营养发生改善，也较难弥补。

③ 仔猪断奶后，日粮品质不良，营养缺乏；或育成仔猪同群饲养，强者多吃食，弱者吃不到足够的料而处于饥饿状态，久而久之形成僵猪。

（4）病僵　是由仔猪长期患病，如患上仔猪副伤寒、慢性胃肠炎、气喘病、蛔虫病、肺丝虫、姜片吸虫、疥螨病、痘病及其他慢性病，并且没能及时治疗引起的。往往会阻碍仔猪的生长发育。

对于病僵，因为病因不同而临床表现各异。如喘气病有咳嗽和气喘的症状；患仔猪副伤寒的猪长期腹泻且时好时坏；患寄生虫病的猪表现为贫血，并且有异嗜现象。据临床统计，各种疾病中由寄生虫所引起的僵猪比例最大，占到70% ～ 80%。

【临床症状】本病多发于10 ～ 20kg的仔猪。临床表现为被毛粗乱，体格瘦小，圆肚子，尖屁股，大脑袋，弓背缩腹。精神尚可，食欲也还行，但是只吃不长，平均每天长不到50g，有的到6月龄时体重才达到20kg（图4-54 ～图4-56）。

【防治措施及方剂】如果出现僵猪，要先找出致僵原因。一般要将僵猪调整为单独饲养，尽早治疗，调整机体生理机能，尽早恢复正常生长发育，这样可减少损失。僵猪“脱僵”可主要从以下几个方面着手。

（1）调整日粮的结构，改善营养水平　在日粮中合理地加入如维生素、矿物质、赖氨酸等营养物质。改喂粗蛋白含量高、富含维生素和矿物质的饲料，饲喂量以刚好吃完为宜，并且要先投精料后喂青料。

（2）驱虫　驱虫药的选择可区别不同情况，选择两类以上的驱虫药交替使用。如按每千克体重用25mg左旋咪唑片研成细粉拌料饲喂，或用精制敌百虫按猪每千克体重

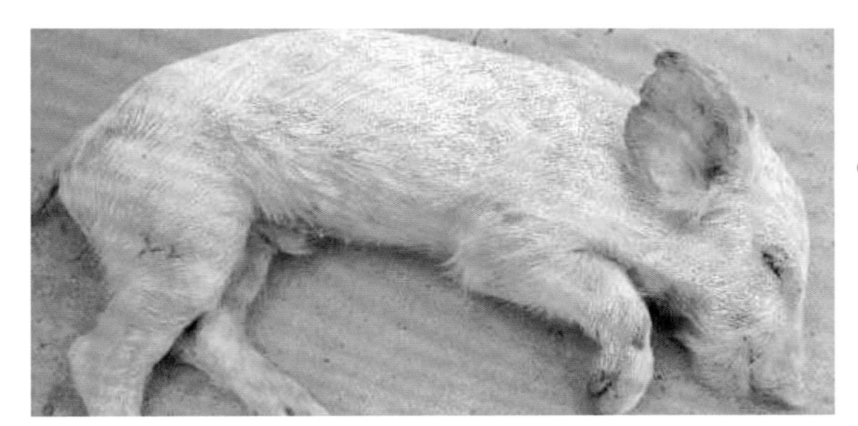

图4-54
僵猪的临床症状（1）

病死的僵猪，身体瘦弱、被毛粗乱

图4-55
僵猪的临床症状（2）

同窝猪体型差异极大，瘦弱，光吃不长（箭头所指猪）

图4-56
僵猪的临床症状（3）

病猪非常瘦弱，被毛粗乱，体格瘦小

0.1mg的剂量一次拌料混用。

（3）洗胃健胃　洗胃健胃可提升僵猪的消化机能和增进食欲。一般在驱虫第5d开始健胃。猪每10kg体重用大黄苏打片2片，分三次拌料喂。

（4）药物治疗　根据多年的临床试治，药物疗法多能收到较为理想的效果。如先注射维生素B_{12}（12～15μm）、肌苷（0.05mL），1周后再肌注1次三磷酸腺苷二钠（0.05mL）、维生素B_{12}（12～15μm）、肌苷（0.05mL）。还可以用其他药物疗法：如每头僵猪肌注乳酸钙1～3mL、维生素B_{12} 10～15mL、氢化可的松5～10mL，每天1次，连用数日，也可收到良好的效果。

此外，还可参考中药方剂：

方剂一，枳实、厚朴、大黄、甘草、苍术各50g，硫酸锌、硫酸铜、硫酸铁各5g，共研细末，混合均匀，按每千克体重0.3～0.5g喂服，每日2次，连用3～5d。

方剂二，蛋壳粉50g、骨粉100g、苍术和松针各20～30g、磷酸氢钠10～20g、食盐5g，共研细末，分3次喂服。

（5）生物疗法　取健康猪血（现采现用），每头僵猪5～10mL，肌内注射，每日1次，连用3～5d。

【僵猪的育肥方法】僵猪的育肥可采取以下措施，以达到脱僵和育肥的目的。

① 驱虫清胃：在无其他症状时，选择晴天的时候，中午停喂一顿，到晚上20:00～21:00空腹时，按每千克体重用左旋咪唑15～20mg研末，拌少量精料一次投喂。两天后，再取生石灰1kg溶于5kg水中，沉淀后用石灰水的上清液拌料喂猪，每日1次，连服3d。对于体况较好的僵猪，可停喂一次，只喂0.9%的淡盐水或少量轻泻剂，如人工盐、芒硝等，以清除僵猪胃肠道内的各种毒素，消除制约僵猪生长发育的因素。

② 健胃化食：要使僵猪彻底脱僵，必须使其在消化机能上有一个大的改善。可按僵猪每千克体重用大黄苏打1片（含量0.3g），最多不超过10片，研末拌入饲料喂服，每日2次，连服3d健胃。与此同时，结合用山楂、麦芽、神曲各50g（1次量）煎汁拌料饲喂，每日2次，连服5d化食。实践证明，经过这样处理的僵猪，食欲旺盛，消化机能大为增强。

③ 精养细管：青饲料要清洗沥干，适当切细，糠麸等粗料应加工粉碎后再按比例拌入营养较全面的配合饲料生喂，并在配合饲料中添加0.5%的土霉素粉，以增强僵猪的抗病力。添喂“石硫盐”（生石灰∶硫黄∶食盐=1∶1∶1）是一个经验方剂，即先把食盐炒黄，再倒入生石灰同炒10min，起锅待凉后加入硫黄，并研末，装瓶备用。体重25kg以下的猪日服5～8g，体重25kg以上的日服10～15g，直至出栏。这样既补充了矿物质，又刺激了食欲，是育肥僵猪不可缺少的重要措施。

④ 肌内注射维生素B_{12}：僵猪驱虫清胃10d后，每头猪每隔3d肌注2～4mL人用的维生素B_{12}，连续7～10次，对促进生长、增强体质有特殊功效。

此外，还应保持圈舍的清洁卫生、通风透气，为僵猪提供一个舒适的生活环境。

五、猪外科及产科病

1. 猪直肠脱

直肠脱，俗称脱肛，是指直肠黏膜或直肠壁全层（直肠的一部分或大部分）脱出于肛门之外的一种疾病。本病常发生于10～90kg体重的猪。

【病因】本病发生的主要原因是猪体瘦、便秘、下痢、腹泻、尿道炎、尿道阻塞、难产；或病后用刺激性药物灌肠后引起强烈努责；或母猪妊娠后期时，腹内压增高，肛门括约肌松弛和提肛肌无力，促使直肠由肛门向外翻出，不能自行缩回。

【临床症状】直肠脱出（脱肛）在临床上分为三种类型：直肠黏膜脱出、直肠全层脱出和直肠及结肠全层脱出。三种类型的主要症状基本相似，只是脱肛的程度不同而已。

病初时直肠黏膜翻出，常能自行缩回。随着脱出日期的延长和病情的发展，肠黏膜受到感染发炎后，脱出的直肠可能长时间内不能复位。直肠黏膜受到尾部及外界异物的刺激，很快出现水肿。黏膜发生肿胀，呈红紫色，糜烂，甚至引起创伤和撕裂。如果仅仅是在肛门外出现淡红色圆球形物，则为脱肛（图5-1）。若脱出的肠管呈圆筒状下垂，称为直肠全层脱出。脱出的肠管被肛门括约肌钳压，导致血液循环障碍，水肿加重，又因受到外界的污染，肠管表面污秽不洁（图5-2）。

【诊断】本病的诊断非常简单，仅仅通过临床症状即可直接做出诊断。

单纯性的直肠脱出，呈圆筒状肿胀，脱出部分向下弯曲、下垂，手指不能沿脱出的直肠和肛门之间向骨盆方向插入；而复杂的直肠脱，如伴有肠套叠时，脱出的肠管由于受肠系膜牵引，可使脱出的圆筒状肿胀向上弯曲，坚硬而厚，手指可沿直肠和肛门之间向骨盆腔方向插入。

【防治措施及方剂】预防上一定要改善饲养管理，首先要消除引起直肠脱垂的病因，防止便秘或下痢。如治疗便秘、下痢，充分饮水等。根据直肠脱出的病理状态，采取不同的治疗方法。

（1）手术疗法　直肠脱出后必须及时整复，先用0.1%高锰酸钾洗净脱垂的肠管，再用油类润滑黏膜，小心地将脱出部分推入肛门内，肠管如果水肿严重，可先用针刺水肿的黏膜，再用纱布托起，挤出水肿液，使肠管体积缩小，而后再整复。肛周做

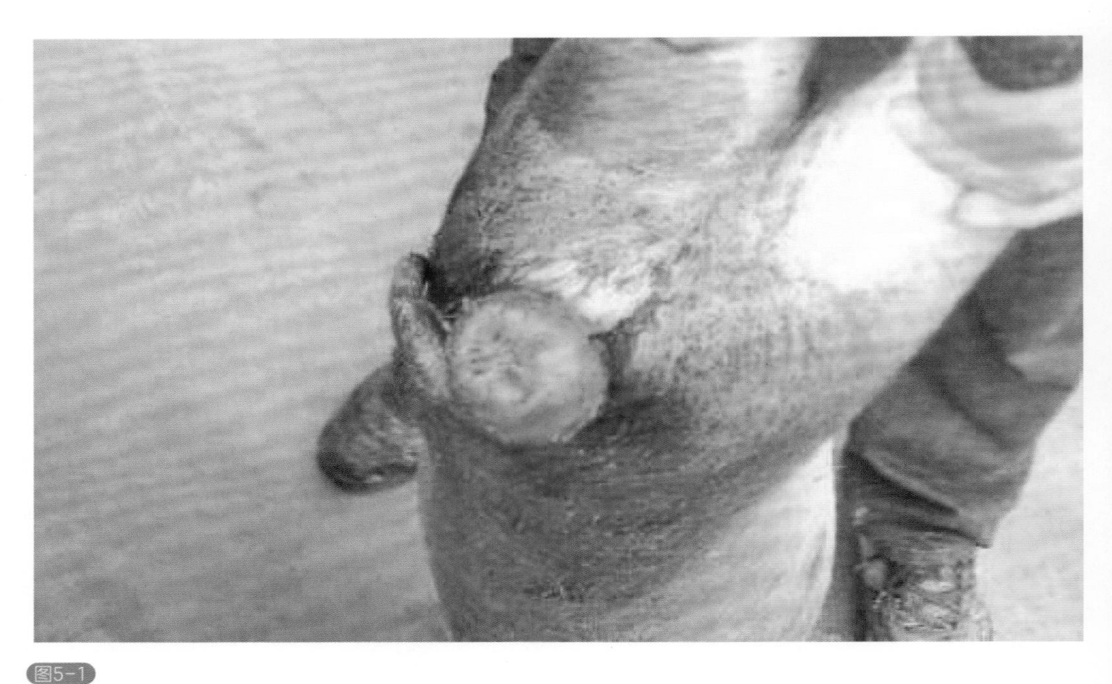

图5-1
猪直肠脱的临床症状（1）

病猪直肠黏膜脱出至肛门外，呈淡红色圆球状，表现出非常明显的水肿症状

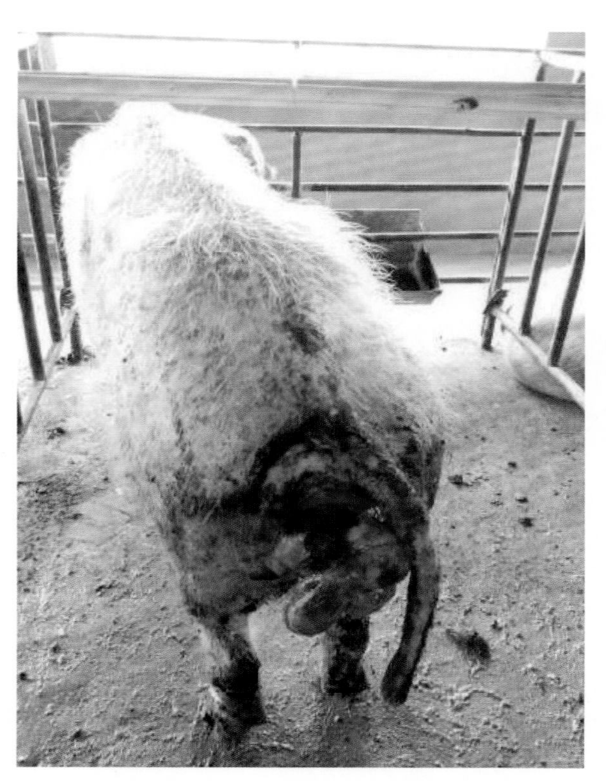

图5-2
猪直肠脱的临床症状（2）

猪直肠结肠严重脱出，黏膜受污染污秽不堪，呈红紫色、糜烂症状

“袋口缝合”，注意打结不可过紧，以免影响排粪。整复后一星期内给予易消化的饲料，多喂青料。如果2 ～ 3d内大便不通，必须进行灌肠，数天后努责消失即可拆线。具体手术操作如下。

① 整复：用0.1%温高锰酸钾水溶液500mL或1%温明矾水300mL清洗脱出的黏膜（图5-3）。

② 肛门缝合（荷包缝合、烟包缝合）：保持猪只前低后高的姿势，清洗脱出的黏膜后，再整入腹腔，并进行荷包缝合（图5-4）。

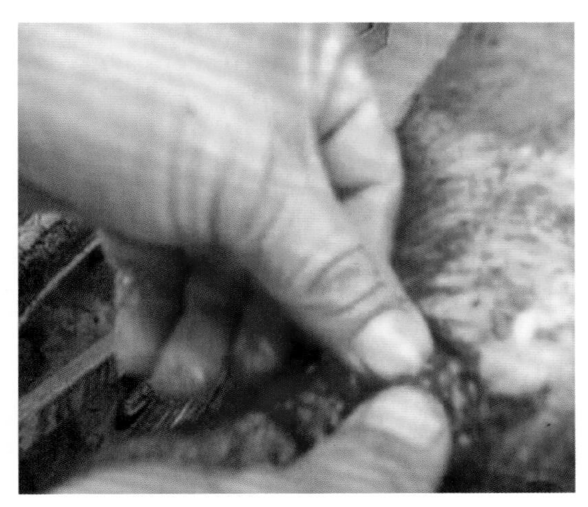

图5-3

脱肛手术疗法第1步

用0.1%高锰酸钾液清洗后再用2%明矾或食醋湿敷，待肠管柔软后再钝性清除水肿，之后缓慢还纳于肛门内

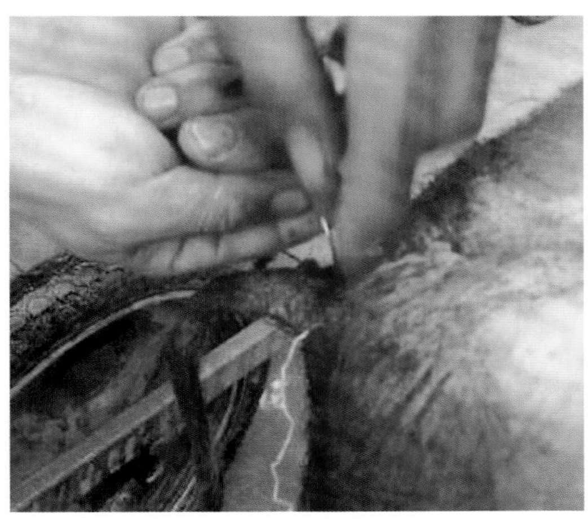

图5-4

脱肛手术疗法第2步

荷包缝合（围绕肛门四周做连续缝合）

③ 术后留口：缝合后必须留出适当大小的排粪口，一般为一指宽（图5-5）。

④ 术后消炎：手术之后，对手术部位要用消炎药制止感染（图5-6）。

手术后，病猪要单独饲养，少吃多餐，料要稀薄。

（2）酒精注射疗法　直肠脱也可用肛门周围注射酒精的方法进行治疗。脱出的直肠在整复前先用“防风汤”清洗患部，方剂组成：防风、荆芥、薄荷、苦参、黄檗各20g，花椒5g，加水煮沸，去渣。

具体操作是：整复后分别在肛门的上、下、左、右四点注射酒精，每点分别注射95%酒精0.5 ～ 2mL，注射深度约3 ～ 8cm。注射前预先将食指伸入肛门内以确定针头在直肠外壁周围，而后注射。一般经注射后便不再脱出了。

整复、固定后给脱肛病猪服用“补中益气汤”，方剂组成为：党参30g、黄芪30g、白术30g、柴胡20g、升麻30g、当归20g、陈皮20g、甘草15g。用法：水煎或研末，开水冲调，一次灌服。每天一剂，连用2 ～ 3剂。

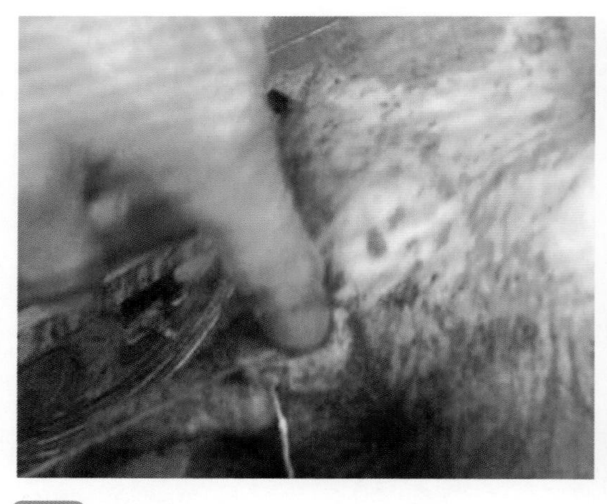

图5-5
脱肛手术疗法第3步

视猪只的大小留一指宽或小于一指宽的排粪口

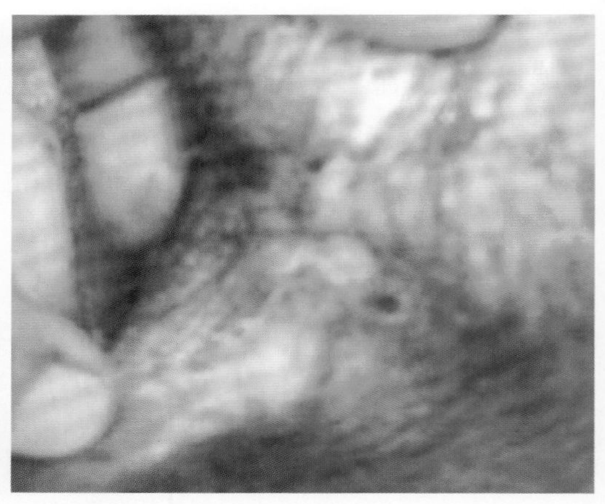

图5-6
脱肛手术疗法第4步

肛门周围涂抹或撒布消炎药

直肠脱出，可选用下列中药进行处理，有助于消肿、散瘀、消炎、收敛、散毒。

方剂一，木贼草烧成灰，把药末揉在直肠黏膜上。

方剂二，五倍子3份、白矾2份、蛇床子1份，把药熬成浓水，趁热外洗脱出的直肠黏膜。

方剂三，蝉蜕适量，研成细末，把药末撒在脱出的直肠黏膜上，再用数层干净纱布块热敷，并按揉多次，可消散肿毒。

方剂四，鲜韭菜，适量。把韭菜切短炒热，用纱布包成两包，轮换多次热敷患处，可使脱出的直肠散瘀和收缩。

2.猪外伤

当驱赶、抢食、咬架、装车及注射防疫等的时候，可能会发生猪只的意外损伤。外伤的原因不同，损害也不一样。常见的外伤有闭合性外伤和开放性外伤两种。如果外伤时皮肤仍完整，如用棍棒打击猪只时引起的挫伤等，称为闭合性外伤；如果是由锐利的器械等引起的刺伤、切伤等皮肤被切开的，称之为开放性外伤。

【临床症状】闭合性外伤局部有红、肿、痛，如果是白色猪可见损伤部皮肤呈暗红或青紫色；开放性外伤可见有皮肤裂开或创口。另外，体腔的脏器也可能发生损伤。

新鲜开放性创伤一般具有不同程度的出血、肿胀与疼痛。创口难以愈合时，还可引起创伤部位相应的机能障碍，如四肢的肌腱或运动神经受伤后，出现受伤创面肿胀、温度升高、伴发疼痛等，可引起跛行等运动障碍；如果是胸壁创伤，可出现气胸、呼吸困难。如果创伤继发感染，随后受伤的部位化脓，浓汁多呈黄白色，有的浓汁稀薄呈水样，有的浓汁黏稠，甚至出现败血症（图5-7）。多数病例同时伴发全身性反应（体温、呼吸、脉搏的变化）。剧烈的外伤刺激，还可能造成骨折（图5-8）。

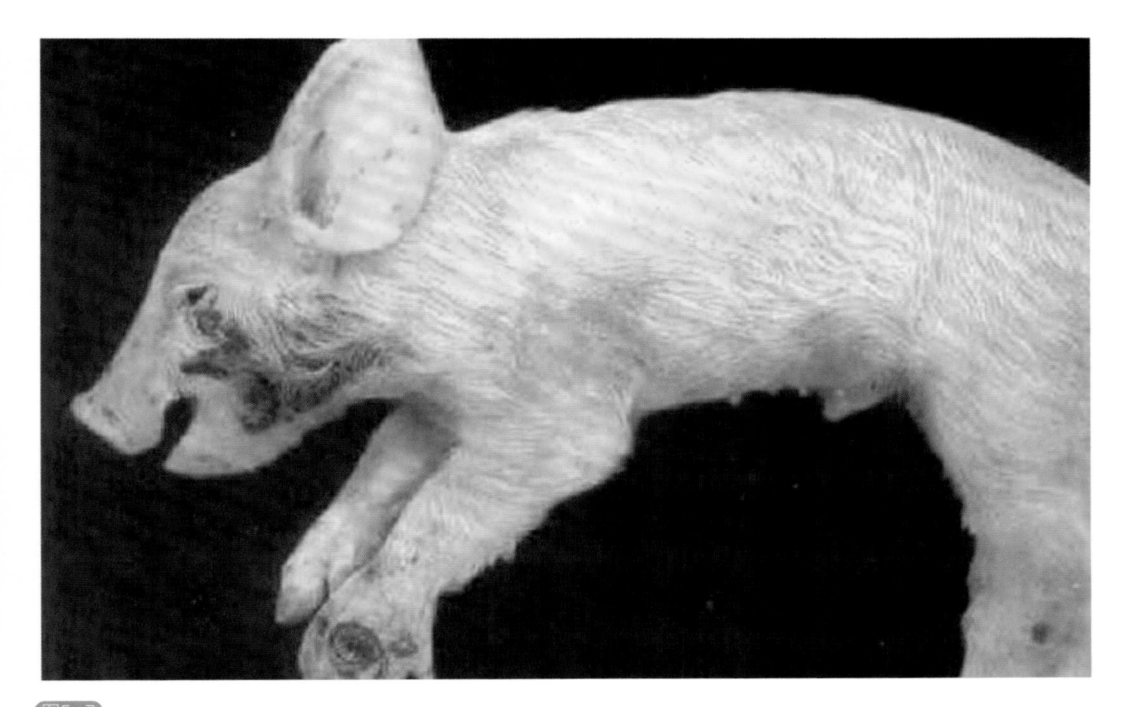

图5-7
猪外伤的临床症状

仔猪面部和前肢皮肤受伤发生感染的症状

图5-8
猪外伤（骨折）的临床症状

病猪的左前肢关节肿胀、跛行，站立、行走困难

【防治措施及方剂】

（1）预防措施　要加强对猪只的管理，防止因抢食等发生咬架殴斗（尤其种公猪的外逃互斗），以避免在追捕时被物体挫伤或刺伤。

（2）治疗措施　治疗原则是：正确处理全身与局部的关系；防止感染；消除影响创伤愈合的不良因素。

① 新鲜污染创的治疗：创伤如有出血，首先必须先止血，可采用压迫、结扎血管或用止血钳等器械止血，还可用止血剂止血。之后，再及时处理伤口。应将伤口上的污物及坏死组织清除，再用0.1%高锰酸钾溶液冲洗干净，或用0.05%新洁尔灭溶液等冲洗，之后再敷上消炎粉。如创口过大，需采用结节缝合，但结节缝合时，必须在伤口下方留一个小孔，以便排液。较深的创伤，必须在冲洗之后，再用浸泡0.1%依沙吖啶溶液的纱布条塞进伤口内做引流，直至伤口内无炎性渗出物、肉芽增生良好为止。另外，根据病情还要进行全身抗生素并对症治疗。治疗的同时必须保护肉芽组织，切忌用碘酊和大量液体进行冲洗。

② 化脓创的治疗：对于化脓创，首先应彻底排除脓汁，清除凝血块及坏死组织。之后再用0.2%高锰酸钾溶液，或0.1%新洁尔灭溶液，或5%氯化钠溶液洗涤。如创口较深，可用0.2%依沙吖啶溶液纱布引流，以利于排除脓汁。

伤口清洗之后，撒布“脱腐生肌散”，其方剂组成为，枯矾10g、冰片15g、黄丹15g、陈石灰30g、煅石膏15g、朱砂10g、硫黄15g，共为细末，封闭备用。

还可以用民间偏方。

方剂一，蜂房50g，常水600 ～ 800mL。把蜂房煮沸后过滤，用滤液清洗患部，每天用药1 ～ 2次。

方剂二，新鲜蒲公英，采集多量。把蒲公英洗净沥干，拧取叶内白浆汁，滴在感染的创面上，每天2 ～ 3次。

方剂三，紫皮蒜、蜂蜜各等量。把紫皮蒜去皮后捣烂，用消毒纱布4层包好，拧出蒜汁，混合蜂蜜，涂在创面或填塞在创腔内。

方剂四，柳树嫩叶，采集多量。把柳叶用清水熬成药膏，外涂患部。

方剂五，老松树表皮，适量。把老松树表皮焙焦，研磨成细粉，用香油或蜂蜜调匀，外涂患部。

方剂六，癞蛤蟆（蟾蜍）皮适量，烧成灰，外敷患部。

化脓创一般经过上述处理后，不进行包扎，实施开放疗法。

③ 组织化脓或坏死的治疗：当从伤口流出棕色或有臭味的脓液，并且伴随有体温升高等症状时，应进行彻底清创，除去坏死组织，排除脓汁。可用0.2%高锰酸钾溶液或依沙吖啶溶液冲洗后，用纱布做创口引流。同时，全身应用抗菌消炎药，可选用青霉素、链霉素，也可用磺胺类药物治疗。为防止机体酸中毒和增强机体抗病力，可用5%碳酸氢钠溶液50 ～ 100mL，进行静脉注射，每天一次，连用5 ～ 6d；

10% ～ 25%葡萄糖溶液100 ～ 200mL，静脉注射，维生素C 10mL静脉注射等。同时保持猪舍清洁、安静，防止病猪自己啃咬或摩擦创口。

④ 肉芽创的治疗：为了促进肉芽组织的生长，保护肉芽组织不受损伤或不发生继发感染，加速上皮新生，可用刺激性小的流膏、乳剂、油剂等药物。

用生理盐水冲洗创面后，用磺胺软膏或青霉素软膏涂布。肉芽快要长平时，可用氧化锌软膏或涂布2%龙胆紫液。如果肉芽生长过度时，可除去赘生肉芽或用高锰酸钾粉腐蚀。

3. 猪脐疝

脐疝是腹腔脏器（如小肠、网膜等）通过闭合不全的脐孔进入皮下的现象。本病多发于仔猪，一般为先天性的，在出生后数天或数周发病较多。

【病因】猪脐疝的病因主要是由脐孔闭合不全、腹壁发育缺陷、脐部化脓、脐静脉炎、断脐不正确及腹压大等造成的。

① 本病发生的最根本的原因是脐孔先天性闭锁不全，腹腔内容物通过脐孔脱出于皮下，这可能与遗传因素有关。

② 断脐不当，仔猪断脐时脐部化脓等导致脐孔破损是该病另外的原因之一。

③ 仔猪相互吮吸脐带，互相争斗，发生便秘、过食、挤压或捕捉时过度嘶叫等可诱发脐疝。

【临床症状】猪的脐疝可分为可复性疝和嵌闭性疝。

（1）可复性疝　脐部出现局限性球形肿胀，肿胀缺乏红、热、疼的炎性特征，按压时感觉内容物柔软。球形囊状物的大小不一，小的如核桃大，大的可下垂至地面。病初多数能在改变体位、挤压或仰卧时将疝的内容物还纳回腹腔。仔猪则在饱食或挣扎等原因造成腹压增高时，脐部囊状物可随之增大。用手触摸时，沿腹壁可在肿胀物中央触摸到圆形脐孔（图5-9 ～图5-10）。听诊疝囊时有肠蠕动音。病猪精神和食欲一般不受影响。如果肠管与疝囊或皮肤发生粘连时，则伴有全身症状。

（2）嵌闭性疝　当疝轮小、肠管不能自行回到腹腔内时，内容物被卡住。时间久了后，疝轮与脐孔内容物发生粘连（图5-11）。疝发生坏死或嵌闭时，病猪表现不安、腹痛、食欲废绝、呕吐、胃肠臌气、体温升高等症状。后期排粪停止、疝囊较硬、有热痛感、体温升高和脉搏增数，若不及时治疗，可发生肠管阻塞或坏死。

【诊断】可依据脐部有局限性的球形肿胀，质地柔软，而无红、热、疼的炎性特征；仰卧时能将可复性疝的内容物还纳腹腔，使肿胀消失，但松开手或腹压增大时又出现肿胀做出诊断。内容物变硬或发生粘连不能还纳腹腔的是嵌闭性或坏死性脐疝。可用针头穿刺探查是否有肠内容物来判断。

【防治措施】本病可采取保守疗法（非手术疗法）和手术疗法进行治疗。

（1）保守疗法　此方法适用于脐轮较小，发病初期年龄较小的猪。

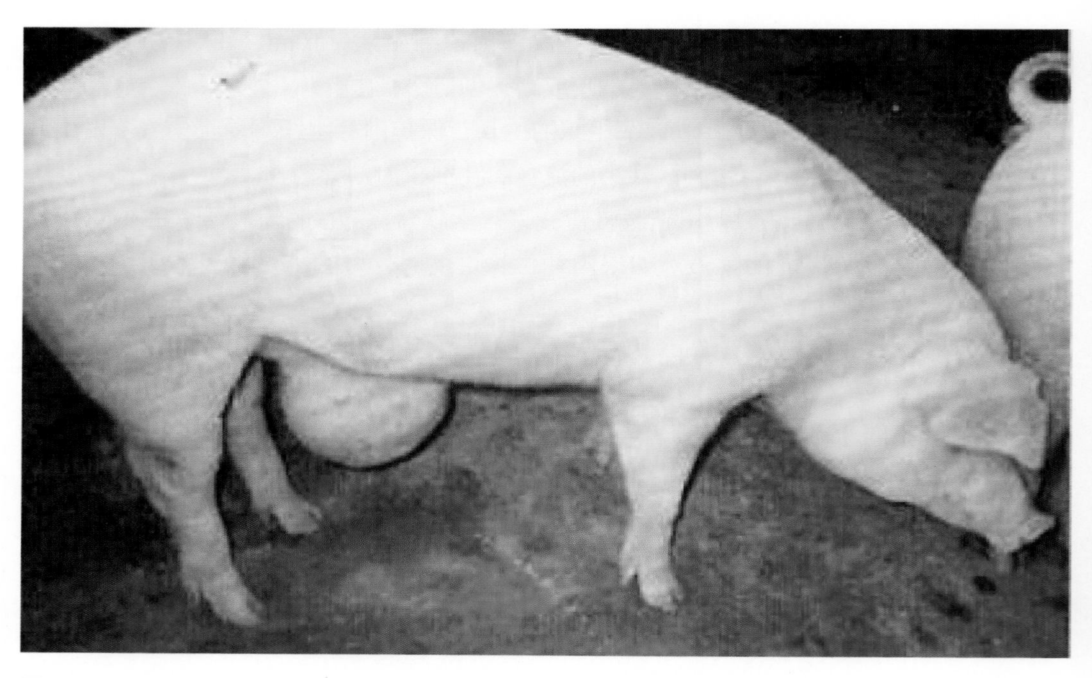

图5-9
脐疝（可复性疝）的临床症状（1）

由脐孔脱出的囊状物

图5-10
脐疝（可复性疝）的临床症状（2）

脐部出现的局限性球形囊状肿胀物

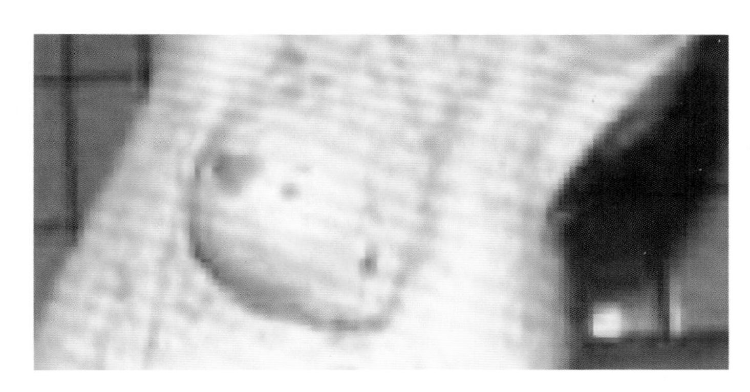

图5-11 脐疝（嵌闭性疝）的临床症状

粘连性脐疝，肠管不能还纳腹腔，发生粘连嵌闭

① 压迫或注射法治疗脐疝：对于疝轮较小的仔猪，可用压迫绷带或在疝轮四周分点注射95%酒精或10%～15%氯化钠，每点1～5mL，以促进局部发炎增生从而闭合疝孔。

② 结扎法治疗脐疝：此法适合仔猪，操作简单，但最好要及早做出诊断。

术者手握仔猪脐囊，将内容物全部推入腹腔后，用弯圆针穿10号缝合线，沿脐孔将缝针穿过皮肤，然后用缝线绕脐囊3～4圈扎紧，最后再在皮肤穿一针固定打结，剪除剩余缝线即可。

结扎时一定要把脐囊内的内容物全部推入腹腔，对仔公猪要避开龟头，千万不要将龟头一起扎死；结扎缝线一定要穿刺皮肤固定，并要扎紧扎牢，防止线头脱落。

③ 绷带疗法：此法主要适合仔猪。经诊断确诊为可复性脐疝时，可用绷带疗法。方法是利用绷带系紧患部，将疝内容物压迫进腹腔，然后在背部打结，借助于生长发育而缩小闭合疝孔。此方法简单方便，治疗时需单个饲养。群养容易导致绷带脱落。

（2）手术疗法　手术疗法比较好并且彻底，在保守疗法不能奏效后，只能采取本方法。在手术中，若发现肠管、腹膜、脐轮、皮肤等发生粘连，要仔细剥离。若肠管已坏死，可切除坏死部分的肠管；若疝孔过大，必要时可进行修补手术。术后应加强护理，不宜喂得过饱，应限制剧烈活动，防止腹压过高。术后可用绷带包扎，防止伤口感染。

① 术前准备：手术前要停食1d，准备好药品及相应的物品。猪四肢向上仰卧保定。手术器械、术者手臂和手术部位要剃毛和消毒。

② 手术过程：仰卧保定，局部剪毛消毒，局部麻醉。无菌操作，纵向把皮肤提起切开，公猪避开阴茎，不要切开腹膜，把疝囊内脱出物还纳入腹腔，纽扣状缝合疝轮，结节缝合皮肤，撒布消炎药。具体手术操作步骤如图5-12～图5-20。

③ 术后处理：术后要加强护理，病猪不能马上放进猪群，可将手术后的猪只安置在干净温暖的猪舍内单独饲养，防止摩擦和啃咬，以免影响伤口愈合。同时24h内禁食，1周内给予少量流食，喂料要少而稀。定期检查是否出现炎症。如果发现有炎症，要赶快进行消炎处理。如果没有继发感染，一般7～10d可拆线。

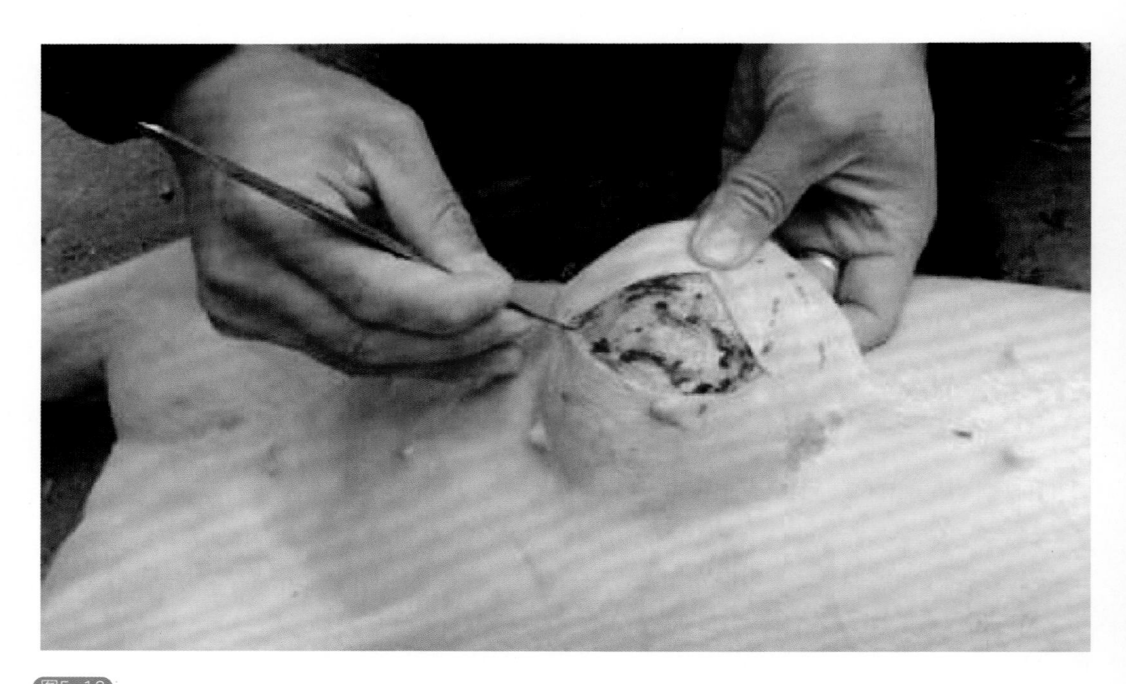

图5-12
猪脐疝的手术疗法第1步

将脐疝部位的皮肤切开。病猪取仰卧姿势，自靠近脐孔与躯干部位平行切开表皮，避开大血管。下刀的时候不能用力，如果用力过大可能会伤到肠管，切的时候动作要轻而慢

图5-13
猪脐疝的手术疗法第2步

剥离脐疝环，将疝囊剥离开

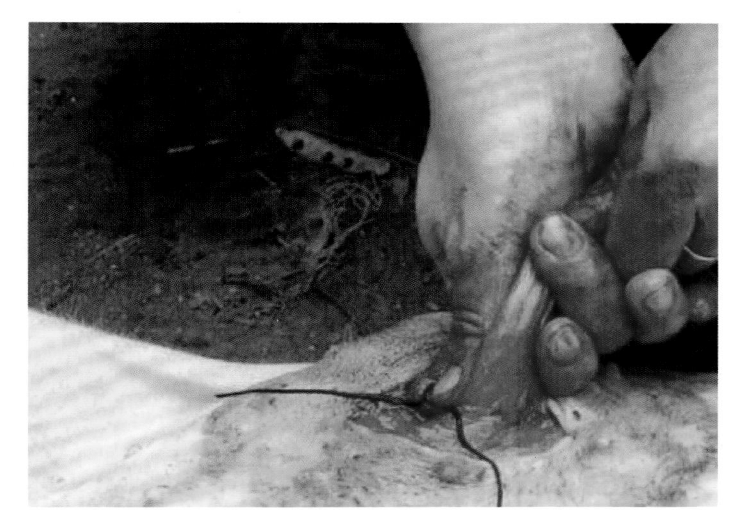

图5-14
猪脐疝的手术疗法第3步

在疝气环周围做松散的荷包缝合，然后把疝气环内的肠道挤压还纳到腹腔内

图5-15
猪脐疝的手术疗法第4步

用手钝性撕开疝气环

图5-16
猪脐疝的手术疗法第5步

检查肠管是否完全进入腹腔。将肠管完全送入腹腔后，收紧缝合线。用手压住脐孔，不让肠管再从脐孔脱出

图5-17
猪脐疝的手术疗法第6步

结扎后切除多余的疝气环

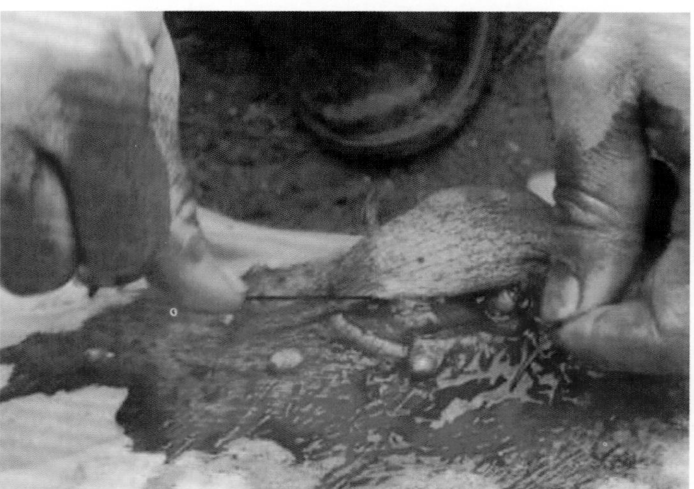

图5-18
猪脐疝的手术疗法第7步

将疝气口周围的组织进行连续缝合

图5-19
猪脐疝的手术疗法第8步

在外皮缝合前，在术部内撒青霉素粉以避免感染，可倒入1支青霉素的量

图5-20
猪脐疝的手术疗法第9步

缝合后在术部涂抹碘酊消毒

4.阴道脱出

猪阴道脱出是指母猪的阴道壁一部分或全部脱出于阴门之外。本病常常发生于怀孕末期或产后，尤以产后发生较多。按照组织学类型分，有阴道上壁脱出和阴道下壁脱出，但以下壁脱出多见；按照脱出量的多少可分为部分脱出和完全脱出。

【病因】造成母猪阴道脱出的主要原因是固定阴道的子宫系膜及会阴组织松弛，腹内压增大，努责过强等。具体有：

① 母猪饲养不当，饲料中缺乏蛋白质及矿物质，使得母猪瘦弱、全身组织无力。

② 老龄，多次经产的老母猪全身肌肉弛缓无力，固定阴道的组织松弛。

③ 猪舍狭小，运动量不足，母猪长期卧地或发生产前瘫痪，可使腹内压增高，此时子宫和内脏共同压迫阴道，易造成阴道脱出。

④ 母猪剧烈腹泻而不断努责；或产仔时发生难产，母猪过度努责；或助产时用力过猛，均可造成阴道脱出。

【临床症状】根据阴道脱出的程度，可分为阴道部分脱出和阴道全脱出两种情况。

（1）阴道部分脱出　这种病症多发生在产前。病初母猪卧下后，可见形如鸡蛋大到拳头大的红色或暗红色囊状物，突出于阴门之外，或夹于阴唇之间，而在站立后脱出物又大多能自行缩回。随着病情的发展，可反复脱出，随着脱出的时间延长，脱出的体积越来越大，最后可发展为阴道全脱。

（2）阴道全脱　这种症状一般由阴道部分脱出发展而来。整个阴道呈红色大球状物脱出于阴门之外，母猪往往在站立后也不能自行缩回。初期呈粉红色，随病情发展，阴道黏膜因摩擦等而水肿，呈紫红色冻肉状，表面常被粪土所污染。时间久者，黏膜与肌肉分离，最后黏膜表面干燥，流出血水。如不及时治疗，常因脱出的阴道黏膜暴露于外界过久，感染后，则可发炎、糜烂、坏死，有时并发直肠脱。

【防治措施及方剂】

（1）预防措施　怀孕后期的母猪要加强饲养管理，喂给营养丰富且易消化的饲料，防止便秘。日粮中要含有足够的蛋白质、无机盐及维生素。喂食不要过饱，以减轻腹压。特别要注意的是每天要让母猪适当地运动，以增强肌肉的收缩力，增强母猪的体质。

（2）治疗措施　根据阴道脱出的程度不同，应采取不同的处理方法。

① 阴道部分脱出的治疗：这种站立能够自行缩回的脱出，一般不需要整复和固定。主要是要加强营养，减少卧地，迫使母猪处于前低后高的卧势，以降低腹压，达到自愈的目的。站立不能自行缩回时，应进行整复固定，并结合药物治疗。脱出部受损伤和发炎时，可用0.1%高锰酸钾液或2%明矾液冲洗。

这种脱出可配合“补中益气”的中药方剂，一般都可治愈。

方剂，炙黄芪30g、党参30g、白术30g、当归20g、陈皮25g、炙甘草15g、升麻30g、柴胡20g，共为末，开水冲服，每天1剂。

② 阴道完全脱出的治疗：阴道全脱出时，必须施行整复和固定。保定时，使病猪保持前低后高的姿势。除去脱出的坏死组织，用2%的明矾溶液，或1%食盐水，或0.1%的高锰酸钾溶液，或0.1%雷夫诺尔彻底清洗脱出部分及其周围组织。水肿严重时，热敷揉挤或划刺使水肿液流出，然后用消毒的纱布或涂有抗生素的细纱布把脱出的阴道包盖，在猪没有努责的时候用手掌把脱出的阴道送回，再取出纱布。在阴唇两侧黏膜下蜂窝组织内注入70%酒精30～40mL，或用绳网结固定。也可以用消毒的粗缝线将阴门的上2/3做减张缝合或纽扣状缝合，缝合数日后，如果母猪不再努责，或临近分娩时，应立即拆线。

有出血现象者，应用止血药（酚磺乙胺、卡巴克洛等），全身症状明显者，应连用3～4d抗生素。

另一方法是用温热的浓明矾水洗净脱出部分，并用手轻轻揉摩，然后用70%酒精10mL缓慢向阴道壁内注射，随后将脱出的阴道还纳至原位，并不需要缝合阴门。在3～4d内喂给稀的易消化饲料，不要喂得过饱，以减轻腹压。

5.猪子宫脱出

猪的子宫脱出是指子宫的部分或全部从子宫颈内脱出到阴道或阴门外。本病多发生于难产及经产母猪，常发生于流产时，或分娩前后数小时以及整个过程。母猪的生殖和泌尿系统解剖构造示意图如图5-21。

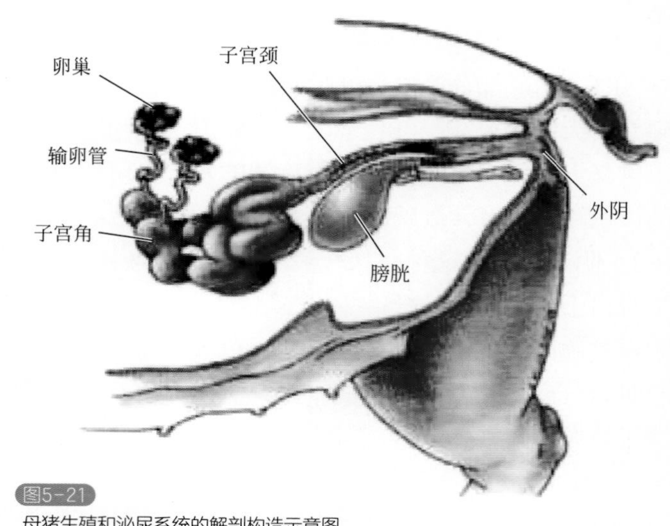

图5-21
母猪生殖和泌尿系统的解剖构造示意图

【病因】母猪子宫脱出的原因很多，归纳起来有以下几个方面：

① 母猪年龄较大，体质虚弱，运动不足，胎水过多，胎体过大或母猪利用年限过长，平时精料太多等。

② 猪舍地面斜度过大，后半身经常处于低位等。

③ 分娩时产道受到强烈刺激，产后发生强烈努责，腹压增高。

④ 助产时产道干燥，强行拉出胎儿也可引发子宫脱出。

【临床症状】子宫脱出按照脱出的程度可分为部分（不完全）脱出和完全脱出两种类型。

① 部分（不完全）脱出：分娩后，母猪表现不安，弓腰努责，频排粪尿或常做排粪、排尿姿势。阴户稍肿，手伸入阴道可触摸到内翻的部分子宫角突出于子宫颈口或阴道内。有时病猪卧下时阴唇张开，可见阴道中凸出有拳头大的鲜红的球状物。如果此时不及时整复，很快便会发展为全部脱出。

② 完全脱出：当子宫完全脱出时，脱出的子宫呈肠管状，自阴门中露出长圆的囊状物，像一段肠道暴露于阴门外。囊状物表面具有皱襞，根据黏膜上有许多横褶可以认出是子宫，子宫全脱出呈倒“丫”状。脱出不久的子宫黏膜即由初期的粉红色或红色变为暗红色、紫黑色，同时伴随着水肿，呈肉冻状（图5-22）。如果时间较久，则干燥破裂，被粪土污染和摩擦后，部分黏膜出血、发紫、糜烂且有坏死，常见破损处流出血水（图5-23～图5-24）。

【诊断】根据临床症状，本病不难做出诊断。如发现分娩后仍有努责现象，阴道内有肉球样物（不完全脱出）等。当完全脱出时，阴门外可见灌肠样的红色内翻子宫。子宫黏膜水肿、淤血，有破损，并粘附有碎草、泥土和粪污。

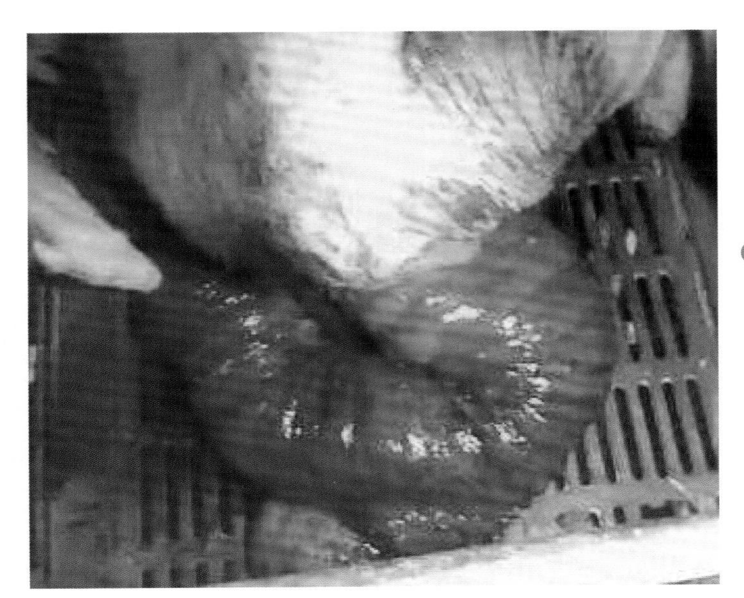

图5-22

子宫脱出的临床症状（1）

子宫完全脱出的病猪。刚脱出的子宫呈肠管样，颜色为红色

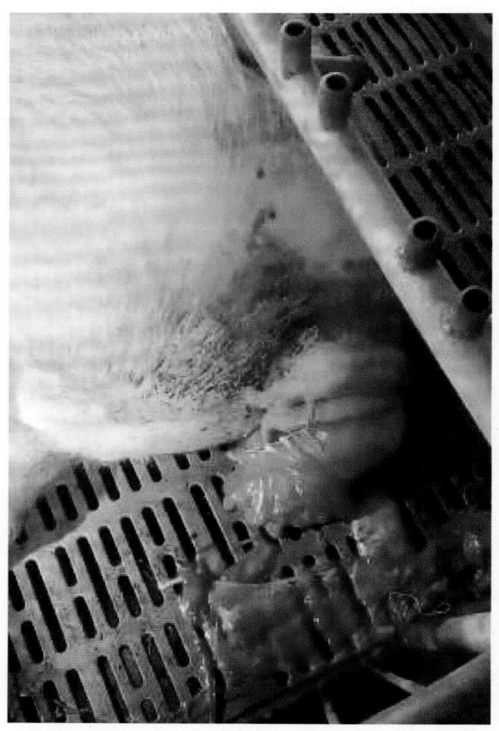

图5-23
子宫脱出的临床症状（2）

母猪产后子宫脱出，并且有感染、化脓的表现

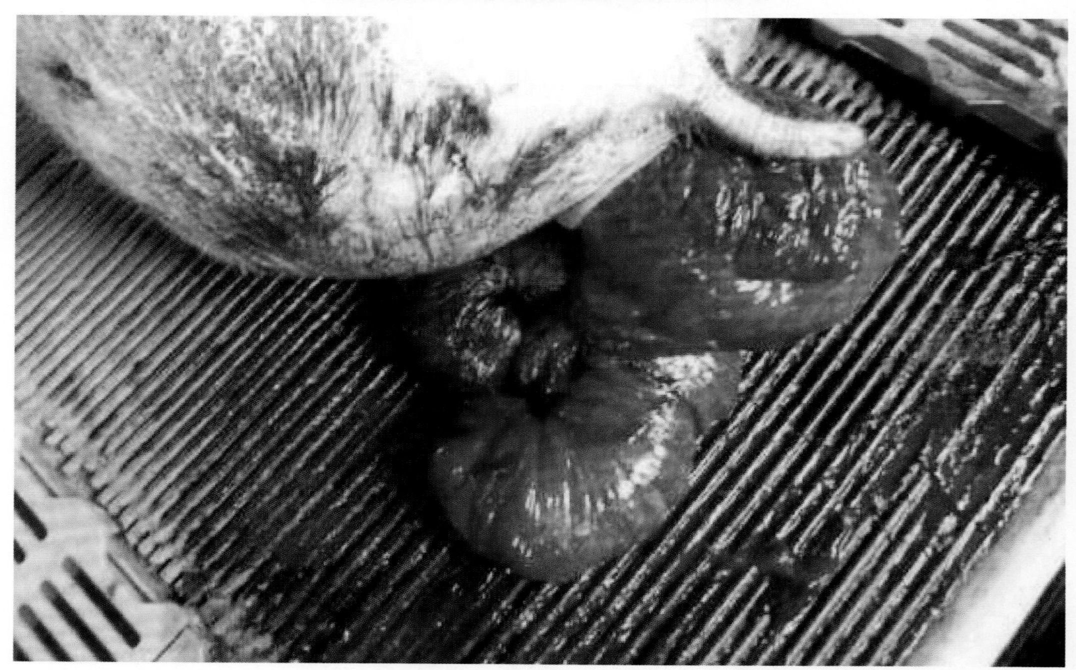

图5-24
子宫脱出的临床症状（3）

脱出的时间较长，一部分已经变为了暗红色，黏膜糜烂、坏死

【防治措施及方剂】

（1）预防　平时加强饲养管理，喂给全价饲料（不要单纯喂精料）和每天都要适当运动，以增强体质。怀孕后，不要忽视矿物质的补给。猪舍地面倾斜度要适当，发现子宫脱出时应及时整复治疗。

（2）治疗　治疗方法主要是及时进行整复，并配以药物治疗为原则。整复的操作过程如下：

① 取前低后高姿势站立保定，后躯抬高固定在长板凳上，有利于子宫向里送。

② 用青霉素80万IU（先用10mL蒸馏水稀释），再加2%普鲁卡因10mL混合后注入后海穴（进针5cm），以减轻整复时的努责。

③ 用2%明矾水或0.5%高锰酸钾水溶液或1%新洁尔灭水洗净脱出的子宫黏膜。洗净后放在消毒过的塑料薄膜上，避免洗净后再次碰到地面被污染。在准备送入子宫时，在黏膜上撒一些抗生素药粉。

④ 整复前，如果胎衣尚未完全排出，应先摘除胎衣，仔细除去附在黏膜上的粪便、垫草等污物，并检查子宫有否捻转裂伤。整复之后再进行还纳，还纳时，将子宫角先向里翻，翻至子宫体时，压挤进入阴户，再用消毒过的木棒或用手臂送入腹腔。如不能完全矫正，可用灭菌0.9%氯化钠溶液500～1000mL灌入子宫腔内，借助于液体的重力以便于子宫角恢复到正常位置。整个整复过程也可将两后肢提起，使之前低后高成45°～60°角固定。

⑤ 子宫送入腹腔后，为防止再次脱出，应将阴户做纽扣状缝合。在粗丝线的一端拴一纽扣，将阴户自上至下分缝4针，以防脱出。缝合要使病猪仍能够排尿。整复完毕，投入土霉素片。必要时，还可肌内注射子宫收缩药，或使用“补中益气”的中药方剂（方剂组成见本章“4.阴道脱出”内容）。

如果子宫因脱出时间较久有溃烂，或送入困难，或子宫严重损伤坏死及穿孔而不宜整复时，应实施子宫摘除术。

6.母猪不孕症

母猪不孕症是母猪生殖机能发生障碍，以致暂时或永久性的不能繁殖后代的一种病理现象。正常情况下母猪断奶后一般在10d内即可发情配种，如果断奶后长时间不发情或发情屡配不受胎都是不孕症。

【病因】母猪不孕症的原因较多，归纳起来有如下几种情况：

（1）饲养管理不当　主要是饲料的数量不足，品种单调或营养不足。母猪过肥或过瘦，母猪过瘦时，会使生殖机能受到抑制；营养充足又缺乏运动，会使母猪生长过肥，卵巢内脂肪沉积，卵泡上皮脂肪变性，会影响卵子成熟，引起母猪不发情或发情表现不明显。

（2）生殖器官感染疾病　如感染蓝耳病、伪狂犬病、母猪子宫内膜炎、阴道炎、子宫蓄脓等；或在上一胎分娩时产道损伤，胎衣滞留，产房地面不清洁，使产道受到病原微生物感染，致使生殖功能受到破坏，引起不发情。患卵泡囊肿等疾病时，也可造成不孕。

（3）母猪利用年限过长　母猪到了6～8岁年龄时，其卵巢机能会减退，生殖功能会衰退。

（4）配种时机不适当　配种时机过早或过晚，都可造成母猪不孕。

（5）母猪先天性生殖系统发育有缺陷　比如，内分泌活动失调，母猪孕激素分泌不足；两性畸形（在一只猪体内有雌雄两性生殖器官）；变态雌性（从外表上看是雌性，但有完整的雄性生殖器官）；先天性生殖道反常，例如单子宫或没有子宫腔、子宫颈封闭不通、阴道瓣发育过度等。

【临床症状】患病母猪性欲减退或缺乏，长期不发情，排卵失常，屡配不孕。由于生殖器官疾病的性质不同，所表现的症状也有差异。当卵巢机能减退时，发情不定期，发情微弱或延长，或只发情而不排卵。当卵巢囊肿时，由于分泌过多的卵泡素，母猪性欲亢进，经常爬跨其他母猪，但屡配而不孕。当发生持久黄体时，则母猪在较长时间内持续不发情。

【防治措施及方剂】改善饲养管理是治疗不孕症的根本措施。如喂给多样化饲料，多喂营养丰富的青绿饲料等。在此基础上，根据不孕的原因和性质，可选用适当的方法进行催情。

① 调整母猪营养：

a.母猪过肥而不孕。母猪特别是初配母猪，当饲喂精料，如喂玉米、麸皮等过多，而青粗饲料较少时，再加上长期圈养，缺乏运动，就会造成母猪过肥，引起不发情。这样的母猪需减少精料，同时增加青绿多汁饲料和粗饲料的喂给量，并且要加强运动。等膘情降到7～8成时，就有可能发情。

b.母猪过瘦而不孕。母猪发情一次要排出许多个卵细胞，这些卵细胞的形成和发育，与饲料养分的全面供给有密切关系。如果营养不良，猪体消瘦，会影响卵细胞的成熟，猪就不发情或发情不正常。对这种猪要加强营养，喂给蛋白质、无机盐和维生素丰富的精饲料及青绿多汁的饲料，调节精料比例，让膘情迅速恢复，来促使母猪发情。

② 公猪催情法：公猪催情法就是将公猪驱赶到母猪处进行诱情，利用公猪来刺激母猪的生殖机能。通过试情公猪与不孕母猪经常接触，以及公猪爬跨等刺激，作用于母猪神经系统，使母猪的脑下垂体产生促卵泡激素，从而促使发情和排卵，有利于在短期内发情。但诱情时间不宜过长，每次以15～20min为宜，每天1次，维持3～4d，一旦母猪发情即可停止。采用公猪催情，最好在母猪哺乳后期使用。

③ 按摩母猪乳房法：此法不仅能够刺激母猪乳腺及生殖器官的发育，而且还能促使母猪发情和排卵。按摩的方法是，每天早饲后，结合给母猪挠痒，令其侧卧，用手掌由前往后有力地反复按摩乳头和乳房皮肤，每次10min左右。

④ 隔离仔猪法：母猪产仔后，如果需要在断乳前提早配种，可将仔猪隔离。此法最好能在仔猪出生后半个月左右使用。方法是，白天将仔猪隔离，不给仔猪喂奶，让母猪与公猪接触，晚上再将仔猪放回圈，让母猪给仔猪喂奶。这样一般隔离后3～5d就能使母猪发情。

⑤ 注射促卵泡素：促卵泡激素具有促使卵泡发育和成熟的作用。对于母猪无卵泡发育、卵泡发育停滞、卵泡萎缩等的，可肌内注射50万～100万IU促卵泡激素。

⑥ 注射孕马血清：采取妊娠50万～100d的母马的血液10～15mL，注射于母猪皮下，每日1次，连注2d。由于孕马血清内含大量的促性腺激素，可促使卵泡发育和排卵，同时还可提高母猪的产仔数。

⑦ 注射雌激素制剂：如注射己烯雌酚，每次皮下注射3～10mg；苯甲酸雌二醇，每次肌内注射1～2mL，间隔24～48h可重复注射1次。

⑧ 民间土方：

a.取红糖250～500g，放至锅中加热直至熬焦，然后再加入适量的水煮沸，拌入饲料中喂给，一般内服2～3d即可。此法治母猪不发情或产后停止发情很有效。

b.母猪的胎衣1个，用瓦罐或瓦片烘干研细，用黄酒60mL加适量红糖调服。

c.中药方剂治疗：

方剂一，当归、熟地、肉苁蓉、淫羊藿、阳起石、白芍、益母草各10～15g，煎水拌料喂给母猪。

方剂二，白术、炙黄芪、黄芩、白芍各10g，益母草、阿胶、当归、熟地各15g，海带20g，川芎、砂仁各6g，血竭5g，水煎温服。（注，本方剂适用于母猪中体弱倦怠，屡配不孕者，可补气血、暖腰补肾）。

7.母猪难产

母猪难产是指母猪分娩受阻，胎体不能正常顺利产出的一种疾病。一般以初产母猪发生难产较多。

【病因】难产的发生取决于产力、产道及胎体3个因素。因此，难产的原因大致可分为娩出无力、产道狭窄以及胎体异常等。

（1）产力性难产（娩出无力） 主要原因是子宫收缩力量微弱，而子宫收缩力量微弱多是由怀孕母猪营养不良、饲养管理不当、疾病、激素分泌不足及外界刺激等因素引起的。如饲料搭配不合理、饲料的品质不佳，导致母猪过肥或过瘦，或运动不足。另外，不适时给予子宫收缩剂，也可引起产力异常。

（2）产道性难产（产道狭窄） 常见的有子宫颈狭窄、阴道及阴门狭窄、骨盆变形及狭窄。自然病例多为骨盆腔狭窄，主要原因是母猪发育不全或母猪过早配种，骨盆尚未发育完善。

（3）胎儿性难产（胎体异常） 常见于胎儿的姿势、位置、方向异常，胎儿过大、畸形或两个胎儿同时楔入产道等。

【临床症状】不同原因造成的难产，临诊表现不尽相同。

母猪已经到了产期，虽有努责表现，但不能顺利产出仔猪。有的在分娩过程中时起时卧，烦躁不安，痛苦呻吟。母猪阴户肿大，有黏液流出，时做努责，乳房膨大而滴奶，但不见小猪产出。有时，母猪产出部分仔猪后，因为分娩无力，间隔很长时间不能继续产出，有的母猪不努责或努责微弱，生不出胚胎。若时间过长，仔猪可能死亡，严重者可致母猪衰竭，在1～3d内死亡。

有的母猪虽然有不同程度的阵缩及腹压，但分娩的时间过长，母猪痛苦呻吟，羊水流出过早，胎膜早破，胚胎无法产出，胚胎在产道内因遭受挤压而窒息死亡。如果产程延长数日之久，母猪则极度倦怠甚至衰竭。

【防治措施及方剂】

（1）预防　预防母猪难产，应严格选种选配，发育不全的母猪应缓配。同时加强母猪妊娠期间的饲养管理，适当加强运动，注意母猪健康状况。加强临产期管理，发现问题及时处理。

（2）治疗　当发生难产时，应查明难产的原因，确定处理方案，并采取相应的措施。应先将手伸入产道检查。检查子宫颈是否张开，骨盆是否狭窄，有无骨折和肿瘤，骨盆入口处有无胎儿阻塞，胎儿的大小、胎向、胎位、胎势是否正常等，应区分不同的情况，并及时进行正确的助产。

① 娩出力微弱：当子宫颈未充分开张、胎囊未破时，可隔着腹壁按摩子宫，促进子宫肌的收缩；子宫颈已经开张时，可向产道注入温肥皂水或油类润滑剂，然后将手伸入产道抓住胎头或肢体慢慢拉出。在接产出2～3只仔猪后，如果手触摸不到其余的胎体时，可等待20min左右，等胎体移动到子宫基部后再拉。也可由助手用木棍将母猪前下腹部抬起，这样也有利于拉出胎体。如子宫颈已开，胎体产出无障碍时，可肌内注射垂体后叶素或催产素10～30IU。子宫颈口开张不全的，可肌内注射己烯雌酚3～10mg。

② 骨盆狭窄及胎头过大：胎体过大或母猪产道狭窄所致的难产多见于初产母猪。此时可给产道涂少量的润滑剂，用手牵引，缓缓拖出，必要时可行截肢术或剖腹产（剖宫产）。

③ 胎位、胎势、胎向异常：如横腹位、横背位、倒生以及两个胎体同时挤入产道等。首先应将胎体推入腹腔，纠正胎体的位置，采取正生或倒生，牵引两前肢或后肢，慢慢拉出。

助产的注意事项：所用的器械必须煮沸消毒，术者应修剪指甲、洗手、消毒并涂润滑油。助产时先将母猪外阴用0.1%的高锰酸钾洗净，手伸入产道必须小心触摸，胎体拉出后，应及时擦净胎儿口鼻中的黏液。如有假死，应将仔猪后肢提起轻拍或人工呼吸。

对于胎位正常、子宫颈开放、产道正常的猪在难产初期，可参考下面两个方法：

第一，垂体后叶素或催产素30～50IU。用法，一次皮下注射。

第二，用中药方剂，当归15g、川芎10g、桃仁10g、益母草15g、炮姜6g，水煎取汁，分3次灌服。

如果产程较长，确诊胎儿已死，可采用温盐水子宫灌注催产疗法。

a.根据猪体大小用开水约5kg，加入清洁的食盐配制成2% ～ 3%的溶液，待水凉至38 ～ 40℃时即用。

b.灌注方法：将母猪侧卧保定，左侧卧左手操作，右侧卧右手操作。操作时手五指并拢，掌心向上，大拇指朝母猪背部方向，伸入产道，触摸死亡的胎体。可先将胎体推回子宫，然后用洗肠器慢慢插入子宫内，灌3 ～ 4kg温盐水到子宫内即可。一般1 ～ 2d内死胎体和胎衣会陆续排出。

8.子宫内膜炎

子宫内膜炎是母猪常见的疾病之一。如果在母猪进行配种、人工授精、分娩、助产、流产时处理不当，未进行严格消毒处理，就会将细菌（如大肠杆菌、棒状杆菌、链球菌、葡萄球菌、绿脓杆菌等）或真菌等病原体带入子宫引发本病。另外，如果胎衣残留在子宫中，也可引起母猪子宫内膜炎。

本病多发生在炎热的夏季，会引起母猪发情不正常，或延迟发情、配种率下降、屡配不孕、产仔率降低等。

【危害】子宫内膜炎所造成的危害是非常严重的，能直接影响养猪的经济效益。具体有以下几个方面：

（1）非生产天数的增加　非生产天数的增加，有30%以上的原因来自子宫内膜炎。

（2）母猪淘汰率增加　由于子宫内膜炎的存在，母猪屡配不孕的概率增加，猪场母猪淘汰率上升，给猪场造成严重的经济损失。

（3）受精率降低　在很多情况下，母猪子宫内膜炎不易被察觉，配种后也能受孕，但是因为有炎症的存在而影响受精环境，造成受胎率、产仔数大大下降。

（4）出生仔猪体弱多病　猪场许多试验表明，60%以上的弱胎是由子宫环境不良（如子宫内膜炎）引起的。

【病因】本病大都由病原微生物通过子宫颈口及伤口或血源性感染所引起。常见的病原菌有化脓性链球菌、化脓性棒状杆菌、葡萄球菌、大肠杆菌、败血性双球菌及坏死性梭菌等；病原性真菌，如念珠菌、放线菌、毛霉菌等。发炎的子宫环境不利于精子存活，所以母猪难以受孕。形成炎症的主要原因大致归纳如下：

（1）产程延长　尤其在夏季，有些母猪在临产前最容易发生内分泌失调，从而导致产程延长，子宫颈口开张的时间延长，从而增加感染的机会。

（2）粗暴地掏子宫　分娩时因为难产需要掏子宫，当手臂、器械等消毒不严格时容易将病原菌直接带入子宫造成感染；再就是手法不当时，引发伤口，致使阴道内的微生物迅速繁殖而危及子宫。

（3）配种及人工输精时不卫生　不卫生的操作会将存在于公猪体内及输精器械等地方的微生物带入子宫，再加上此时母猪肌体的抵抗力降低，而造成感染。

（4）定位栏的规格不符合要求　许多猪场现在都使用定位栏，由于定位栏的限制，母猪的活动面积减小。当母猪卧倒时，由于阴部松弛外翻的黏膜很容易与粪便接触，这就增加了感染细菌等病原体的机会。

【临床症状及病理变化】根据病程的长短，本病可分为急性和慢性两种类型。

（1）急性子宫内膜炎　母猪的体温升高，可达39.5 ～ 42℃。食欲下降或废绝。鼻镜干燥、频尿、弓背、努责，常并发MMA（母猪产后三联征：子宫内膜炎、无乳、乳房炎）。

子宫内膜炎多发生在母猪产后十多天，会从病猪的阴门中流出带有腥臭味的灰白色或棕黄色的黏液或脓性分泌物，并黏着在阴门周围。小便时排出大量的白色或褐色液体（图5-25 ～图5-26）。

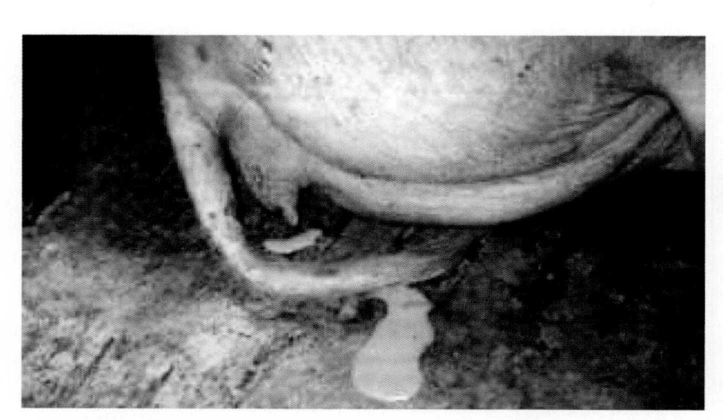

图5-25
子宫内膜炎（急性）的临床症状（1）

自病猪的阴门排出灰白色分泌物

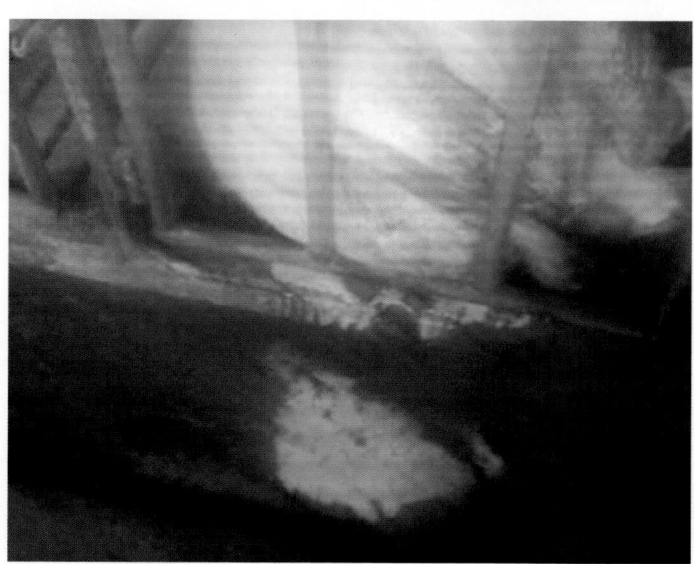

图5-26
子宫内膜炎（急性）的临床症状（2）

化脓性子宫内膜炎，排出灰白色的分泌物

（2）慢性子宫内膜炎　母猪的全身症状不明显，病猪一般食欲和精神正常，体温有时可能会略有升高，但泌乳性能下降。慢性子宫内膜炎往往由急性时治疗不及时转变而来。

表现为母猪躺卧时常排出脓性分泌物，阴门及尾根上常黏附黄色脓性分泌物。有些母猪断奶后常常不排出分泌物，猪只的采食、体温、行动等都正常。在发情、配种时（尤其是人工授精）或配种后，排出大量黄色或灰白色较黏稠的脓液（图5-27～图5-28），其病理变化如图5-29所示。病变严重的可造成子宫内膜完全硬化。

【预防措施及方剂】

（1）预防措施　做好母猪的保健工作，保持猪舍清洁干燥，母猪临产前更换清洁干净的垫草。配种和助产时严格消毒，操作要小心细致。助产后应在子宫腔内塞入抗生素胶囊。

① 母猪分娩及配种前后各一周可使用支原净、金霉素、阿莫西林等药物，以预防子宫内膜炎的发生。

② 在母猪产前、产后的饲料中加入一定量的青绿饲料，或在饲料中添加适量的多种维生素，以使母猪尽早恢复食欲与体能，提高肌体的抵抗力。

③ 加强配种舍、分娩舍的消毒工作。保持舍内的干燥、清洁和卫生，提高助产人员操作的规范性，以减少母猪子宫内膜炎的发生。

④ 母猪在产前、产后每天用消毒液对母猪的阴部、乳房进行消毒。

⑤ 对于已发生子宫内膜炎的病猪要及早治疗，并及时淘汰老、弱、病、残的种公猪、种母猪。

（2）治疗方法　治疗原则是抗菌消炎，清除渗出物，促进子宫收缩。

① 急性子宫内膜炎的治疗：急性子宫内膜炎的治疗方法是局部治疗加全身疗法。

当病猪出现体温升高时，可用阿莫西林配合链霉素、安乃近、地塞米松、维生素C、碳酸氢钠及0.9%生理盐水进行静注，待症状好转后，再进行子宫清洗、子宫内投药。

a.子宫清洗。可选用500～1000mL的灌肠器或一次性输精器对子宫进行反复冲洗，冲洗液可用3%过氧化氢，或0.1%高锰酸钾溶液，或0.2%百菌消，或0.05%新洁尔灭溶液等。这样可以清除滞留在子宫内的炎性分泌物，一般是每天冲洗一次，并连续冲洗3d。

b.子宫内投药。将冲洗液全部导出后，可选用青霉素、链霉素、林可霉素、新霉素、土霉素等药物溶解于90mL的0.9%生理盐水+10mL的碳酸氢钠及40IU的缩宫素混合液中，进行一次性子宫给药，每天一次，连用3～5d，不见好转的病猪要进行淘汰。

② 慢性子宫内膜炎：可用青霉素20万～40万IU、链霉素100万IU，混合于高压消毒的植物油20mL中，向子宫内注入，促使子宫蠕动加强，有利于子宫腔内炎性分泌物的排出。也可使用子宫收缩药，如缩宫素。同时配合全身疗法，可选用抗生素或磺胺类药物，如青霉素、链霉素、氨苄西林、磺胺嘧啶钠等。

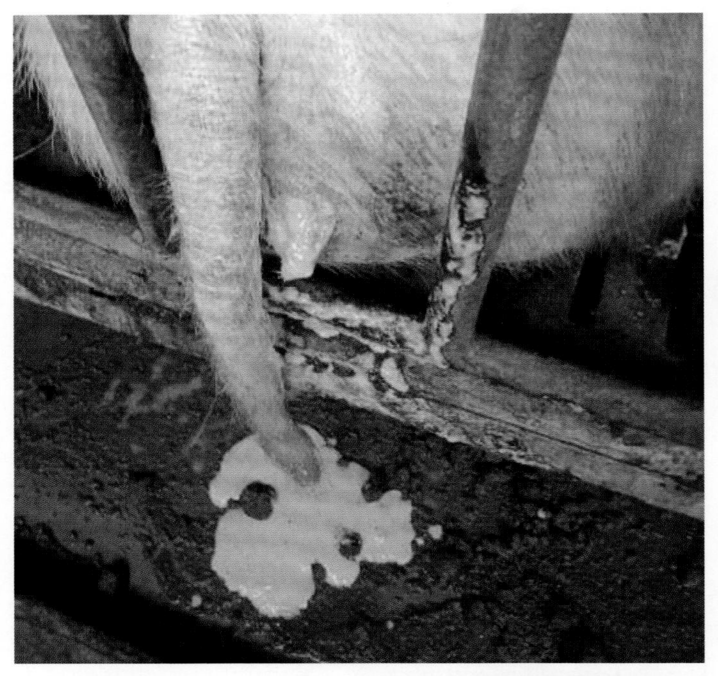

图5-27
子宫内膜炎（慢性）的临床症状（1）

发生了化脓性子宫内膜炎的病猪，自阴门流出灰白色黏稠的脓液

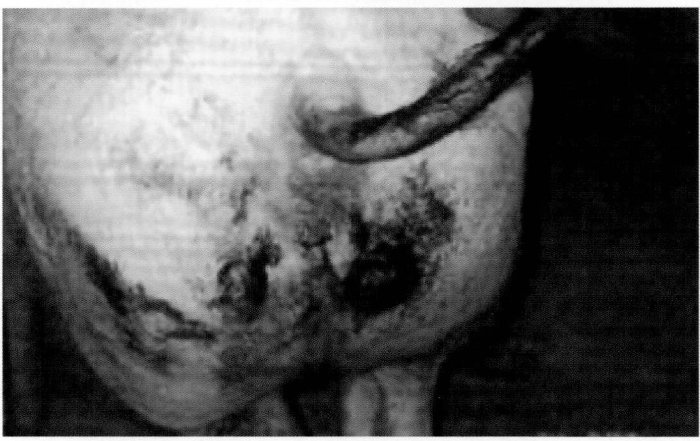

图5-28
子宫内膜炎（慢性）的临床症状（2）

病猪的阴门及尾根上黏附黄色脓性分泌物

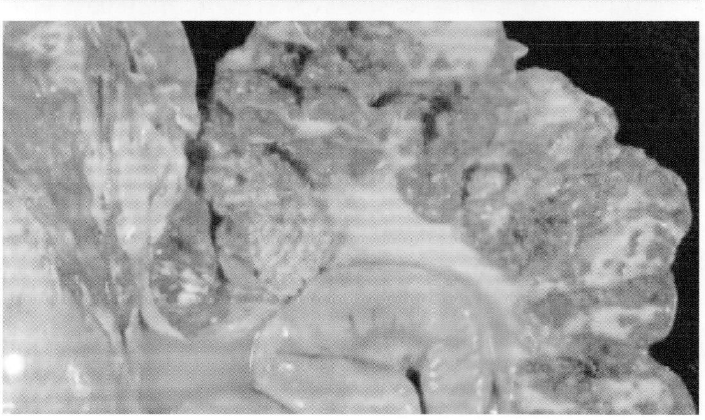

图5-29
子宫内膜炎（慢性）的病理变化

发生化脓性子宫内膜炎的病猪，子宫内膜肿胀，使得子宫肿大，子宫积脓，子宫内有很多脓汁

另外还可以选用一些中药方剂进行治疗。

方剂一，益母草15g、野菊花15g、白扁豆10g、蒲公英10g、白鸡冠花10g、玉米须10g，加水煎汁，加红糖200g，灌服。

方剂二，酒当归30g、川芎15g、酒白芍20g、熟地30g、茱萸20g、茯苓30g、丹皮20g、元胡15g、陈皮25g、炙香附30g、白术30g、砂仁15g，共为末，开水冲服，每天1剂，连用3剂。

9.胎衣不下

胎衣不下，又称胎衣滞留。猪的胎衣通常是在全部仔猪产出以后不久即排出。但当胎体全部产出超过3h后，胎衣（胎膜）仍不排出称为胎衣不下。

猪胎衣不下一般预后不良，应引起重视，会因母猪泌乳不足，而影响仔猪的发育。而且还可以引起子宫内膜炎，使母猪以后不易受孕。

【病因】胎衣不下的主要原因是子宫内发炎，子宫与胎衣粘连。胎衣不下常由于饲养管理不当，如运动不足、母体瘦弱、缺少维生素及矿物质等。其他如流产、早产、难产、子宫内膜炎、胎盘炎等也可引起胎衣不下。另外，本病还与产后子宫收缩无力和胎盘炎症有关。

【临床症状】胎衣不下可分为全部不下和部分不下两种情况，一般为部分不下。

（1）全部不下　全部胎衣不下时，母猪表现出精神不振、食欲减少或消失、喜饮水、卧地不起、不断努责。胎衣悬垂于阴门之外，呈红色、灰红色和灰褐色的绳索状，常被粪土所污染。

（2）部分不下　部分胎衣不下时，残存的胎盘仍存留于子宫内。母猪常表现不安，不断努责，体温升高，泌乳减少，喜喝水，卧地不起。阴门内流出暗红色带恶臭的液体，内含胎衣碎片。如果胎衣在子宫内滞留过久，则从阴门流出暗红或红白色带有恶臭的排泄物，常引起败血症而死亡。

胎衣仔猪数量检查：通过检查胎衣的数量可以诊断出是否有胎衣不下的现象。正常情况下，在产后10～60min之内，从母猪两子宫角内分别排出一堆胎衣。猪每一侧子宫内所有胎体的胎衣是相互粘连在一起的，极难分离，所以生产上常见母猪排出的胎衣是非常明显的两堆胎衣。清点胎衣时可将胎衣放在水中观察，这样就能看得非常清楚。通过核对仔猪和胎衣上脐带断端的数目，就可确定胎衣是否排完。

【防治措施及方剂】

（1）预防措施　加强饲养管理，增喂钙及维生素丰富的饲料。在母猪妊娠期，饲料中一定不能缺矿物质和蛋白质。同时将妊娠母猪饲养于较宽敞的猪舍，每天给予适当运动。母猪膘情以不肥不瘦为宜，以便使母猪在分娩时子宫和腹肌均有一定的收缩力，这样才不易发生胎衣滞留，能有效预防猪胎衣不下。

（2）治疗措施　本病的治疗原则是增加子宫收缩力，加快胎衣排出，并控制继发感染。产后第一天在胎衣露出的部位系上一个适量的重物，如小沙袋、木块或鞋子等，慢慢地坠出胎衣。但要注意，不应过重，以免拉断胎衣或连同子宫一起拉出。同时可配合使用以下方法。

① 当母猪分娩后8 ～ 12h胎衣仍不排出时，用催产素（缩宫素）10 ～ 20IU皮下注射。如仍不下，2h后再重复一次。

② 用麦角新碱1 ～ 2mL，或用脑垂体后叶激素20 ～ 40IU皮下注射。

③ 还可用10%氯化钙20mL、10%葡萄糖100 ～ 200mL静注。

④ 若子宫内有残余胎衣片，可将0.1%雷佛奴耳液100 ～ 200mL注入子宫，每天1次，连用3 ～ 5d。

⑤ 如未下的胎衣比较完整，可用10%氯化钠溶液500mL从胎衣外注入子宫中，可使胎盘缩小，容易与母体分离，而容易排出。

⑥ 以上处理无效时，可将手伸入子宫内剥离并拉出胎衣。但猪的胎衣剥离比较困难，为防止子宫感染，可用0.1%高锰酸钾溶液冲洗子宫，导出洗涤液后，可向子宫内投放四环素或土霉素0.5 ～ 1g。

也可参考使用中药治疗方法。

方剂一，当归10g、赤芍10g、川芎10g、蒲黄6g、益母草12g、五灵脂6g。水煎取汁，候温喂服。

方剂二，葵花盘3个、荷叶4张，煎服。

方剂三，荷叶10张，5张烧灰、5张煎水，红糖半斤、黄酒半斤，冲服。

方剂四，干荷花叶200 ～ 300g或鲜品1000g、车前子250g，水煎2次，一次性内服。

方剂五，当归15g、川芎10g、香附15g、红花6g、桃仁6g、炮姜9g，水煎，灌服。

10.乳房炎

母猪的乳房炎是哺乳母猪常见的一种疾病，临床上以乳房（多发于一个或几个乳腺）的红、肿、热、痛及泌乳减少为特征。用这样的乳汁哺乳仔猪后，常常造成仔猪腹泻，甚至会引起脱水死亡。

【病因】哺乳母猪发生乳房炎的发病原因是很复杂的，多种因素均可引起发病。

（1）饲养管理方法不得当　因为担心母猪泌乳不足；或是在母猪分娩前后，喂饲了大量的发酵饲料和多汁饲料；或补饲时间早，且补饲的饲料质量过好、数量过多，使得乳汁分泌旺盛、泌乳量过多。加之仔猪小，吮乳量有限，乳房乳汁积滞而引起乳房炎。

（2）猪舍环境差造成感染　猪舍卫生条件不好，圈舍不清洁、湿度大。由于母猪腹部松垂，尤其是经产母猪的乳头几乎接近地面，常与地面摩擦受到损伤，或因仔猪吃奶咬伤乳头，细菌（链球菌、葡萄球菌、大肠杆菌和绿脓杆菌等）通过松弛的乳头孔进入乳房、乳头管（图5-30）。当母猪患有子宫炎等疾病时，也常继（并）发乳房炎。

（3）泌乳不足，仔猪较多　母猪分娩后，初生仔猪要固定乳头（图5-31），有的由于泌乳不足，加之仔猪较多时，不容易固定乳头，仔猪因争抢而咬伤乳头，引起乳房炎。

图5-30
乳房炎（1）

为了防止仔猪腹泻，在母猪产前要对乳房部进行消毒，并挤掉第一把奶（因内部多含有病原菌）

图5-31
乳房炎（2）

初生仔猪要固定乳头，以防仔猪抢咬损伤乳头，诱发乳房炎

【临床症状】本病通常在母猪分娩后1～2d开始有临床症状。根据病程的长短可分为急性和慢性两种。

（1）急性乳房炎　病猪有全身症状，体温上升、沉郁厌食、体温升高、虚弱无力、对仔猪漠不关心。

病初个别乳头肿胀僵硬发紫，逐渐蔓延扩大，肿胀部位发热疼痛，继而出现小硬块和化脓病灶，疼痛剧烈。乳汁稀薄，含乳凝块或絮状物，有的泌乳停止。哺乳母猪伏地，乳房压置于腹下，拒绝仔猪吮乳。仔猪围着母猪团团转，发出阵阵哼哼叫声。驱赶母猪不肯站立，即使站立，因站立后仔猪有机会抢吮乳头而又迅速伏地。患病乳房及乳头可见潮红、肿胀，皮肤紧张，触之热感而有疼痛，乳房基部弹捏有微弱的波动感（图5-32）。

（2）慢性乳房炎　慢性乳房炎多是由急性转来的。患部的乳腺组织弹性降低，硬结，泌乳量减少，甚至丧失泌乳能力。全乳区发炎后，体温升高到40℃以上。乳房分泌的乳汁黏稠，呈黄色脓汁状，有时内含凝乳块（图5-33）。仔猪吮吸后会引起腹泻。时间久了之后，乳房肿胀部位会化脓、溃烂，甚至流出腥臭的脓汁。

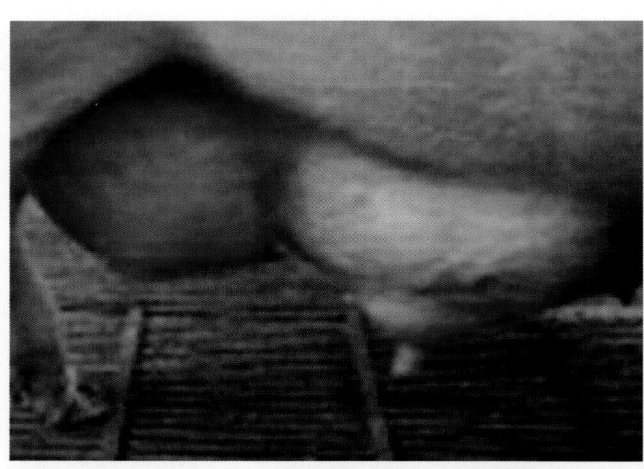

图5-32
乳房炎（急性）的临床症状

母猪的乳房肿胀、潮红，皮肤紧张

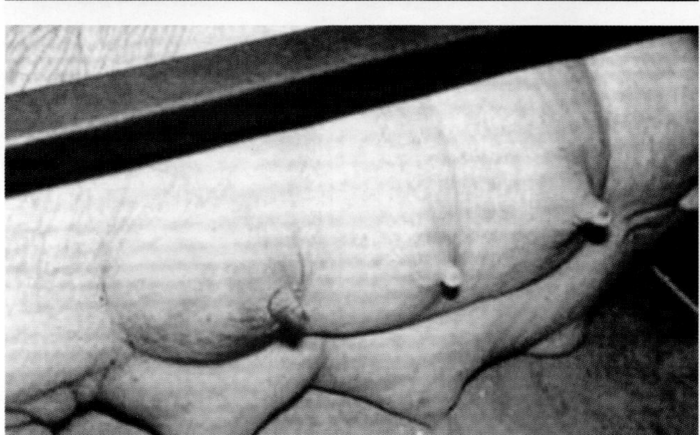

图5-33
乳房炎（慢性）的临床症状

母猪乳房红肿，弹性降低，有硬的结块。分泌黏稠黄色的乳汁，有时含有凝乳块

因为引起乳房炎的病原体不同，可表现出不同的症状。

① 如果是由结核杆菌引起的结核性乳房炎，则表现为乳汁稀薄似水，进而呈污秽黄色，放置后有厚厚的一层沉淀物；

② 如果是链球菌性乳房炎，表现为乳汁中有凝乳片和凝乳块；

③ 如果是大肠杆菌性乳房炎则乳汁呈黄色；

④ 如果是绿脓杆菌和酵母菌性乳房炎，表现为乳腺患部肿大并坚实。

【诊断】根据猪舍的卫生管理情况及临床症状很容易做出诊断。

【防治措施及方剂】

（1）预防　要加强母猪猪舍的卫生管理，保持猪舍清洁，定期消毒。母猪分娩时，尽可能使其侧卧，不要让乳房部位受到污染，助产时间要短，还要防止哺乳仔猪咬伤乳头。

（2）治疗　治疗原则是抗菌消炎。同时不给精料及多汁饲料，限制饮水，多次挤奶，热敷患部。

① 全身疗法：常用的有青霉素、链霉素、庆大霉素、恩诺沙星、环丙沙星及磺胺类药物，一般要连用3～5d。以青霉素和链霉素联合使用的治疗效果为好。

② 局部疗法：

a. 急性乳房炎时，青霉素50万～100万IU，溶于0.25%普鲁卡因溶液200～400mL中，做乳房基部环形封闭，每日1～2次。

b. 慢性乳房炎时，将乳房洗净擦干后，可选用鱼石脂软膏、樟脑软膏，或5%～10%碘酊，将药物涂擦于乳房患部皮肤，或用温毛巾热敷。也可涂擦碘软膏（碘1g、碘化钾3g、凡士林100g）。另外，如果向乳头内注入抗生素，效果也很好，即将抗生素用少量灭菌蒸馏水稀释后，直接注入乳管内。在用药期间，吃奶的小猪应人工哺乳，以减少对母猪的刺激，同时使小猪免受变质乳汁的感染。

对于严重的局限性乳房炎，在乳房肿胀初期，可在肿胀下部的血管上针刺放血，之后再配合使用浸泡有温热水的毛巾（温度一般为50～60℃）对乳房进行按摩，每隔几小时挤奶一段时间，有助于减轻乳房肿胀和疼痛。如果脓肿已成，要尽早切开，并进行外科处理。

③ 中药治疗：

方剂一，蒲公英15g、金银花12g、连翘9g、丝瓜络15g、通草9g、穿山甲9g、芙蓉花9g，共为末，开水冲调，候温一次灌服。

方剂二，当归30g、生黄芪20g、金银花20g、甘草10g，水煎，灌服，每天1剂，连用4～8剂。

方剂三，茄子把7个，烧成灰，用白酒50mL调服。

方剂四，蒲公英300g、王不留行100g、全蝎20～30g，全蝎不煎水，研成粉末，把前两种药煎水，之后加入全蝎粉及白酒150g，一起内服。

方剂五，蜂房80g、蛇蜕（长虫皮）40g、手或脚的指甲适量，并剪成碎末。把三味药水煎后加黄酒250g，每天2次内服。

方剂六，向日葵托盘600 ～ 1000g，将其压碎炒焦研成末，开水冲泡后加白酒300g，每天2次内服。

④ 乳房外擦药的民间偏方：用鲜仙人掌切片涂擦肿胀的乳房，每天多次；或用牛黄解毒丸研末，加菜油调成糊状涂敷；或用蒲公英、紫花地丁等量捣烂敷于患部；或用蜂蜜、蒲公英各等份，洗净捣烂成泥，涂于患处，每天2次。以上方法都有较好的效果。

11. 母猪无乳综合征

母猪无乳综合征，又称母猪泌乳失败，是指母猪产后12 ～ 48h少乳或无乳，也是当今集约化猪场分娩母猪哺乳期的常见病之一，主要见于初产及老龄母猪。本病的特征是在母猪产后十几天逐渐表现出少乳或无乳、厌食、便秘等。由于仔猪吃不到充足的母乳，进而造成整窝仔猪饥饿消瘦、营养不良、生长缓慢、发病率和死亡率增加，会严重影响养猪的经济效益。

【流行特点】本病以夏季发病较多，管理状况不同的猪场发病率会存在较大的差异，有的猪场发病率甚至可高达50%，而有的场却很少见到。在患病的母猪中，有一部分虽经治疗和加强饲养管理后泌乳功能得到一定的改善，但仍然赶不上正常母猪的泌乳成绩。

【病因】母猪无乳综合征的病因很复杂，可分为应激因素、内分泌失调、传染性因素以及营养和管理几个方面。

（1）应激因素　母猪在驱赶、惊吓、噪声等许多外界不良因素的刺激下，可引起本病的发生。

（2）内分泌失调　母猪体内的催乳素等激素浓度较低，会导致无乳综合征。

（3）营养和管理因素　如分娩前后的饲料突然改变，或者饲料品质单一，营养不足；在管理方面如产房拥挤，通风不良，温度过高等。

（4）传染性因素　如大肠杆菌、溶血性链球菌、葡萄球菌等感染可引起本病；其他全身性疾病，如猪的蓝耳病以及子宫内膜炎等，也可能引起母猪的无乳综合征。

【临床症状】母猪的无乳综合征常常在分娩后十几天发生乳汁减少或泌乳停止。临床特征主要是食欲不振，精神沉郁，体温升高，粪便干、少，乳房无乳及泌乳不足，不愿让仔猪吮乳，对仔猪表情淡漠，甚至拒绝给仔猪哺乳。有些母猪虽然允许仔猪吮乳，但“放乳”时间很短，仔猪往往吃不到多少乳汁。如果是由乳房炎造成的泌乳失败，可见乳房肿大，触诊疼痛。

【诊断】母猪无乳综合征通过临床表现和流行病学分析，一般不难做出诊断。即使母猪的乳房无炎症表现，也可以通过仔猪饥饿、脱水、消瘦等一系列症状得到验证。

【防治措施及方剂】

（1）预防　应激可引起母猪泌乳失败，因此要采取综合性措施减少应激。除必要的兽医防疫措施之外，一定要搞好猪舍内环境的管理。如控制好产房的温度、湿度，降低噪声，避免粗暴管理，供给全价的饲料等。

（2）治疗　母猪在泌乳期间，除喂适口性好，含蛋白质、维生素和矿物质丰富的饲料外，还应喂一些刺激泌乳的饲料，如甜菜的块根及叶、苦麻菜、黄豆浆、鲜虾、鱼粉等。再就是饲喂发酵饲料，发酵饲料具有酵香、甜味，可刺激猪的食欲，提高新陈代谢机能，起到催奶的作用。

① 西医疗法：首先要找出缺奶原因并针对病因治疗。由于母猪无乳综合征病因复杂，治疗时应采取综合性的治疗措施。

a.催产素疗法。催产素（OT）20～30IU混入10%的葡萄糖溶液500mL静脉滴注，或用100～200mg维生素E内服。用药10min后，用双手按摩母猪的乳房百余次。因催产素（OT）半衰期短，隔4h后最好再注射一次。另外，还可用温肥皂水按摩乳房。

b.当乳房有感染时，可以抗生素、催产素（OT）联合使用。或氯丙嗪、抗生素、催产素三者联合使用。

c.激素疗法。肌内注射己烯雌酚45mL，一日2次；或肌内注射缩宫素5～6mL，每日2次。

d.黄芪多糖注射液20mL，一次肌内注射，每天1～2次，连用2～3d。同时用垂体后叶素20IU，每日1次肌内注射，连用2～3d。

② 中兽医疗法：

a.中成药

催奶灵散，该药主要成分为王不留行、黄芪、皂角刺、当归、党参等。具有补气养血，通经下乳的功能。主要用于产后少乳、乳汁不下等。用量为30～90g，可拌入饲料中饲喂，亦可开水冲调，候温灌服。每日1次，连用2～3d。

生乳灵（人用药）。该药成分为当归、地黄、玄参、穿山甲、党参、炙黄芪、知母、麦冬。母猪按照人用量的2～5倍，连用2～3次。

b.民间土方疗法。一般母猪少乳或乳量不足时，可用健胃药来消除这一现象，同时使用具有催奶作用的药物。

方剂一，王不留行35g、通草35g，水煎，冲虾米250g（捣碎）服用。

方剂二，当归60g、木通30g、新鲜柳树皮500g，加水1.5kg，文火煎至1kg，取汁与稀粥混合喂猪，每天一剂。早晚各煎服1次，连用2～3剂。

方剂三，黄芪25g、党参20g、当归20g、川芎20g、王不留行15g、猪蹄一个，一同煮后喂猪。

方剂四，天花粉漏芦催奶法。天花粉30g、漏芦25g、僵蚕25g、猪蹄两对，水煮后分两次调在饲料中喂服。

方剂五，天仙子5g、猪膀胱1个、鸡蛋8个，先把鸡蛋装入膀胱内，用绳子扎紧，然后同天仙子一起放进锅内加水煮沸，将煮后的鸡蛋和膀胱喂猪。

方剂六，王不留行40g、通草10g、穿山甲10g、白术10g、白芍12.5g、当归12.5g、黄芪12.5g、党参12.5g，共研末，调在饲料中喂服。

12. 母猪生产瘫痪

母猪生产瘫痪，包括产前瘫痪和产后瘫痪（产后瘫痪又称“产后风”），是以母猪的低血钙为特征的一种疾病。本病的特点是四肢肌肉松弛、不能站立，体质衰弱。母猪在产前数天及产后15 ～ 35d发生瘫痪最为多见。

【病因】造成母猪瘫痪的原因很多，主要是日粮结构不科学，日粮中钙、磷不足或钙、磷比例不协调，日粮中精料的比例太高等。因为精料里一般豆类和谷类的比例大，豆类和谷类中的磷都是以植酸磷的形式存在的，而这类磷不易被母猪吸收，无法满足母猪体内对磷的需求。

母猪产后瘫痪一般发生在产后15 ～ 35d，主要原因是母猪产仔前后都会大量动用和消耗骨骼中的钙和磷，导致大量的血钙进入乳汁中，而血中流失的钙不能迅速得到补充，致使血钙含量急剧下降；如果产后营养跟不上，钙、磷的吸收又不够，母猪就会发生瘫痪。在母猪的泌乳高峰期，瘫痪的病情会更严重。

此外，饲养管理不当、气候寒冷、产后护理不好、母猪年老体弱、母猪缺乏运动、圈舍阴冷潮湿、寒风吹袭、缺乏阳光照射、胎儿过大等，也可引发本病。

【临床症状】病初表现为轻度不安、食欲减退、体温正常或偏低、随即发展为精神极度沉郁、食欲废绝、泌乳减少、站立不稳、走路摇摆、行动迟钝、两后肢无力、呈昏睡状态。病母猪的粪便一般干硬，喜饮清水，有拱地、异食现象。后期后肢起立困难，不能站立，交换踏步，有背弓、便秘、呆滞表现，常侧卧于地，后躯摇摆无力，头歪向下方，两后肢呈“八”字形分开。强行驱赶起立后步态不稳，并且后躯左右摇摆，最后不能起立而致瘫痪。如果治疗不及时，母猪体躯消瘦，日久肌肉萎缩，直至死亡。

虽然本病的死亡率极低，但却使母猪失去饲养价值，影响仔猪生长发育，甚至造成仔猪死亡，经济损失很大。

【防治措施及方剂】

（1）预防　科学饲养，合理搭配母猪的日粮结构，保持日粮中钙、磷的比例适当。增加光照，适当增加运动等均有一定的预防作用。

平时可以在母猪日粮中补饲甲酸钙。冬、春季要补喂优质干草粉、豆科牧草（苜蓿草）和青绿饲料等。母猪产仔后，猪舍要多加垫草，防止冷风吹袭，保持猪舍温暖、宽敞，有充足的阳光照射。母猪在妊娠期间应多晒太阳，每天要让母猪在阳光下运动

2～3h。饲喂易消化，富含蛋白质、矿物质和维生素的饲料。对有产后瘫痪史的母猪，在产前补充足够的矿物质钙以预防本病的再次发生。

（2）治疗

① 对于已经发病的母猪，要及时补充钙粉，甚至可以用含量5%～10%的氯化钙给母猪注射20～50mL；或每天在饲料中添加20g甲酸钙，连喂10～15d；或肌内注射维生素D_3 5mL，或维丁胶钙10mL，每日1次，连用3～4d，或静脉注射20%葡萄糖酸钙50～10mL。在治疗的同时，病猪的饲料中要补充适量的骨粉、蛋壳粉、碳酸钙、鱼粉等。还可以使用磨碎之后的其他家禽的骨头，掺加在饲料中。

② 乳房送风法：一般用100mL注射器，先将注射器和乳头消毒，用这个注射器向乳房内打气，当乳房稍微鼓起时就停止送风。其操作的目的是减少乳量，从而缓解血液中钙元素的流失。

③ 中药治疗：

方剂一，炒白术30g、当归30g、川芎10g、白芍20g、党参25g、阿胶20g、焦艾叶10g、炙黄芪25g、木香10g、陈皮15g、紫苏12g、炙甘草10g，黄酒90mL为引，煎汤内服。

方剂二，苍术6份、威灵仙1份、骨粉3份，共为细末，每天取100～200g，分2次混合于饲料中喂服，直至痊愈。

13. 猪肢蹄病

猪肢蹄病又称为跛行病，是猪的肢、蹄因局部损伤而发生运动障碍的一类疾病的总称。本病的特征是步态、姿势和站立等不正常，肢蹄支持身体困难，关节肿胀，行动困难，或蹄叉腐烂、溃疡等。

目前，本病已经成为现代集约化养猪场淘汰种猪的重要原因之一。国内许多猪场的猪蹄病问题是很严重的，种猪年淘汰率为30%～40%中，其中有将近1/3是由猪蹄或猪腿疾病造成的。

【病因】分析本病产生的原因主要有四个方面。

（1）管理因素　规模化养殖的猪场多采用水泥地面，为了提高饲料的利用率，采用限位栏、高床饲养、漏缝地板（有些可能规格还不合理）等，猪的运动受到了限制，致使猪发生肢蹄病。

① 机械损伤：在日常管理，转栏、并栏及出售驱赶时，饲养管理人员行为粗暴、猪只之间打架、途经的路面粗劣、跨越沟壑等原因，造成肢蹄外伤。

② 消毒后清洗不够：消毒过的栏舍清洗要充分，如果未完全干燥就转入了母猪，地面残留的消毒液容易腐蚀蹄壳，对蹄部造成极大的损伤。

（2）营养因素　主要是由饲料营养的不均衡造成的。

① 能量：猪日粮能量缺乏或过高。

② 蛋白质：高蛋白质日粮结构，易引起猪肢蹄病的发生。

③ 矿物质：猪饲料中钙的比例不应低于0.9%，磷的比例不应低于0.7%，否则就容易发生肢蹄病。

④ 维生素：饲料中维生素必须足够，尤其是维生素D一定要满足猪的需要。再有就是有些猪场的饲料中添加霉菌毒素吸附剂（如硅酸盐类的），这会导致矿物质、维生素的大量流失。

（3）疾病因素　猪患有猪丹毒、葡萄球菌病、链球菌病、乙型脑炎、布氏杆菌病、口蹄疫等细菌或病毒性疾病时，临床上均可表现出关节炎、跛行等肢蹄病症状。

（4）遗传方面的因素　后备猪的选育标准执行不到位。有些品种的猪可能有遗传缺陷，如长白猪和约克夏品种的外翻腿就比较多。

【临床症状】猪肢蹄病因发病的部位不同，症状也有一定的差异。

（1）因潮湿、寒冷、运动不足等引起的肢蹄病　病猪表现为突然发病，患部肌肉或关节疼痛，走路跛行，弓背弯腰，运步小心，运动一段时间后跛行可减轻，不愿走动。体温36 ～ 39.5℃，呼吸、脉搏稍增，食欲减退。

（2）因抻拉挤压导致的腰部脊髓损伤　两后腿突然向后趴卧，不能站立，并常见粪尿失禁。

（3）因髋关节（后腿）或肩关节（前腿）脱臼　单侧腿外劈趴卧，不能站立。

（4）因蹄部、四肢被扎、被掰、被擦等造成的肢蹄病　如采用水泥地面、漏缝地板规格不合理，猪舍地面潮湿，消毒后地面残留消毒液等，均可诱发本病。病猪表现为一条腿提着不敢着地或四肢都不敢负重，趴卧地面，发生蹄裂症状（图5-34 ～图5-35）。

（5）因感染引起的肢蹄病　主要是关节炎，跗、腕关节出现肿胀，肿胀只在关节的一侧。刚开始形成较硬的圆包，以后变软（图5-36 ～图5-37）。

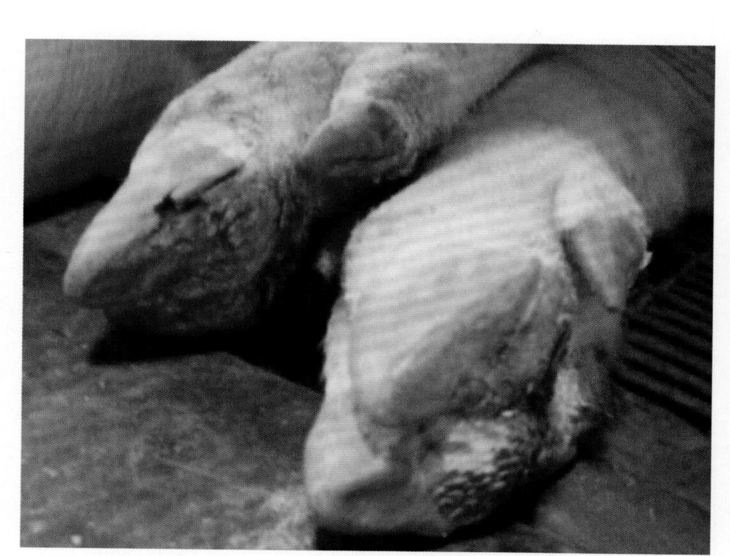

图5-34
猪肢蹄病的临床症状（1）

蹄裂症状

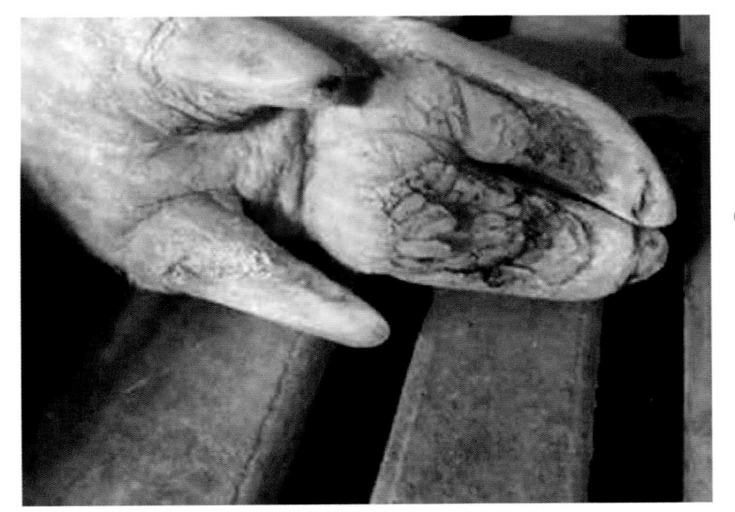

图5-35
猪肢蹄病的临床症状（2）

蹄底部干燥粗糙坏死

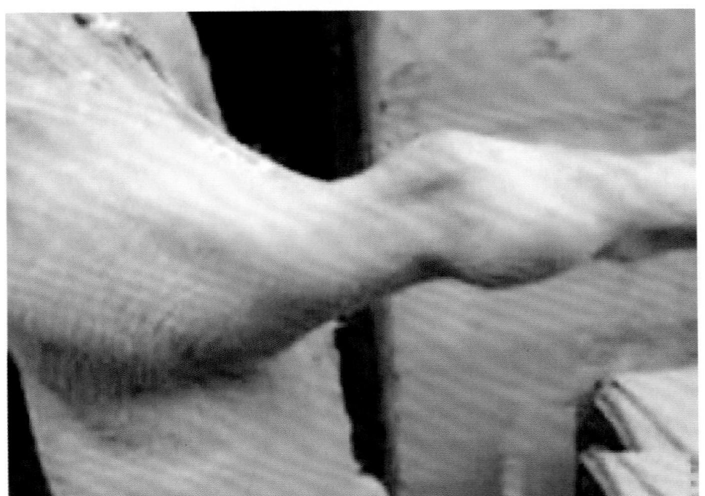

图5-36
猪肢蹄病的临床症状（3）

关节肿大，鼓起一个红肿的圆包

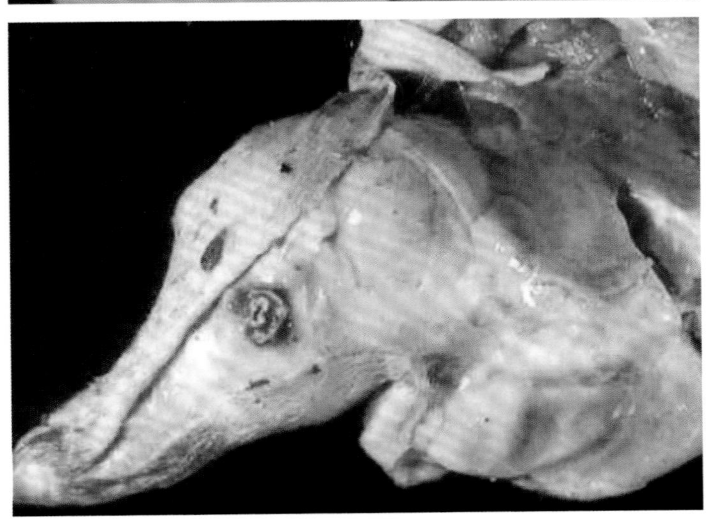

图5-37
猪肢蹄病的临床症状（4）

哺乳仔猪化脓性、坏死性关节炎及关节周围炎

【防治措施及方剂】对已经发生肢蹄病的猪，没有特效的治疗方法，只有根据发病原因，标本兼治。

（1）预防措施

① 加强饲养管理：注意日粮全价平衡，平时定期补充鱼肝油等营养物质。

② 精心选育种猪：选择四肢强壮、粗细适中，体型高矮适宜，站立姿势良好，无肢蹄病的公猪和母猪做种用。

③ 加强运动，多晒太阳：这样可以增强四肢的支撑能力，可降低本病的发生率。

④ 搞好猪场设计与建设：仔细检查母猪舍地面及周边设施，尤其是新场地，保证坡度在3° ～ 5° ，可以在水泥地面上铺以充足的垫草垫料。猪舍地面应具备不粗糙、坚实、平坦、不硬、不滑、温暖、干燥、不积水、易于清扫和消毒、采光及通光良好的特点。选用适合肢蹄大小的漏缝地板。

⑤ 注意猪舍的环境卫生管理：保持猪舍清洁干燥，采用其他降温措施，以减少冲栏次数。认真计划栏舍周转，在栏舍用强酸、强碱、强氧化性消毒剂消毒后，应仔细清洗干净，待干燥后再转入新猪。

⑥ 严格执行后备猪选育标准：主要是及时淘汰竖蹄、悬蹄、镰刀腿的后备猪。要勤观察，精心护理。经常检查猪的蹄壳，特别在秋冬季节天气转冷时，尤其是高龄母猪。发现过于干燥的蹄部应每隔3 ～ 5d涂抹一次凡士林、鱼石脂或植物油，以保护蹄壳，可以防止干裂并具有消炎的作用。

（2）治疗措施　根据不同的病因，可采取不同的治疗方法。

① 风湿造成的肢蹄病：改善饲养环境，避免受寒、风、潮湿侵袭。同时用跛痛筋骨宁和阿莫西林粉针肌内注射。每日2次，连用7d。

② 脱臼、抻拉挫伤，关节肿胀、挫伤的肢蹄病：脱臼的关节要及时复位；肌肉和神经损伤的，通过冷敷和热敷，促进炎症消退，肌内注射镇跛消痛宁预防感染，肿胀部位可用红药喷剂等促进消炎；关节肿胀的可用2.5%醋酸可的松5 ～ 10mL肌内注射或用醋酸波尼松龙3 ～ 5mL关节注射。挫伤的肢蹄，将患部剪毛后消毒，用生理盐水冲洗患部，再用鱼石脂软膏涂于患部或涂布龙胆紫。

③ 蹄裂的肢蹄病：可用凡士林或碘甘油涂抹，可滋润蹄部，并促进愈合。饲料中拌入蹄裂康（内含生物素、有机锌、鱼肝油），还可用0.1%的硫酸锌涂抹，并每日1 ～ 2次在蹄壳涂抹鱼肝油或鱼石脂。如果有炎症可先清除病蹄中的化脓组织或异物，然后进行局部消毒处理。

④ 腐蹄病：出现蹄底腐烂、发炎、变黑、化脓并有臭味的腐蹄病时，可先清除病蹄中的化脓组织或异物，然后用过氧化氢进行局部冲洗消毒，清洗干净后将青霉素粉倒入创口内再进行包扎，要每日清洗及换药。同时用头孢和安乃近，肌内注射，每日2次，连注3d。

中药治疗：

方剂一，双花20g、地丁20g、蒲公英20g，煎汁灌服。

方剂二，生豆油50 ～ 100g。把豆油烧开，立即灌入蹄叉患部，再用棉花填塞或用黄蜡封闭，包扎固定，间隔2d重复第二次。

方剂三，旱烟叶适量。把烟叶制成药末，患部酒精消毒后，塞入烟叶末包扎。

方剂四，松香1份、黄蜡2份。把二药加热溶化，滴入患部包扎。

⑤ 如果是链球菌病和葡萄球菌病引起的肢蹄病：可用青霉素按每千克体重5万IU，链霉素50mg，混合，用氯化钠注射液20mL溶解后，肌内注射，每日2次，连用3d。

⑥ 因营养缺乏引起的肢蹄病：比如是由缺钙、缺硒、缺维生素E等引起的，要及时用高钙宝或水溶速补钙饮水或拌料，用亚硒酸钠维生素E粉拌料，或用亚硒酸钠维生素E针剂注射。

附录一　有相同或相似症状的猪病的鉴别诊断

1.母猪无临床症状而发生流产、死胎、弱胎的病

① 猪细小病毒病；②猪衣原体病；③繁殖障碍性猪瘟；④猪乙型脑炎；⑤猪伪狂犬病。

2.母猪有临床症状而发生流产、死胎、弱胎的病

① 猪繁殖和呼吸道综合征；②猪布氏杆菌病；③猪钩端螺旋体病；④猪弓浆虫病；⑤猪圆环病毒病；⑥猪代谢病。

3.表现脾脏肿大的猪传染病

① 猪炭疽病；②猪链球菌病；③猪沙门菌病；④猪梭菌性疾病；⑤猪丹毒；⑥猪圆环病毒病；⑦猪肺炎双球菌病。

4.表现贫血黄疸的猪病

① 猪附红细胞体病；②猪钩端螺旋体病；③猪焦虫病；④猪胆道蛔虫病；⑤新生仔猪溶血病；⑥铁和铜缺乏；⑦猪黄脂病。

5.猪尿液性状颜色发生改变的病

① 猪钩端螺旋体病（尿血）；②猪焦虫病（尿色发暗）；③膀胱结石（尿血）；④猪附红细胞体病（尿呈浓茶色）；⑤新生仔猪溶血病（尿呈暗红色）。

6.猪肾脏有出血点的病

① 猪瘟；②猪伪狂犬病；③猪链球菌病；④仔猪低血糖病；⑤猪衣原体病；⑥猪附红细胞体病。

7.表现体温不高的猪传染病

① 猪水肿病；②猪气喘病；③猪破伤风；④猪副结核病。

8.猪表现纤维素性胸膜肺炎和腹膜炎的病

① 猪传染性胸膜炎；②猪链球菌病；③猪鼻支原体性浆膜炎和关节炎；④猪副嗜血杆菌病；⑤猪衣原体病；⑥猪慢性巴氏杆菌病。

9.猪肝脏有坏死灶的病

① 猪伪狂犬病（针尖大小灰白色坏死灶）；②猪沙门菌病（针尖大小灰白色坏死

灶）；③仔猪黄痢；④猪李氏杆菌病；⑤猪弓浆虫病（坏死灶大小不一）；⑥猪结核病。

10. 伴有关节炎或关节肿大的猪病

① 猪链球菌病；②猪丹毒；③猪衣原体病；④猪副嗜血杆菌病；⑤猪传染性胸膜肺炎；⑥猪乙型脑炎；⑦猪慢性巴氏杆菌病；⑧猪滑液支原体关节炎；⑨猪风湿性关节炎。

11. 引发猪的肝脏变性和黄染的疾病

① 猪附红细胞体病；②猪钩端螺旋体病；③猪梭菌性疾病（猪魏氏梭菌病，也称为猪诺魏梭菌病）；④黄曲霉毒素中毒；⑤金属毒物中毒；⑥仔猪低血糖症。

12. 引起猪睾丸肿胀或炎症的疾病

① 猪布氏杆菌病；②猪乙型脑炎；③猪衣原体病。

13. 表现皮肤发绀或有出血斑点的猪病

① 猪瘟；②猪肺疫；③猪丹毒；④猪弓浆虫病；⑤猪传染性胸膜肺炎；⑥猪沙门菌病；⑦猪链球菌病；⑧猪繁殖和呼吸道综合征；⑨猪附红细胞体病；⑩猪衣原体病；⑪猪亚硝酸盐中毒。

14. 猪剖检见有大肠出血的传染病

① 猪瘟；②猪痢疾；③仔猪副伤寒。

15. 引起猪小肠和胃黏膜炎症的传染病

① 猪流行性腹泻；②猪传染性胃肠炎；③猪轮状病毒病；④仔猪黄痢；⑤猪链球菌病；⑥猪丹毒。

16. 猪剖检见有间质性肺炎的传染病

① 猪圆环病毒病；②猪繁殖和呼吸道综合征；③猪弓浆虫病；④猪衣原体病。

17. 猪的耳壳增厚或肿胀的病

① 猪肾炎与皮炎综合征；②猪放线菌病。

18. 未断奶仔猪常见的呼吸道疾病

① 猪繁殖和呼吸道综合征；②霉形体；③猪链球菌病；④猪副嗜血杆菌病；⑤猪巴氏杆菌病；⑥仔猪缺铁性贫血。

19. 表现猪蹄裂的病及病因

① 生物素缺乏；②某些霉菌毒素中毒；③地板粗糙；④硒中毒。

20. 引起猪的骨骼肌变性发白的病

① 恶性口蹄疫：成年猪患恶性口蹄疫时，骨骼肌变性发白发黄，而口腔及蹄部变

化不明显；幼龄猪患口蹄疫时主要表现心肌炎和胃肠炎；②应激综合征：肌肉发生变性，呈白色；③猪缺硒：仔猪一般发生白肌病（主要是一个月以内发生），两个月左右发生肝坏死和桑葚心；④猪肌红蛋白尿：骨骼肌和心肌发生变性和肿胀。

21. 表现有神经症状的猪病

① 猪传染性脑脊髓炎；②猪狂犬病；③猪伪狂犬病；④猪乙型脑炎；⑤破伤风；⑥猪链球菌病；⑦猪李氏杆菌病；⑧猪水肿病；⑨猪维生素A缺乏；⑩仔猪低血糖症；⑪某些中毒性疾病；⑫仔猪先天性震颤。

22. 表现有呼吸道症状的猪病

① 猪流感；②猪繁殖和呼吸道综合征；③猪圆环病毒病；④猪伪狂犬病；⑤猪传染性萎缩性鼻炎；⑥猪巴氏杆菌病；⑦猪传染性胸膜肺炎；⑧猪气喘病；⑨猪衣原体病；⑩猪弓浆虫病；⑪猪肺丝虫病。

23. 表现有消化道症状的猪病

① 猪大肠杆菌病；②猪沙门菌病；③猪痢疾；④猪流行性腹泻；⑤猪传染性胃肠炎；⑥猪轮状病毒性腹泻；⑦另外，猪瘟、猪巴氏杆菌病、猪伪狂犬病、猪链球菌病、猪衣原体病、猪附红细胞体病、猪圆环病毒病等也兼有腹泻的症状。

附录二　猪病的简易辨析方法

猪病虽然种类繁多而且复杂多变，但一般特征性的临床症状和病理变化能作为病症的示病指标。

（一）具有皮肤红斑的热型疫病的鉴别

① 猪肺疫：咽部明显肿大，呈急性经过。

② 猪瘟：没有咽部肿大，各年龄都可发病，红斑指压不褪色。

③ 猪炭疽病：咽部明显肿大，呈慢性经过。

④ 猪弓浆虫病：没有咽部肿大，多在6月龄发病，红斑指压不褪色，红斑凸出皮肤，与周围的健康皮肤界限不清楚。

⑤ 猪丹毒：没有咽部肿大，多在6月龄发病，红斑指压褪色，红斑突出于皮肤，有菱形、方形等，与健康皮肤的界限明显。

⑥ 猪链球菌病：没有咽部肿胀，多发于仔猪肢体末梢，跛行，有神经症状。

⑦ 猪副伤寒：没有咽部肿胀，多发于仔猪肢体末梢，皮肤湿疹，腹泻。

（二）具有明显呼吸症状的猪病的鉴别

① 猪喘气病：体温正常，呼吸困难，鼻无病变。

② 猪萎缩性鼻炎：体温正常，呼吸困难，鼻有病变。

③ 猪瘟：体温升高，呈流行性，经过不良。

④ 猪流行性感冒：体温升高，呈流行性，经过良性。

⑤ 猪弓浆虫病：体温升高，呈散发或地方流行，经过良性。

⑥ 猪伪狂犬病：体温升高，呈散发或地方流行性，经过良性。

⑦ 猪肺疫：体温升高，呈散发或地方流行，经过不良。

（三）具有神经症状的疫病的鉴别

① 猪传染性脑脊髓炎：眼球震颤。

② 猪病毒性脑脊髓炎：呕吐，便秘，血凝不良。
③ 猪伪狂犬病：有败血症，猪攻击人、畜。
④ 猪李氏杆菌病：败血症，进行性消瘦。
⑤ 猪破伤风：肌肉强直。
⑥ 猪水肿病：仔猪断奶后有头部水肿。
⑦ 猪脑炎型链球菌病：败血症，跛行。
⑧ 猪布氏杆菌病：少数病猪有神经症状，妊娠母猪流产，公猪睾丸炎。

（四）口蹄部有水疱的疫病鉴别

① 猪水疱性口炎：各种家畜都易感染。
② 口蹄疫：偶蹄兽均可感染。
③ 猪水疱病：猪、人可感染，病情较轻不会致死。

附录三　猪病歌谣

（一）哺乳仔猪

1. 咳嗽

哺乳仔猪咳有因，多种疾病要分清。
波氏杆菌病感染，败血鼻肺显炎症。
放线巴氏支原体，咳嗽外加呼吸困；
肺炎肉变和胰变，肝变出血是特征。
弓浆虫病也咳嗽，发热腹泻且神经；
肺炎肠溃肝肿大，器官白色坏死生。
链球菌猪也有咳，肺炎呈现纤维性。
衣原颤抖且干咳，浆液分泌有体温。

2. 喷嚏＋咳嗽

繁殖呼吸综合征，眼睑水肿是特征；
间质肺炎又鼻炎，淋巴肿大褐色生。
伪狂犬病咳又嚏，呕吐腹泻还神经；
扁桃肝脾白坏死[1]，肺肿肾血区分明。
萎鼻喷嚏不咳嗽，鼻漏泪斑分得清。
环境不良诱嚏咳，粉尘氨气是祸根。

（二）断奶～成年猪

断奶以后咳相攻，原因复杂病不同。
支原沙波伪狂犬，原发疾病在其中；
嗜巴葡克棒梭菌[2]，继发感染咳也凶；
伴有发热腹式呼，肺前病变要点重；
膨胀不全呈红色，质实外加小叶肿。
巴氏杆菌致肺疫，急性俗称锁喉风；
出血浸润在喉部，胶冻分泌气管中；
慢性表现肺胃炎，咳嗽腹泻关节肿。
纤维素性有多病，岂止胸膜炎一种：
放线杆菌胸膜炎，弥漫血死在肺中；
病变侵犯在膈叶，鼻口泡沫带血红。
副嗜鼻支链球菌，心包炎症关节肿。
纤维素性细菌病，病毒病变非此同。
猪瘟此时咳嗽有，发热呕吐喷涕流；
先秘后稀交替现，剖检特征记心头：
组织淋巴出血肿，脾脏梗死回盲扣。
流感无疑有咳嗽，发病虽高猪少丢；
肺部下陷深紫色，咽喉气管黏液稠。

---

[1] 扁桃肝脾白坏死——坏死性扁桃体炎，肝脾白色坏死灶。

[2] 嗜巴葡克棒梭菌——猪副嗜血杆菌、多杀性巴氏杆菌、葡萄球菌、克雷白杆菌、棒状杆菌和梭菌属。

（三）出血和流产

发烧均能致流产，重点疾病要防范。
细小病毒伪狂犬，后者死胎前胎干[3]；
细小病毒在初胎，未流产仔带毒传。
乙脑发生有季节，流产之后正常转。
繁殖呼吸综合征，流产弱仔乳汁干。
衣原精液会带血，初产孕后[4]多流产。
布氏公猪睾丸炎，关节炎伴母流产。
猪瘟弓体也流产，稽留高热是祸端；
两病皮肤都出血，弓体呼吸尤困难；
温和猪瘟无出血，耳部尾部坏死干。
弓体分娩后自愈，要与附红比照看：
附红流产只少数，贫血稀血又黄疸。
贫血黄疸同钩端[5]，水肿血尿加流产。

（四）疫苗保存及使用的注意事项

疫苗保存有诀窍，分为冻干液体苗。
冻干负十五一年[6]，四度不过半年超。
液苗千万莫冻结，四至八度保存好。
疫苗质量要检查，冻苗看其真空保；
油苗看其破乳否，质变霉变不能要。
保期超过不能用，失效疫苗要弃掉。
健康猪群注疫苗，免疫抗体大提高。
体弱重病打疫苗，抗体低下事更糟。
注射消毒严格好，交叉感染避免掉。
稀释疫苗按规定，剂量部位掌握好。
注射疫苗要登记，漏打疫苗后患报。
疫情一旦发生了，立即隔离最重要；
消毒要求更严格，未病猪群速打苗。
紧急注射高剂量[7]，控制他病效也高。
只因产生干扰素，致使病原凶不了。

（五）免疫程序

免程应依实情变，一般原则如下面：
防疫注射有重点，猪瘟口蹄最为先。
猪瘟冻干活苗两，组织细胞可分辨[8]；
母猪产前一月注，一年两次莫等闲；
二十日龄或超前，六十日龄再一遍；
注射一至四头份，四天以后免疫显。
普通苗注两毫升，高效苗量一半减；
母猪配种前注射，孕后打苗流产险。
仔猪二十日首免，二免定在一百天；
断奶以后三次免，前两四十一百天；

---

[3] 后者死胎前胎干——后者以产死胎为主；前者以产木乃伊为主。
[4] 孕后——怀孕后期。
[5] 钩端——钩端螺旋体。
[6] 负十五一年——−15℃以下保存一年以上。
[7] 紧急注射高剂量——发生猪瘟时，剂量可在10头份以上。
[8] 组织细胞可分辨——有组织苗和细胞苗之分。

三免出栏前半月，结合实情来增减。
母猪配种和产前，一产两次不可减；
抗体高峰三周时，保护期短两月限。
伪狂犬苗有多种，基因死苗活苗兼；
母猪配种和产前，一产两次不可减；
剂量每头三毫升，免期三月不再延。
断奶仔猪注一次，一个月后再加免[9]。
初生仔猪即滴鼻，防病效果很明显。
萎缩鼻炎灭活苗，母猪配种和产前，
剂量每头三毫升，仔猪注射哺乳间。
若是母子同一苗，仔苗剂量大半减。
气喘冻干活菌苗，免疫保护期一年，
注射剂量四毫升，胸腔注射是特点；
进口菌苗可肌注，只是价格不低廉。
乙脑冻干弱毒苗，一年一次四月间。
细小病毒油死苗，生产母猪配种前。
肺疫丹毒冻活苗，七十日龄注一遍。
副伤寒亦冻活苗，三十日龄要兑现。
以上三苗可不打，猪群健康是条件。
大肠杆菌红痢苗，产前一月两次免[10]。
五毫升可防腹泻，t-p联苗后海点[11]。
传胸链球菌菌苗，三月龄内两次免，
时间相隔两星期，三毫升量各一遍。
传胸链副传胃炎，自家疫苗用实践。
自家疫苗颇有益，制作质量是关键。
公猪一年两次免，不可忘记置一边。
量一头份[12]有下列：大肠红痢两相连；
肺疫丹毒副伤寒，乙脑细小属其间。
公猪一年两次免，不可忘记置一边。
以上疫苗酌情注，根据实情来增减。
周边疫情了如指，抗体监测是关键。

---

[9] 加免——加强免疫对大猪也要采用。
[10] 产前一月两次免——产前一个月免疫一次，隔半月再免疫一次。
[11] t-p联苗后海点——t-p，tge-ped，后海穴。
[12] 量一头份——注射疫苗剂量一头份。

附录四　养猪顺口溜

1.场址选择和建场

场址选择很重要，选错场址年年糟。
有利防疫交通便，通风向阳地势高。
场地平坦坡度缓，水源充足水质好。
场区布局要合理，生产生活不混淆。
仓库防潮又防鼠，场内不养狗和猫。
生产区内又有区，繁殖生长分必要。
猪舍之间有间隔，通风采光防病好。
猪舍跨度不宜大，三列舍境更糟糕。
水泥地面适粗糙，以免湿滑防摔跤。
墙体屋顶能隔热，冬暖夏凉应激少。
排粪沟要置舍外，舍内湿臭猪难熬。
猪场须有隔离舍，周边围墙防疫盗。
场门派人来守卫，车辆人物把毒消。
下风低处挖尸坑，死猪不可随地抛。

2.引种——杂交配套

猪场建好要引种，什么种猪为最好？
杂种肥猪长得快，优势来源猪杂交。
三元杂交普遍用，操作简便且高效。
外来品种杜长大，两外一内时可销。
杂交配套生产中，亲本选择很重要。
祖代纯种性能好，父系母系应配套。
母系繁殖最重要，长速瘦肉也应保；
父系繁殖稍为次，长速瘦肉为首要。

3.种猪外形的选择

瘦肉猪型有特点，前中后躯是关键：
前躯要求宽又深，背长平宽平滑线；
后躯丰满尾根高，三躯结合无凹陷。
头颈清秀肥腮小，腹线平直肚不腆。
四肢结实无卧系，睾丸奶头发育全。
母猪臀部忌过大，腹部微垂是优点；
公猪雄起气昂昂，口吐白沫劲步前。

4.种猪的运输

车辆用具准备好，彻底消毒无死角。
公猪装车要分隔，上车猪只勿过饱。
炎热夏天夜上路，饮水冲洗不可少。
冬运要有遮棚布，防寒保暖切记牢。

5. 引入种猪的饲养管理

猪回隔离不可少，猪舍事先消毒好。
母猪一栏养几头，体重一致很重要。
公猪一栏养一头，多头同栏会斗咬。
初来喂量逐日添，过多诱发胃肠炎。
饲料饮水要卫生，隔离至少三十天。
必要疫苗要注射，药物预防记心间。

6. 饲料的选择

民生乃以食为天，养猪须以料为先。
全价饲料省成本，传统养猪变观念。
购料应选名牌料，想省反而更花钱。
饲料厂家当参谋，配方不要轻易变。
严格把好原料关，霉变饲料遭风险。
青料营养丰而全，既省饲料又保健。
母猪料里多添加，繁殖旧貌换新颜。

7. 把握好配种时机

后备母猪适时配，七八月龄不再推。
体重公斤一百二，膘情适中不过肥。
母猪发情有征兆，食欲不振哼哼叫，
阴户红肿流黏液，爬跨他猪频排尿。
静立反射若痴呆，贴近人身赶不跑。
此刻配种时机好，隔日复配准胎高。
分娩母猪断奶后，一周之内发情了，
发情越快越配迟，少配晚来老配早。

8. 如何养好公猪

养好公猪很重要，效益一半它创造。
营养全面保健康，不肥不瘦八成膘。
加强运动强肢蹄，性欲旺盛精液好。
定期刷拭促血循，人畜亲和安全保。
公猪初配十月龄，配种强度不可高。
初配一周两次宜，成年两天一次好。
精液时时要检查，品质低下返情高。

9. 怎样照料妊娠母猪

配种前后料不同，配前饲料能量浓。
配后喂量两公斤，低能全价保胎用。
八十五天速加料，胎儿快长在其中。
日喂不低三公斤，可获理想初生重。
霉料脏水不能喂，避惊戒斗防胎动。
要使分娩不难产，怀孕母猪适运动。

10. 母猪分娩前后的注意事项

产房提前消毒好，娩前一周产房到。
入舍之前洁其身，自始至终清洁保。
娩前三天渐减料，喂至七成可以了。
此间饲料适加药，预防疾病很重要。
产前加药净母体，产后加药奶有药。
产后母猪防感染，抗生素注不可少。
子宫冲洗消毒液，必要也可投入药。
若遇难产须助产，手和器具消毒好。
娩前母猪有征兆，破水以后别远跑。
小猪出生擦干身，口鼻黏膜速去掉。
断脐剪牙应消毒，此刻保温很重要。
产程延长需助产，催产素用有必要。
剪去指甲手消毒，万不得已用手掏。
尽快让其吃初乳，初乳之中抗体高。
若是需要做超免，仔猪编号控时好。
三日奶头当固定，弱仔奶头前面靠。
母奶铁少仔需补，补铁针剂不可少。
控制仔猪黄白痢，饲养管理是首要。
防痢疫苗酌情用，三针保健效果妙。
哺乳阶段打针频，轻抓慢放应激少。
七日龄后训吃料，方法多多巧用脑。
三周日食超三两，断奶之后健康保。
断奶乃是一关口，减少应激最重要。
母走仔留待一周，转入保育过渡好。
母猪喂量日渐加，加料过猛母仔糟。
转入正常不限量，少喂勤添多吃料。
日均采食五公斤，只可多来不可少。
四周断奶较为宜，公斤超七不为高。

11. 保育猪的饲养管理

进猪之前舍洁净，饲料加药防疾病。
一周之内适限料，周末五两才称心。
一周以后不限食，日均一点五市斤。
产房转到保育舍，环境变化应激征。
两舍温差不可大，前期尤其重保温。
后期通风快散热，猪大过密易生病。
保育床上勤打扫，饮水一定要卫生。
病猪隔离要及时，否则祸害遍全群。
九周龄离保育舍，体重二十三公斤。

12. 中、大猪的饲养管理

栏舍提前消毒过，转群保健必须做。
首先训练排粪尿，莫嫌麻烦耍懒惰。
此时肯吃两天苦，以后你可轻松多。
猪只务必分群养，强弱大小各组合。
重点狠抓采食量，常规管理照章做。
中猪日喂两公斤，增重克数七百过。
大猪日喂两点六，增重克数八百多。
肥猪种猪应驱虫，四二模式[1]很不错。

---

[1] 四二模式——种猪（种公猪、种母猪）每个季度各驱虫一次；育肥猪在生长阶段驱虫两次，一般安排在35日龄和2月龄。

13. 如何应对酷暑和严寒

气候酷暑和严寒，影响养猪两难关。
低温小猪危害大，高温之害超严寒，
不仅生长速度慢，公猪母猪繁殖难。
夏天降温湿帘好，母猪滴水加风扇。
高温母猪易猝死，重胎母猪适疏散。
天热喂食趁早晚，青料稀食不怠慢。
低温重点防小猪，仔猪箱内装热源。
断奶初期怕温低，保育舍内防风寒。
地热取暖多有益，地垫稻草保平安。

14. 养猪《三字经》

饲养员，要做到：
勤刷槽，配好料，
饲料方，要配搭，
适口强，易消化。
青饲料，营养高，
多补给，省精料，
夏喂凉，冬喂温，
饲养时，不撒掉。
先给稀，后给干，
先粗食，后精料，
一定时，二定量，
病弱猪，另加料。
食槽内，不剩食，
有泥沙，清除掉。
常观察，细检查，
发现病，快治疗。
猪栏内，讲卫生，
勤出粪，勤垫土，
勤消毒，勤打扫。
有病猪，严隔离，
不让它，到处跑。
春秋季，定防疫，
猪健康，疾病少。
霜降来，早准备，
开放栏，封门窗。
大雪后，天气冷，
猪舍内，要干燥。
种母猪，须照顾，
将窝内，放垫草。
气温暖，要通风，
空气好，阳光照。
懒汉猪，不卫生，
舍内拉，窝里尿，
对此猪，严管理，
早和晚，要赶起。
三管理，要科学，
优质料，不霉变。
预混料，营养佳，
增重快，毛美观。
养母猪，创高产。
各阶段，细心管，
配种后，应限饲，
每日喂，五斤半，
到产前，三十天，
加喂料，要逐渐。
转产房，要消毒，
用药物，灭疥癣。
从配种，到产仔，
计算法：三个月，
三星期，加三天，
顺口溜，三三三。
时间到，猪分娩，
羊水破，要生崽，
有专人，来助产，
猪落地，抠鼻嘴，
将胎衣，给擦干。
驯化猪，到一角，
定地点，排粪尿。
常养猪，有经验，
看毛色，知脾气，
接触时，常叫唤，
去管理，它知道。
学养猪，讲管理，
喂好猪，是本职。
护理好，求生存，
管理好，求效益。
想养猪，购良种，
要引进，瘦肉型。
瘦型猪，肌肉多，
应推广，纯长白，
大约克，杜洛克。
想发展，瘦肉猪，
速度快，繁殖多。
用谚语，和您说：
母猪好，好一窝，
公猪好，好一坡。
配种时，要掌握，
受胎高，产仔多，
小配晚，老配早，
重复配，为最好。
猪发情，有预兆，

阴户肿，流黏液，
不吃食，吱吱叫，
耳朵竖，尾巴翘，
呆立站，时机到，
仅介绍，做参考。
后备猪，要挑选，
身躯长，脊背宽，
留公猪，看前胸，
留母猪，看腚盘，
前胸宽，能吃食，
后腚宽，能产仔。
扎脐带，要消毒，
再称重，把表填。
室温高，三十度，
防受凉，保安全。
产完后，吃初乳，
定奶头，是关键，
大在后，小在前。
要防止，黄白痢，
先投药，能防范，
抗生素，灌庆大，
土霉素，氟哌酸，
日两次，服三天。
三日后，应补铁，
牲血素，注射完。
五日龄，给诱食，
放槽内，自由舔。
早吃料，猪健壮，
成活高，长猪胖。

猪断奶，有三种，
限吃乳，分批断，
先摘大，小留圈，
最常用，一次断，
既省功，也方便，
早断奶，二十一，
晚断奶，三十天。
乳头多，又整齐，
最少者，足十二。
阴户大，不难产。
上不翘，下不偏。
两睾丸，要对称，
既突出，又明显，
阴鞘小，不发炎。
四肢高，且健壮，
尾巴粗，还要长，
没有病，发育好，
从群中，选优良。
良种猪，搞杂交，
生长快，肉率高，
抗病强，耐粗料。
日增重，八百克，
三斤料，长斤多。
育肥后，早上市，
多挣钱，讲效益。
多养猪，早致富，
奔小康，有出路。
定点宰，顺价销，
价格好，养猪笑。

养好猪，并不难，
一良种，异血缘，
二防疫，制度严，
各种苗，按时免，
防疫法，应贯彻，
封闭养，最安全。
举此例，别硬搬。
多看书，勤学习，
从实践，找经验。
建猪场，细察看，
离村远，交通便，
地势高，不涝洼，
水源洁，无污染，
通风好，阳光足，
夏保凉，冬保暖。
离工厂，五百米，
噪声小，有电源。
生产区，生活区，
绝不能，互污染。
原则上，应谢绝，
外来人，瞎参观。
来往人，要消毒，
设门卫，严把关。
由于我，实践短，
不当处，很难免。
有错处，提意见，
多请教，饲养员。

15. 母猪的发情症状与配种时机

猪发情，吼吼叫，光喝水，不吃料。
人进圈，身边靠，拱圈门，又啃槽。
阴户肿胀像红桃，躁动不安真难熬。
跳猪栏，往外跑，千万记住门关好。
配种早，产仔少，什么时间配种好？

手按腰，两耳竖，赶快配种莫延误。
往前推，朝后坐，此时配种就不错。
神情呆，立不动，输精受胎最管用。
外流白，沾了草，此时配种最最好。

16.母猪临产前准备

猪临产，奶膨大，八字分开两边炸。
腹部下垂塌了胯，阴户肿胀尾根洼。
手挤奶，窜多远，不出一晌就会产。
频频排尿猪要生，衔草做窝敲警钟。
产仔箱，要备好，一把剪刀准备铰。
十冬腊月天气坏，保温材料圈上盖。
干净抹布别落下，照明电灯圈中挂。
准备工作全做好，单等小猪往外跑。

17.对仔猪的接产

猪露头，伸手抓，赶快掏嘴用布擦。
捆扎脐带动作快，千万记住早吃奶。
吃初乳，小猪壮，母源免疫把病抗。
生下小猪不会动，这时千万别发愣，
抓住腿，头朝下，一个指头口中插，
头尾屈伸做挤压，腹式呼吸抢救法。

18.经常清理粪便的好处

没事干，进猪圈，抄起铁锹铲粪便，
猪拉稀，看得见，做到有病早发现。

19.猪喂料时不吃不动的处理方法

喂料时，不起身，首先记住量体温。
若发烧，就打针，不发烧，找原因。
对症治疗除病根，病程缩短可省心。

20.猪消化不良性腹泻的处理方法

猪拉稀，莫发慌，别喂料，光喂汤。
痢菌净，氟哌酸，添水时间往里掺。
饿上三顿你别吵，腹泻小猪就会好。
你若喂料发善心，小猪拉稀不离身。
说这话，你不服，照样添料喂小猪。
一时大意缺了水，小猪眨眼就蹬腿。
到此时，方悔过，经验之谈必不错。

21.适量喂猪保健康

喂猪前，圈边站，首先观察猪粪便。
粪便干，把料添，粪便稀软把料减。
松散成型长得欢，不要盲目把料添。
喂小猪，八分饱，不生病来食欲好。
十分饱，爱生病，发烧拉稀最头痛。
要想钞票大把赚，适量喂猪猪康健。

22. 防疫的重要性

千条线、万条线，防疫消毒最关键，
自古扁鹊会治病，不如长兄保健行。
免疫工作是根本，程序科学墙上见，
疫苗不多贵在精，猪瘟伪狂要先订，
人人知道重要性，严格执行有保证。
疫苗取存要得当，按照要求放冰箱，
弱毒疫苗应冷冻，灭活疫苗宜冷藏。
注射之前看仔细，记录批号和质量，
降为常温再使用，一猪一针心莫慌。
猪若发烧暂不打，标记清楚后补上。
猪场清洁又卫生，细菌病毒难藏身，
粪便及时清除掉，蛛网灰尘不得见。
全进全出要执行，整栋空出冲洗净，
百分三十石灰乳，墙里墙外刷仔细。
栏舍浸泡用烧碱，百分之五泡两天，
再用甲醛来喷雾，喷雾过后再熏蒸，
空置干燥一礼拜，更换药物复合酚，
1比300消好毒，然后才能把猪进。
猪场入口把好关，进出消毒绷紧弦。
驱虫灭鼠杀蚊蝇，环境控好猪舒心。

23. 养猪小技巧

猪场保健非等闲，饲料营养要齐全，
原料新鲜保存好，霉变原料别进门。
科学喂养有方法，定时定量还定温。
种猪膘情控制好，肥瘦适中按标准，
肉猪充分来喂养，膘肥体壮有分寸，
营养就是好免疫，营养就是好保健。
季节变换猪异动，保健投药须跟紧，
组合用药不贪多，治疗剂量喂7天。
以上都是寻常事，就看认真不认真，
防疫消毒和保健，猪场安全生命线，
责任到位抓落实，不愁猪场不赚钱！

附录五 生猪饲养允许使用的抗寄生虫药、抗生素药及使用规定

1.生猪饲养允许使用的抗寄生虫药及使用规定

名称	制剂类型	用法及用量	休药期
1.阿苯达唑	片剂	内服，一次量，5～10mg	
2.双甲脒	溶液	药浴、喷洒、涂擦，配制成0.025%～0.05%溶液	7d
3.硫双氯酚	片剂	内服，一次量，每千克体重75～100mg	
4.非班太尔	片剂	内服，一次量，每千克体重5mg	14d
5.芬苯达唑	粉剂、片剂	内服，一次量，每千克体重5～7.5mg	
6.氰戊菊酯	溶液	喷雾，加水以1∶1000～1∶2000倍稀释	
7.氟苯咪唑	预混剂	混饲，每1000kg饲料30g，连用5～10d	14d
8.伊维菌素	注射液、预混剂	注射液：皮下注射，一次量，每千克体重0.3mg。 预混剂：混饲，每1000kg饲料330g，连用7d	注射液：18d 预混剂：5d
9.盐酸左旋咪唑	片剂、注射液	片剂：内服，一次量，每千克体重7.5mg 注射液：皮下或肌内 注射，一次量，每千克体重7.5mg	片剂：28d 注射液：3d
10.奥芬达唑	片剂	内服，一次量，每千克体重4mg	
11.奥苯达唑	片剂	内服，一次量，每千克体重10mg	14d
12.枸橼酸哌嗪	片剂	内服，一次量，每千克体重0.25～0.3mg	21d
13.磷酸哌嗪	片剂	内服，一次量，每千克体重0.2～0.25mg	21d
14.吡喹酮	片剂	内服，一次量，每千克体重10～35mg	
15.盐酸噻咪唑	片剂	内服，一次量，每千克体重10～15mg	

2.生猪饲养允许使用的抗生素药及使用规定

名称	制剂类型	用法及用量	休药期
1.青霉素钠（钾）	注射液	肌内注射，一次量，每千克体重2万～3万IU	
2.氨苄西林	注射用粉剂	肌内注射，一次量，每千克体重3万～4万IU	
3.杆菌肽锌	预混剂	混饲，每1000kg饲料，4月龄以下，4～40g	
4.杆菌肽锌、硫酸黏杆菌	预混剂	混饲，每1000kg饲料，2月龄以下，2～20g；2月龄以上，2～40g	
5.硫酸安普（阿普拉）霉素	预混剂、可溶性粉	预混剂：混饲，每1000kg饲料，80～100g，连用7d。 可溶性粉：混饮，每千克体重12.5mg，连用7d	预混剂：21d 可溶性粉剂：21d
6.氨苄西林钠	注射用粉剂、注射液	注射用粉剂：肌内注射或静脉注射，一次量，每千克体重10～20mg，每天2～3次，连用2～3d。 注射液：皮下或肌内注射，一次量，每千克体重5～7mg	注射用粉剂：15d 注射液：15d
7.硫酸小檗碱	注射液	肌内注射，一次量，每千克体重50～100mg	
8.头孢噻呋钠	注射用粉剂	肌内注射，一次量，每千克体重3～5mg，每天1次，连用3d	
9.硫酸黏杆菌素	预混剂、可溶性粉剂	预混剂：混饲，每1000kg饲料，仔猪2～20g。 可溶性粉剂：混饮，每1L水40～200mg	预混剂：7d 可溶性粉剂：7d
10.甲磺酸、达氟沙星	注射液	肌内注射，一次量，每千克体重1.25～2.5mg，每天1次，连用3d	25d
11.越霉素A	预混剂	混饲，每1000kg饲料5～10g	15d
12.盐酸二氟沙星	注射液	肌内注射，一次量，每千克体重5mg，每天2次，连用3d	45d
13.盐酸多西霉素	片剂	内服，一次量，3～5mg，每天1次，连用3～5d	
14.恩诺沙星	注射液	肌内注射，一次量，每千克体重2.5g，每天1～2次，连用2～3d	10d
15.恩拉霉素	预混剂	混饲，每1000kg饲料2.5～20g	7d
16.乳酸糖红霉素	注射用粉剂	静脉注射，一次量，3～5mg，每天2次，连用2～3d	
17.黄霉素	预混剂	混饲，每1000kg饲料5～20g	
18.氟苯尼考	注射液、粉剂	注射液：肌内注射，一次量，每千克体重20mg，每隔48h一次，连用2次。 粉剂：内服，每千克体重20～30mg，每天2次，连用3～5d	注射液：30d 粉剂：30d
19.氟甲喹	可溶性粉剂	内服，一次量，每千克体重5～10mg，首次量加倍，每天2次，连用3～4d	
20.硫酸庆大霉素	注射液	肌内注射，一次量，每千克体重2～4mg	40d

续表

名称	制剂类型	用法及用量	休药期
21.硫酸庆大小诺霉素	注射液	肌内注射，一次量，每千克体重2～4mg	15d
22.潮霉素B	预混剂	混饲，每1000kg饲料10～13mg，连用8周	15d
23.硫酸卡那霉素	注射用粉剂	肌内注射，一次量，10～15mg，每天2次，连用2～3d	15d
24.北里霉素	片剂、预混剂	片剂：内服，一次量，每千克体重20～30mg，每天1～2次。 预混剂：混饲，每1000kg饲料，防治，80～330g；促生长，5～55g	7d
25.酒石酸北里霉素	可溶性粉剂	混饮，每1L水，100～200mg，连用1～5d	7d
26.盐酸林可霉素	片剂、注射液、预混剂	片剂：内服，一次量，每千克体重10～15mg，每天1～2次，连用3～5d。 注射液：肌内注射，一次量，每千克体重10mg，每天2次，连用3～5d。 预混剂：混饲，每1000kg饲料，44～77g，连用7～21d	片剂：1d 注射液：2d 预混剂：5d
27.硫酸壮观霉素	可溶性粉剂、预混剂	可溶性粉剂：混饮，每1L水，每千克体重10mg。 预混剂：混饲，每1000kg饲料44g，连用7～21d	可溶性粉剂：5d 预混剂：5d
28.博落回	注射液	肌内注射，一次量，体重10kg以下，10～25mg；体重10～50kg，25～50mg。每天2～3次	
29.乙酰甲喹	片剂	内服，一次量，每千克体重5～10mg	
30.硫酸新霉素	预混剂	混饲，每1000kg饲料77～154g，连用3～5d	3d
31.磷酸替米考星	预混剂	混饲，每1000kg饲料400g，连用15d	14d
32.呋喃妥因	片剂	内服，一日量，每千克体重12～15mg，分2～3次	
33.喹乙醇	预混剂	混饲，每1000kg，饲料，1000～2000g，体重超过35kg，禁用	35d
34.牛至油	溶液剂、预混剂	内服。预防：2～3日龄，每头50mg，8h后重复给药1次；治疗：10kg以下，每头50mg，超过10kg，每头100mg，用药后7～8h腹泻仍未停止时，重复给药1次。 预混剂：混饲,1000kg饲料。预防,1.25～1.75g；治疗，2.5～3.25g	
35.苯唑西林钠	注射用粉剂	肌内注射，一次量，每千克体重10～15mg，每天2～3次，连用3d	
36.土霉素	片剂、注射液	片剂：口服，一次量，每千克体重10～25mg，每天2～3次，连用3～5d。 注射液：肌内注射，一次量，每千克体重10～20mg，每天2～3次，连用3～5d	片剂：5d 注射液：28d

续表

名称	制剂类型	用法及用量	休药期
37.盐酸土霉素	注射用粉剂	静脉注射，一次量，每千克体重5～10mg，每天2次，连用3～5d	
38.赛地卡那霉素	预混剂	混饲，每1000kg饲料，75g，连用15d	1d
39.硫酸链霉素	注射用粉剂	肌内注射，一次量，每千克体重10～15mg，每天2次，连用2～3d	
40.磺胺二甲氧嘧啶钠	注射液	静脉注射，一次量，每千克体重50～100mg，每天1～2次，连用2～3d	7d
41.复方磺胺对甲氧嘧啶片	片剂、注射液	片剂：内服，一次量，20～25mg，每天1～2次，连用3～5d。 注射液：肌内注射，一次量，每千克体重15～20mg，每天1～2次，连用2～3d	
42.磺胺间甲氧嘧啶钠	片剂、注射液	内服，一次量，首次量，50～100mg；维持量25～50mg，每天1～2次。连用3～5d。 注射液：静脉注射，一次量，每千克体重50mg，每天1～2次，连用2～3d	
43.磺胺脒	片剂	内服，一次量，每千克体重0.1～0.2g，每天2次，连用3～5d	
44.磺胺嘧啶	片剂、注射液	片剂：内服，一次量，首次量每千克体重0.14～0.2g；维持量每千克体重0.07～0.1g。每天2次，连用3～5d。 注射液：静脉注射，一次量，每千克体重0.05～0.1g，每天1～2次，连用2～3d	
45.复方磺胺嘧啶钠注射液	注射液	肌内注射，一次量，每千克体重20～30mg，每天1～2次，连用2～3d	预混剂：5d
46.磺胺噻唑	片剂、注射液	片剂：内服，一次量，首次量每千克体重0.14～0.2g；维持量每千克体重0.07～0.1g，每天2～3次，连用3～5d。 注射液：静脉注射，一次量，每千克体重0.05～0.1g，每天2次，连用2～3d	
47.复方磺胺氯哒嗪钠粉	粉剂	内服，一次量，每千克体重20mg，连用5～10d	3d
48.泰乐菌素	注射液	肌内注射，一次量，每千克体重5～13mg，每天2次，连用7d	14d
49.磷酸泰乐菌素	预混剂	混饲，每1000kg饲料10～100g，连用5～7d	5d
50.延胡索酸泰妙菌素	可溶性粉剂、预混剂	可溶性粉剂：混饮，每1L水45～60mg，连用5d。 预混剂：混饲，每1000kg饲料40～100g，连用5～10d	可溶性粉剂：7d 预混剂：5d
51.盐酸四环素	注射用粉剂	静脉注射，一次量，每千克体重5～10mg，每天2次，连用2～3d	
52.甲砜霉素	片剂	内服，一次量，每千克体重5～10mg，每天2次，连用2～3d	

附录六　食品动物禁用的兽药及其他化合物

类别名称	禁止用途	禁用动物
1.性激素类（己烯雌酚及其盐、酯类制剂）；具有雌激素样作用的物质（玉米赤霉醇、去甲雄三烯醇酮、醋酸甲羟孕酮制剂）	所有用途	所有食品动物
2.性激素类（甲睾酮、丙酸睾酮，苯丙酸诺龙，苯甲酸雌二醇及其盐、酯及制剂）	促生长	所有食品动物
3.β-兴奋剂类（克伦特罗，沙丁胺醇，西马特罗及其盐、酯类制剂）	所有用途	所有食品动物
4.氨苯砜及制剂	所有用途	所有食品动物
5.硝基呋喃类（呋喃唑酮、呋喃它酮、呋喃苯烯酸钠及其制剂）	所有用途	所有食品动物
6.硝基化合物（硝基酚钠、硝呋烯腙及制剂）	所有用途	所有食品动物
7.催眠、镇静类[氯丙嗪，地西泮（安定）及其盐、酯制剂]	促生长	所有食品动物
8.各种汞制剂[氯化亚汞（甘汞）、硝基亚汞、醋酸汞、吡啶基酯醋酸汞]	杀虫剂	所有动物
9.硝基咪唑类（甲硝唑，地美硝唑及其盐、酯及制剂）	促生长	所有食品动物
10.其他催眠、镇静类（甲喹酮及制剂）	所有用途	所有食品动物
11.氯霉素及其盐、酯（包括琥珀氯霉素及制剂）	所有用途	所有食品动物

附录七　几种疫苗、菌苗的使用方法及免疫期

1. 猪肺疫弱毒菌苗（内蒙古系口服苗）

① 使用方法：菌苗稀释后限6h内用完，口服7d后产生免疫力。

② 免疫期：断奶仔猪可达10个月。

2. 猪肺疫弱毒菌苗（EO-630）

① 使用方法：冻干苗用灭菌的20%铝胶生理盐水稀释，断奶后每头猪肌内或皮下注射1mL（含活菌不少于3亿个），菌苗稀释后限4h内用完。

② 免疫期：6个月。

3. 猪肺疫氢氧化铝菌苗

① 使用方法：断奶后的猪不论大小一律皮下或肌内注射5mL。注射后14d产生免疫力。

② 免疫期：6个月。

4. 猪丹毒弱毒菌苗（GC42或G4T10）

① 使用方法：按照瓶签注明头份，用20%铝胶生理盐水稀释后，断奶后的猪只不论大小，一律皮下或肌内注射1mL，7d后产生免疫力。

另外，GC42弱毒苗可用于口服，口服剂量每头猪2mL（含活菌数14亿），口服后第9天产生免疫力。

② 免疫期：6个月。

5. 猪丹毒氢氧化铝甲醛苗

① 使用方法：体重10kg以上的断奶猪，皮下或肌内注射5mL；10kg以内的未断奶仔猪，皮下或肌内注射3mL。45d后再注射3mL。注射后21d产生免疫力。

② 免疫期：6个月。

6. 猪瘟、猪丹毒、猪肺疫三联弱毒菌苗

① 使用方法：按照瓶签标明头份，用20%铝胶生理盐水稀释，每猪一律肌内注射1mL，未断奶猪注射后隔2个月再注射1次。注射后14～21d产生免疫力。

② 免疫期：猪瘟10个月；猪丹毒、猪肺疫6个月。

7. 仔猪副伤寒弱毒菌苗

① 使用方法：冻干苗按照瓶签标明头份用20%铝胶生理盐水稀释为每头剂1mL，于猪耳后浅层肌内注射，常发病地区可在断奶前后各免疫1次，间隔3～4周。

② 免疫期：参照说明书，一般为9个月。

8. 仔猪红痢氢氧化铝菌苗

① 使用方法：怀孕母猪初次注射菌苗时应肌内注射2次，第一次在分娩前1个月左右，第二次注射在分娩后半个月左右，剂量均为5～10mL。

② 免疫期：参照说明书，一般为6个月。

9. 猪链球菌氢氧化铝菌苗

① 使用方法：不论猪只大小，一律皮下或肌内注射5mL（浓缩菌苗为3mL）。注射后21d产生免疫力。

② 免疫期：4～6个月。

10. 猪链球菌弱毒菌苗

① 使用方法：冻干苗按照瓶签标注头份，每头份加入铝胶生理盐水或生理盐水1mL稀释溶解，断奶后仔猪至成年猪一律皮下或肌内注射1mL。注射后7～14d产生免疫力。

② 免疫期：6个月。

11. 猪水疱病结晶紫疫苗

① 使用方法：断奶后猪只不论大小均可注射，每头肌内注射2mL。注射后14d产生免疫力。

② 免疫期：9个月。

12. 猪O型口蹄疫BEI灭活疫苗

① 使用方法：断奶后不论大小猪均可注射，每头肌内注射3mL；未断奶猪每头注射1～2mL，间隔1个月强化免疫1次，每头猪注射3mL。

② 免疫期：6个月。

13. 猪瘟兔化弱毒疫苗

① 使用方法：冻干苗按照瓶签注明的剂量加灭菌生理盐水或蒸馏水稀释，各种大小猪一律皮下或肌内注射1mL，4d后产生免疫力；哺乳仔猪接种后免疫力不够坚强，必须在断奶后再注射1次；流行地区可加大剂量。

② 免疫期：断奶仔猪可达1年以上。

14. 猪乙型脑炎

种猪、后备母猪在蚊蝇季节到来之前（4 ～ 5月份）用乙型脑炎弱毒疫苗免疫接种1次。

15. 猪传染性萎缩性鼻炎

① 萎鼻灭活苗：公猪、母猪，春、秋季各注射1次。

② 仔猪：70日龄注射1次。

附录八　中、小型猪场几种主要传染病的免疫方法（供参考）

1. 猪瘟

① 种公猪：每年春、秋两季用猪瘟兔化弱毒疫苗各免疫接种1次。

② 种母猪：于产前30d免疫接种1次；或春、秋两季各免疫接种1次。

③ 仔猪：20日龄、70日龄各免疫接种1次；或仔猪出生后未吃初乳前立即用猪瘟兔化弱毒疫苗免疫接种1次，接种后2h可哺乳。

④ 后备种猪：产前1个月免疫接种1次；选留做种用时，立即免疫接种1次。

猪瘟的免疫程序可根据具体情况选择采用。根据时间安排，目前常用的免疫程序有：

① 30日龄首免，70日龄二免；

② 7日龄首免，20日龄二免，65日龄三免；

③ 20日龄首免，65日龄二免。

2. 猪丹毒、猪肺疫

① 种猪：春、秋两季分别用猪丹毒和猪肺疫菌苗各免疫接种1次。

② 仔猪：断奶后分别用猪丹毒和猪肺疫菌苗免疫接种1次。70日龄分别用猪丹毒和猪肺疫菌苗免疫接种1次。

3. 仔猪副伤寒

仔猪断奶后（30～35日龄）口服或注射1次仔猪副伤寒菌苗。

4. 仔猪大肠杆菌病（黄痢）

妊娠母猪于产前40～42d和15～20d分别用大肠杆菌腹泻菌苗（K88、K99、987P）免疫接种1次。

5. 仔猪红痢

妊娠母猪于产前30d和产前15d分别用红痢菌苗免疫接种1次。

6. 细小病毒病

① 种公猪、种母猪：每年用细小病毒疫苗免疫接种1次。

② 后备公猪、后备母猪：配种前1个月免疫接种1次。

7. 猪气喘病

① 种猪：每年用猪气喘病弱毒菌苗免疫接种1次，于右侧胸腔内注射。

② 仔猪：于7～15日龄免疫接种1次。

③ 后备种猪：配种前再免疫接种1次。

8. 猪乙型脑炎

种猪、后备母猪在蚊蝇季节到来前（4～5月份），用乙型脑炎弱毒疫苗免疫接种1次。

9. 猪传染性萎缩性鼻炎

公猪、母猪于春秋季各免疫接种1次。

10. 猪传染性胃肠炎和流行性腹泻二联苗

妊娠母猪于产前20～30d注射疫苗4mL，其所产仔猪于断奶后7d内注射疫苗1mL；体重25kg以下仔猪每头注射1mL；50kg以上成年猪注射4mL。

附录九 商品猪、生产母猪、后备公母猪、生产公猪的免疫程序（仅供参考）

1. 商品猪免疫程序

日龄 /d	疫苗品种	毒株	方法	剂量	作用	备注
0 ～ 3d	伪狂犬	弱毒苗	滴鼻	0.5 头份 / 头	预防伪狂犬病毒（PRV）引起的呼吸道感染	
7d	气喘病	灭活苗	左耳后侧，肌注	1 头份 / 头	预防霉形体引起的气喘病（霉形体肺炎）	
10 ～ 14d	蓝耳病	弱毒苗	右耳后侧，肌注	1 头份 / 头	预防蓝耳病病毒（PRRSV）引起的繁殖与呼吸综合征	
21d	气喘病	灭活苗	左耳后侧，肌注	1 头份 / 头	加强免疫霉形体引起的气喘病（霉形体肺炎）	参考
24d	猪瘟	脾淋苗	右耳后侧，肌注	1 头份 / 头	预防猪瘟	
30 ～ 35d	蓝耳病	弱毒苗	右耳后侧，肌注	0.5 头份 / 头	预防繁殖与呼吸综合征病毒（PRRSV）引起的繁殖与呼吸综合征（蓝耳病）	加强免疫
55d	伪狂犬	弱毒苗	左耳后侧，肌注	1 头份 / 头	预防伪狂犬病毒（PRV）引起的呼吸道、消化道及神经等的症状	加强免疫
60d	猪瘟	脾淋苗	左耳后侧，肌注	1 头份 / 头	预防猪瘟	加强免疫
65d	口蹄疫	O 型浓缩灭活苗	右耳后侧，肌注	2mL/ 头	预防口蹄疫	
90d	口蹄疫	O 型浓缩灭活苗	左耳后侧，肌注	2mL/ 头	预防口蹄疫	加强免疫

2.生产母猪免疫程序

日龄/d	疫苗品种	毒株	方法	剂量	作用	备注
产前40～4d	繁殖、呼吸道综合征疫苗	弱毒苗	左耳后侧，肌注	1头份/头	预防繁殖与呼吸道综合征病毒（PRRSV）引起的间质性肺炎，提高母源抗体水平及保护仔猪	
产前30～35d	伪狂犬疫苗	弱毒苗	右耳后侧，肌注	1头份/头	提高母源抗体水平，预防仔猪消化道和呼吸道及神经症状	
产前21～28d；产前15d	猪瘟K88、K99、P987三价苗	脾淋苗	左耳后侧，肌注	2头份/头	提高母源抗体水平，预防仔猪感染猪瘟、大肠杆菌	产生IgA抗体，通过初乳在肠道起作用
产后7d	细小病毒苗	弱毒/灭活苗	右耳后侧，肌注	1头份/头	预防细小病毒引起的繁殖障碍	
产后12d	繁殖、呼吸道综合征疫苗	弱毒苗	左耳后侧，肌注	1头份/头	预防繁殖与呼吸道综合征病毒（PRRSV）引起的繁殖障碍	抗体监测后确定
产后16d	伪狂犬疫苗	弱毒苗	右耳后侧，肌注	1头份/头	预防伪狂犬病毒所引起的繁殖障碍	抗体监测后确定
产后20d	猪瘟苗	脾淋苗	左耳后侧，肌注	2头份/头	预防猪瘟	抗体监测后确定
产后20d	口蹄疫苗	O型浓缩灭活苗	右耳后侧，肌注	2mL/头	预防口蹄疫	也可每年免疫3次
每年3、9月份	乙脑苗	弱毒苗	左耳后侧，肌注	1头份/头	预防乙脑病毒引起的繁殖障碍	每年3、9月份各1次
每年11月初	传染性胃肠炎+流行性腹泻苗	灭活、弱毒苗	交巢穴肌注、口服	4mL/头	提高母源抗体水平，预防仔猪传染性胃肠炎（TGE）和流行性腹泻	商品猪也可免疫

3.后备公母猪免疫程序

日龄/d	疫苗品种	方法	剂量	作用	备注
配种前64d	乙脑	左耳后侧，肌注	1头份/头	预防繁殖障碍	
配种前58d	细小病毒	右耳后侧，肌注	1头份/头	预防细小病毒病	
配种前52d	口蹄疫	左耳后侧，肌注	2mL/头	预防口蹄疫	
配种前46d	伪狂犬	右耳后侧，肌注	1头份/头	预防繁殖障碍	
配种前40d	蓝耳病	左耳后侧，肌注	1头份/头	加强免疫	

续表

日龄/d	疫苗品种	方法	剂量	作用	备注
配种前34d	乙脑	右耳后侧，肌注	1头份/头	预防乙脑	加强免疫
配种前28d	细小病毒	左耳后侧，肌注	1头份/头	预防细小病毒病	加强免疫
配种前21d	猪瘟	右耳后侧，肌注	2～4头份/头	预防猪瘟	

注：1.1～150日龄时期，参照商品仔猪免疫程序执行。
2.购入的外来种猪，应把商品仔猪期间该做的疫苗补种1次（猪瘟、伪狂犬、蓝耳病和口蹄疫）。

4.生产公猪免疫程序

每年防疫次数	疫苗品种	毒株	方法	剂量	作用	备注
每年3次	蓝耳病	弱毒株	左耳后侧，肌注	1头份/头	预防繁殖与呼吸道综合征病毒（PRRSV）所引起的繁殖障碍	
每年3次	口蹄疫	O型浓缩苗	右耳后侧，肌注	2mL/头	预防口蹄疫	
每年3次	猪瘟	兔化弱毒苗	左耳后侧，肌注	2～4头份/头	预防猪瘟	
每年2次	乙脑	弱毒苗	右耳后侧，肌注	1头份/头	预防乙脑	每年的3、9月份各1次
每年3次	伪狂犬	弱毒苗	左耳后侧，肌注	1头份/头	预防伪狂犬病毒引起的繁殖障碍、肺炎	
每年2次	细小病毒	弱毒苗	右耳后侧，肌注	1头份/头	预防细小病毒引起的繁殖障碍	

附录十　猪场保健治疗方案（仅供参考）

阶段		方案
哺乳阶段	产后12～24h	仔猪喷鼻伪狂犬1头份
	3日龄	预防缺铁性贫血：富乐血，1.5～2mL/头，大腿内侧深部肌内注射或颈部肌内注射；澳呋欣，0.5mL，颈部肌内注射
	3、7日龄	预防细菌性感染：澳呋欣（5%头孢噻呋混悬液）分别在3日龄补铁、剪牙、断尾时肌内注射0.5mL，去势时肌注0.5mL（三针保健建议使用在断尾、去势、断奶三个方面）
保育仔猪	断奶	减轻断奶仔猪应激，促进生长，体高机体免疫力。每吨饲料中加富维康1kg，断奶后至保育期结束
	断奶转群	减轻应激：20%澳福龙或澳呋欣，每头肌注1mL
	断奶后保育期	①预防仔猪支原体：澳妙200～250g+10%康农1kg+多西环素1kg，拌料，连续使用10d； ②存在蓝耳病压力的猪场（链球菌、副猪等疾病发生率较高）：建议使用，10%康农+20%替乐+富维康1kg，拌料1t，连续用10d； ③防治链球菌病方案：复方阿莫西林400g+新高利3～4套+富维康1kg，拌料1t，连续用7d； ④副猪治疗方案：10%康农1kg+新高利3～4套+甘草1kg，拌料1t，连续用7～10d
	驱虫	小猪45～50日龄，防止转育肥仔猪受到寄生虫感染以及促生长。每吨饲料添加伊苯康1kg，连续用7～10d。驱虫结束后，使用澳螨消1∶200倍稀释，环境以及猪体表寄生虫喷洒
	疫苗免疫接种前	替乐1kg+莫瑞加1kg+阿莫西林1kg，拌料1t，连续用7d，用药结束后间隔5～7d进行免疫。免疫完成后继续使用莫瑞加提高仔猪免疫应答能力
育肥猪	转入育肥舍	为减轻转群应激，促进生长，提高免疫力。每吨饲料中拌入澳妙200～250g+富维康1kg+复方阿莫西林500g，连用7d
	驱虫	100日龄左右用药（或体重在50kg左右），以避免寄生虫对仔猪生长速度造成影响。建议第二次驱虫用伊苯康，每吨饲料中加1kg，连续用7～10d。用药结束后，再使用澳螨消1∶200倍稀释，进行体表逆毛喷透（以腹部滴水为准），环境和设备也要喷雾驱虫操作

续表

阶段		方案
后备母猪	生殖保健（全程）	促进生殖系统的正常发育，提高发情配种率，提高仔猪均匀度及活力，提高母猪产仔数，促进母猪断奶后发情，保护肢蹄，每年每头母猪增产2～3头。 ① 70kg体重至配种阶段，种猪的饲料中添加澳力壮（种猪专用的生殖营养添加剂），每吨饲料1～2kg，长期添加； ② 配种至生产，每吨料中加澳力壮1kg，以提高仔猪的均匀度、活力及产仔数； ③ 经产母猪和公猪长期添加，每吨饲料中加澳力壮1kg； ④ 饲料的脱霉与解霉：轻度污染的可以在每吨饲料中添加澳可清1kg。澳力壮与任何药物配伍使用都不影响效果，功效主要有脱霉、解霉和护肝
后备母猪	疾病预防保健（引入、转群后1周）	减少转群应激，预防呼吸道细菌性疾病，提高免疫力，特别是对支原体： ① 澳妙200～250g+复方阿莫西林500g+富维康（莫瑞加）1kg，连续使用7～10d； ② 后备母猪在150～170日龄时进行呼吸道疾病控制，防止在参与配种时有呼吸道疾病在生产母猪之间传播以及垂直传播给仔猪。同时预防增生性肠炎。可使用澳妙200g+多西环素1kg+康农1kg，连续用10～15d（因为支原体病和增生性肠炎都属于慢性病，所以加药时间要求在10d以上）； ③ 淘汰呼吸道疾病久治不愈的猪、有肢蹄病的猪以及僵猪
后备母猪	配种前一个月（驱虫）	100kg体重用药：每吨饲料中用伊苯康1kg，拌料，连用7～10d
经产母猪	生殖生理性保健（全程）	补充妊娠期所需要的营养，提高仔猪均匀度和活力；促进断奶后母猪发情，减少非生产天数，缩短产程。 ① 澳力壮每吨饲料添加1kg，长期使用。1头母猪1年用量大约1kg； ② 澳力壮短期内使用效果：提高仔猪均匀度、活力，缩短产程。使用方法是产前1个月，每头母猪每天10g，连续添加至产后，产后改为每吨饲料中添加1kg； ③ 防止霉菌毒素中毒：每吨饲料中添加澳霉脱1kg，长期添加； ④ 消毒处理：用澳碘1∶400稀释，母猪清洁后全身喷洒消毒，同时，母猪在羊水破了之后用稀释后的溶液对乳房、外阴和产床等进行擦洗消毒，一般用温水的效果更好
经产母猪	围生期（产前7d～产后7d）	本期保健的目的是：减少母猪带菌的数量、防止疾病垂直传播、预防母猪MMA（产后三联征，即乳房炎、子宫炎、无乳）。 方案是：复方阿莫西林500g+新高利2套+富维康1kg，拌料1t，连续使用2周
经产母猪	产前2～8h	避免母猪产程过长：当母猪羊水破了之后（产前2～8h），用20%澳富龙15mL肌内注射。 对于子宫有炎症的治疗：30%林可霉素20mL+澳福宁10～15mL，分开肌内注射，连续用2～3次
经产母猪	分娩后2～3d	子宫的生理保健： ① 预防子宫炎。10%澳富龙原液灌注，每头母猪50mL； ② 对后备母猪，难产、助产的母猪也一并灌注； ③ 助产、难产、产程超过4h的，每头50mL，隔天再灌注50mL，连用2～3次。注意，要在母猪子宫颈口开放时进行子宫灌注（产后和发情的时候）

续表

阶段		方案
经产母猪	驱虫	三维立体驱虫： ① 苯康：母猪于妊娠的前、中期，以及种公猪，添加量为1kg/t，连续使用7～10d； ② 妊娠后期。由于母猪的采食量较大，调整使用量，建议添加800g/t，连用7d，每年4次； ③ 驱虫：用澳螨消1∶200～250兑水稀释后进行全身、环境、圈舍、栏杆喷雾驱虫（或80～100mL兑水15kg），注意一定要喷透
种公猪	生殖生理保健（全程）	降低各种应激，提升精子活力与精液密度，提高免疫力： 种猪澳力壮。每头每天20g，连续用15d后改为正常的添加量（1kg/t），长期添加。 强化使用。20g每头每天，连续使用15d，可提高公猪的性欲
	夏季	缓解热应激、减少死精、提高精液质量。种公猪：澳力壮1kg+富维康1kg，拌于1吨料中，长期使用
	春季和秋季	驱虫：伊苯康1kg/t饲料，拌料，连续用7d。驱虫后，澳螨消1∶250～500兑水稀释后进行全身、环境、圈舍和栏杆等喷雾消毒

附录十一　中华人民共和国农业部公告（第2292号）和部分国家及地区明令禁用或重点监控的兽药及其他化合物清单

Ⅰ中华人民共和国农业部公告（第2292号）

2015年9月1日

为了保障动物产品质量安全和公共卫生安全，我部组织开展了部分兽药的安全性评价工作。经评价，认为洛美沙星、培氟沙星、氧氟沙星、诺氟沙星4种原料药的各种盐、酯及其各种制剂可能对养殖业、人体健康造成危害或者存在潜在风险。根据《兽药管理条例》第六十九条规定，我部决定在食品动物中停止使用洛美沙星、培氟沙星、氧氟沙星、诺氟沙星4种兽药，撤销相关兽药产品批准文号。现将有关事项公告如下。

一、自本公告发布之日起，除用于非食品动物的产品外，停止受理洛美沙星、培氟沙星、氧氟沙星、诺氟沙星4种原料药的各种盐、酯及其各种制剂的兽药产品批准文号的申请。

二、自2015年12月31日起，停止生产用于食品动物的洛美沙星、培氟沙星、氧氟沙星、诺氟沙星4种原料药的各种盐、酯及其各种制剂，涉及的相关企业的兽药产品批准文号同时撤销。2015年12月31日前生产的产品，可以在2016年12月31日前流通使用。

三、自2016年12月31日起，停止经营、使用用于食品动物的洛美沙星、培氟沙星、氧氟沙星、诺氟沙星4种原料药的各种盐、酯及其各种制剂。

Ⅱ部分国家及地区明令禁用或重点监控的兽药及其他化合物清单

一、欧盟禁用的兽药及其他化合物清单

1. 阿伏霉素（Avoparcin）
2. 洛硝达唑（Ronidazole）
3. 卡巴多（Carbadox）
4. 喹乙醇（Olaquindox）

5. 杆菌肽锌（Zine bacitracin）（禁止作饲料添加药物使用）
6. 螺旋霉素（Spiramycin）（禁止作饲料添加药物使用）
7. 维吉尼亚霉素（Virginiamycin）（禁止作饲料添加药物使用）
8. 磷酸泰乐菌素（Tylosin phosphate）（禁止作饲料添加药物使用）
9. 阿普西特（Arprinocid）
10. 二硝托胺（Dinitolmide）
11. 异丙硝唑（Ipronidazole）
12. 氯羟吡啶（Meticlopidol）
13. 氯羟吡啶/苄氧喹甲酯（Meticlopidol/Mehtylbenzoquate）
14. 氨丙啉（Amprolium）
15. 氨丙啉/乙氧酰胺苯甲酯（Amprolium/Ethopabate）
16. 地美硝唑（Dimetridazole）
17. 尼卡巴嗪（Nicarbazin）
18. 二苯乙烯类（Stilbenes）及其衍生物、盐和酯，如己烯雌酚（Diethylstilbestrol）等
19. 抗甲状腺类药物（Antithyroid agent），如甲巯咪唑（Thiamazole），普萘洛尔（Propranolol）等
20. 类固醇类（Steroids），如雌激素（Estradiol）、雄激素（Testosterone）、孕激素（Progesterone）等
21. 二羟基苯甲酸内酯（Resorcylic acid lactones），如玉米赤霉醇（Zeranol）
22. β-兴奋剂类（β-Agonists），如克伦特罗（Clenbuterol）、沙丁胺醇（Salbutamol）、西马特罗（Cimaterol）等
23. 马兜铃属植物（Aristolochia spp.）及其制剂
24. 氯霉素（Chloramphenicol）
25. 氯仿（Chloroform）
26. 氯丙嗪（Chlorpromazine）
27. 秋水仙碱（Colchicine）
28. 氨苯砜（Dapsone）
29. 甲硝咪唑（Metronidazole）
30. 硝基呋喃类（Nitrofurans）

二、美国禁止在食品动物中使用的兽药及其他化合物清单

1. 氯霉素（Chloramphenicol）
2. 克伦特罗（Clenbuterol）
3. 己烯雌酚（Diethylstilbestrol）

4. 地美硝唑（Dimetridazole）

5. 异丙硝唑（Ipronidazole）

6. 其他硝基咪唑类（Other nitroimidazoles）

7. 呋喃唑酮（Furazolidone）（外用除外）

8. 呋喃西林（Nitrofurazone）（外用除外）

9. 泌乳牛禁用磺胺类药物 [下列除外：磺胺二甲氧嘧啶（Sulfadimethoxine）、磺胺溴甲嘧啶（Sulfabromomethazine）、磺胺乙氧嗪（Sulfaethoxypyridazine）]

10. 氟喹诺酮类（Fluoroquinolones）（沙星类）

11. 糖肽类抗生素（Glycopeptides），如万古霉素（Vancomycin）、阿伏霉素（Avoparcin）

三、日本对动物性食品重点监控的兽药及其他化合物清单

1. 氯羟吡啶（Clopidol）

2. 磺胺喹二噁啉（Sulfaquinoxaline）

3. 氯霉素（Chloramphenicol）

4. 磺胺甲基嘧啶（Sulfamerazine）

5. 磺胺二甲嘧啶（Sulfadimethoxine）

6. 磺胺-6-甲氧嘧啶（Sulfamonomethoxine）

7. 噁喹酸（Oxolinic acid）

8. 乙胺嘧啶（Pyrimethamine）

9. 尼卡巴嗪（Nicarbazin）

10. 双呋喃唑酮（DFZ）

11. 阿伏霉素（Avoparcin）

四、香港特别行政区禁用的兽药及其他化合物清单

1. 氯霉素（Chloramphenicol）

2. 克伦特罗（Clenbuterol）

3. 己烯雌酚（Diethylstilbestrol）

4. 沙丁胺醇（Salbutamol）

5. 阿伏霉素（Avoparcin）

6. 己二烯雌酚（Dienoestrol）

7. 己烷雌酚（Hexoestrol）

参考文献

[1] 王燕丽. 猪生产. 北京：化学工业出版社，2009.

[2] 蔡宝祥. 家畜传染病学. 4版. 北京：中国农业出版社，2001.

[3] 郭宗义，王金勇. 现代实用养猪技术大全. 北京：化学工业出版社，2011.

[4] 潘琦，周建强. 科学养猪大全. 合肥：安徽科学技术出版社，2015.

[5] 周元军，孙明亮，郑康伟. 养猪300问. 2版. 北京：中国农业出版社，2006.

[6] 谷风柱，王宝. 简明猪病诊断与防治原色图谱. 1版. 北京：化学工业出版社，2018.